“十二五”国家重点图书出版规划项目

国家出版基金项目
NATIONAL PUBLICATION FOUNDATION

海河流域水循环演变机理与水资源高效利用丛书

海河流域水循环演变机理与水资源高效利用

王 浩　王建华　贾仰文 等 编著

科 学 出 版 社
北 京

内 容 简 介

本书全面、系统地介绍了海河流域水循环及其伴生过程的机理识别和过程模拟，以及实现水资源利用从低效向高效转移的方法、技术和实现途径。全书共13章，主要内容包括：海河流域水资源问题诊断、“自然-社会”水循环模式与水资源系统演变机理、水循环演化驱动下的流域水生态与环境演变机理、海河流域水循环及其伴生过程综合模型系统构建、海河流域水资源系统评价及其演变规律研究、海河流域水生态与环境演变规律与评价、基于均衡理论的海河流域水循环综合调控模式、水资源利用效率评价方法与海河流域用水效率度量、海河流域农业高效用水原理与节水模式、海河流域城市节水减排机制与高效利用、海河流域水资源与环境综合管理与红线制定、海河流域“水资源-生态-环境”综合调控建议，以及成果创新与应用总结。

本书可供水文、水资源及水环境等相关领域的科研人员、高校相关专业教师和研究生，以及从事流域水文分析、水资源与水环境规划和管理的技术人员参考。

图书在版编目(CIP)数据

海河流域水循环演变机理与水资源高效利用／王浩等编著.—北京：科学出版社，2015.9

（海河流域水循环演变机理与水资源高效利用丛书）

“十二五”国家重点图书出版规划项目

ISBN 978-7-03-045633-5

Ⅰ.海… Ⅱ.王… Ⅲ.①海河-流域-水循环-演变-研究②海河-流域-水资源利用-研究 Ⅳ.①P339②P746

中国版本图书馆CIP数据核字（2015）第215580号

责任编辑：李 敏 吕彩霞／责任校对：彭 涛

责任印制：肖 兴／封面设计：王 浩

科学出版社 出版

北京东黄城根北街16号

邮政编码：100717

http://www.sciencep.com

中国科学院印刷厂 印刷

科学出版社发行 各地新华书店经销

*

2016年1月第 一 版 开本：787×1092 1/16

2016年1月第一次印刷 印张：27 1/2 插页：2

字数：850 000

定价：200.00元

（如有印装质量问题，我社负责调换）

《海河流域水循环演变机理与水资源高效利用》
主要撰写人员

主　编　王　浩

副主编　王建华　贾仰文

编写人　（拼音或者姓氏笔画排序）

曹寅白　陈吉宁　仇亚琴　甘　泓　康绍忠

刘静玲　陆垂裕　倪广恒　牛存稳　欧阳志云

彭世彰　秦大庸　许　迪　杨金忠　游进军

张光辉　周怀东　周祖昊

总　序

流域水循环是水资源形成、演化的客观基础，也是水环境与生态系统演化的主导驱动因子。水资源问题不论其表现形式如何，都可以归结为流域水循环分项过程或其伴生过程演变导致的失衡问题；为解决水资源问题开展的各类水事活动，本质上均是针对流域“自然–社会”二元水循环分项或其伴生过程实施的基于目标导向的人工调控行为。现代环境下，受人类活动和气候变化的综合作用与影响，流域水循环朝着更加剧烈和复杂的方向演变，致使许多国家和地区面临着更加突出的水短缺、水污染和生态退化问题。揭示变化环境下的流域水循环演变机理并发现演变规律，寻找以水资源高效利用为核心的水循环多维均衡调控路径，是解决复杂水资源问题的科学基础，也是当前水文、水资源领域重大的前沿基础科学命题。

受人口规模、经济社会发展压力和水资源本底条件的影响，中国是世界上水循环演变最剧烈、水资源问题最突出的国家之一，其中又以海河流域最为严重和典型。海河流域人均径流性水资源居全国十大一级流域之末，流域内人口稠密、生产发达，经济社会需水模数居全国前列，流域水资源衰减问题十分突出，不同行业用水竞争激烈，环境容量与排污量矛盾尖锐，水资源短缺、水环境污染和水生态退化问题极其严重。为建立人类活动干扰下的流域水循环演化基础认知模式，揭示流域水循环及其伴生过程演变机理与规律，从而为流域治水和生态环境保护实践提供基础科技支撑，2006 年科学技术部批准设立了国家重点基础研究发展计划（973 计划）项目“海河流域水循环演变机理与水资源高效利用”（编号：2006CB403400）。项目下设 8 个课题，力图建立起人类活动密集缺水区流域二元水循环演化的基础理论，认知流域水循环及其伴生的水化学、水生态过程演化的机理，构建流域水循环及其伴生过程的综合模型系统，揭示流域水资源、水生态与水环境演变的客观规律，继而在科学评价流域资源利用效率的基础上，提出城市和农业水资源高效利用与流域水循环整体调控的标准与模式，为强人类活动严重缺水流域的水循环演变认知与调控奠定科学基础，增强中国缺水地区水安全保障的基础科学支持能力。

通过 5 年的联合攻关，项目取得了 6 方面的主要成果：一是揭示了强人类活动影响下的流域水循环与水资源演变机理；二是辨析了与水循环伴生的流域水化学与生态过程演化的原理和驱动机制；三是创新形成了流域“自然–社会”二元水循环及其伴生过程的综合模拟与预测技术；四是发现了变化环境下的海河流域水资源与生态环境演化规律；五是明晰了海河流域多尺度城市与农业高效用水的机理与路径；六是构建了海河流域水循环多维临界整体调控理论、阈值与模式。项目在2010年顺利通过科学技术部的验收，且在同批验收的资源环境领域973计划项目中位居前列。目前该项目的部分成果已获得了多项省部级科技进步奖一等奖。总体来看，在项目实施过程中和项目完成后的近一年时间内，许多成果已经在国家和地方重大治水实践中得到了很好的应用，为流域水资源管理与生态环境治理提供了基础支撑，所蕴藏的生态环境和经济社会效益开始逐步显露；同时项目的实施在促进中国水循环模拟与调控基础研究的发展以及提升中国水科学研究的国际地位等方面也发挥了重要的作用和积极的影响。

本项目部分研究成果已通过科技论文的形式进行了一定程度的传播，为将项目研究成果进行全面、系统和集中展示，项目专家组决定以各个课题为单元，将取得的主要成果集结成为丛书，陆续出版，以更好地实现研究成果和科学知识的社会共享，同时也期望能够得到来自各方的指正和交流。

最后特别要说的是，本项目从设立到实施，得到了科学技术部、水利部等有关部门以及众多不同领域专家的悉心关怀和大力支持，项目所取得的每一点进展、每一项成果与之都是密不可分的，借此机会向给予我们诸多帮助的部门和专家表达最诚挚的感谢。

是为序。

海河973计划项目首席科学家
流域水循环模拟与调控国家重点实验室主任
中国工程院院士

2011年10月10日

序

随着我国人口的快速增长和经济社会的不断发展，流域水循环发生了深刻演变。由于全球气候变化和人类活动的不断增强，流域水循环过程严重失衡，引发了一系列资源、环境与生态问题，成为国家可持续发展的瓶颈。海河流域是我国北方最为典型的高强度人类活动区域，为诊断和解决海河流域水资源、水环境和水生态问题，2006 年国家重点基础发展计划（973）批准设立了“海河流域水循环演变机理与水资源高效利用”项目。该项目以海河流域为研究区，揭示了高强度、大规模人类活动密集缺水流域水循环及其伴生过程的演变主要机理，开展了水资源高效利用机制与流域水循环整体调控模式研究，具有明显的自主创新和系统集成特色。

该项目的主要研究人员参加了我于 1999 年主持的国家 973 项目“黄河流域水资源演化规律与可再生性维持机理”，完成了“黄河流域水资源演变规律与二元演化模型”课题，提出了“自然–社会”二元水循环模式，此后，国内学者陆续开展了二元水循环过程的相关研究。在海河 973 项目中，进一步深化和加强了对流域水循环及其伴生的水环境、水生态过程的模拟，研发了流域“自然–社会”二元水循环及其伴生过程综合模拟模型（NADUWA3E），并基于此提出了流域全过程的水资源“量–质–效”综合评价方法体系和多维临界调控方案。

值得指出的是，王浩院士的研究团队面向国家重大需求，经过多年研究和探索，提出的“自然–社会”二元水循环过程理论，和 2013 年国际水文十年将变化中的“自然–社会”水循环确定为今后十年国际水文界的唯一的研究主题相比，领先了 7 年。

我非常高兴地祝贺该项目相关成果已获多项省部级一等奖，并获 2014 年国家科技进步奖一等奖。基于该项目研究的这一专著比较系统的总结了作者所取得的创新性成果。相信该书显示的活跃学术思想和高水平的研究进展，将为推动水文水资源、水环境和生态及相关领域的研究发挥重要的作用。

是为序。

中国科学院院士

2015 年 11 月 6 日

前　　言

受人口规模、经济社会发展和水资源本底条件的影响，我国是世界上水循环演变最剧烈、水资源问题最突出的国家之一。海河流域人均水资源居全国十大一级流域之末，流域内人口稠密、生产发达，行业用水竞争激烈，水环境容量与排污量矛盾尖锐，加之近30年来受流域水资源衰减的影响，水资源短缺、水环境污染和水生态退化问题极其严重。海河流域是我国乃至世界范围内水资源问题最突出的地区，也是人类活动对流域水循环扰动强度最大、程度最深、类型最复杂的地区，它所面临的三大水资源问题是缺水地区的共性问题，它们之间存在着密切的内在联系，相互作用与影响的统一基础是流域水循环。

为揭示人类活动干扰下海河流域水循环及其伴生过程的演变机理与规律，从而为治水和生态环境保护实践提供基础科技支撑，2006年国家重点基础发展“973”计划，批准设立了“海河流域水循环演变机理与水资源高效利用”项目（编号：2006CB403400）。该项目是水利部牵头组织的第一个国家“973”计划项目，首席科学家为王浩院士，项目共设八个课题。课题一“海河流域二元水循环模式与水资源演变机理”由中国水利水电科学研究院和中国地质科学院水文地质环境地质研究所承担，课题负责人为秦大庸和张光辉；课题二“水分驱动下的海河流域生态演变机制与修复机理”由中国科学院生态环境研究中心和河海大学承担，课题负责人为欧阳志云和彭世彰；课题三“海河流域水环境演化机制与水污染防治基础”由北京师范大学和中国水利水电科学研究院承担，课题负责人为刘静玲和周怀东；课题四“海河流域水循环及其伴生过程的综合模拟与预测”由中国水利水电科学研究院承担，课题负责人为王浩和贾仰文；课题五“基于水循环的水资源利用效用评价基础理论与方法”由国家节水灌溉北京工程技术研究中心承担，课题负责人为许迪和王建华；课题六“海河流域农田水循环过程与农业高效用水机制”由中国农业大学和武汉大学承担，课题负责人为康绍忠和杨金忠；课题七“城市二元水循环系统演化与安全高效用水机制”由清华大学承担，课题负责人为陈吉宁；课题八“海河流域水循环多维临界整体调控阈值与模式”由水利部海河水利委员会和中国水利水电科学研究院承担，课题负责人为曹寅白和甘泓。

经过五年的联合攻关，项目在流域水循环模拟与调控方面取得了一系列重大科学发现，取得了四方面的创新性成果：一是揭示了强人类活动影响下流域水循环演变机理与水资源演变规律，并进行了科学的定量归因分析；二是创建了超大流域水循环及其伴生过程综合模拟工具，定量预估了海河流域水循环及其伴生过程的演变趋势；三是提出了“量–质–效”全口径多尺度水资源利用综合评价方法和高效利用机理，确定了海河流域农业和城市高效用水标准；四是创建了流域水循环多维临界整体调控理论与模式，提出了总量控制目标。

截至2013年12月，本项目发表论文633篇，其中SCI收录167篇、他引910次，EI收录158篇，出版专著26部；获发明专利授权9项，软件著作权14项。项目执行过程中，项目成员广泛参与国际交流，在国际重要大会上作特邀报告89人次，9人次在国际学术组织中担任副主席及以上职务，提升了我国水科学研究的国际地位。本项目下属八个课题于2010年10月29日通过科技部组织的专家验收，评价结果均为“优秀”；整个项目于2010年11月25日通过科技部验收，验收结果为“优秀”，并在同批验收的资源与环境领域13个项目中排名第一。项目所属课题一、课题四、课题六和课题八等四个课题，均获大禹水利科学技术奖一等奖，项目整体成果“流域水循环演变机理与水资源高效利用”获2014年国家科技进步奖一等奖。

本书介绍了海河流域水循环及其伴生过程的机理识别和过程模拟，以及实现水资源利用从低效向高效转移的方法、技术和实现途径，共分13章，包括：科学发展视域下的海河流域水资源问题诊断、“自然–社会”水循环模式与水资源系统演变机理、水循环演化驱动下的流域水生态与环境演变机理、海河流域水循环及其伴生过程综合模型系统构建、海河流域水资源系统评价及其演变规律研究、海河流域水生态与环境演变规律与评价、基于均衡理论的海河流域水循环综合调控模式、水资源利用效率评价方法与海河流域用水效率度量、海河流域农业高效用水原理与节水模式、海河流域城市节水减排机制与高效利用、海河流域水资源与环境综合管理与红线制定、海河流域“水资源–生态–环境”综合调控建议，以及成果创新与应用总结。前言由王建华执笔；第1章来自项目报告，由周祖昊整理；第2章来自课题一和课题四成果，由仇亚琴整理；第3章来自课题二和课题三成果，由牛存稳整理；第4章和第5章来自课题四成果，由仇亚琴整理；第6章来自课题二和课题三成果，由牛存稳整理；第7章来自课题八成果，由游进军整理；第8章来自课题五成果；第9章来自课题六成果，由陆垂裕整理；第10章来自课题七成果，由牛存稳整理；第11章来自课题二、课题三和课题八成果，由周祖昊整理；第12章来自课题八成果，由游进军整理；第13章由贾仰文执笔。全书由王浩、王建华、贾仰文和牛存稳统稿。

在项目的完成和本书的写作过程中，得到科技部、水利部、环保部、国土资源部、国家林业总局以及国际水资源协会等有关单位的大力支持和帮助。孙鸿烈、刘昌明、王光谦、张建云、王超、夏军、玉井信行（Nobuyuki Tamai）、奥康奈尔（O'Connell）、杰兰德（Jay R Lund）等国内外知名专家，对本研究给予了许多指导与帮助。特此致以衷心的感谢。

受时间和作者水平所限，书中错误和不足之处，恳请读者批评指正。

作　者

2015年4月于北京

目　　录

第1章 科学发展视域下的海河流域水资源问题诊断

1.1 海河流域概况

1.1.1 自然地理条件

1. 自然地理

海河流域位于112°E～120°E，35°N～43°N，东临渤海，西倚太行，南界黄河，北接蒙古高原，包括北京、天津两市全部，河北省绝大部分，山西省东部，河南省、山东省北部，内蒙古自治区和辽宁省一小部分在内的八省（直辖市、自治区），是我国政治、经济

图1-1 海河流域行政区划

和文化的中心区域（图 1-1）。流域总面积 32 万 km^2，占全国陆地总面积的 3.3%。其中，山丘区面积 18.9 万 km^2，占 59%；平原区面积 13.1 万 km^2，占 41%；总的地势是西北高，东南低，大致分为高原、山地及平原三种地貌类型。西部为山西高原和太行山区，北部为蒙古高原和燕山山区，东部和东南部为广阔平原；流域山地和平原近乎直接相交，丘陵过渡段甚短。地形地貌特点如图 1-2 所示。

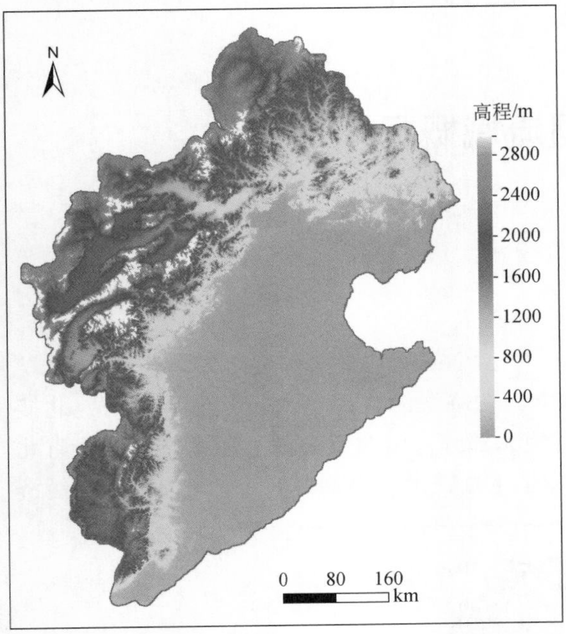

图 1-2　海河流域地形地貌

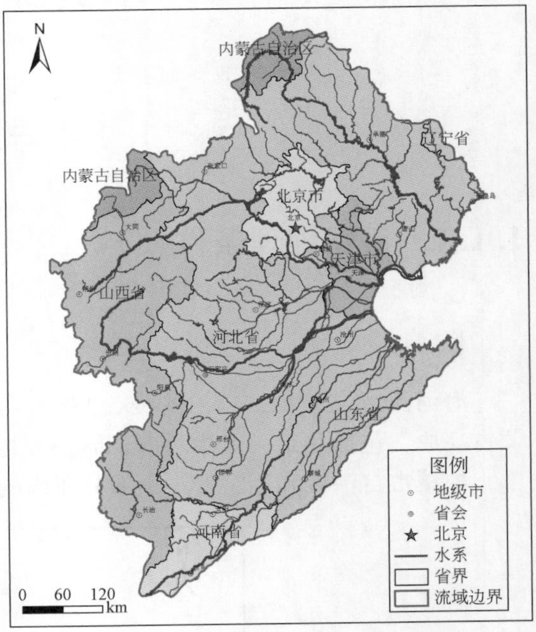

图 1-3　海河流域水系及行政区划

2. 河流水系

海河流域包括海河、滦河和徒骇马颊河三大水系、七大河系、十条骨干河流。水系图详见图 1-3。其中，海河水系是主要水系，由北部的蓟运河、潮白河、北运河、永定河和南部的大清河、子牙河、漳卫河、黑龙港运东和海河干流组成，分别发源于蒙古高原、黄土高原、燕山、太行山，流域面积 23.25 万 km^2。历史上各河曾汇集到天津入海，后来先后开辟和扩建了漳卫新河、潮白新河、独流减河、子牙新河、永定新河等人工河道，使各河系单独入海，改变了各河汇集天津集中入海的局面。

滦河水系包括滦河及冀东沿海诸河，流域面积 5.45 万 km^2。滦河发源于坝上高原，于河北省乐亭县入渤海，是流域内水量相对丰沛的河流；冀东沿海诸河发源于燕山南麓，由洋河、陡河等 32 条单独入海的河流组成，面积约 1 万 km^2。

徒骇马颊河水系，为单独入海的平原河道，位于漳卫南运河以南、黄河以北，处于海河流域的最南部，由徒骇河、马颊河、德惠新河及滨海小河等组成，流域面积 3.30 万 km^2。

海河流域的各河系分为两种类型：一种是发源于太行山、燕山背风坡，源远流长，山区汇水面积大，水流集中，泥沙相对较多的河流；另一种是发源于太行山、燕山迎风坡，支流分散，源短流急，洪峰高、历时短、突发性强的河流。历史上洪水多是经过洼淀滞蓄后下泄。两种类型河流呈相间分布，清浊分明。

3. 土壤与植被

海河流域土壤划分为内蒙古高原栗钙土绵土区、华北山地棕壤褐土区和海河平原黄垆土潮土盐土区三个区。根据全国土壤采用的以土类、土种为基本单元的七级分类系统，流域内土壤包括 8 个土纲、12 个亚纲、22 个土类，以潮土、褐土面积为最大，其中潮土面积为 10. 28 万 km^2，占流域面积的 32. 12%；褐土面积为 9. 99 万 km^2，占流域面积的 31. 22%；其次为棕壤、栗褐土、粗骨土、黄绵土、栗钙土。流域不同土壤类型及植被生态系统分布如图 1-4 和图 1-5 所示。

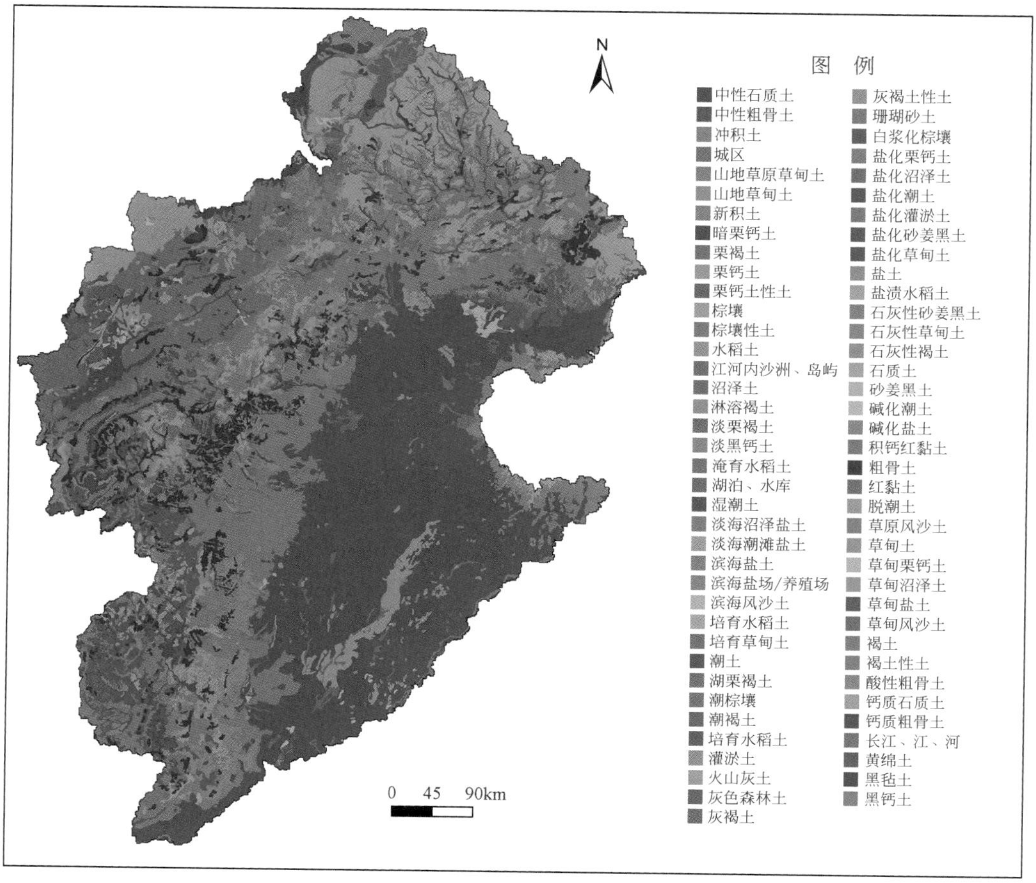

图 1-4 海河流域不同土壤类型分布

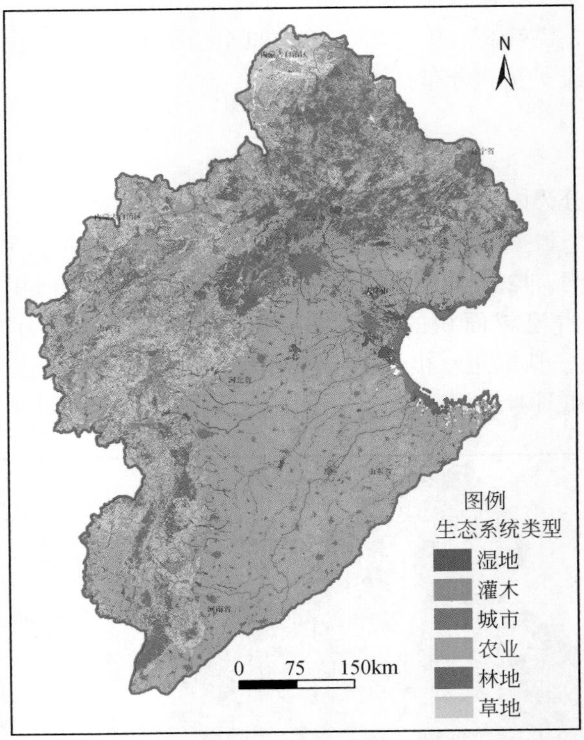

图 1-5　海河流域植被生态系统分布

海河流域植被划分为内蒙古高原温带草原区、华北山地暖温带落叶阔叶林区、华北平原暖温带落叶阔叶林栽培作物区三个区。海河流域天然植被大都遭到人为砍伐破坏，植被覆盖度不高。天然次生林主要分布在海拔 1000m 以上的山地。燕山、太行山迎风坡由于存在年降水量 600mm 以上的弧形多雨带，植被生长良好，形成了一道绿色屏障；背风坡降水量只有 400mm 左右，植被稀疏，生态脆弱。

1.1.2　水文气象

1. 气候特征

海河流域地处温带半湿润、半干旱大陆性季风气候区。冬季受西伯利亚大陆性气团控制，寒冷少雪，盛行北风和西北风；春季受蒙古大陆性气团影响，气温回升快，风速大，气候干燥，蒸发量大，往往形成干旱多风沙天气；夏季受海洋性气团影响，比较湿润，气温高，降水多，且多暴雨，但因历年夏季太平洋副热带高压的进退时间、强度、影响范围等很不一致，致使降水量的变差很大，旱涝时有发生；秋季一般年份秋高气爽，降水量较少。

海河流域年平均气温由南往北和由平原向山地降低，温度变化范围为 0 ~ 14.5℃。年平均相对湿度为 50% ~70%。多年平均日照时数为 2500 ~3000h。流域全年大风日数为 10～60 天，沿海地区、高山区较多，山区河谷地区较少。多年平均降水量 535mm（1956～2000 年系列），是我国东部沿海地区降水最少的地区。流域多年平均水面蒸发量 850～1300mm（E601 蒸发皿），陆面蒸发量维持在 470mm 左右，且平原大于山区。干旱指数为 1.5～3.0，高值区在永定河山区，为 3.0 左右；低值区出现在燕山东部山区，为 1.5 左右。属于半湿润半干旱地带。

2. 降水量

海河流域降水量较少且年内分布很不均匀，全年 80% 降水量集中在汛期（6～9 月），冬四月降水量仅占全年的 3%～10%。降水量年际变化很大，多年平均降水量 530mm（1956～2005 年系列），最大值出现在 1964 年，为 800mm，最小值出现在 1965 年，为 357mm。进入 21 世纪，全流域降水总体处于枯水阶段，2001～2005 年 5 年平均降水量仅为 485mm，与 50 年平均降水量 530mm 相比，偏少 8.5%。

在空间上，由于受气候、地形等因素的影响，降水总的趋势是由多雨的太行山、燕山迎风坡分别向西北和东南两侧减少。沿太行山、燕山山脉迎风坡，有一条 600mm 的弧形多雨带。太行山、燕山的背风坡降水量比迎风坡明显偏少，多年平均为 450～550mm。图 1-6和图 1-7 给出了海河流域年降水量的时空分布。

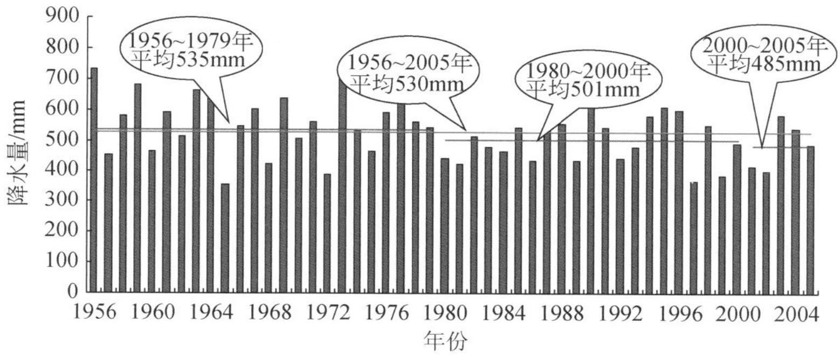

图 1-6　海河流域 1956～2005 年年降水量

3. 蒸发量

海河流域蒸发量较大，但由于受湿度、气温、风速和日照等因素的影响，时空差异较大。在一年中，5～6 月的蒸发量最大，约占全年蒸发量的 1/3；12 月至翌年 1 月气温最低，水面蒸发量最小，仅占全年的 5.0% 左右。在多年平均条件下，全流域年蒸发量为 850～1300mm，其中平原区（含山间盆地）年水面蒸发量一般为 1000～1300mm，山丘区为 850～1000mm。图 1-8 给出了海河流域年蒸发量的多年平均空间分布。

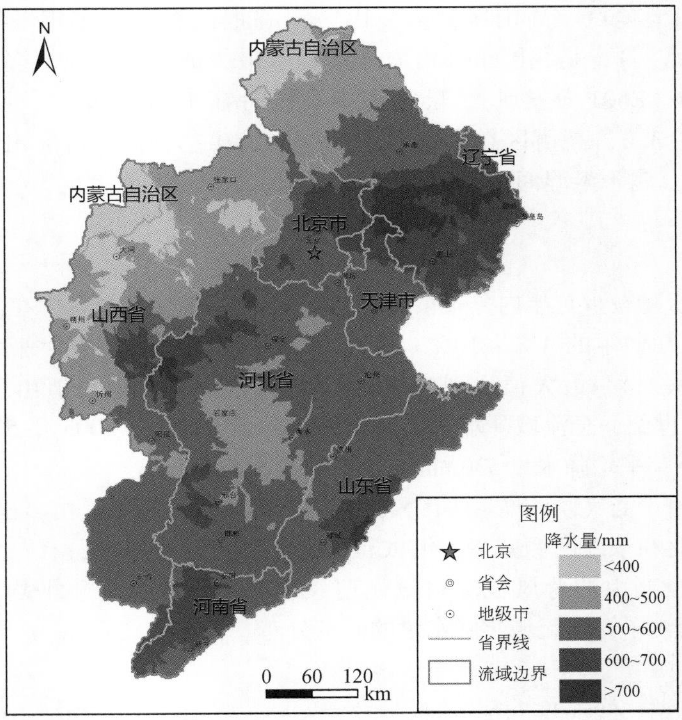

图 1-7 海河流域多年平均降水量分布

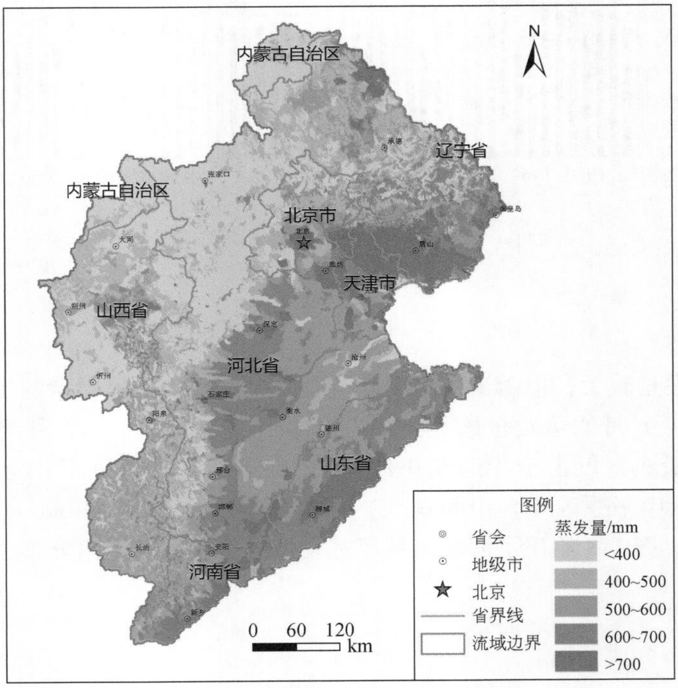

图 1-8 海河流域多年平均蒸发量分布

4. 水资源量

地表水资源量：总体表现为地表水资源量少且时空分布不均。据统计，海河流域1956～2000年平均年径流量为216亿m^3，其中山丘区（含山间盆地）为164亿m^3，占76%，平原区为52亿m^3，占24%。最大为1956年的491亿m^3，次大为1964年的481亿m^3；最小为1999年的83.8亿m^3，次小为1981年的104亿m^3。在年内，径流量主要集中于汛期（6～9月），其中山丘区年径流的45%～75%、平原区的85%以上集中在汛期（6～9月），枯季河川径流所占比重较小。

在空间上，海河流域地表水资源量分布存在明显的地带性差异，总的趋势是由多雨的太行山、燕山迎风区，分别向西北和东南两侧减少。沿太行山、燕山山脉迎风坡，有一个径流深大于100mm的高值区；太行山、燕山的背风坡，径流深比迎风坡明显偏少，多年平均径流深为25～50mm；其中，华北平原区多年平均径流深一般为10～50mm。在晋州、宁晋、新河、冀州、衡水一带，多年平均径流深不足5mm，为平原区径流深低值中心。

地下水资源量：全流域的矿化度$M \leq 2g/L$的地下水资源量为235亿m^3（其中矿化度$M \leq 1g/L$的地下水资源量为192.30亿m^3）。其中平原区矿化度$M \leq 2g/L$的淡水区地下水资源量为160.37亿m^3（其中$M \leq 1g/L$的为117.03亿m^3），流域山丘区地下水资源量为108.05亿m^3，其中岩溶山区的地下水资源量为40.83亿m^3，占37.8%。两者的重复量为33.49亿m^3。

总水资源量：海河流域多年平均水资源总量370亿m^3（1956～2000年系列），其中地表水资源量216亿m^3，不重复的地下水资源量154亿m^3（任宪韶，2007）

1.2 海河流域人类活动特点

海河流域是我国政治、文化中心和经济发达地区，既包含有全国的政治中心首都北京,也包含经济发展“第三极”渤海经济带的龙头地区天津，同时又分布着贯穿我国南北的交通大动脉京广、京沪、京哈交通通信干线，以及华北、大港油气田、开滦煤矿等重要基础设施。因此，该流域目前是我国十大流域人类活动最为强烈的区域，且随着环渤海经济带的构建和未来商品粮基地的发展，其中的人类活动强度将会进一步增强。由于经济、政治和文化的高速发展，流域内高强度人类活动呈现出如下独特的特点。

1.2.1 人口密度大，城镇化率较高

流域内人口发展迅速。据统计，到2008年全流域人口达到1.37亿，其中城镇人口6006万，分别较1980年增加了40.9%和162%；城镇化率由1980年的24%增加到2008年的37.4%，其中北京、天津作为我国的大都市，城镇化率分别达到80.5%和63.9%，居全流域

前两位，且超过全国城镇化率45.7%水平①，成为城镇化最为集中的地区。

随着经济的发展，人口的增加，特别是流动人口的大量涌入，海河流域占全国3.3%的有限国土面积上，承载着占全国10.3%的人口。流域内平均人口密度由1980年的297人/km^2发展到2008年的419人/$km^2$②；其中平原区2008年达到747人/km^2，成为全国人口密度最大的区域，为全国人口密度平均值的5.7倍。

1.2.2 经济发展迅速，区域间发展不均衡

海河流域在全国经济社会发展中始终处于极其重要的地位，是我国重要的农业、工业和高新产业基地。同时，环渤海经济带已成为继长江三角洲、珠江三角洲后国家经济发展的"第三极"，海河流域在其中占有极为重要的地位。据统计，到2008年，流域GDP达到25 750亿元，较1980年的1592亿元增长了15倍；人均GDP达到1.92万元，较1980年的1638元增加了10.7倍，其中北京、天津为最高，人均GDP分别为4.43万元和3.51万元，而内蒙古和辽宁为最低，仅分别为1.09万元和0.52万元②。在海河流域的经济发展中以工业和三产的发展最为迅速，到2008年工业增加值达到10 571亿元，形成了以京津唐以及京广、京沪铁路沿线为中心的工业生产布局。在工业发展中，以高科技信息产业、生物技术以及新能源、新材料的发展最为迅速。

在农业方面，由于经济的快速发展而受区域水资源条件的限制，农业所占的比重不断下降，但是特殊的地理位置和土地资源已使该流域成为我国三大商品粮生产基地之一，也将在未来解决粮食安全问题方面发挥重要作用。据统计，到2005年，全流域拥有耕地面积15 981万亩（1亩≈667m^2），其中有效灌溉面积11 314万亩；在农业用水不增长的情势下，2005年全流域粮食总产量达到4762万t，占全国的9.9%，人均粮食占有量为355kg，但区域间分布不均，其中平原区为375kg，山丘区为297kg。

1.2.3 水资源需求量大，供给不足

在经济高速发展的条件下，海河流域的水资源需求量极大。根据海河流域水资源综合规划成果，在不考虑现状生态环境需水量的条件下，流域现状总需水量447亿m^3，其中城市需水量98亿m^3，农村需水量349亿$m^3$③，农业灌溉需水量约占全流域现状需水量的78%。

然而，海河流域的水资源本底条件较差，供给严重不足。海河流域多年平均降水量535mm（1956~2005年），是我国东部沿海降水量最少的地区。多年平均水资源总量370亿m^3，其中地表水资源量216亿m^3，不重复的地下水资源量154亿m^3，人均当地

① 中国社会科学院.2009. 城市蓝皮书。

② 水利部海河水利委员会.2009. 海河流域水资源公报。

③ 水利部海河水利委员会.2005. 海河流域水资源综合规划。

水资源量 276m^3，仅相当于全国平均水平的 12%，远低于世界人均 1000m^3紧缺标准和 500m^3极度紧缺标准。在维持良好生态条件下，海河流域水资源多年平均可利用量 235 亿 m^3，可利用率 63%（任宪韶，2007）。全流域以其仅占全国 1.3% 的有限水资源，承担着占全国 9.7% 的人口和粮食生产以及 13% 的 GDP 发展的用水任务。流域经济社会的发展已远远超出水资源的承载能力，处于供需严重失衡状态。

1.2.4 水利工程发达，用水量大，水资源开发利用强度高

经过多年的建设，海河流域已形成了较为完善的水利工程，水源包括当地地表水与地下水、引黄水、非常规水源等。截至 2008 年，全流域已建大型水库 34 座，中型水库 114 座，小型水库 1711 座，总库容达到 308.9 亿 m^3。其中，密云、官厅、潘家口、于桥、岳城、黄壁庄、岗南、王快、西大洋等 9 座大（1）型水库，总库容达 191.3 亿 m^3。有蓄水能力的塘坝为 17 505 座，蓄水能力 1.4 亿 m^3。此外，流域内还建有从大型水库向城市输水的引提水工程，以及引黄工程。其中典型的引提水工程包括京密引水、引滦入津、引滦入唐、引青济秦、引册济大等。主要的引黄工程有引黄济冀、人民胜利渠和位山灌区等（水利部，2008）。

在大量水利工程的调节下，海河流域 2008 年总用水量为 371.6 亿 m^3，占全国总用水量的 6.3%。其中生活用水量为 57.1 亿 m^3（城镇生活用水 32.7 亿 m^3，农村生活用水 24.4 亿 m^3），占全部用水量的 15.4%；工业用水量为 51.3 亿 m^3，占总用水量的 13.8%；农业用水量为 254.0 亿 m^3，占总用水的 68.4%；生态环境用水 9.2 亿 m^3，占总用水量的 2.5%。各省（直辖市）的用水指标差别较大，河北、山东、河南的农业灌溉用水量较大，北京、天津的生活用水占有量较大①。

从水源构成来看，全流域 2008 年总供水量 371.6 亿 m^3之中，跨流域调水（引黄）43.3 亿 m^3，当地地表水供水量 80.0 亿 m^3，地下水供水量 240.6 亿 m^3，其他水源（废污水再生水等）供水量 7.7 亿 m^3。流域水资源开发利用量大大超过海河流域水资源的承载能力，其中超采地下水 77 亿 m^3。另外，为弥补供水不足，海水直接利用量为 24.9 亿 m^3。

1.2.5 节水工作较好，用水效率相对较高

经过多年的发展，海河流域的节水工作目前已处于全国领先水平。截至 2008 年，海河流域人均用水量 272m^3，万元 GDP 用水量 86m^3，万元工业增加值用水量 28m^3，农田实灌面积亩均用水量 233m^3，分别相当于全国平均用水量的 61%、44% 和 54%。城镇生活节水器具普及率 45%，工业用水重复利用率 81%，农业节水灌溉率 49%，灌溉水利用系数 0.64，用水消耗率为 69.9%，较全国平均水平高 17.3%。近 50 年来，海河流域总人口增加了 1 倍，灌溉面积增加了 6 倍，GDP 增加了 30 多倍，而总用水量却仅增加了 4 倍，海

① 中华人民共和国水利部. 2008. 水资源公报。

河流域在水资源短缺条件下实现了社会经济的快速发展，节水工作发挥了极为重要的作用。

1.3 海河流域面临的主要水问题

1.3.1 水资源短缺，供需矛盾突出

海河流域是我国水资源短缺问题非常严重的地区之一，表现为水资源总量少、经常出现连续枯水年、水资源量逐年减少。海河流域属于严重缺水区，以其占全国 1.3% 的有限水资源，承担着 11% 的耕地面积和 10% 的人口的供水任务，水资源的承载力已远远不能满足工农业生产和人民生活用水的需要，处于供需严重失衡状态。按 1956 ~ 1998 年水文系列统计，海河流域多年平均总水资源量为 372 亿 m^3，占全国的 1.3%；人均水资源占有量 305m^3，仅为全国平均水资源占有水平的 1/7、世界平均水平的 1/27。

2005 年全流域地表水资源量为 121.9 亿 m^3，地下水资源量为 215.5 亿 m^3，水资源总量为 267.5 亿 m^3。全流域各类供水工程总供水量为 380.46 亿 m^3，其中当地地表水占 22.6%，地下水占 66.5%，引黄水占 9.8%，其他水源占 1.1%。全流域总用水量为 379.79 亿 m^3，其中农业用水占 69.5%，工业用水占 14.9%，生活用水占 14.6%，生态环境用水占 1.0%。全流域用水消耗量为 266.31 亿 m^3，占总用水量的 70.1%。预计到 2010 年，若维持生态不恶化，流域内缺水仍达 40 亿 m^3。

尽管海河流域面对如此严峻的水资源现状，其在节水、提高水资源利用效率方面发挥了重要作用，但是用水浪费现象依然存在。如农业用水比例占 68%，部分区域仍沿用传统的耕作方式，2008 年节水灌溉率仅为 49%（节水灌溉面积占有效灌溉面积的比例）；万元 GDP 用水 86m^3，主要城市工业用水重复利用率约 80%，与发达国家相比还有一定差距；大中城市管网漏失率高达 15% ~20%，远高于国家规定的 8% 的指标。由于流域内地区之间、城市之间、行业之间发展很不平衡，加上经济结构不尽合理，经济增长方式粗放，水资源浪费依然存在，加剧了流域水资源紧缺的情势。

1.3.2 水污染严重，水环境恶化

在污染方面：2000 年，全流域工业废水和城镇生活污水排放总量为 53.9 亿 m^3，这些废污水大部分未经深度处理就直接排入河道，与地表径流相混合，造成河流的污染，其中受到污染的河长比例（水质劣于Ⅲ类）为 66.5%。废污水在陆地的消耗量和入海量受流域来水丰枯影响较大，1998 年（接近平水年）入海废污水量约 7 亿 m^3，而 1997 年（特枯年）只有不到 4 亿 m^3，1996 年（丰水年）入海废污水量则达 13 亿 m^3（顾涛等，2009）。污灌区主要位于大中城市的下游，大量利用未经处理的废污水，不仅造成河流和海域的污染，而且部分废污水未经任何处理就被再度利用，特别是被广泛用于农业灌溉，造成土壤

污染物的富集和农产品的污染。在平原河道呈现“有水皆污”的现状。河道水污染已由20年前的局部河段发展到现在的全流域，由下游蔓延到中上游，由城市扩散到农村，由地表侵入地下。据统计，近年来海河流域的废污水排放量每年高达60亿t。2001年的水质监测结果表明，在全流域近1万km^2的水质评价河长中，受污染（水质劣于Ⅲ类）的河长达70%，浅层地下水质劣于Ⅲ类的范围达到6.8万km^2，其中近1万km^2的范围由人为污染造成。

流域内每年还引用约20亿m^3污水进行灌溉，污水灌溉对浅层地下水、土壤和农作物造成污染。其中，天津市每年引用7亿m^3污水灌溉，农作物中的铅、砷、汞、镉等的含量明显高于其他地区。近海5～10km^2海域受到严重污染，污染指标超过规定的Ⅲ类水标准数倍至数十倍，渤海赤潮时有发生。秦皇岛市洋河、戴河、汤河等冲洪积扇出现海水入侵面积达27km^2，使抚宁县枣园水源地逐渐报废；沧州和河间市咸淡水界面下移10m的面积已达1959km^2（韩瑞光，2004）。另外，由于地下水位低，污染物入渗速度加快，水源遭到不同程度的破坏。由于地下水资源处于长期超采状态，地下水储量严重消耗，引发了一系列的经济和环境问题。

1.3.3 河道干涸，功能退化

50年来流域内河流干枯断流现象的演变，也从无到有，并且越来越严重（表1-1）。由于水资源过度开发和水污染，海河流域水生态环境已严重恶化。中下游河道约有4000km断流，其中断流300天以上的占65.3%，有的河道甚至全年断流。一些河道虽然有水，但主要是由城市废污水和灌溉退水组成，基本没有天然径流，“有河皆干，有水皆污”已成为海河流域的一个突出问题。河道干涸还引发河道内杂草丛生、土地沙化、土壤盐分累积。山前平原与河道两岸附近的浅层地下水位持续下降地区，河流冲积沙地和砂质褐土、砂质潮土、砂质草甸土等耕地沙化趋势严重，沙土随风迁移造成覆盖沙地。近30年来，流域内“沙化”土壤面积不断扩大。由于缺少入海水量，山区进入平原的径流、引黄水量和降雨中带来的盐分不能排出，引起区域性的积盐。

表1-1　20世纪60～90年代海河水系河流平均断流天数　（单位：天）

河流	测站	60年代	70年代	80年代	90年代
潮白河	永坝闸上		41	195	110
永定河	三家店	86	282	299	全年
大清河	新盖房	75		283	189
滹沱河	献县	115	256	350	全年
滏阳河	衡水	94	200	216	

1.3.4　入海水量锐减，河口生态环境退化

统计表明，20 世纪 90 年代与 50 年代相比，流域年平均入海水量减少了 72%。90 年代年平均入海水量只有 68.15 亿 m^3，只相当于总水资源量的 18%，而且 40% 集中在滦河及冀东沿海地区。由于入海径流减少，各河河口相继建闸拒咸蓄淡，引起闸下大量海相泥沙淤积。据统计，闸下总淤积量达 9500 万 m^3，致使海河流域骨干行洪河道泄洪能力衰减 40%。另外陆源污染也对河口近海地区造成很大影响。渤海湾受纳天津、北京两大城市的污水，无机氮、无机磷、化学耗氧量等指标严重超标。由于入海径流减少和严重的污染，河口地区具有经济价值的鱼类基本上绝迹，渤海湾著名的大黄鱼等优良鱼种基本消失。近 10 年来，渤海赤潮频频发生，造成了严重的经济损失。

1.3.5　湿地大幅度减少，生物多样性衰退

20 世纪 50 年代海河流域有万亩以上的洼淀 190 多个，洼淀面积超过 10 000km^2。现今，除白洋淀和部分洼淀修建成水库外，大部分的洼淀都已消失或退化，即使加上 30 多座大型水库和 100 多座中型水库，湿地面积也仅剩 2000km^2余。12 个主要湿地面积由 50 年代的 3801km^2下降至 2000 年的 538km^2（图 1-9），现存湿地白洋淀、北大港、南大港、团泊洼、千顷洼、草泊、七里海等，均面临着水源匮乏、水污染加剧的困境。

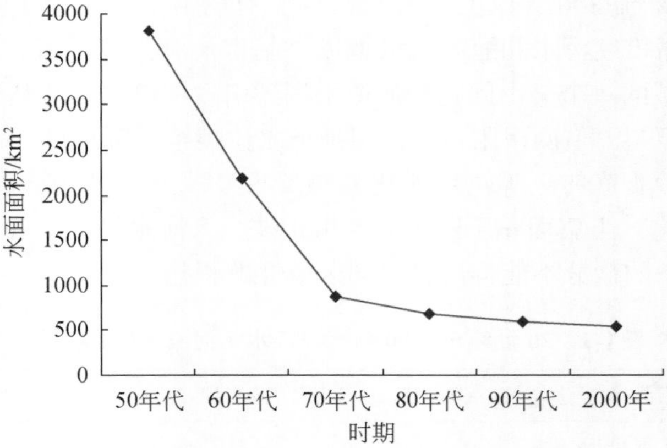

图 1-9　海河流域主要湿地水面面积的变化

在区域湖泊洼地演变过程中，人类活动干扰是其中最重要的驱动因素。以白洋淀为例，20 世纪 50 年代以后，白洋淀上游兴建了总库容达 36 亿 m^3的水库群，大大减少了入淀水量，1964 ~ 1981 年，白洋淀因围垦造田减少了 90% 的湖面面积，导致 1966 ~ 1995 年出现 5 次干淀，1990 ~ 2000 年又多次面临干淀的威胁，依靠定期补水才得以维持。随着湿地面积急剧减少，大量生物丧失了其生存的环境，湿地内生物资源退化严重。具体表现在植物群落、野生鱼蟹和鸟类等生物量的锐减。

1.3.6 地下水严重超采，地面沉降严重

海河流域地下水大规模开采始于 20 世纪 70 年代。到 1998 年，扣除补给量后，全流域已累计消耗地下水储量 896 亿 m^3，其中浅层地下水 471 亿 m^3，深层水 425 亿 m^3。1958 ~ 1998年全流域地下水平均年超采量 22.39 亿 m^3，其中浅层地下水超采 11.78 亿 m^3，深层水超采 10.61 亿 m^3。随着地下水的超采，地下水位持续下降，形成大面积降落漏斗区。其中，平原浅层地下水超采区，以北京、石家庄、保定、邢台、邯郸、唐山等城市为中心的漏斗区达 4.1 万 km^2，地下水埋深 20 ~ 26m，某些地区的含水层已疏干，疏干面积 10 500km^2；以天津、衡水、沧州、廊坊等城市为中心的深层地下水超采区，降落漏斗区面积达 5.6 万 km^2，漏斗中心水位降至 32 ~ 95m。而且，深层地下水漏斗区水位降落速度逐步加快。例如，天津、沧州、黑龙港地区年降幅 2.0 ~ 2.6m，按此推算，到 2010 年这些地区地下水位将降至 120m 以下，目前开采的含水层会在 10 ~ 15 年内疏干。如遇干旱年，居住在这些地区的 3000 万人口将面临地下水枯竭的危险。

地下水过度开采造成了地面沉降、地裂和塌陷等一系列环境地质问题。据测绘部门观测，河北平原主要地面沉降区已发展到 8 个，全部分布在京津以南平原。至 1998 年，沉降量大于 300mm 的面积达 15 253 km^2，大于 500mm 的面积达 4000km^2，大于 1000mm 的面积达 421km^2。另据河北省测绘局 1998 ~ 2000 年对沧州、保定、邯郸 3 城市连续监测，市区地面沉降有加速趋势。地面沉降的主要危害为：城市地面低洼排水困难，铁路、公路、桥梁等地面建筑物基础下沉、开裂，地下管道等断裂，机井报废，河道排洪、排泄能力降低等。据统计，平原区已发现地裂缝约 200 条，涉及 35 个县市 65 个乡，其长度由数米到数百米不等，少数达千米，最宽 2 m 左右，可见深度 10m 左右。白洋淀千里堤、滹沱河北大堤曾发现大的横穿裂缝，严重影响防洪安全。至 1995 年，平原还发生地面塌陷 17 处，保定市徐水县地面塌陷引发 50 户 200 余间房屋裂缝。

在流域社会经济发展的同时，海河流域地下水资源系统承受着巨大的压力，被长期超量开采，由此导致地下水资源系统状态发生了一系列的变化。变化之一是平原区大面积的地下水位持续下降，1965 ~ 1998 年不同区域下降幅度在 4 ~ 20m。变化之二是在流域的山前平原至滨海平原，形成了常年性大面积的、以城市为中心的浅层、深层地下水水位降落漏斗。

第 2 章 “自然–社会”水循环模式与水资源系统演变机理

2.1 变化环境下流域自然水循环演化

2.1.1 流域自然水循环定义

1. 自然水循环

水圈是地球表层水体的总称。水体是指由天然或人工形成的水的聚积体，包括海洋、河流（运河）、湖泊（水库）、沼泽（湿地）、冰川、积雪、地下水和大气圈中的水等，这些水体形成一个围绕地球表层的水圈。水圈与大气圈、岩石圈和生物圈共同组成地球外壳最基本的自然圈层。全球生物圈含有的水仅占全球总水量的 0.0001%，一般不作为水圈的组成部分。水循环把地球上的各种水体联结成一个整体，使其处于连续的运动状态。

地球上的水循环是指水在地理环境中空间位置的移动，以及与之相伴的运动形态和物理状态的变化。在太阳能及地球重力的作用下，水在陆地、海洋和大气间通过吸收热量或放出热量，以及固、液、气三态的转化形成了总量平衡的循环运动。

2. 水循环类型

水循环是由海洋的、大陆的以及各种不同尺度的局部循环系统组成的，它们相互联系、周而复始，形成了庞大而复杂的动态系统。其范围可由地表向上伸展至大气对流层顶以上，地表向下可及的深度平均约 1000m 深之间的大气圈、岩石圈和生物圈中；其循环尺度大至全球，小至局部地区。

从空间上划分，水循环可分为海洋水循环、陆地水循环（包括内陆水循环）、海陆间的水循环。海陆间水循环主要指海面蒸发—水汽输送—陆上降水—径流入海这样的过程（但也不能排除有陆面蒸发—水汽输送—海上降水这种情况的存在），使陆地水得到源源不断的补充，水资源得以再生，与人类的关系最密切。陆地水循环既包括内流区域蒸发造成陆上降水的循环，也包括外流区域造成陆上降水的循环，还包括内（外）流域蒸发造成外（内）流域陆上降水的循环，对水资源的更新数量虽然较少，但对于内陆干旱地区却有着重大的意义。海洋水循环虽不能补充陆地水，运行路径较短，但从参与水循环的水汽量来说，该循环在所有的水循环中是最多的，在全球水循环整体中占有主体地位。

从时间上划分，水循环可以是长时期，也可以是短时段。相应地，研究水循环时，研究的区域可大至全球、某一流域，也可小至某一地域内的土壤或地下含水层内的水循环，时间也可长可短。

3. 水循环更替周期

水循环使地球上各种形式的水以不同的周期或速度更新。水的这种循环复原特性，可用水的交替周期表示。由于各种形式水的贮蓄形式不一致，各种水的交换周期也不一致（表 2-1）。

表 2-1　各种水体的更替周期

水体种类	更替周期	水体种类	更替周期
生物水	几小时	深层地下水	1400 年
大气水	8 天	高山冰川	1600 年
河川水	16 天	海洋	2500 年
土壤水	1 年	极地冰川和雪盖	9700 年
沼泽	4 年	永冻带底冰	10000 年
湖泊	17 年		

4. 水循环的过程和主要环节

水循环是多环节的自然过程，全球性的水循环涉及蒸发、大气水分输送、地表水和地下水循环以及多种形式的水量贮蓄。全球水循环以海陆间循环为主，主要环节是：海洋水—蒸发—水汽输送—降水—地表水—地表、地下径流汇入大海（图 2-1）。

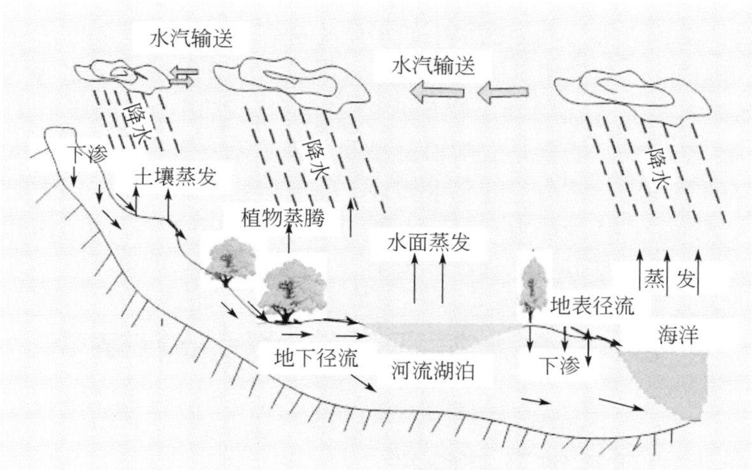

图 2-1　水循环过程示意图

大气层中水分的循环是水汽的蒸发—凝结—降水—蒸发的周而复始的过程，全球的大气水分交换的周期为10天左右。蒸发是大气层中水汽的来源，是水循环中最重要的环节之一。大气中的水汽主要来自海洋蒸发，一部分还来自大陆表面的蒸散发，蒸发产生的水汽进入大气并随大气活动而运动。大气中的海洋上空的水汽可被输送到陆地上空凝结降水，称为外来水汽降水；大陆上空的水汽直接凝结降水，称内部水汽降水。某地的总降水量与外来水汽降水量的比值称该地的水分循环系数。水汽输送是大气层中水分的迁移过程，是水循环最活跃的环节之一。中国的大气水分循环路径有太平洋、印度洋、南海、鄂霍茨克海及内陆等5个水分循环系统。它们是中国东南、西南、华南、东北及西北内陆的水汽来源。西北内陆地区还有盛行西风和气旋东移而来的少量大西洋水汽。

通过海洋蒸发到上空的水汽，有一半造成海上降水，另一半输送到陆地上空，形成陆上降水。其中海面蒸发的绝大部分造成了海上降水，只有一小部分，即不到10%，输送到陆地上空形成陆上降水。

陆地上（或一个流域内）发生的水循环是降水—地表、地下径流—蒸发的复杂循环过程。陆地上的大气降水、地表径流及地下径流之间的交换又称三水转化，而流域径流是陆地水循环中最重要的现象之一。

地下水的运动主要与分子力、热力、重力及空隙性质有关，其运动是多维的。通过土壤和植被的蒸发、蒸腾向上运动成为大气水分；通过入渗向下运动可补给地下水；通过水平方向运动又可成为河湖水的一部分。地下水储量虽然很大，但却是经过长年累月甚至上千年蓄集而成的，水量交换周期很长，循环极其缓慢。地下水和地表水的相互转换是研究水量关系的主要内容之一，也是现代水资源计算的重要问题。

2.1.2 流域自然水循环演化

流域自然水循环的驱动力只有太阳辐射和重力作用，因此也称为一元流域水循环系统，即没有人类活动或人类活动干扰很小的水循环系统。自然水循环的主体是没有人类活动干扰的大气和地面、天然河道、天然湖泊、海洋、未经开发的地下水等水体，介质是没有人类活动或者基本没有人类活动干扰的水的赋存和运移环境，该环境主要包括太阳系统—地球系统—大气系统。能量是太阳辐射和重力势能等天然能量输入，太阳辐射作为水体从下向上运移的驱动力，重力势能是水体自上而下运移的驱动力。远古时代，由于生产力水平低下，人类改造自然的能力有限，人类活动对水循环的扰动的范围和深度有限，因此这个时代的水循环体系是以自然水循环为主。

2.2 社会水循环系统过程及其演变

2.2.1 社会水循环系统及其特征

社会水循环是指水分在经济社会系统中实现其服务功能所进行的运移转化过程，水分来源具有“双源”性，一是人工取用的径流性水资源，循环过程包括取水、输水、用水（包括重复利用和再生利用）、排水等基本环节，其用户包括生活、三次产业和补水人工生态等，二是有效降水利用，包括用（耗）水和排水等，基本用户主要是农业和人工生态系统（图 2-2）。

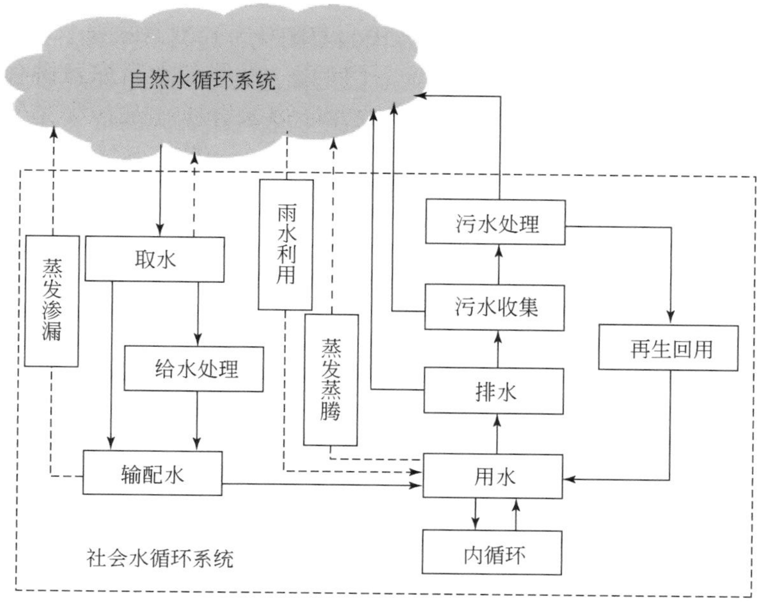

图 2-2　社会水循环系统结构框架

当前社会水循环系统具有以下特征：① 社会水循环是依附于自然“降水—产流—蒸发”主循环的“侧支”循环；② 社会水循环是一个“开路”循环，其始端是取水或有效降水的入点，末端是排水或蒸散发；③ 社会水循环是一个复合的嵌套循环，其中包括重复用水和循环用水；④ 社会水循环是一个“双源”循环，其水分来源包括人工取用径流性水资源，也包括经济社会系统对有效降水的直接利用。

2.2.2　社会水循环驱动力与演化机理

经济社会的用水需求是社会水循环的原始驱动力，包括生活、工农业生产和人工生态环境建设对水分的内生需求。在需求驱动下，社会水循环过程及其通量大小则是正向的驱动机制与反向约束机制综合作用的结果。正向驱动机制是“社会势”，包括政治势、经济势以及位置势，其中政治势则指政治地位和公共政策的取向，经济势包括区域和用户的经济基础与经济效益产出，位置势主要指用户与水源之间的水平和垂向的空间距离。社会水循环的反向约束机制包括三方面：一是水资源数量的约束，在总量不足的条件下，社会水循环的流向及其通量分配取决于其与其他用户竞争的势能；二是水资源开发利用的工程技术水平；三是水资源利用的外部性，主要是指水环境容量及用水户取水、耗水与排水的资源、环境与生态的负面外部性。

社会水循环演化原理包括三个层面：一是水循环系统演化原理；二是水循环通量的演化原理；三是循环过程中水量水质的演化原理。

社会水循环系统演变规律突出表现为五方面：一是系统的复杂化，包括循环结构的嵌套耦合，循环路径的不断延长；二是服务功能的多元化，随着社会的发展，社会水循环的服务功能不断拓展，内涵日益丰富；三是过程的封闭化，与自然水循环的交换程度降低；四是循环的高效化，单方水的用水效率和效益产出日益提高；五是循环通量的阶段化，即不同时期经济社会的取水、用水、耗水和排污通量均表现出不同的特征。

2.2.3 分行业社会水循环过程与机理

生活用水相对于工农业用水总量较小，但它是人类生存和发展所必需的。可分为三大层次，即维持人类生存的饮用水需求、维持人类健康的卫生用水需求以及人类娱乐休闲用水需求。典型的生活用水单元主要包括乡村生活单元（初级）、城镇生活单元（中级）以及发达城市生活单元（高级），后者的结构和流程如图 2-3 所示。生活用水在通量上具有典型的日、月、年度演进规律，随着社会经济的发展，生活用水总量的演变呈现“较低水平—快速增长—缓慢增长—趋于平缓”四大发展阶段。在污染物排放方面，随着生活方式的变迁和社会水平的提高，一些新型生活污染物也成为国内外关注的热点。

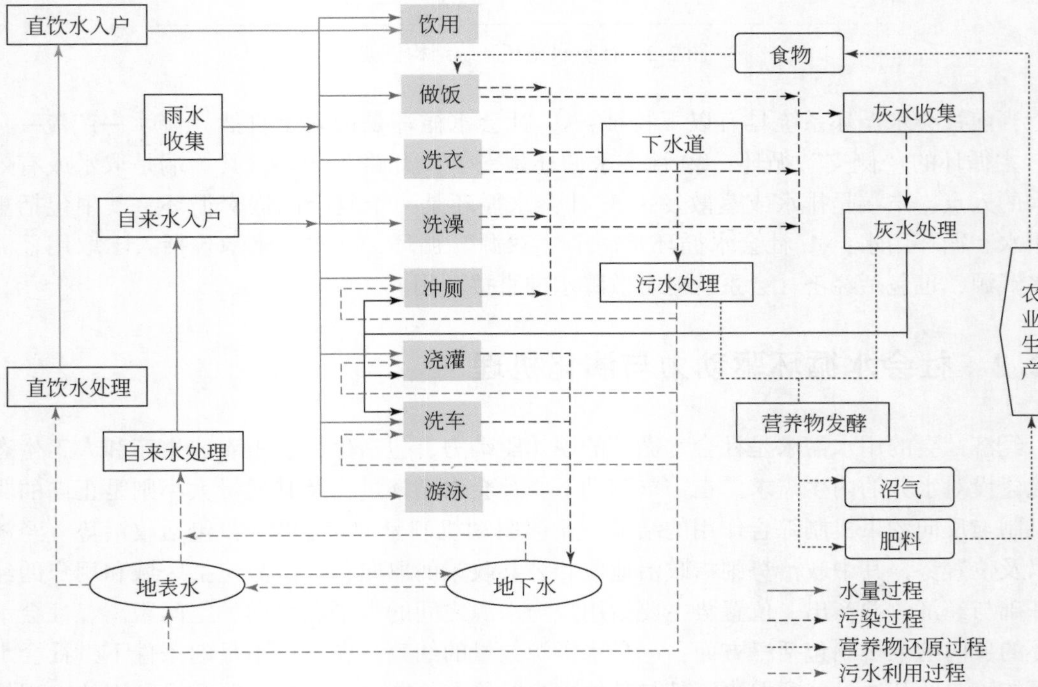

图 2-3　发达城市生活水循环结构与流程

服务于农业生产与消费的水分流转过程构成了农业水循环系统，其来源包括人工径流性水资源和天然降水补给两个途径，存在消耗和非消耗两种状态，表现为“实体水”和“虚拟水”两种形式，农业水循环基本过程如图 2-4 所示。农业用水具有需水通量大但有一定的弹性、水质要求较低、能利用有效降水、伴随面源污染等特点。农业水循环演变机制方面，社会对农产品的需求变化是农业水循环通量演变的原始驱动力，农业水土资源条件是农业水循环通量的基础因素，灌溉面积、农业结构、用水效率和气候变化是影响农业水循环通量的主要因子。

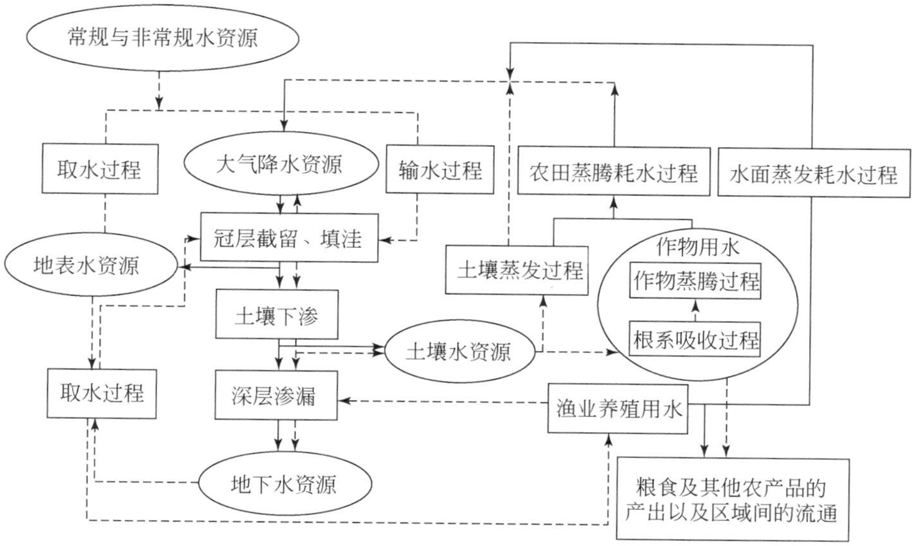

图 2-4　农业水循环系统

从功能角度出发，工业用水可大致分为间接冷却水、工艺用水和锅炉用水三大类。工业用水具有需求弹性小、各业水质要求跨度大、耗水率差异大但相对较低、排水水质差别较大等特点。从发展历程来看，工业用水的发展经历了直流型的工业用水系统、循环型的工业用水系统和现代化工业园区的优化用水系统（图 2-5）三个阶段。工业用水量主要受工业化发展阶段、水环境产业政策、工业节水技术水平和水资源量等因素影响。虽然各个工业行业用水过程千差万别，但是概括来讲主要包括水汽循环系统（热力系统）用水、冷却系统用水、水力除灰排渣系统用水、供热系统用水、洗涤系统用水、脱硫系统用水、脱盐系统用水等。

第三产业用水有别于工业和农业用水的特征，也决定了调控的特殊性，主要表现在：①用水产出主要是非物质性的服务，主体差异性较大，决定了第三产业需水管理除注重器具、技术和工艺节水外，重点要加强对“人”用水方式的调控；②单方用水效益产出高，因此针对消费性用水可充分使用价格等经济调控手段；③用水具有明显的分散性和不确定性，因此既要从用水行业角度进行用水节水的系统规范，也要着力完善政策激励、价格调控等机制，同时着力开展宣传、教育和监督机制建设；④低耗水率，因此调控要以减少取用新水量和排污量为重点，推广节水器具和实用节水技术，强化单元内部的循环用水和再

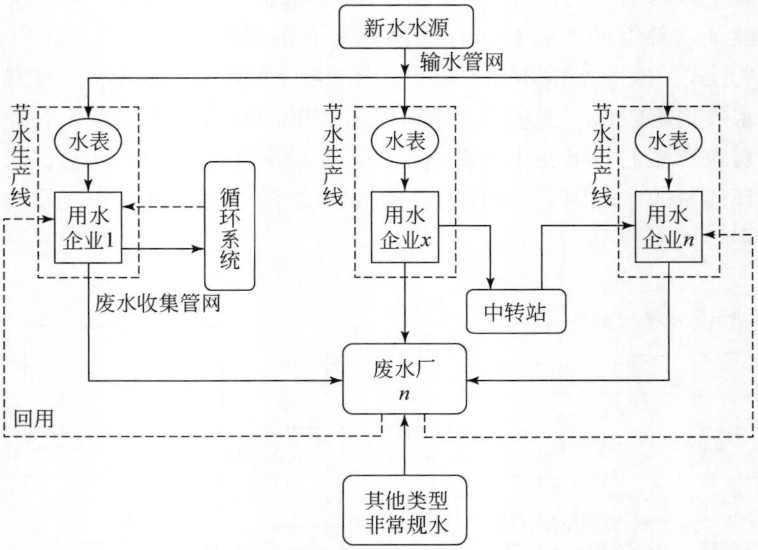

图 2-5　现代化企业园区的优化用水系统

生回用；⑤用水水质要求较高，因此把用水的安全保障放在突出位置，加强供水水质管理；⑥用水具有一定的弹性，在满足刚性用水需求的基础上，加强水资源调配；⑦不同行业排水水质差异性大，要求加强对高污染和特殊污染产业部门排水处理和监管；⑧用水与治理的社会传播性，因此要重视三产用水的节约和保护，特别是公众场所的节水，防止浪费水和污染现象的社会传播。

2.2.4　社会水循环模拟理论与描述方法

农业和城市是经济社会用水的两大基本单元，两者水循环特点存在显著差异，因此其模拟和描述的方法也有所不同，其中农业与自然水循环过程在取水、输水、配水、用水、退水全过程系统耦合，可以作为附加项在自然水循环过程中考虑，模拟的关键是对经济社会用水时空过程的还原；对于城市水循环，由于水分基本上都在管道内流动，其水量水质演变的过程模拟主体是基于供水系统水力模拟扩展的“取—净—供—用—排”的全系统状态仿真。基于此，本研究项目有针对性地研发了面向不同对象的社会水循环模拟方法与模型。

为实现农业用水过程与自然水文循环过程的系统耦合，本研究项目除了在取水和退水两端将农业用水项作为水文循环的输出输入项以外，重点开展了农业用水过程的时空还原，具体是依据农业用水统计资料、农作物耕种统计资料、气象资料及土地利用数据等来推求出接近实际的农业用水时空分布，其过程是首先推求出各类灌溉农作物、灌溉林草地等的空间分布状况，然后计算出理论的灌溉需水量时空分布，最后利用用水统计资料对计算灌溉需水进行修正。此外，按照不同作物的年内需水过程，扣除年内降水过程，得到作物灌溉需水过程，作为农业年内用水的分配依据。

传统的城市水循环以“集中布局、线性结构、简单调控、末端排放”为基本特征，随着城市的发展，城市水循环系统被赋予了五方面的主要功能：保证城市安全用水、公众健康及生态环境完整性；促进城市发展与城市水资源及水环境的协调发展；安全高效利用进入城市地区的自然资源；具有合理的费用效益；具有公众可接受性。现代城市水循环系统的基本结构如图 2-6 所示。

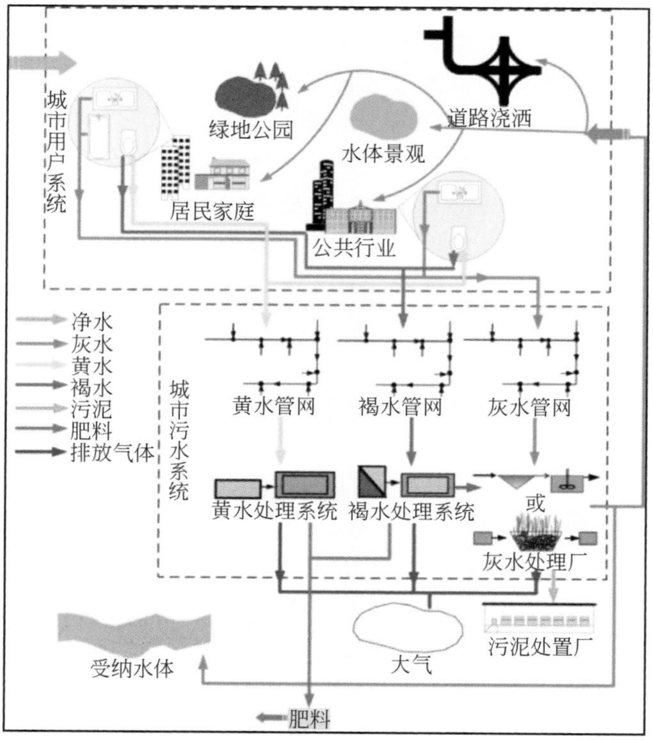

图 2-6　现代城市社会水循环基本结构

2.3　二元水循环耦合机制与模式

2.3.1　流域二元水循环的科学内涵

人类活动密集缺水地区“自然–社会”二元水循环认知模式的内涵主要体现在循环动力、循环结构、循环功能和循环效应四个部分。

一是循环动力的二元化。自然水循环的原始驱动力包括太阳能和重力势能，此外生物势能、毛细管势能也在局部的微循环过程发生着重要的作用，从而使自然水循环始终遵循“水往低处流”的基本规律；社会水循环形成之初，受生产力约束，人们因势利导，利用自然能量开发利用水资源，如借重力之势引水灌溉利用。随着生产力的发展，人们开始筑坝修渠打井，通过社会化石能量的加入或其他利用能量，更大程度地开发利用水资源，并使社会水循环过程遵循“水往高处走”的基本规律，如我国2009年用于农业灌溉提水的电量就超过3000亿kW·h，极大地改变了自然水循环的天然特征；循环动力二元化的另一个表现还在于人类活动对于自然水循环过程的影响，包括人类活动对于气候过程干扰、下垫面的改变和人工取用水对自然水循环流场的改变等，导致自然水循环演化的内生动力也具有明显的二元化特征。

二是循环结构的二元化。水是人类生存和社会发展的基本要素，自人类社会形成以来，一元自然水循环的基本格局就被打破，即在天然的“降水—蒸发—产流—汇流—入渗—排泄”等环节构成的自然水循环内，形成了与之嵌套耦合的、以“取水—输水—用水—耗水—排水”等基本环节构成的社会侧支水循环。社会水循环是水分在经济社会系统的运动过程，循环过程中的一部分水分以蒸腾蒸发进入自然水循环的大气过程，一部分以排水的方式进入自然水循环的地表或地下过程，一部分通过渗漏的形式进入自然水循环的地下或地表过程。因此，社会水循环实际上是从自然主水循环中衍生出的一个侧支水循环系统，是自然主循环的一个分支，但与自然主循环具有紧密的依存和耦合关系，它与自然水循环的关系，如同“胎儿”与“母体”的关系，既作为独立完整的系统，社会水循环这一“胎儿”具有鲜明的个性特点，能独立汲取、运输、吸收、消耗和排泄水分，明显异于自然水循环主体的规律和模式，并发挥相应的服务功能，同时又通过开放“通道”和“脐带”作用，与自然水循环这一“母体”时刻发生密切的水力联系，互为作用和反馈。

三是循环功能的二元化。水是各种生命的基础性物质，是生态环境的控制性因子，是人类生产和社会活动的重要元素，水循环在其形成、运动、转化和消耗的过程中也实现了相应的自然属性。天然条件下，一元的自然水循环过程具有三种原生的基本属性，即因其物理性质所具有的自然属性，主要是循环再生属性；因其化学性质而具有的环境属性，主要是溶解—输移—结晶、侵蚀—搬运—沉积及净化分解的属性功能；因其生命组成物质特性而具有的生态属性，抚育和支撑了丰富多彩的天然生态系统。自社会水循环形成伊始，水循环的服务功能具有了二元化的特征：一是在原生的生态和经济属性功能的基础上，增加了社会服务功能和经济服务功能，主要因为水是人类生存和生活的基础，包括供人饮用、洗浴、美化环境、休闲娱乐等，水循环便具有了社会属性特征；二是水是大部分生产活动的原材料或辅助材料，水在参与经济生产循环过程中，具有了重要的经济属性。此外，水的有用性和宏观稀缺特性使水资源具有价值，加之水资源开发、利用与保护也需要一定的经济投入，导致社会水资源具有鲜明的经济属性和服务功能。

四是循环效应的二元化。“自然-社会”二元水循环的形成，一方面使水循环的服务功能由自然的生态和环境范畴拓展到社会和经济范畴，另一方面也由于社会水循环与自然水循环之间通量此长彼消的动态依存关系，以及以水量循环为载体的社会经济污染物的排入，使得水资源在发挥社会与经济服务功能的同时，自然的生态与环境服务功能受到影响和侵占。随着经济社会取、耗、排水循环通量不断增加，甚至会破坏自然主循环的基本生态和环境服务功能，如在我国海河流域，现状水资源开发利用率已超过 100%，即侧支水循环通量已超过了自然主循环的一次性径流通量，使流域内河湖湿地生态重度退化、地表地下水严重污染。

2.3.2 “自然–社会”二元水循环耦合机制与认知模式

从过程来看，自然水循环与社会水循环的耦合是全过程的，突出表现为两端，即取水端和排水端，同时初级的社会水循环系统过程环节与自然水循环耦合也十分紧密（图 2-7）。在严重缺水地区，随着社会水循环系统的发育成长，制水、输水和用水环节过程效率不断提高，无效和低效的漏损与损耗不断减少，同时水资源的重复利用和再生回用程度不断提升，以径流形式的退水和排水量逐渐减少，水分更多地是以蒸发蒸腾的形式回归到自然水循环的大气过程。从这个意义上来说，随着社会水循环系统的演化，缺水地区的社会水循环在排水端和过程中与自然水循环的耦合关系逐渐疏离。

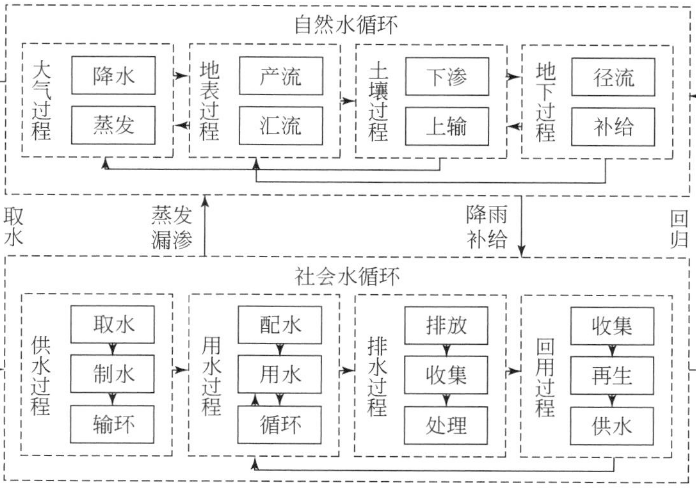

图 2-7 “自然–社会”二元水循环基本过程及相互关系

基于“自然–社会”二元水循环结构与过程的实际，二元水循环的基本认知模式的核心是“分离”与“耦合”。所谓“分离”，就是要将“自然–社会”二元复合循环中的循环驱动力、循环过程、服务功能、次生效应等分解成为自然和社会的二元化过程；所谓“耦合”就是无论是在机理识别、规律认知、过程作用整体调控的各个环节，都要保持“自然”与“社会”二元因子在驱动力、结构过程、功能响应之间的动态依存和相互作用的关系。“分离–耦合”是认识“自然–社会”二元水循环原理与过程的基本视角，也是本项目研究始终坚持的科学逻辑。

2.3.3 “自然-社会”二元水循环系统演化模式动力学描述①

1. 流域水循环模式

陆面流域水循环是指流域降水到达地面后发生的水分运移与转换过程，在此过程中，形成了地表水（包含陆面截流）、土壤水和地下水等不同赋存形式的水资源。流域水循环系统中：一是系统输入，主要指降水。降水是不同尺度的大气物理过程和天气动力作用之间的耦合结果，也是流域水循环系统的输入，其形成和发展是一个复杂的物理过程，不仅受到大尺度天气动力过程和中小尺度动力学和热力学的制约，也受云微物理、辐射、边界层等非线性相互作用的影响，是最难预报的气候变量之一；二是循环环境，包括地表下垫面环境、土壤介质环境和地下含水层介质环境；三是循环结构，在天然状态下，自然水循环水平结构为“坡面—河道—海洋”，垂向结构是“大气—地表—土壤—地下”。在水资源开发利用的条件下，在天然水循环的水平分项上增加“取水—输水—用水—排水”循环结构，并对垂向结构也进行了一定程度的改造；四是循环动力，包括太阳能、势能以及人工能量等，其中势能又包括重力势能、毛细管势能、生物势能等，人工能量如提水电能等。

基于上述描述，流域水资源形成与演化的概念性模型可以表述为

$$R=f\ (P,\ C,\ S,\ E) \tag{2-1}$$

式中，R 为流域水资源；P 为水资源系统输入（降水或其他水分来源）；C 为循环环境；S 为循环结构；E 为循环能量。

天然状态下，陆面流域水循环在水平方向按照“坡面—河道—海洋（或尾闾湖泊）”、垂直方向按照“大气—地表—土壤—地下”过程不断循环往复，从而形成了地表水资源、土壤水资源和地下水资源。但随着社会经济的快速发展和人口的不断增加，人类社会正深度扰动着地球表层物质与能量的天然循环过程，其中水循环也不例外。大规模的工农业生产、城市化、生态建设以及人工取、用、耗、排水等活动都无时不在悄然改变着天然水循环的大气、地表、土壤和地下各个过程，致使现代环境下流域水资源系统演变的内在动力已由过去一元自然驱动演变为现在的“天然-社会”二元驱动。大规模人类活动干扰下的流域水资源演化的概念性模型发展为

$$R=f\ \{P\ (n,\ a),\ C\ (n,\ a),\ S\ (n,\ a),\ E\ (n,\ a)\} \tag{2-2}$$

式中，n 为自然驱动力；a 为人工驱动力。

2. 自然水循环系统

按照系统动力学的描述方式，假设自然水循环系统 Z_N（n）是由 n 个相互关联的要素

① 周祖昊．变化环境下黄河流域水资源演变规律研究．中国水利水电科学研究院博士后研究工作报告．

e_N（1），e_N（2），…，e_N（n）组成，用 E_N（n）表示各要素的集合，即

$$E_N(n) = \{e_N(i)\} \qquad (i = 1, 2, \cdots, n;\ n \geqslant 2) \tag{2-3}$$

用 R_{Z_N} 表示要素 e_N（1），e_N（2），…，e_N（n）间存在的关联的集合，则 Z_N（n）的数学表达式为

$$Z_N(n) = \{E_N(n),\ R_{Z_N}\} \tag{2-4}$$

自然水循环系统存在的状态可表示为

$$W_N = \Psi_{S_N}(W_{\rm Nin},\ S_N,\ R_N) \tag{2-5}$$

式中，W_N表示自然水循环系统的状态，不仅包括诸如冠层截留量、洼地储留量、土壤含水量、地下水储存量、各河道断面流量等与水有关的状态变量，还包括下垫面、覆被状况、河道形态和湖泊库容等，概而言之，就是包括自然水循环系统各个要素的状态；Ψ_{S_N}是与环境有关的函数；$W_{\rm Nin}$是自然水循环系统的初始状态；S_N是自然水循环系统所处环境的状态，即日–地系统、大气系统的状态，如太阳辐射、大气的温度、湿度、风速等；R_N是环境向系统的输入、输出，包括降水、蒸发、太阳辐射等。

由于各变量都是时间和空间的函数，式（2-5）可以用微分的形式表示：

$$\begin{cases} \dfrac{\partial W_N}{\partial t} = \psi_{S_N}^{t}(W_{\rm Nin},\ S_N,\ R_N) \\ \dfrac{\partial W_N}{\partial x} = \psi_{S_N}^{x}(W_{\rm Nin},\ S_N,\ R_N) \\ \dfrac{\partial W_N}{\partial y} = \psi_{S_N}^{y}(W_{\rm Nin},\ S_N,\ R_N) \\ \dfrac{\partial W_N}{\partial z} = \psi_{S_N}^{z}(W_{\rm Nin},\ S_N,\ R_N) \end{cases} \tag{2-6}$$

从这里我们可以看出，水循环系统的状态，是系统初始状态、系统所处环境的状态和系统输入的函数。如果系统的初始状态、系统所处环境的状态和系统输入在空间上各点的信息已知，联立求解方程组（2-6）就可以得到时段末系统在空间上各点的状态。

3. 社会水循环系统

自人类社会开始开发利用水资源，天然的一元水循环结构就被打破，形成了“自然–社会”二元水循环结构，即一个完整的陆域水循环系统是由流域“降水—坡面—河道—地下”为基本过程的自然主循环与区域“取水—供水—用水—排水”为基本过程的社会侧支循环耦合组成，两者通量相互依存，过程相互影响。

社会侧支水循环是一个宏观开放的系统，始端起于从自然水循环系统的取水或雨水直接利用，终端止于向自然水循环系统的排放或蒸散发，中间通过入渗等过程与自然水循环系统紧密耦合。随着社会经济的不断发展，社会侧支水循环系统随之演进。

根据经济社会特点差异、用水行业的特点与耗水特性的不同，社会水循环可以分解为城市水循环、农业水循环、其他水循环等分支过程。

(1) 城市水循环模式

城市水循环是人类社会参与自然水循环过程的高级形式，具有水循环通量集中、人工控制程度高、通量过程受气象影响小、通量具有持续性等特点。

水是一项重要的资源，是流域中人类社会赖以生存和发展的最基本条件之一，直接影响和制约着公众健康、环境质量和经济增长。研究表明，水在城市中具有五方面的功能：水是城市生存和发展的必需品和最大消费品，是污染物传输和转化的基本载体，是维持城市区域生态平衡的物质基础，是城市景观和文化的组成部分，是城市安全的风险来源。

城市长期发展过程中形成的水系统分离机制与耦合机制，有效推动城市二元水循环模式的形成，具体原理为：①分离机制。城市社会侧支水循环与城市自然主水循环各成体系，如城市管网改造减少了水的地下渗漏量，污水处理再生利用和水的重复循环利用减少了污水的排放量；城市化的硬化地面隔断了与地表系统与土壤、地下系统的联系；城市化的雨水管网人为改变了城市雨水、污水排放的流向。②耦合机制。社会侧支水循环通量与河道主循环通量存在此消彼长的动态互补关系，社会取耗水量的增加直接导致下游断面实测径流量的减少，改变江河湖的水力联系；城市化的硬化地面带来径流的增加；污水和雨水进入水体。

(2) 农业水循环模式

农业水循环是人类社会参与自然水循环过程的传统形式，具有影响范围广、水循环绝对通量大、单位面积通量低、与气候和作物生长特点相关性强、通量过程具有频率性等特点。

按照水分流通过程，农业水循环系统包含四大过程：①取供水过程。即通过灌溉输配水系统将水自水源引至田间，也包括田间降水的自然输配补给过程。②用水过程。田间水分与作物体根系层土壤水的转化及土壤水再分配过程，主要体现在根系吸收过程和作物生长过程。③耗水过程。主要指作物吸收水分后通过光合作用将辐射能转换为化学能，最后形成碳水化合物的用（耗）水过程以及棵间土壤蒸发和冠层截流蒸发过程等，另外还包括人工补充灌溉过程的输水蒸发过程。④排水过程。将多余水量排出农田系统的过程，包括农田退水过程和农田产汇流过程。各过程间相互作用又相互影响，并与自然水循环过程密切联系。

对一个闭合的农田系统而言，水循环过程的输入项是降水或人工补充灌溉，基本输出项包括水平方向的径流项和垂直方向蒸散项。在人类活动作用下，海河流域农田系统另外一个突出的水循环效应就是垂向蒸散发的输出整体增加，而水平方向的径流输出不断减少。根据水量平衡原理，在一个较长的时段内农田系统储水量看作基本不变的话，水平方向径流量的减少量必然等于垂直方向蒸散量的增加。

(3) 其他类型水循环模式

林草、荒地等天然土地利用中存在有局部的受扰天然水循环系统。在这些水循环系统中，水的产汇流机制仍与纯粹天然水循环系统一样，主要是蓄满产流和超渗产流，但是其中的水循环的通量却由于受人类活动的干扰发生了变化。林草受扰天然水循环系统中水分通量的变化主要反映在两种情况下：一是一部分人工灌溉后的退水、渠道旁侧渗漏和田面产流进入林草水循环系统，增加了天然林草的地表入渗量。二是天然林草、荒地与农田、水库、渠道人工土地利用等通过区域地下水构成空间上的水力联系，农田的灌溉渗漏可通过地下水的水平传输被林草、荒地等天然状态下的土地利用通过潜水蒸发耗用；同理，林草、荒地的降雨入渗等地下水补给也可被农田作物利用。受扰林草水循环系统自身的降水入渗、蒸发和产汇流机制等方面不受影响，仍与纯粹天然状态下的林草水循环系统一样。

湖泊、湿地等水域受扰天然水循环系统与林草、荒地受扰天然水循环系统既有相同的地方，又有不同的地方。相同之处在于湖泊等水域也接受灌溉退水和居民地不透水面积上的产流参与到整体的水循环过程中；不同之处在于，由于近年来湖泊等水域的萎缩，人类为了保护和改善生态环境，通过渠道等水利设施对湖泊等水域进行补水。即人类活动对湖泊等水域的水循环系统既有直接的干预，又有间接的参与。但总的来说，在湖泊等水域的水循环过程中，各项人类活动干预主要是改变了湖泊水循环过程中的入流和蓄量，但湖泊、湿地的蒸发、渗漏、出流与湖泊的面积、水位相关，这部分循环通量也将受到间接影响。

4. “自然–社会”二元水循环

和自然水循环系统类似，假设社会水循环系统 $Z_A(m)$ 是由 m 个相互关联的要素 e_A（1），e_A（2），…，e_A（m）组成，用 E_A（m）表示各要素的集合，即

$$E_A(m) = \{e_A(i)\} \qquad (i = 1,\ 2,\ \cdots,\ m;\ m \geqslant 2) \tag{2-7}$$

用 R_{Z_A} 表示要素 e_A（1），e_A（2），…，e_A（m）间存在的关联的集合，则 Z_A（m）的数学表达式为

$$Z_A(m) = \{E_A(m),\ R_{Z_A}\} \tag{2-8}$$

自然水循环系统 Z_N（n）和社会水循环系统 Z_A（m）构成“自然–社会”二元水循环系统 Z（n，m），用 E（n，m）表示二元水循环系统内所有自然和社会要素的集合，用 R_Z 表示所有自然和社会要素关联的集合，则 Z（n，m）的数学表达式为

$$Z(n,\ m) = \{E(n,\ m),\ R_Z\} \tag{2-9}$$

进一步可以表示为

$$\{Z_N(n),\ Z_A(m))\rrbracket = \{E_N(n),\ E_A(m),\ R_{Z_N},\ R_{Z_A},\ R_{Z_{AN}}\} \tag{2-10}$$

式中，$E(n,\ m) = \{E_N(n),\ E_A(m)\}$，$R_Z = \{R_{Z_N},\ R_{Z_A},\ R_{Z_{NA}}\}$，其中 $R_{Z_{AN}}$ 为自然要素和社会要素之间存在的关联的集合。

“自然–社会”二元水循环系统存在的状态可表示为

$$W = \Psi_S(W_{in},\ R_Z,\ S,\ R) \tag{2-11}$$

进一步可以表示为

$$\{W_N,\ W_A\} = \Psi_S(W_{Nin},\ W_{Ain},\ R_{Z_N},\ R_{Z_A},\ R_{Z_{AN}},\ S,\ R) \tag{2-12}$$

式中，W 表示“自然–社会”二元水循环系统的状态；W_N 表示自然水循环系统的状态，包含的变量和式（2-5）中的一样；W_A 表示社会水循环系统的状态，与自然水循环系统相比，多了一些受人类控制的状态，比如水库蓄水量、渠道断面水位和流量、人工下垫面状况、大坝和堤防高度和河渠衬砌情况等，简而言之，就是包括社会水循环系统各个要素的状态；Ψ_S 是与二元水循环系统的环境有关的函数；W_{in} 是二元水循环系统的初始状态；S 是

二元水循环系统所处环境的状态，即日–地系统、大气系统、社会经济系统和人工生态系统的状态，除了太阳辐射、大气的温度、湿度、风速等以外，还有经济发展水平、经济增长速度、城市化水平、居民生活水平等；R 是环境向系统的输入、输出，除了降雨、太阳辐射等以外，还有进出社会经济系统和人工生态系统的水量、建设社会水循环系统的原材料、燃料及其他各种投入等。

由于各变量都是时间和空间的函数，式（2-12）也可以用微分的形式表示：

$$\begin{cases}\dfrac{\partial W}{\partial t}=\psi_S^t(W_{\mathrm{in}},\ R_Z,\ S,\ R)\\ \dfrac{\partial W}{\partial x}=\psi_S^x(W_{\mathrm{in}},\ R_Z,\ S,\ R)\\ \dfrac{\partial W}{\partial y}=\psi_S^y(W_{\mathrm{in}},\ R_Z,\ S,\ R)\\ \dfrac{\partial W}{\partial z}=\psi_S^z(W_{\mathrm{in}},\ R_Z,\ S,\ R)\end{cases} \tag{2-13}$$

同样，如果系统初始状态、系统所处环境的状态和系统输入、输出在空间上各点的信息已知，联立求解方程组（2-13）就可以得到时段末系统在空间上各点的状态。

由式（2-13）可以看出，在一元水循环系统的基础上，二元水循环系统增加了对人工项的描述，其演化的驱动力、结构和参数，既包括自然的成分又包括人工的成分。

2.3.4 流域二元水循环过程的模拟

根据二元水循环系统的认知模式，流域二元水循环过程的模拟包括“分离”与“耦合”两大基本步骤，即首先对自然水循环过程和社会水循环过程分别进行模拟，然后根据两大过程之间的动态依存关系将两个模拟过程耦合起来，以实现对二元水循环过程的分项和整体认知。

1．分离

根据式（2-13），二元水循环过程分离为自然水循环过程和社会水循环过程，其中社会水循环过程分离为受人类直接控制的水循环过程和受人类间接控制的水循环过程，各个水循环子过程还可以进一步分离为更小的子过程直至单个的微观水循环环节。整个二元水循环系统可以采用微分的形式描述如下：

$$\begin{cases}\left\{\dfrac{\partial W_N}{\partial t},\ \dfrac{\partial W_{A_D}}{\partial t},\ \dfrac{\partial W_{A_I}}{\partial t}\right\}=\psi_S^t(W_{\mathrm{Nin}},\ W_{A_D\mathrm{in}},\ W_{A_I\mathrm{in}},\ R_z,\ S,\ R)\\ \left\{\dfrac{\partial W_N}{\partial x},\ \dfrac{\partial W_{A_D}}{\partial x},\ \dfrac{\partial W_{A_I}}{\partial x}\right\}=\psi_S^x(W_{\mathrm{Nin}},\ W_{A_D\mathrm{in}},\ W_{A_I\mathrm{in}},\ R_z,\ S,\ R)\\ \left\{\dfrac{\partial W_N}{\partial y},\ \dfrac{\partial W_{A_D}}{\partial y},\ \dfrac{\partial W_{A_I}}{\partial y}\right\}=\psi_S^y(W_{\mathrm{Nin}},\ W_{A_D\mathrm{in}},\ W_{A_I\mathrm{in}},\ R_z,\ S,\ R)\\ \left\{\dfrac{\partial W_N}{\partial z},\ \dfrac{\partial W_{A_D}}{\partial z},\ \dfrac{\partial W_{A_I}}{\partial z}\right\}=\psi_S^z(W_{\mathrm{Nin}},\ W_{A_D\mathrm{in}},\ W_{A_I\mathrm{in}},\ R_z,\ S,\ R)\end{cases} \tag{2-14}$$

对于单个的微观水循环环节，该方程组具有不同的表现形式。比如对于蒸发过程，可以用 Penman 公式或者 Penman-Monteith 公式描述；对于下渗过程，可以用 Green-Ampt 方程描述；对于浅层地下水运动过程，可以用 BOUSINESSQ 方程进行二维数值计算；对于坡面汇流、河道汇流和渠道输水过程，可以采用运动波或者动力波方程计算；对于蓄滞洪区的运用，可以采用二维或者三维非恒定流方程。

按照数值解的步骤，对式（2-14）的求解，首先需要把方程组在时间上和空间上进行四维离散化处理，根据模拟精度的需要，可以在时间上离散为月、天或者小时等，在水平方向上离散成不同尺度的计算单元，在垂直方向上把土壤和透水岩层离散成若干层。如果采用的时空尺度比较小，不至于使各变量之间的动力学关系失效，并且模拟的结果不至于失真很多，即具有物理机制的分布式模型，否则就是半分布式或者集总式模型。

分布式水文模型作为最有前景的流域水循环模拟方式，既能够考虑各项水文气象因素信息的时空变异特征，也可以考虑流域下垫面时空变异特性。因此既可以用来模拟自然水循环过程，又可以用来模拟受人类间接控制的水循环过程。并且，从理论上来说，分布式水文模型还可以模拟受人类直接控制的社会水循环过程。比如水从渠首进入渠道以后在渠道里面的输送过程，农田里的水分蒸发、渗透过程，蓄滞洪区洪水扩散演进过程等，但前提条件是相应模型时空尺度的参数、边界条件和初始条件已知，比如模拟时段内水库的泄洪量、引水渠首过流量、泵站的抽水流量，渠系的布置、城市管网布置、渠道蒸发渗漏系数、工业生活耗水率等。但这类资料受人为干扰太大，不确定性和随意性强，目前还没有统一的数据采集和管理系统。

相对来说，自然水循环系统和受人类间接控制的社会水循环系统的参数、边界条件和初始条件比较容易确定，比如水文气象要素由遍布全流域的站网观测，由流域或者地区、省、国家有关水行政主管部门统一数据库系统管理；下垫面参数有先进的卫星遥感技术，通过 GIS 技术处理和管理；土壤、水文地质参数有相关部门实地的勘探结果，且不容易随时间推移而改变。

因此，在目前的条件下，对于受人工直接控制的水循环过程，要期望做到完全分布式模拟，还有待进一步的研究。比较可行的方式是，采用分块集总式的水资源配置模型和分布式水文模型耦合，实现对“自然–社会”二元水循环系统的耦合模拟。由于水资源配置模型能较好地描述社会水循环系统中水源、用水户、排水区之间的水力联系，采用该模型实现对流域水资源调配过程的模拟，主要包括流域水资源的供需平衡模拟和基于配置方案的水资源调度模拟。而对于自然水循环过程以及社会水循环系统中水分的消耗过程、水库泄水以后的河道演进过程仍然采用分布式水文模型模拟。

2. 耦合

流域分布式水文模型和集总式水资源调配模型的耦合是实现二元水循环过程整体模拟的关键。从数学上来讲，保持式（2-14）中各方程之间变量的交换，联立求解方程组，就是耦合。实现分布式水文模型和集总式水资源配置模型耦合最主要的问题在于分布式（小尺度）信息和集总式（大尺度）信息的匹配和融合。

分布式水文模型产出的信息时空尺度相对较小，时间尺度一般是日、小时甚至分钟，空间单元是子流域、等高带、网格等，面积大小一般是几十平方千米、几平方千米、零点几平方千米。而集总式的水资源配置模型的时空尺度相对较大，时间尺度一般是月或者旬，空间尺度是流域分区套行政分区，面积几百甚至几千平方公里。因此，从分布式水文模型产出的小尺度信息积分到集总式水资源配置模型的时空尺度上比较容易，而将集总式水资源配置模型产出的大尺度信息输入到分布式水文模型中，则需要将集总式（大尺度）信息在时间域和空间域进行二维离散化，使其转化成为能够与分布式的水文过程信息兼容的有效信息，然后在统一的 GIS 平台上，实现流域水文模拟模型和水资源配置模型的耦合模拟。我们将这种流域分布式水文模型和流域集总式水资源配置模型组成的耦合模型称为“流域二元水循环模拟模型”。

2.4 二元模式下的水循环演变机理

流域水文循环是一个随时空变化的连续过程，与气候、流域下垫面、地质等环境条件直接相关，在不同的时间尺度下（水循环变迁和演化规律有很大差异。在较长时间尺度下(万年和千年尺度)，由于积累和观测的数据资料有限，因此可综合多方面学科的研究方法和研究成果，利用考古、地质、同位素等多种手段，寻求流域气候演化、水系变迁、地下水演变等各方面的历史痕迹和影响因素，尽可能科学地还原流域特定历史条件下水循环状况，为了解流域水循环变迁的规律提供参考。

对于受人类活动强烈干扰的海河流域，就其所具有的自然-社会复合型水循环功能来说，可以视为一个相对独立的系统。其陆地水循环系统的外部环境是水循环的大气过程、流域下垫面、地下含水层以及人类经济圈，还包括海洋。而在流域系统内部，水循环的实现是通过地表水系统、土壤水系统、地下水系统和人类城市圈系统、人类农业控制系统的相互作用来实现的。水循环的驱动力，主要包括重力势能、太阳辐射、分子热力学势能和人工势能。从系统的、整体的层面来认识海河流域二元水循环演变过程，是对微观动力学分析的一种有益补充。实际上，在国内外以往的研究中，已经把水分在不同系统之间的转化作为重要的科学领域（如“四水转化”），并且成为流域水资源调控的理论基础。

2.4.1 万年尺度水循环演化规律的研究

在前人研究成果的基础上，结合潮白河流域、沧州市地区的同位素及化学试验分析，得到如下主要结论，在万年尺度上，海河流域水循环的主要影响因素为温度和水系变迁。

1）温度和水循环系统之间能量交换与水分转移通量值呈正相关。在气候温暖期，降水量充沛，河流流量大，地下水补给充分，水循环系统之间能量交换与水分转移通量值大；相反，在气候寒冷期水循环系统之间能量交换与水分转移通量值小。

2）黄河的向南改道使海河水系得到独立，在黄河河道的南北迁移过程中，洪水对平原的冲积，一方面形成了多条河道，为流域水系改变创造条件；另一方面，洪水的泥沙在入海口不断沉积，形成滨海平原并不断扩大。

3）采用同位素方法对典型流域水资源的补给分析表明，沧州地区的地下水补给，埋深 5 ~ 15m 水样代表全新世当地降水补给，埋深 10 ~ 50m 的水样主要为全新世黄河河水补给，埋深 300 ~ 450m 的水样为晚更新世冰期古水，地下水滞留时间约在距今 2. 5 万年前。

2.4.2 千年尺度水循环演化规律研究

1）千年来流域气温变化呈现冷暖交替的现象，从 1660 年至今，气温回升，目前流域处在升温期，明确流域气候特点对于了解预测水循环趋势意义重大。

2）利用流域内 540 年的水旱灾害等级数据对流域的水旱灾发生规律的统计分析结果表明：17 ~ 18 世纪，海河流域经历了旱型–涝型的转变过程，进入 21 世纪，有再向旱型转变的趋势。

3）人口密度是人类活动强度的重要反映指标，两汉时期华北平原人口密度仅次于关中平原，以魏晋时期为界，此前华北平原基本保持全国人口过半数的优势。唐代以后人口下降，至北宋金元时降至第二次人口最低点，明清人口开始回升，至清末人口密度超过 100 人/km^2 的水平。清末北京人口为 340 万，天津为 190 万，海河流域已经成为人口密集的地区，如今海河流域人口已达 1. 32 亿。

4）海河流域的下垫面条件在几千年中变化剧烈，流域植被覆盖率由最初的浓密落叶阔叶林植被演变成当今森林覆盖率不足 15%，人均占有林地面积低于全国平均水平。

5）从历史上看，海河流域的湖泊洼淀基本上呈萎缩、消亡的发展趋势，特别是近一二百年沿着这种趋势演变得越来越快。海河流域下垫面条件的恶化势必带来很大的水资源问题，这将是今后水资源工作的一大重点。

2.4.3 百年尺度水循环演化规律研究

近百年来，在海河流域气候演变和人类活动的共同作用下，海河流域水循环呈现以下演化规律：

1）近百年来，海河流域年降水量整体上有缓慢上升趋势，但并不显著，降水的季节分布从1979年后呈现主汛期（7～9月）持续减少，春季（3～5月）降水持续增多的趋势。降水演变在百年尺度上有一个约80年的丰枯周期，有明显的5年和22年周期，根据气候模式预测结果和降水周期演变规律分析，海河流域未来降水将结束自1997年以来的连续枯水期，进入一个平水期或者丰水期，使海河流域进入一个暖湿的演化阶段。

2）近百年来，海河流域天然径流和入海水量整体上呈衰减趋势，1980年以后这种衰减趋势更为明显。由于天然径流和入海水量的衰减主要是下垫面条件变化引起的，即使未来海河流域降水有一定幅度的增加，天然径流和入海水量也很难再恢复到历史平均水平。

3）根据对近百年海河流域降水演变的分析，降水演变有一个约为80年的周期，自2007年开始，海河流域降水量可能开始转丰。根据海河流域降水丰枯变化周期，未来10～15年，海河流域可能结束自1997年以来的枯水期，进入平水期。

第 3 章 水循环演化驱动下的流域水生态与环境演变机理

流域水环境、生态系统与水循环三大系统之间互相作用，关系密切。水循环为水环境系统和生态系统提供水分条件，水环境系统与生态系统之间有复杂的物质交换与转化，生态系统的演化造成水循环系统下垫面等外部环境的变化。在三大系统错综复杂的关系中，水是最为活跃的因素，水循环系统的演化对其他两大系统的演化起到至关重要的驱动作用。

在全球气候变化和高强度人类活动影响下，流域水循环发生深刻演变。在社会经济高速发展期，流域水循环的二元演化对水环境总体造成的影响是不利的。地表地下水文情势的变化，造成水环境容量呈减少趋势，加之污染排放量的迅速增加，污染种类的复杂化，致使水环境恶化越来越严重。

流域水循环系统的二元演化造成的另一个后果是人工生态系统（如农田等）和自然生态系统（如自然林草植被等）的二元分异日益显著。随着社会水循环通量的增加，与之关系密切的人工生态系统获得更多的水分条件，而自然生态系统的水分条件彼长此消，全球气候变化作用下更是凸显了这种关系。

3.1 海河流域水景观生态系统演变机理

3.1.1 流域生态系统类型与水分补给模式

不同生态系统对水分的依赖程度存在差异，这种差异可体现在微观和宏观两个方面：对于植物个体尺度而言，由于生理习性不同，不同植被类型的个体进行生长繁殖等生理活动需要的水量往往存在差异，如水生或湿生植物通常情况下对水分的依赖程度大于旱生植物；对于宏观尺度而言，植物个体所需水量间的差异体现为维持不同类型的生态系统健康所需要的水量方面的差异，即各个生态系统的生态需水量的大小，由于不同生态系统间需水量存在差异，在分析流域尺度的生态水文相互作用时，首先需要依据生态系统对水分的依赖程度，对流域内的生态系统进行划分，本研究在前述生态系统分类的基础上，依据其生态需水量值，确定海河流域不同生态系统对水分的依赖程度。海河流域各类生态系统生态需水量见表 3-1。

表 3-1　海河流域各自然生态系统生态需水量

名称	面积/km^2	生态需水量/亿 m^3	需水量/mm
森林	60 103.56	250.54	416.85
草地	61 459.91	103.43	168.29
内陆湿地	6 163.59	73.41	1 191.03
河口湿地	823.86	9.72	1 179.81

注：森林、草地生态需水量包括植被蒸腾和植被及地面的蒸发需水，按植被群落类型及面积进行计算；湿地生态需水量包括河道生态需水、沼泽湿地生态需水和湖泊生态需水三部分，其中河道生态需水计算包括蒸发、渗漏和河道基流量三部分，后两者只计算蒸发和渗漏；河口湿地生态需水计算与沼泽湿地相同。表中所指需水量是单位面积上的生态需水量值。

由表 3-1 可见，海河流域内各自然生态系统中，对水分依赖程度最大的是内陆湿地生态系统，达 1191.03mm，其次为河口湿地为 1179.81mm，海河流域内河口湿地主要由芦苇和湿生植被、水域和三角洲组成，因此，其对水分的依赖程度与内陆湿地非常接近。森林、草地生态系统对水分的依赖程度相对较低，分别占湿地生态系统的 35.0% 和 14.13%。

根据本研究确定的生态系统划分，海河流域内部生态系统划分为森林生态系统、草地生态系统、湿地生态系统、河口生态系统、农田生态系统和城镇生态系统 6 种。其中森林、草原生态系统中，除一小部分人工林和人工草地靠人工灌溉补给水源维持外，大部分依靠降水补给，因此森林和草原生态系统主要为雨养型生态系统；海河流域内湿地生态系统主要包括湖泊生态系统、河道及滨河带生态系统、沼泽湿地生态系统、库塘生态系统等，系统的补给水源除少部分来自大气降水外，多依靠河川径流补给或人工调水补给，因此将湿地生态系统划分为河川径流补给型生态系统；海河流域主要河口包括海河口、漳卫新河口和滦河口三部分，其中河口湿地构成的生态系统处于沿海河入海口地区的高潮位与低潮位之间，其补给水源来自大气降水、河川径流和海水，因此属于综合补给型生态系统；农田生态系统包括水田和旱田两大类，系统水源除少部分来自大气降水外，多依靠人工灌溉补给，因此属于人工灌溉补给型生态系统；城镇绿地生态系统的补给水源主要依靠人工灌溉补给，因此属于人工灌溉补给型生态系统。海河流域内各类生态系统对应的水分补给类型见表 3-2，海河流域各生态系统按补给类型分类如图 3-1 所示。

表 3-2　海河流域各生态系统的主要补水类型

生态系统类型	主要补水类型
森林生态系统	雨水补给型
草地生态系统	雨水补给型
内陆湿地生态系统	雨水+河川径流

续表

生态系统类型	主要补水类型
河口湿地生态系统	雨水+河川径流+潮汐
农田生态系统	雨水+地下水
城镇绿地生态系统	雨水+地下水+中水

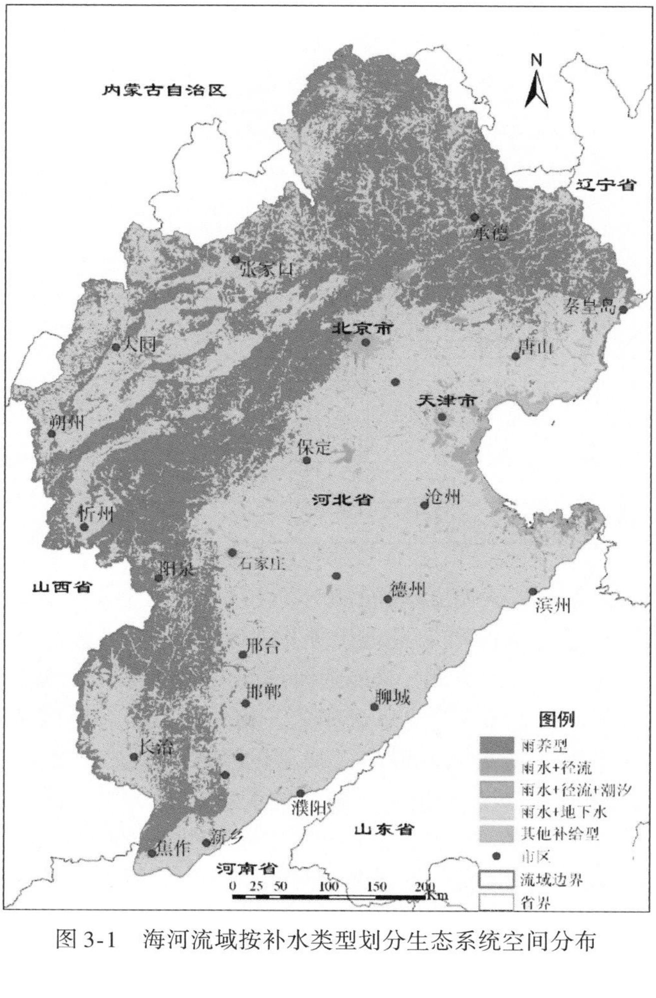

图 3-1　海河流域按补水类型划分生态系统空间分布

3.1.2　不同垂直梯度流域生态系统类型分布特征

重点分析了海河流域 2005 年生态系统格局，研究区总面积 31.78 万 km^2，分别属于 6 类生态系统，17 个小类。根据其空间分布，得出各种生态系统类型分布特征（表 3-3、图 3-2）。

表 3-3 海河流域 2005 年生态系统分类及面积构成

一级分类	二级分类	面积/km^2	面积比例/%
森林	灌丛	31 323.5	9.86
	杨树类	1 835.7	0.58
	栎类	10 059.1	3.17
	油松类	17 111.7	5.38
	桦木类	2 837.8	0.89
	落叶松类	303.1	0.10
	混交	2 334.5	0.73
草地		66 743.3	21.00
湿地	河流	2 396.5	0.75
	湖泊	779.1	0.25
	库塘	2 221.9	0.70
	沼泽	560.8	0.18
	滨海	2 806.0	0.88
城市		25 373.3	7.98
农田	旱地	148 783.8	46.81
	水田	1 253.9	0.39
裸地		1 095.9	0.34
合计		317 819.9	100

各种生态系统类型沿海拔表现出不同的分布特征（表 3-3）：森林主要分布在海拔 200 ~ 2000m 内，面积随着海拔的增加呈现出先增加后减少的趋势，相关性分析显示森林的分布与海拔呈正相关，但并不显著。草地随海拔的变化也没有表现出明显的规律性，相关性分析表明，草地的面积和海拔变化呈正相关，相关性不显著。湿地主要分布在海拔低于 1200m 的区域，并且与海拔变化表现出极显著的负相关性。城市的分布主要在 1000m 以下的区域，尤其以 200m 以下最为集中，随海拔变化具有极显著的负相关性。农田的分布主要在海拔 1500m 以下区域，同时也表现出与海拔变化具有极显著的负相关关系。裸地的分布没有太大规律，在各个海拔范围都有分布，相关性分析表明其面积变化与海拔具有负相关性，但不显著。

随海拔分布的各种生态系统之间的相关性分析表明：森林和草地具有极显著的正相关；湿地与城市、农田表现出了显著的正相关性；城市与农田也表现出了极显著的正相关性。草地与荒地表现出了显著的正相关性。其他生态系统类型之间各自表现出了正或负的相关性，但均没有达到显著水平。从该节相关性分析的结果可以看出，湿地、农田和城市生态系统的面积变化随海拔变化的趋势是一致的，即面积随海拔增加而减少，它们相互间也表现出了显著的相关性；其他三类生态系统类型与海拔变化没有显著相关性，它们相互间相关性也表现出不同趋势（表 3-4）。

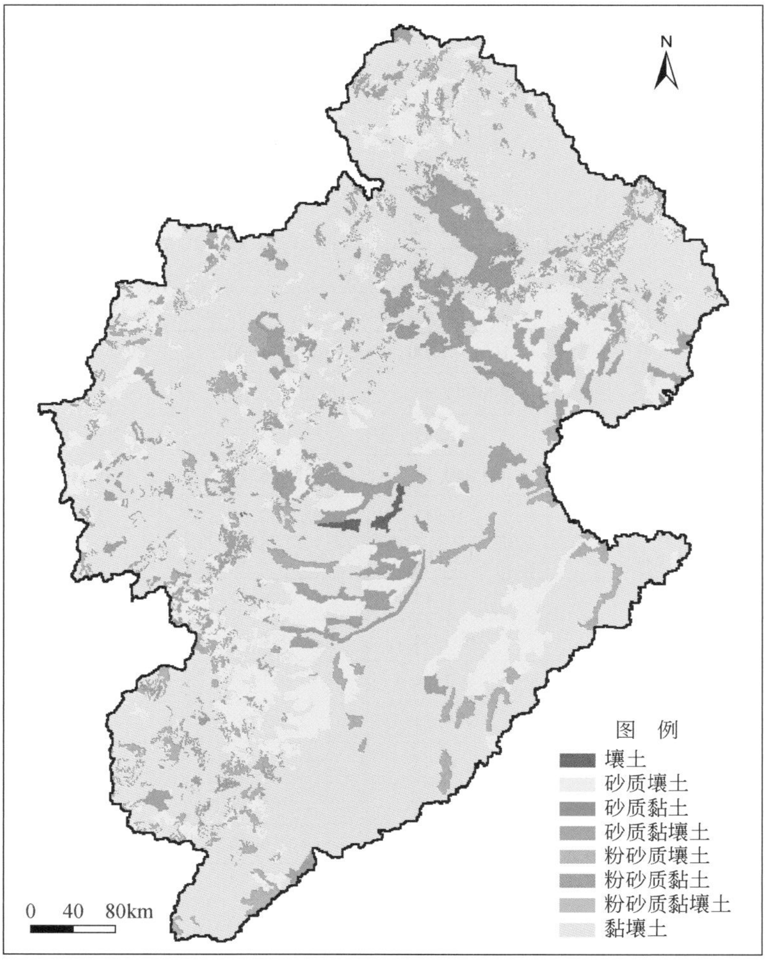

图 3-2 海河流域生态系统格局

表 3-4 不同海拔分级流域生态系统类型分布特征

生态系统类型		海拔分级/m			
		≤50	50 ~ 200	200 ~ 600	600 ~ 1000
森林	面积/km^2	369.7	1 998.6	12 510.4	17 449.6
	比例/%	0.56	3.04	19.01	26.51
草地	面积/km^2	1 496.5	2 462	11 089.6	12 308.1
	比例/%	2.27	3.73	16.79	18.64
湿地	面积/km^2	6 495.30	1 148.90	602.80	417.00
	比例/%	67.52	11.94	6.27	4.33
城市	面积/km^2	16 793.7	5 079.20	885.90	1 208.10
	比例/%	66.74	20.19	3.52	4.80

续表

生态系统类型		海拔分级/m			
		≤50	50 ~ 200	200 ~ 600	600 ~ 1000
农田	面积/km^2	85 642.5	22 305.96	9 202.68	13 733.62
	比例/%	57.06	14.86	6.13	9.15
裸地	面积/km^2	124.62	39.08	152.09	277.82
	比例/%	11.37	3.57	13.88	25.36

生态系统类型		海拔分级/m			
		1000 ~ 1200	1200 ~ 1500	1500 ~ 2000	>2000
森林	面积/km^2	8 944.8	13 736.6	9 819.8	985.5
	比例/%	13.59	20.87	14.92	1.50
草地	面积/km^2	10 840.5	20 196.1	7 353.8	283.2
	比例/%	16.42	30.59	11.14	0.43
湿地	面积/km^2	137.80	793.10	25.20	0.00
	比例/%	1.43	8.24	0.26	0.00
城市	面积/km^2	690.58	450.04	53.39	0.85
	比例/%	2.74	1.79	0.21	0.00
农田	面积/km^2	9 985.84	7 497.85	1 712.66	15.43
	比例/%	6.65	5.00	1.14	0.01
裸地	面积/km^2	279.45	181.87	38.98	1.66
	比例/%	25.51	16.60	3.56	0.15

3.1.3 基于景观指数的生态系统空间格局分析

1. 面积形状分析

如表3-5所示，流域内2005年各种生态系统类型面积大小顺序为：农田>草地>森林>城市>湿地>裸地。农田面积最大，占整个流域的47.2%；裸地最小，仅占0.3%。各类型面积分配很不均匀，最大和最小相差达148 941km^2。从各景观类型斑块平均面积来看，它们之间的差别明显要小很多，其顺序为：农田>森林>草地>湿地>城市>裸地，农田和裸地的位置均没有发生变化，说明它们的斑块数也具有相同的特征，湿地、草地、森林和城市的位置发生了变化，说明它们的斑块数发生了相应的变化，尤其是裸地的斑块平均面积最小说明裸地在该流域中多呈小斑块状零碎分布；而具有最大平均斑块面积的农田明显是该流域的基质。面积周长分维度指数的大小可以用来度量斑块或景观类型的复杂程度，也可以用来反映景观斑块形状的变化情况。从表3-5中可以看出，裸地的面积周长分维度指数最大，为1.61；城市的最小，为1.29。其顺序依次为：裸地>农田>湿地>草地>森林>城市。从该指数的值可以看出，裸地的斑块形状最为复杂，而城市斑块的形状则非常规则，趋于方形或圆形，反映了人类活动对不同景观类型的干扰强度。

表 3-5　1990～2005 年生态系统类型景观格局指数

年份	生态系统类型	面积/km^2	比例/%	斑块数/个	斑块周长/km	斑块平均面积/hm^2	边界密度/(km/km^2)	分维度	聚集度	结合度
1990	森林	72 778.9	22.9	26 895	358 285.7	2.71	4.92	1.45	90.49	99.79
	草地	58 704.3	18.5	25 732	379 054.4	2.28	6.46	1.48	84.62	99.67
	湿地	10 306.5	3.2	13 360	59 487.6	0.77	5.77	1.47	85.42	98.40
	城市	22 747.8	7.2	68 288	158 448.7	0.33	6.97	1.25	80.21	90.63
	农田	151 928.9	47.8	35 295	490 343.8	4.30	3.23	1.55	91.04	99.94
	裸地	1 333.8	0.4	1 492	7 026.5	0.89	5.27	1.37	85.35	96.35
2000	森林	60 340.9	19.0	25 636	343 829.5	2.35	5.70	1.49	88.07	99.52
	草地	62 492.1	19.7	35 886	470 625.9	1.74	7.53	1.53	82.25	99.56
	湿地	10 556.4	3.3	14 244	68 875.3	0.74	6.52	1.56	83.12	98.63
	城市	23 634.3	7.4	67 571	160 175.8	0.35	6.78	1.28	80.37	90.95
	农田	159 381.6	50.1	29 149	502 141.3	5.47	3.15	1.54	91.15	99.94
	裸地	1 414.7	0.4	1 624	8 602.1	0.87	6.08	1.41	82.93	96.15
2005	森林	65 805.4	20.7	19 165	454 457.8	3.43	6.91	1.48	90.48	99.71
	草地	66 743.3	21.0	26 655	380 552.1	2.50	5.70	1.50	86.80	99.63
	湿地	8 764.3	2.8	12 351	58 808.3	0.71	6.58	1.51	81.43	98.30
	城市	25 373.3	8.0	67 455	167 431.1	0.38	6.60	1.29	81.03	91.40
	农田	150 037.7	47.2	25 657	425 396.6	5.84	2.84	1.54	92.09	99.95
	裸地	1 095.9	0.3	5 684	15 159.8	0.19	13.83	1.60	62.01	93.01

从三个时间段不同的变化趋势来看，森林的面积是先减少后增加，维持在流域面积的20%左右；草地、城市、裸地面积一直增加；湿地、农田面积是先增加后减少。从斑块平均面积来看，森林、草地是先减少后增加；城市、农田一直增加；裸地和湿地是持续减少。受不同生态类型斑块平均面积变化趋势影响，整个流域斑块平均面积也呈现出先减少后增加的趋势。从面积周长分维度指数的变化来看，森林、草地、湿地是先增加后减少；城市和裸地一直增加；农田一直减少。整个流域分维度指数的变化趋势与大多数生态系统类型的变化趋势一致，也是先增加后减少。从表中可以看出，农田在三个时间段面积均是最大，因此海河流域生态系统类型是以农田为主。从斑块平均面积的变化趋势可以看出，森林、草地、和农田在流域内都有集中分布的趋势，而湿地和裸地趋于分散分布；从面积周长分维度指数的变化趋势可以看出，流域内城市和裸地的斑块形状有趋于复杂化的趋势，而农田、森林、草地和湿地的斑块形状则是趋于简单化（表 3-5）。

2. 景观破碎度分析

海河流域2005年的边界密度为4.68km/km^2，各生态系统类型边界密度大小顺序为：裸地>森林>城市>草地>湿地>农田，裸地的值最大，为13.81，说明裸地在流域内被大量的分割；农田的最小，为2.84，说明农田作为基质被分割的很少。从动态变化趋势来看，流域1990～2005年边界密度变化趋势是先增加后减少。从不同生态系统类型的变化趋势来看，森林、裸地和湿地的边界密度是持续增加；草地先增加后减少；城市、农田持续减少。上述分析说明，1990～2005年森林、湿地和裸地斑块被分割的程度加大，区域破碎化；城市、农田和草地斑块被分割的程度减小。从不同的生态系统类型来看，2005年该指数的大小顺序为：农田>森林>草地>湿地>城市>裸地，该指数说明在人类干扰下，农田的分布大多趋于集中，从而导致聚集度增高，破碎化降低（表3-5）。

3. 景观连通性分析

采用结合度指数来反映流域内景观类型的连通性状况。结合度指数反映景观类型各斑块间的临近程度，该指数越大，说明斑块间距离越近，连通性越好。2005年各景观类型结合度指数大小趋势为：农田>森林>草地>湿地>裸地>城市。流域各生态类型中，农田的斑块数相对较少，斑块间结合紧密，连通性最好；城市在流域内呈点缀状分布，斑块与斑块间相隔较远且独立，从而连通性最低。该结果也与上述指数反映出来的生态系统格局相互印证。从流域整体连通性变化趋势来看，连通性呈现先下降后上升的趋势，但整体表现出上升的趋势。从不同生态系统类型变化趋势来看，森林、草地连通性是先下降后上升；湿地是先上升后下降；城市、农田是持续上升；裸地是持续下降。1990～2005年总体趋势是城市和农田在间连通性增加；湿地、森林、草地和裸地的连通性下降。

4. 多样性分析

生态系统多样性表示生态系统中各类型斑块的复杂性和变异性，即各种生态系统类型的多少及其所占面积变化，其值越大，反映个景观类型所占比例差异越小，景观多样性程度越高。本研究计算了Shannon多样性指数和Simpson多样性指数，用来反映流域景观类型间多样性状况。从表3-6中可以看出，流域尺度2005年的Shannon多样性指数为1.45；Simpson多样性指数为0.68。1990～2005年两种多样性指数的变化趋势是一致的，均呈增加趋势。说明流域内生态系统类型的多样性增加，各生态系统类型间面积比例的差异在减小。

表3-6 海河流域生态系统整体特征

年份	斑块数	斑块周长/km	斑块平均面积/hm^2	边界密度/(km/km^2)	分维度	聚集度	结合度	农多样性	Simpson多样性
1990	171 062	1 452 646.7	1.86	4.57	1.44	88.75	99.86	1.39	0.67
2000	174 110	1 554 249.9	1.83	4.89	1.48	87.73	99.84	1.40	0.68
2005	156 967	1 487 599.7	2.10	4.68	1.46	89.52	99.87	1.45	0.68

5. 1990～2005 年生态系统类型面积转移特征分析

从表 3-7 可以看出，1990～2000 年森林主要转移为草地和旱地，只有 68. 67% 的保留率；草地主要转移为森林和旱地；湿地、城市和水田主要转移为旱地；荒地主要转移为草地和旱地；旱地则主要转移为草地和城市，保留率最高，为 90. 59%。2000～2005 年，森林的保留率较上一时间段提高了很多，达到 87. 89%，主要转移为草地和旱地。湿地主要是转移为旱地，这是由于流域内水资源非常缺乏，尤其在第二阶段，湿地面积大量消失，很多以前是河道、湖泊或沼泽的地方被开垦为旱地。城市的保留率比较高，主要和旱地之间发生转移，但转移率均不高，和其他类型直接的转移就更少。裸地在两个时间段保留率都不高，从转移方向来看，主要是发生自然演替，变成草地。水田在第二阶段保留率只有 15. 35%，由于受湿地面积减少，水资源供应不足和水稻价格等因素的影响，水田面积减少非常迅速，77. 71% 转移为旱地。旱地的保留率也比较高，随着城市化的进程，大面积的旱地被转移为城市；而受政策因素的影响，如退耕还林还草，一部分旱地转移为草地和森林。

表 3-7　1990～2005 年各生态系统类型间转移比例　　（单位：%）

转移时间	类型	森林	草地	湿地	城市	裸地	水田	旱地
1990～2000 年	森林	68. 67	21. 31	0. 50	0. 39	0. 05	0. 21	8. 88
	草地	14. 19	68. 93	1. 20	0. 44	0. 56	0. 19	14. 48
	湿地	0. 97	3. 44	77. 65	3. 38	0. 13	4. 14	10. 29
	城市	0. 55	0. 75	0. 51	84. 21	0. 01	0. 33	13. 63
	裸地	4. 54	38. 28	1. 87	1. 30	43. 15	0. 14	10. 71
	水田	0. 14	1. 19	6. 58	1. 16	0. 04	70. 96	19. 93
	旱地	1. 04	3. 18	0. 89	2. 49	0. 33	1. 49	90. 59
2000～2005 年	森林	87. 89	10. 08	0. 10	0. 15	0. 03	0. 01	1. 75
	草地	18. 18	76. 36	1. 48	0. 76	0. 37	0. 03	2. 82
	湿地	1. 07	3. 41	73. 08	4. 73	6. 19	1. 22	10. 31
	城市	0. 09	0. 46	0. 25	95. 01	0. 03	0. 02	4. 13
	裸地	0. 89	81. 74	7. 02	0. 38	7. 77	0. 02	2. 16
	水田	0. 42	0. 97	4. 48	0. 98	0. 09	15. 35	77. 71
	旱地	0. 81	6. 89	0. 33	1. 04	0. 05	0. 09	90. 80
1990～2005 年	森林	66. 86	22. 87	0. 51	0. 50	0. 17	0. 05	9. 05
	草地	82. 93	28. 37	0. 63	0. 62	0. 21	0. 06	11. 22
	湿地	1. 07	5. 92	61. 93	7. 42	4. 38	1. 43	17. 86
	城市	0. 51	1. 26	0. 43	82. 06	0. 06	0. 06	15. 62
	裸地	4. 40	71. 83	5. 01	1. 59	7. 09	0. 05	10. 04
	水田	0. 65	1. 79	8. 39	1. 72	0. 31	14. 17	72. 97
	旱地	1. 54	8. 37	0. 81	3. 16	0. 15	0. 24	85. 73

3.2 典型流域生态水文演变特征及其驱动机制

为深入揭示海河流域生态水文演变特征及其驱动机制，选取了海河流域最重要的湿地——白洋淀开展研究。白洋淀位于我国海河流域的大清河水系中游，控制流域面积3.11万km^2，涉及北京、河北、山西3个省（直辖市）。流域内人口1394万，2007年当地旅游业创造社会效益6.8亿元。白洋淀水位在大沽高程10.5m时水面面积为366km^2。作为华北平原最大的草型淡水湖泊，白洋淀对于区域生态与社会经济具有重要的支撑功能。但是，近年来随着气候的干旱化，尤其是生产和生活用水量的增加，造成水资源严重短缺，白洋淀入淀河流水量急剧减少，部分入淀河流已经断流，淀内生态用水严重不足。水资源短缺与各类用水的不协调，导致淀内生态环境退化严重。白洋淀流域的生态水文演变特征具有典型代表性，深入剖析白洋淀的生态水文演变机制有助于认识海河流域的生态水文特征。

3.2.1 白洋淀水文演变特征及驱动机制

1. 白洋淀水文演变特征分析

20世纪50年代以来，白洋淀入淀径流量有不断减小的趋势（图3-3）。根据Mann-kendall非参数检验，1951～2000年，入淀径流的下降趋势通过了显著性检验。1951～2000年，白洋淀入淀径流量从4.90亿m^3减小到0.24亿m^3，2000年以后基本无天然径流入淀。

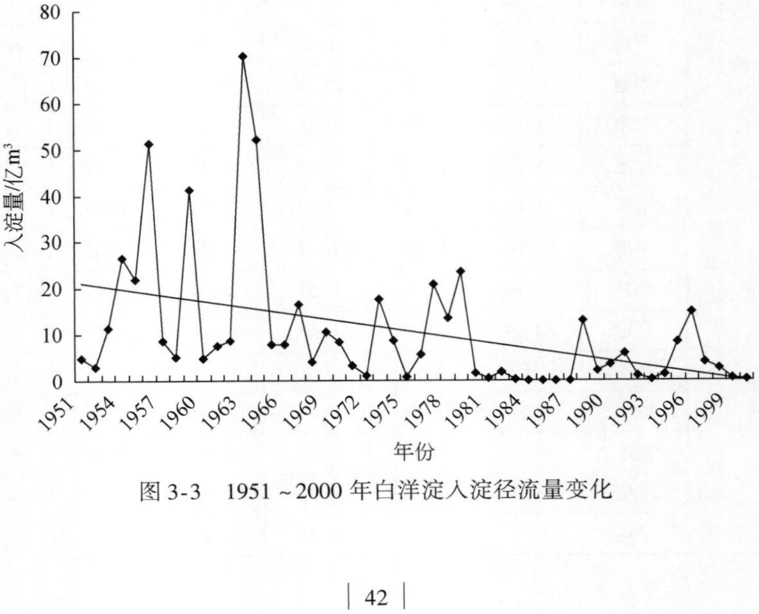

图3-3　1951～2000年白洋淀入淀径流量变化

白洋淀年均水位年际波动大，水位呈明显的下降趋势。60 年来，淀区水位在干淀水位（十方院监测水位低于 6. 5m 时视为干淀）和 10. 03m 之间波动。20 世纪 50 ~60 年代中期水位较高，最低水位为 8. 12m；1965 ~1983 年，淀区水位为 6. 37 ~8. 69m，1984 ~1987 年连续四年淀区出现持续干淀现象（图 3-4 中的间断部分）；1988 ~2000 年，除在 1991 年和 1996 年出现水位回升现象外，其余年份均显著下降；2001 年、2002 年再次干淀；2003 ~2008 年的平均水位为 7. 04m，比 1950 ~1964 年的平均水位 8. 99m 降低了 1. 55m。

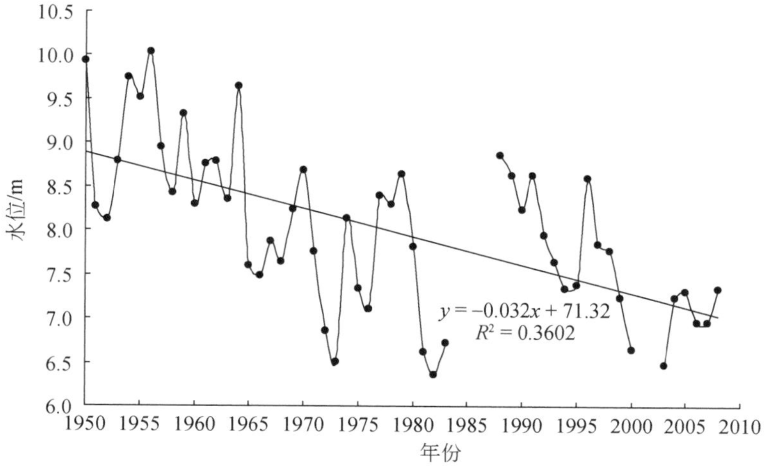

图 3-4　白洋淀历年平均水位

1988 年以来，白洋淀所在的安新县平均地下水位有明显下降的趋势，地下水埋深由 1988 年的 6. 1 m 下降到 2007 年的 11. 0m（图 3-5）。地下水位下降受到白洋淀淀区和周围地下水开采的影响，并且可能受白洋淀流域超采地下水所引起的地下水流向改变的影响。地表水位和地下水位下降意味着白洋淀可利用水资源在减少。

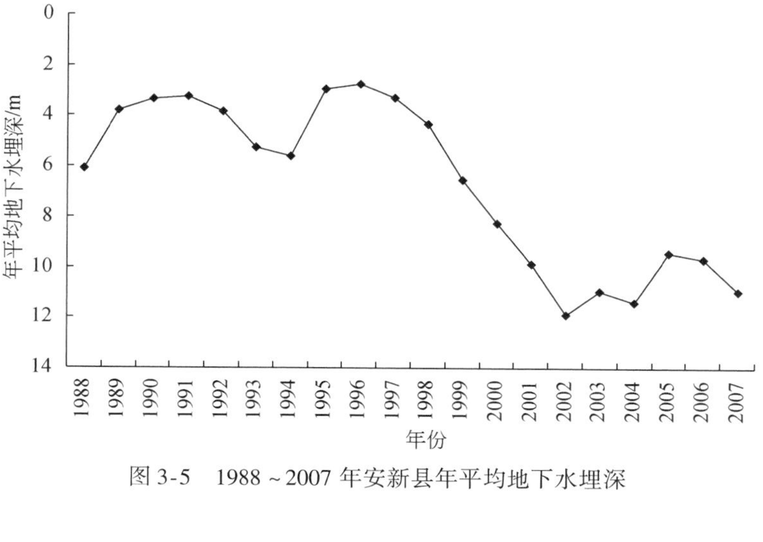

图 3-5　1988 ~2007 年安新县年平均地下水埋深

2. 白洋淀水文演变驱动机制

白洋淀流域粮食产量增长的很大一部分原因是由于农田灌溉的发展，1949 ~ 2007 年，保定市有效灌溉面积从 16.9 万 hm^2 增加到 63.8 万 hm^2。灌溉面积增加的同时导致农田耗水量增长，进而导致白洋淀上游入淀水量减少，入淀径流量与有效灌溉面积呈负相关关系（$r=-0.44$，$p<0.01$，图 3-6）。

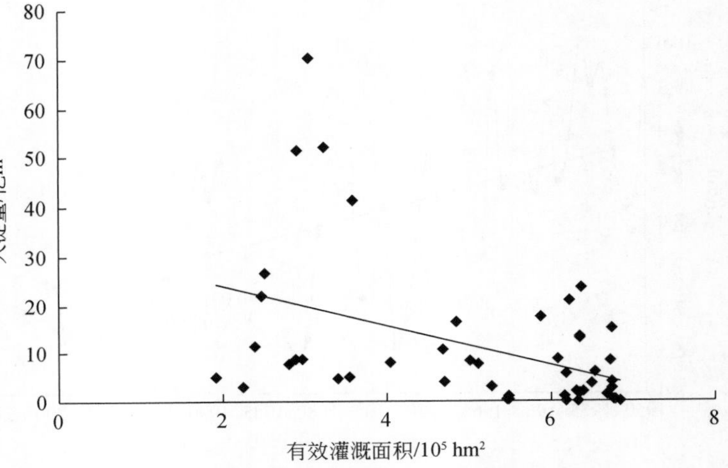

图 3-6　白洋淀入淀径流量与有效灌溉面积的关系

社会经济发展与水资源短缺的矛盾不断加剧，为了满足人们对水资源的需求，新中国成立以来在流域上游修建了 150 多座水库，水库拦截导致水库下游河流径流量减少。由于地表水资源不足，从 20 世纪 70 年代开始，人们大规模开采地下水，2006 年白洋淀流域机井数量达到约 18 万眼，总用水量中地下水比例占 87.5%。长期超采地下水导致采补失衡，地下水位普遍下降，并且形成“一亩泉”和“保定市区”等多处地下水漏斗。白洋淀入淀径流量与流域机井数量呈负相关关系（$r=-0.48$，$p<0.01$，图 3-7），地下水大量消耗也是白洋淀入淀径流量减少的重要原因。

对影响白洋淀入淀径流量的因子（降水量、人口、粮食产量、棉花产量、油料产量、有效灌溉面积和机井数量）做主成分分析，发现前 3 个主成分的累积贡献率达到 93.5%（表 3-8）。其中第一个主成分（PC1）与人口、粮食产量、机井数量和油料产量相关性较强，第二个主成分（PC2）与棉花产量相关性较强，并且前两个主成分累积贡献率达到 80.8%，说明人类活动是影响白洋淀径流变化的主要因素。第三个主成分（PC3）与降水量相关性较强，说明降水量对白洋淀流域径流量也有一定影响。

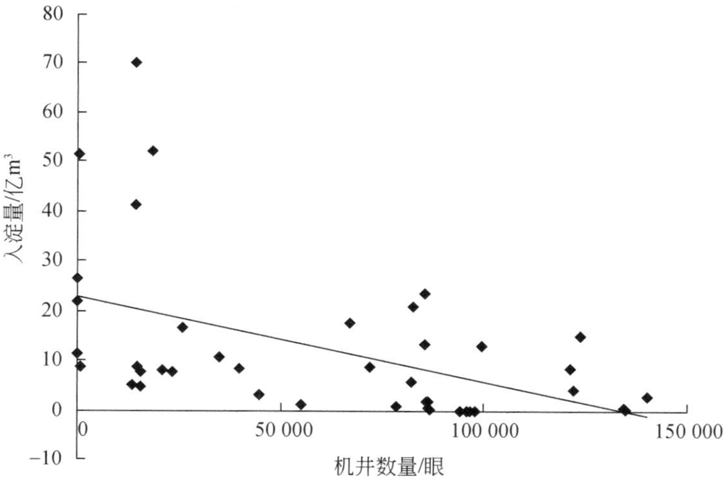

图 3-7 白洋淀入淀径流量与机井数量的关系

表 3-8 主成分负荷

变量	PC1	PC2	PC3
人口	0.99	−0.01	0.09
降水量	−0.34	−0.41	0.84
油料产量	0.90	−0.21	−0.10
棉花产量	−0.05	0.93	0.30
粮食产量	0.97	−0.08	−0.01
有效灌溉面积	0.86	0.18	0.24
机井数量	0.98	0.02	0.12
贡献率/%	64.9	15.9	12.7

流域人类活动对白洋淀水文变化起了很重要的作用。1950 ~ 2007 年，保定市人口从 520 万增加到 1100 万，增加了 1.1 倍；粮食产量从 7.7 亿 kg 增加到 52 亿 kg，增加了 5.8 倍。人均 GDP 由 1952 年的 91.3 元增加到 2007 年的 1.2 万元。人口增加、经济发展的同时使得流域人类用水量增加，2006 年流域用水量 46.9 亿 m^3，是水资源可利用量的 1.6 倍，其中农业用水、工业用水、生活用水和生态环境用水分别占 78.8%、8.5%、8.9% 和 3.8%。农业用水是流域主要的用水方式，其中绝大部分是农田灌溉用水。

人口增加和经济快速发展使人类用水量大量增加，流入白洋淀的水量减少，导致白洋淀水位降低。1955 ~ 1990 年，白洋淀年均水位与保定市人口（$r=-0.60$，$p<0.01$）、有效灌溉面积（$r=-0.61$，$p<0.01$）、粮食产量（$r=-0.62$，$p<0.01$）、棉花产量（$r=-0.48$，$p<0.01$）显著相关（图 3-8）。1991 ~ 2007 年，保定市人口与白洋淀年均水位（$r=-0.67$，

$p<0.01$）和地下水埋深（$r=0.83$，$p<0.01$）相关性显著，而粮食产量、棉花产量与年均水位、地下水埋深相关性均不显著。

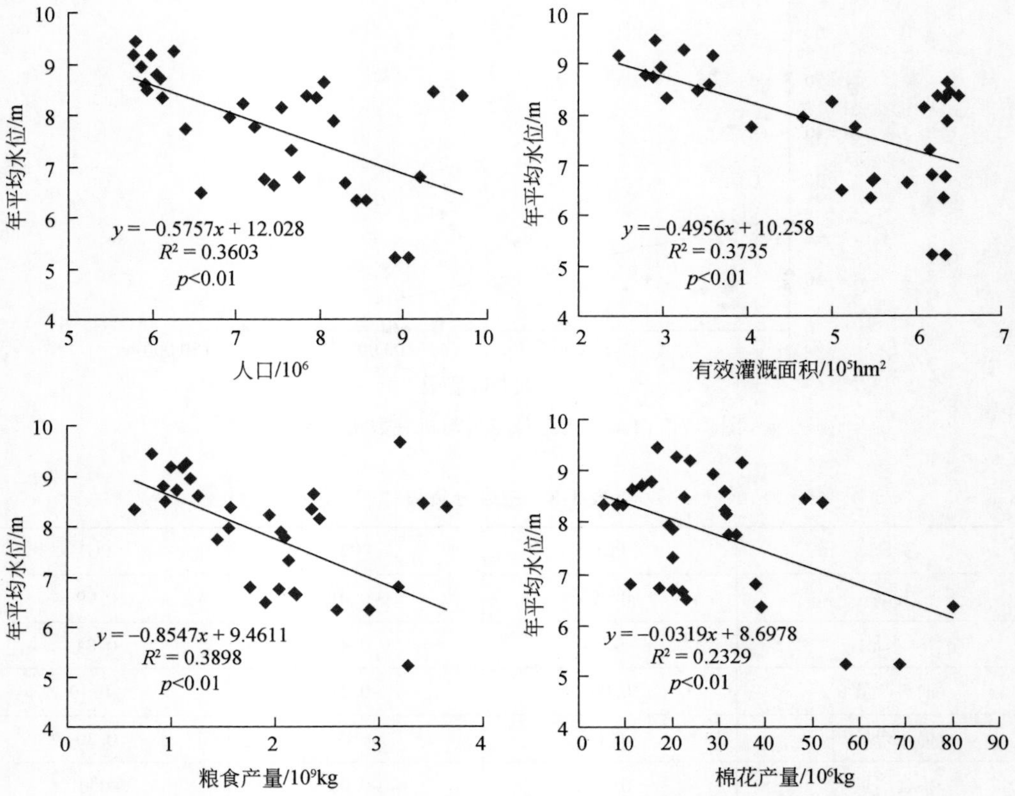

图 3-8　白洋淀年均水位与人口、有效灌溉面积、粮食产量、棉花产量的关系

社会经济发展与水资源短缺的矛盾不断加剧，为了满足人们对水资源的需求，新中国成立以来在流域上游修建了 150 多座水库。水库拦截改变了水资源的时空分布，在同样降水条件下，建库后和建库前入淀径流量有明显差异，水库使下游径流量减少甚至断流。由于地表水资源不足，从 20 世纪 70 年代开始，人们大规模开采地下水，2006 年白洋淀流域机井数量达到约 18 万眼，总用水量中地下水比例占 87.5%。长期超采地下水导致采补失衡，地下水位普遍下降，并且形成“一亩泉”和“保定市区”等多处地下水漏斗。

为了找出影响白洋淀水位变化的主要因素，对 1955 ~ 1990 年人口、有效灌溉面积、粮食产量、棉花产量和降水量做了主成分分析。结果表明，前两个累积贡献率达到 82.8%，其中第一个主成分（PC1）与粮食产量、人口、有效灌溉面积和棉花产量相关性较强，并且它的贡献率达到 64.7%，说明人类活动是影响白洋淀水位变化的主要因素。而第二个主成分（PC2）与降水量呈较强的正相关（表 3-9），说明降水量对白洋淀水位也有影响。

表 3-9 主成分负荷

变量	PC1	PC2
人口	0. 957	0. 209
有效灌溉面积	0. 881	0. 201
粮食产量	0. 981	0. 100
棉花产量	0. 651	-0. 197
降水量	-0. 394	0. 880
贡献率/%	64. 7	18. 1

1955 ~ 1990 年，除了人类影响因素以外，流域降水量减少也是导致白洋淀水资源缺乏、水位下降的影响因素。研究发现，年均水位与流域降水量呈正相关关系（$r=0.38$，$p<0.05$）（图 3-9）。1991 ~ 2007 年，流域降水量与白洋淀水位和地下水埋深相关性均不显著。

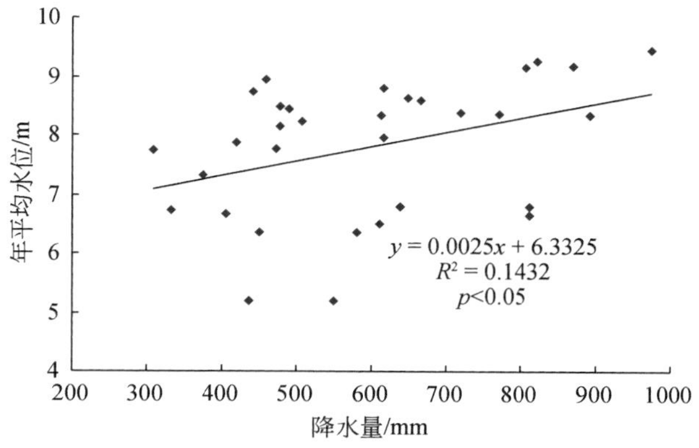

图 3-9 1955 ~ 1990 年白洋淀水位与流域降水量的相关性

注：这里用的水位为影像获取月份的月平均水位

3. 2. 2 白洋淀水文变化对湿地生态系统的影响机制

1. 白洋淀水文变化对湿地生态系统的影响

（1）景观变化

白洋淀地区湿地是优势景观类型，所占比例一直保持在 50% 以上（图 3-10）。1974 ~ 2007 年，白洋淀湿地面积先减小，然后增加，之后又减小。湿地面积从 249. 4 km^2 下降到

182.6 km^2，减少了 26.8%，其中水体面积从 81.3 km^2下降到 47.3 km^2，减少了 41.8%，沼泽面积从 168.1 km^2下降到 135.3 km^2，减少了 19.5%。湿地面积的变化过程比较复杂，水体、沼泽与农田相互转换，湿地面积及构成变化与白洋淀水位的变化以及农田开垦有着密切关系。在 33 年间，农田面积先增加后减少，之后又增加，面积从 70.0km^2上升到 126.4 km^2，增加了 80.6%。在整个研究时段内，居民地面积一直在增加，从 2.1 km^2上升到 12.5 km^2，增加了 495.2%（图 3-11）。

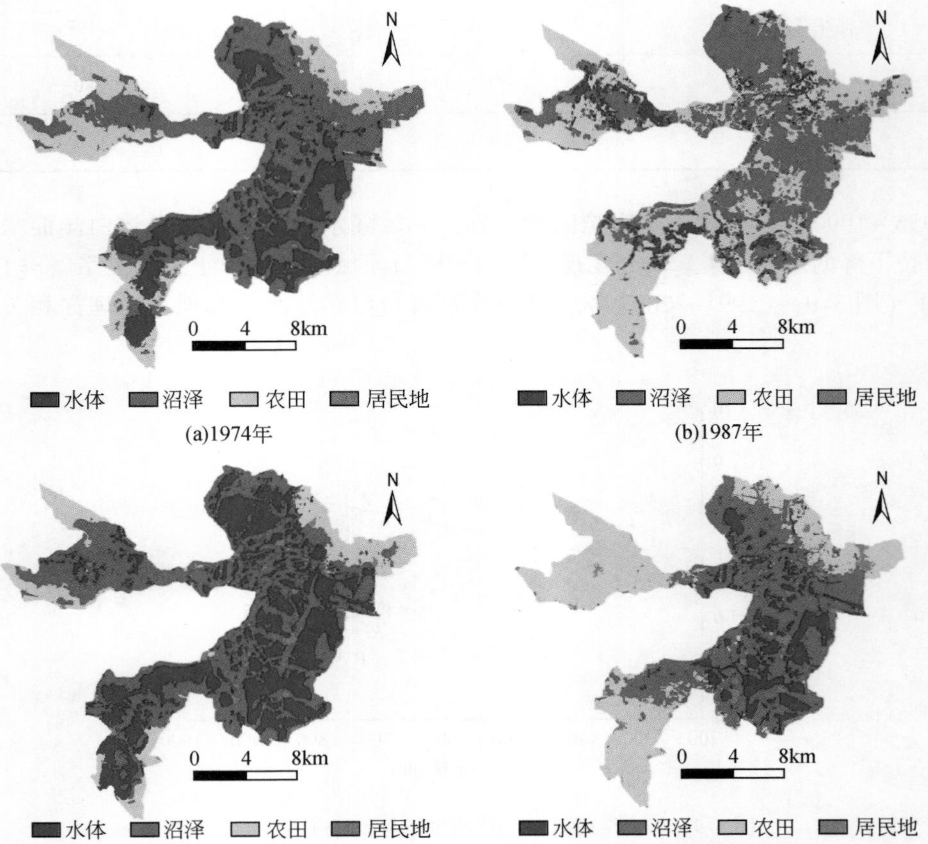

图 3-10　白洋淀景观类型分布

不同时期景观类型的主要转变方向不同。1974～1987 年，以湿地向农田的转变为主要方向［表 3-10（a）］。其中，分别有 48.08 km^2的水体和 39.67 km^2的沼泽转变为农田。1987～1996 年，农田向湿地的转变是主要方向［表 3-10（b）］。1996～2007 年，湿地向农田的转变是主要方向［表 3-10（c）］。1974～2007 年，白洋淀地区主要以沼泽向农田、水体向沼泽的转变为主［表 3-10（d）］，面积分别是 50.18 km^2和 29.31 km^2。

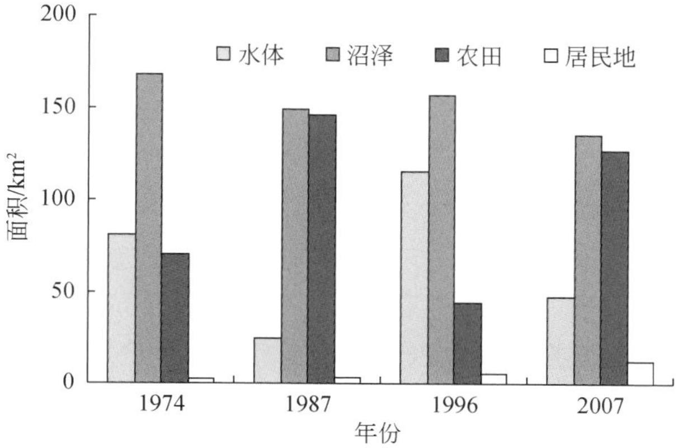

图 3-11 白洋淀各景观类型面积

表 3-10 白洋淀景观类型转移矩阵 （单位：km²）

（a）1974 ~ 1987 年

		1987 年			
		水体	沼泽	农田	居民地
1974 年	水体	1.45	31.57	48.08	0.16
	沼泽	19.39	108.49	39.67	0.56
	农田	3.46	8.49	57.38	0.68
	居民地	0	0.01	0.70	1.40

（b）1987 ~ 1996 年

		1996 年			
		水体	沼泽	农田	居民地
1987 年	水体	2.68	20.86	0.74	0.02
	沼泽	50.33	95.16	2.97	0.10
	农田	62.11	40.36	40.29	3.07
	居民地	0.07	0.20	0.07	2.46

（c）1996 ~ 2007 年

		2007 年			
		水体	沼泽	农田	居民地
1996 年	水体	42.35	47.28	24.70	0.86
	沼泽	4.33	86.33	61.90	4.02
	农田	0.57	1.55	39.61	2.34
	居民地	0.09	0.10	0.14	5.32

(d) 1974 ~2007 年

		2007 年			
		水体	沼泽	农田	居民地
1974 年	水体	37.53	29.31	13.58	0.84
	沼泽	8.75	103.16	50.18	6.02
	农田	1.04	2.70	62.59	3.68
	居民地	0.01	0.10	0	2.00

1974 ~2007 年，白洋淀景观斑块密度先增加后减小，之后又增加。斑块密度从 1.24 个/km^2增加到 2.24 个/km^2（图 3-12），增加了 80.6%，景观破碎化加剧。景观形状指数经历了一个先增加后减小的过程，从 14.5 增加到 17.8，景观形状变得复杂。

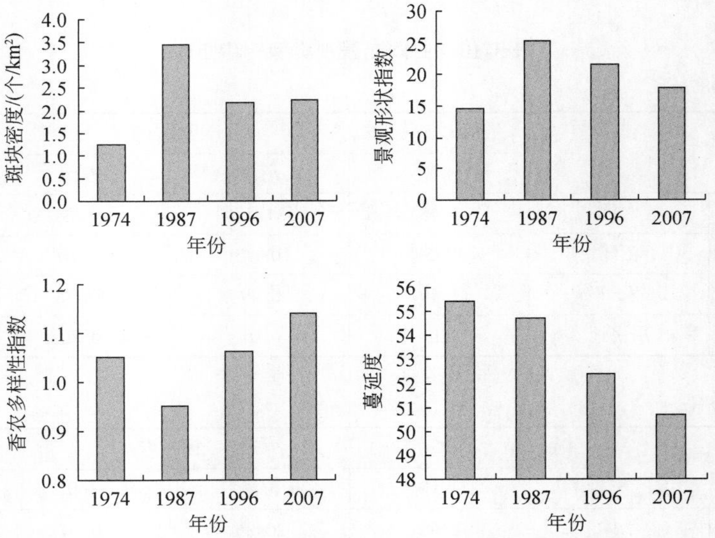

图 3-12 1974 ~2007 年白洋淀景观水平上景观格局指数的变化

与 1974 年相比，2007 年各景观类型斑块密度均有所增加（图 3-13）。水体从 0.68 个/km^2增加到 1.03 个/km^2，沼泽从 0.30 个/km^2增加到 0.51 个/km^2。农田从 0.16 个/km^2增加到 0.45 个/km^2，居民地从 0.09 个/km^2增加到 0.24 个/km^2。

水位变化是影响白洋淀景观变化的主要因素。水位升高，湿地面积增大，水位下降则会导致湿地面积减小（图 3-14）。水位对水体的影响比对沼泽的影响更大，在相同幅度的水位变化情况下，水体发生变化的比例要大于沼泽。例如，1974 ~1987 年，水位降低 29.3%，水体面积减少 70.1%，沼泽面积只减少 11.6%。农田面积的变化也与水位变化相关，水位下降，人们则在淀区大量开垦农田，农田面积增加；水位升高，农田面积则减小。

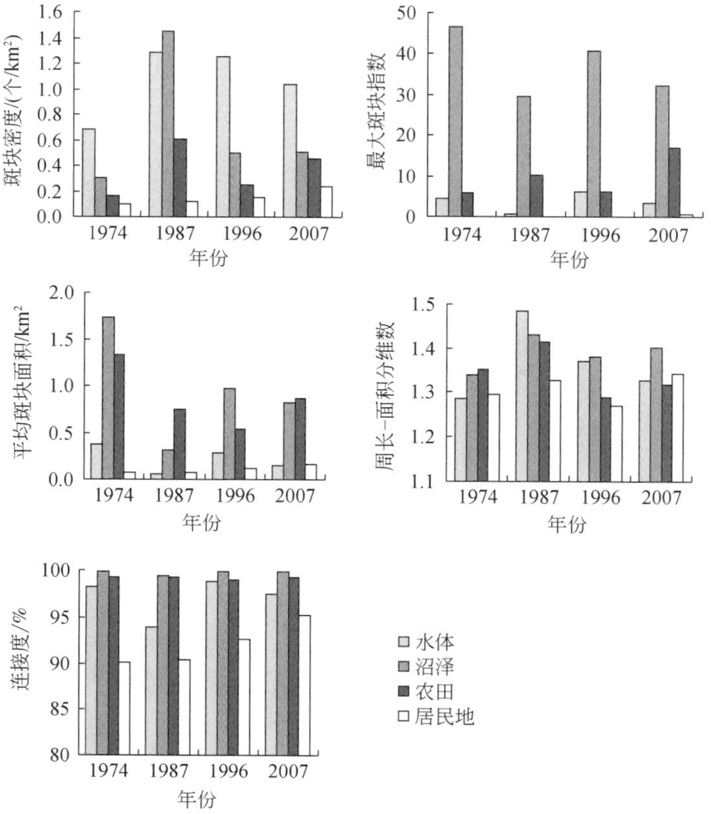

图 3-13　1974 ~ 2007 年白洋淀类型水平上景观格局指数的变化

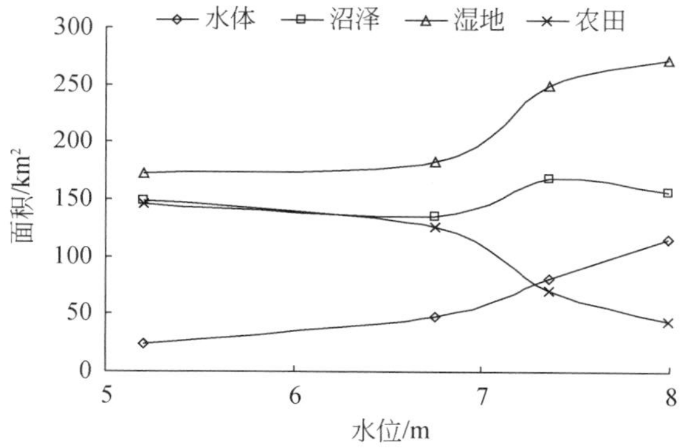

图 3-14　白洋淀景观类型面积变化与水位的关系

（2）湖泊湿地景观格局

从各种景观类型所占面积来看，1974 ~ 2007 年，白洋淀湖泊湿地景观呈挺水植物、水体和耕地景观明显占优，居民用地、林草地和未利用土地插花镶嵌分布的总体格局，挺水植物在各年份的占有率分别为 35.4%、43.6%、39.0%、28.1%；水体分别为 31.1%、

7.3%、31.4%、22.2%；耕地分别为24.7%、37.1%、23.0%、41.8%。总体而言，挺水植物、水体、林草地以及未利用土地四种景观类型呈现不同程度的缩减趋势，而耕地、居民用地显著增加（图3-15、表3-11、表3-12）。

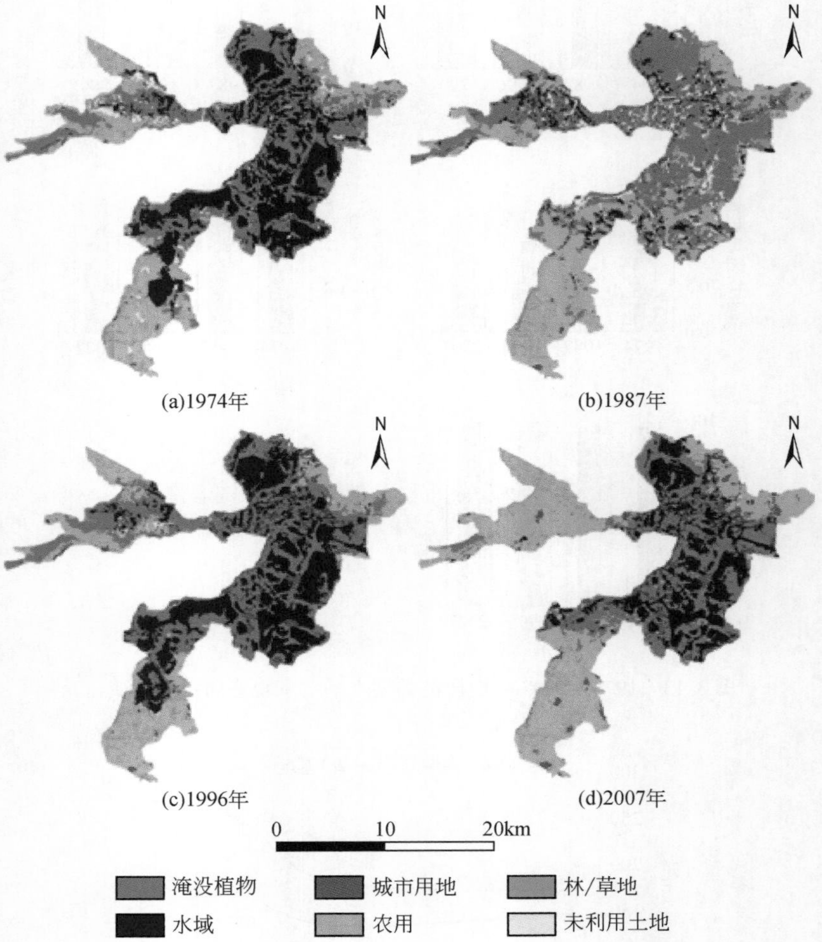

图3-15　白洋淀淀区水生态遥感监测分类结果

表3-11　白洋淀草型湖泊景观格局评价指数动态变化

年份	挺水植物	斑块水平 PA/hm² （PR/%）						景观水平			
		水域	耕地	林地	城镇	裸地	PN/ind	PD/（ind/hm²）	FRAC-MN	SHDI	SHEI
1974	12 928.2（35.4）	11 355.4（31.1）	8 999.6（24.7）	1 643.2（4.5）	582.3（1.6）	998.8（2.7）	20 109	0.55	1.10	1.37	0.77

续表

年份	挺水植物	斑块水平 PA/hm^2（PR/%）						景观水平			
		水域	耕地	林地	城镇	裸地	PN/ind	PD/（ind/hm^2）	FRAC-MN	SHDI	SHEI
1987	15 923.4（43.6）	2 662.7（7.3）	13 531.8（37.1）	1 527.8（4.2）	820.4（2.3）	2 041.4（5.6）	23 560	0.65	1.08	1.29	0.72
1996	14 228.6（39.0）	11 462.8（31.4）	8 406.9（23.0）	1 005.1（2.8）	1 257.7（3.5）	146.2（0.4）	19 894	0.54	1.09	1.31	0.73
2007	10 243.8（28.1）	8 091.4（22.2）	15 272.5（41.8）	1 283.2（3.5）	1 490.1（4.1）	126.5（0.4）	19 788	0.54	1.08	1.32	0.74

注：PA 为斑块面积；PN 为斑块数量；PD 为斑块密度；FRAC-MN 为平均分维数；SHDI 为香农多样性指数；SHEI 为香农均匀度指数。

表 3-12 白洋淀湿地 1974～2007 年景观类型转移概率矩阵 （单位：%）

景观类型	动态度 K	挺水植物	水域	耕地	林地	城镇	裸地
挺水植物	-1.60	50.4	27.29	4.75	6.55	2.61	9.9
水域	-2.21	13.35	51.36	3.49	7.14	5.69	4.42
耕地	5.36	31.07	17.94	81.16	69.18	12.74	76.21
林地	-1.69	2.23	1.47	5.46	8.84	9.16	6.22
城镇	11.99	2.66	1.57	4.89	7.87	69.44	2.93
裸地	-6.72	0.28	0.37	0.25	0.42	0.37	0.32

从各种景观类型相互转移概率来看，挺水植物主要转出方向是耕地和水体，转出率分别为 31.07% 和 13.35%；水体主要转出方向是挺水植物和耕地，转出率分别为 27.29% 和 17.94%；景观格局变化最为剧烈的是 1996～2007 年，挺水植物、水体面积分别以每年 2.15%、2.26% 的速度减小了 $3984.8hm^2$、$3371.4hm^2$，耕地以每年 6.28% 的速度增加了 $6865.6hm^2$；但居民用地变化最为剧烈的阶段是 1987～1996 年，10 年间以 4.1%/a 的速度增加了 $437.3hm^2$（图 3-15、表 3-11、表 3-12）。

从景观尺度的景观格局演变指数来看，PN 和 PD 总体呈减小趋势，各类景观的异质性降低；FRAC-MN 总体呈减小趋势，表明景观破碎度加大，趋于复杂化，受人为因素影响加大，但并未达显著水平。1974 年，研究区的 SHDI 和 SHEI 最大，表明此阶段景观多样性水平较高，异质性较大，景观中斑块的优势度较小；1987 年，SHDI 和 SHEI 出现最低值，表明研究区各类景观的异质性减小，优势度增加，这与该阶段水体面积锐减，挺水植物、耕地大幅增加相吻合；1996～2007 年，SHDI 和 SHEI 有增加趋势，说明景观朝着多样化、均匀化的方向发展，人类活动在此阶段影响剧烈（图 3-15、表 3-11、表 3-12）。

（3）芦苇湿地变化

在白洋淀地区，芦苇湿地是主要湿地类型，研究表明，2003 年白洋淀地区苇地面积为 15 260hm^2。芦苇集中分布于北部、中部和东部地区，其西北部的苇地所剩不多，而西南部的芦苇消失殆尽（图 3-16）。

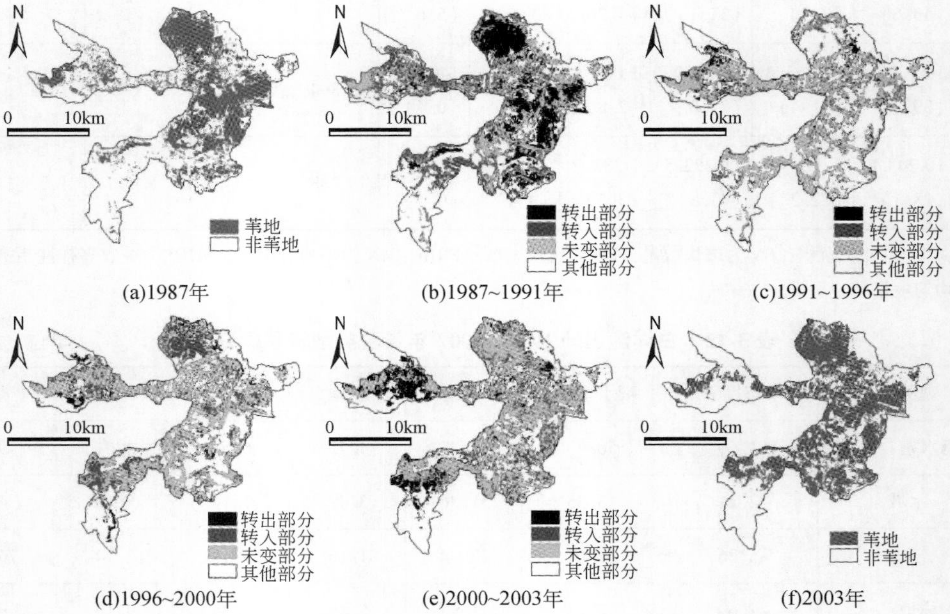

图 3-16　1987 ~ 2003 年白洋淀地区苇地变化空间分布

1987 ~ 2003 年，白洋淀地表水位经历了“干淀—高水位—低水位”的过程，苇地面积也呈现“落—起—落”的现象（图 3-17）。水域与耕地是苇地变化的两个主要方向，前者的发生地主要分布在地势较低的北部与东部地区，后者主要分布在西北部与西南部地势较高的地区。地表水位是苇地面积变化的主导因子，人类活动的影响也不可忽视。

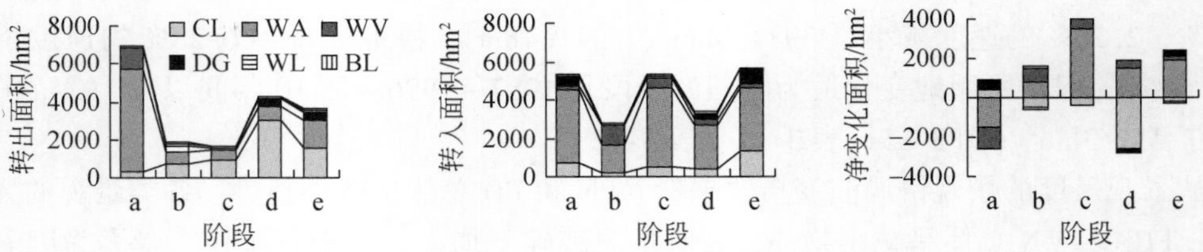

图 3-17　1987 ~ 2003 年不同阶段苇地变化量

a. 1987 ~ 1991 年；b. 1991 ~ 1996 年；c. 1996 ~ 2000 年；d. 2000 ~ 2003 年；e. 1987 ~ 2003 年；

WA. 水域；CL. 耕地；WV. 水生植被；DG. 干草地；WL. 林地；BL. 裸地

苇地面积与地表水位的关系分析：白洋淀地表水位与苇地面积的回归分析表明：近两年的平均地表水位与苇地面积呈抛物线型（$y=-0.1573x^2+215.90x-57\ 989$），决定系数为 0.97，可用抛物线方程来描述地表水位与苇地面积之间的关系。由拟合方程可知：在 16 年地表水位变化的范围内，水位为 6.9m 时，苇地分布面积达到最大值 16 000hm^2。低于此水位，苇地面积随水位的降低而缩小，至干淀时（水位低于 5.5m）苇地面积为 13 170hm^2；高于此水位，苇地面积随水位的升高而减小。

3.2.3 白洋淀水文变化对生态系统服务功能的影响及机制

1. 提供产品价值

随着水产业的发展，淀区发展了网箱、网围和围堤等养殖技术，水产品产量大量增加。由于芦苇面积减少，芦苇产量下降。1974～2007 年，白洋淀提供产品总价值从 0.377 亿元增加到 2.334 亿元，其中水产品价值增加较多，而芦苇价值有所减少（表 3-13）。

表 3-13 提供产品价值 （单位：10^7元）

项目	1974 年	1987 年	1996 年	2007 年
芦苇	3.03	2.67	2.82	2.43
水产品	0.74	0.05	10.82	20.91
合计	3.77	2.72	13.64	23.34

2. 休闲娱乐价值

随着旅游业的发展，白洋淀游客数量不断增加，1988 年、1996 年和 2007 年接待旅游人数分别为 8.9 万、10 万和 97 万。1988 年、1996 年和 2007 年旅游总价值分别为 0.49 亿元、0.55 亿元和 5.3 亿元，有不断增加的趋势。

3. 大气调节价值

1974～2007 年，白洋淀大气调节价值有不断减小的趋势，从 1.028 亿元减少到 0.827 亿元（表 3-14）。由于芦苇面积减小，造成芦苇的固碳和释氧价值均减小。

表 3-14 大气调节价值 （单位：10^7元）

项目	1974 年	1987 年	1996 年	2007 年
固碳	5.92	5.23	5.51	4.76
释氧	4.36	3.85	4.06	3.51
合计	10.28	9.08	9.57	8.27

4. 调蓄洪水价值

白洋淀湿地是重要的蓄滞洪区，具有蓄滞上游洪水、削减洪峰的功能，然而，近年来白洋淀上游入淀水量减少，白洋淀的防洪功能未能充分发挥。白洋淀调蓄洪水价值有不断减少的趋势，从 1974 年的 19.56 亿元减少到 2007 年的 11.50 亿元，水体和沼泽的调蓄洪水价值都在减少（表 3-15）。

表 3-15　调蓄洪水价值　（单位：亿元）

项目	1974 年	1987 年	1996 年	2007 年
水体	9.28	0	8.52	3.24
沼泽	10.27	0	9.57	8.26
合计	19.56	0	18.09	11.50

5. 水资源蓄积价值

近年来，白洋淀缺水严重，水资源蓄积量大大减少。1974 ~ 2007 年，白洋淀水资源蓄积价值处在不断变化之中，先减少后增加，然后又减少（表 3-16），白洋淀水资源蓄积价值由 17.73 亿元下降到 6.44 亿元。

表 3-16　水资源蓄积价值　（单位：亿元）

项目	1974 年	1987 年	1996 年	2007 年
水体	14.65	0	24.07	3.96
沼泽	3.08	0	2.87	2.48
合计	17.73	0	26.94	6.44

6. 水质净化价值

由于水体面积减少，水体的净化能力变弱。芦苇产量减少，其收割所带走的氮、磷量也减少，其净化功能减弱。1974 ~ 2007 年，白洋淀水质净化价值从 414 万元下降到 314 万元（表 3-17）。

表 3-17　水质净化价值　（单位：10^6元）

项目	1974 年	1987 年	1996 年	2007 年
除氮	3.27	2.61	3.28	2.52
除磷	0.87	0.55	1.00	0.62
合计	4.14	3.16	4.28	3.14

7. 白洋淀生态系统服务功能总价值

1974 ~ 2007 年，白洋淀生态系统服务功能价值经历了先下降后上升，又下降的过程

（表 3-18）。白洋淀生态系统服务功能价值从 1974 年的 38.74 亿元下降到 2007 年的 26.43 亿元，减少了 31.73%。与 1974 年相比，2007 年白洋淀提供产品和休闲娱乐价值增加，而大气调节、调蓄洪水、水资源蓄积和水质净化价值减少，直接价值所占比例增大，间接价值所占比例减小。

表 3-18　白洋淀生态系统服务功能价值

项目	1974 年		1987 年		1996 年		2007 年	
	价值量/亿元	比例/%	价值量/亿元	比例/%	价值量/亿元	比例/%	价值量/亿元	比例/%
提供产品	0.38	0.97	0.27	15.98	1.36	2.85	2.33	8.83
休闲娱乐			0.49	28.79	0.55	1.15	5.30	20.05
大气调节	1.03	2.65	0.91	53.37	0.96	2.00	0.83	3.13
调蓄洪水	19.56	50.49	0	0	18.08	37.72	11.50	43.51
水资源蓄积	17.73	45.77	0	0	26.94	56.20	6.44	24.37
水质净化	0.04	0.11	0.03	1.86	0.04	0.09	0.03	0.12
合计	38.74		1.70		47.93		26.43	

注：1987 年的休闲娱乐价值用 1988 年数值代替。

水文变化是造成白洋淀湿地生态系统服务功能变化的重要原因。水位变化主要影响调蓄洪水、水资源蓄积、水质净化和生态服务功能总价值，随着水位增加，湿地调蓄洪水、水资源蓄积、水质净化和生态服务功能总价值增加（图 3-18）。人类为满足自身需求，在增强一些生态系统服务功能的同时，会对其他一些生态系统服务功能造成损害。

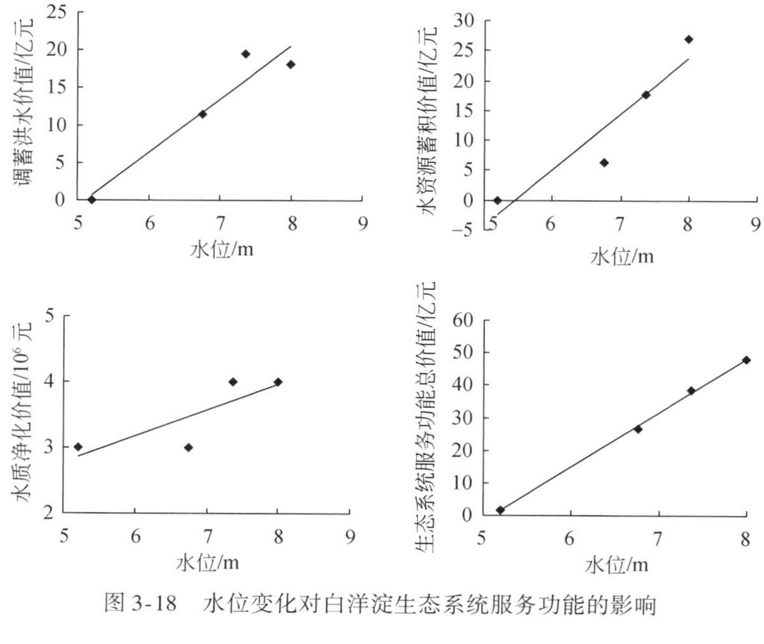

图 3-18　水位变化对白洋淀生态系统服务功能的影响

3.3 海河流域主要污染物分布特征

3.3.1 有机污染物（POPs）

1. 滴滴涕（DDTs）

王快水库、岳王庙水库、西大洋水库、大黑汀水库以及白洋淀表层沉积物中 p，p′-DDE 的浓度范围约为 0.4 ~ 1.1 ng/g dw，均低于安全阈值 6.42 ng/g dw，这些水库、湖泊的表层沉积物中 p，p′-DDE 的污染并不严重，由此引起的生态毒性效应也可以忽略不计。DDTs 在研究的 14 条河流中的浓度范围为 0.1 ~ 9.0ng/g dw，其中，在北京排污河、徒骇河、马颊河等河流沉积物中 p，p′-DDE 在上述 3 条河流中的含量处于安全阈值与可见效应浓度之间（p，p′-DDE>TEL = 1.42 ng/g dw），存在一定的生态毒性效应，其中北京排污河污染最重，约为 9.0ng/g dw。p，p′-DDE 的浓度占 DDTs 总量的 60% 左右，说明沉积物中的 DDTs 主要源于前期的农药残留。从整个海河流域来看，DDTs 在徒骇马颊河中的平均浓度最高，在滦河中最低。

2. 六六六（HCHs）

HCHs 在白洋淀表层沉积物以难降解的 β-HCH 为优势污染物，而在王快水库、岳王庙水库、西大洋水库、大黑汀水库 4 个水库的表层沉积物样品中则以 α-HCH 和 γ-HCH 为优势污染物。白洋淀湖区存在大规模的沉积物清淤活动，导致白洋淀表层沉积物样品中各 HCHs 异构体的赋存形态与其他四个水库相差较大。HCHs 在海河流域的 14 条主要河流中的浓度范围为 0.01 ~ 2.4 ng/g dw，其中滦河浓度最高。4 个水库和滦河、大清河的表层沉积物中以 α-HCH 和 γ-HCH 为优势污染物，则说明有含 HCHs 的农药输入。滦河、大清河和北京排污河等三个典型水体单元中 HCHs 浓度高于潜在效应浓度（γ-HCH>PEL = 1.38 ng/g dw），存在较大的生态风险效应。从整个海河流域来看，HCHs 在滦河中的平均浓度最高，在海河北系中最低。

3. 多溴联苯（PBBs）

PBBs 在海河流域典型湖泊和水库中的浓度范围为 0.29 ~ 0.47 ng/g dw，其中在白洋淀与岳王庙水库的表层沉积物中的浓度水平略高于其他水库。PBBs 在研究的 14 条河流中的浓度范围为 0.01 ~ 0.23 ng/g dw，其中在滦河、大清河的表层沉积物中 PBBs 的浓度水平显著高于其他河流（$p<0.05$）。海河流域这些典型水体单元中主要以 PBB1，3，4，10，30，31 和 53 等低溴代的 PBBs 同族体为主要污染物。将研究结果与国内外最近的报道值作比较，结果显示沉积物中 PBBs 的污染水平（$\sum$ PBBs 0.01 ~ 0.47 ng/g dw）大致与国际上报道较清洁的淡水沉积物中的含量处于同一水平，因此所研究的河

流中由于 PBBs 对于底栖水生生物的生物毒性效应并不显著，对底栖水生生物的潜在风险效应也相对较低。从整个海河流域来看，PBBs 在徒骇马颊河中的平均浓度最高，在海河北系中最低。

4. 多溴联苯醚（PBDEs）

PBDEs 在研究的湖泊和水库中的浓度范围为 0.32 ~2.61 ng/g dw，其中在白洋淀表层沉积物中的浓度水平显著高于其他水库。PBDEs 在研究的 14 条河流表层沉积物样品中 PBDEs 的浓度范围为 0.06 ~2.10ng/g dw，其中子牙河沉积物样品中 PBDEs 的检出浓度最低（0.06 ng/g dw），徒骇河表层沉积物样品中 PBDEs 的检出浓度最高（2.10ng/g dw）。BDE184、207、197、191、183 和 156 等高溴代同族体占支配地位，占 PBDEs 总量的 40% 以上，而其他河流沉积物中主要以 BDE15、28 和 47 等低溴代联苯醚为主，占 PBDEs 总量的 22% 以上。BDE209 在南运河与北京排污河表层沉积物样品中均被检出，其浓度占 PBDEs 总量的 13% 以上。在所采集的南运河与北京排污河表层沉积物样品中检出 BDE209 的浓度占 PBDEs 总量的 13% 以上，说明有新的 BDE209 输入到这两条河流的沉积物中。将研究结果与国内外最近的报道值作比较，结果显示沉积物中 PBDEs 的污染水平（$\sum$ PBDEs 0.06 ~ 2.10ng/g dw）大致与国际上报道较清洁的淡水沉积物中的含量（$\sum$ PBDEs 0.06 ~3.97 ng/g dw）处于同一水平。从整个海河流域来看，PBDEs 在徒骇马颊河中的平均浓度最高，在滦河系中最低。

5. 多氯联苯（PCBs）

PBBs 在研究的湖泊和水库中的浓度范围为 6.6 ~20.6 ng/g dw，其中在白洋淀表层沉积物中的浓度水平显著高于其他 4 个水库。在研究的 14 条河流表层沉积物样品中 PBDEs 的平均浓度范围约为 0.01 ~26.0ng/g dw，其中滦河、大清河的表层沉积物中 PCBs 的浓度水平明显高于其他河流（$p<0.05$）。各氯代 PCBs 同族体浓度百分比的分布特征显示滦河和大清河的表层沉积物中以三氯代、四氯代、六氯代和七氯代同族体是主要污染物，PCBs 的商业产品 Aroclor1242 中三氯代、四氯代和五氯代的同族体分别占总量的 44.9%、20.2% 和 18.9%，共占总量的 84%；PCBs 的商业产品 Aroclor1260 中六氯代（43.3%）和七氯代（38.5%）占总量的 82%。说明滦河和大清河的表层沉积物中的 PCBs 污染来源于 Aroclor1242 与 Aroclor1260 的混合污染，其他河流则主要以三氯代、四氯代和五氯代的同族体为主要污染物可能来源于 Aroclor1242 的污染。PCBs 在沉积物中的安全阈值为 34.1ng/g dw，可能效应浓度为 277 ng/g dw。在海河流域采集的水库、湖泊以及主要河流的表层沉积物中的 PCBs 的浓度都要明显低于安全阈值。从整个海河流域来看，PCBs 在滦河中的平均浓度最高，在海河北系中最低。

6. 多环芳烃（PAHs）

PAHs 是海河流域表层沉积物中典型 POPs 中的优势污染物，其浓度远高于其他几种

POPs。在漳卫南河、大清河和滦河三大河流表层沉积物中 PAHs 总浓度均值由高到低顺序依次为 796.3 ng/g、653.4 ng/g 和 555.9 ng/g。即便在同一河流内，表层沉积物中 PAHs 含量也存在一定的差异，以大清河尤为明显，表层沉积物 PAHs 的浓度最大值（3206.0ng/g）是最小值（81.0ng/g）的近 40 倍，相差一个数量级以上。由大清河上游山区（DH1）到下游淀东平原区（DH15），沉积物中 PAHs 含量基本呈递增趋势。区域人口密集，工业和交通发达，环境污染问题就相对严重。大清河水系西部（阜平、涞源、唐县）地处多山地带，人口稀少，交通不便，经济发展相对滞后；而中部低平原区的定州市、保定市和廊坊部分地区人口相对较密集，农业、工业和交通等人为活动对环境影响较大；水系东部的滨海平原区主要包含天津南部的静海县和大港区，是水系经济最发达的区域，人类活动对环境影响更大，沉积物 PAHs 浓度较高。

滦河水系 PAHs 环数组成相对含量的高低顺序依次为：3 环（41.5%）、4 环（26.7%）、5 环（24.6%）、6 环（6.0%）和 2 环（1.1%）；大清河水系为 4 环（42.0%）、3 环（22.6%）、5 环（21.3%）、2 环（7.6%）和 6 环（6.5%）；漳卫南运河为 3 环（46.9%）、5 环（26.3%）、4 环（23.7%）、6 环（2.5%）和 2 环（0.6%）。可以看出，各水系均以 3 环、4 环和 5 环 PAHs 所占比重较大。另外，滦河水系和漳卫南运河沉积物中 PAHs 组成以 3 环比重最大，大清河水系以 4 环 PAHs 相对含量最高。各水系所在区域产业结构的差别可能是造成 PAHs 成分存在差异的重要原因。相对分子质量特征比值与同分异构体比值初步揭示出海河流域沉积物 PAHs 污染物的主要来源为化石燃料的不完全燃烧。通过实地调查和资料收集，认为海河流域的工业应该是沉积物中 PAHs 的主要来源。通过对国内外流域表层沉积物 PAHs 总量的对比分析研究表明，海河流域水体和表层沉积物 PAHs 总量与国内外其他水体相比处于较低水平。

3.3.2 无机污染物（重金属）

白洋淀沉积物重金属浓度（mg/μg）范围为 As：5.32～19.05，Cd：0.096～0.38，Cr：83.1～44.36，Cu：13.29～39.72，Hg：0.02～0.09，Pb：18.4～37.55，Zn：44.51～117.41。除 Pb 略超出 I 类土壤标准限值外（38.05 mg/kg），西大洋沉积物中其他元素均符合 I 类标准。西大洋水库并不存在明显重金属污染，滦河和漳卫南表层沉积物并不存在明显的重金属污染。

白洋淀表层沉积物 2009 年的重金属元素测定结果高于 2007 年，Zn 和 Cd 浓度增加明显，2009 年部分采样点 Cd 的含量高达 2.20mg/kg。对比《土壤环境质量标准》（GB 15618—1995），2007 年白洋淀沉积物中除 Cd 略超出 I 类土壤标准限值外（0.23 mg/kg），其他元素均符合 I 类标准。而 2009 年的测定结果表明，Zn 和 Cd 存在不同程度的污染，特别是沉积物中 Cd 的平均含量已达到 0.80mg/kg，说明白洋淀表层沉积物中的特征重金属污染物为 Zn 和 Cd。

针对不同的沉积物环境质量基准间存在的差异，以及各基准在应用范围上的局限性，研究尝试对现有基准进行收集和整理，以建立能得到基于多方的沉积物质量基准

（Consensus-Based SQGs，CBSQGs），尽可能克服使用单一标准给沉积物评价带来的不确定性。海河沉积物 CBSQGs 环境质量等级评价结果表明（表 3-19），海河流域沉积物中的重金属浓度等级为Ⅰ～Ⅲ类，其中 Zn 和 Cd 属于Ⅰ类，说明它们不会对水环境产生毒性。Pb 除西大洋水库外，均属Ⅰ类。Cu 的平均含量为Ⅰ～Ⅱ类，即为无污染、中度污染。Cr 和 Ni 为Ⅱ～Ⅲ类，在滦河中为中、重度污染程度。

表 3-19　海河沉积物环境质量等级评价结果

元素	地点				
	白洋淀（2007 年）	白洋淀（2009 年）	漳卫南河	滦河	西大洋水库
Cr	Ⅱ	Ⅱ	Ⅱ	Ⅲ（约 81mg/kg）	Ⅱ
Ni	Ⅱ	Ⅱ	Ⅱ	Ⅲ（约 39mg/kg）	Ⅱ
Cu	Ⅰ	Ⅱ	Ⅱ	Ⅱ	Ⅱ
Zn	Ⅰ	Ⅰ	Ⅰ	Ⅰ	Ⅰ
Cd	Ⅰ	Ⅰ	Ⅰ	Ⅰ	Ⅰ
Pb	Ⅰ	Ⅰ	Ⅰ	Ⅰ	Ⅱ

注：Ⅰ类为无污染；Ⅱ类为无污染、中度污染；Ⅲ类为中度、重污染；Ⅳ类为重度污染。

3.3.3　新型污染物

1. 雌激素

在研究的海河流域内河流、湖泊和水库水环境中，均出现雌激素总浓度超过英国建议标准 1ng/L 的点位。白洋淀内光淀张庄处的雌激素总浓度最高，在枯水期时超过建议标准 1 ng/L。水库新污染物含量相对最低，仅在潘家口水库 P3 点出现超标。滦河流域上游支流小滦河和兴洲河七种新型污染物的检出浓度较伊逊河和武烈河低，可能是由于伊逊河和武烈河接纳了承德及周边农村城市污水，导致新型污染物浓度偏高。在研究的河流湖泊中，雌激素枯水期检出频率普遍高于丰水期，其中 E1 检出频率较高。对国内外流域表层沉积物雌激素总量的对比分析研究表明，海河流域白洋淀和漳卫南河水体中雌激素浓度与国内外其他水体相比处于较低水平。

2. 解热镇痛药

三种解热镇痛药在各水体单元最高浓度及出现的点位如图 3-19 所示，其中，酮洛芬在白洋淀 S4 点和滦河干流 R2 点均达 14 g/L，在漳卫南河达 35 ng/L；布洛芬和萘普生的最高浓度均出现在漳卫南河，最高值达到 22 ng/L 和 6 ng/L，分别位于 S8 点和 S7 点。布洛芬在大黑汀水库未检出。可见，水库中新型污染物浓度远低于河流和湖泊。

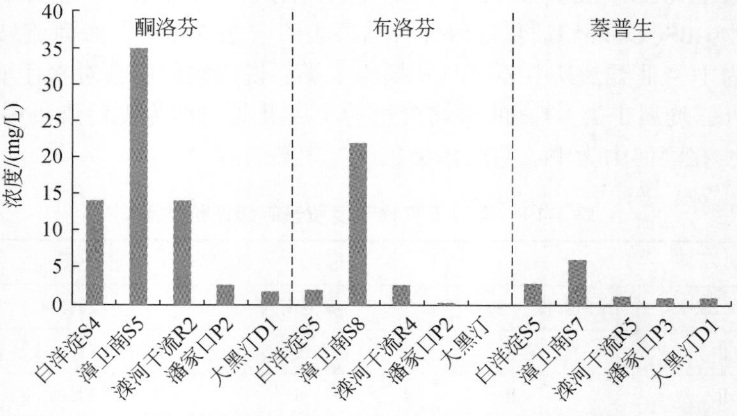

图 3-19 海河流域典型河流、湖泊、水库中解热镇痛药的最高值

3.3.4 小结

海河流域19个生态单元中POPs（6类）、重金属（10种）和新型污染物（4种雌激素和3种解热镇痛药类）的分布特征。滴滴涕（DDTs）和六六六（HCHs）仅在北京排污河、徒骇河、马颊河等河流中出现一定程度的污染，其他POPs（多溴联苯、多溴联苯醚、多氯联苯）均处于低污染水平。其中，多环芳烃（PAHs）是海河流域普遍存在的特征有机污染物，其在沉积物中的浓度（555.9～1390.9 ng/g）显著高于其他有机污染物。PAHs在海河流域不同水系之间均存在较大差异。其中在北京排污河沉积物中的浓度最高，在滦河水系沉积物中最低。与国内外其他流域相比，滦河水体和沉积物中的PAHs含量较国内外河流略低；各水系均以3环、4环和5环PAHs所占比重较大，滦河水系和漳卫南运河沉积物中PAHs组成以3环比重最大，大清河水系以4环PAHs相对含量最高；各水系所在区域产业结构的差别可能是造成PAHs成分存在差异的重要原因。PAHs在水体中的风险高于沉积物高于岸边土壤。

Cr和Ni是海河流域主要的无机污染物，Cr平均浓度为63～80mg/kg，Ni平均浓度为33～39 mg/kg。在滦河沉积物中Cr和Ni污染最为严重，为中度或重度污染，虽低于国内墨水湖和长江等河流，但与国外河流相比仍处于较高水平；重金属在水库和湖泊中含量较低。

在海河流域雌激素污染物中，E1检出频率较高，是海河流域主要的新型污染物；在解热镇痛药中，酮洛芬含量较高；雌激素和解热镇痛药在河流、湖泊和水库中均出现超标点位，其中雌激素在漳卫南运河的超标最为严重（最高浓度66.79 ng/L）；在白洋淀和滦河流域的最高浓度均为5 ng/L；在水库中含量相对最低，仅在潘家口水库存在超标点位。解热镇痛药在漳卫南河的超标最为严重（最高浓度35ng/L）。雌激素和解热镇痛药在不同水系中季节变化规律不同。

3.4 典型单元污染物分布规律

选择海河流域作为典型生态单元，白洋淀作为湖泊典型单元，西大洋水库作为典型水库单元，北京市作为典型城市单元，分析了污染物分布规律。

3.4.1 湖泊——白洋淀

白洋淀水体中 PAHs 浓度范围为 0.1536 ~ 0.6881 ng/L，处于低风险水平，沉积物中 PAH 浓度范围为 314.1 ~ 1051.7 ng/g，最高浓度点位均位于王家寨，处于高风险水平。As 的总量只在第 7 个采样点低于 LEL（低效应水平），而在所有的其他地点，都高于 LEL。所有采样点的 As 浓度都低于 SEL（极端效应水平），说明沉积物已受到人类扰动但未受到严重污染。采样点 4 的 As 浓度最高。Cu、Cr 和 As 都高于 LEL 但低于 SEL，但 Pb、Hg 和 Zn 的浓度都在底栖生物可承受范围内（低于 LEL）。只有 Cd 在人口密集居住区南刘庄的浓度高于 LEL。Cu 和 Cr 的污染中心也在南刘庄。因此重金属在白洋淀呈现出点源污染，但对底栖生物群落的生态风险遍布淀区。7 种重金属的潜在生态风险从高到低为 Cd、Hg、As、Cu、Pb、Cr、Zn。分布特征是从上游到淀区中间逐渐增加，但到下游呈现减少的趋势。最高浓度出现在高密度的人口聚居区。

对白洋淀表层沉积物中重金属 Cd、Cr、Cu、Pb、Zn、As、Hg 的地球化学形态进行了分析，Cr、Zn、Cd 和 Cu 表现出在淀区相似的分布趋势，峰值都出现在采样点 6、8、10，也就是大田庄、圈头和南刘庄。除了南刘庄在入淀口处，大田庄和圈头都在淀区中央，这也许与淀区底部低洼的地理形态有关。除了 As 以外，其他金属都在南刘庄出现浓度最高值，表明该区除了人口压力外，入淀口处废水排放量大及污染物的稀释和搬运能力弱有关。Cd 在南刘庄的碳酸盐结合态和可交换态占五种形态总量的 73.5%，其次为 Fe-Mn 氧化物结合态。所有地点的有机结合态和残渣态都较低，Cr、Cu、Pb、Zn、As 残渣态所占比例最高，其次是 Fe-Mn 氧化态。Hg 虽然残渣态所占比例高，但有机态是仅次于残渣态的形态。

3.4.2 水库——西大洋水库

西大洋水库表层沉积物中 PAHs 浓度范围为 143.6 ~ 1239.5 ng/g，最高点位于水库中心附近，王快水库 PAHs 浓度范围为 68.4 ~ 1039.9 ng/g，均处于高风险状态，最高点位于水库中心附近。西大洋水库重金属元素浓度除 Pb 略超出 I 类土壤标准限值外（38.05 mg/kg），西大洋沉积物中其他元素均符合 I 类标准。在潘家口水库和大黑汀水库，尽管雌激素的检出浓度为 ng/L，但低于干流以及上游四个支流，并且潘家口水库的检出浓度比大黑汀水库的低。

3.4.3 城市——北京市

分析检测了北京市高碑店污水处理厂进出水中新型污染物的浓度，其中雌激素［E1］/3+［E2］+10［EE2］值仅低于漳卫南河，远高于滦河、白洋淀和水库，E2 进出水浓度最高分别达 46ng/L 和 32.4ng/L；解热镇痛药酮洛芬在北京污水处理厂进出水的浓度除低于漳卫南河外，高于其他水体单元。分析检测了北京排污河中典型 POPs 的浓度，其中 PAH 在北京排污河沉积物中的浓度约达 1500ng/g dw。

北京市地表灰尘中重金属 Cd、Cu、Ni、Pb 和 Zn 的浓度低于世界上已有调研的大多数城市和国内的沈阳市、上海市；地表灰尘中 PAHs 的浓度也大大低于国内已有调研的邯郸市、天津市和上海市。弗里德曼非参数检验表明各功能区地表灰尘中重金属含量存在显著差异：居民居住区和绿化区域地表灰尘上重金属和 PAHs 的吸附量较小，而在与交通密切相关的城市公路和车辆密集区地表灰尘上的重金属和 PAHs 污染都较严重。地表灰尘重金属浓度依次为 Zn>Cr>Cu>Pb>Ni>Cd>Hg，这种污染状况与世界其他各大城市是一致的（表 3-20）。

表 3-20 北京城市各点地表灰尘中的重金属含量

采样点代号	Cd /（ng/g）	Hg /（ng/g）	Cr /（μg/g）	Cu /（μg/g）	Ni /（μg/g）	Pb /（μg/g）	Zn /（μg/g）
玉渊潭公园	356	231	74.20	44.40	24.50	40.66	122.20
紫竹院公园	799	434	61.20	60.20	21.80	69.97	235.20
惠新里小区	325	60	80.50	45.30	17.10	74.59	219.50
丽泽小区	758	432	65.80	66.60	29.40	61.32	301.00
鸟巢汽车道（施工时）	168	112	57.50	40.80	19.60	27.01	89.50
王府井大街	2537	1120	135.90	178.50	201.90	135.14	529.60
杏坛路路边	467	86	66.20	62.10	23.20	46.04	200.80
北三环	480	97	77.20	112.40	23.50	48.06	217.20
京师路	551	356	84.50	59.80	35.20	78.14	254.40
新街口外大街公车进站口	558	140	103.70	104.90	29.30	87.95	256.60
新街口外大街车站	983	286	99.50	71.00	29.20	85.74	294.40
停车场	539	326	113.80	94.10	39.00	80.07	262.10
最小值	168	60	57.50	40.80	17.10	27.01	89.50
最大值	2537	1120	135.90	178.50	201.90	135.14	529.60
平均值	710	307	85.00	78.34	41.14	69.56	248.54
标准偏差	616	289	23.78	39.23	51.02	28.35	108.57

地质积累指数评价法表明北京市地表灰尘 Cd、Zn 和 Cu 处于中度污染水平，Cr 和 Pb 处于轻度污染水平，Ni 处于无实际污染水平。$\sum$ 16PAHs 的污染水平（表 3-21）在不同

功能区的差异比较大：公园地表灰尘为无污染至轻度污染水平，居民区地表灰尘处于中度至严重污染水平，交通密集区 PAHs 处于严重污染至极度污染水平。重金属和 PAHs 的质量负荷主要集中在粒径小于 300μm 的地表灰尘上。因此城市清扫车在去除地表颗粒物时不仅应当关注小尺度的颗粒物，也应该通过升级除尘装备，去除 300μm 以下的地表灰尘。

表 3-21　北京城市各点地表灰尘中的 PAH 的含量

采样点代号	∑ 2-3 环 PAHs /（μg/g）	∑ 4-6 环 PAHs /（μg/g）	∑ 16 环 PAHs /（μg/g）	∑ 4-6 环 / ∑ 2-3 环 PAHs
玉渊潭公园	0.023	0.013	0.036	0.565
紫竹院公园	0.013	0.034	0.047	2.615
惠新里小区	0.170	0.000	0.170	0.000
丽泽小区	0.170	0.000	0.170	0.000
鸟巢汽车道（施工时）	0.123	0.238	0.361	1.935
王府井大街	0.089	0.259	0.348	2.910
杏坛路路边	0.278	0.074	0.352	0.266
北三环	0.182	0.047	0.229	0.258
京师路	0.183	0.675	0.858	3.689
新街口外大街公车进站口	0.149	0.404	0.553	2.711
新街口外大街车站	0.270	0.617	0.887	2.285
停车场	0.145	0.624	0.769	4.303
最小值	0.013	0.000	0.036	0.000
最大值	0.278	0.675	0.887	4.303
平均值	0.150	0.249	0.398	1.795
标准偏差	0.082	0.266	0.302	1.524

3.4.4　小结

海河流域污染物分布规律十分复杂。流域整体水质较差，滦河和漳卫南河均为劣 V 类；滦河和漳卫南河 PAHs 和重金属总体上城市污染程度高于农村，沉积物中浓度略高于岸边土壤，中下游高于上游，干流高于支流；滦河流域和漳卫南运河 PAHs 的主要成分均为 2 环、3 环、4 环 PAHs，且主要来源均为化石燃料和生物质煤的燃烧；滦河、漳卫南河和白洋淀的雌激素 E1 检出频率高于其他检测的新型污染物。不同污染物在不同水系的空间分布规律各不相同。滦河一些重金属表现为河口高于上中下游，如 Hg，而漳卫南河一些重金属则是中上游高于下游和河口，如 Cu；滦河雌激素中下游高于上游，而漳卫南河则是上游高于中下游。

1. 与水循环演化相伴生的流域水环境演化机理

不同的典型生态单元中特征污染物分布各不相同，其中，以自然水循环为主的滦河水系有机污染较轻，以无机污染（重金属）为主；以社会水循环为主的漳卫南河水系有机和无机污染均较轻，而常规污染物和新型污染物显著高于其他水系，以常规污染为主；湖泊和水库无机污染较轻，以有机污染为主；河口无论是有机污染物 PAHs，还是重金属，都达到较高的污染水平；强人为干扰的以社会水循环为主的城市 PAHs 居于检测的 14 条河流中最高水平，新型污染物雌激素和解热镇痛药酮洛芬仅次于漳卫南河，远高于滦河、白洋淀和水库。

2. 不同水分条件下污染物分布规律

不同水分条件下，污染物在海河流域的分布规律有所变化。在枯水期，漳卫南运河地表水中 PAHs 浓度低于滦河；滦河、漳卫南河和白洋淀雌激素 E1 和 EE2 的检出浓度及频率高于其他新型污染物，且高于丰水期浓度和频率；滦河和白洋淀解热镇痛药萘普生检出率最高，漳卫南河解热镇痛药酮洛芬的检出频率最高，且检出浓度及频率均高于丰水期。而在丰水期，白洋淀 E2 检出浓度及频率高于其他污染物，且高于枯水期浓度和频率；滦河解热镇痛药的检出浓度及频率高于枯水期。

第4章 海河流域水循环及其伴生过程综合模型系统构建

4.1 变化环境下流域水循环及伴生过程耦合机制

4.1.1 流域水循环、水环境与水生态三大系统相互作用机制

流域水环境、生态系统与水循环三大系统之间互相作用，关系密切（图4-1）。水循环为水环境系统和生态系统提供水分条件，水环境系统与生态系统之间有复杂的物质交换与转化，生态系统的演化造成水循环系统下垫面等外部环境的变化。在三大系统错综复杂的关系中，水是最为活跃的因素，水循环系统的演化对其他两大系统的演化起到至关重要的驱动作用。

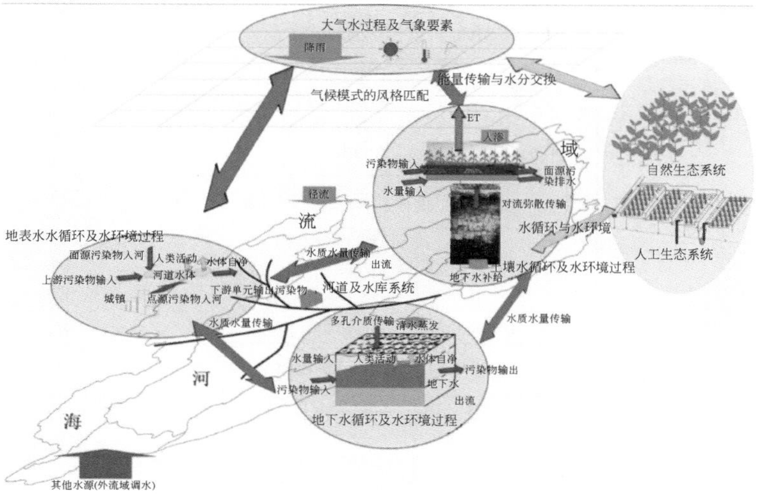

图4-1 水循环、水环境及生态三大系统相互作用关系

在全球气候变化和高强度人类活动影响下，流域水循环发生深刻演变。从驱动力上来说，由自然一元的驱动力演变为“自然-社会”二元驱动力，而且人工驱动力的作用范围和强度越来越大；从水循环的结构上来看，在自然水循环的“四水”转化基础上出现了以“取水—输水—用水—耗水—排水”为主要特征的社会循环过程，而且社会水循环的通量

越来越大；从水循环参数上来看，受人类活动范围的扩大和影响深度的加强，越来越多的水循环参数具有明显的社会属性。

在社会经济高速发展期，流域水循环的二元演化对水环境总体造成的影响是不利的。地表地下水文情势的变化，造成水环境容量呈减少趋势，加之污染排放量的迅速增加，污染种类的复杂化，致使水环境恶化越来越严重。

流域水循环系统的二元演化造成的另一个后果是人工生态系统（如农田、水土保持等）和自然生态系统（如自然林草植被、河湖湿地）的二元分异日益显著。随着社会水循环通量的增加，与之关系密切的人工生态系统获得更多的水分条件，而自然生态系统的水分条件彼长此消，全球气候变化作用下更是加剧和凸显了这种关系。

4.1.2 流域水循环及其伴生过程耦合模型框架

从水循环及其伴生水环境、生态过程相互作用关系出发，只有以水循环为核心，开展三大系统的综合调控，才能从根本上全面解决全球气候变化和高强度人类活动干扰下海河流域水资源短缺、水环境恶化及生态退化问题。为此，有必要以全面的视角，充分考虑水循环、水环境和生态三大系统之间物质（含水分）与能量的交换关系，耦合气候模式、流域二元水循环模型、流域水质模型及流域生态模型，构建流域水循环及其伴生过程综合模拟系统（图4-2），为流域综合调控提供有力的支撑工具。

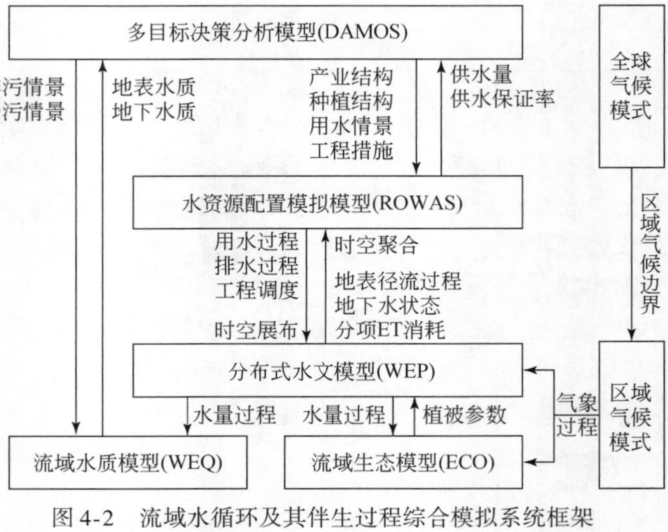

图4-2　流域水循环及其伴生过程综合模拟系统框架

其中气候模式是将全球气候模式与区域气候模式的嵌套耦合，它与流域水循环、水环境及生态模型间通过气象要素的时空向下尺度化进行嵌套耦合；流域二元水循环模型包括DAMOS、ROWAS、WEP-L三个模型从宏观到微观三个层次耦合嵌套模型，实现自然水循环和社会水循环的耦合模拟；流域水质模型分为基于物质平衡的流域层面的水质模型和基于水动力学的河网水系水质模型以及地下水质模型，流域生态模型分为农田生态模型和自然植被生态模型，水环境和生态模型基于流域二元水循环模型开发，与流域二元水循环模型共享一个数据平台。

4.1.3 流域水循环及其伴生过程模型之间的耦合

1. 气候模式与水循环模型耦合

气候模式与水循环模型之间往往存在着时空尺度上的不匹配性，因此在耦合气候模式与水文模型时，需要对气候模式结果进行空间和时间降尺度处理，本研究采用的气候模式与水文模型的耦合技术路线（图 4-3）。

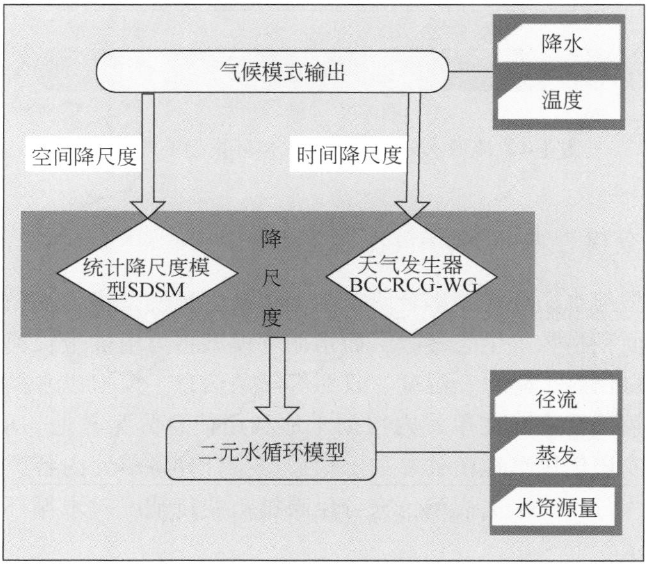

图 4-3　气候模式与水循环模型耦合技术路线

2. 流域水环境模型与水循环模型耦合

水环境模型分为污染物产生、入河/入渗及其在河道/湖库/地下水体中的迁移转化三个部分，分别与流域水循环的产流、入渗、坡面汇流、河道汇流过程紧密联系。自然水循环模拟为非点源污染产生、入河、入渗计算提供条件，人工侧支循环过程模拟为点源污染产生、入河、入渗计算提供强有力的支持。

从相互反馈关系来看，自然水循环过程影响污染物的降解、移流和扩散，而水化学过程对水循环过程影响不大，所以水量水质的耦合模拟采取单向耦合的方式，即采用率定好的水量模拟结果，模拟污染物在陆域和河道的迁移转化过程，而水质过程不再反馈至水量过程。流域水环境模型与水循环模型耦合关系如图 4-4 所示。

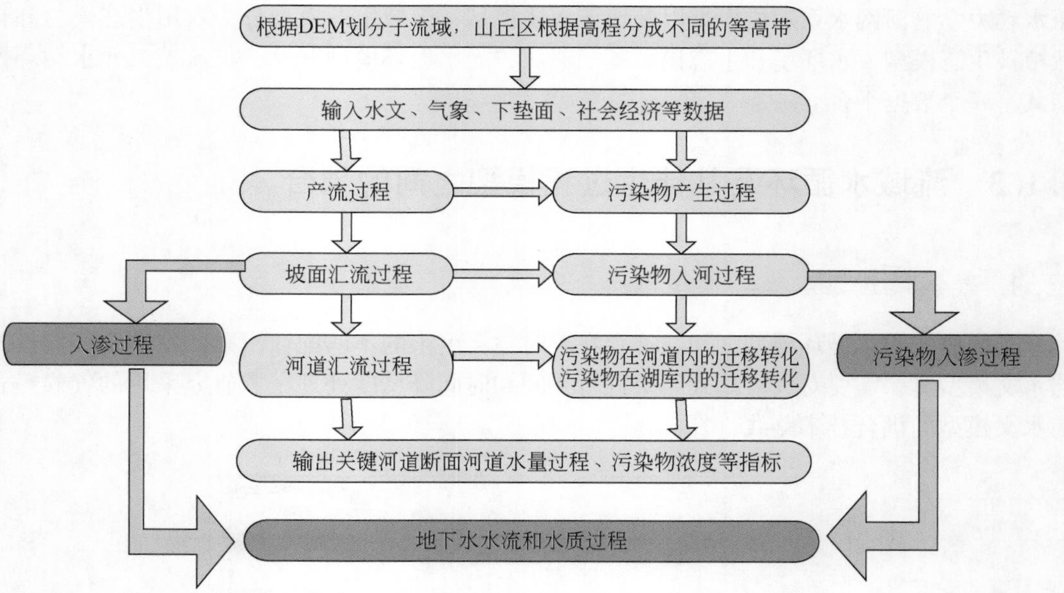

图 4-4　流域水环境模型与水循环模型的耦合关系

3. 流域水生态模型与水循环模型耦合

流域水生态模型与水循环模型耦合研究中，植被生长模型将为水循环模型提供不同时期及生长季节的叶面积指数等生态参数，而水循环模型将为植被生长模型提供土地利用信息，农田灌溉用水量信息、降水、温度、日照等气象信息。模拟以水循环模型划分的子流域为计算单元，采用马赛克法在单元内根据土地利用信息分为林地、草地两种植被类型，土地利用信息中的农田使用草地植被参数。植被模型计算各单元内各类型植被的生长情况后，将植被信息输入分布式水文模型，充分反映植被变化情况对水循环过程的影响，其耦合关系如图 4-5 所示。

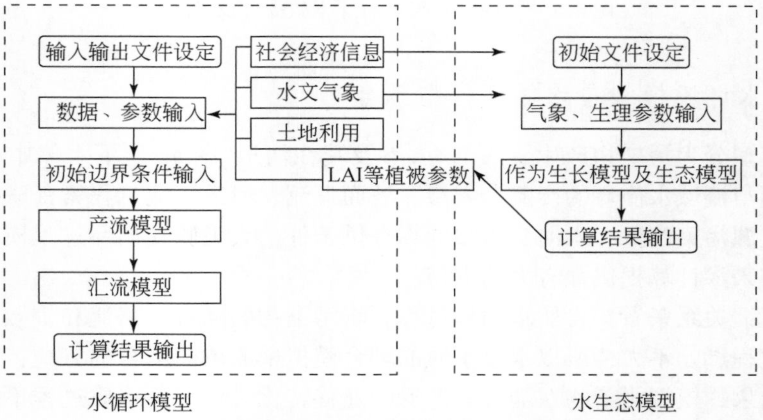

图 4-5　流域水生态模型与水循环模型的耦合关系

4.2 “水-生态-环境”信息集成和时空展布

4.2.1 基础信息采集

1. 基本信息

①数字高程模型 DEM（1km、30m 等分辨率）；②水系信息，包括河网分布、河道断面参数等；③土地利用：经国家相关部门审查批准生产的 1986 年、1996 年和 2000 年三个时段的 1：10 万土地利用图；④土壤及其特征信息；⑤水文地质信息，包括主要水文地质参数、岩性分区、含水层厚度；⑥水利工程信息，包括海河流域内大型水库、主要水闸信息、10 万亩以上的大型灌区信息；⑦社会经济信息，收集了海河流域涉及的省级行政区 1956～2005 年的人口、GDP、工业总产值等社会经济信息，收集整理了 1980 年、1985 年、1990 年、1995 年、2000 年、2001～2005 年的 10 个年份与用水关联的主要经济社会指标。

2. 水分信息

①降水信息：1502 个雨量站 50 年的日雨量数据和 536 个雨量站 49 年的降水要素日内过程摘录数据，47 个国家气象站 50 年逐日气象要素数据等；②径流信息：海河流域干支流 356 个水文站 49 年逐日实测径流量和逐月还原资料，以及洪水摘录信息；③社会经济供用水信息：包括 1980 年、1985 年、1990 年、1995 年、2000 年、2001～2005 年 10 个典型年份地表、地下水供水量信息和不同行业用水、耗水、排水信息以及与用水关联的主要经济社会指标；④海河流域 15 个水资源三级区 P 为 75% 的灌溉制度，现状年各种作物播种面积，海河流域各省区逐月引水量。

3. 水环境信息

①地表地下水质监测信息：海河流域 516 个地表水水质监测断面，平原区 546 眼地下水质观测井，水质测站监测指标包括 12 项必评项目和 11 项选评项目；②典型污染源调查信息：2000 年 1600 个主要排污口的入河废污水量、COD_{Cr} 和氨氮的分项排放量（工业、生活、混合）、BOD_5、挥发酚、总氮、总磷排放量；2000 年按水资源 3 级分区和 81 个地级市统计的点源、非点源污染物产生量、入河量估算结果，包括 COD、氨氮、总氮以及总磷等污染指标；③分省污染源信息：1990～2008 年分省工业和生活废污水排放量、处理量，分省工业和生活 COD 排放量、处理量，分省工业和生活 NH_3-N 排放量、处理量等信息；④水功能分区信息：海河流域一级水功能区 336 个，河流总长度 19 708km，一级区中开发利用区 220 个，河长 14 275km，共划分为二级水功能区 352 个。对部分跨省的功能区进行了拆分，最终一、二级功能区合计 527 个。

4. 水生态信息

①海河流域 ET、土壤含水量和生物量遥感解译图；②海河流域土地利用图；③典型区域 ET 遥感解译图；④典型区域日 ET 遥感解译数据；⑤典型区域土地利用图 6 典型区域作物种植结构遥感解译图；⑥海河流域 1980 ~ 2000 年 21 年逐旬 NOAA/AVHRR 影像（地表分辨率为 8km），在该源信息的基础上，依次提取出植被指数（NDVI）、植被盖度（VEG）和叶面积指数（LAI）等与植被有关的信息；⑦海河流域 12 个重要湿地的空间分布图。

4. 2. 2 数据处理与加工

1. 子流域划分及编码

以流域数字高程模型和天然河网水系为依据，进行了海河流域数字河网水系的提取和相应产汇流分区的生成。依据改进的 Pfafstetter 流域编码规则将整个海河流域划分为 3067 个天然子流域单元，每个子流域平均面积约 104. 1 km^2，并在山丘区子流域内部进一步划分为 1 ~ 10 个等高带，计算单元总计 11 752 个，如图 4-6 所示。

(a) 河流域子流域划分图

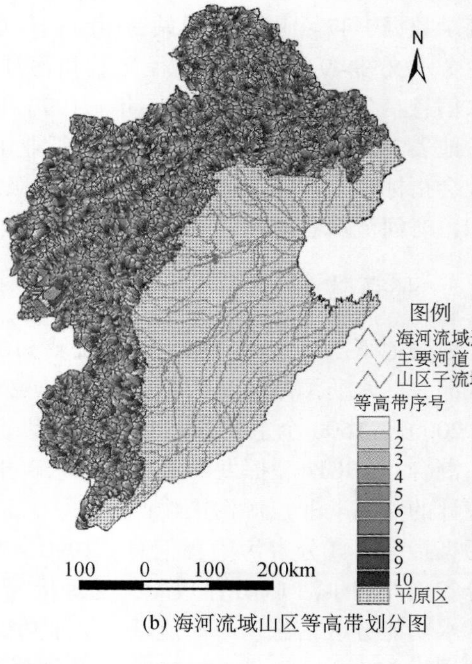

(b) 海河流域山区等高带划分图

图 4-6 海河流域划分图

2. 降水气象信息时空展布

采用考虑相关系数的泰森多边形法（Tessen）和距离平方反比法（RDS）相综合的插值方法（ARDS），将海河流域逐日雨量、气温、日照时数、相对湿度和风速五大气象要素进行空间插值，得到模型单元需要的气象要素资料。

3. 土壤水动力学参数

根据土壤的粒径组成（黏粒、粉粒和砂粒含量）和容重，估算土壤水动力参数是获得区域土壤水动力参数的有效途径之一。图 4-7 是海河流域土壤粒径分布和土壤类型空间分布情况。

4. 社会经济信息时空展布

本研究中主要对人口和 GDP 数据进行了空间化。人口空间化思路是在 GIS 背景数据和空间分析功能的支持下，探询人口密度–土地利用格局的耦合关系，构建空间分布模型，进而生成 1km×1km 人口栅格数据。GDP 数据的空间化则通过确定构成 GDP 产值的要素（第一、第二、第三产业结构）与土地利用要素（土地利用格局）的关系构建 GDP 空间分布模型来实现。

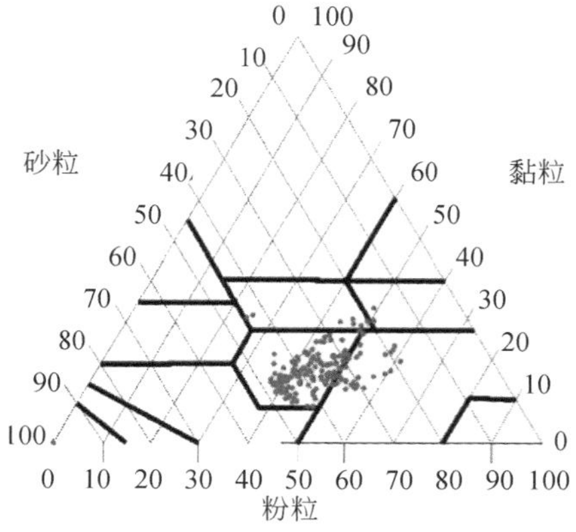

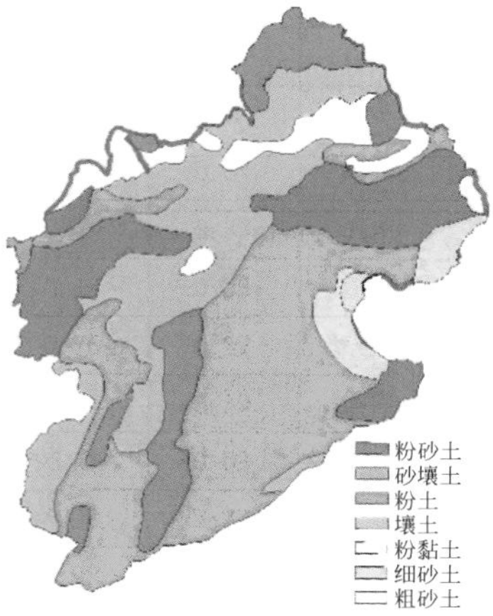

图 4-7　海河流域土壤粒径分布和土壤类型

5. 用水信息时空展布

社会经济用水分为农业用水、工业用水和生活用水，本次研究分别对这三类用水及各个分项（农业用水 8 类、工业用水 2 类、生活用水 4 类）都进行了时空展布。其中农业用水的空间分布主要依据灌溉面积空间分布，结合分区农业种植结构情况进行展布，时间上则依据不同农作物生长的需水过程进行分配；工业用水数据按照 GDP 的空间分布进行空间展布，时间上则基本按照年内均化处理；生活用水分城镇生活用水和农村生活用水，主要依据城镇人口和农村人口发布情况进行展布，时间上适当考虑夏季和冬季用水差异。

6. 水污染信息空间展布

在社会经济信息的基础上，得到污染源的时空分布。污染源主要包括点源和面源，点源分为城镇生活和工业生产，非点源分为包括城镇地表径流污染物、农药化肥污染物、水土流失污染物、农村生活和固体废弃物以及分散式畜禽养殖等 5 类。污染物的时空分布根据时空展布得到的各计算单元的人口和社会经济信息，分析不同年份的污染物产生定额。

7. 蒸散发遥感反演

本次研究以 MODIS 陆地（Terra）观测平台提供的 L1B 产品作为遥感影像数据来源，结合海河流域 50 个气象站观测的大气温度、压力、风速和相对湿度等气象信息，利用 SEBS（Surface Energy Balance System）模型反演得到了 2005 年 20 个晴好天气条件的蒸散发空间分布结果。图 4-8 给出了 2005 年 9 月 17 日的海河流域遥感反演蒸散发空间分布结果。由于 WEP-L 的计算单元是基于水文响应单元（HRU）的，为了进行结果对比和数据同化，1km×1 km 的 SEBS 反演结果通过 ArcGIS 的空间统计功能计算得到 11 752 个水文响应单元的 ET 遥感反演结果。

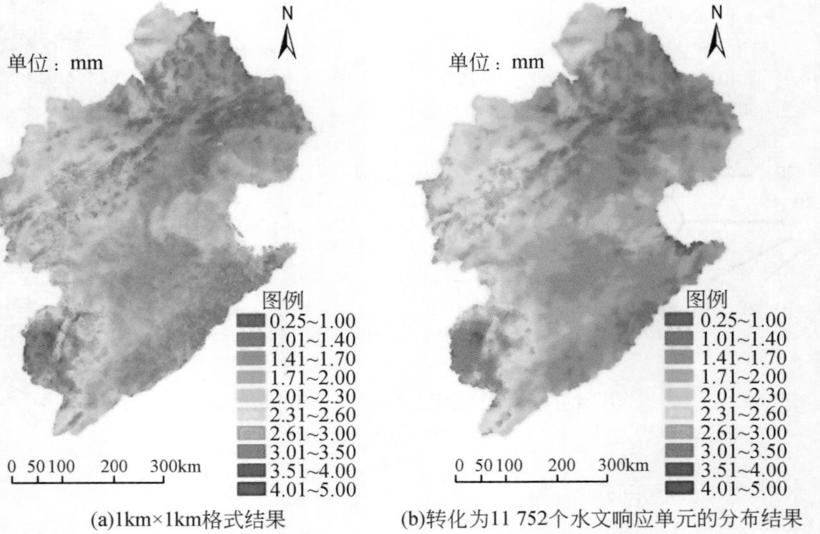

图 4-8　SEBS 反演的 2005 年 9 月 17 日的 ET 分布结果

4.3 二元循环耦合过程系统模拟

4.3.1 流域二元循环耦合过程系统模拟模型框架

1. 模型总体结构

流域二元水循环模型（watershed dualistic water cycle model），简称二元模型（dualistic model）。该模型由分布式水循环模型 WEP-L（modeling water and energy transfer processes in large river basins）、水资源配置模拟模型 ROWAS（rules – based objected – oriented water allocation simulation model）和多目标决策分析模型 DAMOS（decision analysis for multi – objective system）耦合而成。总体结构如图 4-9 所示。

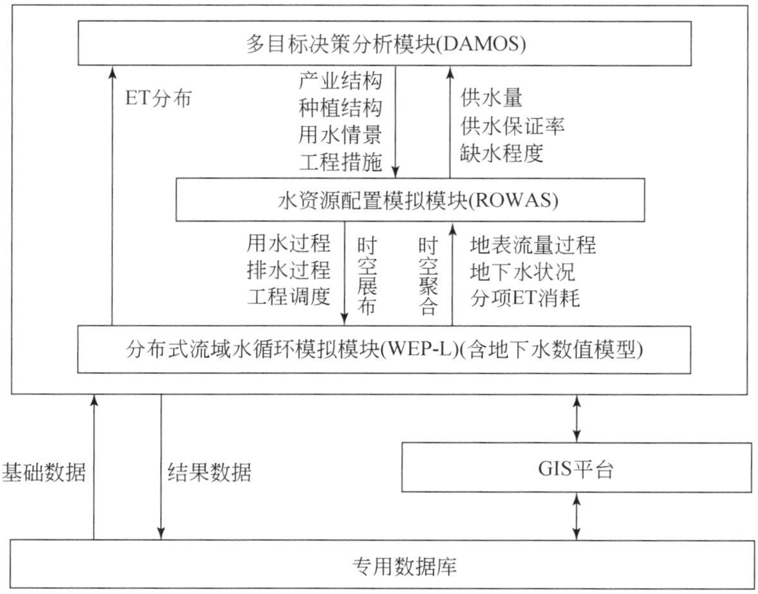

图 4-9 二元模型总体结构

针对社会经济系统和水资源系统的复杂性，采用连续型的多目标决策分析模块（DAMOS），科学地分析两大系统内部各因素之间的动态制约关系和期望结果；针对海河流域高强度人类活动作用，采用水资源配置模拟模块（ROWAS）描述人类活动条件下取水、用水、耗水、排水等的循环过程；针对海河流域降水在山区与平原区、地表与地下、城市与农村的不同转化过程，采用分布式水循环模拟模块（WEP-L）描述。通过三者间的有机耦合，模拟海河流域在自然和社会经济系统驱动下社会水循环和自然水循环的综合演化过程，深刻揭示水资源的“自然-社会”演化特性，为流域水资源调控和 ET 管理等实践提供各种情景模拟及决策支持。

流域二元模型包括模拟模型和优化模型，其中，优化模型（DAMOS）侧重于系统内部各因素之间的动态约束关系和期望条件下系统的发展结果，而不考虑系统的运转过程，两个模拟模型（ROWAS 和 WEP-L）则侧重于给定条件下系统的运转过程，较少考虑给定诸条件间的相互制约关系。

因此，需要采用两层耦合的方式进行分布式水文模型 WEP-L、水资源配置模型 ROWAS 和多目标决策分析模型 DAMOS 之间的耦合，即首先进行分布式水文模型 WEP-L 和水资源配置模型 ROWAS 两个模拟模型之间的耦合，然后再和多目标决策分析模型 DAMOS 进行耦合，形成完整的流域二元模型。上述模型的耦合不是简单的连接，而是在一定的逻辑关系下按特定的决策内容连接起来的。

2. 模拟模型（WEP-L 和 ROWAS）之间的耦合

流域水循环模拟模型是通过分布式水文模型 WEP-L 模型和水资源配置模型 ROWAS 模型两者之间有机耦合形成的。即在 WEP-L 模型重点分析天然水文过程的基础上，采用 ROWAS 模型处理水资源配置和水库调度，并对两个模型进行数据交换等耦合，从而构建完整合理的二元水循环模型。

根据 WEP-L 模型和 ROWAS 模型的计算过程和数据要求，模型交互的核心可以归结为：WEP-L 模型为 ROWAS 模型提供径流性资源量（水库入流过程、节点入流过程和面上径流过程）和地下水储水及蓄变状况（补给量和排泄量），经过“时空聚合”给出适合 ROWAS 模型时空尺度的输入过程，ROWAS 模型模拟后把得到的水资源供、用、耗、排过程进行“时空展布”，得到适合 WEP-L 模型时空尺度的输入，并反馈给 WEP-L 模型，其耦合关系如图 4-10 所示。

3. 模拟模型（WEP-L 和 ROWAS）和 DAMOS 模型之间的耦合关系

流域水循环模拟与调控模型是指在流域水循环模拟模型的基础上，通过耦合多目标分析决策模型 DAMOS 模型，形成调控与模拟相结合的完整流域水循环模拟与调控模型。

通过模拟模型（WEP-L 和 ROWAS）和 DAMOS 模型之间的进一步耦合，形成完整的流域二元模型。即由 DAMOS 模型的运行结果中得到多目标优化条件下的发展模式、供水工程方案组合，以及由经济发展状态确定的用水水平和过程；将 DAMOS 的计算结果输入到 ROWAS 模型中，同时考虑到当前时段的预报信息，ROWAS 模型通过逐月配置计算，模拟计算各个单元的实时供、用、耗、排过程，得出在不同来水条件下供水破坏的程度、缺水程度以及水供需平衡分析；再通过 WEP-L 模型进行精细的模拟，得到不同来水条件和用水水平下的水循环过程各要素模拟结果，以具体指导水量管理、供水管理、排水管理以及 ET 管理等，耦合关系如图 4-11 所示。

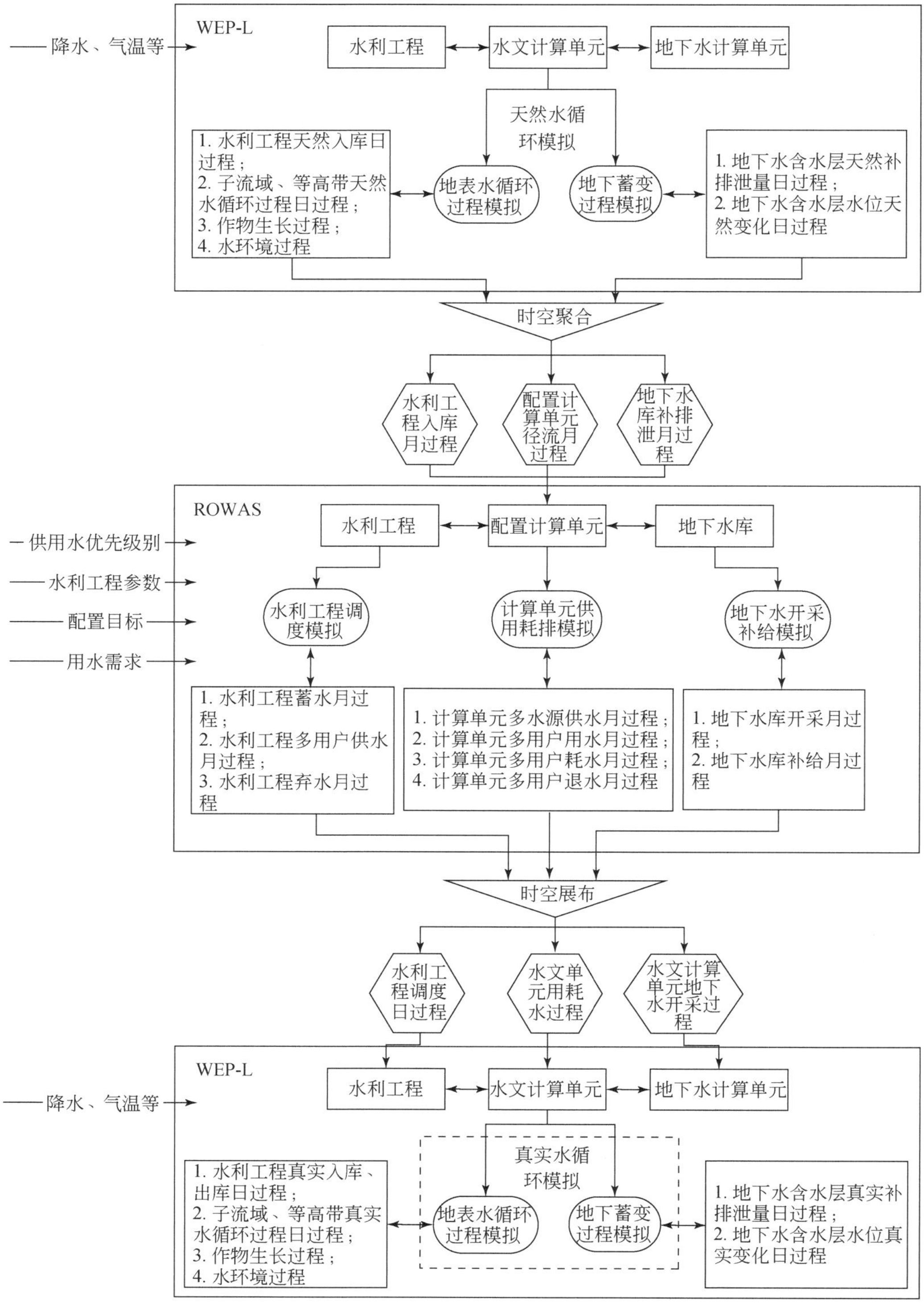

图 4-10　WEP-L 模型与 ROWAS 模型耦合关系

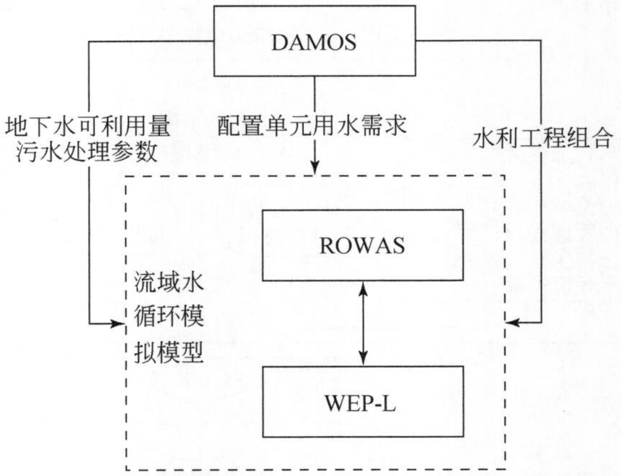

图 4-11　DAMOS 模型与 ROWAS、WEP-L 模型的耦合关系

4.3.2　WEP-L 模型

WEP-L 是 WEP 模型在大尺度流域的版本，典型的具有物理机制的流域分布式二元水循环模型，既能对地表水和地下水进行耦合模拟，也能对自然水循环和社会水循环进行耦合模拟（模型结构如图 4-12 所示）。在垂直方向上，WEP-L 模型结构分为植被或建筑物截留层、地表洼地储留层、土壤表层（3 层）、过渡带层、浅层地下水层和深层地下水层等 8 层。WEP-L 模型的平面结构为子流域套等高带，为考虑计算单元内土地利用的不均匀性，采用了“马赛克”法，即把计算单元内的土地归成裸地-植被域、灌溉农田、非灌溉农田、水域和不透水域五大类、若干小类。

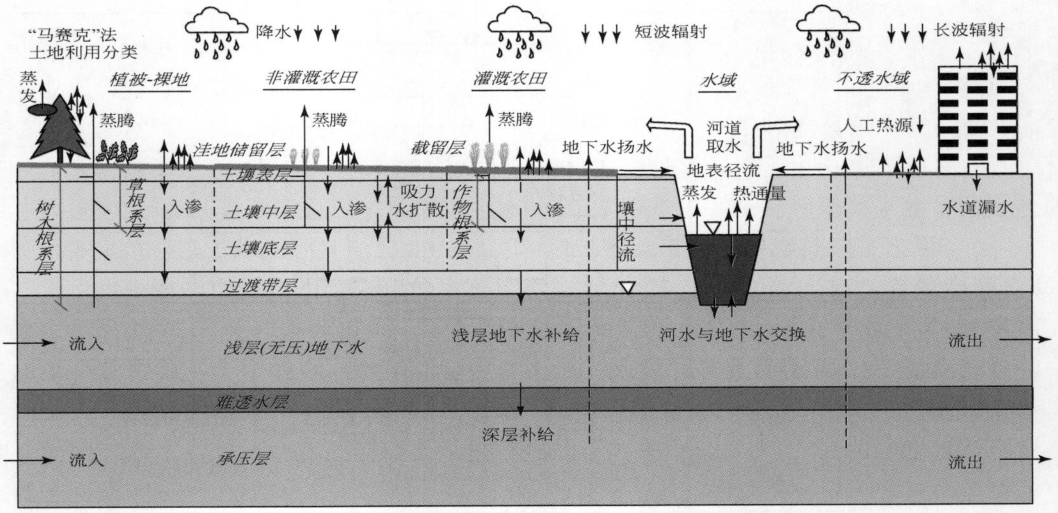

(a)铅直方向结构（基本计算单元内）

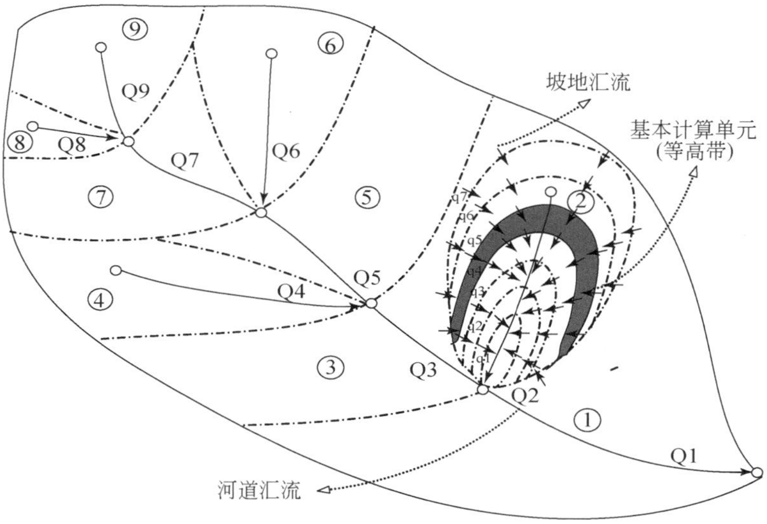

(b)平面结构

图 4-12　WEP-L 模型的结构

4.3.3　MODFLOW 模型

MODFLOW 模型是一种地下水水流模型，它采用有限差分原理，可以模拟水井、河流、溪流、排泄、隔水墙、蒸散和补给对非均质和复杂边界条件的水流系统的影响。

1. 水文地质结构概化

经过数十年开采后，山前平原的大部分地区第Ⅰ、Ⅱ含水层组给由于混合开采和两者之间缺乏隔水层形成统一水位，故将第Ⅰ、Ⅱ含水层概化为模型第一层，底界埋深为 120 ~210m；第Ⅲ含水层组概化为模型第二含水层，底界埋深为 250 ~ 310m；第Ⅳ水层组概化为模型第三层，底界埋深根据收集钻孔终孔深度插值得到，为 250 ~ 550m。为适应 MODFLOW 建模对网格结构的要求，将山前无深层承压水的地区在垂向上仍剖分为三层，并对该地区第二、第三层网格做无效化处理（MODFLOW 中 IBOUND 值设为 0）。

2. 边界条件概化

研究区西部和北部边界为燕山和太行山区与平原区地理分界线，模型第一层中此边界接受山区侧向补给和河谷潜流补给，设为二类流量边界，该边界的侧向流量随时间、地段不同而有所变化，在洪水期流量最大，在河流出山口地段较大，而其他地段相对较小；模型深层（第二、第三层）中此处边界概化为隔水边界。南部及东南部以黄河为边界，模型第一层与黄河有水力联系，也概化为二类流量边界；其他层位概化为隔水边界。东部以渤海海岸线为边界，模型第一层概化为水位边界（水头值赋予 0m），下方其他各层定为隔水边界。

模型上边界为潜水含水层自由水面，潜水于该边界与外界发生垂向水量交换，如接受大气降水入渗补给、灌溉入渗补给、蒸发排泄等。浅层含水层和深层含水层之间的越流量由其之间的水位差及垂向渗透系数、含水层厚度决定。模型底部边界概化为隔水边界。

3. 源汇项

研究区内地下水补给项主要包括有降水入渗补给、农业灌溉回渗补给、河流渗漏、山前侧向径流补给及黄河侧渗补给；地下水排泄项主要包括潜水蒸发量、工业开采及城镇生活用水量、农业开采量。

4. 模型网格剖分及时间离散

海河地下水数值模型主要针对平原区地下水运动过程进行模拟，水平方向剖分网格大小为 2km×2km，共剖分网格 325 行，300 列 [图 4-13 (a)]；垂向上剖分为三层 [图 4-13 (b)]，总有效单元格 95 231 个；模拟时段为 1960 ~ 2008 年。

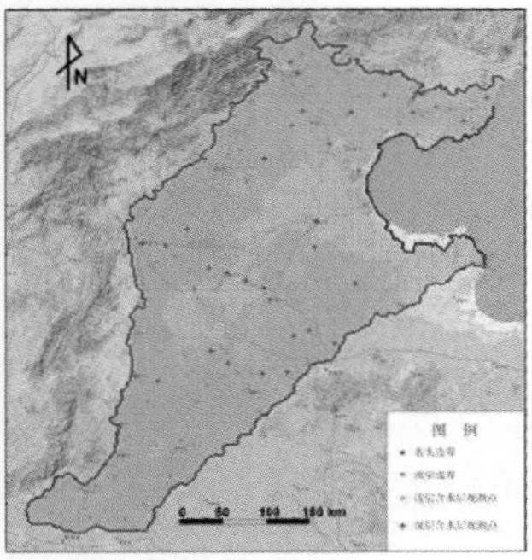

(a)模型水平剖分

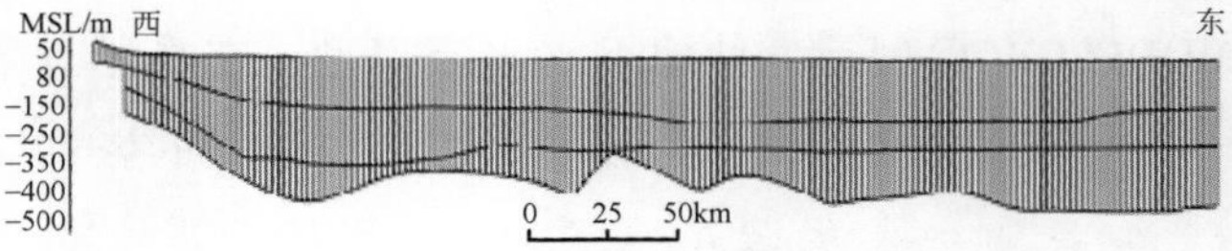

(b)模型垂向剖分

图 4-13 海河地下水数值模型结构

4.3.4 ROWAS 模型

通过配置模拟计算，可以对水量完成时间、空间和用户间三个层面上水源到用户的分配，并且在不同层次的分配中考虑不同因素的影响。ROWAS 模型以系统概化为基础构建，采用基于规则的模拟实现海河流域水资源的配置。

根据系统概化的要求，ROWAS 模型中考虑 107 个计算分区（三级区套地市和 26 个地级以上城市建成区），64 个单列工程及节点（大型水库、重点引水工程和重点河段的省界断面），7 个外调水工程。通过分析概化系统的水力关系，得出概化系统图，按照运行安全性原则、多用户水量分配协调原则、水量分配的浅宽破坏原则、用户优先性原则、现状分水原则、用水高效性与公平性原则等控制完成水量的分配和水库等水利工程的运行。

4.3.5 DAMOS 模型

DAMOS 模型是一个宏观层次上的模型，它通过多目标之间的权衡来确定社会发展模式及在这种模式下的投资组成和供水组成，确定大型水利工程的投入运行时间和次序等问题。其中多目标均衡模块是模型调控模块，而宏观经济模块、水资源平衡模块、水环境及生态等模块是模型的基础模块。社会经济模块主要细化为投入产出分析模块和人口发展模块、工业及三产模块和农业模块等，通过投入产出分析确定社会经济规模，而人口发展模块、工业及三产模块和农业模块分别根据经济发展规模确定相应发展指标，然后由需水模块计算出相应的需水量；ET 调控模块则根据需水量计算 ET；供水模拟模块则是根据区域水资源特点及水量工程的能力来计算供水量；生态环境分析模块则处理生态环境的用水量和与社会经济发展模块的反馈作用；多目标模块则连接各模块，协调各模块的关系，并且为用户提供指标输出等，具体结构如图 4-14 所示。

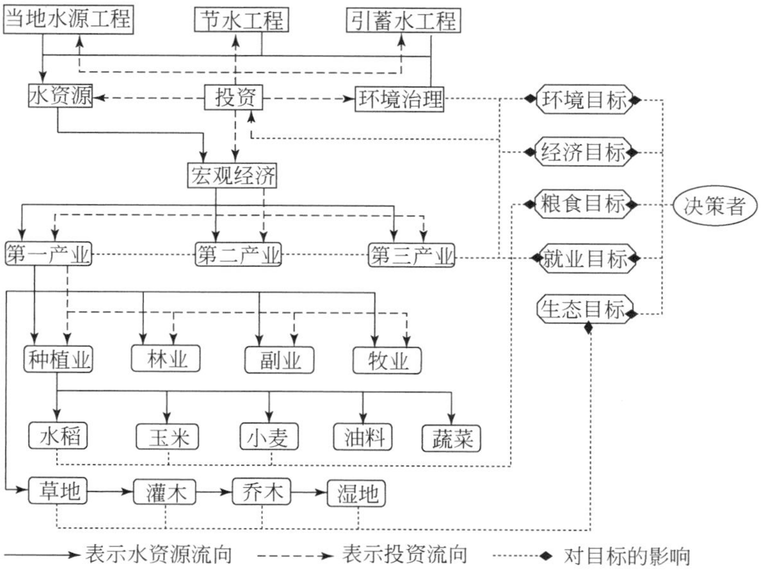

图 4-14　DAMOS 模型总体框架

4.4　流域生态过程描述与模拟

在明晰变化环境下海河流域典型生态系统与水循环系统的耦合与适应机制的基础上，综合考虑各类生态系统自身对水分依赖程度的差异性及其与流域水循环之间的相互影响程度的强弱，提出了海河流域生态水文相互作用的概念模式。以此概念模式为依据，将生态要素、过程和水文要素过程进行合理的简化，并最终在基于统一的物理机制的前提下，构建起适用于海河流域的生态水文模型，用于海河流域生态水文演变的模拟和预测，为流域管理提供技术支撑。

4.4.1 流域生态水文模型构建

在综合考虑各典型生态系统（图 4-15）在海河流域内空间分布特征、生态过程模拟、水文过程模拟、模型模拟精度及运算效率的基础上，选择具有代表性的滦河流域、白洋淀流域作为典型区，构建了具有统一物理机制的大尺度流域生态水文模型。

图 4-15 海河流域生态水文模拟典型区分布

1. 统一物理机制下的生态水文模型构建思路

(1) 统一物理机制要求

为建立统一物理机制的模型，在模拟开发过程中，需做到四个统一，即模拟要素过程统一、过程表达统一、参数统一、时空尺度统一。

模拟要素过程统一是指在模拟过程中，考虑到模型耦合的需要和变化环境下生态水文的相互影响机制，对能量流动、水循环和生态过程模拟的各要素过程进行选取。将各要素过程统一到各圈层中的能量过程、水循环过程以及生态过程中来。

过程表达统一，一方面是指对于所遴选的基本要素过程，选用的数学/物理方程要相同；另一方面是指对于生态水文过程相互影响机制的描述和表达要统一。因此，在机理明确的基础上，进行恰当的公式化表达和描述，从而更加精确地实现陆面过程的模拟。

参数统一，首先表现在参数的物理内涵要统一；其次是指对于所搜集到的多源数据，由于监测方式、基位（天基、空基、地基、海基等）、时空尺度和精度的不一致，彼此之间存在较大的差距，不能直接进行应用，在数据输入模型进行模拟预测分析时，要注意进行多源数据的同化。

在水文模拟中，往往以小时或日为单位；在能量过程模拟中，往往以次小时为单位；

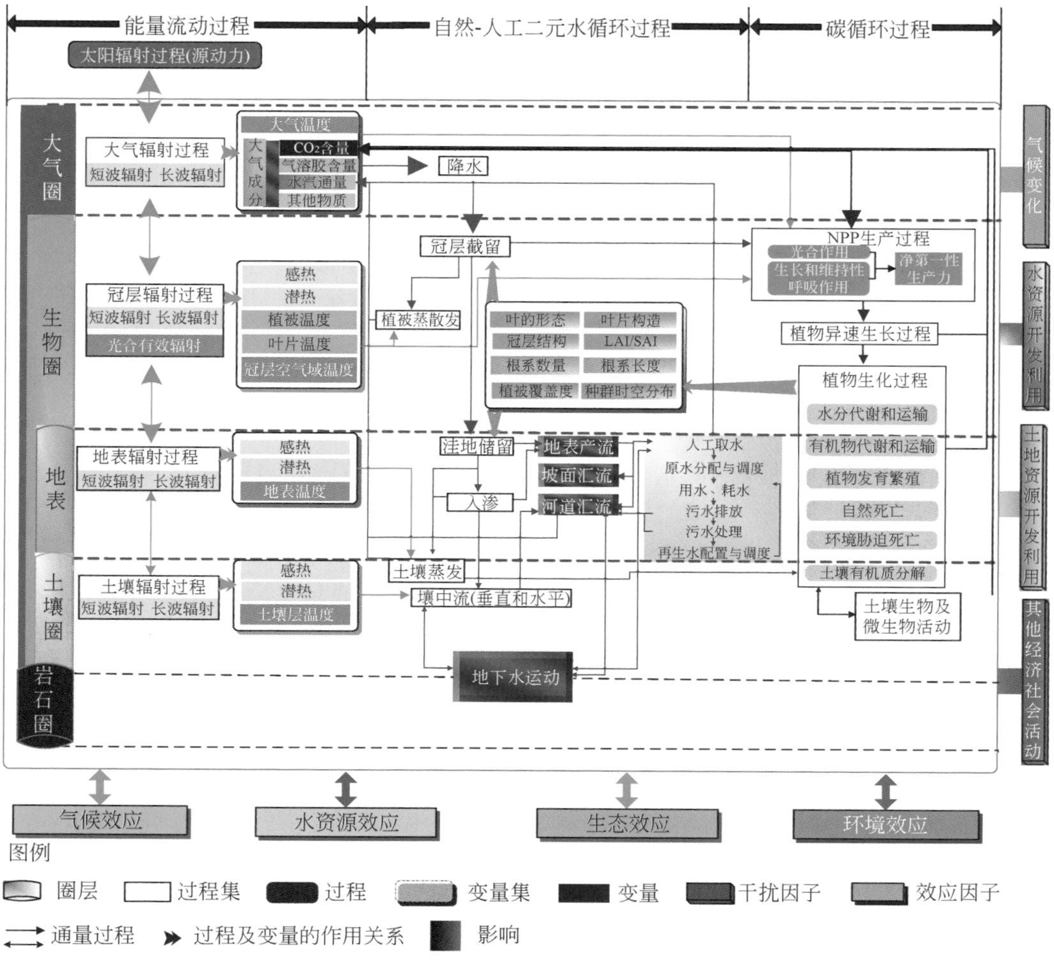

图 4-16　流域生态水文模拟框架

在生态模拟中，生态演替过程则是多尺度嵌套的时间尺度模拟。对于时间尺度统一，则应采用相关的时间尺度转化措施。与此同时，水文过程往往是以规则的单元格空间剖分；而对于生态过程而言，则需要充分考虑到各类植被的空间分布及其立地条件。

（2）总体建模策略

在统一物理机制下，明确各要素相互作用机制后，可通过模块化建模技术，充分发挥各模型的模拟优势，在流域生态水文模拟框架（图 4-16）指导下，进行生态水文模型耦合。

1）模拟要素选取。生态水文过程概化为能量、水循环和生态三个基本过程。其中，生态过程以碳循环为主线开展研究。

能量过程：考虑建立能量过程和陆面过程之间的联系，重点模拟地表辐射过程、感热通量、潜热通量以及土壤冠层热通量等部分。

生态过程：重点关注净初级生产力产生、物质分配及其流转、对光的竞争、繁殖、物种入侵、生物气候学过程、死亡和土壤有机质分解模块模拟植被生长演替等基本生态过程。

水循环过程：侧重于冠层截留、蒸散发、地表水过程、土壤过程、地下过程、坡面汇流和河道汇流等水文过程。

2）时空尺度嵌套。为满足空间尺度统一的要求，在本项目中，采用基础规则单元格的 Mosaic 法进行空间剖分。由于各模块的调用时间差异，需要进行时间尺度选取及嵌套（图 4-17）。由于关注重点不同，不同时空尺度下的生态水文耦合机制也不尽相同。

（3）生态水文耦合机制

1）变化环境下的生态水文驱动机制。变化环境主要考虑全球气候变化和人类活动干扰，决定了生态水文的驱动机制。太阳活动和大气构成物质的改变导致整个大气层的辐射能量发生变化，致使大气动力学过程改变，影响气温和降水的时空分布格局。除岩石圈外的各圈层辐射过程主要涉及短波辐射、长波辐射和光合有效辐射。前两者直接影响大气、植被、冠层空气域、地表和土壤的感热、潜热、温度变化程度，通过水的相变、量变和区域水汽通量分布变化作用于水循环通量及循环速率；而温度不仅是生物体内酶的控制因子，还是各种理生化过程的关键影响因子；光合有效辐射通量是光合速率的直接限制因素。在全球气候变化和人类活动干扰双重作用下，水汽通量、二氧化碳、气溶胶和其他大气组成成分不断发生时空变化，致使温度、降水等生态水文关键要素改变。

2）变化环境下生态水文相互作用机制。生态系统中的植被和水循环过程是密切相关的。局地水平衡是陆生植被分布和生产力的关键影响因子；水分是生态系统中至关重要的环境因子，水分条件的变化会影响到植被的形成、发展和演替。由于植被不同生长阶段均需要与之相对应的水分条件，因此水分的时空变化会影响其组成、生态特征及演变过程。其中，生态特征包括分布、状态和质量等。水分在植被的生长过程中既有维持作用又有胁迫作用。当胁迫作用发生时，植被的演替方向为水生—湿生—旱生；反过来，方向相反。从植被生理方面来说，区域水汽通量直接制约光合作用率，土壤水含量通过影响与气孔行为密切相关的蒸散发过程作用于净初级生产力。

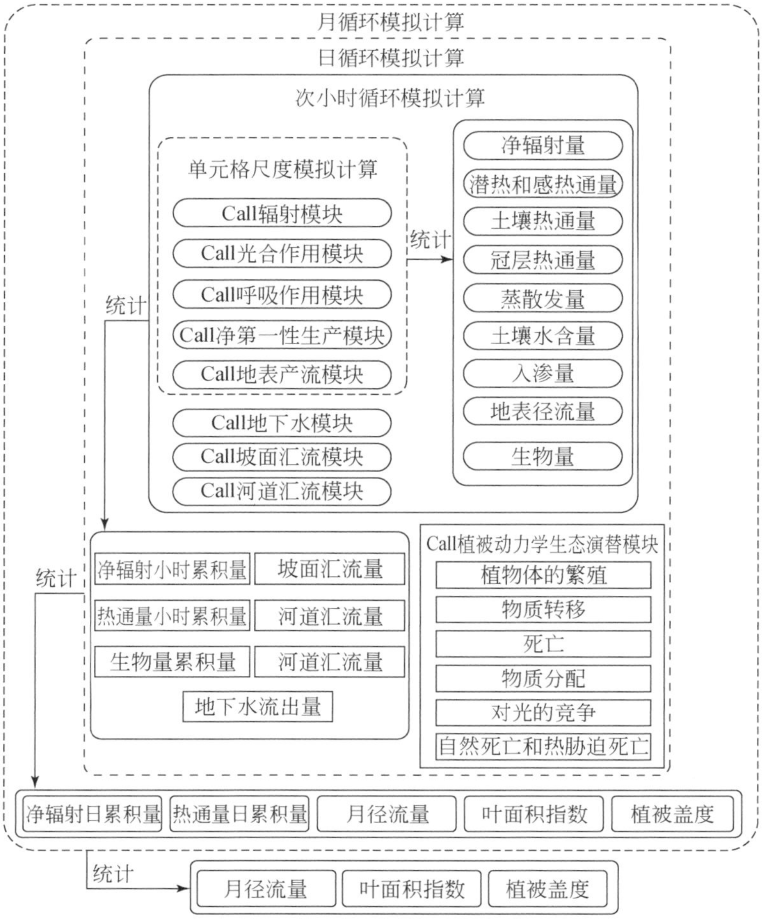

图 4-17　时间尺度选取及嵌套示意图

相应的，在水循环过程的蒸散发和产流形成过程中，植被种群的结构和分布占有重要地位。从景观格局方面来看，植被经过一系列基本生态过程，其种群结构和区域分布将进行更新，改变下垫面条件，影响坡向、坡度和地表糙度，导致汇流时间、水的滞留时间、流向及汇流过程发生变化，间接影响流域水文格局。从植被结构和生理过程来看，叶片质地和茎/叶面积直接影响冠层截留过程；地表枯枝落叶层厚度也是土壤蒸发的重要决定因子；根的特征（长度、深度、数量和密度）变化会影响土壤孔隙度，进而影响到入渗过程；植被通过控制气孔行为和根系吸水调节蒸散发过程，影响土壤水的垂向（壤中流）和水平运动。

3）变化环境下的生态水文效应。全球气候变化和人类活动作用下的生态水文过程导致气候效应、水资源效应、生态效应和环境效应。同时，以上四方面效应又反作用于能流驱动下的生态水文过程。全球气候变化改变了水循环及其伴生水化学、水生态和水沙过程演变特征及动力学机制，其资源环境效应具有潜在性、累积性和突发性特征。全球气候变化加快水循环速率，降低水循环系统的稳定性，不确定性增强，改变降水、径流过程和时空分布格局，增加洪水、干旱等极值过程发生频率。

2. 生态水文模型总体结构

1）水平结构。模型的空间计算单元采用正方形网格。耦合模型总体格网单元为500m×500m。考虑网格内土地利用的不均匀性，在海河流域范围内，采用“马赛克”法，即把网格内的土地归成数类，分别计算各类土地类型的地表水热通量，取其面积平均值为网格单元的地表面水热通量。土地利用首先分为水域、裸地-植被域、不透水域三大类。裸地-植被域又分为裸地、草地、耕地、林地。基于植被功能类型对林地进行细化，分为热带常绿阔叶林、热带阔叶落叶林、温带常绿针叶林、温带常绿阔叶林、温带阔叶落叶林、北方常绿针叶林、北方落叶林和人工林。不透水域分为地表面与都市建筑物。另外，根据流域数字高程（DEM）及数字化实际河道等，设定网格单元的汇流方向来追迹计算坡面径流。而各支流及干流的河道汇流计算，根据有无下游边界条件采用一维运动波法或动力波法由上游端至下游端追迹计算。

2）垂向结构。模型基本计算单元内采用相同的垂向结构。在垂直方向，从上到下分别依次是大气层、植物截留层、地表洼地储留层、土壤表层、土壤中层、土壤底层、过渡带层、浅层地下水层、难透水层和深层地下水层。

4.4.2 流域分布式作物生长模型的构建

WOFOST模型可模拟特定的土壤和气候条件下一年生作物生长全部动态。该模型主要用于宏观的、大范围的模拟，模拟的基础是作物生理生态过程，主要包括同化作用、呼吸作用、蒸腾作用、干物质的分配等，并描述这些过程如何受环境的影响。为此，该模型能够对作物进行三种水平的产量评估，一种是潜在产量，另外两种分别是水分限制条件下的产量和营养限制条件下的产量。WOFOST模型结构如图4-18所示。

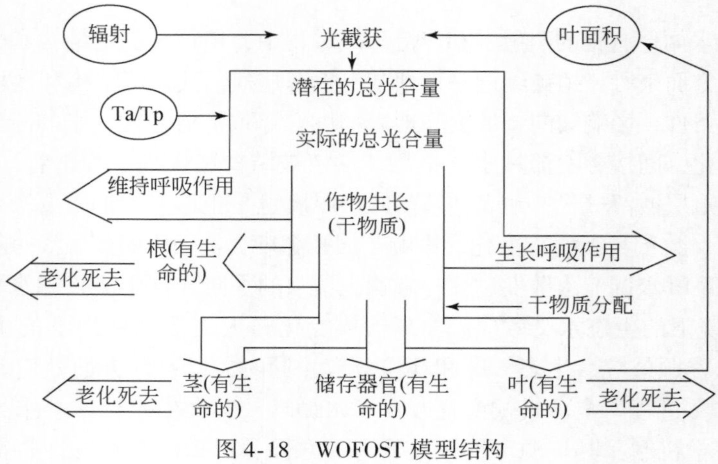

图4-18 WOFOST模型结构

WOFOST 模型的开发是基于小流域尺度建立，应用于大流域尺度，需要考虑大流域内实际自然条件变化引起的模型参数差异等问题。分布式作物生长模型的模拟步骤包括：

1）收集水文气象、作物和土壤等各类基础数据；

2）降水、温度、风速等气象要素在计算单元上的空间展布；

3）选择校正期对模型进行校正（调整模型参数）；

4）选择验证期对模型进行验证（保持模型参数不变）；

5）模型应用。

程序的流程如图 4-19 所示，其中 MAINWM 为自己添加的模块，其功能主要是依次计算每个子流域的气象数据、作物参数、土壤参数，然后调用 WOFOST 模型的主程序；对结果进行处理，得到各地市或县上的各种输出。

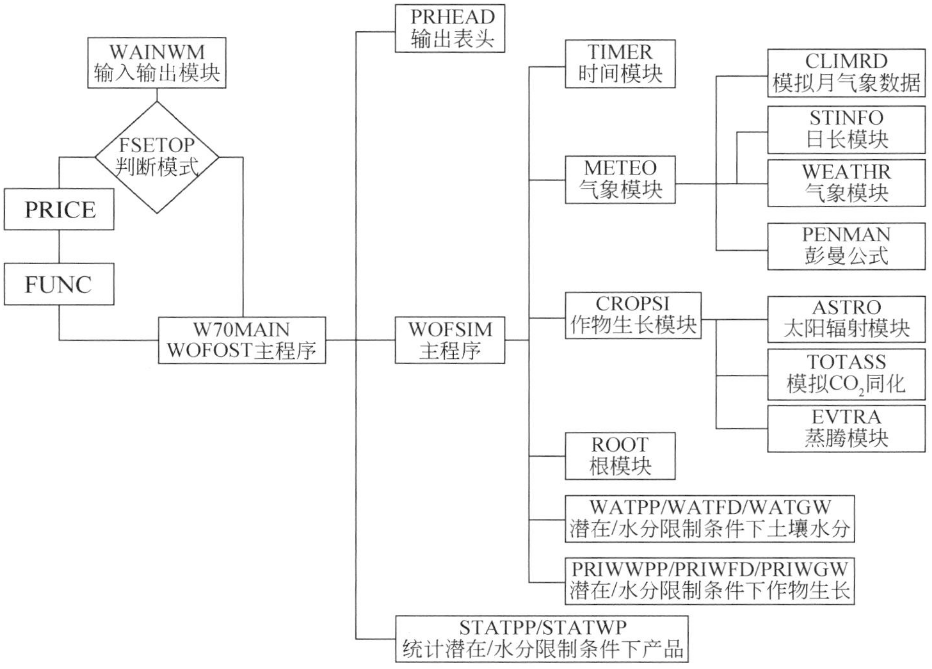

图 4-19　分布式作物生长模型程序流程

4.4.3　植被生态模型构建

1. BIOME-BGC 模型介绍

BIOME-BGC 模型是一个模拟和计算陆地生态系统植被和土壤中的能量、水、碳、氮的流动和存储的生物地球化学循环模型。它以气候、土壤和植被类型作为输入变量，模拟生态系统光合作用、呼吸作用和土壤微生物分解过程，计算植物、土壤、大气之间碳和养分循环以及温室气体交换通量，主要用来模拟 3 个关键循环：碳、水和营养物质循环（图 4-20）。

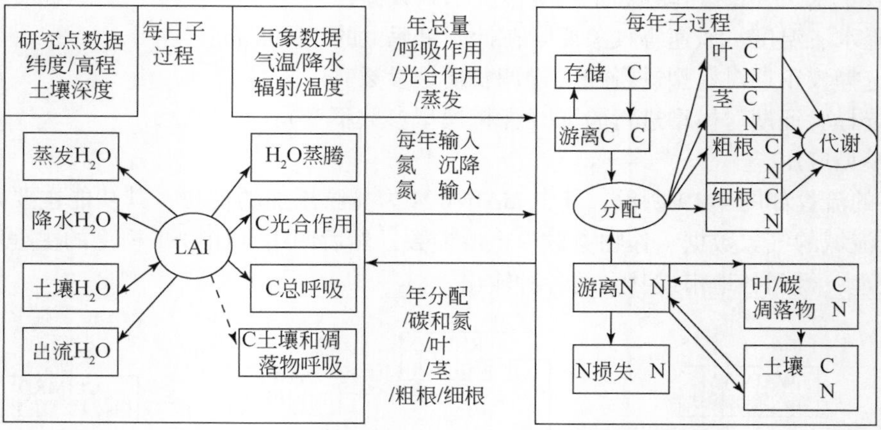

图 4-20 BIOEM-BGC 模型结构（董文娟，2005）

BIOME-BGC 包括两部分：每日子过程模块和每年子过程模块。在每日子过程模块中，需要输入研究区数据和气象数据，主要是模拟碳和水的流动。所有的水来自降雨或降雪，降雨首先被树冠截留，表现为树冠蒸发；若雨量大于树冠截流能力，则渗入土壤，表现为土壤蒸发；当超过最大土壤持水量时，形成出流，在出流的过程中，也是游离态氮损失的过程。降雪过程不考虑树冠截留，降雪直接渗入土壤，超过最大土壤持水量时，形成出流。另一个水文过程是树冠蒸腾。碳的模拟主要考虑光合作用、呼吸作用（叶、茎、根）以及土壤和凋落物的呼吸。

模型共有 34 个生理学参数，分为以下几类：代谢和死亡；分配；植物体中易分解成分、纤维素、木质素所占比例；碳氮比（C：N）；叶中核酮糖-1，5-二磷酸加氧羧化酶中 N 含量（PLNR）；叶形态学；叶片传导速率和限制因子；树冠对水的截取和光的逃逸。这些详细的参数使 BIOME-BGC 可以利用气象信息和研究地点条件，能在 1m 到全球范围尺度上对主要的生物群区的碳、水和氮通量以及状态进行模拟。

BIOME-BGC 模型可以计算输出：年最大叶面积指数（m^2/m^2）、年总蒸散量（mm/a）、年总径 ALA（mm/a）、年净初级生产力 NPP［$gC/(m^2 \cdot a)$］等植被生长和碳循环信息。

每年子模块中包括游离态碳的存储和分配。碳的分配包括碳在叶、茎、粗根和细根中的分配和代谢过程。每年子模块的另一个组成部分是游离态氮的分配和损失，游离态氮主要分配于土壤和叶/根凋落物中，氮的损失主要来自凋落物的分解和水的淋溶（图 4-21）。

模型将自然植被分为 6 种类型：常绿阔叶林、常绿针叶林、落叶阔叶林、灌木林、C3 草地和 C4 草地。每一种类型植被对应一个生理学文件，每个生理学文件共有 42 个参数。美国 Montana 大学 NTSG（Numerical Terradynamic Simulation Group）研究组提供了美国各类型植被生理学参数的平均值。

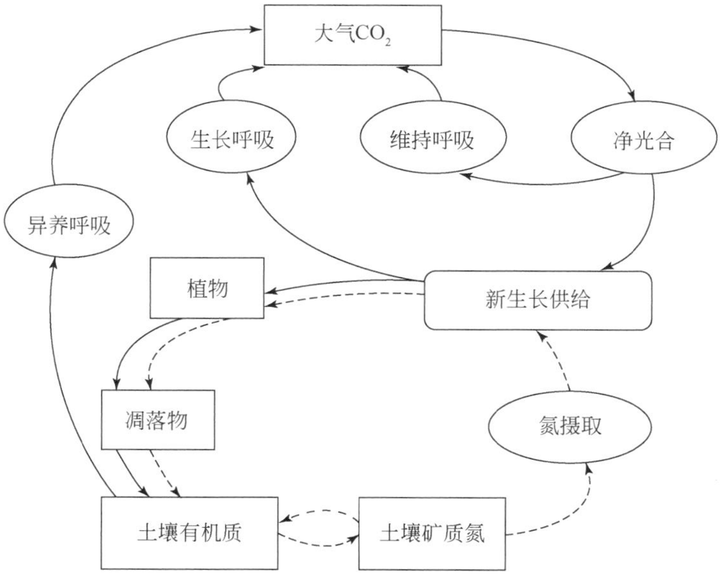

图 4-21　BIOME-BGC 碳和氮通量示意图

实线表示碳通量，虚线表示氮通量（王超，2006）

2. 生态模型改进

生态水文模型耦合研究中，植被生长模型将为 WEP-L 模型提供不同时期及生长季节的叶面积指数等生态参数，而 WEP-L 模型将为植被生长模型提供温度、日照等条件。模拟以分布式水文模型 WEP-L 划分的子流域为计算单元，采用马赛克法，在单元内根据土地利用信息分为林地、草地两种植被类型，土地利用信息中的农田使用草地植被参数。植被模型计算各单元内各类型植被的生长情况后，将植被信息输入分布式水文模型，充分反映植被变化情况对水循环过程的影响。

BIOME-BGC 模型为单点计算模型，而海河流域面积 32.0 万 km^2，纬度跨度 35°N ~ 43°N，经度跨越 112°E ~ 120°E，流域内差异较大，土壤、气候、植被类型等情况各不相同，对海河流域生态模拟需要进行分区研究，因此首先需要进行模型改进，实现流域的分区计算。

针对上述问题，模型的改进不能简单的增加计算单元，还需要考虑各计算单元不同的地理、土壤、海拔等信息，研究中重新改写了原 BIOME-BGC 模型的主程序，进行了气象、地理位置、土壤、海拔等数据的循环调用，实现流域连续计算。

为实现与分布式水文模型 WEP 的耦合，生态模型流域计算单元的划分与分布式水文模型一致，即根据数字高程模型（水平分辨率为 30 弧秒即约为 1km 的 USGS-GTOPO30 全球陆地 DEM）和实测水系矢量图，将海河流域划分成 3067 个子流域（平均面积为 $104km^2$，相应有 3067 条河段）。

每个子流域为一个计算单元，为考虑计算单元内土地利用和植被类型的不均匀性，研究中采用了“马赛克”法，即把计算单元内的土地归成数类，分别进行各类土地类型的植被模拟，取其面积平均值为计算单元的生产力和碳储量。土地利用首先分为裸地-植被域、灌溉农田、非灌溉农田、水域和不透水域五大类。裸地-植被域又分为裸地、草地和林地三类。其中裸地、水域、不透水域不进行生态模拟。

为实现两种模型耦合，编写了生态模型结果后处理程序，同时改写了 WEP-L 模型的生态参数输入方式，实现两种模型的连接。

生态水文耦合模型的模拟步骤包括：

1）收集水文气象、自然地理及社会经济等各类基础数据；

2）利用 GIS 技术建立基础数据库，按模型文件格式要求准备输入的数据；

3）水系生成、流域划分和编码，并对末级子流域进行等高带分割；

4）降水等气象要素的时空展布；

5）模型物理参数（土壤、含水层、河道和水库等）确定，建立河道与子流域属性表、基本计算单元属性表；

6）将气象、土壤等数据输入生态模型计算，计算出植被参数；

7）处理植被参数，输入水文模型；

8）水文模型校验计算。

模型流程如图 4-22 所示。

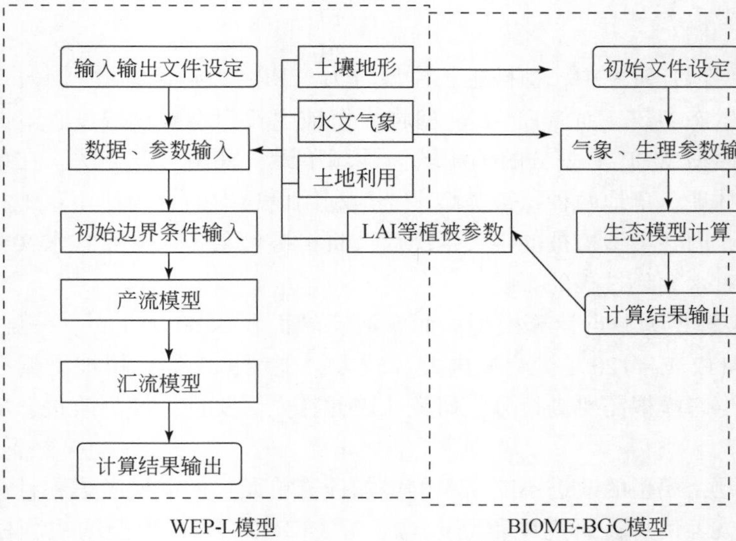

图 4-22　模型流程图

4.5 流域水环境过程描述与模拟模型

4.5.1 流域地表水质模型

1. 流域水质模型框架

流域水质模型 WEQ（Water quality model based WEP）选取常规污染指标（COD、NH_3-N等），在长时间尺度（旬、月、年）和大区域空间尺度（数万平方千米、数十万平方千米）开展研究。基本计算单元是 WEP-L 模型的子流域，各个子流域之间有一定的上下游拓扑关系。模型基本框架如图 4-23 所示。

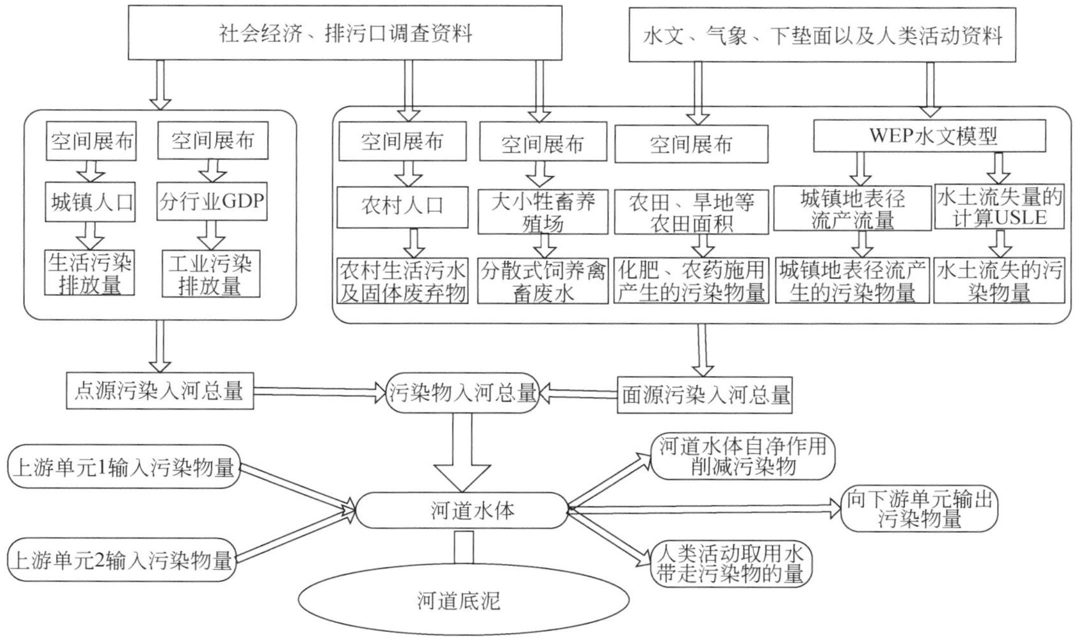

图 4-23　水质模型的基本框架

2. 流域地表水质模型耦合关系

流域水质模型 WEQ 是在流域分布式水文模型 WEP（Water and Energy transfer Process Model）的基础上，逐步发展完善的。完整的流域水循环过程，不仅包含自然界的“降雨—蒸发—产流—汇流”过程，也包含人工的“供水—用水—耗水—排水”过程，“自然—人工”二元水循环应运而生。自然水循环模拟为非点源污染产生、入河计算提供条件，人工侧支循环过程模拟为点源污染产生、入河计算提供强有力的支持。

从相互反馈关系来看，自然水循环过程影响污染物的降解、移流和扩散，而水化学过程对水循环过程影响不大，所以水量水质的耦合模拟采取单向耦合的方式，即采用率定好的水量模拟结果，模拟污染物在陆域和河道的迁移转化过程，而水质过程不再反馈至水量过程。

为实现与分布式水文模型 WEP 的耦合，流域水质模型流域计算单元与分布式水循环模型保持一致。污染物产生量的计算基于子流域套等高带的单元，污染物产生量之后汇总至子流域单元，污染物入河量在子流域单元完成，污染物在河道内的迁移转化与子流域汇流单元保持一致。WEP 模型水量水质耦合关系如图 4-24 所示。

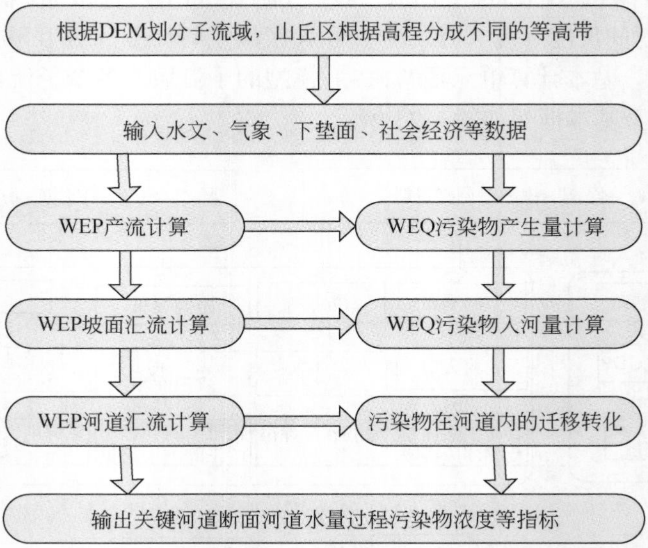

图 4-24　WEP-L 模型水量水质耦合关系

WEP 水量水质耦合模型的模拟步骤包括：

1）收集水文气象、自然地理及社会经济等各类基础数据；

2）利用 GIS 技术建立基础数据库，按模型文件格式要求准备输入的数据；

3）水系生成、流域划分和编码，并对末级子流域进行等高带分割；

4）对降水、气温、风速、日照时数、气压等气象要素，社会经济、人口信息等进行时空展布；

5）模型物理参数（土壤、含水层、河道和水库等）确定，建立河道与子流域属性表、基本计算单元属性表；

6）校验分布式水文模型，关键控制断面模拟精度满意；

7）分析污染物产生入河量与社会经济发展的关系，确定污染物产生定额；

8）水量水质模型耦合计算，校验流域水质模型，关键控制断面水质浓度模拟精度满意；

9）输出计算结果。

3. 流域地表水质模型开发

WEP 分布式水文模型构建完成后，基于其子流域划分单元，完成污染物入河量计算，构造河道模型，完成海河流域水质模型构建。

4.5.2 流域地下水质模型

1. 模型框架

本次地下水水质模拟是在 PMWIN 模拟平台上对海河流域 2000 ~ 2004 年共 5 年的氮、磷运移状况进行连续模拟。PMWIN 是 Processing Modflow for Windows 的简称，由 Chiang 和 Kinzelbach 于 1991 年开发，是专用于模拟地下水水流和污染物在多孔介质中运移的计算软件。该软件操作较简便，界面相对较好，能与 Suffer 等辅助软件有相对较好的结合，可以直观方便地进行数据输入、组织、数据输出以及分析等，可以用于多种类型地下水水流模拟和污染物运移模拟。该模拟平台包括 MODFLOW、MOC3D、MT3D、MT3DMS、RT3D、PEST、UCODE 和自动调参等多个模块，可以用于地下水水流模拟和地下水污染物运移模拟。本模型地下水水流部分采用 MODFLOW 模块，地下水污染物运移模型采用 MT3DMS 模块。

与污染物运移模型 MT3D 类似，MT3DMS 使用欧拉-拉格朗日近似方法求解污染物扩散和化学反应基本方程，模型基于浓度场变化不影响流场的假定。在 PMWIN 模拟平台里 MT3DMS 可以支持 4 种化学反应类型：一阶不可逆反应，可以用来模拟一般一阶降解不可逆反应以及放射性元素衰变和生物降解；Monod 动力学模型，提供了一个更全面的方法模拟生物降解；一阶链式反应模型，可以用来模拟放射性元素链式衰变反应和氯化溶液的生物降解；反应物之间的瞬时反应，可以模拟一般碳氢化合物的好氧和厌氧生物降解反应。

2. 模型构建

求解污染物在多孔介质中迁移转化数学模型的主要数值方法包括有限差分法、有限单元法、边界元法、有限体积法等，其中有限差分法和有限单元法最为常用，本模型采用有限差分法中的总变化趋小法（total variation diminishing，TVD）。总变化趋小法指相邻节点浓度差之和在下一个时间步长保持不变或者变小，其为污染物迁移问题数值解保持解稳定和无数值振动的必要条件。该方法的优点为能够保持局部或整体的质量守恒，其缺点为部分较少数值弥散但不能完全消除数值弥散。

1）数据处理及来源。本模型所需的数据主要包括两大类：第一类为海河流域平原区地下水水质监测数据，监测数据主要为河北省监测数据，监测年份从 2000 ~ 2004 年，每年 5 月和 9 月各测一次，监测项包括氨氮、硝态氮、亚硝态氮和磷；第二类为海河平原区每个地级市使用氮肥、磷肥和复合肥的数据，来自于海河流域平原区相关各省（直辖市）2000～2004 年年鉴。

2）化学反应类型定义。根据氨氮、硝态氮和磷在地下水中涉及反应类型，本次模拟选用一阶不可逆反应作为溶质运移模拟的化学反应项模拟，其中磷和氨氮选用 Langmuir 非线性等温吸附模型，硝态氮采用无吸附模式。

Langmuir 非线性等温吸附模型可以用以下方程来描述：

$$\overline{C}_{k,\ i,\ j} = \frac{K_L \cdot \overline{S} \cdot C_{k,\ i,\ j}}{1 + K_L \cdot C_{k,\ i,\ j}} \tag{4-1}$$

初始滞留因子可以用以下方程来计算：

$$R_{k,\ i,\ j} = 1 + \frac{\rho_b}{n_{k,\ i,\ j}} \cdot \frac{K_L \cdot \overline{S}}{(1 + K_L \cdot C_{k,\ i,\ j})^2} \tag{4-2}$$

式中，K_L为 Langmuir 常数；$\overline{S}$为最大吸附量；$C_{k,\ i,\ j}$为单元（k，i，j）污染物浓度；$\overline{C}_{k,\ i,\ j}$为单元（k，i，j）污染物吸附浓度。

3）初始浓度。将 2000 年 5 月各站点监测浓度应用 Suffer 软件进行 Kringing 插值得到每个计算单元初始浓度输入到模型中。其各个初始浓度如图 4-25 所示。

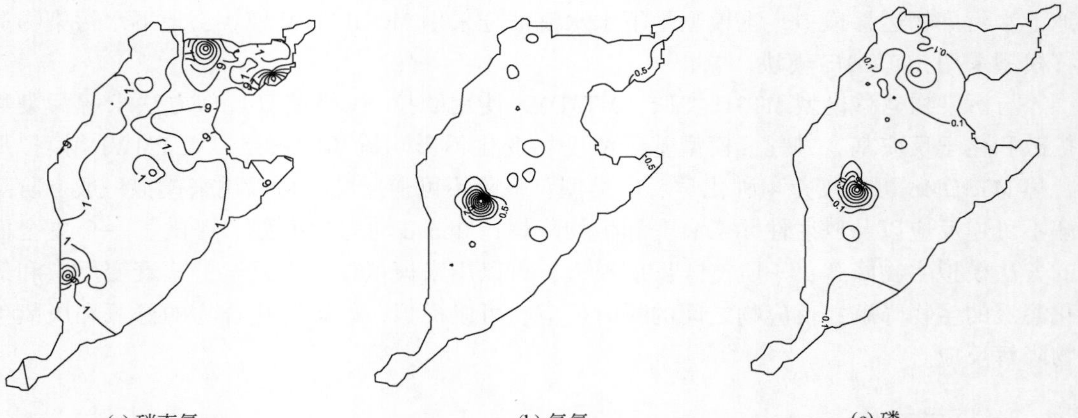
(a) 硝态氮　(b) 氨氮　(c) 磷

图 4-25　各污染物初始浓度插值结果

4）Mass-loading。Mass-loading 为每个模拟期向地下水流场内注入的各污染物的质量。本模型在对各污染物的各时期 Mass-loading 进行估算时，根据 2000～2004 年年鉴中各地级市和北京市、天津市逐年化肥施肥量折纯和查找文献中海河流域平原区施用化肥大致进入地下水系数进行估算，得出每个地级市和北京市、天津市的 Mass-loading，并输入到模型中。

4.5.3 基于水动力学的河湖水系水质模拟

1. 河网水环境系统模拟基本方程

1）河网水动力模型方程。应用圣维南方程组刻画水体在河流水体流动的形态，其基本方程为

连续方程：
$$B\frac{\partial z}{\partial t}+\frac{\partial Q}{\partial s}=q \tag{4-3}$$

动量方程：
$$g\frac{\partial z}{\partial s}+\frac{\partial}{\partial t}\left(\frac{Q}{A}\right)+\frac{Q}{A}\frac{\partial}{\partial s}\left(\frac{Q}{A}\right)+g\frac{|Q|Q}{AC^2R}=0 \tag{4-4}$$

式中，s，t 分别为河长、时间；A 为过水断面面积；B 为蓄存宽度；Q 为流量；z 为水位；q 为旁侧入流流量；C 为谢才系数；R 为水力半径；g 为重力加速度。

2）河网水质模型方程。基于均衡域的离散方程，仍然符合一维水质控制方程的表达形式，其基本方程为

$$\frac{\partial C}{\partial t}+u\frac{\partial C}{\partial x}=\frac{\partial}{\partial x}\left(E\frac{\partial C}{\partial x}\right)+\sum S_i \tag{4-5}$$

式中，t 为时间；C 为污染物浓度；u 为纵向流速；E 为弥散系数；S_i 为污染物源汇项；x 为纵向距离。

在考虑多个水质变量的综合水质模型中，方程的时变项、迁移项和扩散项基本相同。因此，在考虑多个水质变量之间的相互关系时，各个变量之间的物理、化学和生物的影响关系反映在源汇项中。

3）河网汊点方程。河网问题虽然也是一维问题，但由于在分汊点处要考虑水流的衔接情况，增加了问题的复杂性。在河网水力模型方程中，汊点方程的建立基于两个假定：① 汊点处各个汊道断面的水位相等，即 $z_i=z_j=\cdots=\bar{z}$。其中，i，j 表示通过汊点各个汊道断面的编号，$\bar{z}$ 为汊点处的平均水位。② 汊点处的蓄水量为零，流进汊点的流量等于流出汊点的流量，即 $\sum Q_i=0$。

在河网水质模型方程中，认为流入交叉口水体中的污染物在交叉口充分混合，水质达到均匀状态，所有交叉口出流断面的污染物浓度相等。在汊点方程中，不考虑汊点的蓄水量，并且汊点处水流平缓，不存在水位突变。

2. 河网水动力水质模型的求解

河湖水系水环境模型系统包含多个属性特点的子水环境系统。对于不同属性特点的子水环境系统的模型方程不同，因此，方程的求解方法也不同。这里介绍河网与湖泊的水力水质数学模型求解，以及联解方法。

1）河道水动力数值模型求解。方程离散采用四点加权 Preissmann 隐格式离散，可

得到离散化的非线性代数方程组。然后采用三级解法对河网汊点与节点的水位与流量进行求解。

针对一维非恒定流方程采用 Preissmann 隐式格式进行方程离散，对连续方程和动量方程的离散式进行整理可得

$$a_{1i}z_i^{j+1} - c_{1i}Q_i^{j+1} + a_{1i}z_{i+1}^{j+1} + c_{1i}Q_{i+1}^{j+1} = e_{1i} \tag{4-6}$$

$$a_{2i}z_i^{j+1} + c_{2i}Q_i^{j+1} - a_{2i}z_{i+1}^{j+1} + d_{2i}Q_{i+1}^{j+1} = e_{2i} \tag{4-7}$$

式中：$a_{1i} = 1$，$c_{1i} = \dfrac{2\theta\Delta t}{B_M\Delta s_i}$，$e_{1i} = z_i^j + z_{i+1}^j + \dfrac{(1-\theta)}{\theta}c_{1i}(Q_i^j - Q_{i+1}^j) + \dfrac{2q(i)\Delta t}{B_M}$

$$a_{2i} = \frac{2\theta\Delta t}{\Delta s}\left[B_M\left(\frac{Q_M}{A_M}\right)^2 - gA_M\right],\ c_{2i} = 1 - 4\theta\frac{\Delta t}{\Delta s_i}\frac{Q_M}{A_M},\ d_{2i} = 1 + 4\theta\frac{\Delta t}{\Delta s_i}\frac{Q_M}{A_M}$$

$$e_{2i} = \frac{1-\theta}{\theta}a_{2i}(z_{i+1}^j - z_i^j) + \left[1 - 4(1-\theta)\frac{\Delta t}{\Delta s_i}\frac{Q_M}{A_M}\right]Q_{i+1}^j + \left[1 + 4(1-\theta)\frac{\Delta t}{\Delta s_i}\frac{Q_M}{A_M}\right]Q_i^j$$
$$+ 2\Delta t\left(\frac{Q_M}{A_M}\right)^2\left[\frac{A_{i+1}(h_M) - A_i(h_M)}{\Delta s_i} + B_M\frac{z_d(i) - z_d(i+1)}{\Delta s_i}\right] - 2g\Delta t\frac{|Q_M|Q_M}{A_MC_M^2R_M}$$
$$+ 2\Delta t\frac{Q_Mq(i)}{A_M}$$

式中，z_d 为梯形断面底面高程；其他各项符号意义同前。

河网水动力三级解法的主要步骤如下。

a. 进行编号及河网形状数据的处理。由于对每一河道，除首尾断面要和其他河段的变量联合求解外，内部的变量并不和河道外的变量直接发生联系，因此可排除在总体矩阵之外。这样河段的内部编号就可以与其他河段的相互独立，在对河网整体编号时，只需考虑河段的首尾断面（图 4-26）。

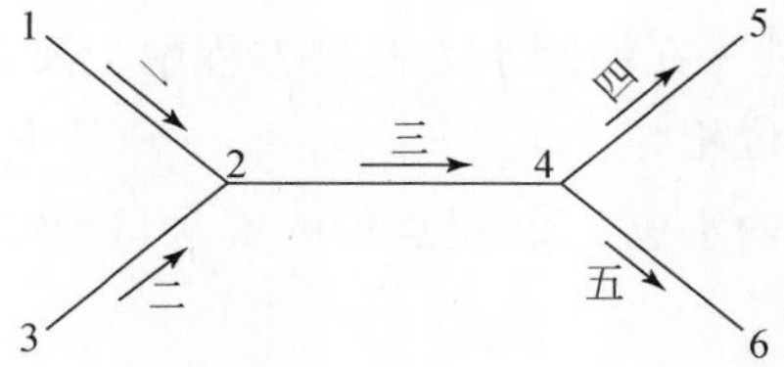

图 4-26　简单河网示意图

图中 1、2、3、4、5、6 是汊点（节点）编号，一、二、三、四、五是河段编号，每一河段内的内断面不参与河网整体编号，箭头表示流向。

b. 求出河段首尾断面的流量水位之间的关系（通式）。方程（4-6）和方程（4-7）是根据 Preissmann 隐式格式离散后的河道圣维南方程组离散化的形式。两式联立，将 z_{i+1} 和 Q_{i+1} 分别由 z_i 和 Q_i 来表示，可得

$$\begin{cases} z_{i+1}^{j+1} = F_i + P_iz_i^{j+1} + R_iQ_i^{j+1} \\ Q_{i+1}^{j+1} = J_i + L_iz_i^{j+1} + M_iQ_i^{j+1} \end{cases} \tag{4-8}$$

式中，$F_i = \dfrac{E_{1i}D_{2i} - E_{2i}D_{1i}}{C_{1i}D_{2i} - C_{2i}D_{1i}}$，$P_i = \dfrac{A_{2i}D_{1i} - A_{1i}D_{2i}}{C_{1i}D_{2i} - C_{2i}D_{1i}}$，$R_i = \dfrac{B_{2i}D_{1i} - B_{1i}D_{2i}}{C_{1i}D_{2i} - C_{2i}D_{1i}}$，

$J_i = \dfrac{E_{1i}C_{2i} - E_{2i}C_{1i}}{D_{1i}C_{2i} - D_{2i}C_{1i}}$，$L_i = \dfrac{A_{2i}C_{1i} - A_{1i}C_{2i}}{D_{1i}C_{2i} - D_{2i}C_{1i}}$，$M_i = \dfrac{B_{2i}C_{1i} - B_{1i}C_{2i}}{D_{1i}C_{2i} - D_{2i}C_{1i}}$。

利用式（4-8）进行递推，可得河道首尾断面的流量与水位关系。

$$\begin{cases} z_N = G_{N-1} + H_{N-1}z_1 + K_{N-1}Q_1 \\ Q_N = S_{N-1} + T_{N-1}z_1 + U_{N-1}Q_1 \end{cases} \tag{4-9}$$

因此，由式（4-9）中方程联立、消元、代入和合并可对每一条河道进行推导，都可以得到首端、尾端流量与首尾端水位之间的数学关系如下：

$$Q_1 = \alpha_1 + \beta_1 z_1 + \gamma_1 z_N \tag{4-10}$$

$$Q_N = \alpha_N + \beta_N z_N + \gamma_N z_1 \tag{4-11}$$

c. 形成求解矩阵并求解。将式（4-10）、式（4-11）代入相应的汊点方程和边界方程消去其中的流量，即可得到与汊点个数相同的方程所组成的方程组，即汊点方程组。结合给定的边界条件，可求出各汊点的水位后，然后代入式（4-10）、式（4-11）求出每一河段的上游边界和下游边界的流量；最后就可按照单一河道求解方法求出河网内所有断面的水位流量。

此外，对于边界点的水位流量关系方程需要结合给定的边界条件来确定。根据汊点和边界节点处水位或流量条件可构建如下矩阵方程：

$$[A]\{z\} = \{B\} \tag{4-12}$$

以上无论是上游，还是下游边界条件，都是利用边界点的首尾断面流量水位关系方程和边界条件方程（$aZ_i + bQ_i = c$），求解河网汊点方程中的未知量。

将河网水动力模型方程求解得到的边界节点、汊点的水位流量值回代求解所有河道非线性方程组，具体计算每条河道内节点的水文演进过程。根据边界条件的形式（水位过程线、流量过程线和水位流量过程线），对系数非线性矩阵方程组采用追赶法求解。

2）河网水质数值模型求解。a. 水质模型方程的离散。暂不考虑边界处的处理，对于水质模型的推导采用均衡域中物质质量守恒的方式进行推导，引出模型方程的离散方程格式。如图 4-27 所示的河道均衡域的溶质平衡情况。

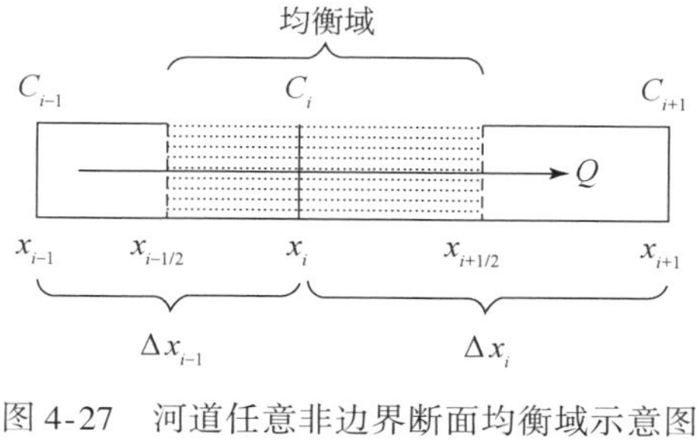

图 4-27　河道任意非边界断面均衡域示意图

从溶质平衡的角度考虑，计算时间步长 Δt 内均衡域中的溶质质量变化量应该等于

进、出该均衡域中所有量之和。即计算时长 Δt 内溶质的变化量要等于对流与弥散的溶质量、侧向汇入的溶质量和生化反应降解的溶质量之和。因此，将各项代入方程进行整理可得

$$D_i C_{i-1}^{j+1} + B_i C_i^{j+1} + U_i C_{i+1}^{j+1} = F_i \qquad (i = 2, 3, \cdots, n-1) \tag{4-13}$$

式中，$D_i = \theta_u Q_{i-1/2}^{j+1} + \dfrac{A_{i-1/2}^{j+1} E_{i-1/2}^{j+1}}{\Delta x_{i-1}}$，$U_i = -(1-\theta_u) Q_{i+1/2}^{j+1} + \dfrac{A_{i+1/2}^{j+1} E_{i+1/2}^{j+1}}{\Delta x_i}$

$$B_i = (1-\theta_u) Q_{i-1/2}^{j+1} - \theta_u Q_{i+1/2}^{j+1} - \frac{A_{i-1/2}^{j+1} E_{i-1/2}^{j+1}}{\Delta x_{i-1}} - \frac{A_{i+1/2}^{j+1} E_{i+1/2}^{j+1}}{\Delta x_i} - \frac{\Delta V_i^{j+1}}{\Delta t} - u_1 \Delta V_i^{j+1}$$

$$F_i = -\frac{\Delta V_i^{j+1}}{\Delta t} C_i^j + u_0 \Delta V_i^{j+1} - \left(\frac{\Delta x_{i-1}}{2} + \frac{\Delta x_i}{2}\right) q_i C_q^i$$

式中，A 为河道断面面积（m^2）；ΔV 为均衡域的体积（m^3）；Q 为流量（m^3/s）；θ_u 为上风因子，满足 $0 \leqslant \theta_u \leqslant 1$；$E$ 为弥散系数（m^2/s）。

对每个节点均形成以上方程，联立则可形成三对角矩阵方程组：

$$[G]\{C\} = \{g\} \tag{4-14}$$

b. 汊点水质方程的概化。河网的水质模拟，与河道水质模拟最大的区别在于汊点的水质模拟，如图 4-28 所示。认为交叉口控制体积内污染物的对流输运和污染源排放，并在交叉口引入均匀混合假设，即流入交叉口水体中的污染物在交叉口充分混合，水质达到均匀状态，所有交叉口出流断面的污染物浓度相等。

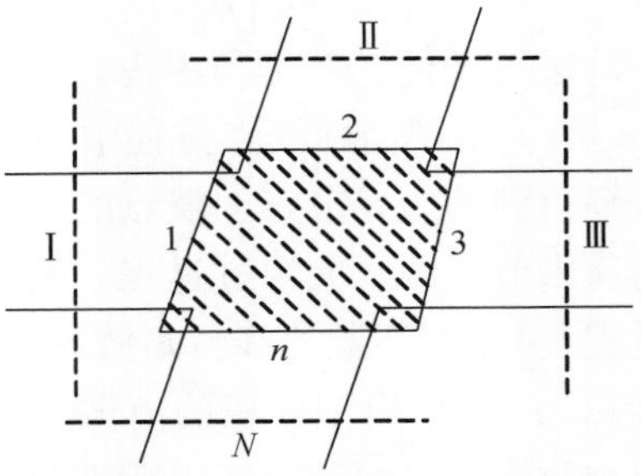

图 4-28　交叉口控制体积示意图

设交叉口连有 m 条单一河道，其中流入交叉口的河道 m_1 条，流出河道 m_2 条，$m = m_1 + m_2$。交叉口的调蓄作用可忽略不计，即 $\Omega_N = 0$。

则

$$\sum_{i=1}^{m_1} Q_{\text{in},i} C_{\text{in},i} - \sum_{i=m_1+1}^{m} Q_{\text{out},i} C_{\text{out},i} = -S_N \tag{4-15}$$

式中，$C_{\text{out},i}$ 为第 i 条流出交叉口的河道断面的污染物浓度（mg/L）；$C_{\text{in},i}$ 为第 i 条流入交叉口的河道断面的污染物浓度（mg/L）；Q 为相应的流量（m^3/s）；Ω_N 为交叉口体积（m^3）；S_N 为排入交叉口的污染源（g/s）。

c. 河道水质模型离散方程的求解。针对河道划分的单元体，分别对起始和终端的单元体取半个河段作为均衡域，根据相应采用的边界类型（一类、二类和三类边界）进行溶质

均衡分析，可得形如式（4-15）的方程。根据综合水质模型的特点，针对模型中每一个方程按照均衡域内物质守恒原理方法进行离散，可以得到相应的矩阵方程组。从而对于每一个方程都可以形成一个完整的求解矩阵，应用追赶法求解。

3）河网水动力与水质模型程序的实现。从以上叙述中可看出求解步骤为：①将每河段的圣维南方程组隐式差分得河段方程；②将每一河段的河段方程依次消元求出首尾断面的水位流量关系式；③将上一步求出的关系式代入汊点连接方程和边界方程得到以各汊点水位（下游已知水位的边界汊点除外）为未知量的求解矩阵；④求解此矩阵得各汊点的水位；⑤将汊点水位代入得汊点各断面的流量；⑥回代河段方程得所有断面的水位流量。

4.6 水循环及其伴生过程系统构建

4.6.1 总体框架

流域水循环及其伴生过程综合模拟与预测平台（简称“综合模拟与预测平台”）是专门为流域水循环及其伴生过程综合模拟模型开发的软件系统，包括流域水循环及其伴生过程数据管理功能和模型计算功能的系统平台，其总体架构如图 4-29 所示。其中数据管理功能包括各类属性和空间数据、水文数据、水环境数据和社会经济数据等；模型计算功能包括模型计算必要的前处理、多模型耦合、后处理等功能。

综合模拟与预测平台是一个庞大的软件工程，其系统具有以下特点：

1）模型众多且结构复杂，系统开发难度高。二元模型中每个单独的模型都由不同的编程语言和编程方式来实现。开发综合模拟与预测平台要把这三个模型进行有机的耦合形成一个整体，要对各个模型进行适当的改造使其模型能够集成到二元模型系统中。同时，对于不同模型具有不同的数据管理方式的问题，为实现模型有机耦合，本系统把各个模型的输入、输出数据进行了统一管理，在统一的数据库平台上构建多个模型的统一数据管理模块。

2）集成了各种软件技术，创新程度高。为了适应高度复杂的二元模型计算及数据管理的需求，综合模拟与预测平台采用富客户端/服务器模式进行系统开发。该开发方式综合了胖客户端/服务器（C/S）和瘦客户端/服务器（B/S）两种方式的优点，可以保证综合模拟与预测平台的所有功能，用户可以在系统界面上调用各种复杂的模型进行计算，不需要调用其他的界面与平台，同时又可以支撑更加丰富的用户交互，实现更好的用户响应。

系统的技术路线选择对项目建设的成败至关重要，系统采用跨平台、标准的、开放的、技术成熟的、先进的应用集成技术进行建设，主要包括 Eclipse RCP 技术、组件技术、大规模优化模型求解技术、GIS 技术、多模型耦合技术等。

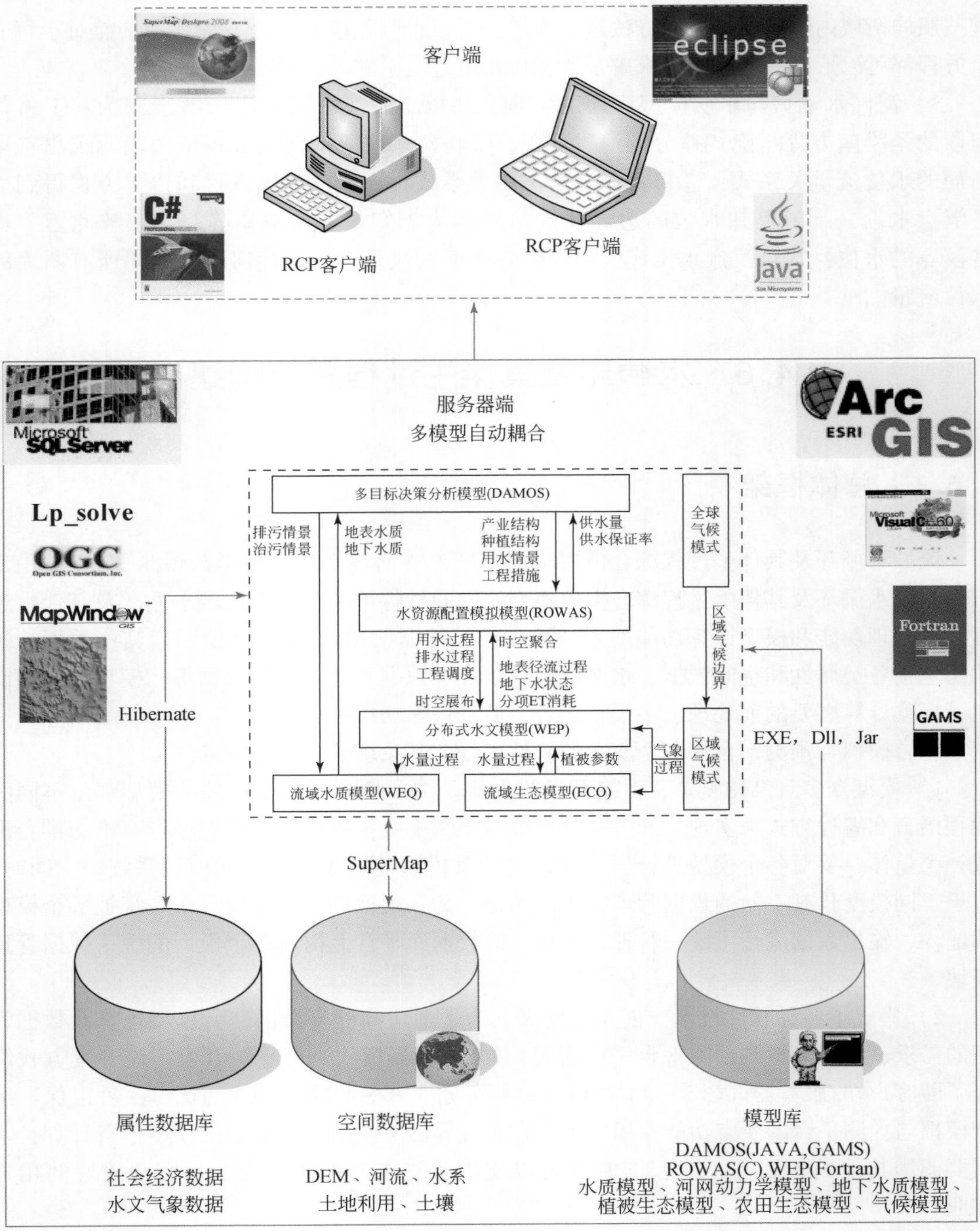

图 4-29　流域水循环及其伴生过程综合模拟与预测平台总体架构

4.6.2 综合模拟系统界面与功能

1. 通用数据管理界面

综合模拟与预测平台主要由两大部分组成：一是属性、空间数据管理系统；二是模型系统，包括流域水循环模型、流域水质模型和流域生态模型，其中流域水循环模型包括 3 个模型，即多目标综合决策模型（DAMOS）、基于规则的水资源配置模型（ROWAS）和分布式水循环模型（WEP-L），如图 4-30 所示。

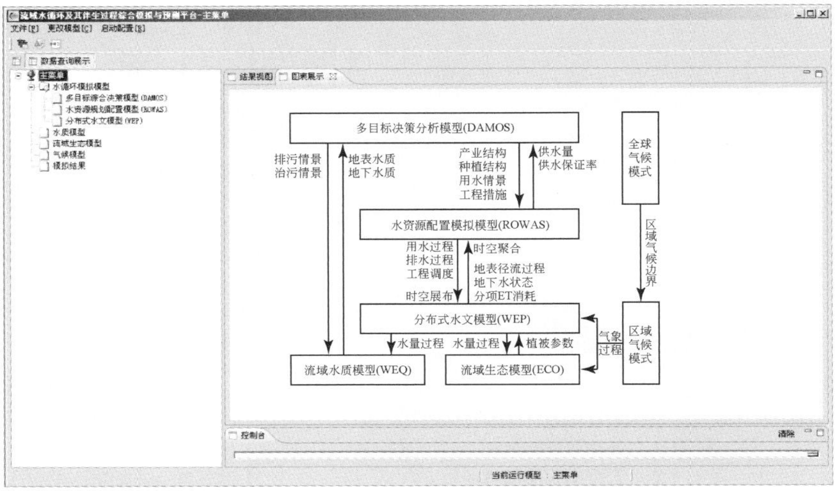

图 4-30 模型系统选择

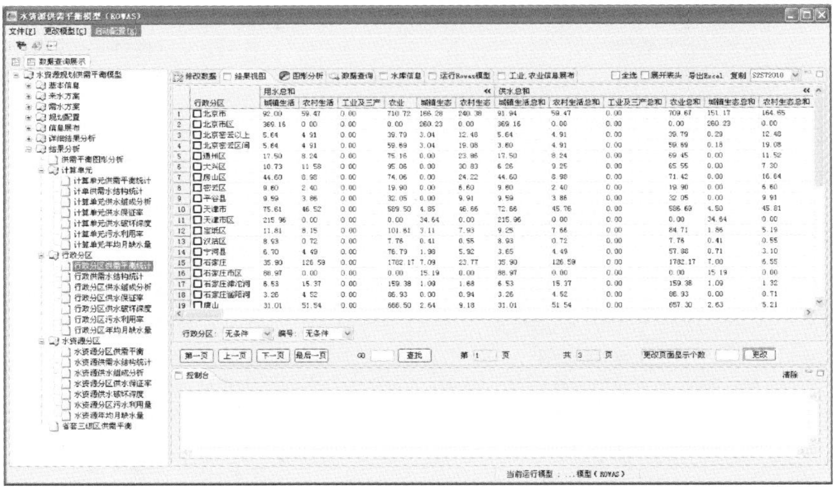

图 4-31 综合模拟与预测平台主界面之一（ROWAS 模型）

为了便于系统开发及简化用户对系统界面的熟悉过程，采用通用的数据管理界面，其中包括：①通用的数据增、删、改、查、分页等界面；②通用的数据结果查询、排序、分组等界面；③通用的数据结果图形显示界面；④通用 GIS 展示界面。

2. 综合模拟与预测平台界面及主要菜单

图 4-31 是用户进入系统显示的主体操作界面（ROWAS 模型），左侧展示相关模型系统的菜单选择项，中间是相关数据的展示，右上角是具体功能的相关操作，包括数据的增删改、数据的导入导出、数据的全选、展开列表和界面刷新等。

为了便于用户操作，每个模型的菜单都由三部分组成：①输入数据；②运行模型；③结果输出。各个模型的主菜单如图 4-32 和图 4-33 所示。

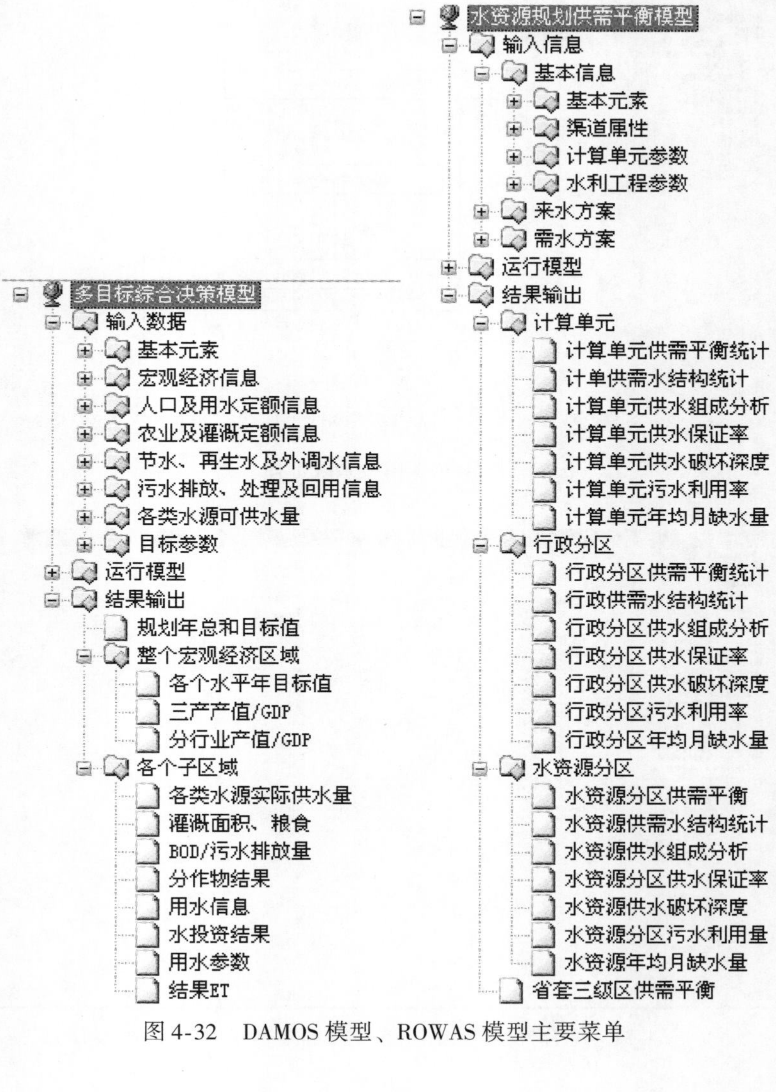

图 4-32　DAMOS 模型、ROWAS 模型主要菜单

1）流域水循环模型。如图 4-32 所示，DAMOS 模型的输入数据包括基本元素、宏观经济信息、人口及用水定额信息、农业及灌溉定额信息、节水与再生水及外调水信息、污水排放与处理回用信息、各类水源可供水量、目标参数等，信息当中有信息属于海河流域的基本信息，有属于某个方案的情景数据，根据这些情景数据可以计算不同边界条件下的未来几十年水、国民经济、水环境情况、粮食情况的发展轨迹。DAMOS 模型的结果包括所有宏观经济区的分行业产值、GDP、用水、灌溉面积、粮食产量、BOD 排放、ET 等信息。在 DAMOS 模型界面上还可以对该计算结果进行时空展布并输入到 ROWAS 模型中，实现对每个计算方案在配置层面的模拟。

生态模型主要分为：农田生态模型、植被生态模型两大类。两种生态模型的输出数据和分布式水文模型 WEP 类似，包括基本元素，子流域与计算单元划分等。其中，农田生态模型输出结果包括全流域的潜在产量、水分限制产量、年 NPP 以及各个地市的灌溉单产、非灌溉单产、综合单产；植被生态模型的输出结果包括年 NPP 和年碳储量，并分别按照全流域和三级区来统计，详细菜单如图 4-33 所示。

2）DAMOS 模型主要界面。DAMOS 模型在宏观经济投入产出分析模型的基础上，对于以水资源为制约因素的区域可持续发展还有许多地理因子和资源条件的约束，利用

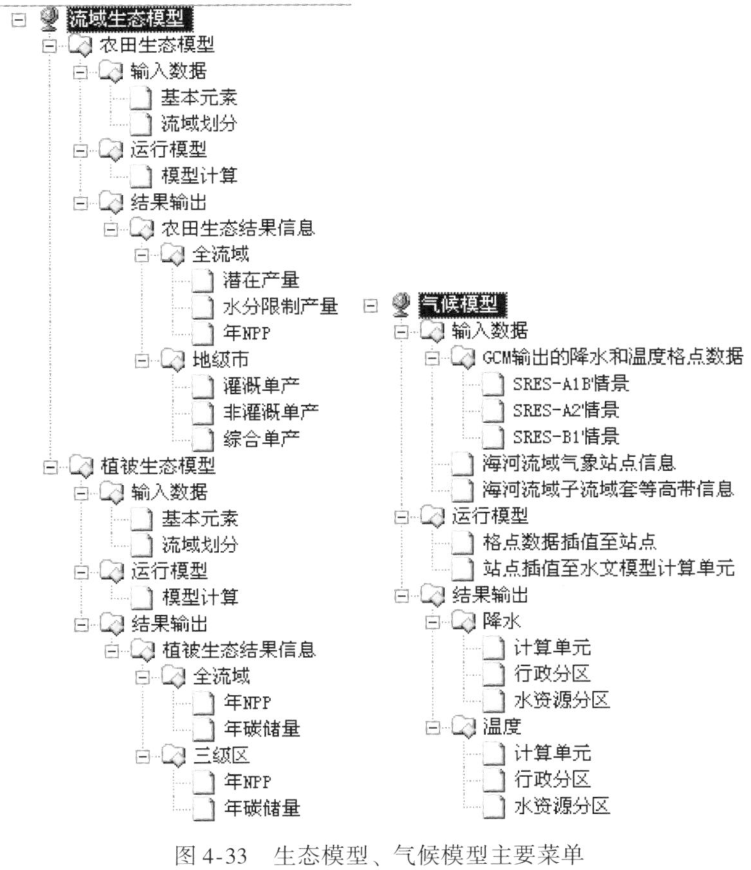

图 4-33　生态模型、气候模型主要菜单

数学规划模型的开放性，将水资源约束条件写入区域宏观经济投入产出模型，构成了宏观经济水资源分析模型，可以描述社会经济与水资源系统的相互作用关系，可以回答水资源对区域社会经济发展的支撑能力问题。在 DAMOS 模型的构建过程中作者采用了基于开源优化软件包 Lp_Solve 的大规模优化模型求解平台来构建，该开发方式可以保证模型与相应的数据管理结果展示系统更加紧密的集成，提高了 DAMOS 模型的软件化水平。同时，由于 Lp_Solve 是开源的，所以 DAMOS 模型系统的开发成本非常低，可方便 DAMOS 的系统推广应用。图 4-34 展示了 DAMOS 模型的一个结果，即各个省不同水平年的 GDP 变化过程图。

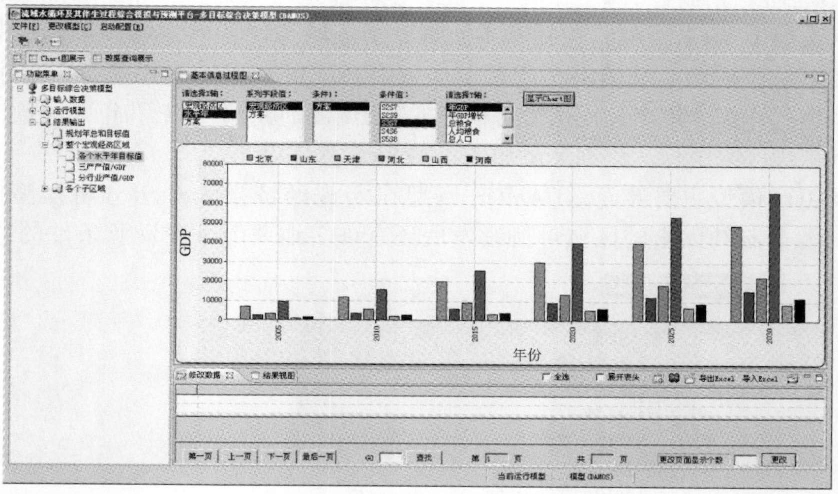

图 4-34　DAMOS 模型各省各水平年 GDP 结果

3）ROWAS 模型主要界面。ROWAS 模型是在给定的方案条件下，通过追求整个水资源系统的供水量最大、弃水量最小等目标，对水资源系统的运行方式进行模拟。模型采用面向对象的开发语言 C++来进行开发，模型采用文本来管理输入输出数据。在系统开发方面，首先把 ROWAS 模型的输入输出数据和数据库衔接起来，即把从数据库中读取数据生成模型需要的文本输入数据，在 ROWAS 模型计算完后，把模型生成的文本文件通过程序自动导入到数据库中，从而建立了模型与数据库的关联。在数据管理方面，采用了前述的通用数据管理框架。图 4-35 显示了 ROWAS 模型的一个计算结果，各个行政区的水资源平衡情况。

4）WEP 模型主要界面。WEP 模型采用 Fortran 语言来开发，并集成了地下水、水质（包括河道水质）等模块。和 ROWAS 模型类似，WEP 模型的数据管理也是基于文本数据，采用了前述的通用数据管理框架来对模型数据进行管理。图 4-36 显示了 WEP 在水量模拟方面的一个结果，即省套三级区的水量平衡结果。

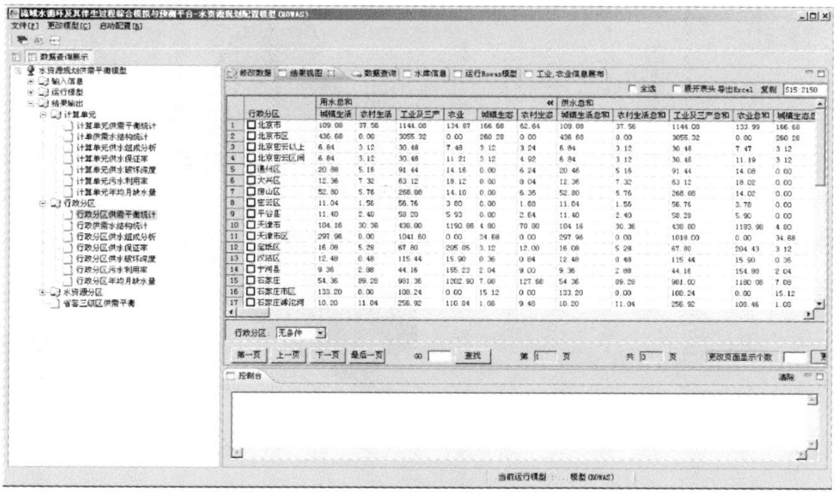

图 4-35　ROWAS 模型各行政区水资源供需平衡

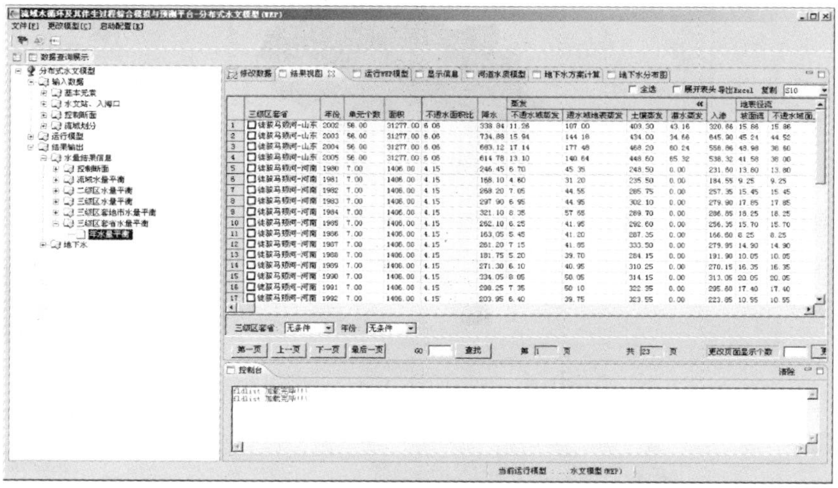

图 4-36　WEP 模型省套三级区水量平衡

WEP 模型的大多数结果都可以通过 GIS 的方式来展示，例如，图 4-37 给出了海河流域 3067 个子流域的平均坡度分布。从中可以看出海河平原区的平均坡度比较小，山区的平均坡度则比较大。图 4-38 给出了海河流域 11 752 个等高带的面积分布，可以发现平原区等高带的面积普遍比较大，通过这种 GIS 的展示方式，可以提高分布式水文模型各种数据的可读性。另外，图 4-39 给出了海河流域 1981 年水资源三级区年降水量分布。

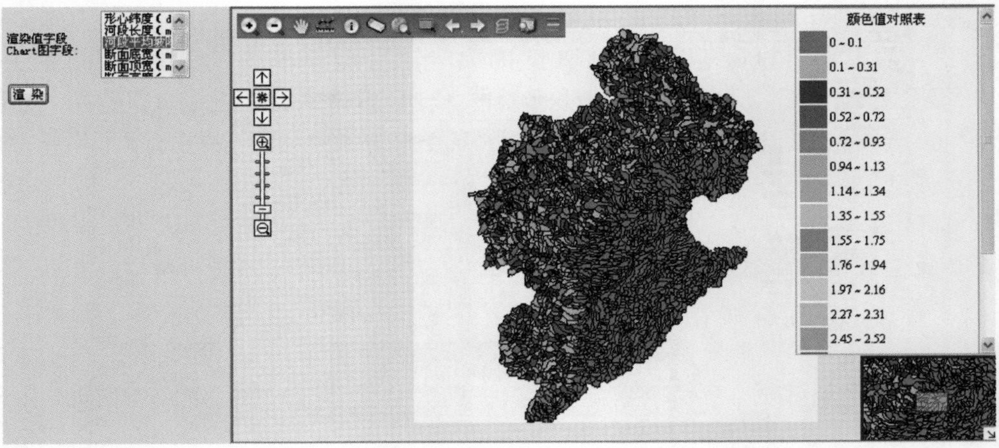

图 4-37　海河流域子流域平均坡度分布

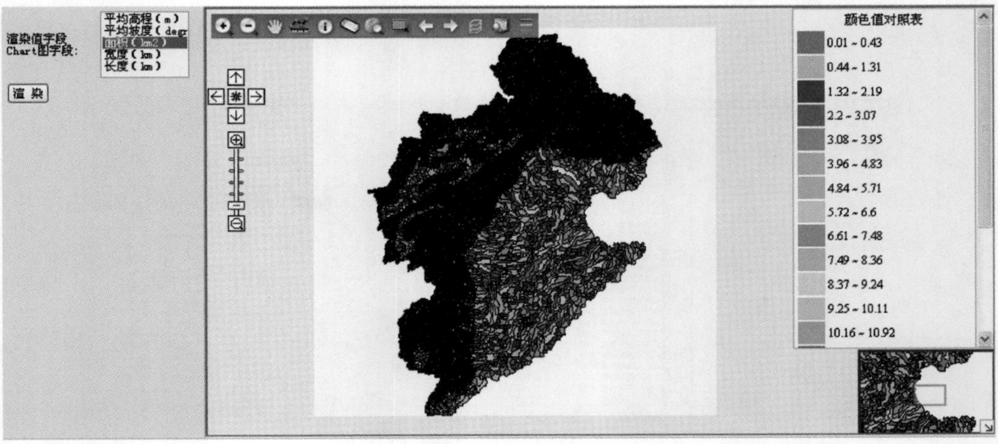

图 4-38　海河流域等高带面积分布

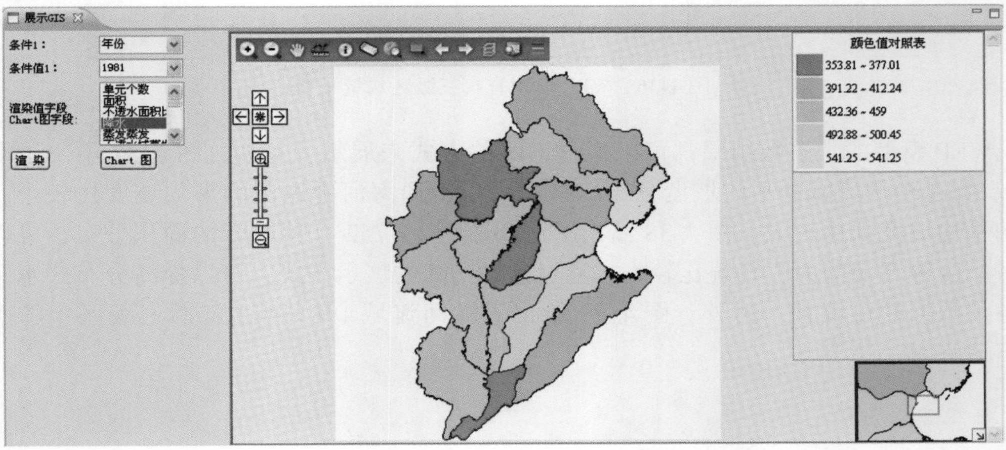

图 4-39　海河流域 1981 年三级区年降水量分布

3. 综合模拟系统的创新点

综合模拟与预测平台系统在以前开发的基础上，经过几年的开发，形成了一个完整的水资源水环境管理平台。综合模拟与预测平台系统有以下几个创新点：

1）实现了基于属性/空间数据的模型管理平台，同时对综合模拟与预测平台系统中每个模型都开发了相应的用户界面，实现了对各个模型的集成管理与计算，使得综合模拟与预测平台系统的数据管理，模型计算和结果展示更加方便，环境友好。

2）实现了综合模拟与预测平台系统中各个模型间的程序自动耦合，使得综合模拟与预测平台的计算更加自动化，避免了人为参与，使得综合模拟与预测平台系统成为一个有机整体。

3）开发了基于开源优化软件包 Lp_Solve 的大规模水资源优化模型求解平台，并利用该平台构建了 DAMOS 模型系统。

4）综合模拟与预测平台系统的开发方式采用最新的 RCP/Server 的体系结构，实现了综合模拟与预测平台系统的高度可扩展性及跨平台性。

4.7 模型系统校验与评估

4.7.1 二元水循环模型验证

1. WEP-L 参数率定及模型校验

1）参数率定。参数不确定性依赖于模型结构，而气候、土壤、土地利用、水文以及地理等空间信息获取的难度增加了这种不确定性。目前，研究预测模型不确定性最普遍的方法是灵敏度分析。参数灵敏度分析的目的是分析系统参数对模型输出的影响因子，从而衡量参数对物理过程的重要性，对系统参数进行筛选，便于模型校正和参数评估。

模型灵敏度分析是建立、改进、检验以及校正水文模型最有效的方法。Lane 与 Richards 以及 Rabitz 指出灵敏度分析的作用：①能够鉴别模型中最灵敏的参数，进而简化并促进模型的校正，使未来研究或者现场测试更有针对性；②说明模型对参数值以及边界条件典型改变的反应是否现实；③证明模型的概念十分敏感，能够代表现实自然系统的行为；④将模型缩减到最精炼的结构。Saltelli 指出的灵敏度分析能够增强模型的可信度以及预报功能。可见，灵敏度分析对于模型的校正以及分析是非常必要的。

在模型计算过程中，没有必要也不可能对所有参数都加以考虑，只需通过对敏感性较大的主要参数进行准确评估，而对于敏感性较弱的参数，可以根据资料以及经验粗略得出的取值范围中选出，即可用以建立合理可靠的系统模型。

模型参数的率定指提供给模型研制具有代表性的输入、输出资料，调整参数，确定一组最优化的参数，使模型拟合实测资料最好，达到最优化。参数率定的方法有很多，常用的有人工优选和自动优选。自动优选有遗传算法、罗森布瑞克法、单纯型法以及 SEC 法。尽管自动优选法具有不依赖于参数初始值、能够在较短的时间内达到全局最优点、精度较高，以及弥补工作人员缺乏经验的不足等特点，但是自动优选法的基本思想认为在特定模型结构下只有唯一一组最佳参数与之对应，然而由于模型结构复杂性与数据的不确定性，自动优选法通常不能寻优到模型的唯一真值，并且也无法判断算法是否达到全局最优，不能为深入研究复杂模型提供有效途径。因此它还不能完全替代人工优选方法，需要与人工优选方法结合使用。对于本模型来说，系统庞大，计算时间长，采用自动优选参数速度慢，难以满足计算的要求。因此本文采用人工优选法进行模型参数的率定。本书充分借鉴前人成果以及综合规划成果中确定的参数成果，消除个人参数选择的随意性，以增加模拟结果的客观性和可信度，同时又能大大提高计算速度。

评价模型验证的好坏，应选择评价标准，本书主要采用的标准包括：径流量误差、Nash-Sutcliffe 效率、模拟流量与统计流量的相关系数以及流量过程误差指数。校正准则包括：模拟期平均年均径流量误差尽可能小；Nash-Sutcliffe 效率尽可能大；模拟流量与观测流量的相关系数尽可能大；流量过程误差指数尽可能大。

2）对河道径流模拟结果的验证。为进行模型验证，在 1956 ~ 2005 年共 50 年历史水文气象系列及相应下垫面条件下进行连续模拟计算。取 1956 ~ 1979 年为模型校正期，主要校正的参数为极端高敏感和高敏感的参数，验证期为 1980 ~ 2005 年。主要选取韩家营、承德、滦县、戴营、密云水库、观台、黄壁庄等水文站作为验证站，将各水文站模拟计算的径流过程与实测值进行对比。Nash 效率系数在 0.6 以上（表 4-1），相关系数在 0.8 以上，对于人类活动极其强烈的海河流域来说，模拟效果比较满意。

表 4-1　WEP-L 验证结果

水文站	相对误差/%	Nash 效率	相关系数
韩家营	0.3	0.70	0.85
承德	-5.8	0.72	0.85
滦县	-1.3	0.60	0.86
戴营	-4.0	0.65	0.81
密云水库	11.8	0.79	0.89
观台	3.6	0.81	0.93
黄壁庄	-5.9	0.68	0.83

3）对水库蓄变量模拟结果的验证。截至 2005 年，海河流域水库的总库容已经达到 315.4 亿 m^3，而 1980 ~ 2000 年流域平均地表水资源量仅为 170.5 亿 m^3，水库对海河流域水循环的影响非常大。选取潘家口、密云、岳城、西大洋四个大型水库作为典型，将 1980 ~ 2005 年模拟计算的蓄变量过程与实测过程进行对比。结果表明，模拟过程和实测过程基本一致，说明模型能较好地反映水库调度过程。

4）蒸发量模拟结果验证。以 2002～2005 年为验证期，将模型模拟的 ET 成果与 RS 反演 ET 值进行对比，全流域平均相差 5.5%，基本吻合，如图 4-40 所示。

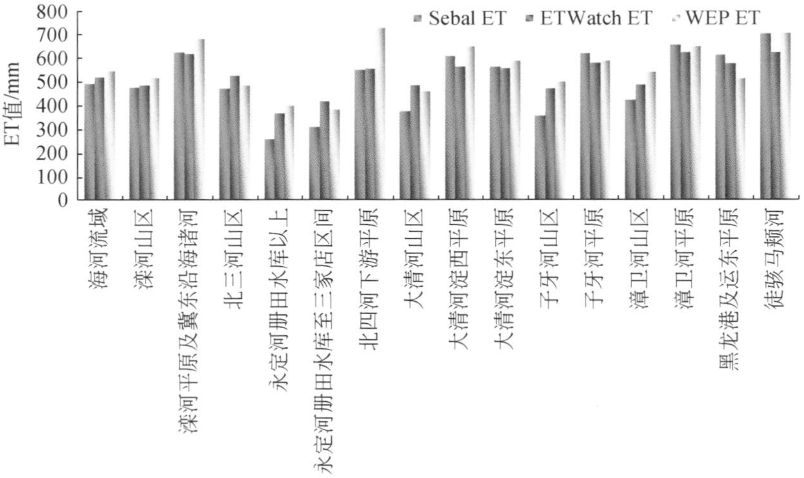

图 4-40　模型模拟的 ET 成果与 RS 反演 ET 值合图（2002～2005 年平均值）

2. 地下水水流模型识别及校正

此次模型研究最终需要识别的水文地质参数和源汇项包括：浅层含水层（模型第一层）的渗透系数和给水度，深层含水层（模型第二、第三层）的渗透系数和贮水率，总面状入渗量及其空间分布，5 个变量及其空间分布，以及开采量的空间分布。运行计算程序，可得到模型在给定水文地质参数和各均衡项条件下的地下水位时空分布，通过拟合不同时期的流场和观测井的历时曲线，识别水文地质参数和均衡项，使建立的模型更加符合研究区的水文地质条件。

模型的识别和验证主要遵循以下原则：①模拟地下水流场要与实际地下水流场基本一致，即要求模拟地下水位等值线与实测地下水位等值线形状基本一致；②观测井模拟地下水位动态与实测地下水位动态一致，但由于本次模型单元剖分网格较大，只要求模拟与实

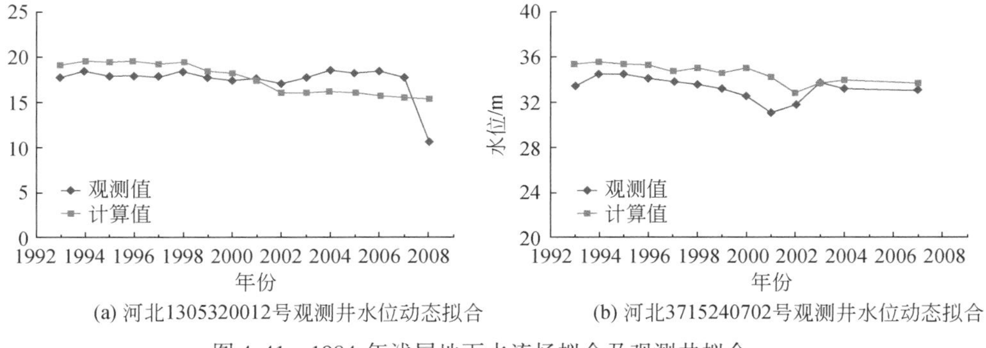

图 4-41　1984 年浅层地下水流场拟合及观测井拟合

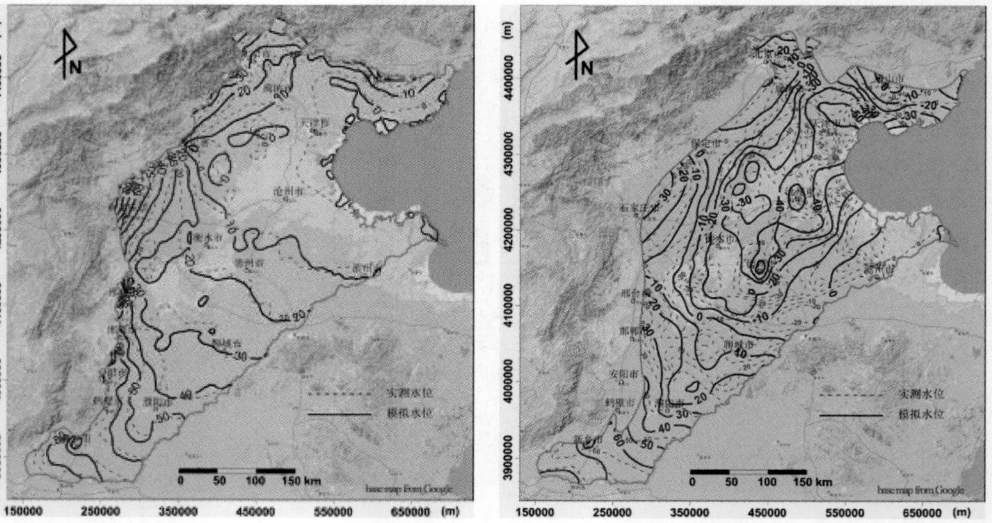

图 4-42　1984 年浅层地下水流场拟合和 2001 年深层地下水流场拟合

测地下水位过程线变化趋势基本一致；③模拟的地下水均衡变化与实际要基本相符；④识别的水文地质参数与实际水文地质条件符合。模型识别和校正分为稳定流模型部分和非稳定流模型部分，其中稳定流模型部分用于提供非稳定流模型的初始条件并校正含水层渗透系数。模拟结果如图 4-41、图 4-42 所示。

4.7.2　水环境模型验证

1. 水质模型验证

1）流域废污水排放量的验证。海河流域水资源评价中，调查了 2000 年海河流域内 1270 个工矿企业污染源的废水和污染物排放量，是本次水质模型的参数率定和模型验证的重要参考。海河流域废污水排放的评价量为 60.4 亿 t，模型计算量为 61.0 亿 t，废污水排放量的估算误差为 1.0%，说明模型估算的废污水量与综合规划的评价量在流域总量上基本保持一致（表 4-2）。

表 4-2　海河流域 2000 年废污水排放量评价量与模拟量对比

项目	评价量	模拟量	相对误差/%	备注
工业废污水	36.2	35.6	-1.7	模拟值偏小
生活废污水	24.2	25.4	5.0	模拟值偏大
合计	60.4	61.0	1.0	模拟值偏大

2）污染源的验证。参考海河流域水资源综合规划资料，海河流域的点源非点源污染物如表 4-3 所示，可以看出，从产生量上看，COD 中非点源污染负荷占的比重较大；而点源污染物入河量仍然占绝对地位。非点源污染物产生量较大，而由于海河流域的严重缺水，非点源污染物的入河量相对较少，潜伏危险严重。从各分项看，非点源污染物的产生量和入河量大部分来自畜禽养殖；还有部分来自化肥施用产生的污水；农村生活污水及固体废弃物虽然产生部分量，但入河量微乎其微，基本可以忽略不计。城镇地表径流、污染物入河量也基本可以忽略不计。

表 4-3 为海河流域污染物产生量和入河量模拟情况对比。

表 4-3　海河流域污染物产生量、入河量模拟对比

污染源类型		COD 评价/万 t		COD 模拟/万 t		NH_3-N 评价/万 t		NH_3-N 模拟/万 t	
		产生	入河	产生	入河	产生	入河	产生	入河
点源	工业生产	159.5		157.0		15.99		15.87	
	城镇生活	61.3		67.5		5.27		5.92	
	总量	220.8	133.06	224.5	134.8	21.26	11.04	21.79	14.58
非点源	城镇地表径流	7.6	0.12	7.7		0.64	0.00	0.64	
	化肥施用	9.4	1.36	9.5		11.64	0.35	11.34	
	农村生活	133.7	0.20	132.5		3.63	0.01	3.80	
	水土流失	6.3	0.04	6.1		4.21	0.03	3.99	
	畜禽养殖	560.7	33.64	563		55.93	3.36	56.40	
	总量	717.7	35.37	719.8	35.2	76.07	3.74	76.16	3.56
合计		938.5	168.43	944.3	170.0	97.33	14.78	97.95	18.14

从表可以看出，2000 年海河流域点源、非点源以及总量 COD 产生量的评价值与模拟值误差均在 2% 以内，COD 入河量的模拟误差均在 1% 以内；NH_3-N 的产生量基本吻合，污染源入河总量误差在 10% 以内。

3）河道水质模拟的验证

对于污染负荷的估算，COD 是最常用的指标，对于工业废水，由于有机污染物的浓度较大，通常采用重铬酸钾法，而河道水体水质浓度相对较低，多用高锰酸盐指数法测量，这就给流域综合水质模拟的验证带来困难，因此研究 COD_{Cr} 和 COD_{Mn} 的关系具有非常重要的意义。不同的研究区域，不同的污水组成，两者之间的关系不同，本书选取了海河流域个别河道水质监测既有 COD_{Mn} 又有 COD_{Cr} 的监测断面，发现 COD_{Cr} 和 COD_{Mn} 呈现良好的线性关系，天津 COD_{Cr} 为 COD_{Mn}3.25 倍，北京 COD_{Cr} 为 COD_{Mn}5.08 倍，流域内其他地区取 4 倍。以此作为换算关系，对模型进行验证。

从模拟结果可以看出，对于正常浓度的水质指标模拟相对容易，对于一些极大值和极小值的预测相对困难，这主要是由模型结构决定的，对于极值的水质浓度情况，一般都有污染事故或者河道断流等特殊情况发生，而现有资料难以描述这一过程。

2. 地下水年龄模拟验证

数值模型模拟海河流域平原深层地下水年龄分布见图 4-43。年龄分布趋势与研究区根据^{14}C 绘制的地下水年龄等值线图基本一致。

山前地下水补给区地下水年龄较小，一般小于 5000 年，随地下水流方向地下水年龄逐渐增大，至衡水，沧州一带地下水年龄已增大到两万年以上，东部滨海地区是研究区分布地下水年龄最老的地区。研究区东南边界由于接受黄河侧向渗漏补给，地下水年龄也较小。

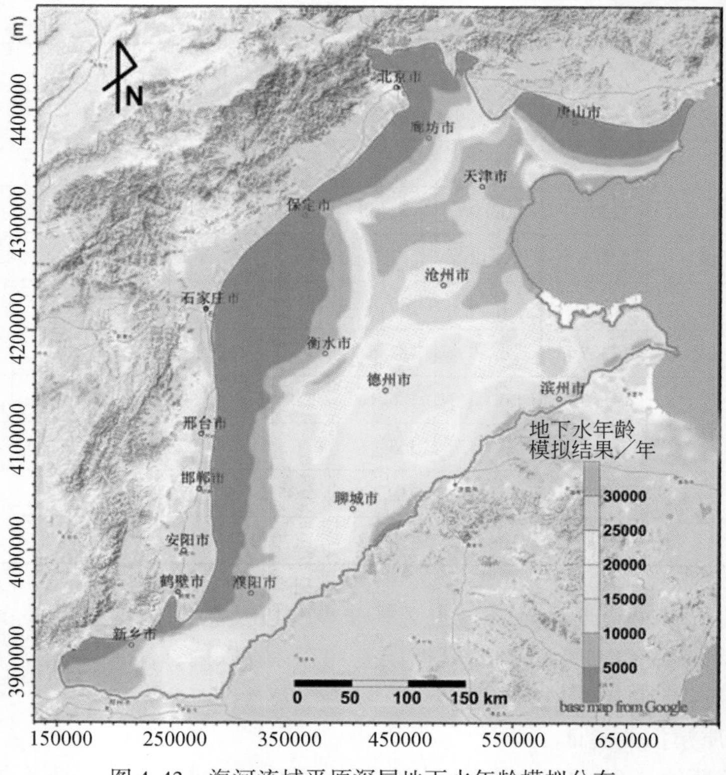

图 4-43 海河流域平原深层地下水年龄模拟分布

3. 地下水污染模型率定

在大致估算出每个时期各污染物进入海河平原区地下水系统的数量之后，对海河地下水水质模型进行率定，率定的主要参数为各污染物在地下水中一阶反应系数，以及弥散度参数。应用 2004 年 9 月各测站插值结果作为模型率定的参考，图 4-44 ~ 图 4-46 所示为各污染物运移模型率定结果。

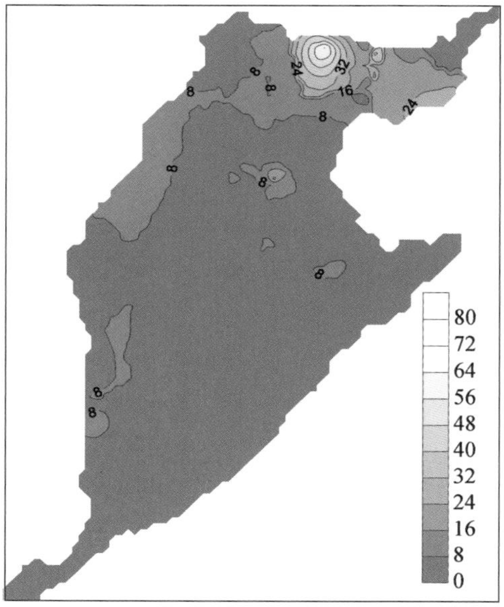

(a) 模拟结果

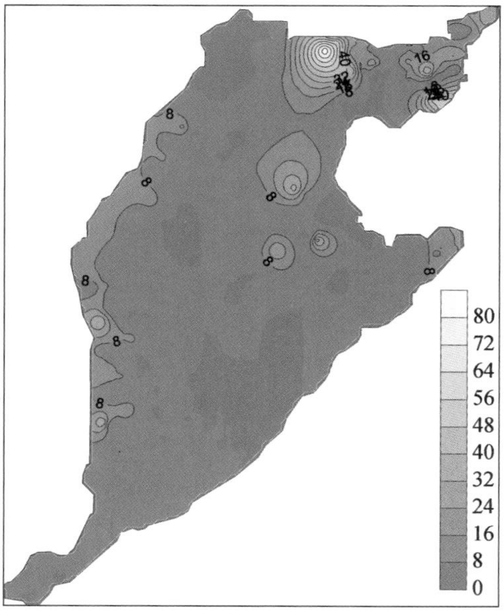

(b) 实测结果

图 4-44　硝态氮模拟与实测对比

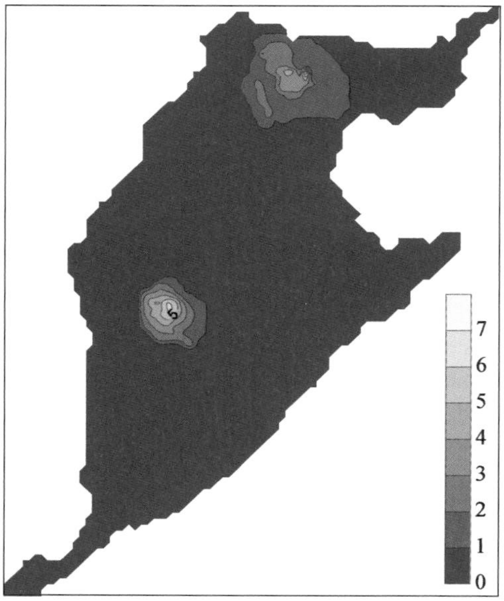

(a) 模拟结果

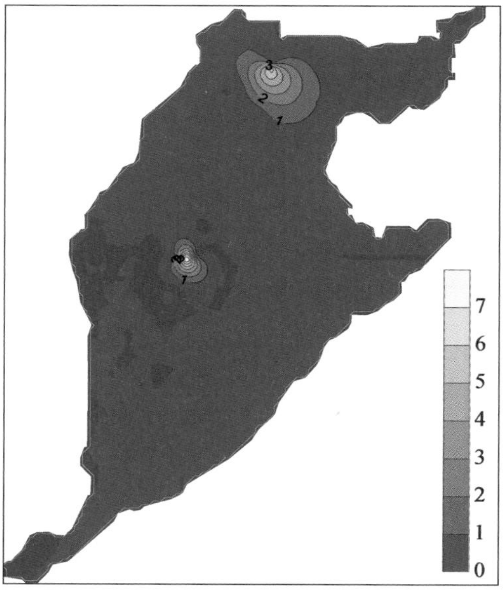

(b) 实测结果

图 4-45　氨氮模拟与实测对比

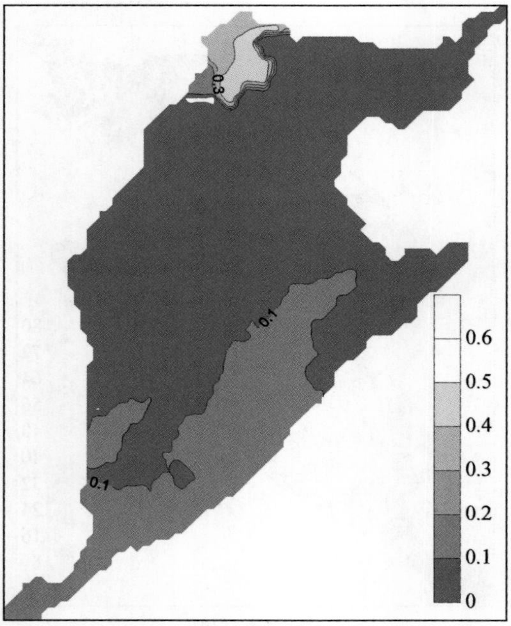

(a) 模拟结果

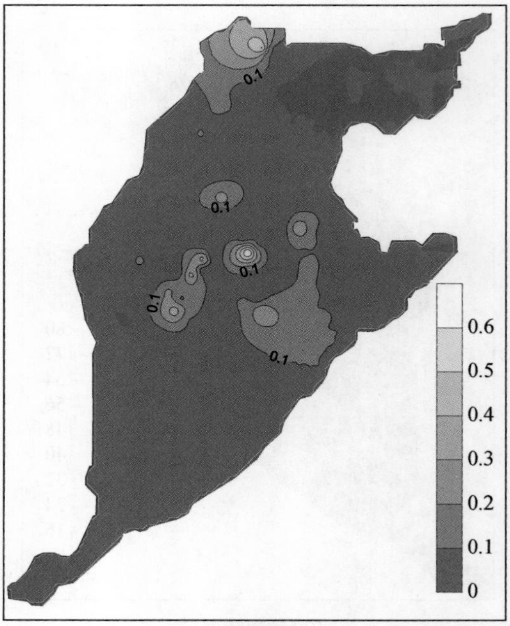

(b) 实测结果

图 4-46　磷模拟与实测对比

4. 河网水力水质模型验证

本次河道水动力模型验证采用滦河干流的监测断面水位、流量过程进行验证。最后经过比较，采用滦河干流郭家屯站和三道河子站 2006 年的实测资料进行模型验证，模拟计算这两个河道断面的水位、流量过程。模拟结果与监测结果比较分别如图 4-47、图 4-48 所示。从图可以看出，验证结果很好，完全满足了模型应用的精度要求。需要说明的是，由于郭家屯站逐日平均水位受丰宁电站影响，除洪水外，均失去代表性，因此，本次在水位验证中不考虑郭家屯站的水位验证。

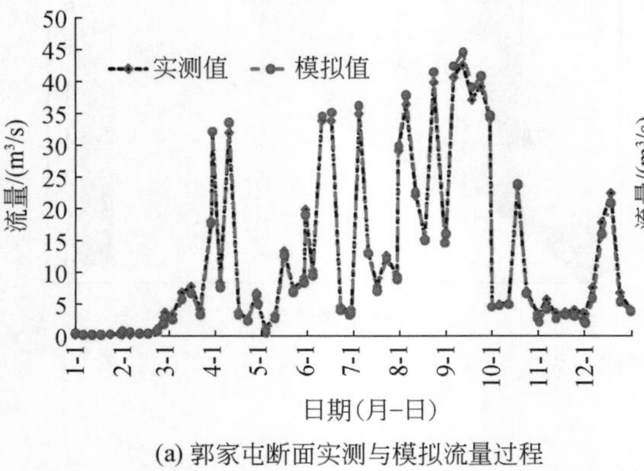

(a) 郭家屯断面实测与模拟流量过程

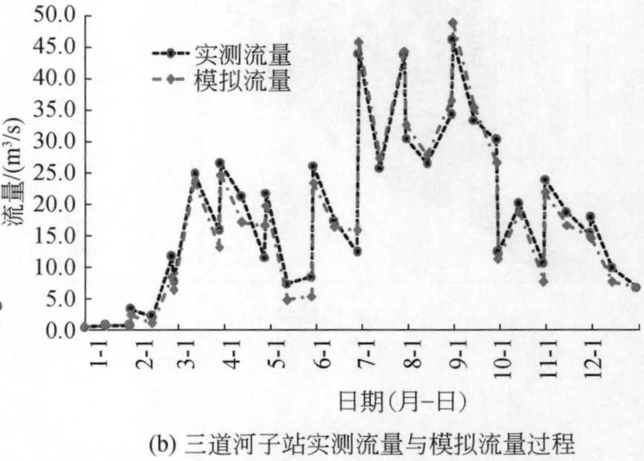

(b) 三道河子站实测流量与模拟流量过程

图 4-47　滦河干流监测断面流量模拟值与监测值比较分析

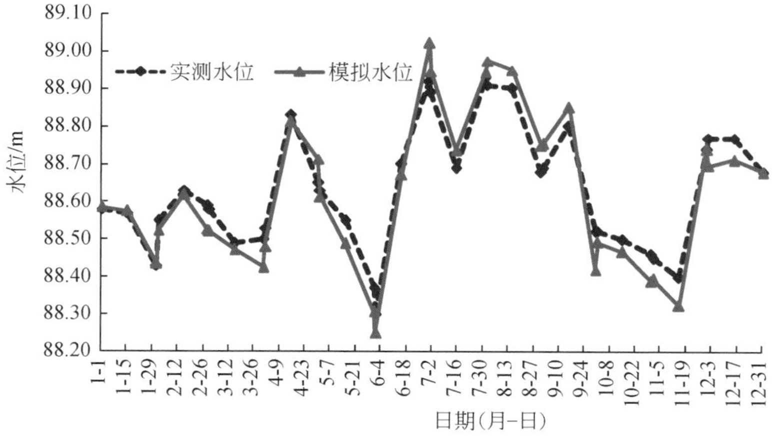

图 4-48　滦河干流三道河子断面水位模拟值与监测值比较分析

以水动力模型模拟的水体流动过程作为水质模型验证的输入，并根据 2006 年统计的滦河干流段入河的污染源的量以及入河过程进行时程分配，对郭家屯断面和三道河子断面 2006 年各月污染物指标——NH_3-N 和 COD_{Mn}进行模拟验证，验证结果如图 4-49 所示。从图可以看出，模型对污染物浓度过程模拟结果与实际监测浓度趋势一致，浓度值误差较小，满足了应用的要求。

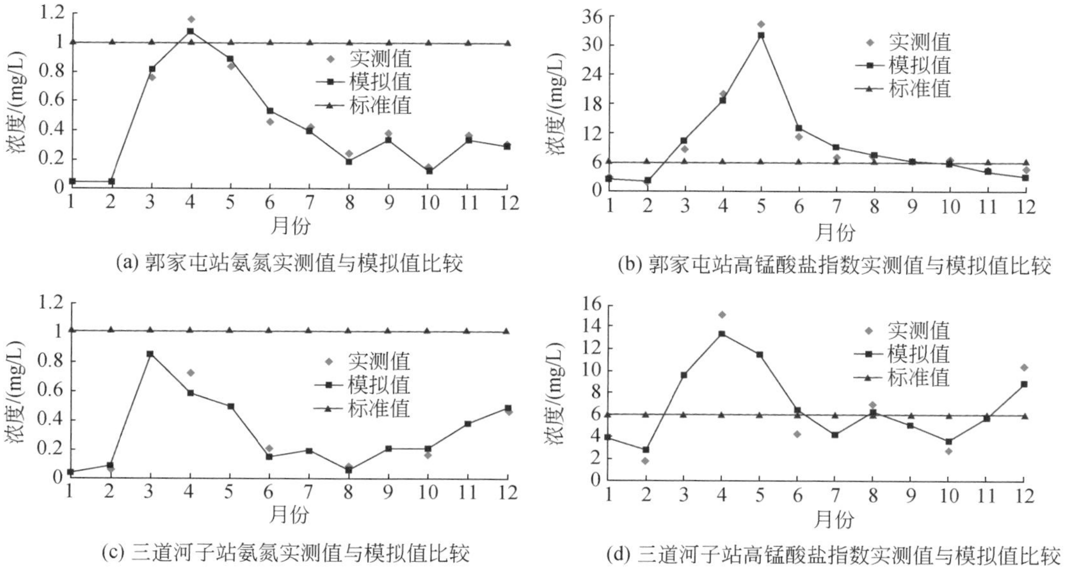

(a) 郭家屯站氨氮实测值与模拟值比较　(b) 郭家屯站高锰酸盐指数实测值与模拟值比较

(c) 三道河子站氨氮实测值与模拟值比较　(d) 三道河子站高锰酸盐指数实测值与模拟值比较

图 4-49　郭家屯-三道河子站浓度模拟值与监测值比较

4.7.3 生态模型验证

1. 流域生态水文模型校验

(1) 总体校验策略

基于物理机制的分布式生态水文模型的参数均具有明确的物理意义，即所有的参数理论上都可以通过观测和推算求出，但由于生态水文模型结构复杂，参数系统庞大，以及不同计算单元参数的空间变异性，所以需要对一些关键参数进行率定，模型校验的整体策略如下。

1）选取的校验参数与过程应易于获取。由于重视程度不够和研究起步较晚，在现阶段生态方面相关监测体系设施还相当不完备，有关生态过程的长系列观测资料十分欠缺，尚不能对生态过程进行合理的校验。而水文历史过程观测相对比较成熟，水文站点长系列的历史系列资料可以用于生态水文模型的校验。

2）根据各参数的物理意义逐一校验。模型的构建基于严格的物理机制，每个参数都有明确的物理意义，比如地表洼地最大储留深对降雨超渗产流和蓄满产流机制均有影响，从而影响洪水峰值并和曼宁糙率一起影响洪水过程线的形状。河床材料的透水系数影响河水与地下水的交换量（地下水溢出或河道渗漏），对河川基流量大小有重要作用。地下水含水层导水系数与给水度影响地下水运动过程，对河水与地下水的水量交换产生影响等。调参时根据每个参数对模拟结果的影响采用参数自动优化和手动试错相结合的方法逐一进行调试。

3）关键参数的率定与原型观测试验相结合。模型中部分参数是可以直接通过野外试验获取的，但由于模型采用的网格型计算单元参数具有空间异质性，不可能通过试验手段给每个计算单元都赋予一套参数，所以数值模拟过程中有一些假设和简化处理。但原型观测试验可以为一些关键参数提供阈值范围，从而在很大程度上减少调参的盲目性，从而提高率定的效率。比如饱和土壤导水系数决定地表入渗和壤中流大小，通过野外入渗试验获取的不同土壤类型、不同深度的入渗率实验数据，可以在模型校验中得到很好的应用。

滦河流域和白洋淀流域是海河流域内两个相对独立的子流域，区内生态环境特征差异较大，在模型校验过程中，需要将滦河、白洋淀流域分开，分别进行生态过程和水文过程的校验。

(2) 校验结果

1）模型校验准则。模型校验及参数率定参照如下准则进行：①模拟期年均径流量误差尽可能接近 0；②模拟径流系列与实测径流系列之间的相关系数尽可能接近 1；③Nash-Sutcliffe 效率系数尽可能接近 1。

其中相对误差是模拟内径流模拟值与径流量观测值之差百分比的绝对值，计算公式为

$$R_e = |F_m - F_o| / F_o \times 100\% \tag{4-16}$$

式中，R_e为径流量误差（%）；F_o为实测流量过程的均值（m^3/s）；F_m为模拟流量过程的均值（m^3/s）。

相对误差越小，则认为模拟效果越好。

Nash 与 Sutcliffe 在 1970 年提出了模型效率系数（Nash–Sutcliffe 效率系数，也称确定性系数）来评价模型模拟结果的精度，计算公式为

$$R^2 = 1 - \frac{\sum_{i=1}^{n} (Q_m - Q_o)^2}{\sum_{i=1}^{n} (Q_o - \overline{Q})^2} \tag{4-17}$$

式中，R^2为 Nash–Sutcliffe 效率系数，取值为 0 ~ 1，值越大表示实测与模拟流量过程拟合越好，模拟效果越好；Q_m为河流月径流量模拟值；Q_o为河川月径流量实测值；$\overline{Q}$为多年平均月径流量。

2）滦河流域校验结果。以经过格式化处理的生态信息、气象信息参数为基础，驱动模型以日为时间步长进行 50 年的模拟计算，模拟选取 1976 ~ 1980 年累计 15 年为模型校正期，1991 ~ 2000 年累计 10 年为验证期。1971 ~ 1975 年累计 5 年作为模型的预热期，以消除初始条件对模拟结果的影响。选取滦河支流青龙河上的桃林口水库水文站和位于滦河干流上的滦县水文站的历史实测径流系列资料对模型进行参数率定和模拟效果评价。

桃林口水库站和滦县站的模拟流量与观测流量的对比表明，该模型在滦河流域生态水文模拟应用中整体上有较好的模拟精度。桃林口水库站控制的集水区面积为 0.49 万 km^2，校正期年均径流量误差为–4.39%，模拟月径流系列与实测月径流系列的 Nash–Sutcliffe 效率系数与相关系数分别为 0.83、0.91；验证期年均径流量误差为 4.29%，Nash–Sutcliffe 效率系数与相关系数分别达到 0.89、0.94。滦县站控制的集水区面积为 4.35 万 km^2，校正期年均径流量误差为–5.88%，模拟月径流系列与实测月径流系列的 Nash–Sutcliffe 效率系数与相关系数分别为 0.72、0.85；验证期年均径流量误差为 3.93%，Nash–Sutcliffe 效率系数与相关系数分别为 0.80、0.91。

具体模拟效果见表 4-4、图 4-50、图 4-51 分别为桃林口水库水文站和滦县水文站的月过程径流模拟效果图。

表 4-4　选取水文站月径流过程模拟效果

指标		实测年均径流量/亿 m^3	模拟年均径流量/亿 m^3	相对误差/%	纳什效率	相关系数
桃林口水库水文站	校正期（1976 ~ 1980 年）	8.02	7.67	–4.39	0.83	0.91
	验证期（1991 ~ 2000 年）	8.83	9.20	4.29	0.89	0.94

续表

指标		实测年均径流量/亿 m^3	模拟年均径流量/亿 m^3	相对误差/%	纳什效率	相关系数
滦县水文站	校正期（1976～1980 年）	38.65	36.38	-5.88	0.72	0.85
	验证期（1991～2000 年）	41.86	43.50	3.93	0.80	0.91

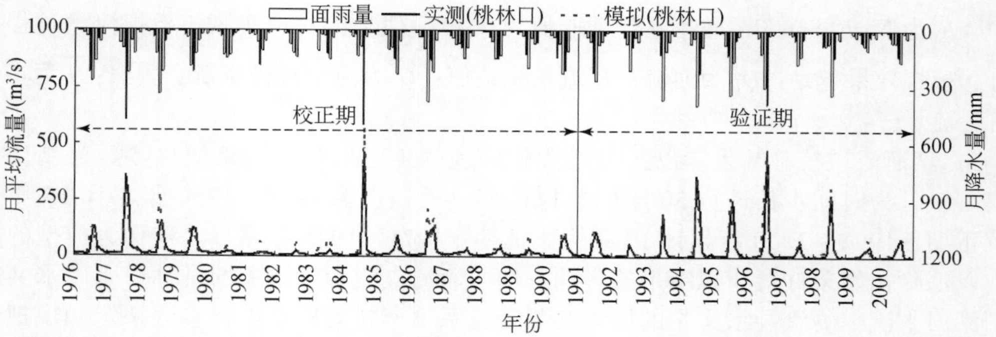

图 4-50　桃林口水库水文站模拟结果与实测结果对比

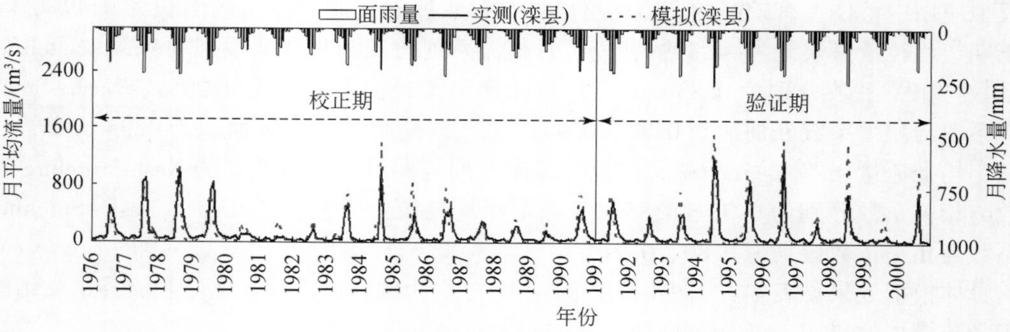

图 4-51　滦县水文站模拟结果与实测结果对比

3）白洋淀流域校验结果。以 500m×500m 的正方形网格将白洋淀流域划分为 139 513 个单元，以日为时间步长进行了 50 年的模拟计算。收集到横山岭水库、王快水库、西大洋水库、安格庄水库、紫荆关和张坊六处水文站的 1990～2000 年共 11 年的月径流实测值，并以此为依据进行模型校正。

为弥补初值条件设置导致方面的不足，选取 1987～1989 年为模型预热期，各个水文站径流模拟结果如图 4-52 所示。经模拟计算发现：除西大洋水库和紫荆关水文站外，其他水文站模拟值的 Nash 效率系数均在 0.8 以上，相关系数均在 0.9 以上，由于径流量基数值较小，模拟值与实测值间的相对误差普遍较大，各个水文站处相对误差均超过了 5%

（表 4-5），但都小于 10%，模拟结果基本可以接受。

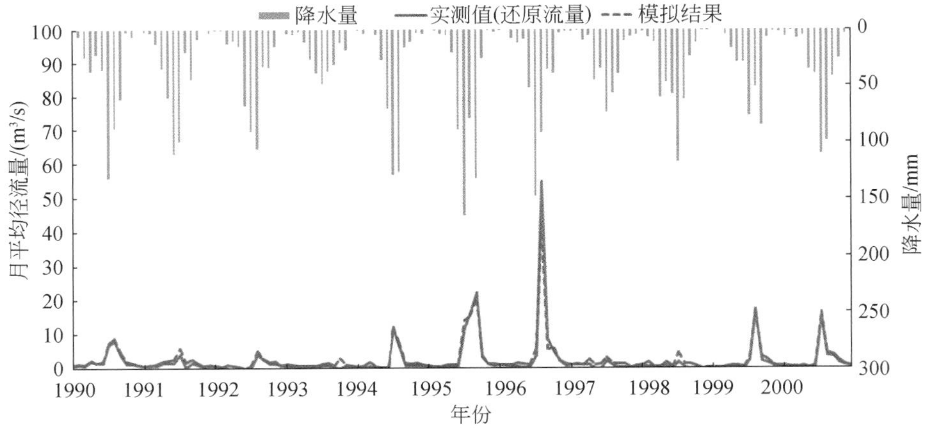

(a) 横山岭水文站调试结果

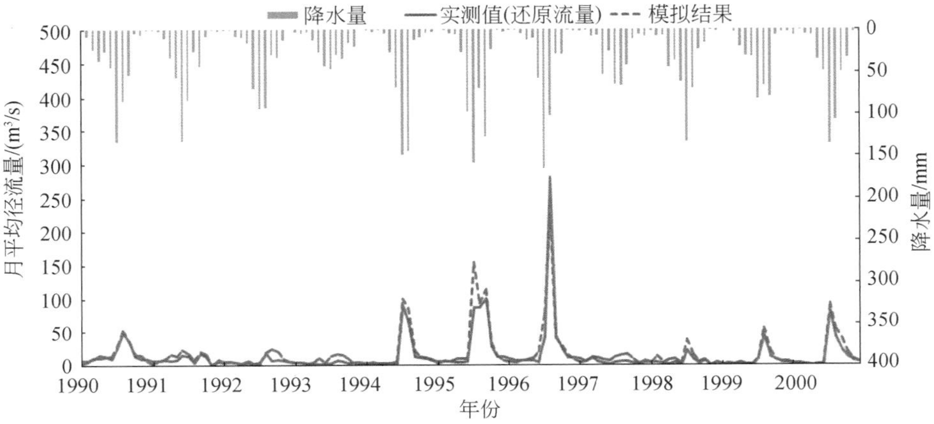

(b) 王快水库水文站调试结果

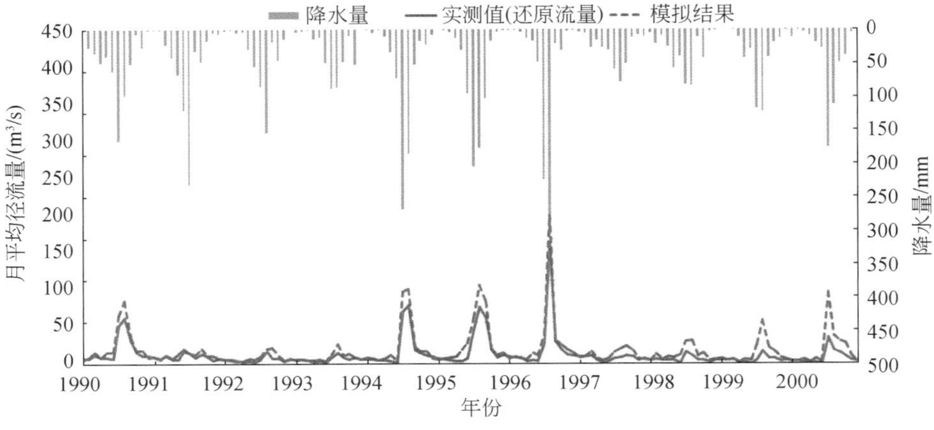

(c) 西大洋水库水文站调试结果

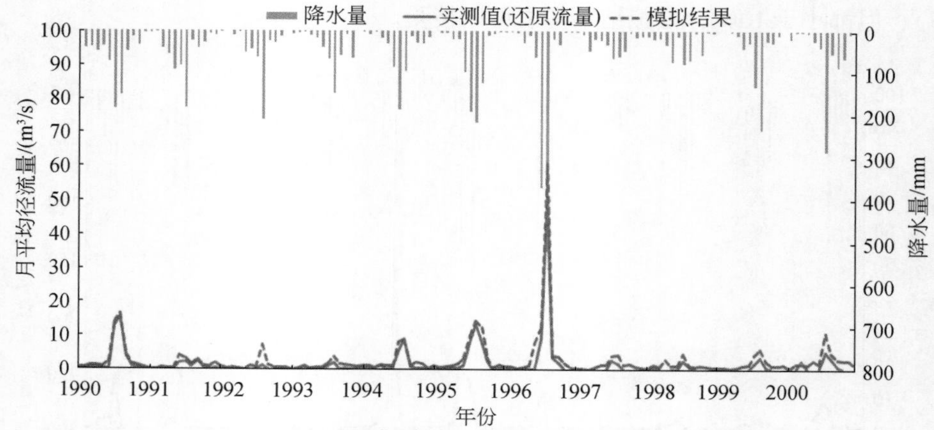

(d)安各庄水库水文站调试结果

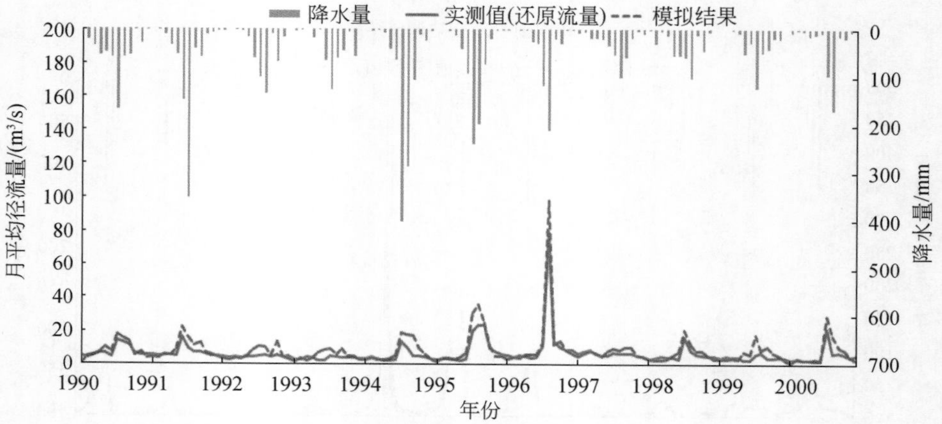

(e)紫荆关水文站调试结果

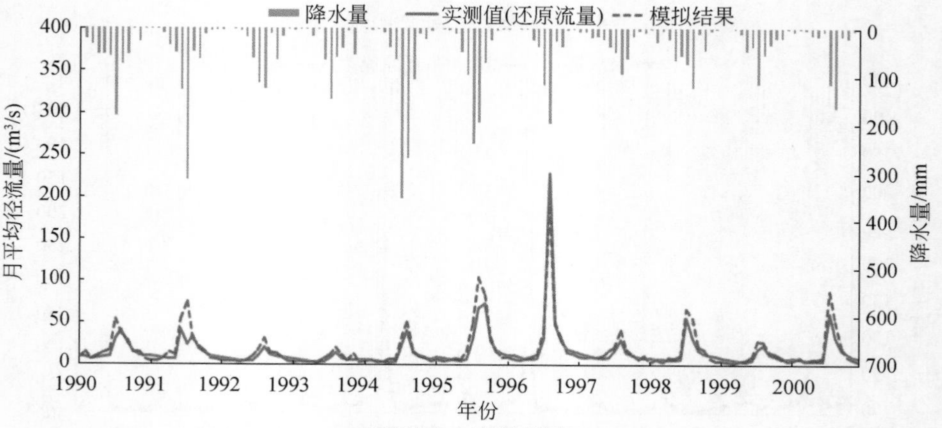

(f)张坊水文站调试结果

图 4-52 白洋淀流域各水文站径流模拟结果与实测值对比

表 4-5　白洋淀流域各水文站径流模拟结果

水文站	横山岭	王快	西大洋	安格庄	紫荆关	张坊
相关系数	0.98	0.95	0.96	0.88	0.94	0.95
Nash 系数	0.94	0.89	0.67	0.85	0.73	0.85
相对误差/%	5.28	6.41	5.27	9.74	8.66	9.42

2. 农田生态模型验证

对作物模型而言，参数调整是指校准一些特殊的函数。因为模型不可能精确地模拟其设计以外的领域，应用到特殊情形必须对其参数进行调整。因此，模型参数必须调整到能用于模拟环境和作物品种的综合效应。适当的参数调整需要作物生育期、生长动态和产量的特征信息。

首先，模型参数调整是在潜在生产条件下进行的，即作物没有受涝灾、水分胁迫或养分不足，没有杂草、病虫害或其他限制因子可忽略不计。这样就需要理想的灌溉排水、养分供应和作物保护管理措施。其次，水分限制下的模型参数调整，即水分供应过多或过少或非理想的灌溉排水管理措施引起的作物生长。

模型参数调整步骤为：①生长发育日数和作物生育期；②光能截获和潜在干物质生产；③同化物在作物器官的分配；④水分有效性；⑤蒸发蒸腾。

本书用修改后的作物生长模型对大兴 2007～2008 年度冬小麦试验数据模拟，确定作物参数和土壤参数。

1）作物生长参数敏感性分析。在潜在生产力条件下的水肥供应和作物保护管理措施均认为是一种理想的状态。在这种条件下，模型不用土壤数据。为了更好地调试参数，既保证一定的生物学意义和模拟效果，又适当减少计算量，有必要先进行生长参数的敏感性分析，找出影响作物模拟模型的主要敏感参数。本书以敏感度为标准，即在其他参数值不变的情况下，测试参数值提高 10% 后，模型模拟结果变化的百分率（包括最大叶重、茎重、穗重、总重、LAI，收获时的叶重、茎重和 LAI）。

用大兴 2007～2008 年度冬小麦生育期内的气象数据和 WOFOST 模型原有作物参数，计算部分作物参数的敏感度。结果表明，生物量（茎、叶、穗、总生物量）对于比叶面积（SLATB）、消光系数（KDIF）、光能利用率（EFF）、最大光合速率（AMAX）、光合产物转化干物质的效率和维持呼吸速率都比较敏感。

2）参数率定。从冬小麦播种到出苗所用有效积温采用大兴试验站数据（2004～2008 年）的平均值 110℃ · d。2004～2008 年冬小麦平均播种日期和出苗日期分别为 10 月 13 日和 10 月 26 日，平均开花和成熟日期分别为次年 5 月 10 日和 6 月 13 日。

欧洲冬小麦种植区域一般以 1 月 1 日作为作物生长模拟开始日期，因此 WOFOST 模型中冬小麦作物出苗日期一般定义为春季某日。由于海河流域冬小麦播种时期为 10 月初至 10 月底，所以在处理气象数据时把 10 月 1 日作为次年的第一天，其他日期依次顺延。

初始总生物量采用试验实测数据（2004～2008 年）的平均值为 298.6kg/hm^2。根据最大叶面积指数调整比叶面积（SLATB），根据收获指数调整光合产物在作物器官的分配系数。

将 2006 ~ 2007 年的气象数据输入模型，以 WOFOST 模型自带参数为基础，结合海河流域冬小麦的特性对模型参数进行调试。用 2006 ~ 2007 年试验中 T1 处理的实测结果与模拟结果中的潜在生长进行比较，T3 处理的实测结果与模拟结果中的水分限制生长进行比较。分别取叶面积指数、穗重、地上部分总干物质重为指标与模型模拟值进行对比，调试后的模拟结果如图 4-53 所示。

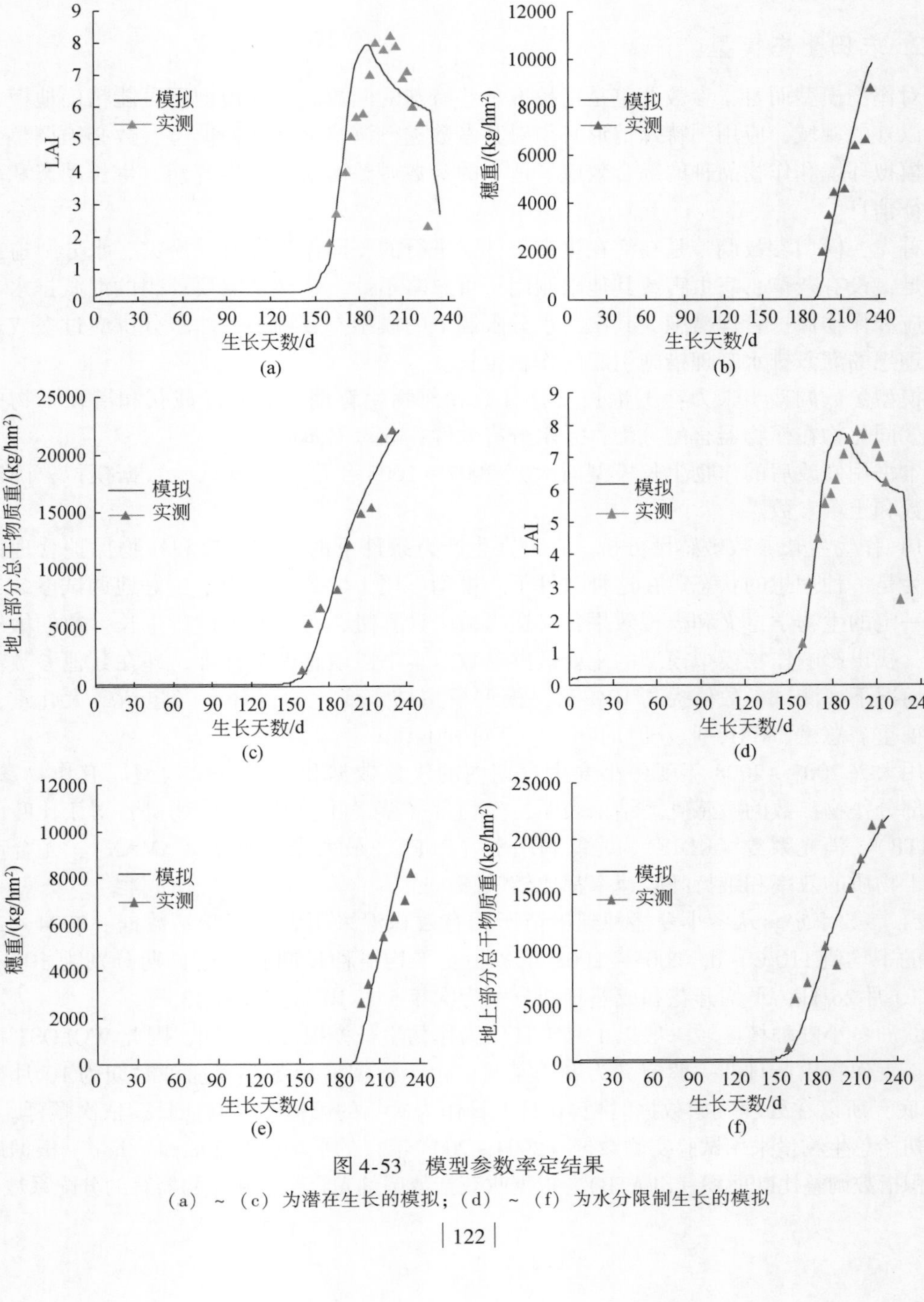

图 4-53　模型参数率定结果

(a) ~ (c) 为潜在生长的模拟；(d) ~ (f) 为水分限制生长的模拟

经过调整后得到的参数见表 4-6。

表 4-6　参数的取值

参数	定义	值
TBASEM	下限温度	0
TSUM1	出苗到开花的积温	1105
TSUM2	开花到成熟的积温	835
LAIEM	出苗时的叶面积指数	0.13
RGRLAI	叶面积指数的最大相对增长率	0.0082
CVL	同化物转化成叶片干物质重的效率	0.69
CVO	同化物转化成贮存器官干物质重的效率	0.72
CVR	同化物转化成根干物质重的效率	0.72
CVS	同化物转化成茎干物质重的效率	0.82
SLATB	比叶面积	0，0.00212，0.5，0.00352，2，0.00202
FRTB	以发育阶段为函数的根的分配系数	0，0.5，0.5，0，1，0，2，0
FLTB	以发育阶段为函数的叶的分配系数	0，0.65，0.5，0.5，1，0，2，0
FSTB	以发育阶段为函数的茎的分配系数	0，0.35，0.5，0.5，1，0，2，0
FOTB	以发育阶段为函数的贮存器官的分配系数	0，0，0.85，0，1，1，2，1

3）模型参数的验证。将 2007～2008 年的气象数据输入模型，用表 4-6 中的参数进行模拟，用 2007～2008 年实验中 T1 处理的实测结果与模拟结果中的潜在生长进行比较，T3 处理的实测结果与模拟结果中的水分限制生长进行比较。分别取叶面积指数、穗重、地上部分总干物质重为指标对模型进行验证，模拟结果如图 4-54 所示。

由图 4-54 可知，潜在生长和水分限制生长的模拟值与实测值都非常接近，变化趋势也基本一致，但是最大值稍有差异，可能是因为 WOFOST 模型没有考虑受养分和病虫害等实际生长条件的制约，并且 WOFOST 模型没有计算冬小麦死亡的器官。另外，叶面积指数的模拟值比实测值提前达到最大值，这可能是因为农田中水分和肥料的补充稍有滞后，没有及时供应小麦的生长。

从以上的比较中可以看出，分布式作物生长模型能较好地模拟冬小麦的动态生长过程，可以用于海河流域的模拟。

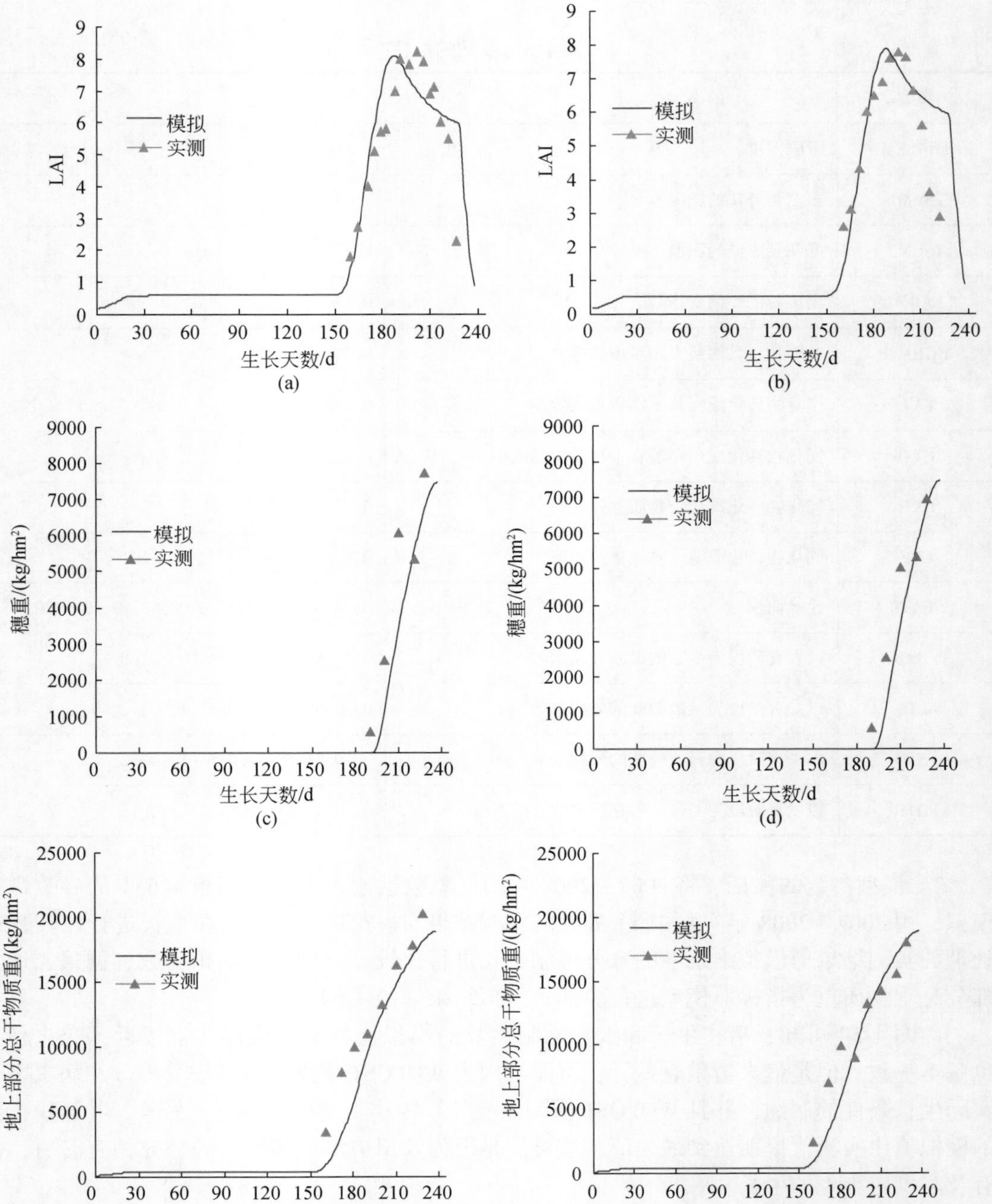

图 4-54　模型验证结果

（a）～（c）为潜在生长的模拟；（d）～（f）为水分限制生长的模拟

3. 自然植被模型参数率定与校验

1）BIOME-BGC 模型参数率定与校验。BIOME-BGC 模型属于过程型模型，生理学参数对于模拟过程具有重要作用，由于现场参数收集的困难，本次研究中使用的生理学参数是基于 NTSG 研究组推荐的各类植被的生理学参数（Running and Hunt，1993），再根据南小河沟试验站观测试验获得数据进行率定。根据植被类型的分类、海河流域植被的实际情况和各计算单元的气候条件，林地使用经过率定的温带阔叶林参数和推荐的常绿针叶林参数，草地和农田使用经过率定的 C3 草本参数。

使用南小河沟试验站刺槐光合作用观测试验数据和叶面积指数观测数据进行温带阔叶林生理参数率定，率定后的主要参数见表 4-7。

表 4-7　生态模型林地主要参数

参数	单位	数值
叶碳氮比（C：Nleaf）	kgC/kgN	40
根碳氮比（C：Nfr）	kgC/kgN	42
比叶面积（specific leaf area）	m^2/kgC	28
烧死率（Fire mortality fraction）	1/a	0.0025
死亡率（mortality fraction）	1/a	0.005
最大气孔导度（maximum stomatal conductance）	m/s	0.005

使用南小河沟试验站草地生产力实测数据进行草地生理参数率定，率定后的草地主要参数见表 4-8。

表 4-8　生态模型草地主要参数

参数	单位	数值
叶碳氮比（C：Nleaf）	kgC/kgN	24
根碳氮比（C：Nfr）	kgC/kgN	42
比叶面积（specific leaf area）	m^2/kgC	45
烧死率（Fire mortality fraction）	1/a	0.1
死亡率（mortality fraction）	1/a	0.1
最大气孔导度（maximum stomatal conductance）	m/s	0.005

参数率定后温带阔叶林叶面积指数模拟结果与实验数据对比见表 4-9。

表 4-9　叶面积指数验证结果

日期（年-月-日）	LAI 模拟值	LAI 实测
2009-7-5	2.161 148	2.24
2009-7-11	2.216 657	3.33
2009-7-23	2.325 949	2.44
2009-8-1	2.410 664	2.085
2009-8-11	2.494 719	2.2
2009-8-23	2.617 896	2.23
2009-9-1	2.698 832	1.96
2009-9-11	2.776 599	1.695

从叶面积指数的验证情况来看，除 9 月以后模拟的值偏大以外，模型对于叶面积指数的模拟基本与实测情况相符，反映了叶面积指数的变化情况。9 月以后模拟值偏大可能是生理参数设定上有问题，但模型对于植被生长过程的生理参数描述不清，有待进一步研究确定。

参数率定后温带阔叶林日 NPP 模拟结果与实验数据对比见表 4-10。

表 4-10　日 NPP 验证结果

日期（年-月-日）	日 NPP 模拟值/[$gC/(m^2 \cdot d)$]	日 NPP 实测值/[$gC/(m^2 \cdot d)$]
2009-6-30	3.79	2.85
2009-7-2	3.8	2.76

从日 NPP 的验证情况来看，模拟值略大于实测值，基本上反映了日 NPP 水平。模拟值大于实测值的原因可能是由于观测试验条件所限，第一个观测时间为早上八点半左右，而夏天日出早，早上光合速率旺盛的一段时间都未进行观测，导致观测值偏小。

参数率定后草地生产力模拟结果 2009 年 1 月 ~ 2009 年 8 月累加值为 7.2gC/m^2 相比，与实测的数据 78.0gC/m^2 相比，误差在 20% 以内，结果可以接受。

利用改进率定后的模型进行了海河流域 3067 个子流域各植被类型 1956 ~ 2005 年连续 50 年计算。模型计算的日输出结果包括叶面积指数、净初级生产力（NPP）、总初级生产力（GPP）、净生态系统生产力（NEP）等。将 50 年的计算结果进行统计分析，对各子流域各植被类型的数据进行面积加权平均，得到海河流域各年的净初级生产力（NPP）、总初级生产力（GPP）、净生态系统生产力（NEP）等统计值，进而求得各植被类型的多年平均值。

2）水文模型参数率定和校验。水文模拟部分的参数率定方法如前所述。从以上校验结果来看，耦合生态模型后，径流模拟结果精度有所提高，模拟期年均径流量误差在10%以内；重要断面月径流量的 Nash–Sutcliffe 效率系数在 60%以上；模拟月径流量与观测系列的相关系数达到 80%以上。

第5章　海河流域水资源系统评价及其演变规律研究

5.1　海河流域水量平衡与水资源评价

5.1.1　海河流域水量平衡

降水为流域水循环的全口径输入通量，依据流域水量平衡，流域水分的输入与输出关系简要表示如下：

$$P = R + E + \Delta V \tag{5-1}$$

式中，P 为降水通量；R 为实测径流通量；E 为蒸散发通量；ΔV 为存量蓄变量（蓄积为正值，损耗为负值）。

根据二元水资源模型的模拟结果，在现状条件下，海河流域 1956 ~ 2005 年系列的水量平衡结果见表 5-1。

表 5-1　现状条件下海河流域降水结构解析

分区	降水量/亿 m^3	径流量		蒸发		蓄变量	
		亿 m^3	%	亿 m^3	%	亿 m^3	%
海河流域	1700.2	72.8	4.3	1675.9	98.6	-48.5	-2.9
滦河及冀东沿海	297.7	24.1	8.1	288.8	97.0	-15.2	-5.1
海河北系	402.7	15.2	3.8	399.2	99.1	-11.7	-2.9
海河南系	813.3	26.7	3.3	803.8	98.8	-17.2	-2.1
徒骇马颊河	186.4	6.9	3.7	184.0	98.7	-4.5	-2.4

从表 5-1 可以看出，海河流域 1956 ~ 2006 年系列平均降水量为 1700 亿 m^3，其中 98.6% 直接蒸发返回大气，4.3% 形成的径流量直接入海，还有 2.9% 的蓄变量，在海河流域，由于人类活动的干扰，形成了约 50 亿 m^3 的超采量。

5.1.2　海河流域水资源评价

广义水资源量是指在流域水循环中，由当地降水形成的且对生态环境和人类社会具有效用的水量，主要包括两部分：一部分是地表和地下产水量，即径流性水资源，也可称为狭义水资源量；另一部分是生态环境系统和经济社会系统对降水的有效利用量，即雨水资源的有效利用量，包括直接利用和间接利用两种方式。直接利用是以截留蒸发的形式利用降水，如居工地的地表截留蒸发具有改善局地环境的作用；间接利用是降水转为土壤水，植被通过蒸腾实现土壤水的就地利用。

狭义水资源量指当地降水形成的地表、地下产水总量（不包括区外来水量），包括两部分：一部分为河川径流量；另一部分是降雨入渗补给地下水而未通过河川基流排泄的水量，即地表水与地下水资源之间的不重复水量（以下简称不重复量）。

生态环境系统和经济社会系统对降水的有效利用量主要指地表蒸散发的有效水分量。地表蒸散发是人工和天然生态系统直接和间接利用水资源的一种表现形式。其有效水分应为具有人工和天然生态系统的开发、利用价值，即对于人工和天然生态系统具有有效性的水量，主要包括植被冠层截流蒸发、植被蒸腾以及植被棵间有效蒸发量；河渠、湖泊及水库坑塘等湿地系统的蒸发量以及居工地的蒸发量。

在海河流域，工农业生产、基础设施建设、生态环境建设等人类活动大范围改变了地貌和植被的分布，改变了流域局地的下垫面特征。水资源开发利用也对流域水文特性产生了直接影响。人类活动的存在，使得天然状态下的降水、蒸发、产流、汇流、入渗、排泄等流域水循环特性发生全面改变，因此，为真实反映流域水循环的特点，评价海河流域水资源的“真值”，在模型计算中采用统一的现状年下垫面，采用现状用水条件，保持天然水循环过程和社会水循环过程的动态耦合关系。

海河流域 1956～2005 年多年平均狭义水资源量为 346.6 亿 m^3，产水系数为 0.20。地表水资源量为 200.9 亿 m^3，占狭义水资源量的 58%。地下水资源量为 269.8 亿 m^3，其中不重复量为 145.7 亿 m^3。各水资源二级区计算结果见表 5-2。

表 5-2　现状条件下海河流域狭义水资源评价成果

流域	地表水资源量/亿 m^3	地下水资源量/亿 m^3		狭义水资源量/亿 m^3	产水模数/（万 m^3/km^2）	产水系数
		总量	不重复量			
海河流域	200.9	269.8	145.7	346.6	10.9	0.20
滦河及冀东沿海	47.6	45.4	14.6	62.2	11.4	0.21
海河北系	43.8	59.9	32.7	76.5	9.2	0.19
海河南系	92.4	130.9	87.3	179.7	12.1	0.22
徒骇马颊河	17.1	33.5	11.1	28.2	8.5	0.15

生态环境系统和社会经济系统对降水的有效利用量，即有效蒸散发量为 1274.4 亿 m^3，约为狭义水资源量的 4 倍。其中，林地蒸散发量为 287.8 亿 m^3，草地蒸散发量为 191.4 亿 m^3，农田蒸散发量为 783.4 亿 m^3，居工地蒸散发量为 11.6 亿 m^3。多年平均广义水资源量为 1621 亿 m^3，占降水总量的 95%。各水资源二级区计算结果见表 5-3。

表 5-3 海河流域广义水资源量评价成果

流域	降水量/亿 m^3	狭义水资源量/亿 m^3	降水的有效利用量/亿 m^3					广义水资源量/亿 m^3
			林地蒸散发	草地蒸散发	农田蒸散发	居工地蒸散发	合计	
海河流域	1700.2	346.6	287.8	191.4	783.4	11.6	1274.4	1621.0
滦河及冀东沿海	297.7	62.2	95.5	52.9	83.2	0.9	232.6	294.7
海河北系	402.7	76.5	84.6	54.2	154.2	2.7	295.7	372.2
海河南系	813.3	179.7	100.6	81.7	413.7	6.0	602.0	781.8
徒骇马颊河	186.4	28.2	7.0	2.6	132.3	2.1	144.0	172.3

5.2 海河流域水资源演变规律研究

5.2.1 水资源历史演变

通过对海河流域 1956 ~2005 年“历史仿真”计算，可以定量得出气候变化和人类活动双重作用下，海河流域水资源发生了深刻演变。

在海河流域，降水量呈逐渐减少的趋势，20 世纪 50 年代的降水量最多，为 615mm，80 年代的降水量最少，为 486mm。1980 ~2005 年系列与 1956 ~1979 年系列相比，降水量由 568mm 减少为 500mm，减少了 12%。

新中国成立以来，海河流域人口持续增加，经济社会发生巨大变革。海河流域总人口由 50 年代的不足 7000 万人增加到 2007 年的 1.37 亿人，城镇化率由 50 年代的 15% 左右增加到 2007 年的 47.6%。其中北京市、天津市的人口分别由 1956 年的 384 万和 303 万增加为 2007 年的 1633 万和 1115 万，2007 年北京市和天津市的城镇化率分别达到了 84.5% 和 76.3%。流域经济呈持续增长趋势，尤其是 80 年代以来，流域的经济呈快速增长趋势。流域 GDP 从 1980 年的 1592 亿元增加到 2007 年的 3.56 万亿元，增长了 20 倍以上，年均增长率达到 12.2%。在经济发展的同时，产业结构也发生深刻变化，第一产业（农业）的比重不断下降，而第三产业的比重则不断上升。

人口和经济的快速增长带来了供水量、用水量及供水、用水结构的变化。从供水量来看，供水量总体呈持续增长的趋势，其中地下水的用水比例呈增加的趋势。从用水结构来看，工业生活用水呈持续增长的趋势，而农业用水受气候条件变化的影响则呈震荡增加的趋势，工业生活用水占总用水量的比例呈增加的趋势，而农业用水占总用水量的比例则呈减少的趋势。

人口和经济的快速增长也相应带来了土地利用的变化，耕地面积增加，城镇用地增加，林地增加，而未利用土地减少。2005 年海河流域的有效灌溉面积与 50 年代相比，增加了 7 倍多。

在海河流域，受降水量衰减、下垫面变化，以及地下水开采逐渐加剧的影响，海河流域水资源量的主要变化为：1980～2005 年系列与 1956～1979 年系列相比，地表水资源量从 326.2 亿 m^3 减少到 158.9 亿 m^3；地下水资源量从 284.9 亿 m^3 减少到 222.7 亿 m^3；不重复量从 84.7 亿 m^3 增加到 139.9 亿 m^3；狭义水资源量由 410.9 亿 m^3减少到 298.7 亿 m^3，生态系统和经济系统对降水的有效利用量从 1313.3 亿 m^3减少到 1229.7 亿 m^3；广义水资源从 1724.2 亿 m^3减少到 1528.5 亿 m^3，水资源总量和各个分项总体呈现衰减的趋势。结果见表 5-4。

表 5-4　海河流域不同时间系列水资源量

时间系列	降水量/亿 m^3	ET 量/亿 m^3	地表水资源量/亿 m^3	地下水资源量/亿 m^3		狭义水资源量/亿 m^3	降水有效利用量/亿 m^3	广义水资源量/亿 m^3
				总量	不重复量			
1960～1969 年	1797.7	1583.1	345.4	282.1	70.9	416.3	1299.9	1716.2
1970～1979 年	1766.6	1660.1	261.7	286.0	108.9	370.5	1316.2	1686.7
1980～1989 年	1550.9	1583.8	150.6	206.1	130.6	281.3	1221.3	1502.5
1990～2005 年	1624.5	1610.9	164.0	233.0	145.7	309.7	1235.0	1544.7
1956～1979 年	1812.8	1621.6	326.2	284.9	84.7	410.9	1313.3	1724.2
1980～2005 年	1596.2	1600.5	158.9	222.7	139.9	298.7	1229.7	1528.5

根据计算结果分析得出，在气候变化与人类活动双重作用下，水资源的演变规律呈现如下特性：

1）水资源总量及各个分项总体呈现衰减的趋势；

2）径流等水平通量呈减少的趋势，产水系数由 0.23 减少至 0.19；

3）虽然径流等水平通量与蒸发等垂直通量均减小，但前者（51%）减少比例远大于后者（1%）；

4）虽然狭义性径流水资源与广义性水资源均减少，但前者（28%）减少比例远大于后者（11%）；

5）地表水资源急剧减少（51%），而不重复量急剧增大（65%），径流性水资源的构成发生巨大变化；

6）平原区和山丘区的资源量演变呈现不同的规律：平原区地表水资源减少比例（64%）大于山丘区（39%），而不重复量增大比例（70%）大于山丘区（4%），狭义水资源量减少比例（17%）小于山丘区（29%）；生态系统和经济系统对降水的有效利用量减少比例（6%）小于山丘区（9%），广义水资源量减少比例（10%）略小于山丘区（12%）。

5.2.2　海河流域水资源演变规律分析

气候要素发生变化的原因和机制，迄今仍然是一个在不断深入研究的课题。尽管人们逐渐意识到，随着人类活动对自然界的影响逐步加强，人类活动已成为气候变化的一个基本要素和驱动力之一，但是由于气候变化的不确定性，本项目研究暂且将气候变化作为自然因素考虑。

自然因素对水资源演变的影响呈现如下规律：

1）降水量的变化趋势与其所导致的广义水资源量和狭义水资源量的变化趋势是一致的：1980~2005年系列与1956~1979年系列相比，降水量减少了12.0%，相应地，狭义水资源量减少26.9%；生态系统和经济系统对降水的有效利用量减少6.6%，广义水资源量减少11.7%。

2）气温增加导致垂向向上循环量增加：1980~2005年系列与1956~1979年系列相比，气温增加7.2%，流域ET量减少的幅度要小于降水减少的幅度，仅为6.6%；生态系统和经济系统的有效蒸散发量（即降水的有效利用量）减少的幅度也小于降水，仅为6.1%；而地表水资源量减少的幅度要远大于降水，为30.5%。

3）山丘区水资源量对气候变化的响应要小于平原区对其的响应：1980~2005年系列与1956~1979年相比，山丘区降水量减少11.4%，温度增加8.6%，相应狭义水资源量减少25.0%，广义水资源量减少10.1%；而在平原区，降水量减少12.7%，温度增加7.2%，狭义水资源量减少28.9%，广义水资源量减少12.8%。

自然因素对下垫面的影响是一个长期的、缓慢的过程，从小的时间尺度上看，人类活动对下垫面的影响更为剧烈。人工取用水将水从天然水循环系统中分离出一个由“供水—用水—耗水—排水”等过程形成的侧支循环，在循环路径和循环特性两个方面改变了流域天然水循环特征。因此本项目研究将下垫面变化和人工取用水归为人类活动的影响。

人类活动对水资源演变的影响呈现如下五个方面的规律：

1）循环的水平方向水分通量减少，而水循环的垂向水分通量加大；受人类开发利用水资源的影响，海河流域地表水资源量减少19.0%，为56.0亿m^3，总蒸发量增加10.9%，为159.2亿m^3。受下垫面变化的影响，海河流域地表水资源量减少1.6%，为4.6亿m^3，总蒸发量增加0.5%，为6.6亿m^3。

2）径流性狭义水资源减少，为生态环境直接利用的雨水（土壤水）资源量增加，广义水资源总体略有增加；受人类开发利用水资源的影响，海河流域径流性狭义水资源减少6.1%，为23.0亿m^3，为生态环境直接利用的雨水（土壤水）资源量则增加2.2%，为27.6亿m^3，广义水资源量略有增加。受下垫面变化的影响，海河流域径流性狭义水资源减少1.2%，为4.5亿m^3，为生态环境直接利用的雨水（土壤水）资源量则增加0.6%，为8.0亿m^3，广义水资源量略有增加。

3）径流性狭义水资源中，地表水资源减少，不重复的地下水资源增加；受人类开发利用水资源的影响，径流性狭义水资源中，减少19.0%，为56.0亿m^3，而不重复的地下水资源增加41%，为33.0亿m^3。

4）由于上游山丘区生态系统和经济系统直接利用的水量增加，下游平原区能为国民经济和生态环境利用的水量减少；受人类开发利用水资源的影响，山丘区生态系统和经济系统对降水的有效利用量增加 7.3 亿 m^3，而平原区生态系统和经济系统对降水的有效利用量略有减少，为 11.6 亿 m^3。

5）在海河流域，山丘区的水资源受人类活动的扰动影响要小于平原区；受人类开发利用水资源的影响，山丘区地表水资源量减少 5.8%，地下水资源量减少 13.6%，狭义水资源量减少 1.2%，生态系统和经济系统对降水的有效利用量增加 1.4%，广义水资源量略有增加；平原区地表水资源量减少 28.7%，地下水资源量增加 52.3%，狭义水资源量减少 5.3%，生态系统和经济系统对降水的有效利用量略有减少，为 0.2%，广义水资源量略有减少。

5.3 海河流域水资源演变归因分析

5.3.1 基于指纹的归因方法

1. 指纹

基于指纹的归因方法目前被广泛应用于气候变化领域的检测与归因研究中。所谓气候变化的检测，就是一个评估观测到的变化是否有可能由气候系统的自然变异引起的过程。对一个变量进行检测和归因分析，基本思想就是降维，即将原来的多维问题降为更低维度上或者单变量的问题（Hegerl et al.，1996），在得到的低维空间中，通过指纹和信号强度两个指标，就可以将变量实测的变化信号强度与自然变异噪声对比，以判断观测到的变量变化是否可能由气候系统的自然变异引起；同时，也可以将变量实测的变化信号强度与特定气候强迫类型（温室气体排放、太阳活动和火山爆发等）下的信号强度进行对比，分析变量实测变化信号是否与特定强迫条件下有着一致的信号，判断实测的变量变化是否有可能由特定的气候强迫条件引起，进而进行归因分析。欲了解更多关于该方法的详细信息，请参考文献（Hegerl et al.，1996；Barnett et al.，2001）。

指纹方法采用低维的单变量型态指标，将实测数据与某些特定条件下的气候变化型态对比，可以看作对实测数据的一种“过滤器”（Hegerl et al.，1996）。具体来说，某个变量变化的指纹就是对该变量的一系列观测值或模拟值进行经验正交函数（empirical orthogonal function，EOF）分解后的第一分量，亦即在解释数据方差变异的所有分量中贡献最大的分量。指纹是所研究的变量对某种强迫或环境条件的时空响应，具有空间和时间双重属性，空间上反映变量的变异型态，时间上反映该变异型态随时间的变化趋势。

2. 信号强度

根据计算得出的变量变化的指纹，将该变量的实测系列或者不同条件下的模拟系列投影到该“指纹”方向，采用最小二乘法计算得出的拟合直线的斜率就称为“信号强度”，计算公式如下：

$$S = \mathrm{trend}(F(x) \cdot D(x, t)) \tag{5-2}$$

式中，S 为信号强度；$F(x)$ 为不同情景下变量变化的指纹；$D(x, t)$ 为实测时间系列或者某模拟时间系列；trend 为采用最小二乘法计算得出的拟合直线的斜率。

对于实测系列和设定的不同条件下的模拟系列，可以分别求得相应的信号强度。信号强度的正负反映变量的增加或减少，信号强度的大小反映变量变化的强弱。通过将不同条件下变量变化的信号强度与实测的变化信号强度对比，就可以对实测的变量变化进行归因分析：若计算的某条件下变量变化的信号强度与实测变化的信号强度符号不一致，则该条件不是导致实测的变量变化的原因；若计算的某条件下变量变化的信号强度与实测变化的信号强度符号一致，则说明该条件是导致实测的变量变化的原因之一，其贡献为该条件下的信号强度与导致实测变量变化的所有条件下的信号强度之和的比值。

5.3.2 归因情景设置

为了研究不同环境条件下的水资源情况，需要提供相应条件下的降水和温度数据作为分布式水文模型的输入，因此在对变化环境下流域水资源演变进行归因的同时，也对降水、温度的演变进行了归因分析。不同环境条件下的降水和温度主要通过全球气候模式的不同强迫试验得到，而不同环境条件下的地表水资源量则主要通过分布式水文模型WEP-L得到。在设置归因情景时也将降水、温度演变的归因情景与地表水资源量演变的归因情景相应地区分开来。

需要说明的是，由于分布式水文模型 WEP-L 不仅能较好地模拟自然水循环，而且能模拟由于取用耗排水引起的人工侧支水循环和下垫面变化等人类活动对水资源的影响，我们认为，在对模型进行较好的率定和验证后，可以用来进行不同情景下的水循环模拟。

影响狭义水资源量演变的因素较多，不仅有其自身演变规律的影响，还有气候变化、人类活动以及其他未知和不确定性因素的影响。本研究中考虑了气候系统的自然变异、温室气体排放导致的全球变暖、人工取用水以及下垫面变化四个因素的影响，同时，为了更深入地研究区域人类活动对地表水资源量的影响，将人工取用水和下垫面变化组合作为一个因素进行考虑，因此设置了五个相应的情景：

情景 1：仅考虑气候系统自然变异的影响，采用气候模式提供的自然变异下的降水和温度数据，经统计降尺度和空间插值后，作为分布式水文模型的输入。同时，水文模型中不考虑人工用水和下垫面变化的情况，选用 20 世纪 80 年代的下垫面作为初始下垫面条件。

情景 2：仅考虑温室气体排放导致的全球变暖的影响，采用气候模式提供的温室气体排放情景下的降水和温度数据，经统计降尺度和空间插值后，作为分布式水文模型的输入。同时，水文模型中不考虑人工用水和下垫面变化的情况，选用 20 世纪 80 年代的下垫面作为初始下垫面条件。

情景 3：仅考虑人工取用水的影响，采用海河流域水资源综合规划现状（2000 年）的用水数据，通过时空展布（Jia et al.，2008）进行尺度转换后，作为分布式水文模型的输入。同时，水文模型中的降水和温度数据采用气候系统自然变异情景下的数据，下垫面为 20 世纪 80 年代的初始下垫面条件。

情景 4：仅考虑下垫面变化的影响，采用海河流域现状（2000 年）的下垫面数据，经 GIS 处理后，作为分布式水文模型的输入。同时，水文模型中不考虑人工取用水，降水和温度数据采用自然变异情景下的数据。

情景 5：仅考虑流域人类活动的影响，即人工取用水和下垫面变化的组合，水文模型中降水和温度数据采用气候系统自然变异情景下的数据；同时，选用海河流域现状（2000 年）的用水和下垫面条件。

基于上述情景设置的水文模型计算条件，可以得到相应情景下不同空间尺度如三级区的地表水资源量，进而计算相应的指纹和信号强度，进行归因分析。

5.3.3 地表水资源量演变的归因分析

对气候系统的自然变异、温室气体排放导致的全球变暖、人工取用水、下垫面变化、取用水和下垫面变化组合下的区域人类活动五个情景下的海河流域 15 个三级区年地表水资源量进行 EOF 分解，得到各情景下年地表水资源量变化的指纹如图 5-1 所示。

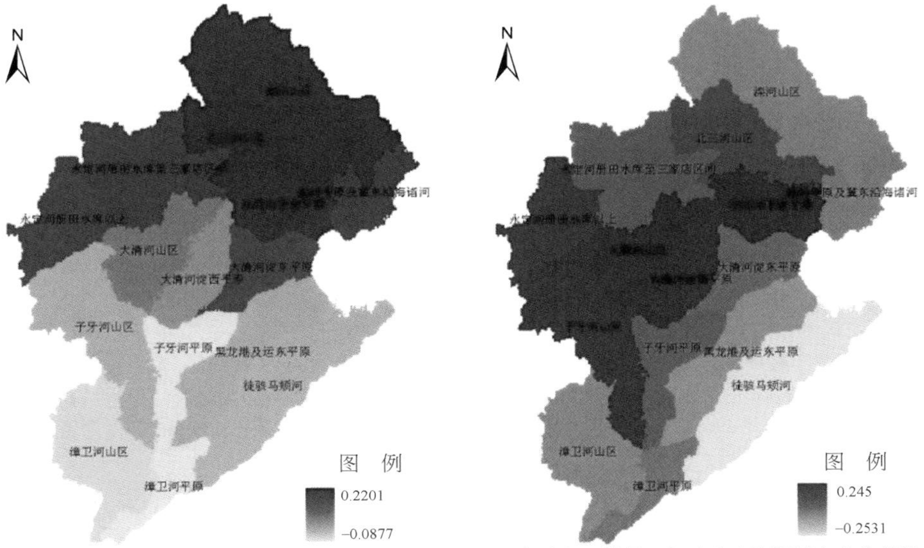

(a) 实际年地表水资源变化的指纹　(b) 自然变异情景下年地表水资源量变化的指纹

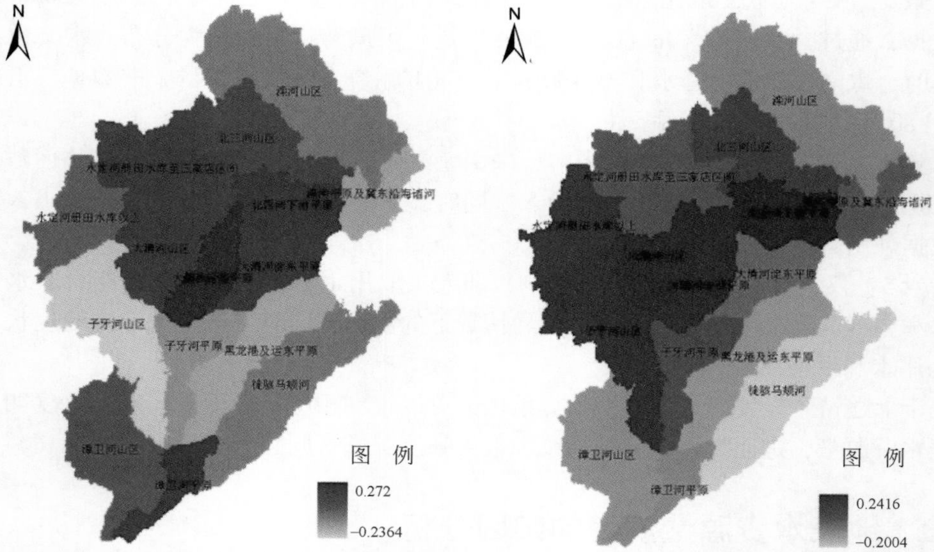

(c) 温室气体排放情景下年地表水资源量变化的指纹　(d) 人工用水情景下年地表水资源量变化的指纹

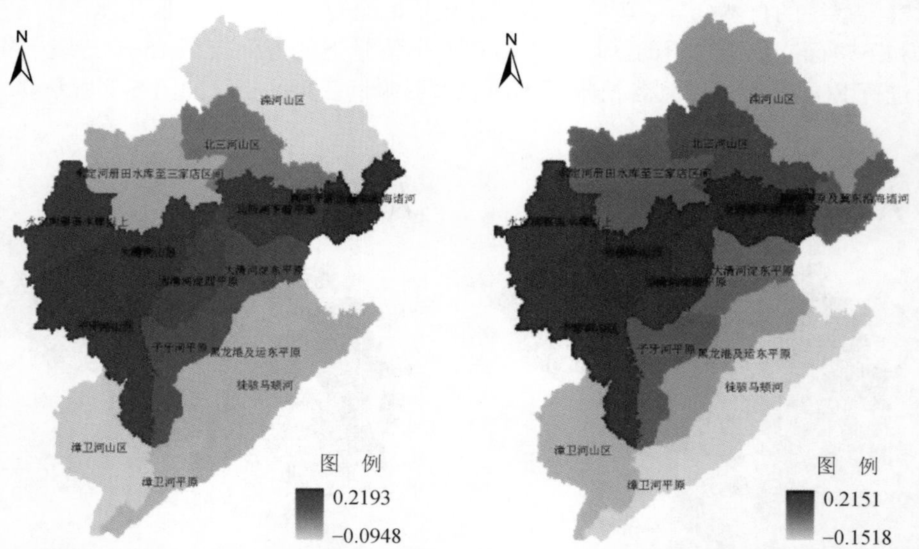

(e) 下垫面变化情景下年地表水资源量变化的指纹　(f) 人类活动情景下年地表水资源量变化的指纹

图 5-1　海河流域不同情景下年地表水资源量变化的指纹

基于不同情景下的指纹计算，分别计算相应的信号强度（图 5-2）。

从图 5-2 可以看出，在温室气体排放导致的全球变暖情景下，年地表水资源量变化的信号强度 0.0009 与实际变化的信号强度−0.0079 的符号是相反的，因此全球变暖不是导致海河流域过去 40 年地表水资源量变化的因素。而在气候系统自然变异和区域人类活动两种情景下，年地表水资源量变化的信号强度则与实际是一致的，其中，自然变异情景下年地表水资源量变化的信号强度为-0.001，人类活动情景下年地表水资源量变化的信号强度为-0.0015，在影响年地表径流量变化的因素中所占比例分别为达到 40% 和 60%。具体来说，取用水情景下的信号强度为-0.0013，下垫面变化情景下的信号强度为-0.0005，在影响年地表水资源量变化的因素中分别占 46% 和 18%。因此，我们认为气候系统的自然变异和区域人类活动是导致海河流域过去 40 年地表水资源量变化的两个因素，并且区域人类活动是主要因素。

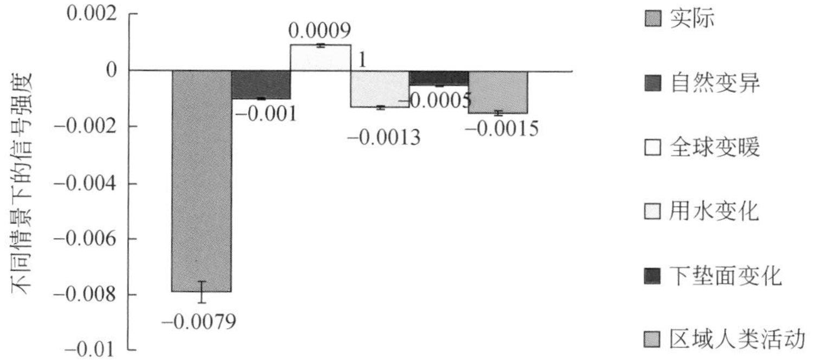

图 5-2　海河流域不同情景下年地表水资源量变化的信号强度

5.3.4　狭义水资源量演变的归因分析

对气候系统的自然变异、温室气体排放导致的全球变暖、人工取用水、下垫面变化、取用水和下垫面变化组合下的区域人类活动五个情景下的海河流域 15 个三级区年狭义水资源量进行 EOF 分解，得到各情景下狭义水资源量变化的指纹如图 5-3 所示。

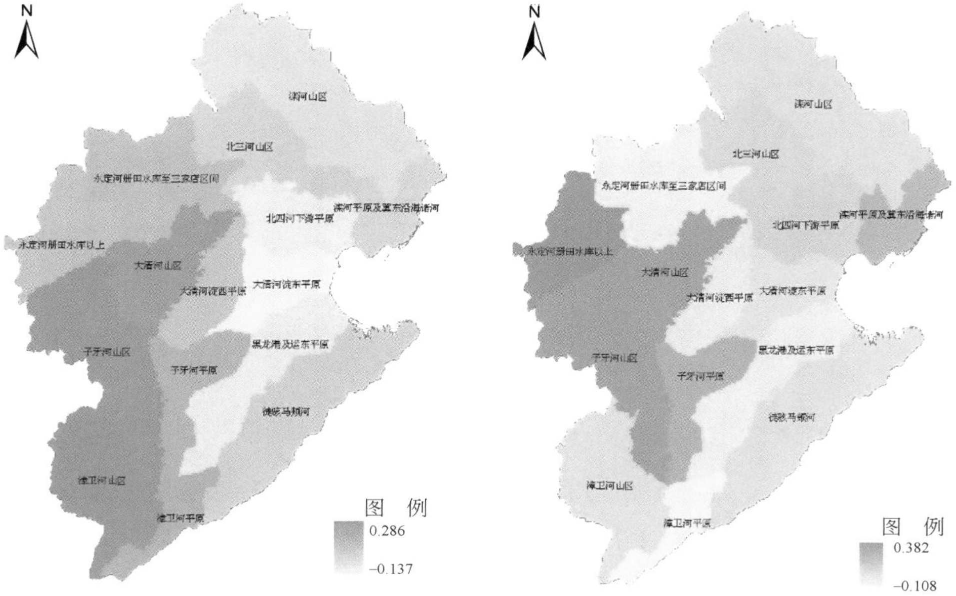

(a) 实际狭义水资源量变化的指纹　　(b) 自然变异情景下狭义水资源量变化的指纹

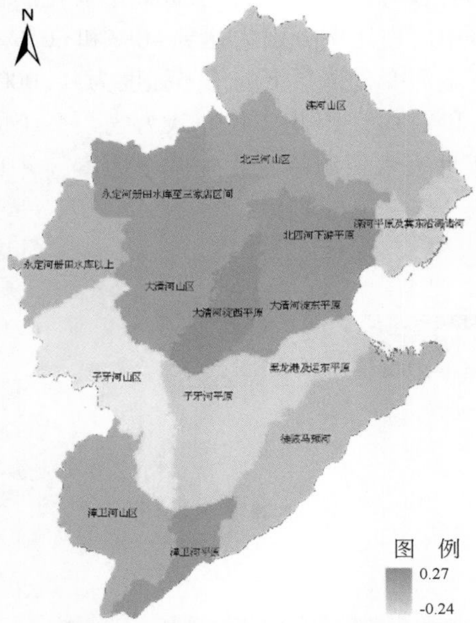

(c)温气气体排放情景下狭义水资源量变化的指纹

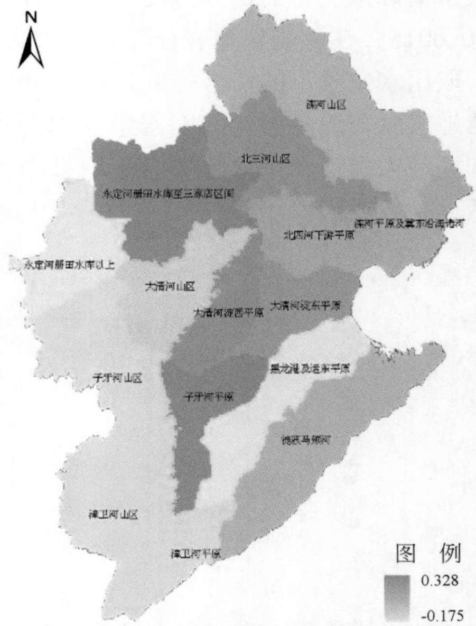

(d)人工取用水情景下狭义水资源量变化的指纹

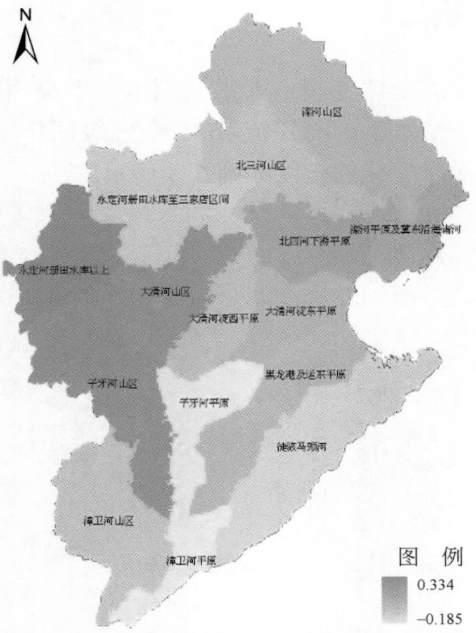

(e)下垫面变化情景下狭义水资源量变化的指纹

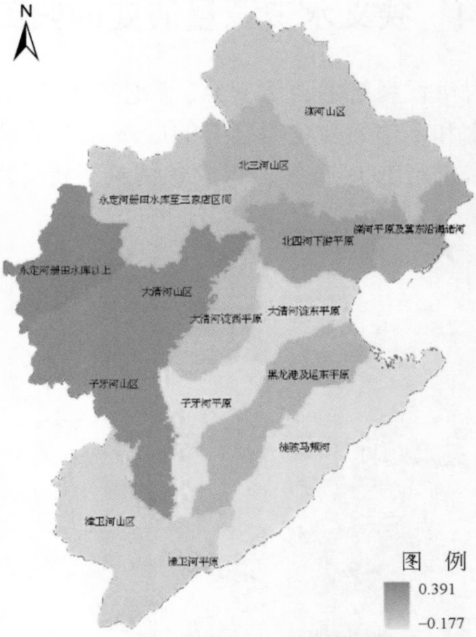

(f)人类活动情景下狭义水资源量变化的指纹

图 5-3　海河流域不同情景下年狭义水资源量变化的指纹

基于计算的不同情景下的指纹，分别计算相应的信号强度（图 5-4）。

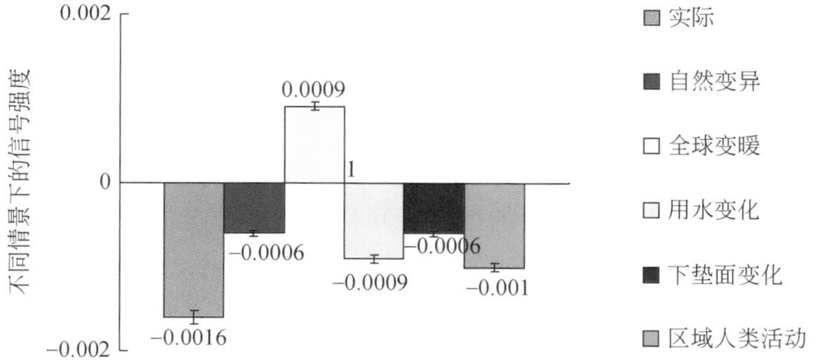

图 5-4　海河流域不同情景下年狭义水资源量变化的信号强度

从图 5-4 可以看出，在温室气体排放导致的全球变暖情景下，年狭义水资源量变化的信号强度与实际变化的信号强度的符号是相反的，因此温室气体排放导致的全球变暖不是导致海河流域过去 40 年狭义水资源量变化的因素。而在自然变异、人类活动情景下狭义水资源量变化的信号强度则与实际是一致的，其信号强度分别为-0. 0006 和-0. 001，在影响狭义水资源量变化的因素中分别占 38% 和 62%。分别考虑人工取用水和下垫面的影响，则人工取用水情景下的信号强度为-0. 0009，下垫面变化情景下的信号强度为-0. 0006，在影响年狭义水资源量变化的因素中分别占 42% 和 29%。

因此，我们认为自然变异和区域人类活动是导致海河流域过去 40 年狭义资源量变化的因素，并且人类活动是主要因素，占 62%，其中人工取用水比下垫面变化的影响要强。

5. 4　海河流域水资源情景仿真预测

5. 4. 1　气候变化预测

本研究中气候变化情景的确定主要是基于 IPCC 于 2007 年发布的《第四次评估报告》中的研究成果，本节分别对排放情景的选择、全球气候模式的选择及其预估数据的降尺度处理进行介绍。

1. 排放情景

为了预估全球和区域未来的气候变化，必须事先提供未来温室气体和硫酸盐气溶胶的排放情况，即所谓的排放情景（special report on emissions scenarios，SRES）。排放情景通常是根据一系列因子假设而得到（包括人口增长、经济发展、技术进步、环境条件、全球化、公平原则等）。对应未来可能出现的不同社会经济发展状况，通常要制定不同的排放情景。迄今为止，IPCC 先后发展了两套温室气体和气溶胶排放情景，即 IS92 和 SRES 排放情景。SRES 排放情景于 2000 年提出，主要由四个框架组成：

A1 框架和情景系列，描述了一个经济高速发展，全球人口在 21 世纪中叶达到峰值后将开始减少，高排放情景的世界。A1 情景系列划分为 3 个群组，分别描述了能源系统技术变化的不同发展方向，以技术重点来区分这三个 A1 情景组：矿物燃料密集型（A1F1）、非矿物能源型（A1T）、各种能源资源均衡型（A1B）。

A2 框架和情景系列，描述了一个人口持续增长，人均经济增长和技术变化有明显地方性，全球化不明显，发展极不均衡的世界。其基本点是自给自足和地方保护主义，地区间的人口出生率很不协调，经济发展主要以区域经济为主，低于其他框架的发展速度。

B1 框架和情景系列，描述了一个人口发展同 A1，但经济结构向服务和信息转变，强度从全球角度解决经济、社会和环境可持续性问题，均衡发展的低排放情景的世界。其基本点是在不采取气候行动计划的条件下，在全球范围内更加公平地实现经济、社会和环境的可持续发展。

B2 框架和情景系列，描述了一个人口增长低于 A2，经济中等发展，技术更多样化但技术变化速率与 A1 和 B1 相比趋缓，侧重于从局地解决经济、社会和环境可持续性问题的世界。该情景所描述的世界也朝着环境保护和社会公平的方向发展，但所考虑的重点仅局限于地方和区域一级。

本研究中选用的情景为 A1B、A2 和 B1 三个情景。

2. 全球气候模式

气候变化预估是科学家、公众和政策制定者共同关心的问题，目前气候模式是进行气候变化预估的最主要工具。IPCC 第四次评估报告共包含 20 多个复杂的全球气候系统模式对过去气候变化的模拟和对未来全球气候变化的预估。其中美国 7 个（NCAR_CCSM3，GFDL_CM2_0，GFDL_CM2_1，GISS_AOM，GISS_E_H，GISS_E_R，NACR_PCM1），日本 3 个（MROC3，MROC3_H，MRI_CGCM2），英国 2 个（UKMO_HADCM3，UKMO_HADGEM），法国 2 个（CNRMCM3，IPSL_CM4），加拿大 2 个（CCCMA_3-T47，和 CCCMA_3-T63），中国 2 个（BCC-CM1，IAP_FGOALS1.0），德国（MPI_ECHAM5）、德国/韩国（MIUB_ECHO_G）、澳大利亚（CSIRO_MK3）、挪威（BCCR_CM2_0）和俄罗斯（INMCM3）各 1 个。参加的国家、模式之多是以前几次全球模式对比计划所没有的。IPCC 第四次评估报告的气候模式的主要特征是：大部分模式都包含了大气、海洋、海冰和陆面模式，考虑了气溶胶的影响，其中大气模式的水平分辨率和垂直分辨率普遍提高，对大气模式的动力框架和传输方案进行了改进；海洋模式也有了很大的改进，提高了海洋模式的分辨率，采用了新的参数化方案，包括了淡水通量，改进了河流和三角洲地区的混合方案，这些改进都减少了模式模拟的不确定性；冰雪圈模式的发展使得模式对海冰的模拟水平进一步提高。

3. 气候模式预估数据

在气候变化研究中，各个模式对不同地区的模拟效果不尽相同。许多学者的研究证明，多个模式的平均效果优于单个模式的效果。本研究采用的全球气候模式数据来自于PCMDI（Program for Climate Model Diagnosis and Intercomparison）公开发布的“WCRP（The World Climate Research Programme）的耦合模式比较计划——阶段 3 的多模式数据”（CMIP3），包括全球 20 多个模式组提供的全球气候模式模拟和预估结果。在此基础上，国家气候中心将这 20 多个不同分辨率的全球气候模式的模拟结果经过插值降尺度计算，将其统一到同一分辨率 1°×1°下，对其在东亚地区的模拟效果进行检验，利用简单平均方法进行多模式集合，制作成一套 1901～2099 年的月平均资料。本研究中采用的数据系列为海河流域 2021～2050 年的降水和气温系列。有关各模式预估数据详细信息可从如下网页获取：https：//esg. llnl. gov：8443/index. jsp。

4. 气候模式预估数据的降尺度

由于气候模式预估的降水和气温的时空尺度和水文模型要求的不一致，因此在耦合气候模式预估结果与水文模型前，需要对气候模式预估数据的时空尺度进行转换。

空间尺度转换方面，由于气候模式预估数据的空间尺度是站点，本研究采用空间插值的方法将气候模式预估结果插值至水文模型的计算单元。目前有许多空间插值方法，考虑到插值精度、计算效率等因素，本研究选用距离平方反比结合泰森多边形法进行空间插值（周祖昊等，2006）。

时间尺度转换方面，本研究选用的气候模式预估数据的时间尺度是月尺度，而水文模型要求的时间尺度是日尺度，因此需要对气候模式预估数据进行时间降尺度。本研究选用的天气发生器为 BCCRCG-WG 3. 00。

5. 未来气象要素变化情况

根据上述方法，对未来三个气候情景 SRES-A1B、SRES-A2 和 SRES-B1 下海河流域 4 个二级区、15 个三级区和 80 个三级区套地级市 2021～2050 年的逐年降水量、年平均温度以及两者相对历史多年平均（1980～2005 年）的变化情况进行了分析。同时，对上述区域未来 30 年的月平均降水量和月平均温度以及两者相对历史平均（1980～2005 年）的变化情况也进行了分析。表 5-5 列出了历史和未来不同气候情景下多年平均气象要素对比情况。

表 5-5　历史和未来不同气候情景下多年平均气象要素特征值

情景名称	年降水量/mm				年平均温度/℃			
	平均值	最大值	最小值	变差系数 C_v	平均值	最大值	最小值	变差系数 C_v
历史情况	499. 89	649. 72	367. 19	0. 151	10. 41	11. 59	9. 3	0. 059
SRES-A1B	552. 17	770. 92	352. 5	0. 167	11. 49	12. 75	10. 17	0. 058
SRES-A2	552. 88	785. 75	369. 24	0. 185	11. 34	12. 81	10. 13	0. 052
SRES-B1	568. 61	806. 13	381. 84	0. 186	11. 12	12. 22	10. 09	0. 052

由表5-5可以看出，在SRES-A1B、SRES-A2和SRES-B1三种各情景下，2021～2050年，海河流域年降水量和年平均温度的变化趋势是一致的，只是在变化幅度上有所不同。

在SRES-A1B、SRES-A2和SRES-B1三种情景下：海河流域年平均降水量较历史平均（1980～2005年）分别增加了10.5%、10.6%和13.8%；年降水量最大值均有所增加，分别增加了18.7%、20.9%、24.1%，年降水量最小值则变化不大，三种情景下的变化分别为：减少4%、增加0.6%和增加4%；而年降水量的变差系数均比历史情况有所增大。因此，未来30年间，海河流域年降水量的变化趋势为略有增加，但年际波动幅度比历史情况有所增大。

在SRES-A1B、SRES-A2和SRES-B1三种情景下，海河流域年平均温度分别比历史多年平均升高了1.1°C、0.9°C和0.7°C；和历史情况相比，三种情景下的年平均最高温度均有所升高，分别升高了1.2°C、1.2°C和0.6°C，年最低温度也分别升高了0.9°C、0.8°C和0.8°C，而年平均温度的变差系数均有所减小，因此，未来30年间，海河流域年平均温度的变化趋势是增加的，并且波动幅度有所减小。

从降水和温度的年内变化看，2021～2050年，SRES-A1B、SRES-A2和SRES-B1三种情景下各月平均降水量的变化趋势是基本一致的，除5月、9月和10月降水量略有减少外，分别减少了6%、2%和4%，其余各月降水量均有所增加，三种情景下各月平均降水量相对历史平均分别增加了14.5%、14.9%和15.5%，其中，1月、2月、4月、7月、8月和12月平均降水量增加幅度较大，分别增加了15.6%、65.7%、24.9%、21.0%、18.9%和19.7%。SRES-A1B、SRES-A2和SRES-B1三种情景下各月平均温度的变化趋势是基本一致的，分别增加了1.1°C、0.9°C和0.7°C，温度增加最高的月份出现在5月或6月，分别增加了1.6°C、1.4°C和1.2°C。

6. 气候模式预估的不确定性问题

IPCC第三次评估报告指出，气候模式预估的主要不确定性来自排放情景的不确定性、模式的不确定性、物理过程参数化的不确定性，以及对地球生物化学过程等反馈机制认识上的不确定性等。气候模式的集合不仅包括单一模式不同物理参数化和初始条件的集合，还包括不同模式预估结果的集合。需要指出的是，不论是单一模式的集合还是多模式的集合，都不能涵盖所有的不确定性。

作为对未来气候变化进行定量预估的有效工具之一，气候模式在近几十年里取得了突飞猛进的发展。但是，气候的复杂性和资料的有限性决定了气候模拟中必然存在缺陷，模式的不确定性是客观存在的。当前的气候模式仍需改进，云辐射过程、云和水汽反馈过程、陆面过程以及海洋物理过程等是气候模式不确定性的主要来源。关于未来温室气体和气溶胶排放情景的不确定性也比较大。利用气候模式进行未来气候变化趋势预估在定性上有一定程度的可靠性，但在定量上仍存在较大的分歧。利用气候模式进行未来降水和极端气候事件的模拟和预估，其结果的信度更低（《气候变化国家评估报告》编写委员会，2007）。

因此，本研究中有关未来气候变化情景特别是降水的预估结果，在不确定性研究方面还有待加强，降水的预估结果还有待于进一步完善。

5.4.2 情景设定

1. 情景方案设置的原则

面对水资源短缺、水生态退化和水环境恶化日益严峻的情势，为保障未来海河流域有限水资源的合理利用，维持生态环境朝良性方向发展，结合当前流域水资源条件和水环境现状，设置了不同情景方案，以分析流域未来水循环及其伴生过程的演变。

情景设置的总原则是降低海河流域水资源系统的脆弱性，增强水资源可持续性，改善海河流域现有的水资源、水环境及水生态条件，更好地发挥水资源在支撑经济社会发展中的作用。

具体设置思路：考虑海河流域生态恢复和环境保护的需求，提出不同恢复目标下海河流域入海水量水质、地下水超采等涉及流域水生态和环境质量的水量控制目标。并在这些控制目标设定框架内，在维持水资源、生态和经济社会的协调发展的基础上，通过对经济目标优化，提出不同地区和行业的用水需求、跨流域调水及地下水开采回补控制等水资源调控的定量措施。经模型计算得出各区域具体的水量配置状况、ET 分配、控制断面水量水质过程等方案情景结果。根据海河流域水资源状况和未来水资源调控措施，设定了 17 种不同水量情景，其中 2005 年（现状年）1 个，2015 年 4 个，2020 年 8 个，2030 年 4 个。

水文年条件设置原则：为全面反映海河流域水文丰枯变化特性，设置 1956～2005 年 50 年长系列和 1980～2005 年 26 年短系列两类水文边界。其中前者主要体现丰枯系列交替状况下海河流域的水资源条件；后者是考虑流域近 20 年降水处于连续偏枯的实际情况，以便为未来不同水文年水资源的管理提供依据。

入海水量目标设置原则：结合海河流域不同年代实际入海水量，制定了 3 种可能入海水量目标，体现对于不同生态与环境目标下流域入海控制状况。其中，第一种反映 50 年长系列条件下的多年平均入海水量目标，即 93 亿 m^3 的入海水量方案，该方案可以维持流域长期条件下的水量均衡状况，但在来水不充沛的条件下需要较为严厉的限制经济用水和提高节水水平来实现。第二种反映了近期 26 年系列下的平均入海水量目标，设置了 55 亿 m^3 入海水量方案，该方案可以维持流域近期的水均衡状况，但对于生态恢复与改善渤海水质状况等目标不够积极。第三种反映流域总水量均衡的最低要求，设置 35 亿 m^3 入海水量方案，该方案体现了经济快速增长模式下入海仍维持近期现状水平的情景。

外调水量设置原则：主要以南水北调的规划方案为基础，考虑通水时间存在的变通性和可能加大的通水情景，设置相应的跨流域调水组合方案。对于 2015 年，结合原有通水方案和南水北调通水推迟的实际情况，提出 2015 年按一期规模通水一半的方案，体现前期通水的影响效果。

地下水超采设置原则：考虑现状地下水开采与规划压采方案，结合南水北调工程通水规模变化的进度，经济增长对水资源的需求，设置不同水平年的地下水超采方案。在目标ET设定的条件下，地下水超采和跨流域调水状况以及经济发展模式密切相关。当采用较为严厉的ET控制和较高的入海水量目标时，地下水超采只能以较小的幅度得到遏制，反之则地下水超采可以得到较好的控制。

2. 情景详细说明

结合以上情景设置原则，本研究共设计了17个水量情景，情景模拟方案主要内容如下：

1）水平年：现状为2005年、未来为2015年、2020年和2030年。

2）水文系列：1980～2005年、1956～2005年系列。

3）地下水利用：现状超采80亿m^3，2015年减少超采1/3，2020年和2030年不超采。

4）入海水量：35亿m^3（为1980～2005年平均）、55亿m^3（为1980～2005年平均天然河川径流量的1/3）和93亿m^3（1956～2005年平均）。

5）南水北调（引江）：现状年不通水；2015年分两种情况：一是东线调水3.65亿m^3，中线不通水；二是东线调水3.65亿m^3、中线通水50%，总调水量31.85亿m^3；2020年东中线完全通水，总调水量为72.9亿m^3。2030年东线二期工程通水，总调水量为114.2亿m^3。

6）引黄水量：现状年46.2亿m^3（1981～2005年平均），2015年46.4亿m^3，2020年为47亿m^3；外加黄河侧渗补给量1.056亿m^3（源于水资源综合规划），2030年考虑不同引黄水量的情况，一是调水量为43.3亿m^3，二是调水量为51.2亿m^3。

3. 选定情景

针对以上设置的17个水量情景方案，采用海河流域二元模型进行多目标决策分析、水资源配置，并在此基础上进行流域水循环模拟，定量研究海河流域调整产业结构，实施节水措施，增加南水北调水量等措施后，海河流域的ET量和入海水量，定量研究不同措施对海河流域水循环的影响，为水资源严重紧缺的海河流域未来规划提供技术支撑。

本项目针对1956～2005年和1980～2005年两个系列分别进行了计算。考虑到海河流域近几十年来的水资源状况，以1980～2005年系列结果作为海河流域未来规划依据，同时根据各方案模拟计算结果与情景设置方案的目标情况对比分析，推荐2010水平年S4方案、2020水平年S10方案、S16方案，2030水平年S11方案、S17方案为未来水平年优选方案，见表5-6。

表 5-6　水量情景方案设置

水平年	方案	水文系列	降水量/亿 m^3	地下水超采/亿 m^3	入海水量/亿 m^3	南水北调（引江）		引黄/亿 m^3
						中线	东线	
2005 现状水平年	S1	1980 ~ 2005 年	1596. 2	80	35	0	0	46. 2
2015 水平年	S4		1596. 2	53	55	56. 4×50%	3. 65	46. 4
2020 水平年	S10		1596. 2	27	55	58. 7	14. 2	47. 0
	S16		1596. 2	55	55	62. 4	16. 8	51. 2
2030 水平年	S11		1596. 2	0	93	83. 9	31. 3	43. 3
	S17		1596. 2	36	55	86. 2	31. 3	51. 2

4. 可行性分析

1）经济发展状况。海河流域是水资源极度匮乏的流域，分布着全国多达 10% 以上的人口，拥有全国约 13% 的 GDP 的经济规模和约 10% 的粮食总产量，是重要的粮食基地、工业生产基地和经济发展区。尽管水资源极度匮乏，但从国家需求和区域自身发展的角度出发，需要对海河流域的用水逐步调整，在满足社会、经济、环境、生态和水资源等多维协调的基础上，实现流域的和谐发展。因此，在海河流域各情景设置中，强调经济持续稳定增长，用水保持水资源的可持续发展，粮食产量保持稳定增长，同时，未来满足社会、经济、环境、生态和水资源等多维协调，充分利用外调水源，并进一步倡导节约用水。海河流域现状 2007 年实际用水 403. 8 亿 m^3，考虑到地下水超采量和南水北调未来来水情况，2015 年 S4 方案总用水量为 401. 6 亿 m^3，2020 年和 2030 年考虑到不同来水情况，以及水文系列的差别，用水量在 417 亿 m^3 和 480 亿 m^3 之间有所变化（表 5-7）。主要差别在于农业用水规模的调整，S10 和 S11 方案主要考虑水资源可持续发展，以及海河流域在全国的经济布局和粮食安全等目标，粮食产量基本维持在 2005 年的水平，而 S16 和 S17 方案，则考虑到人口的增加，在国际上公认的人均 400kg 粮食产量的温饱水平，2030 年海河流域实现人均粮食产量达到 95% 的自给率的目标下，微调了经济指标，增加农业用水，保障第一产业的产出。

表 5-7　各情景经济用水指标分析

情景名称	水平年	总用水/亿 m^3	GDP/亿元	万元产值耗水量/m^3	粮食产量/万 t
S4	2015	401. 6	41 310	97	5 050
S10	2020	417. 1	102 732	41	4 950
S11	2030	427. 0	170 215	25	4 950
S16	2020	467. 6	103 510	45	5 400
S17	2030	479. 9	164 879	29	5 500

2）节水措施。为了实现社会、经济、环境、生态和水资源的协调发展，必须对海河流域的经济社会用水进行压缩和调整，归还经济社会挤占的生态、环境用水，缓解对海河流域水资源的压力，降低水资源系统的脆弱性。海河流域节水程度非常高，节水潜力有限，要实现社会、经济、环境、生态和水资源的协调发展，必须采取开源节流措施，即在降低单位产值用水量的同时，加大再生水的利用，增加外调水源，减少当地水资源压力。在目前情况下，海河流域各项用水定额已经达到较高的节水水平，从压缩用水定额的方法上，很难取得较大的节水效果。因此，本研究主要从调解产业结构和作物种植结构的方法出发，既保证了粮食安全和经济社会的持续发展，同时又有效控制总用水量（考虑社会经济的发展，以及南水北调等外来水量，总用水量还是有所上升，但本地水资源使用量则有所下降，从而实现水资源可持续发展）。

表 5-8 为各情景的三产比例。从总体来看，三产比例中，一产比例有较明显的下降，二产比例略微下降，而三产比例则明显上升。

表 5-8　不同情景三产比例

情景	比例/%		
	一产	二产	三产
S4	6.8	47.8	45.4
S10	4.3	44.6	51.1
S11	3.7	41.7	55.6
S16	4.6	44.5	50.9
S17	3.9	46.5	49.6

3）可行性总体分析。海河流域水资源极度匮乏，近年来，流域降水有逐渐减小的趋势，水资源供需矛盾更加突出，从而使海河流域水资源问题更加严峻。

海河流域由于地下水多年超采，因此，地下水水位下降十分严重，已经形成多个漏斗区。为了保证区域的健康发展，缓解自然环境受到的发展压力，解决区域的生态和环境问题，实行严格的水资源管理，将经济社会用水挤占生态环境用水的部分返还环境，是大势所趋。从水资源可持续发展的角度出发，S4、S10 和 S11 方案，严格控制用水总量，在保证经济发展的基础上，降低了社会的公平性（减少了农业用水），从海河流域在全国的地位和所面临的矛盾来看，可以通过引进其他区域的农产品和实行特殊的农业保护措施来弥补这种不公平性，从而有效地保护海河流域的水资源环境。而 S16 和 S17 方案，则考虑到海河流域自身的发展性，在基本不损害第一产业利益的基础上，逐步降低流域的用水量，虽然也能缓解部分资源环境压力，但其效果与 S10 和 S11 方案相比则有所不足。

5.4.3　水量调控下的水资源演变规律预测

从各个水平年海河流域目标 ET 来看，虽然现状水平年、2015 水平年、2020 水平年、

2030 水平年全流域总的 ET 量是逐渐增加的，但是增加的部分主要是由增加外流域调水（南水北调）产生的，扣除外调水增加的 ET 量，现状水平年、2015 水平年、2020 水平年、2030 水平年分别为 1631.8 亿 m^3、1614.7 亿 m^3、1601.6 亿 m^3 和 1593.2 亿 m^3、1588.4 亿 m^3和 1575.3 亿 m^3，整体呈减少趋势，这说明全流域朝着 ET 量减少的方向发展，优选的方案能达到资源"真实"节约的目的。

从地下水控制来看，四个水平年地下水超采量分别为 66.2 亿 m^3，54.5 亿 m^3，20.7 亿 m^3和 18.9 亿 m^3。2015 水平年超采减少近 20%，2020 水平年超采减少约 70%，2030 水平年基本实现零超采，将有效地改善海河流域地下水超采状况，有利于地下水的可持续利用。

从入海水量控制来看，四个水平年入海水量分别为 43.1 亿 m^3，58.4 亿 m^3，55.5 亿 m^3和 57.0 亿 m^3，65.4 亿 m^3和 62.7 亿 m^3（表 5-9），整体呈增加的趋势，将有效地改善河道水环境和渤海及其临近海岸带地区的生态环境。

从 2020 水平年的两个方案来看，虽然 S16 方案总的用水量较 S10 方案增加 40.5 亿 m^3，外调水增加 17.1 亿 m^3，但入海水量和地下水的超采量相差不大。从资源、环境、经济、社会和生态的协调性发展来看，S16 方案比 S10 方案要好。

从 2030 水平年的两个方案来看，虽然 S17 方案总的用水量较 S11 方案增加 52.9 亿 m^3，外调水增加 9.0 亿 m^3，入海水量较 S11 方案小，地下水的超采量较 S11 略大。从资源、环境、经济、社会和生态的协调性发展来看，S17 方案比 S11 方案要好。

表 5-9　海河流域不同情景下的水量平衡

项目	1980～2005 年多年平均值/亿 m^3					
	现状水平年	2015 水平年	2020 水平年		2030 水平年	
	S1	S4	S16	S10	S11	S17
降水量	1596.2	1596.2	1596.2	1596.2	1596.2	1596.2
引黄、引江水量	41.3	74.7	134.4	117.3	157.0	166.0
入海水量	43.1	58.4	55.5	57.0	65.4	62.7
ET 量	1660.7	1667.0	1695.7	1675.3	1685.2	1704.6
蓄变量	-66.2	-54.5	-20.7	-18.9	2.6	-5.2

5.4.4 气候变化下的水资源演变预测

从气候变化预测来看，未来海河流域降水增加、气温增加存在极大可能性。因此，本项目增加在情景方案基础上考虑气候变化的预测，耦合气候模型和二元水循环模型，分析未来水资源的演变规律。

在模拟计算中，保持其他输入因子不变，采用 2020 年下垫面，而对未来不同气候情景和未来用水情景分别进行模拟，然后对比各情景结果与基础情景结果，即可获得定量评价未来流域水循环、水资源演变规律。用水方案采用推荐方案，2020 年的 S10 方案、S16 方案，2030 年的 S11 方案和 S17 方案，气候情景采用 SRES－A1B 模式。模拟系列为 2020～2045 年。

1. 水循环演变规律预测

从计算结果来看，在海河流域未来降水量有所增加 10.4%，温度增加 10% 的情况下，实施水资源调控措施，将更有利于海河流域水资源条件的改善。

从地下水控制来看，4 个方案地下水超采量分别为 13.3 亿 m^3、7.0 亿 m^3、实现零超采和略有回补，约 11.0 亿 m^3。2020 年超采减少约 80%，2030 年基本实现零超采并有望回补地下水，与历史的气候条件相比，未来气候将有利于改善海河流域地下水超采状况。

从入海水量控制来看，4 个方案入海水量分别为 79.0 亿 m^3、91.3 亿 m^3、104.2 亿 m^3 和 88.2 亿 m^3（表 5-10），整体呈增加的趋势，与历史的气候条件相比，将有利于河道水环境和渤海及其临近海岸带地区生态环境的改善。

表 5-10　海河流域未来情景下的水量平衡

项目	2020～2045 年多年平均值/亿 m^3			
	2020 水平年		2030 水平年	
	S16	S10	S11	S17
降水量	1752.5	1752.5	1752.5	1752.5
引黄、引江水量	134.4	117.3	157.0	166.0
入海水量	79.0	91.3	104.2	88.2
ET 量	1821.2	1785.5	1794.2	1831.2
蓄变量	−13.3	−7.0	11.1	−0.1

2. 水资源演变规律预测

2020 水平年 S10 方案和 2030 水平年 S11 方案的总用水量呈逐渐增加的趋势，分别为 417 亿 m^3 和 427 亿 m^3。从供水结构上看，外调水量呈逐渐增加的趋势，分别为 117.3 亿 m^3 和 157.0 亿 m^3；当地地表水供水量分别为 110.0 亿 m^3 和 110.4 亿 m^3；地下水供水量呈逐渐减少的趋势，分别为 180.6 亿 m^3 和 150.9 亿 m^3。从用水结构上看，农业用水有所减少，工业和生活用水增加。

2020 水平年 S16 方案和 2030 水平年的 S17 方案，考虑了经济社会发展和生态环境的用水需求，增加了总用水量，分别为 467 亿 m^3 和 480 亿 m^3。从供水结构上看，外调水量较前两个方案分别增加 22.6 亿 m^3 和 48.7 亿 m^3，当地供水量分别增加 17.4 亿 m^3

和 4.3 亿 m^3。由于考虑了当地的农业的发展现状，农业用水量较前两个方案有所增加。

从 S11 方案与 S10 方案的比较结果来看，实施了地下水压采和水资源联合调控等措施，供水结构发生变化，外调水量增加，地下水开采量减少，缓解了当地地表水和地下水资源的压力，改善了海河流域的水资源条件。从用水结构上看，农业用水减少，通过采用节水技术，农业用水效率提高，而随着经济社会的发展和人口的增加以及生活条件的改善，工业用水和生活用水增加。水资源调控措施的实施对海河流域的水循环和水资源也产生了一定的影响。受取水结构和用水结构变化的影响，地下水开采量减少，改善了地下水的补排关系，抑制了地下水持续下降的势头，造成河川基流量增加，地下水与地表水的水量交换增强。地下水的补给和排泄方式有所改变，造成地下水资源量，不重复量减少。在地表水资源量和不重复量的共同作用下，狭义水资源量略有减少，广义水资源量变化不大（表 5-11）。

从 S16 方案与 S17 方案的比较结果看：考虑农业的发展需求，农业用水增加，总用水量增加。考虑环境和生态的协调发展，当地供水量减少，地下水开采量减少。由此造成的水资源量的变化是：地表水资源量增加，地下水资源量略有增加，不重复量减少，狭义水资源量和广义水资源量变化不大。

S16 方案、S17 方案与 S10 方案、S11 方案相比，从供水结构上看，适当加大了当地水资源的开发利用程度，增加了外调水水源；从用水结构上看，增加农业用水量，水资源量的影响主要是地表水资源量减少，地下水资源量增加，不重复量增加，狭义水资源量和广义水资源量变化不大。

2020 水平年，S16 方案与 S10 方案比较，虽然入海水量减少了 12.3 亿 m^3，地下水多超采 6.3 亿 m^3，但满足了方案的设定目标，既能起到缓解海河流域资源环境的作用，又能减少节水措施方面的压力，同时使得 GDP 增加了 788 亿元，S16 方案比 S10 方案增加了农业用水，粮食产量增加 9.1%，更为有效地发挥海河流域作为全国重要的产量基地的作用。因此从资源、环境、经济、社会和生态的协调性发展来看，S16 方案比 S10 方案具有更好的可行性。

表 5-11　海河流域不同气候情景下的狭义水资源量

情景		降水量/亿 m^3	地表水资源量/亿 m^3	地下水资源量/亿 m^3		狭义水资源量/亿 m^3	广义水资源量/亿 m^3
				总量	不重复量		
2020 水平年	S10	1752.5	157.7	205.4	147.4	305.1	1620.5
	S16	1752.5	152.7	231.4	153.4	306.1	1616.1
2030 水平年	S11	1752.5	166.1	201.9	133.4	299.5	1618.5
	S17	1752.5	160.6	235.3	142.7	303.2	1614.8

2020 水平年，S17 方案入海水量为 88.2 亿 m^3，地下水达到采补平衡，基本满足方案设定目标。与 S11 方案比较，虽然对水资源系统的改善略弱，但 GDP 增长了 20.2%，粮食增产 11.1%，有力地支撑了当地社会经济发展。因此从资源、环境、经济、社会和生态的协调性发展来看，S17 方案比 S11 方案具有更好的可行性。

从以上结果可以看出，未来水平年，降水量有可能呈增加的趋势，而温度则有可能呈降低的趋势。在水资源调控措施方面，增加水资源外调水，减少地下水开采量，将极大地改善当地的水资源条件。

第 6 章 海河流域水生态与环境演变规律与评价

6.1 海河流域水生态演变规律

6.1.1 海河流域生态敏感性空间格局分析

生态环境敏感性是指生态系统对区域中各种自然和人类活动干扰的敏感程度，它反映的是区域生态系统在遇到干扰时，发生生态环境问题的难易程度和可能性的大小，也就是在同样的干扰强度或外力作用下，各类生态系统出现区域生态环境问题的可能性的大小。生态失调状况一般可通过生态系统的组成、结构变化和功能发挥等具体变化表现出来。例如在生态系统组成、结构方面，由于人类不合理的活动或自然干扰，造成生态系统组成二级结构的组成上发生变化，正常的生态功能发挥受到影响。或由于开荒、采伐、建设、采矿等使生态系统某一结构缺失，生态系统不完整，生态功能丧失。而其发生的根源则是各种生态过程在时间、空间上的相互耦合关系。在自然状况下，各种生态过程维持着一种相对稳定的耦合关系，保证着生态系统的相对平衡，而当外界干扰超过一定限度时，这种耦合关系将被打破，某些生态过程会趁机膨胀，导致严重的生态环境问题。所以，生态环境敏感性评价的实质就是分析具体的生态过程在自然状况下潜在能力的大小，并用其来表征外界干扰可能造成的后果。

生态环境敏感性评价应明确区域可能发生的主要生态环境问题类型与可能性大小。评价过程中应根据主要生态环境问题的形成机制，分析研究区生态环境敏感性的区域分异规律，明确特定生态环境问题可能发生的地区范围与可能程度。生态环境敏感性评价可以应用定性与定量相结合的方法进行，利用遥感数据、地理信息系统技术及空间模拟等先进的方法与技术手段来绘制区域生态环境敏感性空间分布图。分布图包括单个生态环境问题的敏感性分区图，也包括在各种生态环境问题敏感性分布的基础上，进行区域生态环境敏感性综合分区图。其中，每个生态环境问题的敏感性往往由许多因子综合影响而形成，对每个因子赋值，最后得出总值。根据值所在的范围而将敏感性分为极敏感、高度敏感、中度敏感、轻度敏感以及不敏感 5 个级别。

根据海河流域生态系统特征和生态环境主要影响因子，选择的生态环境敏感性评价内容，主要包括土壤侵蚀敏感性、沙漠化敏感性和地质灾害敏感性。首先，构建了海河流域生态敏感性评价指标体系（表 6-1）。

表 6-1　海河流域敏感性评价指标体系

生态问题	影响因子	不敏感	轻度敏感	中度敏感	高度敏感	极度敏感
土壤侵蚀	年平均降水量/(mm/月)	≤25	25～100	100～300	300～500	500～1000
	土壤质地（土壤类型或 K 值）	石砾、沙	粗砂土、细砂土、黏土	面砂土、壤土	砂壤土、粉黏土、壤黏土	砂粉土、粉土
	坡度	<8°	8°～15°	15°～25°	25°～35°	>35°
	地表覆盖物类型	水域、沼泽水田、城市	阔叶林、针叶林、灌丛	草地	旱地	裸地
沙漠化	湿润指数（干燥度）	>0.65	0.50～0.65	0.20～0.50	0.05～0.20	≤0.05
	植被覆盖	森林、水域、城市	灌木	草地	农田	裸地
	单位面积地表水资源量/（万 m^3/km^2）	9.8～12.5	8～9.8	5.1～8	2.5～5	小于 2.5
地质灾害	降水量/mm	≤100	100～300	300～500	500～700	700～1000
	水系影响/m	>3000	3000～2000	2000～1000	1000～500	<500
	道路影响/m	>4000	4000～3000	3000～2000	2000～1000	<1000
	坡度		<15°	15°～25°	25°～35°	>35°

1. 土壤侵蚀敏感性评价

土壤侵蚀敏感性评价是为了识别容易形成土壤侵蚀的区域，评价土壤侵蚀对人类活动的敏感程度。根据生态功能区划技术导则推荐的方法，主要考虑降水侵蚀力（R）、土壤质地因子（K）、坡度因子（S）、地表覆盖因子（C）4 个方面因素的影响。

降水侵蚀力（R）值：与土壤侵蚀关系比较密切的降水特征参数较多，在实际工作中，一般采用综合的参数 R 值——降水冲蚀潜力（降水侵蚀力）来反映降水对土壤流失的影响。

土壤质地因子（K）：土壤质地组成主要包括砂粒、粉粒和黏粒这三类组分，根据国际制土壤质地分类系统，<0.002mm 的土粒为黏粒，0.02～0.002mm 的土粒为粉粒，2～0.02mm 为砂粒。根据这三类粒级组分的不同含量（%），可以把土壤质地进一步细分为砂土、壤质砂土、砂质壤土、壤土、砂质黏壤土、砂质黏土、黏壤土和黏土等。

坡度因子（S）：地形起伏度是影响土壤侵蚀的一个重要因素，它反映了坡长、坡度等地形因子对土壤侵蚀的综合影响。

地表覆盖因子（C）：植被覆盖是防止土壤侵蚀的一个重要因子，其防止侵蚀的作用主要包括对降水能量的削减作用、保水作用和抗侵蚀作用。不同的地表植被类型，防止侵蚀的作用差别较大，由森林到草地到荒漠，其防止侵蚀的作用依次减小。

土壤侵蚀敏感性综合评价。结合以上 4 个因子的评价结果，利用地理信息系统软件中的空间叠加分析功能，计算土壤侵蚀敏感性指数，分级后得到土壤侵蚀综合敏感性评价结果。

$$SS_j = \sqrt[4]{\prod_{i=1}^{4} C_i} \tag{6-1}$$

式中，SS_j 为 j 空间单元土壤侵蚀敏感性指数；C_i 为 i 因素敏感性等级值。

评价结果表明，海河流域土壤侵蚀敏感性受地形和降水量分布影响很大，极敏感区域面积为 31 275. 23km^2，占整个流域总面积的 9. 8%，主要分布在流域北部、西部和南部的太行山、燕山山区等。该区域地形起伏较大，人类活动对土地、植被等自然资源实行掠夺式开发利用，导致植被退化严重是引起这个地区水土流失的主要因素。高度敏感区面积为 45 510. 33km^2，占流域总面积的 14. 28%，主要分布在太行山、燕山山区及华北平原局部地区。这些区域降水侵蚀力较大，很多区域土壤为砂壤土或壤黏土，该区地形起伏较大，一旦植被破坏，容易发生水土流失。中度敏感区面积为 108 736. 6km^2，占流域总面积 34. 12%，主要集中于流域中部和东部的华北平原和晋中小盆地。该区域土地利用类型主要为旱地，人为活动对该区域干扰较大。水土流失轻度敏感区，面积为 44 631. 27km^2，占流域面积的 14%，主要在太行山山前平原、山间盆地和晋中盆地。水土流失一般区域主要分布在流域北部内蒙古草原区和流域东部沿海地带，面积 88 471. 11 km^2，占流域面积的 14%，

2. 沙漠化敏感性评价

根据生态功能区划技术导则提供的方法，土地沙漠化可以用湿润指数、植被覆盖、水资源等来评价区域沙漠化敏感性程度，沙漠化敏感性指数计算方法如下：

$$DS_j = \sqrt[3]{\prod_{i=1}^{3} D_i} \tag{6-2}$$

式中，DS_j 为 j 空间单元沙漠化敏感性指数；D_i 为 i 因素敏感性等级值。

根据评价结果，海河流域沙漠化敏感区域主要集中分布在流域西北、中部和中东部地区。其中，沙漠化极敏感区域面积为 744. 71km^2，占流域总面积的 3. 1%。主要分布在流域内河北、山西和内蒙古三省（自治区）交界区域。该区域生态环境异常脆弱，植被一旦破坏就会引起沙丘活化、流沙再起等对人类活动极其敏感。沙漠化高度敏感区域，主要分布于流域南部、中部和东部的平原地区，面积为 91 351. 75km^2，占流域总面积的 28. 78%。该区域特征是气候干燥，大风日数较多，植被覆盖低，主要以旱地为主，容易发生沙化。中度敏感区面积为 103 926. 7km^2，占流域总面积的 32. 74%，主要分布在山西盆地和太行山山前平原区域。沙漠化轻度敏感区，面积为 58 012. 48 km^2，占流域总面积的 18. 28%，主要分布于北部山区和太行山中部山区。其余为沙漠化不敏感地区，面积为 54 363. 61 km^2，占流域总面积的 17. 13%。

3. 地质灾害敏感性评价

本研究根据流域坡度、降水、水系分布和道路分布评价流域内地质灾害敏感性程度，

地质灾害敏感性指数计算方法如下：

$$DS_j = \sqrt[4]{\prod_{i=1}^{4} D_i} \tag{6-3}$$

式中，DS_j 为 j 空间单元地质灾害敏感性指数；D_i 为 i 因素敏感性等级值。

评价结果见图6-1。根据评价结果，海河流域地质灾害敏感区域主要集中分布在流域西北、中部和中东部地区。其中，地质灾害极敏感区域面积为4462.12km²，占流域总面积的1.4%，主要分布在太行山、燕山山区地势起伏剧烈的地区。地质灾害高度敏感区域，主要分布于流域山区地势起伏较大的区域，面积为11 315.62km²，占流域总面积的3.6%。地质灾害中度敏感区面积为51 268.66km²，占流域总面积的16.1%。主要分布在平原区域，水系附近。地质灾害轻度敏感区，面积为110 163.8km²，占流域总面积的34.56%，主要分布于流域北部、西部和南部山区。其余为地质灾害不敏感地区，面积为141 506.7km²，占流域总面积的44.4%。

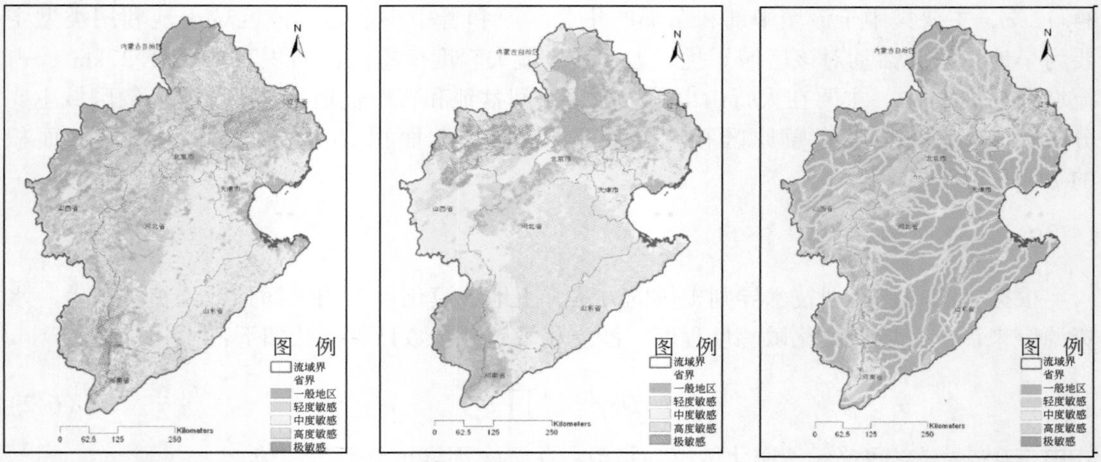

(a) 土壤侵蚀敏感性分布图　(b) 沙漠化敏感性分布图　(c) 地质灾害敏感性分布图

图6-1　海河流域生态敏感性评价

4. 海河流域敏感性综合评价

根据评价结果，海河流域敏感性综合评价极敏感区域主要分布于流域北部山区和西部山区，另外南部平原区域有零星分布，面积为19 369.35km²，占流域总面积的6.1%。高度敏感区域主要分布于流域北部、西部和南部的太行山、燕山山区，面积为35 574.38km²，占流域总面积的11.2%。中度敏感区域主要分布于流域北部山区和中部平原区，面积为78 813.94km²，占流域总面积的24.8%。轻度敏感区域主要分布于流域东部和中部的山前平原区，面积为62 319.45km²，占流域总面积的19.6%。一般区域主要分布于流域北部内蒙古高原和沿海地区，面积为121 595km²，占流域总面积的38.3%（图6-2）。

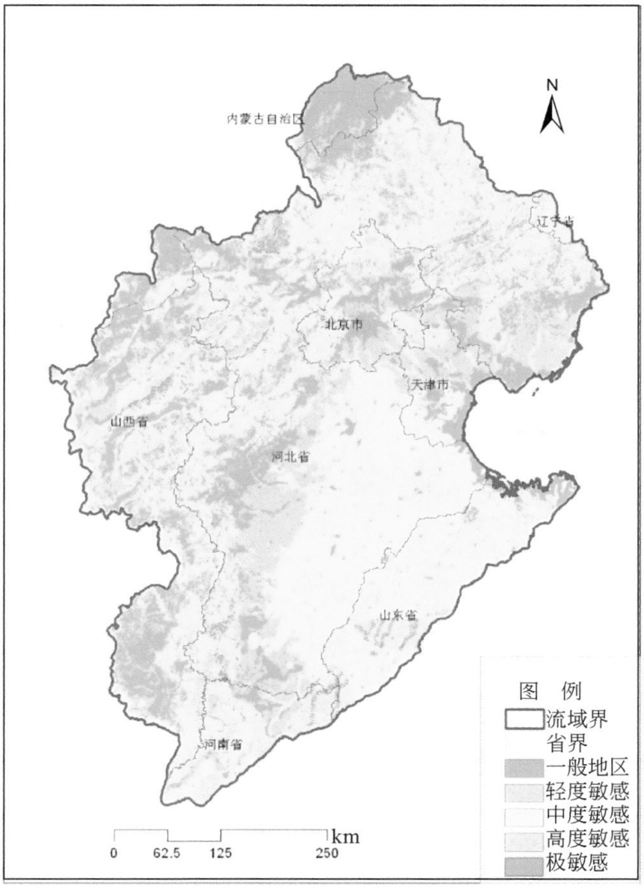

图 6-2 海河流域敏感性综合评价

6.1.2 海河流域农业生态演变规律

1. 冬小麦产量变化规律分析

将全流域冬小麦产量进行统计加和，得到 1980 ~ 2005 年海河流域冬小麦产量，其变化范围为 0.7 亿 ~ 1.2 亿 t/a，整体呈增长趋势，增长率为 0.002 亿 t/a，如图 6-3 所示。

对海河流域 9 个山丘区所在的三级区的冬小麦进行统计，得出长系列山丘区冬小麦产量变化趋势，数值没有大幅波动，基本维持在 0.3 亿 t/a 左右，1980 ~ 2005 年整体有增长趋势，增长率为 0.0009 亿 t/a。

对海河流域 6 个平原区所在的三级区的冬小麦产量进行统计，得出长系列平原区冬

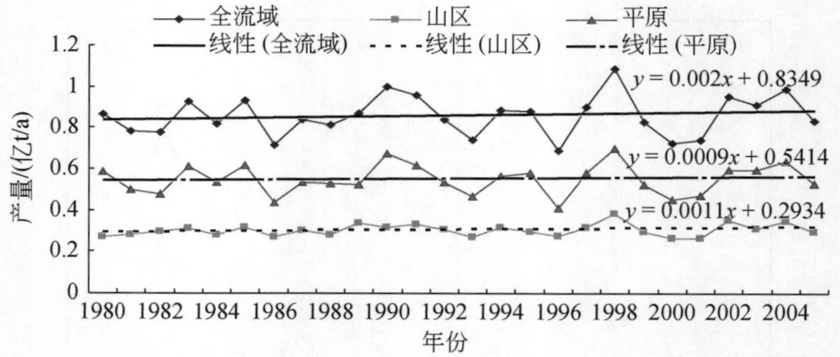

图 6-3　1980 ~ 2005 年冬小麦产量变化趋势

小麦产量变化趋势，变化范围为 0.4 亿 ~ 0.6 亿 t/a，整体呈现上升趋势，增长率为 0.0011 亿 t/a。

海河流域 23 个地级市中有 20 个城市产量呈增长趋势，3 个呈减少趋势的城市为天津市、秦皇岛市和阳泉市。

2. 农田生产力分析

从生理生态学的角度，每日 NPP 是植物每日除去呼吸消耗后所生产的有机物质；全年的 NPP 是一年内光合作用产生的有机物质扣除呼吸所消耗的有机物质。NPP 是生态系统过程中的重要参数，它能够反映植被的生产能力，用来评价地球支持系统和陆地生态系统的可持续发展，同时它也是全球碳循环的重要组成部分，在全球碳平衡中起重要作用。

1）农田生产力演变规律。将模型输出的总生物量转化为净初级生产力，将全流域农田生态系统年总 NPP 进行统计加和，得出流域长系列的农田生态系统总 NPP 变化趋势（图 6-4），趋势反映了 1980 ~ 2000 年海河流域土地利用变化和气候条件双重作用下流域农田生态系统总 NPP 呈波动变化，变化范围为 0.1 ~ 0.13 PgC/a（$Pg = 10^{15}g$），20 世纪 90 年代波动幅度最大，1980 ~ 2005 年整体有微弱的增长趋势，增长率为 2×10^{-4}PgC/a。

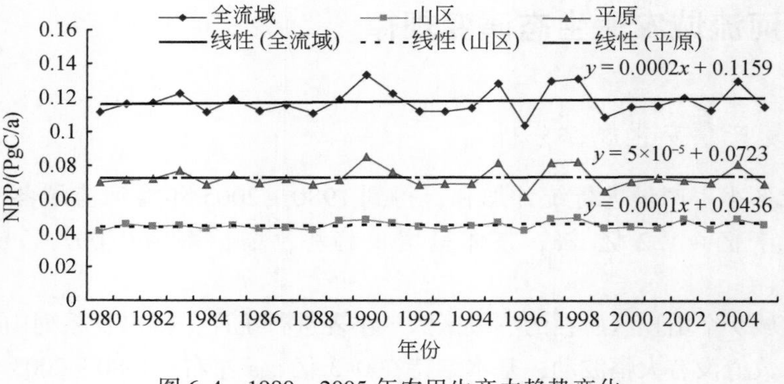

图 6-4　1980 ~ 2005 年农田生产力趋势变化

对海河流域 9 个山丘区所在的三级区的农田生态系统总 NPP 进行统计，得出长系列山丘区农田生态系统总 NPP 变化趋势（图 6-4），数值没有大幅波动，基本维持在 0.04PgC/a 左右，1980～2005 年整体有增长趋势，增长率为 1×10^{-4} PgC/a。

对海河流域 6 个平原区所在的三级区的农田生态系统总 NPP 进行统计，得出长系列平原区农田生态系统总 NPP 变化趋势（图 6-4），变化范围为 0.06～0.08PgC/a，各年均呈上升趋势，增长率为 5×10^{-5}PgC/a。

2）农田生产力演变归因分析。对农田生态生产力变化的原因进行归因分析，可设定两个情景。情景一：保持农田面积不变（1980 年水平）；情景二：保持气候条件不变（1980 年水平），统计流域总农田生态生产力变化趋势与历史模拟情况进行比较。

情景一：将农田面积保持不变（1980 年水平），对全流域农田生态系统生产力进行统计，得出流域长系列的农田生态系统总 NPP 变化趋势（图 6-5）。该趋势反映了 1980～2000 年海河流域在气候条件作用下流域农田生态系统总 NPP 的变化，变化范围为 0.1～0.13PgC/a，20 世纪 90 年代其波动幅度最大，1980～2005 年整体有微弱的增长趋势，增长率为 2×10^{-4}PgC/a。

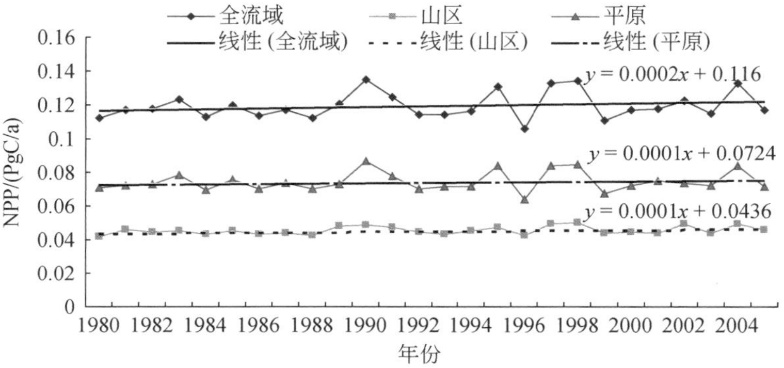

图 6-5　1980～2005 年农田生产力趋势变化（1980 年农田面积）

对海河流域 9 个山丘区所在的三级区的农田生态系统总 NPP 进行统计，得出长系列山丘区农田生态系统总 NPP 变化趋势（图 6-5）。从图可看出，数值没有大幅波动，基本维持在 0.04PgC/a 左右，1980～2005 年整体有增长趋势，增长率为 1×10^{-4}PgC/a。

对海河流域 6 个平原区所在的三级区的农田生态系统总 NPP 进行统计，得出长系列平原区农田生态系统总 NPP 变化趋势（图 6-5），变化范围为 0.06～0.08PgC/a，各年均呈上升趋势，增长率为 1×10^{-4}PgC/a。

从分析可知，海河流域 1980～2005 年农田面积不变（1980 年水平）的情况下，山区和全流域农田生态系统总 NPP 变化趋势与历史模拟情况相似，平原区农田生态系统总 NPP 比历史模拟情况增加趋势略大。

情景二：将气候条件保持不变（1980 年水平），对全流域农田生态系统生产力进行统计，可得出流域长系列的农田生态系统总 NPP 变化趋势（图 6-6）。该趋势反映了 1980～2000 年海河流域在土地利用变化作用下流域农田生态系统总 NPP 呈线性变化，变化范围在 0.11PgC/a 左右，1980 ~ 2005 年整体有微弱的减少趋势，减少率为 6×10^{-5}PgC/a。

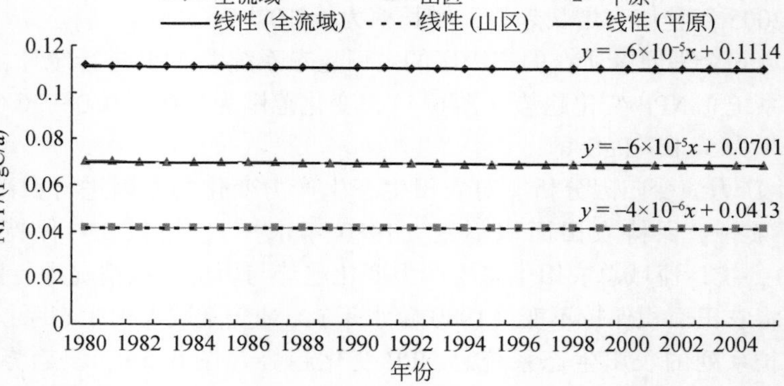

图 6-6　1980 ~ 2005 年农田生产力趋势变化（1980 年气候条件）

对海河流域 9 个山丘区所在的三级区的农田生态系统总 NPP 进行统计，得出长系列山丘区农田生态系统总 NPP 变化趋势（图 6-6），数值没有大幅波动，基本维持在 0.04PgC/a 左右，1980 ~ 2005 年整体有减少趋势，减少率为 4×10^{-6}PgC/a。

对海河流域 6 个平原区所在的三级区的农田生态系统总 NPP 进行统计，得出长系列平原区农田生态系统总 NPP 变化趋势（图 6-6），变化范围在 0.07PgC/a 左右，1980 ~ 2005 年整体有减少趋势，减少率为 4×10^{-6}PgC/a。

从分析可知，海河流域 1980 ~ 2005 年气候条件不变（1980 年水平）的情况下，山区、平原区和全流域农田生态系统总 NPP 都呈微弱减小趋势，说明土地利用变化对农田生态系统总生产力有削弱作用。

综上所述，海河流域 1980 ~ 2005 年农田生态系统生产力在全流域和山丘区、平原区均有微弱增加趋势，农田生态生产力变化主要取决于气候条件变化，与土地利用条件变化关系不大。

6.1.3　自然植被生态演变规律

1. 自然生态生产力时空演变规律

将全流域自然植被（林草地）年总 NPP 进行统计加和，得出流域长系列的自然植被总 NPP 变化趋势（图 6-7）。该趋势反映了 1980 ~ 2000 年海河流域土地利用变化和气候条件双重作用下流域自然植被总 NPP 的变化，变化范围为 0.025 ~ 0.035PgC/a，1980 ~ 2005 年整体有微弱的增长趋势，增长率为 8×10^{-5}PgC/a。

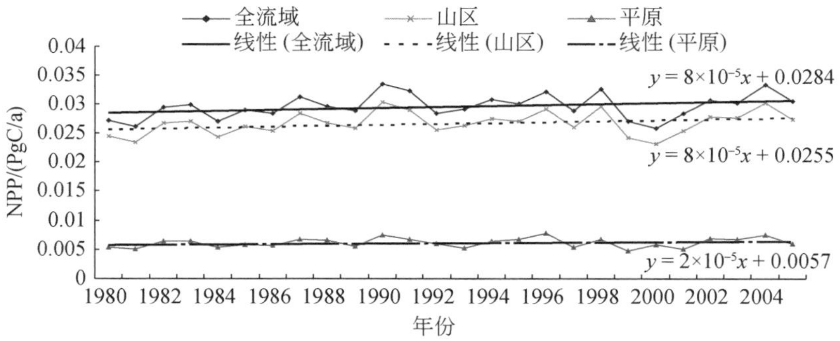

图 6-7　1980 ~ 2005 年海河流域自然生态系统总生产力变化趋势

对海河流域 6 个山丘区和 9 个平原区所在的三级区的自然植被总 NPP 分别进行统计，得出长系列山丘区和平原区自然植被总 NPP 的变化趋势（图 6-7）。由图可见，山丘区 NPP 变化范围为 0.02 ~ 0.03PgC/a，1980 ~ 2005 年整体有微弱的增长趋势，增长率为 8×10^{-5}PgC/a；平原区 NPP 变化范围在 0.005PgC/a 左右，1980 ~ 2005 年整体有微弱的增长趋势，增长率为 2×10^{-5}PgC/a。

对自然生态生产力变化的原因进行归因分析，可设定两个情景。情景一：保持土地利用面积不变（1980 年水平）；情景二：保持气候条件不变（1980 年水平），统计流域总农田生态生产力变化趋势与历史模拟情况进行比较。

情景一：为了分析植被生产力变化的影响因素，将土地利用面积保持不变（1980 年水平），对全流域进行自然生态系统生产力统计，得出流域长系列的自然植被总 NPP 变化趋势（图 6-8）。该趋势反映了 1980 ~ 2000 年不考虑土地利用变化，海河流域在气候条件作用下流域自然植被总 NPP 的变化，变化范围为 0.025 ~ 0.035PgC/a，1980 ~ 2005 年整体有微弱的增长趋势，增长率为 8×10^{-5}PgC/a。

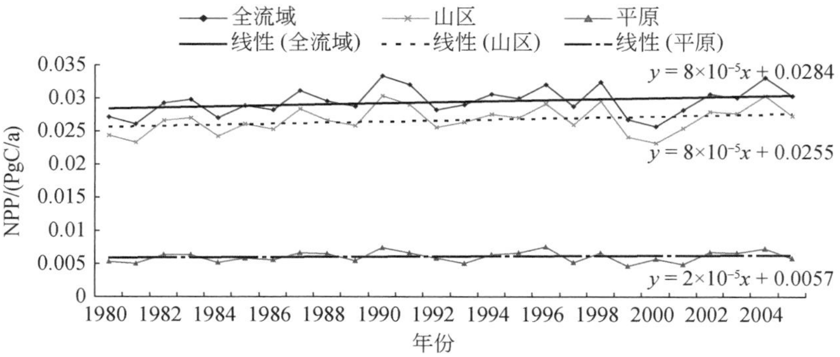

图 6-8　1980 ~ 2005 年海河流域自然生态系统总生产力变化趋势（1980 年土地利用面积）

对海河流域 6 个山丘区和 9 个平原区所在的三级区的自然植被总 NPP 分别进行统计，得出长系列山丘区和平原区自然植被总 NPP 的变化趋势（图 6-8）。由图可见，山丘区 NPP 的变化范围为 0.02 ~ 0.03PgC/a，1980 ~ 2005 年整体有微弱的增长趋势，增长率为

8×10^{-5}PgC/a；平原区 NPP 的变化范围在 0.005PgC/a 左右，1980～2005 年整体有微弱的增长趋势，增长率为 2×10^{-5}PgC/a。

从分析可知，海河流域 1980～2005 年土地利用面积不变（1980 年水平）的情况下，山区、平原区和全流域农田生态系统总 NPP 变化趋势与历史模拟情况相似。

情景二：将气候条件保持不变（1980 年水平），对全流域进行自然生态系统生产力统计，得出流域长系列的自然植被总 NPP 变化趋势（图 6-9）。该趋势反映了 1980～2000 年海河流域在土地利用变化下流域自然植被总 NPP 呈线性变化，变化范围在 0.035PgC/a 左右，1980～2005 年整体有微弱的增长趋势，增长率为 5×10^{-6}PgC/a。

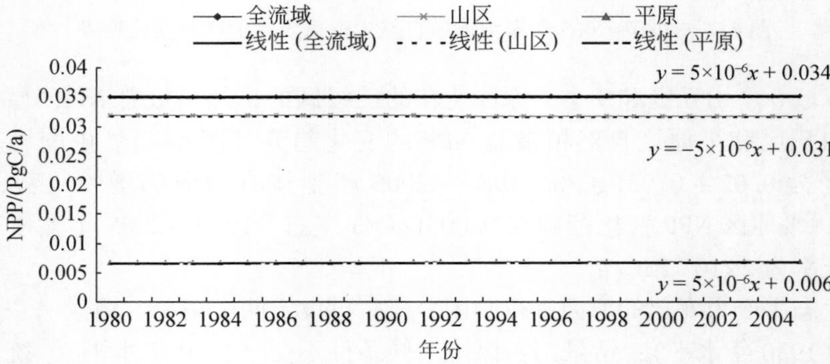

图 6-9　1980～2005 年海河流域自然生态系统总生产力变化趋势（1980 年气候条件）

对海河流域 6 个山丘区和 9 个平原区所在的三级区的自然植被总 NPP 分别进行统计，得出长系列山丘区和平原区自然植被总 NPP 的变化趋势（图 6-9）。由图可见，山丘区 NPP 的变化范围在 0.032PgC/a 左右，1980～2005 年整体有微弱的减少趋势，减少率为 5×10^{-6}PgC/a；平原区 NPP 的变化范围在 0.005PgC/a 左右，1980～2005 年整体有微弱的增加趋势，增长率为 5×10^{-6}PgC/a。

从分析可知，海河流域 1980～2005 年气候条件不变（1980 年水平）的情况下，自然生态系统总 NPP 呈微弱增长趋势。

综上所述，海河流域 1980～2005 年自然生态系统生产力在全流域和山丘区、平原区均有微弱增加趋势，自然生态生产力变化主要取决于气候条件变化，与土地利用条件变化关系不大。

2. 植被腾发量时空演变规律

将分布式水文模型中计算的各单元植被腾发量进行统计，得出 1956～2005 年海河流域林地、草地和湿地的蒸腾蒸发量。其中海河流域林地平均腾发量 1956～2005 年呈减少趋势，减少率为 0.76mm/a，山丘区和平原区的林地腾发区别很小，变化趋势也与全流域平均趋势相似（图 6-10）。

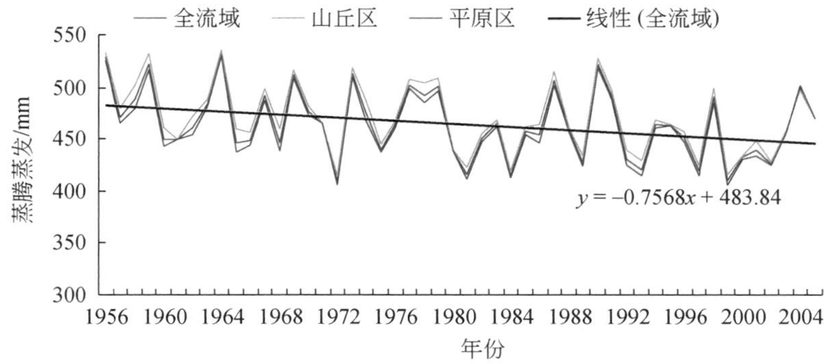

图 6-10　海河流域林地蒸腾蒸发变化趋势

海河流域草地平均腾发量 1956 ~ 2005 年呈减少趋势，减少率为 0. 86mm/a，山丘区的草地略大于平原区，山丘区和平原区草地的变化趋势也与全流域平均趋势相似（图 6-11）。

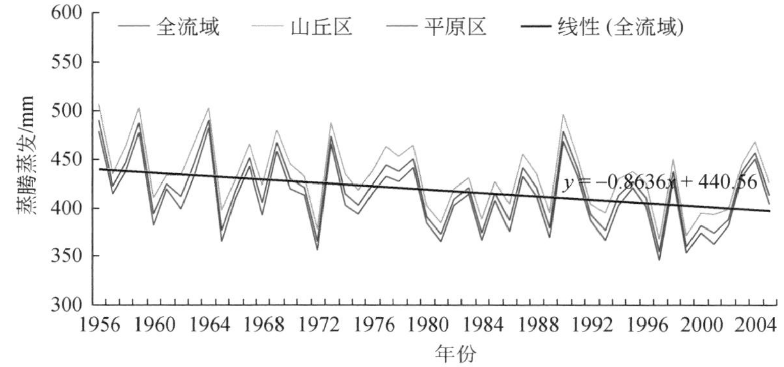

图 6-11　海河流域草地蒸腾蒸发变化趋势

海河流域湿地平均腾发量 1956 ~ 2005 年呈减少趋势，减少率为 0. 81mm/a，山丘区的略大于平原区，山丘区减少趋势较缓，减少率为 0. 69mm/a，平原区减少趋势与全流域趋势基本一致，减少率为 0. 82mm/a（图 6-12）。

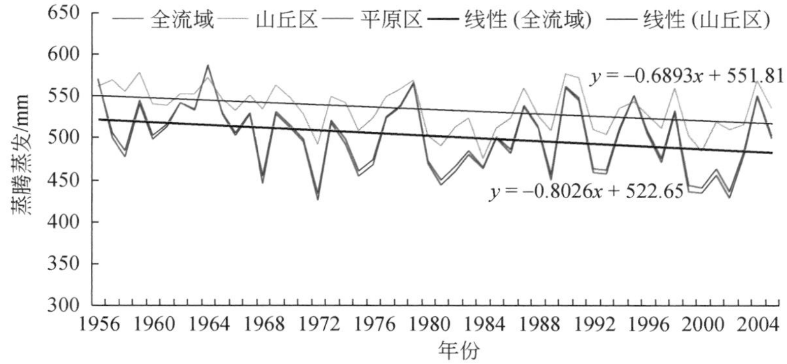

图 6-12　海河流域湿地蒸腾蒸发变化趋势

6.2 海河流域水环境演变规律

6.2.1 海河流域水污染排放和水环境现状

海河流域水环境问题严重。据全国水资源综合规划资料，全国各大流域片污染物的产生量、入河量及入河系数见表6-2。

表 6-2 全国一级流域污染物产生量、入河量（2000 年）

流域	水资源总量（1980～2000 年）/亿 m^3	废污水排放量/亿 t	COD 产生量/万 t	COD 入河量/万 t	入河系数	污径比
松花江区	1 575	34	628	99	0.16	0.06
辽河区	480	32	671	136	0.20	0.28
海河区	317	60	959	169	0.18	0.53
黄河区	676	42	903	172	0.19	0.25
淮河区	869	64	844	195	0.23	0.22
长江区	10 324	298	2 895	704	0.24	0.07
东南诸河区	2 080	50	316	70	0.22	0.03
珠江区	4 787	144	1 329	451	0.34	0.09
西南诸河区	5 743	4	324	37	0.11	0.01
西北诸河区	1 291	9	466	25	0.05	0.02
全国	28 142	737	9 335	2 058	0.22	0.07

从表可以看出，海河流域 COD 污染物的产生量列第 3 位，仅次于长江、珠江流域，COD 污染物的入河量列第 5 位，而水资源总量为全国各大流域最低，COD 污径比（此处定义为污染物入河量与水资源总量的比例）为全国各大流域最高，辽河、黄河、淮河位列其次。海河流域单位面积负荷的产生量、入河量与全国水平相比见表 6-3。

表 6-3 海河流域污染物与全国平均水平的对比（2000 年）

流域	人口密度/（人/km^2）	人均 GDP/（元/人）	人均耕地面积/（亩/人）	产生量/（kg/km^2）		入河量/（kg/km^2）	
				COD	NH_3-N	COD	NH_3-N
海河区	395	9 203	1.4	23 053.3	2 377.8	1 106.1	115.6
全国	133	7703	1.5	7 860.1	739.6	886.9	74.8

海河流域人口密度为 395 人/km^2，约为全国 133 人/km^2的 3 倍，人均 GDP 水平高于全国水平。单位面积非点源污染负荷 COD 产生量为 23t/（km^2 · a），远高于全国

7.8t/（km^2·a)的平均水平，COD 入河量为 1.1t/（km^2·a)，高于全国的 0.9t/（km^2·a）的平均水平。单位面积非点源污染负荷 NH_3-N 产生量为 2.3t/（km^2·a)，入河量为 0.1t/（km^2·a)，均低于全国平均水平。

全国各大流域河流综合水质评价结果见图 6-13。在全年评价的 284 978.7km 河长中，Ⅰ类水河长 19 687.9km，占评价河长的 6.9%，Ⅱ类水河长 106 822.8km，占 37.5%，Ⅲ类水河长 61 765.4km，占 21.7%。Ⅳ类水河长 33 231.8km，占 11.7%，Ⅴ类水河长 17 925.5km，占 6.3%，劣Ⅴ类水河长 45 545.3km，占 15.9%。全年符合和优于Ⅲ类标准的河长 188 276.2km，占评价河长的 66.1%。

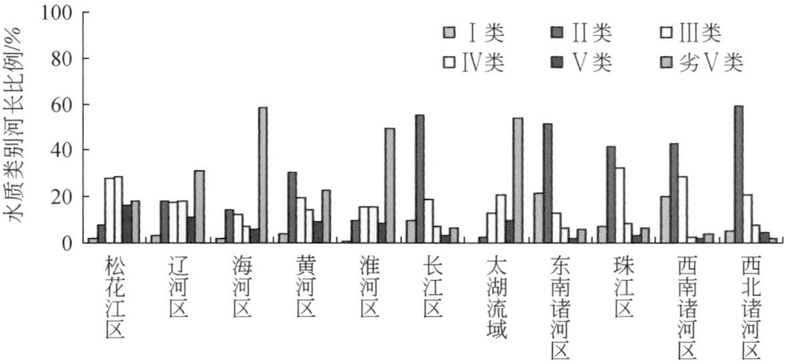

图 6-13　水资源一级区河流水质全年综合评价河长类别比例

海河区在全年评价的 19 695.4km 河长中，Ⅰ类水河长占评价河长的 1.7%，Ⅱ类水河长占 14.0%，Ⅲ类水河长占 12.6%，仅 28.3% 的河长符合和优于Ⅲ类标准；Ⅳ类水河长占 7.3%，Ⅴ类水河长占 5.7%，劣Ⅴ类河长占 58.7%，占评价河长的 49.6%，位居全国第一位，污染问题突出。北三河山区和大清河山区河流水质以Ⅱ类为主，是海河流域仅存的水质良好区域。区内城镇附近河段污染严重，成为污水河。氨氮、高锰酸盐指数、挥发酚和化学需氧量是影响海河区河流水质的主要污染项目。

6.2.2　海河流域地表水环境演变规律

海河流域是我国水污染最严重的流域之一，也是水资源开发利用程度最高的流域。“有河皆干，有水皆污”是海河流域水资源水环境质量状况的真实写照。国家已先后制订了海河流域水污染防治“九五”、“十五”计划以控制水污染，改善水环境。随着工业企业污染治理工作的不断普及和深入，以及城镇污水处理厂的全面建设，海河流域 COD 排放量大幅度下降，2005 年 COD 排放量比 1995 年减少了 50.4%。然而，海河流域水环境质量 10 年来并无明显变化，劣于Ⅴ类的水体比例一直高于 50%。

由于本次建立的水质模型基于很小的计算单元（海河流域面积为 32 万 km^2，划分为 11 752 个计算单元，平均每个计算单元 27km^2)，可以近似统计出海河流域按照不同统计方式得到的污染负荷量。例如海河流域 6 大单元 2000 年污染负荷见表 6-4。

表 6-4　海河流域 6 大单元污染物产生量

分类	单元	COD/万 t	NH_3-N/万 t
按点面源划分	点源	224.5	21.8
	非点源	719.8	76.2
按城市农村划分	城市	232.2	22.4
	农村	712.1	75.5
按地形划分	山区	221.7	31.8
	平原	722.6	66.1
总计		944.3	97.9

以 2000 年为例，按地形划分的各分项污染物产生量 COD 和 NH_3-N 见表 6-5。

表 6-5　海河流域分项污染物产生量

分项	COD/万 t		NH_3-N/万 t	
	山区	平原	山区	平原
工业生产	24.7	132.3	2.60	13.26
城镇生活	6.0	61.5	0.75	5.17
点源小计	30.7	193.8	3.35	18.43
城镇地表径流	1.5	6.2	0.13	0.51
化肥施用	7.7	1.8	9.23	2.12
农村生活	32.8	99.7	0.94	2.86
水土流失	6.0	0.2	3.88	0.11
畜禽养殖	143.0	420.9	14.30	42.09
非点源小计	191.0	528.8	28.45	47.67
总计	221.7	722.6	31.80	66.1

流域水质模型结果表明，海河流域污染物产生量中面源污染占主导，污染入河量中点源占主导，但非点源污染比重日益增加。随着点源污染治理强度的加大，COD 非点源污染负荷的比重逐渐增加，产生量比重已经从 1981 年的 73.6% 增加到 2005 年的 83.6%，入河量比重已经从 1981 年的 19.2% 增加到 2005 年的 35.9%（图 6-14）。

从海河流域河道地表水质状况总体情况看，1980～1995 年，水环境持续恶化，1996 年开始好转，2001 年后，水质状况基本稳定，到 2005 年，劣于Ⅲ类的水约占 80%，从 1980 年以来各年汛期和非汛期水质状况分布来看，海河流域非汛期水质明显好于汛期水质，表明非汛期的面源污染问题不容忽视。1980 年以来，无论是汛期还是非汛期，海河流域河道水质恶化加剧程度都很明显。

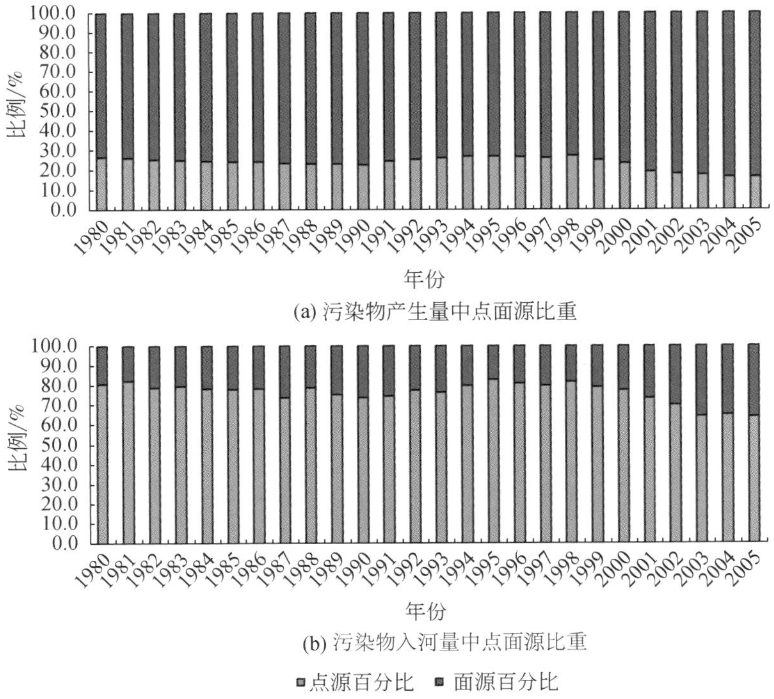

图 6-14　点面源污染物比重的变化

6.2.3　海河流域地下水环境变化规律

海河流域平原区 2000 年受人类活动影响的地下水污染面积 6.24 万 km^2，占平原区面积的 41.7%，其中轻污染面积 3.45 万 km^2，占平原区面积的 23.1%，重污染面积 2.79 万 km^2，占平原区面积的 18.6%。地下水污染指数主要有氨氮、挥发酚、高锰酸盐指数、硝酸盐氮和亚硝酸盐氮等。从水资源分区来看，各水系地下水污染面积比例均超过 30%，最高的海河南系污染面积比例达到 49.2%。从行政区划来看，天津市污染面积比例最高，污染面积比例高达 87.2%，其次为河北省，达到 49.0%。山西省因为位于海河流域的地区多为山区，地下水污染比例最小（图 6-15）。

2005 年海河流域平原区受人类活动影响的地下水污染面积 11.43 万 km^2，占平原区面积的比例达到了 76.44%，而未污染面积较 2000 年有所减少，面积仅为 3.52 万 km^2，所占比例由 2000 年的 58.3% 下降到 23.56%，与 2000 年数据相比，地下水水污染的范围呈不断扩大的态势，污染的程度也呈不断加重的态势。从资源分区来看，各水系污染面积均超过 65%，其中滦河及冀东系的污染面最广，污染面积比例达到 100%；海河南系污染程度最重，重度污染比例达到 44.87%。行政区划中，天津市污染广度和程度均为最高，污染面积达到 100% 污染，重度污染比例达到 85.1%，其次为山东省。由于山西省在地形上的特点，其地下水污染比例仍为最小。

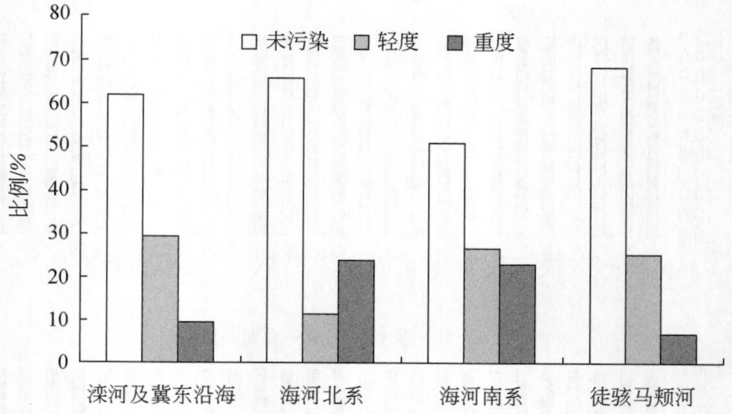

图 6-15　海河流域各水系 2000 ~ 2005 年地下水污染面积比例

在全国进行地下水水质评价的 199.6 万 km^2 的面积中，Ⅰ类和Ⅱ类水质的面积仅为 4.98%。Ⅲ类区面积占评价面积的 35.53%。地下水Ⅳ、Ⅴ类的面积占总评价面积的 59.49%。全国 199.6 万 km^2 的平原区内，有 24.84% 的面积已受不同程度的人类活动污染。黄河和内陆人口密度较小的流域污染相对轻一些，而人口密集的太湖和海河平原等污染已呈大范围蔓延态势。

总体上，海河流域地下水污染现象较为普遍，并在总体上呈现出由点源向非点源演化、由局部向区域扩散、由城市向农村蔓延、由浅部向深部发展的趋势。污染物组分则由无机向有机发展，危害程度日趋严重；地下水污染面积不断扩大，污染程度不断加重。

6.2.4　典型流域水环境演变过程与归因分析

白洋淀水质 1973 ~ 2007 年总体呈恶化趋势（图 6-16），劣于Ⅲ类水水质，由 20 世纪 70 年代的 14.3% 上升到 2000 年以后的 83%。水质恶化严重；2006 年内水质变化综合污染指数枯水期（31.35）>丰水期（10.14），见表 6-6。且 TP 的综合污染指数（BOD_5）最高达到 14.86，综合污染指数最低为 7.67。空间分布上，以南刘庄为核心的西北部区域污染最为严重，其次为白洋淀东北部区域的烧车淀、王家寨、光淀张庄、枣林庄和圈头；采蒲台和端村的东南和西南区域污染最轻。

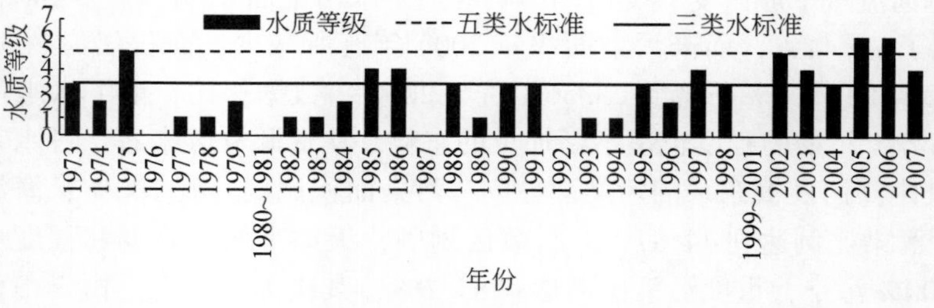

图 6-16　白洋淀湿地水质年际变化

综合污染指数见表 6-6。

表 6-6　白洋淀水质综合污染指数

季节	P				$\sum P_i$
	COD_{Mn}	NH_3-N	BOD_5	TP	
丰水期	1.93	2.47	1.55	4.20	10.14
枯水期	2.00	6.98	2.29	20.1	31.35
$\sum P_j$	7.84	18.88	7.67	48.60	

对自然和社会影响因素进行比较分析，影响白洋淀水质的关键自然因子是入淀水量，1973～2007 年，历年入淀水量远达不到淀区最小需水量。社会因子包括产业和产业结构两个因子，产业因子有保定市第一产业、安新县第二产业和保定市第三产业，相关系数分别为 0.771、0.708 和 0.624；产业结构因子有安新县工业、安新县渔业和保定市农业的发展，相关系数分别为 0.746、0.734 和 0.661。此外，安新县和保定市人口增长与水质的相关系数也分别达到 0.731 和 0.690（表 6-7）。因此建议：①控制人淀水质、淀区面源和内源污染；②空间上进行分区管理，可分为污染控制区、综合改善区和生态恢复区；③加强生态的监测和预警，完善白洋淀流域环境公共政策和产业环境管理。

表 6-7　白洋淀水质影响因素分析

	自然因素		社会因素							
	年际降水量（n=52）	入淀水量（n=20）		人口增长（n=15）	第一产业总产值（n=15）	第二产业总产值（n=15）	第三产业总产值（n=15）	农业总产值（n=15）	渔业总产值（n=15）	工业总产值（n=15）
水质	0.324	0.651*	保定	0.690*	0.771*	0.470	0.624*	0.661*	0.589	0.637*
			安新	0.502	0.344	0.708*	0.345	0.553	0.734*	0.746*

注：* $p<0.05$

6.3　海河流域水环境和生态演变预测

6.3.1　海河流域水环境演变趋势预测

情景设定如下：

（1）水平年：考虑现状 2005 年、未来 2010 年和 2020 年 3 个水平年；

（2）水量条件：从 15 种不同的水资源调控措施情景中选出 4 个；

（3）污染控制方案：包括现状污染排放（E1）、近期控制（E2）和中期控制（E3）三种情形。

水量条件与污染控制方案组合，生成3个水质模拟方案，见表6-8。

表6-8　水量水质综合调控方案

项目	2005年	2010年	2020年
水量情景	S1	S2	S6
南水北调	无	无中线有东线	有中线有东线
地下水开采	超采80亿	超采减1/3	无超采
入海水量	35亿	35亿	55亿
E1：现状排污	S1E1		
E2：排污定额削减10%		S2E2	
E3：排污定额削减20%			S6E3

按照1980～2005年系列降水和气象条件设定的情景，分别进行了3个水质情景方案模拟调算，全流域的入河入海负荷见表6-9。

表6-9　海河流域入河入海负荷

1）COD

方案设置	入海水量/亿m^3	产生量/万t	入河量/万t	入河系数	入海量/万t	入海系数
S1E1	57.6	801.7	183.3	0.229	47.6	0.260
S2E2	64.6	812.8	175.7	0.236	51.9	0.296
S6E3	92.3	831.1	229.2	0.332	83.0	0.362

2）NH_3-N

方案设置	入海水量/亿m^3	产生量/万t	入河量/万t	入河系数	入海量/万t	入海系数
S1E1	57.6	83.6	20.4	0.244	6.7	0.328
S2E2	64.6	84.7	19.5	0.230	7.5	0.385
S6E3	92.3	86.6	25.6	0.296	12.6	0.493

从表6-9可以看出，2020年相对于2010年，COD和NH_3-N产生量将分别增加11.1万t和1.1万t，但由于治污力度加大，污染入河量分别减少7.6万t和0.9万t，随着入海水量的增加，入海污染物量分别增加4.3万t和0.8万t。2030年相对于2020年，COD和NH_3-N产生量将进一步分别增加18.3万t和1.9万t，尽管由于治污力度加大，但由于南水北调增加水量的供给造成污染入河量将分别增加53.5万t和6.1万t，随着入海水量的大量增加，入海污染物量将分别增加31.1万t和5.1万t。

6.3.2 海河流域生态演变趋势预测

1. 海河流域农田生态演变规律

利用分布式作物生长模型对三个未来气候变化情景 SRES-A1B、SRES-A2 和 SRES-B1 的海河流域农田单产进行预测。2021 ~ 2050 年三个情景下，海河流域冬小麦年际间单产相对于 1961 ~ 1990 全流域冬小麦年际间单产的变化率，如图 6-17 所示。三个情景下冬小麦单产相对于历史气候条件下的产量总体有不同幅度的增加，但增加的幅度呈减小趋势。

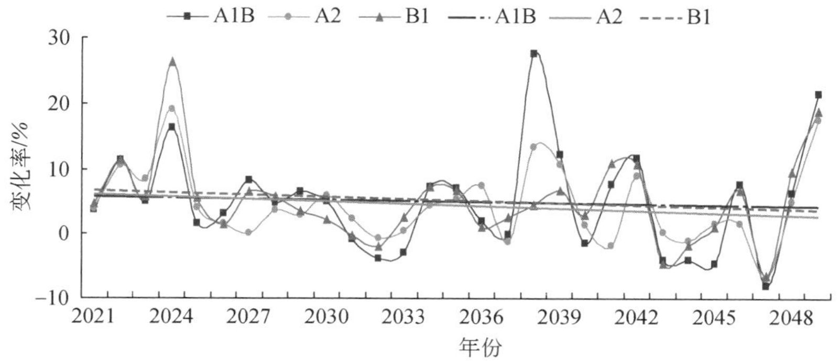

图 6-17　海河流域气候变化情景下冬小麦单产变化趋势

总体来说，未来气候变化条件下海河流域农田生态生产力将有 3% ~ 12% 的增长。

2. 海河流域自然植被演变规律

综合考虑气候变化和下垫面变化，设定 6 种未来变化环境情景，见表 6-10。

表 6-10　未来变化环境情景设定

情景设定	情景 1	情景 2	情景 3	情景 4	情景 5	情景 6
气候条件	A1B	A1B	A2	A2	B1	B1
下垫面条件	现状	2020 年	现状	2020 年	现状	2020 年

基于流域植被生态模型，模拟未来环境变化情景下自然植被变化（表 6-10）发现，海河流域年 NPP 在 6 个情景下都有所增加，现状下垫面条件下的情景 1、情景 3、情景 5 的 NPP 增加为 3% ~4%，2020 年下垫面系列情景 2、情景 4、情景 6 的 NPP 增加为 9% ~ 11%。6 个情景下的年碳累积量都有显著增加（图 6-11），现状下垫面系列的情景 1、情景 3、情景 5 的年碳累积量增加为 130% ~140%，2020 年下垫面系列情景 2、情景 4、情景 6 的 NPP 增加为 80% ~90%。

表 6-11　气候变化情景模拟碳循环结果

项目	历史平均	情景 1	情景 2	情景 3	情景 4	情景 5	情景 6
多年平均 NPP/[gC/(m^2 · a)]	153.67	159.93	170.69	157.52	168.03	158.47	169.19
变化率/%		4.07	11.08	2.51	9.34	3.12	10.10
多年平均碳累积量/[gC/(m^2 · a)]	2.10	5.09	4.10	5.01	3.96	4.89	3.87
变化率/%		141.88	94.85	137.93	88.18	132.60	83.89

根据以上分析，现状下垫面条件不变的情况下，未来 2020 ~ 2050 年气候变化将使自然生态生产力有 3% ~5% 的增长，碳累积量有 130% ~140% 的增长。未来规划下垫面条件下，未来 2020 ~ 2050 年气候变化将使自然生态生产力有 9% ~11% 的增长，碳累积量有 80% ~90% 的增长。

第7章　基于均衡理论的海河流域水循环综合调控模式

7.1　用水强竞争地区的流域水循环调控基础分析

7.1.1　流域水循环的多维属性和临界特征

人类活动影响下水循环的“自然-社会”二元特征赋予其多维属性特征：①资源属性是指水循环的时空量质、循环特征及可再生能力；②社会属性是指水资源通过水量的“供、用、耗、排”融入到了社会发展过程，与土地、能源等其他资源一样成为调控社会发展的一种关键资源要素；③经济属性是指水资源作为经济生产要素在其利用过程中体现的商品和市场效应；④生态属性是指天然条件下水资源的生态服务功能；⑤环境属性是指与水的化学特性对相关的环境系统形成的影响和响应。

水循环的五种基本属性关联伴生，每一维的属性对应着相应的子系统特征。某一属性的变化不仅影响该子系统及其伴生的资源服务功能，而且会对其他子系统的属性功能产生影响，可能对该子系统和其他子系统产生不可逆转的破坏。因此，作为每一维的特性，其代表性指标在一定范围之内时，系统可以维持正常的运行，而突破一定范围的变化则会引起不可持续的结果。按照可再生资源维持可持续性的一般原则，可再生资源的利用具有平衡转移到不平衡性状态的临界点。水循环及其伴生过程所形成的系统具有可再生资源的特征，因此具有多维临界状态的特征，具有在多重干扰条件下从平衡状态到不平衡状态转移的临界阈值点。

7.1.2　流域多维临界调控的准则和决策机制

水循环多维临界调控的实质是一种决策方式，即是分析水循环系统五种属性的相互作用关系，按照自然规律和经济规律对流域水循环及其影响水循环的自然、社会、经济、生态和环境诸因素进行整体分析，遵循合理的决策机制提出决策方法和相应措施，实现流域整体的综合效益最大化。

实现多维临界调控需遵循四项宏观调控准则：①开发利用水资源的速度不应超过其可再生速度，即水资源的利用以其再生能力为阈值；②当开发利用水资源的速度已经超过其再生速度时，水资源需求增长速度应不超过其可再生替代资源（如再生水利用、洪水资源化、跨流域调水等）的开发利用速度；③污染物的排放量应不超过水环境的自净能力；④对有限水资源的开发利用应在尽可能公平的框架下追求效率和效益最大化。

水循环的多维属性决定了水资源调控需要考虑每维属性的特征要求，结合上述多维临界调控的宏观准则确定各维的调控方向和准则如下。

1）资源维，调控方向是水循环本身的稳定健康。包括水资源系统的时空量质、循环特征及可再生能力，要求人类活动对水循环的产流、汇流、入渗、补给、排泄环境等各项环节不能过度干扰。调控准则是流域水循环稳定或可再生性维持。

2）经济维，调控方向是效率优先。在当前的基本社会伦理和哲学框架下，追求用水效率和效益最大化。调控准则是使水资源由低效率、低效益行业向高效率、高效益行业流转。

3）社会维，调控方向是保障公平。主要包括：①生存和发展的平衡，主要是保证粮食安全和经济发展之间的平衡关系；②地区之间的公平性；③国民经济行业之间的公平性；④城乡之间的公平性；⑤代际之间的公平性。调控准则是确保弱势群体和公益性行业的基本用水。

4）生态维，调控方向是系统的持续性。在生态系统的适宜、最小的生态需水量之间，寻求水循环的生态服务功能和经济社会服务功能达到共赢的平衡点。调控准则是确保重点生态系统的稳定和修复，在海河流域具体反映在保持基本的入海水量和地下水位不持续下降。

5）环境维，调控方向是区域环境质量良好。避免水资源利用造成危害人体健康，危害生物、生态系统和破坏人类审美观念的后果，环境危害也会对社会公平性形成巨大挑战。调控准则是水量水质联合配置调度，实现水功能区废污水达标排放。

7.1.3 多维临界调控的决策机制

基于上述宏观调控准则，水循环多维临界整体调控针对各维协调均衡的决策机制，包括水量平衡决策机制、社会决策机制、经济决策机制、生态决策机制和环境决策机制。

1. 基于水平衡的资源决策机制

从流域水循环过程中降水、径流、蒸腾蒸发和入海之间的流域水分平衡关系出发，确保人工侧支耗水量不超过允许径流耗水量：

$$ET_{规划} < ET_{允许} \tag{7-1}$$

$$ET_{允许} = W_{降水} - W_{入海} \tag{7-2}$$

式中，$ET_{规划}$为作为规划目标的流域水分蒸散发值；$ET_{允许}$为满足流域水循环均衡稳定条件下的蒸散发水量；$W_{降水}$为全流域降水量；$W_{入海}$为全流域入海（出境）水量。

规划 ET 包括未来人工系统用水和自然系统消耗水量两部分，其中自然 ET 可以在分析现状自然 ET 的基础上，通过预测自然植被覆盖程度以及土地利用方式的改变进行修正后得出。

流域水平衡机制一方面起到了协调经济社会和生态环境平衡关系的作用，另一方面水平衡机制在本质上也起到了推进流域用水高效性的调控作用。水平衡的目标是指保证水循环的稳定健康，要求经济用耗水在不牺牲生态和环境的范围内实现有效利用配置，在允许耗水量范围内实现最具有经济社会价值的水量分配，形成资源性的高效用水。

2. 基于效益最优的经济决策机制

从不同用水的效益和损失基础上分析水资源有效调控的方向，通过不同利用方式的经济效益差别实现在公平的基础上水资源利用效率和效益的最大化，使流域优化水量配置方案获取最大的综合环境经济效益：

$$\max F(X) = B(X) - C(X) - L(X) \tag{7-3}$$

式中，X 为规划的水量配置方案，$B(X)$ 为该方案下的水量供给所产生的经济效益，其中不同行业的用水效益由相应行业的产值和水经济价值的分摊效益分析得出；$C(X)$ 为满足水量需求所需提供的成本，包括新增供水调水、水利工程维护扩建、再生水利用、水需求抑制等各方面的资金投入；$L(X)$ 为由于水量短缺以及水环境恶化所产生的经济和生态环境损失。

通过经济机制可以促进水量在不同行业之间的流转，在公平的范围内，高附加值的地区和行业可以竞争获取更多水量，通过用水结构调整促进高效用水。

3. 基于公平的社会决策机制

公平性一方面体现在强势和弱势群体之间的均衡，协调生存与发展的矛盾，核心是保证粮食安全，因为农业生产（特别是粮食作物）的水经济价值已显著低于其他行业。另一方面体现在协调城乡发展，缩小城乡间人均生活用水的差距，反映城乡之间的用水公平性。此外，公平性还体现在区域用水公平、产业用水公平、代际用水公平等方面。

4. 维系生态功能良好的生态决策机制

维持流域水资源可持续利用，尽量避免对区域生态系统的干扰和破坏是维持水循环生态服务功能的基本要求：

$$\max E(X) = M + B(X) - L(X) \tag{7-4}$$

式中，M 为流域的水生态服务价值总和；$B(X)$ 为通过人工水量调节后形成的新增生态服务价值；$L(X)$ 为人工用水导致生态系统服务价值降低所形成的损失，包括天然水循环被人工用水干扰后生态用水通量减少以及用水的污水退水等引起水质恶化两方面对生态系统的负面影响导致的损失。

5. 维系水体功能的环境决策机制

维护水环境可承载能力，水质和水量调控必须联合进行，使控制断面满足水环境、水功能区划要求，实现流域污染负荷的处理和达标排放，保持区域水体的自净能力。同时，环境决策机制还包括对水污染损失的衡量、废污水处理和再生利用的边际成本和效益对水量在行业区域间分配的影响。

7.1.4 多维临界调控整体调控技术框架

在明晰水循环多维调控目标和调控准则的基础上，进一步研究多维调控的分析方法和工具，对多维调控目标、准则、方案与措施进行分层次研究，通过对调控目标多层次分解和三重模型耦合分析实现多维调控合理决策，在资源、经济、社会、生态、环境五维框架下进行水资源的评价、配置、实时调控与管理。

水循环多维临界整体调控包括四个层次（图 7-1）。第一层次是对多维调控目标分解优化，采用三层次递进方法构建方案集，提出经济社会发展趋势下多目标优化调控方案，辨析用水与经济环境生态效应关系；第二层次是对多维调控方案比选和评价，以五维调控准则为中心提出宏观调控表征指标及权重，构建多维调控评价模型，进行方案评价，提出临界整体调控阈值；第三层次是对重点调控方案进行过程模拟，验证调控目标的可行性，得出总量控制方案，分析相应的生态环境影响效应；第四层次是提出水资源可持续利用对策措施体系，为决策层提供水循环整体调控的技术支撑。

从控制论的角度看，临界控制的本质是人类通过对自身活动的理性控制，使其赖以生存的自然系统处于合理和允许的阈值区间，远离崩溃的临界状态。水循环调控具有多维、多目标、多层次、多过程的特点，受许多因素的影响和制约，因而调控过程允许在一定范围内（阈值区间）波动。可见，水循环多维临界调控是要在临界点之上、合理阈值范围内，朝向各维理想目标不断调整，寻求五维竞争、协同平衡点，使水循环系统处在对人类社会及经济发展最适宜的状态。

7.1.5 模型体系

为了实现多维临界调控的总体目标，按照多维临界调控的技术框架建立了以多目标宏观经济模型（DAMOS）、基于规则的水资源配置模型（ROWAS）、水资源环境经济效益分析模型（EMW）和多维调控方案评价模型（SEAMUR）为主体的多维整体调控模型体系，通过方案集的生成、系统分析验证、目标分解与归一、方案评价与比选等过程，使海河流域五维均衡调控成为可能。

1）多目标宏观经济模型（DAMOS）。通过多目标之间的权衡，分析和确定经济社会发展模式及其投资组成和供水组成。采用人均国内生产总值（GDP）最高作为经济发展方面的目标，人均化学需氧量（COD）作为水环境综合评价指标，人均粮食占有量（FOOD）

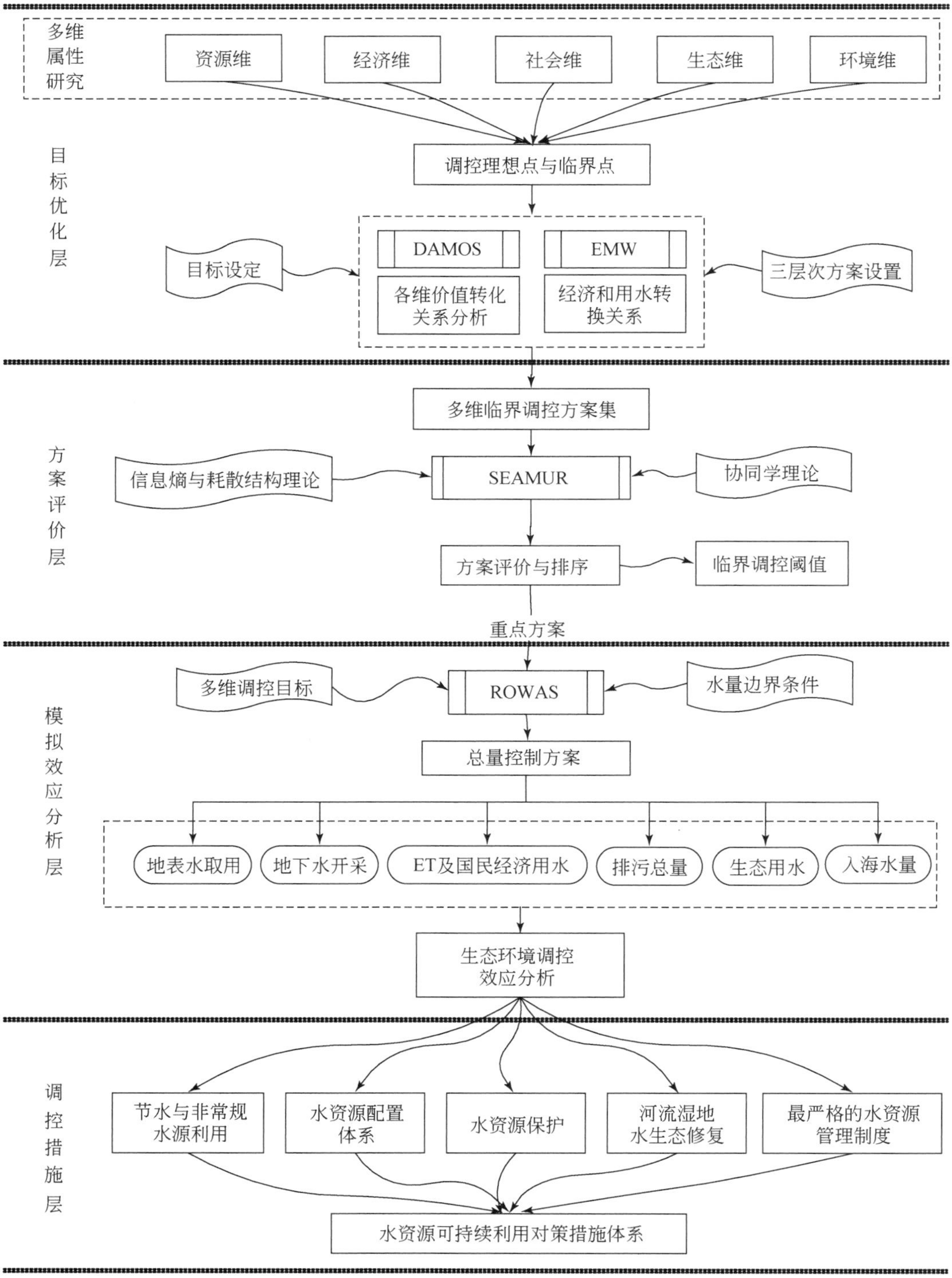

图 7-1 水循环多维临界调控整体框架

作为社会安全指标，控制地下水超采量（OVEX）作为生态环境保护目标，区域水量平衡作为水资源可持续发展目标。五个目标之间相互联系、相互制约而又不可公度。

2）基于规则的水资源配置模型（ROWAS）。主要用于实现各种工程技术约束和系统运行规则下的水量合理配置，完成时间、空间和用户间三个层面上从水源到用户的分配。模型以系统概化为基础对实际系统进行简化处理，通过抽象和简化将复杂系统转化为满足数学描述的框架，以系统概化得到的点线概念表达实际中与水相关的各类元素和相互关联过程，识别系统主要过程和影响因素，在系统概化的基础上对系统的水源和用水户进行分类和模拟。

3）水资源环境经济效益分析模型（EMW）。基于综合环境经济核算（又称绿色国民经济核算）的基本思想，从市场经济的角度，定量研究经济社会用水过程造成的资源耗减成本、水生态退化成本和水环境保护支出等方面的涉水活动的用水负效应，评价“基于用水负效应调整后的国内生产总值（WEDP）”。在此基础上，进一步推求在 WEDP 最大时的经济社会用水量区间，分析流域水资源合理开发利用的阈值。EMW 模型由水资源投入产出分析模块、用水负效应分析模块和水资源价值评价模块构成（图 7-2）。

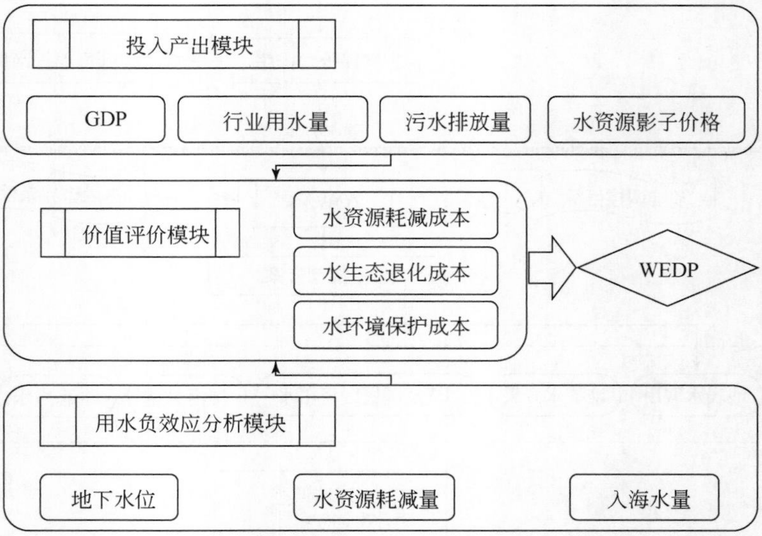

图 7-2　EMW 模型结构

4）多维调控方案评价模型（SEAMUR）。以熵理论和协同学理论为基础，采用协同学理论中的序参量揭示水资源系统内部各子系统的协同效应，把握系统的演化过程；应用耗散结构理论中的总熵变函数衡量水循环系统的演化方向；引入信息熵的概念和原理构建水循环系统有序度熵函数，评价以水平年为基准的单一调控方案；引入协调度概念，构建水循环系统协调度函数用于评价系列年组合调控方案，最后通过协调度及其综合距离评价组合方案并进行方案选取（图 7-3）。

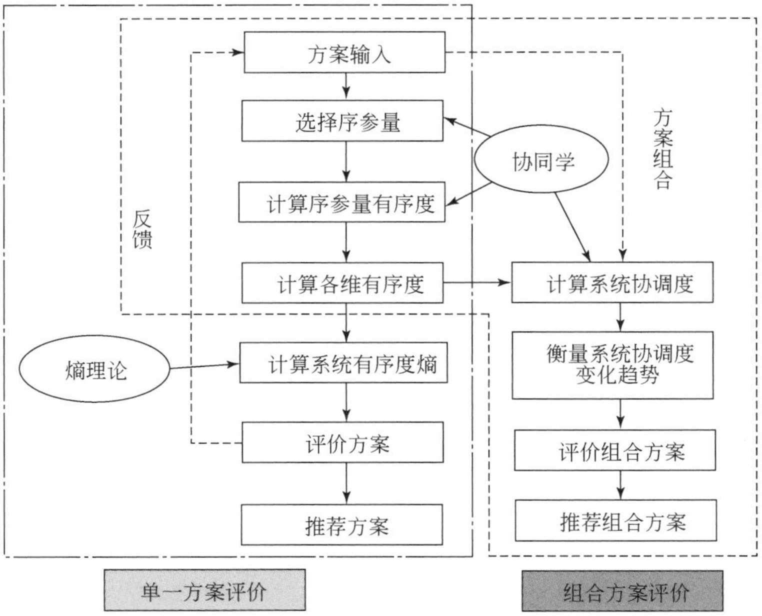

图 7-3 流域水循环系统多维调控方案的评价流程

7.2 海河流域水循环系统均衡调控理论与模式

7.2.1 多维均衡调控目标函数

1. 五维归一化目标函数

多维临界调控的目标具有整体性，准确衡量不同方向的调控效果必然涉及对各维效果的公度。目前对这些度量尚有不同认识，因此必须在现有认识基础上建立可以反映不同维效果的整体目标函数。由于多维调控中的五维目标具有不同的度量标准和单位，必须采用多目标比较分析的方法予以处理。

多维调控效果的价值包括资源、环境、社会、经济和生态多方面价值，调控目标是追求社会净福利最大化，同时人均水平相差不大。目前研究水资源的生态系统服务价值、环境价值、资源价值、经济服务价值均有独立的计算方法和技术。

根据上述分析，多维调控的目标函数是社会净福利总量最大、社会人均福利差异最小。因此，计算的社会净福利是标量，是把生态价值、资源价值、环境价值、经济价值全部换算为价值量，采用标量之和的方式表达，实现度量的统一。归一化的目标函数可以采用下式表达：

$$\text{Cobj}=f\begin{pmatrix}\text{maxGDP}\ (t,\ d),\ \text{minCOD}\ (t,\ d),\ \text{maxFOOD}\ (t,\ d),\\ \text{minOVEX}\ (t,\ d),\ \text{maxECOW}\ (t,\ d)\end{pmatrix} \tag{7-5}$$

2. WEDP 最大目标函数

在传统的国民经济核算体系下，国内生产总值（GDP）为一国经济状况提供了最为综合的衡量尺度。但是，国民经济核算作为 20 世纪 30 年代的产物，在反映经济与环境的关系方面存在着根本性的缺陷，主要体现在将经济过程与环境割裂开来，没有体现环境对经济过程的作用，也没有反映经济过程对环境产生的影响。

面对现有核算体系和经济指标存在的不足，亟须将资源和环境因素纳入到统计核算范畴内，全面、正确地描述环境经济的关系。目前，较为成熟的是联合国推行的综合环境经济核算体系。水资源环境经济核算就是综合环境经济核算框架下的专题核算之一。其总体思路是通过开展水资源实物量核算、水经济核算及以水为核心的综合核算，将水资源与经济的相关信息有机地结合在一起，从水资源的角度反映环境与经济体之间的关系，核算经济活动中的水资源耗减成本和水生态、水环境退化成本，并纳入到综合环境经济核算中，与其他资源核算成果结合对国民经济核算进行调整，最终达到客观评价经济发展现状和潜力的目的。

本研究的目标就是以水资源环境经济核算为基础，在海河流域开展研究，分析经水资源耗减成本、水生态环境退化成本和水环境保护支出调整后的国内生产总值，即分析水资源环境经济效益（简称 WEDP）最大化目标，用公式表述为

$$\max\ (\text{WEDP}) = \max\ (\text{GDP}-C_{\text{wrde}}-C_{\text{wede}}-C_{\text{wepr}}) \tag{7-6}$$

式中，WEDP 表示水资源环境经济效益；GDP 表示国内生产总值；C_{wrde}表示水资源耗减成本；C_{wede}表示水生态退化成本；C_{wepr}表示水环境保护支出。

7.2.2 多维效益关系分析

海河流域属于严重缺水地区，社会、经济、生态和环境用水存在着较大的竞争性。因此，研究此平衡状态下的各维交换比是可行和有意义的。根据设定的海河水资源调控情景，对各维效益交换比以经济价值为平台进行了评价衡量。在系统变化过程中，固定其他变量，研究某一指标变化对 GDP 的影响，进行敏感性分析，建立各维指标变化对 GDP 的函数关系。以 GDP 为准绳，定量分析各指标之间的交换比，为各维之间的水量交换效益分析提供统一量化基础。

以水资源多目标决策分析技术为基础，通过对 ET、用水总量、南水北调水量以及其他边界条件的设置，计算海河流域 2020 年平衡方案。以此方案为基础，进行入海水量、地下水超采、农业用水等与 GDP 的联动运算，建立入海水量与 GDP，地下水超采与 GDP，农业用水与 GDP 的函数关系。根据对各方案成果的整理分析，提出各维主要代表指标与 GDP 的变化关系，如图 7-4 所示。

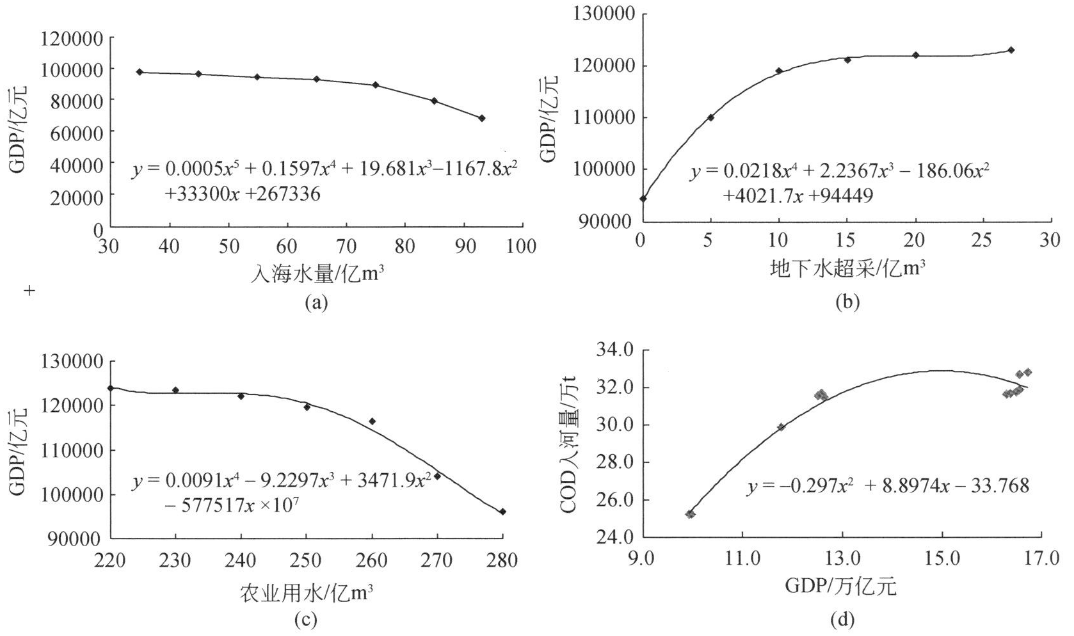

图 7-4　经济维与其他各维主要指标的关系

（a）GDP 与入海水量变化的关系；（b）GDP 与地下水超采变化的关系；（c）GDP 与农业用水变化的关系；（d）GDP 与 COD 入河量的关系

7.2.3　水资源环境经济效益分析

1. 计算原则

水资源环境经济效益分析模型（EMV）的作用是从市场经济的角度，将社会经济用水过程造成的水资源耗减问题和水生态、水环境退化问题用经济指标量化，在反映国内生产总值增加的同时，造成的水资源耗减问题和水生态、水环境退化，评价水资源环境经济效益。目标是以水资源为介质，建立起实物量指标和价值量指标（包括水资源耗减量、污水排放量、地下水位、入海水量、水资源影子价格、水资源耗减成本、水生态退化成本、水环境保护支出、国内生产总值等资源、环境及价值指标）等多维指标的权衡分析，分析社会经济用水量变化所引起的国内生产总值、水资源耗减成本、水生态退化成本以及水环境保护支出的变动，并推求扣除上述用水引起的损失后水资源环境经济效益（WEDP）最大的社会经济用水量区间，以此作为流域水资源合理开发利用的阈值。

模型共分为三个模块，分别是投入产出模块、用水负效应分析模块和水资源价值评价模块。投入产出模块是模型的核心部分，以 2007 年海河流域投入产出表为基础采用线性规划分析方法，模拟不同用水量情景下国内生产总值、分行业用水量、废污水排放量和水资源影子价格；用水负效应分析模块主要模拟用水过程引起的地下水变化、入海水量以及水资源耗减量变化，为评价资源耗减成本及生态、环境退化成本提供基础；在上述结果的基础上，价值评价模块分析由于用水过程导致的水资源耗减成本、水生态退化成本以及社会经济活动中投入的水环境保护支出等负面效用，最终评价用水综合环境经济效益。通过比较分析不同用水量状况下 WEDP，寻求最大的 WEDP 用水量，以此作为海河流域合理用水阈值。

用水负效应分析模型的作用是分析用水量引起的地下水位、入海水量以及水资源耗减量等指标变化，建立各指标与用水量的数学关系。

2. 用水负效应分析

1）水资源耗减量与用水量的关系。水资源耗减量是指在核算期内，经济社会活动的用水消耗量超过当地水资源开发利用阈值的水量。

对于地表水而言，地表水资源属于可更新的，地表水资源耗减量应从地表水用水消耗量是否超过地表水可利用量考虑，可将地表水可利用量作为其开发利用阈值。地表水用水消耗量包括三部分：核算区域外调入水量形成的用水消耗量（C_{in}）、当地地表水的用水消耗量（C_{out}）和调出水量（T_{out}）。其中，由于调出水量一般不再回归核算区域内的地表水体或地下含水层，因此将调出水量全部作为消耗量计算。这三项之和即为地表水用水消耗量。地表水资源耗减量（D_s），是地表水用水消耗量与地表水可利用量（A_s）的差值，可用下式表示：

$$D_s = (C_{in}+C_{out}+T_{out}) - A_s \tag{7-7}$$

也可表示为

$$D_s = (U_{out} \cdot r+U_{in} \cdot r+T_{out}) - A_s \tag{7-8}$$

式中，U_{out}为外调水使用量；U_{in}为当地地表水使用量；r 为耗水率。

对于地下水而言，浅层地下水在一定程度上属于可更新的，可将地下水可开采量作为其开发利用阈值。与地下水可开采量概念相对应、表征地下水资源开发利用特性的指标为地下水开采量。则浅层地下水资源耗减量（D_{sg}）应从浅层地下水开采量（E_{sg}）是否超过地下水可开采量（A_g）考虑。

$$D_{sg} = E_{sg} - A_g \tag{7-9}$$

深层地下水与矿产资源相似，属于难以更新的水量。鉴于深层地下水的补给条件较差，更新速度极其缓慢，深层地下水开采量（E_{dg}）应全部作为其水资源耗减量（D_{dg}）。尽管在目前水资源评价中深层地下水不作为水资源量考虑，但是这部分水量对于经济社会发展的支撑作用也是不容忽视的，尤其在我国的北方地区。

$$D_{dg} = E_{dg} \tag{7-10}$$

水资源耗减量等于地表水和地下水耗减量之和。

$$D_w = D_s + D_{sg} + D_{dg} \tag{7-11}$$

2）地下水位与用水量的关系。地下水超采量与地区内总用水量及区域内水资源配置有关，当地下水供水量超过地下水可开采量时，将导致地下水超采，地下水超采与总用水量的关系：

$$O_w = g(U_w) \tag{7-12}$$

式中，O_w 为地下水超采量；U_w 为社会经济总用水量。

（3）入海水量与用水量的关系。入海水量与地区内总用水量及区域内水资源配置有关，当地表水开发利用量超过地表水可利用量时，将导致入海水量减少，入海水量与总用水量的关系：

$$S_w = h(U_w) \tag{7-13}$$

式中，S_w 为地下水超采量；U_w 为社会经济总用水量。

3. 价值评价

价值评价模型的作用是评价一定用水量所造成的资源耗减成本、生态退化成本以及水环境保护支出等指标，分析用水过程产生的负面影响，进一步评价海河流域涉水活动经济净福利。

1）水资源耗减成本。水资源耗减成本用水资源价值和水资源耗减量的乘积来评价，计算公式为

$$C_{wrde} = D_w \cdot P_{ws} \tag{7-14}$$

式中，C_{wrde} 为水资源耗减成本；D_w 为水资源耗减量；P_{ws} 为单位水资源价值，水资源价值通过价格来反映，由于缺乏由市场机制形成的水资源价格，此次研究利用水资源影子价格来反映。

2）水生态退化成本。水生态退化成本主要体现在经济社会用水过多导致生态、环境用水减少，造成水生态系统服务功能的降低，包括地表水和地下水不合理开发造成的水生态环境破坏两部分。

水生态系统服务功能指水生态系统及其生态过程所形成及所维持的人类赖以生存的自然环境条件与效用。它不仅是人类社会经济的基础资源，还维持了人类赖以生存与发展的生态环境条件。根据水生态系统提供服务的消费与市场化特点，水生态系统的服务功能可划分为产品生产功能（直接使用价值）和生命支持系统功能（间接使用价值）两大类。产品生产功能是指水生态系统提供直接产品或服务维持人类的生活、生产活动的功能，主要包括生活、农业及工业用水供应、水利发电、内陆航运、水产品生产、休闲娱乐等。生命支持系统功能是指水生态系统维持自然生态过程与区域生态环境条件的功能，主要包括调蓄洪水、疏通河道、水资源蓄积、土壤持留、净化环境、固定碳、提供生境、维持生物多样性等功能。

地下水超采造成的水环境破坏包括地面沉降、水质恶化以及海水入侵等综合性后果，地面沉降损失可通过下式计算：

$$D = \sum P_j \cdot C(\omega_i) \tag{7-15}$$

式中，$C(\omega_i)$ 为下沉区域在 ω_i 范围内的综合单价损失，元/m^2；ω_i 为致灾强度下沉分区，m；P_j 为第 j 个下沉区下沉面积。

对地下水水质下降的损失而言，可以用替代法（即水质处理的费用代替），计算公式如下。

$$L=\sum Q_n \cdot C\ (f_n) \tag{7-16}$$

式中，$C\ (f_n)$ 为第 n 个水质级别范围内的水质处理单价（元/m^3）；f_n 为地下水质分级标准，一般 n 取 1，2，…，5；Q_n 为第 n 个水质下降区的污染水量。

要计算地下水水质下降的损失，首先要对地下水质进行分级，地下水分级方法采用国家《地下水质量标准》（GB14848—93）推荐的综合评价加辅助评价的方法，先对单组分进行评分（表 7-1），然后按式（7-17）计算进行综合评分，最后进行地下水分级（表 7-2）。

$$F=\sqrt{\frac{F_0^2+F_{max}^2}{2}} \tag{7-17}$$

式中，F_0 为各项组分评分 F_i 的平均值；F_{max} 为单项组分评分中的最大值。

表 7-1　单组分评分 F_i 值分类

类别	Ⅰ	Ⅱ	Ⅲ	Ⅳ	Ⅴ
F_i	0	1	3	6	10

表 7-2　地下水分级

级别	优良	良好	较好	较差	极差
F	<0. 80	0. 80 ~ 2. 50	2. 50 ~ 4. 25	4. 25 ~ 7. 20	≥7. 2

3）水环境保护支出。水环境保护支出的目的是为了防止水环境退化问题的发生，这种投入并不会为经济社会带来额外的福利，而是为抵消水资源开发利用所造成的负面影响，因此水环境保护支出也作为调整国内生产总值的一部分。水环境保护支出以污水处理投入来表征，计算公式为

$$C_{wepr}=f(U_w)\ \cdot P_{st} \tag{7-18}$$

式中，C_{wepr} 为水环境保护支出；U_w 为经济社会用水量；$f(U_w)$ 为由用水量求得的污水排放量函数；P_{st} 为单位污水处理成本。

7.2.4　多维均衡调控方案设置与评价

1. 三层次递进方案设置

针对海河流域现状水短缺、水污染、生态环境退化等问题，基于海河流域水资源综合规划提出的经济发展指标成果构建基本方案，按照五维协调、层次化分析组合进行不同情景方案设置，形成模拟分析方案集。

在资源、经济、社会、生态、环境五维中，流域水循环稳定和可再生性维持、生态系统修复是保障和支撑经济社会发展的前提，是方案设置首先需要考虑的因素，在此基础上再考虑经济社会发展、社会稳定、环境友好等因素。故本次采用层次递进方式设置调控情景方案。五维调控的第一层次是水循环系统的再生性维持，包括资源维和生态维；第二层

次是经济社会发展与生态环境保护协同发展模式，包括经济规模、产业结构、粮食安全以及与其密切相关的环境状况，涉及经济维、社会维和环境维；第三层次是提高水资源保障能力，包括非常规水源利用、常规水资源的高效利用（强化节水）和加大引江水量等调控措施，涉及资源维和经济维。构建五维调控方案集的主要控制指标列于表 7-3。

表 7-3　分层次多维调控方案的主要控制指标设置

调控层次	资源维	经济维	社会维	生态维	环境维
层次一：水循环再生性维持	自产水（降水量或资源量）			入海水量	
	外流域调水量（引江和引黄）				
	地下水超采量				
层次二：经济社会发展与生态环境保护协同发展模式		经济发展布局与结构（GDP、三产结构、种植结构）	粮食产量城镇化率	河道内生态用水量河道外生态供水量	COD 排放量排污总量
层次三：提高水资源保障能力	非常规水源利用（海水、再生水、微咸水）	常规水源高效利用			

根据五维三层次的方案设置方法，考虑到提高水资源安全保障程度，更需关注近期偏枯水文系列对经济社会发展的影响，本研究采用 1956～2000 年和 1980～2005 年两套水文系列并行分析与计算。

通过对三个层次的 18 种边界情景，考虑从现状水平年到 2020 水平年、2030 水平年三种组合模式，共有 41 984 种可能组合方案（长系列 9216 种，短系列 32 768 种）。考虑各维之间的互动关系以及水平年之间的合理衔接，通过初步组合筛选后构建出海河流域水循环多维调控系列组合方案共 336 套，其中 1956～2000 年系列组合方案 96 套（F1～F96），1980～2005 年系列组合方案 240 套（F97～F336）。边界情景参数包括：第一层次为降水量、地下水超采量、入海水量、南水北调工程引水量、引黄水量、可耗水量、ET 控制目标等；第二层次为 GDP、三产比例、粮食产量、城镇化率、COD 总量及入河量、城镇环境用水量、生态用水量等；第三层次为再生水利用量、微咸水利用量、雨水利用量、海水淡化、海水直接利用量等。各层次设置的重要边界条件的见表 7-4～表 7-6。

通过三层次递推组合形成的 336 套方案为全部方案集，考虑各类边界条件组合的合理性，分析后共有 207 套方案采用多目标优化模型 DAMOS 进行分析计算，计算后通过多维评价模型 SEAMUR 进行有序度和协调性的判别，最终得出 7 套重点推荐方案，进行水量平衡等详细模拟，并评价其调控效果。

表 7-4　层次一:水循环系统可再生性维持水量边界情景组合

（单位:亿 m^3）

水文系列年	水平年	方案编码	降水量	地下水超采量	入海水量	南水北调 中线	南水北调 东线	引黄水量（入省界）	可耗水量	ET 控制目标（考虑允许超采量后）	ET 控制目标 与基本方案相比	简要描述
2007 年	2007 年实际		1558.5	81	17	0	0	43.8	1585.3	1666.3		
1956 ~ 2000 年	基准年	R_L07-1	1712.4	55	55	0	0	43.73	1701.1	1756.1	—	基本方案（长系列,水资源综合规划成果）
	2020 年	R_L20-1	1712.4	36	64	62.42	16.8	51.2	1778.8	1814.8	—	基本方案（长系列,水资源综合规划成果）
		R_L20-2		16					1778.8	1794.8	-20.0	比较方案,减少超采量 20 亿 m^3
	2030 年	R_L30-1	1712.4	0	68	86.21	31.3	51.2	1813.1	1813.1	—	基本方案（长系列,水资源综合规划成果）
		R_L30-2		0	93				1788.1	1788.1	-25.0	比较方案,增加入海水量到 1956 ~ 2005 年平均水平
		R_L30-3		0	68	62.42	16.8		1774.8	1774.8	-38.3	比较方案,2030 年不上南水北调工程二期
1980 ~ 2005 年	基准年	R_S07-1	1594.0	55	55	0	0	43.73	1582.7	1637.7	—	基本方案（短系列）与长系列相比 ET 控制目标减少 118 亿 m^3
	2020 年	R_S20-1	1594.0	36	64	62.42	16.8	51.2	1660.4	1696.4	—	基本方案（短系列）
		R_S20-2		55	55				1669.4	1724.4	28.0	比较方案,增加超采量、减少入海水量到基准年水平,ET 控制目标将提高 28 亿 m^3
		R_S20-3		45	35				1689.4	1734.4	38.0	比较方案,略增加超采量、减少入海水量到 1980 ~ 2005 年平均水平,ET 控制目标提高 38 亿 m^3,注重经济发展
		R_S20-4		26	68				1656.4	1682.4	-14.0	比较方案,减少超采量、增加入海水量,ET 控制目标减少 14 亿 m^3,注重生态环境
	2030 年	R_S30-1	1594.0	0	68	86.21	31.3	51.2	1694.7	1694.7	—	基本方案（短系列）与长系列相比 ET 控制目标减少 118 亿 m^3
		R_S30-2		36	55				1707.7	1743.7	49.0	比较方案,增加超采量、减少入海水量,ET 控制目标增加 49 亿 m^3,注重经济发展
		R_S30-3				62.42	16.8		1669.4	1705.4	10.7	比较方案,增加超采量、减少入海水量,南水北调二期工程未实施,ET 控制目标增加 10.7 亿 m^3
		R_S30-4				75.0			1682.0	1718.0	23.3	比较方案,增加超采量、减少入海水量,南水北调二期工程未实施,中线一期工程加大调水规模 20%
		R_S30-5						63.1	1693.9	1729.9	35.2	比较方案,增加超采量、减少入海水量,南水北调二期工程未实施,中线一期工程加大调水规模 20%,引黄规模达到国务院黄河“87”分水指标

注:1. 基本方案（长系列）采用流域水资源综合规划成果;2. R_L20-1 表示:水循环再生能力（长系列）2020 水平年-方案 1。

表 7-5　层次二：经济社会发展与生态环境保护协同模式情景组合

水平年	方案	经济维				社会维			环境维		生态维		简要说明
		GDP /万亿元	三产比例			粮食产量		城镇化率 /%	废污水入河量 /亿 t	COD 入河量 /万 t	城镇环境 /亿 m³	生态新增 /亿 m³	
			一产	二产	三产	万 t	kg/人						
2007 年		3.56	8	50	42	5320	389	47.6	45.2	105.4	6.34	0	粮食自给自足
基准年	D07-1	3.56	8	50	42	5320		47.6	45.2	105.4	6.34	0	基本方案
2020 年	D20-1	9.01	5	47	48	5400	357	58.6	54.9	53.1	10.09	9.4	基本方案
	D20-2					5650	375						比较方案，95% 粮食自给率
2030 年	D30-1	16.95	3	45	52	5500	350	66.4	61.4	30.7	12.65	14.2	基本方案
	D30-2					5900	375						比较方案

注：生态新增指新增河湖、湿地配水量。基本方案规划水平年粮食产量占全国比例保持 2007 年水平。

表 7-6　层次三：提高水资源保障能力情景组合

水平年	方案	非常规水利用/亿 m³						需水量调整 /亿 m³	说明
		再生水利用量	微咸水利用量	雨水利用	海水利用量	海水直接利用量	合计		
2007 年		7.05	2.69	0.57	0.03	0.0	10.34		
基准年	E07-1	7.05	2.69	0.57	0.03		10.34		基本方案
2020 年	E20-1	23.85	7.86	0	3.42		35.13	494.66	基本方案
	E20-2	36.85			6.39	146.0	51.10	463.57	比较方案
2030 年	E30-1	28.60	8.59	0	3.93		41.12	514.78	基本方案
	E30-2	51.11			6.81	149.0	66.51	483.53	比较方案

7.2.5　多维均衡临界调控阈值

为了有效辨别某一维用水量变化对其他几维的影响，在各维表征指标的理想点及其调控阈值范围内，将各维阈值区间划分等级，定量分析某一维由下限值变化到上限值对其他几维的影响。

在五维中，与水量循环密切相关的是资源维、生态维和经济维，可表达为在特定的跨流域调水规模条件下，地下水超采、入海水量大小决定国民经济可用水量范围，即临界调控的第一步是分析资源维（地下水超采量）、生态维（入海水量）变化对经济维（国民经济用水量）的影响，分析辨识在可行的资源、生态阈值范围内，国民经济用水量的合理范围。

$$国民经济用水量 = f（超采量，入海水量） \tag{7-19}$$

第二步，在可行的国民经济用水量范围内，分析经济结构、粮食安全与经济发展规模的关系，由于粮食生产耗水量明显高于其他产业或行业，故重点辨识在合理的国民经济用水、粮食安全范围内，可达到的经济发展规模范围，协调经济发展规模与粮食安全的关系，确定粮食安全调控阈值。

$$GDP = g(\text{国民经济用水量，粮食产量}) \tag{7-20}$$

第三步，建立经济发展规模、粮食安全与 COD 关系，辨识经济发展规模对环境维的影响，提出 COD 调控阈值。

$$\text{COD 入河排放量} = h(\text{GDP，粮食产量}) \tag{7-21}$$

根据上述多维临界关系分析方法和设置的有效方案集模拟计算结果，分别分析各维主要调控指标的临界调控阈值和合理调控范围。

1. 地下水超采量、入海水量与国民经济用水量

按照资源维、生态维、经济维 2030 年理想目标和调控范围，以地下水零超采、入海水量达到 68 亿 m^3的国民经济可用水量为下限（不利组合），允许地下水超采量 36 亿 m^3、入海水量控制在 35 亿 m^3的国民经济可用水量为上限（有利组合），由下至上划分三个等级，进行国民经济各行业水量配置，分析国民经济可用水量范围。结果表明：在 1980 ~ 2005年水文系列条件下，入海水量由 35 亿 m^3增加到 68 亿 m^3、地下水超采量由 36 亿 m^3减少到 0，2030 年国民经济可用水量平均将由 475 亿 m^3下降到 415 亿 m^3，呈递减趋势。在 1956 ~ 2000 年水文系列条件下，即使不允许地下水超采、入海水量达到 93 亿 m^3，国民经济可用水量仍在 490 亿 m^3以上。

根据上述关系分析，调控结论如下：

1）在 1980 ~ 2005 年水文系列（图 7-5）条件下，入海水量临界调控阈值在 50 亿 m^3左右；2030 年国民经济可用水量上限（超采 36 亿 m^3）将为 485 亿（二期工程按期实施）至 450 亿 m^3（二期工程未按期实施），下限（零超采）将为 450 亿（二期工程按期实施）至 420 亿 m^3（二期工程未按期实施）。

2）在 1956 ~ 2000 年水文系列（图 7-6）条件下，不允许地下水超采，入海水量临界调控阈值可提高到 70 亿 m^3。由于 ET 总量限制对国民经济用水的限制不显著，2030 年国民经济可用水量上限将达到 510 亿 m^3（二期工程按期实施），下限为 490 亿 m^3（二期工程未按期实施）。

2. 国民经济可用水量、粮食产量与 GDP

GDP 总量与产业结构、行业结构密切相关，由于各行业单位增加值用水量差异很大，在竞争性用水条件下，保障粮食安全与保障 GDP 增长具有此消彼长的关联关系，确定国民经济总用水量条件下需权衡分析二者调控阈值。

分析结果表明，在 1956 ~ 2000 年水文系列（图 7-7）条件下，2030 年国民经济可用水量将为 490 亿 ~ 510 亿 m^3，若粮食产量达到 5900 万 t（人均 375kg），GDP 将低于 12 万亿元，显著低于海河流域综合规划成果（基本方案）16. 72 万亿元的目标，经济系统运行状态很差；逐步降低粮食安全下限，将粮食产量控制在 5500 万 t（人均 350kg）和 5700 万 t

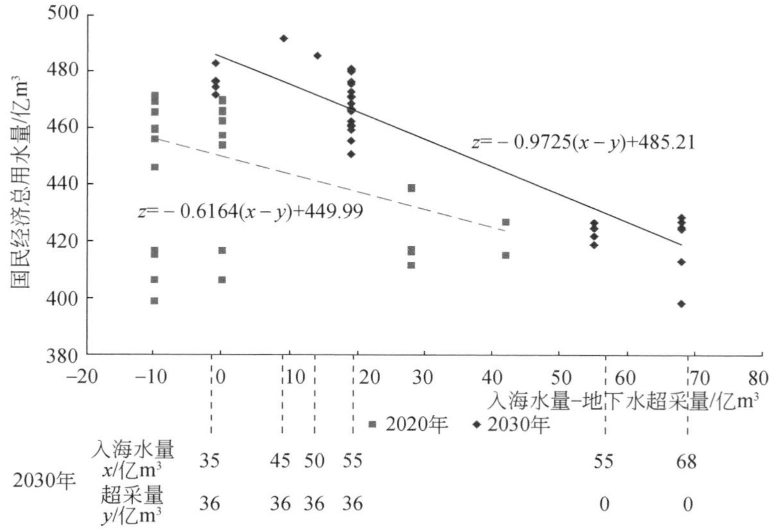

图 7-5 入海水量、地下水超采量与国民经济可用水量的关系（1980～2005 年系列）

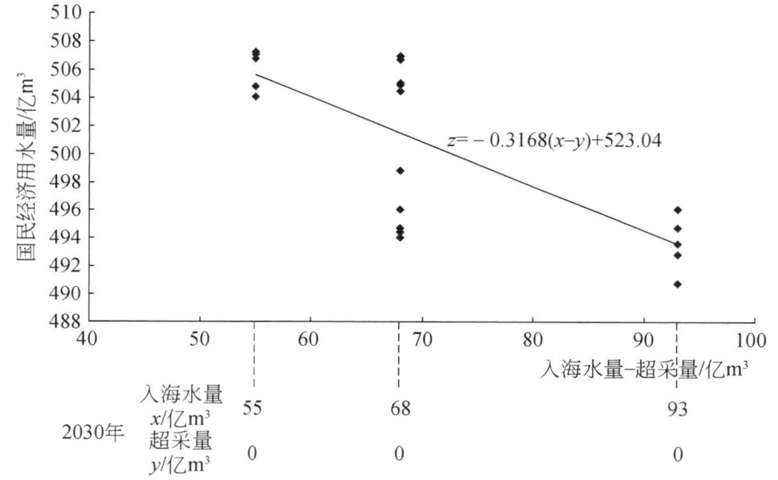

图 7-6 入海水量与国民经济可用水量的关系（1956～2000 年系列）

(人均 365kg)水平，则 GDP 将达到 16.30 万亿～16.56 万亿元，可基本实现基本方案的目标值。在 1980～2005 年水文系列（图 7-8）条件下，即使减少高耗水的蔬菜等作物面积至规划值的 50%，粮食产量控制在 5500 万 t，2030 年 GDP 也将达不到 16 万亿元。

根据上述分析得出调控结论：海河流域 2030 年粮食生产的临界调控阈值，在 1980～2005 年水文系列条件下为人均 350kg（5500 万 t），在 1956～2000 年水文系列条件下可提高到人均 365kg（5700 万 t）。

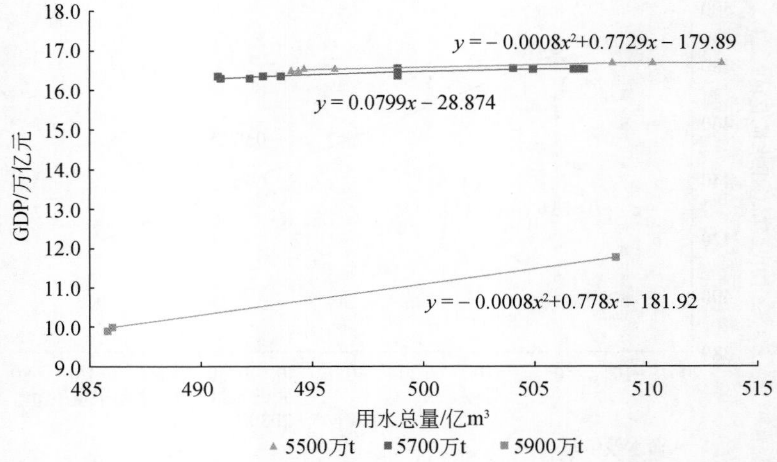

图 7-7　2030 年粮食产量、GDP 与国民经济可用水量的关系（1956 ~ 2000 年系列）

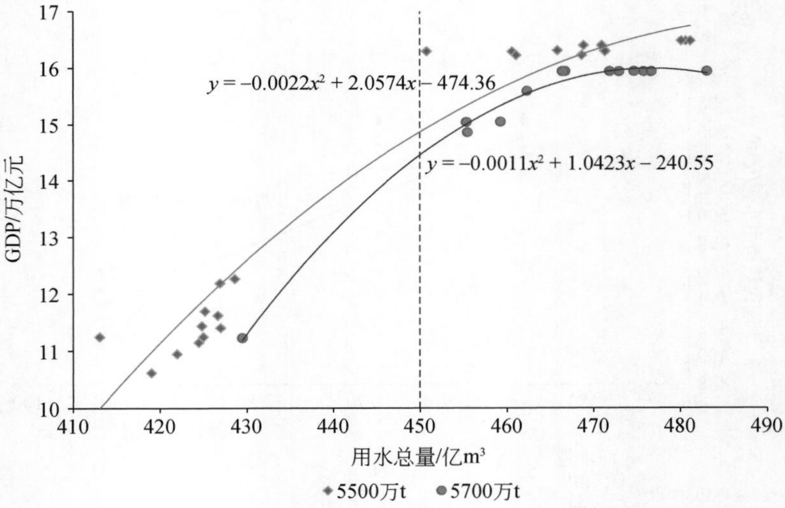

图 7-8　2030 年粮食产量、GDP 与国民经济可用水量的关系（1980 ~ 2005 年系列）

3. GDP 与 COD 入河量

不同组合方案的分析调控结果表明，GDP 与 COD 入河量大体呈同步增长（图 7-9），为保证水功能区达标，COD 入河量短系列小于长系列，当 GDP 达到 16 万亿元左右时，COD 入河量需控制在 33 万 t 以内，故本次将 2030 年 COD 入河量临界调控阈值设定为 33 万 t。

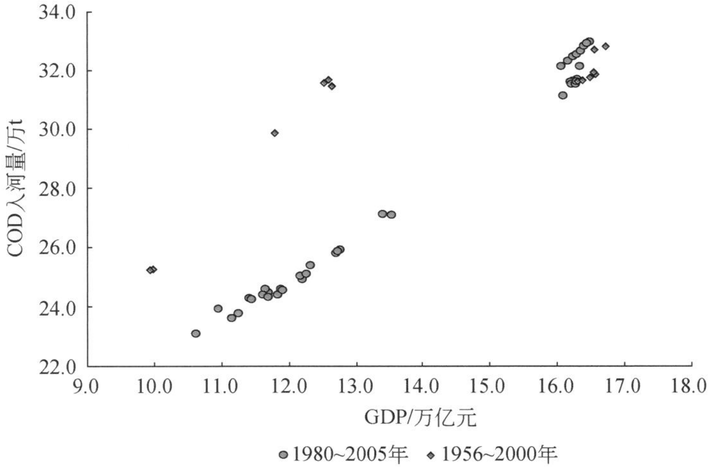

图 7-9 GDP 与 COD 入河量关系

4. 基于用水负效应调整后的国内生产总值（WEDP）与用水量阈值

2007 年海河流域实际用水量为 384.5 亿 m^3，当年 GDP 为 3.56 万亿元，在扣除了水资源耗减、水生态退化和水环境保护成本后，当年 WEDP 为 2.89 万亿元，说明海河流域对水资源的消耗和水环境退化已经达到了较为严重的程度。

分析用水量与水资源影子价格、用水量与水资源耗减成本、用水量与水环境保护成本、用水量与水生态环境退化成本等关系，建立 WEDP 与经济用水总量的临界阈值：在考虑了水资源开发利用引起的水资源耗减和水生态退化成本后，现状年海河流域 WEDP 最大值为 3.0 万亿元，对应的 GDP 为 3.23 万亿元、水资源耗减成本 0.15 万亿元、水生态退化成本 0.06 万亿元、水环境保护支出 0.02 万亿元；合理的用水量为 343 亿 m^3，扣除当年外调水和其他非常规水源利用后，现状年合理的当地水资源开发利用阈值为 290 亿 m^3，而现状年实际当地水资源利用量为 332 亿 m^3，大大超过开发利用阈值，用水产生的负面效应大大削弱了用水的正面产出。2030 年海河流域 WEDP（图 7-10）最大时 GDP 为 16.72 万亿元，相应的水资源耗减成本 0.29 万亿元、水生态退化成本 0.28 万亿元、水环境保护支出 0.20 万亿元；合理用水量为 474 亿 m^3，扣除规划的外调水和其他非常规水源后，合理的当地水资源开发利用阈值为 280 亿 m^3。

7.2.6 多维理想点与均衡协调模式

海河流域水资源的有限性和用水的竞争性，使五维序参量很难达到其理想值，而某一子系统有序度的提高有可能导致其他子系统有序度的降低，需要五维整体权衡。长、短系列五维协调性的 10 个宏观表征指标（序参量）见表 7-7。采用有序度熵衡量整个系统有序度与各子系统有序度关系公式如下。

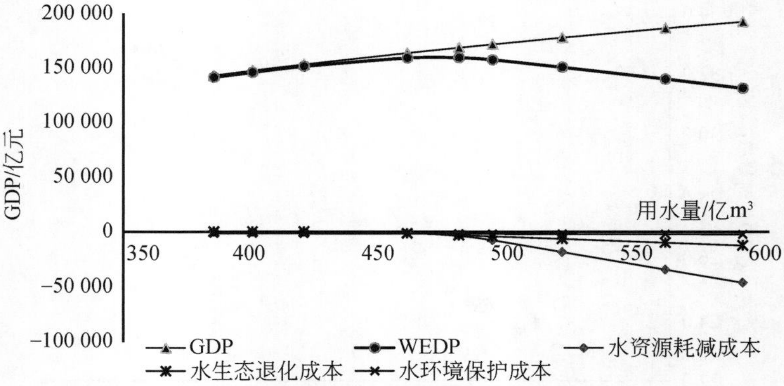

图 7-10　2030 年海河流域用水量与 WEDP 的关系

$$S_\gamma = -\sum_{j=1}^{5}\frac{1-U_j(e_j)}{5}\log\frac{1-U_j(e_j)}{5} \tag{7-22}$$

式中，$U_1(e_1)$、$U_2(e_2)$、$U_3(e_3)$、$U_4(e_4)$、$U_5(e_5)$ 分别为资源维、经济维、社会维、生态维、环境维的有序度。

表 7-7　五维理想点、取值范围及序参量权重

项目		资源维		经济维		社会维		生态维		环境维	
		地表水开发利用率/%	地下水开采量/亿 m³	人均 GDP/万元	万元 GDP 用水量/m³	人均生活用水比农村/城镇	人均粮食产量/kg	入海水量/亿 m³	河道内生态用水量/亿 m³	COD 入河量/万 t	水功能区达标率/%
1956~2000 年系列	理想点	50	184	10.76	30	0.78	375	75	42.3	30	100
	最小值	45	184	6.00	30	0.60	350	55	35.0	30	60
	最大值	67	220	10.76	55	0.80	375	93	45.0	60	100
	权重	0.4	0.6	0.4	0.6	0.3	0.7	0.4	0.6	0.5	0.5
1980~2005 年系列	理想点	50	184	10.76	25	0.78	365	50	42.3	30	100
	最小值	50	184	6.00	25	0.60	350	35	35.0	30	60
	最大值	75	240	10.76	56	0.80	375	70	45.0	60	100
	权重	0.4	0.6	0.4	0.6	0.3	0.7	0.4	0.6	0.5	0.5

评价系统内部各子系统之间相互关联的协调度计算采用几何平均法：

$$H(t) = \theta \times \sqrt[5]{\prod_{j=1}^{5} U_j}\ \theta = \frac{\min(U_J)}{|\min(U_J)|},\ J = 1,\ 2,\ 3,\ 4,\ 5 \tag{7-23}$$

式中，$H(t)$ 为协调度；t 为 2020 年或 2030 年水平年。

综合评价 2020 水平年和 2030 水平年整体协调状况采用协调度综合距离：

$$H(2020,\ 2030) = \left(\sqrt{\sum_{i=1}^{5}(1-U_{2020,\ i})^2}\sqrt{\sum_{i=1}^{5}(1-U_{2030,\ i})^2}\right)^{\frac{1}{2}} \tag{7-24}$$

1956 ~ 2000 年、1980 ~ 2005 年两套系列共 88 个有效方案的协调度综合距离分别如图 7-11 和图 7-12 所示，综合距离越小，系统的协调性越好，依此可推荐出较好的组合方案。

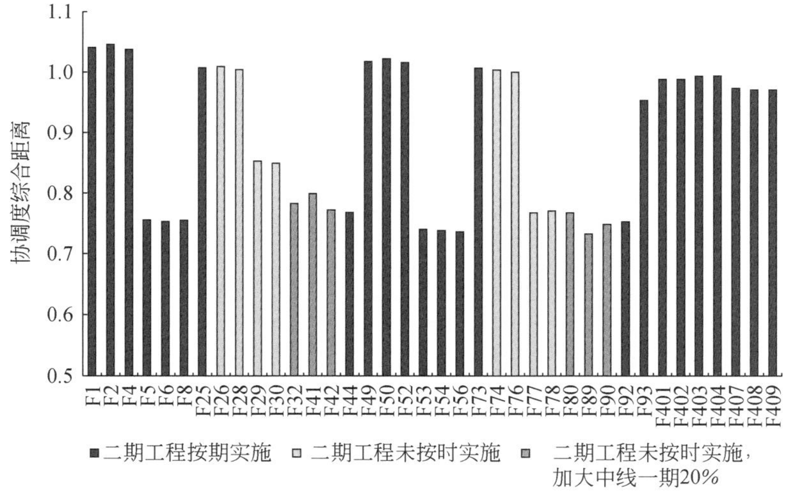

图 7-11　协调度综合距离柱状图（1956 ~ 2000 年系列）

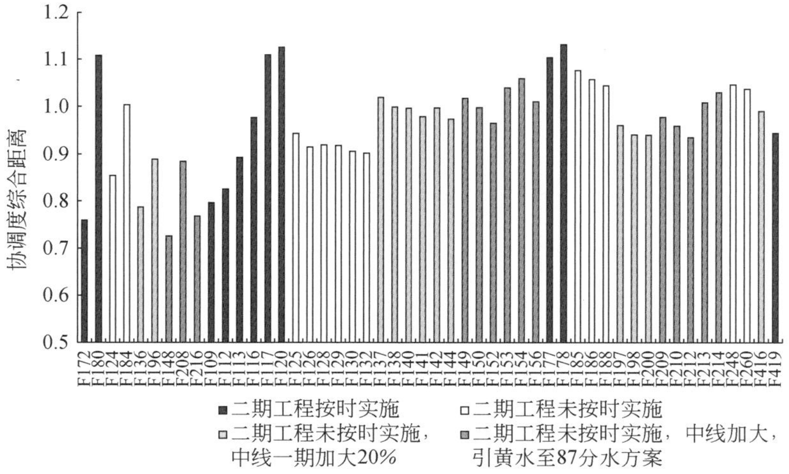

图 7-12　协调度综合距离柱状图（1980 ~ 2005 年系列）

通过对长、短系列共 88 个有效方案的协调度综合距离比较分析，采用上述协调度分析方法，计算方案集中的主要方案，各指标计算结果如表 7-8 所示。根据协调性分析原则，与理想点的综合距离越小，系统的均衡协调性越好，依此可推荐出较好的组合方案。

根据各主要方案对比结果，均衡调控结论分析如下。

表 7-8 重要组合方案的主要调控指标

调水工程状态	方案代码	水平年	地下水超采量/亿 m³	入海水量/亿 m³	外调水量/亿 m³			ET 控制量/亿 m³	GDP/万亿元	三产比例			粮食产量/万 t	废污水产生量/亿 m³	COD 入河量/万 t	非常规水利用/亿 m³			总用水量/亿 m³
					中线	东线	引黄			一产	二产	三产				再生水	微咸水	海水淡化	
1956~2000 年水文系列																			
二期工程按期实施	F1	2020 年	36	64	62.42	16.8	51.2	335	10.35	4.7	43.7	51.6	5400	84.7	58.0	23.9	7.9	3.4	500.7
		2030 年	0	68	86.21	31.3	51.2	347	16.72	3.8	45.4	50.8	5500	97.0	32.8	28.6	8.6	3.9	510.3
	F56	2020 年	16	64	62.42	16.8	51.2	344	10.37	4.7	43.8	51.6	5400	85.1	58.2	36.9	7.9	6.4	505.2
		2030 年	0	68	86.21	31.3	51.2	344	16.56	3.8	45.2	51.0	5700	96.5	32.7	51.1	8.6	6.8	504.9
二期工程未按期实施	F32	2020 年	36	64	62.42	16.8	51.2	331	10.24	4.7	43.3	52.0	5400	82.4	56.5	36.9	7.9	6.4	493.2
		2030 年	0	68	62.42	16.8	51.2	335	16.38	3.9	45.1	51.1	5700	93.5	31.7	51.1	8.6	6.8	490.8
	F80	2020 年	16	64	62.42	16.8	51.2	331	10.23	4.7	43.3	52.0	5400	82.2	56.4	36.9	7.9	6.4	492.7
		2030 年	0	68	62.42	16.8	51.2	334	16.30	3.9	45.2	50.9	5700	93.4	31.6	51.1	8.6	6.8	490.9
加大中线一期引水 20%	F89	2020 年	16	64	62.42	16.8	51.2	332	10.24	4.7	43.3	52.0	5400	82.4	56.5	23.9	7.9	3.4	494.9
		2030 年	0	68	75	31.3	51.2	336	16.38	3.9	45.1	51.1	5700	93.5	31.7	28.6	8.6	3.9	493.6
1980~2005 年水文系列																			
二期工程按期实施	F97	2020 年	36	64	62.4	16.8	51.2	283	7.05	5.2	41.3	53.4	5400	57.8	39.7	23.9	7.9	3.4	411.9
		2030 年	0	68	86.2	31.3	51.2	292	11.15	4.2	42.2	53.6	5500	69.9	23.6	28.6	8.6	3.9	424.5
	F172	2020 年	55	55	62.4	16.8	51.2	306	10.35	4.6	44.5	50.9	5400	85.3	58.9	36.9	7.9	6.4	466.3
		2030 年	36	50	86.2	31.3	51.2	327	16.49	3.9	46.4	49.7	5500	97.1	32.9	51.1	8.6	6.8	488.3
二期工程未按期实施	F124	2020 年	36	64	62.4	16.8	51.2	293	9.46	5.0	43.1	51.9	5400	72.6	50.3	36.9	7.9	6.4	438.8
		2030 年	36	55	62.4	16.8	51.2	309	16.23	3.9	44.7	51.4	5500	92.5	31.5	51.1	8.6	6.8	461.1
加大中线一期引水 20%	F136	2020 年	36	64	62.4	16.8	51.2	293	9.44	5.0	43.2	51.8	5400	72.4	50.3	36.9	7.9	6.4	438.6
		2030 年	36	55	75.0	16.8	51.2	313	16.31	3.9	44.7	51.4	5500	93.0	31.7	51.1	8.6	6.8	465.9
加大中线一期，引黄水量达到 87 分水方案	F148	2020 年	36	64	62.4	16.8	51.2	293	9.51	5.0	43.1	51.9	5400	72.9	50.5	36.9	7.9	6.4	439.1
		2030 年	36	55	75.0	16.8	63.1	315	16.23	4.0	44.8	51.2	5500	92.9	31.6	51.1	8.6	6.8	468.7

1）长系列水文条件下，降水量较丰沛，ET 对国民经济用水的制约作用有限。通过加强对非常规水源的开发利用、常规水源的高效利用，可进一步控制 2020 年地下水超采量下降到 16 亿 m^3，2030 年实现采补平衡，入海水量控制在 55 亿 ~ 60 亿 m^3。五维竞争权衡达到整体协调的国民经济用水量应控制在 505 亿 m^3（南水北调二期工程按期实施）至 490 亿 m^3（二期工程未按期实施），在保障 2030 年粮食生产能力达到 5700 万 t 条件下，可实现 GDP 总量 16.30 万亿 ~ 16.56 万亿元，南水北调二期工程未能按期实施与按期实施相比，GDP 将减少 1.57%。

长系列整体协调性较好方案为：①南水北调二期工程按期实施：方案 F56 和 F54；②南水北调二期工程未按期实施：方案 F80 和 F77；③二期工程未按期实施、加大中线一期引水量 20%：方案 F89 和 F90。

2）在短系列水文条件下，ET 对国民经济用水的制约作用显著。若采用基本方案设定的地下水超采量（2020 年 36 亿 m^3、2030 年采补平衡）、入海水量（2020 年 64 亿 m^3、2030 年 68 亿 m^3）目标，即使南水北调二期工程按期实施，非常规水利用量提高到 66.5 亿 m^3，仅可实现规划 GDP 目标值的 67%。因而，五维目标需综合协调。在 1980 ~ 2005 年水文系列条件下，应以大力提高常规水资源的利用效率、加大非常规水利用量为前提，2030 年地下水超采量控制在 36 亿 m^3，入海水量控制在 50 亿 m^3左右，粮食生产能力维持在 5500 万 t，国民经济用水量控制在 460 亿 m^3（F124 二期工程未按期实施，超采 36 亿 m^3）至 485 亿 m^3（F172 二期工程按期实施，超采 36 亿 m^3）。为了保持基本的 GDP 增长速度，三产比例从 3.9 : 46.4 : 49.7（F172 二期工程按期实施）调整为 3.9 : 44.7 : 51.4（F124 二期工程未按期实施），可实现 GDP 总量 16.23 万亿 ~ 16.49 万亿元。

分析结果表明，在 1980 ~ 2005 年水文系列条件下，南水北调二期工程按期实施非常

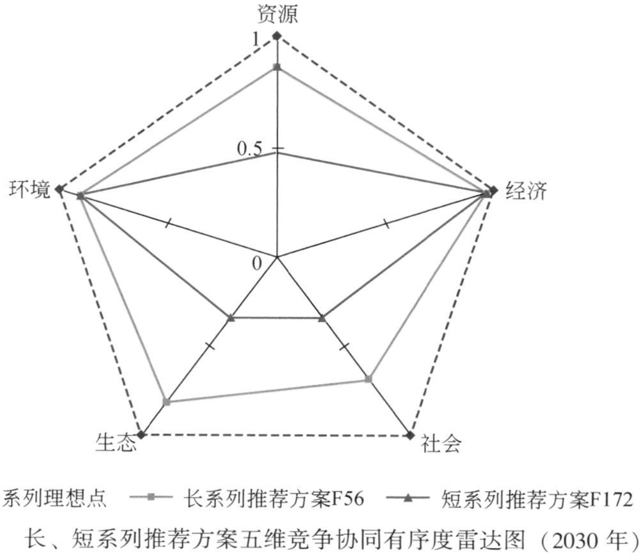

图 7-13　长、短系列推荐方案五维竞争协同有序度雷达图（2030 年）

注：长系列指 1956 ~ 2000 年系列，短系列指 1980 ~ 2005 年系列

必要。系统整体协调性较好方案为：①南水北调二期工程按期实施：方案 F172 和 F109；②南水北调二期工程未按期实施：方案 F124 和 F132；③二期工程未按期实施、加大中线一期引水量 20%：方案 F136 和 F196；④加大中线一期引水量 20%，引黄达“87”分水方案：方案 F148 和 F216。

根据协调度评价得出的长、短系列推荐方案以及与基本方案（规划方案）、理想点的五维雷达图效果比较如图 7-13、图 7-14 所示。

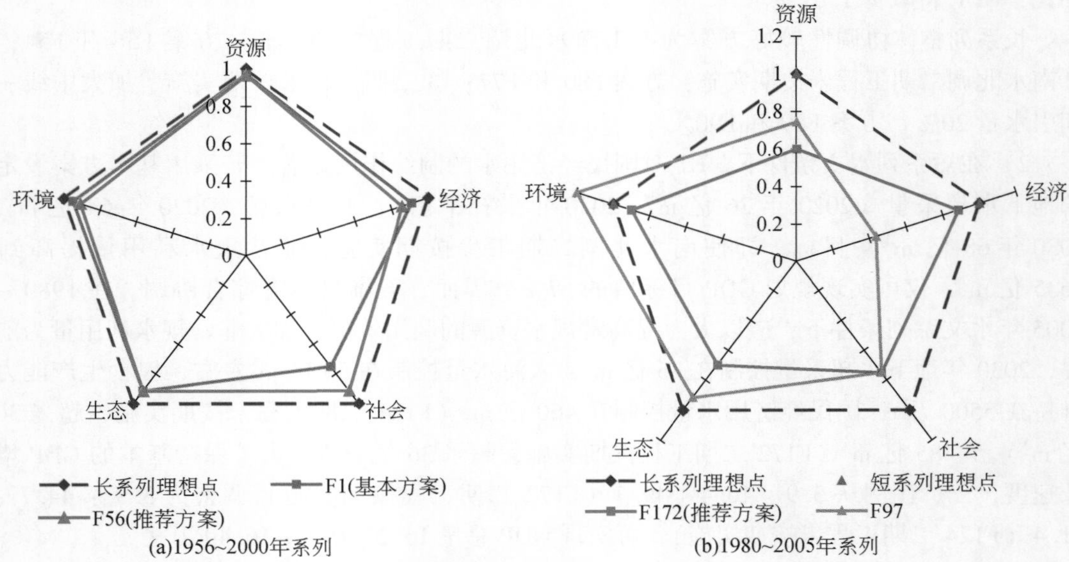

图 7-14　五维竞争协同有序度雷达图（2030 年）

7.3　海河流域水循环调控体系构架[①] 与基本途径

7.3.1　国家需求和关键任务分析

随着环渤海经济区（特别是京津冀都市圈）的崛起，海河流域滨海地区将成为经济发展的龙头，未来海河流域的工业仍将呈现快速增长的态势，成为制造业基地；高新技术产业将迅速发展，带动传统产业升级改造，高速铁路、航空将得到进一步发展；海河流域平原区仍将是我国粮食主产区，并承担一定的增产任务，但总体上以自给自足为目标，确保占全国粮食产量的比例不下降，但应考虑未来人口增长因素不能承担调出任务。

① 如八大总量控制、ET 管理；取水、漏损量、排污量、耗水量等。

分析海河流域的发展趋势和国家需求，水利保障的总目标是，完善和构建城乡供水与节水、水生态环境保护与修复、防洪减灾和流域管理体系，保障流域供水安全、生态安全、防洪安全，支撑流域经济社会的可持续发展。根据上述总体目标，未来海河流域的水资源规划和管理工作中需从四方面部署，落实流域水量调控具体任务：①保障供用水安全，完善城乡供水保障体系，实现水资源安全高效利用；②实现水生态和水环境安全，构建水资源保护和水生态修复保障体系，维护河流健康；③提高防洪安全保障，完善防洪减灾保障体系，实现洪水有效管理；④构建流域综合管理体系，提高流域管理水平。

海河流域具有强烈人类活动干扰特点，85%以上的山区面积均由大型水库，尤其是出山口水库控制；地下水的开发利用率达到了122%，已具备进行流域水资源统一调控、保障不同区域和用水户水量需求的基本水利设施条件。目前需进一步研究的关键性任务包括：①南水北调工程调水量的合理配置利用；②地下水开采控制策略；③上游地区的合理用水规模；④流域内省际间的地表水量分配矛盾急需理顺；⑤加大非常规水利用，逐渐形成战略性结构水源。

7.3.2 总量控制策略与方案

总量控制主要围绕多维调控的各维调控目标，结合水资源管理制度和可操作性提出可供管理实施的总量限制措施。纳入总量控制的指标应具备以下几个特征：①具有反映一维或多维调控准则的特征；②各项指标之间应具有相对独立性；③指标应具备可监测性和可控性，可以进行统计分析，纳入管理实施的平台和整体方案；④指标应具有总量特征，表征流域整体的调控效果；⑤指标应具备全面性，水循环的五维特性均应有所反映；⑥指标选取必须精炼，避免指标过多相互关联和干扰，不利于从控制目标到实施方案的制定。一个指标可以代表多个维的状态特征，每一维的状况应该有相应总量指标予以反映。

资源维主要表征协调自然水循环与社会用水之间的均衡，其总量控制目标应落实到流域主要水循环通量和用水量的控制。经济维主要体现在水资源对经济发展的支撑状况，因此可以通过国民经济供用水总量反映。社会维以公平性为准则，可以农业用水总量及其分布反映水资源利用的公平合理性。生态维表征系统的可持续性和水循环的支撑作用，可以生态用水总量以及水循环自身健康的总量指标表达。环境维核心在于水环境功能的维持，应当以用水对水环境产生影响的总量指标反映。

根据上述总量控制的总体策略和指标选取原则，本次在五维十项宏观表征指标整体调控、水资源供用过程和污染物迁移转化等分析的基础上，结合海河流域水资源与水环境管理现状，针对流域水资源与水环境的问题，以推进海河流域水资源与水环境综合管理为目标，按照“取、用、耗、排”四种口径提出六大总量控制目标。各项总量指标在模拟分析水资源与水环境的合理配置方案分析基础上得出，达到提高水资源利用效率和效益、修复生态环境和改善海河流域及渤海水环境质量等目的。总量控制指标及其控制值选取如表 7-9 所示。

表 7-9 总量控制指标

水文系列	地表水取水/亿 m^3	地下水开采/亿 m^3	ET 与经济用水/亿 m^3		COD 入河量/万 t	生态用水/亿 m^3	入海水量/亿 m^3
			ET	经济用水			
1956～2000 年	91	184	1829	510	32.9	35.5	70
1980～2005 年	81	220	1759	485	32.9	35.5	50

1. 地表水取水总量①

地表水取水总量为资源维控制指标之一，通过对地表水取水总量的控制使地表水资源开发利用率控制在合理范围内，同时对保障入海水量和生态用水量，改善生态环境产生积极影响。

1956～2000 年水文系列，2030 年当地地表水取水量将分别控制在 108 亿 m^3 和 102 亿 m^3，地表水开发利用率分别为 50% 和 47%。1980～2005 年水文系列，2030 年当地地表水取水量将分别控制在 91 亿 m^3 和 81 亿 m^3，地表水开发利用率分别为 57% 和 51%，与基准年相比，分别减少 10.7 亿 m^3 和 20.8 亿 m^3。

2. 地下水开采总量

地下水开采总量为资源维控制目标，通过地下水开采总量控制将地下水超采量和地下水位控制在较合理范围内，逐步实现地下水的采补均衡，有利于系统的生态维持。

1956～2000 年水文系列，地下水超采量由现状年的 63 亿 m^3，逐步递减到 2020 水平年的 23 亿～29 亿 m^3，2030 年若南水北调二期工程按期实施（方案 F56）将可实现零超采。1980～2005 年水文系列，2030 年地下水超采量将控制在 36 亿 m^3 左右，将分别比基准年减少 64.9 亿 m^3 和 47.3 亿 m^3。

3. ET 总量及国民经济用水总量

ET 总量控制是实现流域水循环稳定和再生性维持的宏观控制指标，是在资源维（水文系列、地下水超采量）和生态维（入海水量）合理组合情景目标下进行流域和区域总耗水量（蒸腾蒸发量）控制，结合课题四提出的自然 ET 和经济社会 ET 成果，进而提出国民经济用水总量，作为经济维用水控制目标，实现经济维与资源维、生态维、社会维之间的综合协调。

ET 是海河流域水循环过程中的主要流失量，约占总流失量的 95%。在 1956～2000 年系列条件下，当入海水量将控制在 64 亿 m^3（2020 年）和 68 亿～93 亿 m^3（2030 年）时，通过水量平衡分析，海河流域的可耗水量变化为 1775 亿～1813 亿 m^3，进一步考虑增加非常规水源的利用（微咸水和海水利用），ET 总量最大可达 1829 亿 m^3。在 1980～2005 年系

① 1956～2000 年系列多年平均地表水资源量为 216.1 亿 m^3，1980～2005 年系列多年平均地表水资源量为 158.6 亿 m^3，此处的地表水开发利用率分别采用相应系列的地表水资源量计算得出。

列条件下，当入海水量将控制在 35 亿 ~ 68 亿 m^3（2020 年）和 55 亿 ~ 68 亿 m^3（2030 年）时，可耗水量变化为 1660 亿 ~ 1708 亿 m^3，考虑容许地下水超采量 16 亿 ~ 36 亿 m^3（2020 年）和 36 亿 m^3（2030 年），以及增加非常规水源利用后，ET 总量最大可达 1759 亿 m^3。

随着外调水的增加，国民经济可用水总量增加，其中当地地表水和地下水供水量均有不同程度的减少。在 1956 ~ 2000 年水文系列条件下，2030 年国民经济用水总量将控制在 510 亿 m^3左右，在 1980 ~ 2005 年水文系列条件下，将控制在 485 亿 m^3左右。

4. 排污总量

COD 入河排放总量为环境维控制目标，以实现水功能区达标为目的。对保护区和饮用水源区以现状纳污能力作为各规划水平年污染物入河控制量；对其他水功能区，若污染物入河量小于纳污能力，则以入河量作为入河控制量；反之，则以纳污能力作为 2030 年入河控制量。

根据上述原则，海河流域 2020 年、2030 年 COD 入河总量将控制在 58.9 万 t 和 32.9 万 t 以内。

5. 生态用水总量

生态用水总量为生态维控制目标，根据海河流域生态现状、修复目标和功能定位，按照山区河流、平原河流、湿地及河口分别确定生态水量。其中平原区有 11 条河流实测流量不能满足生态水量，13 个湿地无稳定生态水源，均需要科学配置以保障生态修复目标的实现。其中河流生态水量为 30.34 亿 m^3，湿地生态水量为 8.77 亿 m^3，河流与湿地重复部分为 3.64 亿 m^3，生态水量控制目标为 35.47 亿 m^3。生态用水总量占海河流域多年平均天然径流量的 16.2%，占特枯年天然径流量的 35%。

6. 入海水量

入海水量为生态维控制目标，根据有关科研成果分析，维持海河流域河口海相淤积动态平衡的多年平均水量为 75 亿（最小）至 121 亿 m^3（适宜）；维持主要河口水生生物（鱼类）栖息地盐度平衡的多年平均水量为 18 亿（最小）至 50 亿 m^3（适宜）。五维整体调控的结果表明，入海水量控制应以维持河口水生生物栖息地盐度的基本平衡为目标。

在 1956 ~ 2000 年水文系列条件下，入海水量应控制在 70 亿 m^3左右，在 1980 ~ 2005 年水文系列条件下，应控制在 50 亿 m^3左右。

7.3.3 多维均衡调控的生态环境效应

1. 生态环境效应因子分析

多维均衡调控效果包括社会经济和生态环境多个方面。通过总量控制方案的实施，海河流域的生态环境将出现相应的格局性改观，通过分析均衡调控实施策略下的流域生态环境总体效应，可以为综合调控良性循环的实现提供分析途径。

南水北调工程通水后，未来2020年和2030年水平年流域生态效应可以分为初级响应、次级响应和高级响应三类（图7-15）。受调入水量的直接影响，海河流域的河湖洼淀以及入海河口等不同生态单元的水文情势将随之改变，这是南水北调工程产生的初级生态效应；受水区地下水因调入水源的替代而受到禁采和限采，地下水位下降趋势将逐步得到缓解，这是次级生态效应；为了保护调入水源，改善当地水功能区达标状况，实现与2020年和2030年经济社会发展目标要求相匹配的水质目标，流域需要大力节水减排，使水质改善和水功能区全面达标，这也是次级生态效应；而随着河湖洼淀水文情势的改变，生物栖息地状况将得到改善，生物多样性提高，鱼类、鸟类以及哺乳类等高等动物将逐步恢复，这是高级生态效应。以下从地下水水位、河湖洼淀、水功能区纳污能力和河口生态环境效应四个方面进行分析。

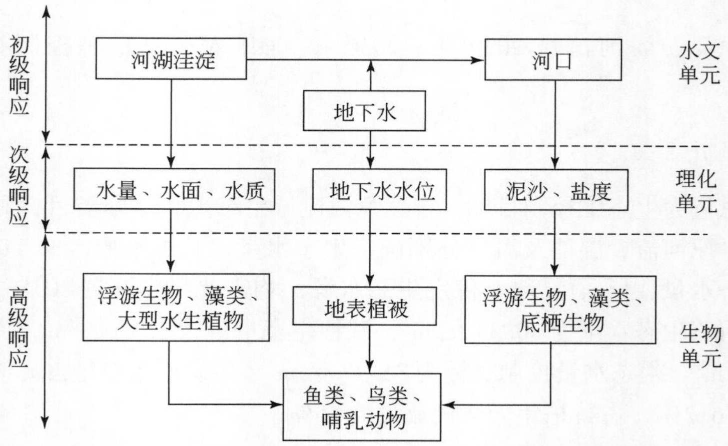

图7-15　南水北调工程通水后海河流域生态效应框图

2. 地下水位变化效应

通过MODFLOW模型模拟多维均衡调控推荐方案，分析供水格局变化下的海河流域平原区地下水的补给、排泄量变化及其地下水位变化趋势，其结果如下。

（1）地下水补给和排泄量变化

浅层地下水。在1982～2005年降水系列条件下，不同情景浅层地下水2007～2030年年均补、排量预测结果列于表7-10。结果表明，从南水北调中线一期加大情景（F89）到有南水北调中线二期调水情景（F56），在补给侧，随着南水北调引水渗漏量的增加，浅层地下水获得的地表水补给量增大；随着浅层地下水开采量的减少，井灌回归水量减小。在排泄侧，从情景F89到情景F56，浅层开采量减少，向深层越流排泄减少，潜水蒸发量有所增加。以上补、排特征表明浅层地下水补、排结构正在朝良性循环方向转变。2020年二期工程通水后与2007～2030年平均值相比，地表引水渗漏补给量比重将增高，而井灌回归补给比例将减小。

表 7-10　海河流域平原区浅层地下水补给、排泄及蓄变量预测（2007 ~ 2030 年）

方案	补给量/亿 m^3									排泄量/亿 m^3					蓄变量/亿 m^3
	降水入渗补给量	山前侧向补给量	地表水补给量				井灌回归补给量	海水入侵	合计	开采量	潜水蒸发量	越流排泄	入海排泄	合计	
			引黄渗漏	引水渗漏	河道渗漏量	小计									
1980 ~ 2000 年评价值	130.1	17.3	—	—	—	33.1	12.3	—	192.9	152.8	20.8	—	0.3	—	—
F89	126.1	18.4	9.6	12.2	14.1	35.9	10.4	0.2	190.5	140.9	29.1	36.1	0.5	206.6	-16.1
F56	126.1	18.4	9.6	12.6	14.1	36.3	10.2	0.2	190.7	135.6	30.4	35.9	0.6	200.4	-9.7

注：评价值引自海河流域水资源评价成果报告，其中潜水蒸发量统计范围为矿化度<2g/L 范围。

从总体上看，二期工程通水后浅层地下水补、排量向良性循环状态发展，但浅层含水系统仍然呈现负均衡，浅层地下水超采状况仍未根本改变。

深层地下水。不同情景深层地下水 2007 ~ 2030 年年均补、排量见表 7-11。从总体上看，二期通水条件下对深层地下水开采量有所减小，深层承压水水头比无二期工程情景更高，深浅层之间的越流补给排泄量更低。结果表明，二期通水条件下深层含水系统循环更为良性，总体上处于基本均衡状态。

表 7-11　海河流域平原区深层地下水补给、排泄及蓄变量预测（2007 ~ 2030 年）

方案	补给量/亿 m^3			排泄量/亿 m^3				蓄变量/亿 m^3
	越流补给	海水入侵	合计	开采量	越流排泄	入海排泄	合计	
F89	36.1	0.21	36.31	31.66	6.1	0.37	38.13	-1.82
F56	35.9	0.2	36.1	30.7	5.91	0.35	36.96	-0.86

（2）地下水位变化

2007 年年初，浅层地下水流场（地下水位等值线）在太行山前以保定、宁（晋）隆（尧）柏（乡）、肥乡为中心形成浅层地下水降落漏斗群；深层地下水流场以天津、冀枣衡为中心形成深层地下水降落漏斗。根据对情景 F56、F89 的计算，到 2030 年浅、深层漏斗将依然存在，从总体上看，浅层漏斗继续下降，深层漏斗有所回升。

为了较直观地了解未来漏斗变化状况，本次以保定、宁隆柏浅层漏斗，天津、冀枣衡深层漏斗为代表，沿东西向横穿漏斗中心作垂向剖面图（图 7-16），定量展现在不同情景的规划经济发展水平及南水北调工程通水条件下，4 个地下水降落漏斗未来变化的对比。

保定浅层漏斗。2007 年年初，漏斗中心水位埋深约 39m，到 2030 年，若二期工程未按期实施（F89），漏斗中心水位埋深将达到 48m，增加降深约 9m；若 2020 年二期工程按期实施（F56），2030 年漏斗中心水位埋深将减小到 47m，仍低于现状水位约 8m。

宁隆柏浅层漏斗。2007 年年初，漏斗中心水位埋深约 56m，到 2030 年，若二期工程未按期实施（F89），漏斗中心水位埋深将达到 68m，增加降深约 12m；若 2020 年二期工程按期实施（F56），2030 年漏斗中心水位埋深将减小到 62m，仍低于现状水位约 6m。

天津深层漏斗。2007 年年初，漏斗中心水位埋深约 96m，到 2030 年，若二期工程未按期实施（F89），漏斗中心水位埋深将达到 71m，减少降深约 25m；若二期工程按期实施（F56），2030 年漏斗中心水位埋深将减小到 70m，高于现状水位约 26m。

冀枣衡深层漏斗。2007 年年初，漏斗中心水位埋深约 78m，到 2030 年，若二期工程未按期实施（F89），漏斗中心水位埋深将达到 100m，增加降深约 22m；若二期工程按期实施（F56），2030 年漏斗中心水位埋深将减小到 77m，高于现状水位约 1m。

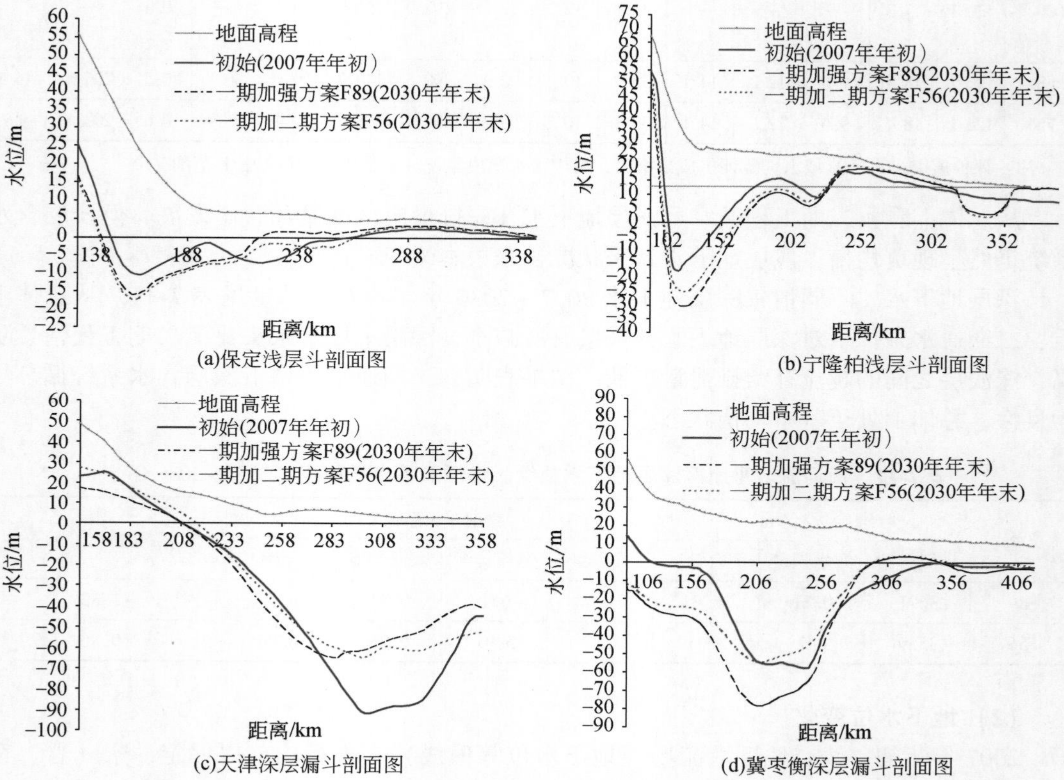

(a)保定浅层斗剖面图　(b)宁隆柏浅层斗剖面图　(c)天津深层漏斗剖面图　(d)冀枣衡深层漏斗剖面图

图 7-14　地下水漏斗剖面图

3. 河湖洼淀生态效应分析

研究表明，海河流域最小生态需水量为 28.51 亿 m³，适宜生态需水量为 70 亿 m³。南水北调工程实施后，部分原先被挤占的生态用水将归还河道生态，在推荐方案情景下，2020 年和 2030 年流域平原河流生态水量将为 33.14 亿～76.98 亿 m³（见表 7-12）。在 1980～2005 年系列条件下（方案 F172），可以满足 2020 年和 2030 年流域河流最小生态需水量，但不能满足适宜生态需水量，在 1956～2000 年系列条件下（方案 F56），则基本能满足各水平年的适宜生态需水量（表 7-12）。通过采用生态补水、生态修复、水质改善、以绿代水等措施，可使 65% 的平原河道常年有水，严重沙化的永定河、滹沱河、漳河、潴龙河等河段生态状况将得到明显改善，实现河流水体连通、水质净化、生境维持、景观环境改善等生态目标。

表 7-12　各推荐方案海河流域平原河流生态水量及湖泊湿地调蓄量

水平系列年	方案编号	水平年	河流生态水量/亿 m^3	湖泊湿地年调蓄水量/亿 m^3
1980～2005 年	F136	2020 年	52. 12	25. 32
		2030 年	33. 14	22. 25
	F172	2020 年	54. 45	19. 70
		2030 年	63. 87	16. 63
1956～2000 年	F89	2020 年	74. 75	29. 42
		2030 年	74. 44	34. 50
	F56	2020 年	67. 02	31. 47
		2030 年	76. 98	36. 32

海河流域有青甸洼、黄庄洼、七里海、大黄堡洼、白洋淀、团泊洼、北大港、衡水湖、大浪淀、南大港、永年洼、恩县洼等 12 处主要湿地，目前已有 8 处列为各级湿地保护区（公园），是流域生态需要优先加以保护和恢复的重点。维持 12 处主要湿地所需的最小生态需水量为 8. 77 亿 m^3，相应的最小生态水面为 816km^2。根据 2009 年 TM 遥感影像，采用遥感影像处理软件和 GIS 地理信息系统操作平台进行分析，目前 12 处湿地的水面积仅为 142. 7 km^2，远未达到最小生态水面的目标，多个洼淀基本处于干淀状态。在推荐配置方案情景下，南水北调工程实施后，12 处湿地年调蓄水量为 16. 62 亿～36. 32 亿 m^3，从宏观上分析，所调蓄水量在满足最小生态需水量后，多出水量还可满足经济社会用水，不仅减小了干淀的概率，还能在一定时间内进一步扩大洼淀生态水面面积，将发挥明显的生态效益。其中衡水湖、大浪淀、北大港和大屯水库（恩县洼）作为南水北调工程蓄水湖库，生态水面将得到稳定维持。白洋淀、南大港、团泊洼等湿地保护区可以通过江水直接补给恢复生态水面，其他洼淀则通过当地水源补给得以恢复。同时，南水北调配套工程将规划建设中小型调蓄工程 27 座，可新增调蓄总库容 1. 58 亿 m^3，海河流域将形成“两纵六横”的新水网骨干工程框架体系，沿输水线路形成总体呈南北走向的网状湿地群。

白洋淀、北大港、南大港、衡水湖等湿地是我国东亚飞蝗的主要滨湖蝗区。随着最小生态水位的稳定维持和湿地水位的抬升，现有的湖滨湖滩草地的禾本植物将大面积地被水生植被所替代，从而改变东亚飞蝗产卵和发育的环境，减少发生蝗灾的风险和程度，有利于提高飞蝗生态防治能力，增强流域农业生产安全性。

4. 水功能区纳污能力

水功能区纳污能力计算，设计流量采用 75% 保证率枯水期的平均流量。按照《水域纳污能力计算规程》（SL348—2006），通过计算现状年海河流域 524 个水功能区，COD 的纳污能力为 29. 27 万 t/a，氨氮为 1. 39 万 t/a。考虑到南水北调通水后，受水区的部分水功能区的设计流量将有所增大，2020 年、2030 年水功能区 COD 的纳污能力将分别为 32. 28 万 t/a和 34. 30 万 t/a，氨氮为 1. 55 万 t/a 和 1. 64t/a。

2007 年海河流域年排放污水 56 亿 t，COD 排放量 165 万 t，COD 入河量 105 万 t，超过 COD 的纳污能力近 3 倍。因此，必须实行严格的水污染防治政策，按照不增总量、压减存量的原则进行污染物总量控制和限排管理。

截至 2007 年，海河流域已建成城市污水处理厂 121 座，年处理能力 37. 81 亿 t，实际处理水量 24. 86 亿 t。若能将现有实际处理率提高到 95%，也仅能处理现状污水量的 65%，COD 可削减 25 万 t 左右。若按照最高标准将目前的污水处理率分别提高到 80% 和 90%，则 COD 能够分别消减 100 万 t 和 120 万 t。必须进一步提高污水处理规模，改进污水处理工艺，提高污水收集率，才能实现水功能区目标要求。

海河流域南水北调工程受水区涉及北三河等 8 个主要河系，北京、天津、河北、河南和山东五省（直辖市），其中河北省滦河及冀东沿海诸河将通过流域内水资源再次分配受到间接影响。受南水北调工程影响的区域共计涉及水功能区 155 个，河长总计 7487. 3km，2020 年和 2030 年主要污染物 COD 纳污能力将分别为 18. 5 万 t/a 和 20. 7 万 t/a，约占全流域的 70%，见表 7-13。

表 7-13　南水北调工程调水影响水功能区统计

河系	行政区	个数	长度/km	COD 纳污能力/（t/a）	
				2020 年	2030 年
滦河及冀东沿海	河北	10	533. 5	10 606. 5	10 606. 5
北三河	北京	10	222. 8	39 679. 02	42 542. 1
	天津	9	358. 0	1 593. 0	1 708. 0
	河北	5	224. 5	3 406. 1	3 651. 9
永定河	天津	2	33. 1	1 956. 5	2 100. 6
	河北	1	17. 0	730. 8	784. 6
海河干流	天津	5	214. 0	23 166. 7	24 705. 9
大清河	北京	1	30. 0	712. 8	783. 8
	天津	6	174. 7	244. 1	268. 4
	河北	17	957. 0	10 574. 9	11 628. 4
子牙河	天津	1	31. 6	52. 6	57. 4
	河北	26	1 587. 1	22 543. 0	24 578. 1
黑龙港运东	河北	13	907. 6	1 820. 9	2 027. 1
漳卫河	河北	1	42. 0	0	0. 0
	河南	23	646. 3	36 768. 9	38 300. 9
	山东	2	322. 0	7 359. 2	7 665. 8
徒骇马颊河	河北	1	27. 0	0	0. 0
	河南	3	103. 1	4 760. 5	4 971. 3
	山东	19	1 056. 0	29 600. 3	30 910. 9
合计		155	7 487. 3	184 969. 4	207 291. 8

四种推荐情景方案受水区水功能区达标率，见表 7-14。可以看出，为保障经济社会发展对于水体功能的需求，通过全面实行最严格的水资源管理制度和水污染防治政策，采取用水总量控制、用水效率控制、纳污能力控制以及节能减排和污水再生利用等措施，可以实现水功能区目标。

表 7-14　受水区各推荐方案纳污能力及功能区达标情况

方案	水平年	规划水功能区达标个数	入河 COD 量/万 t	水功能区达标率/%
F136	2020 年	75	20.2	97
	2030 年	155	22.0	99
F172	2020 年	75	19.6	94
	2030 年	155	21.4	96
F89	2020 年	75	20.5	93
	2030 年	155	22.4	96
F56	2020 年	75	19.4	97
	2030 年	155	21.1	98

5. 河口生态环境效应

海河流域入海河口有 62 个，主要特点是：①河口多，但过流量都不大；②属淤泥质河口，颗粒非常细；③河口多为潮流所控制；④多为人工开挖河口。自北向南，主要包括滦河口、冀东沿海诸河河口、永定新河口（北塘口）、海河干流河口、独流减河河口、子牙河口、漳卫新河口及徒骇马颊河口等共 12 个河口，基本上都属于缓混合陆海相三角洲河口，具有泄洪排沥、航运、水产养殖和维持生态平衡等功能。

随着水资源开发利用程度的提高，加之受气候变化的影响，海河流域入海水量逐渐减少。丰水的 20 世纪 50 年代平均为241 亿 m^3，枯水的 80 年代只有 22.2 亿 m^3。2001 ~ 2007 年平均入海水量只有 16.76 亿 m^3（表 7-15）。海河流域 1956 ~ 2007 年平均年入海水量 89.66 亿 m^3，占多年平均地表水资源量的 41.5%，约 80% 集中在汛期。

表 7-15　海河流域不同时间系列年平均入海水量　　（单位：亿 m^3）

时间系列	滦河及冀东沿海	海河北系	海河南系	徒骇马颊河	流域合计	天津	河北	山东
1956 ~ 1959 年	76.3	54.8	109.0	1.7	241	149.0	86.4	6.0
1960 ~ 1969 年	42.7	24.3	77.5	16.5	161	79.2	58.9	22.8
1970 ~ 1979 年	44.6	26.7	32.4	11.8	116	39.8	60.8	14.9
1980 ~ 1989 年	9.8	7.8	2.9	1.7	22.2	9.4	11.0	1.9
1990 ~ 2000 年	21.0	12.9	9.7	11.4	55.0	18.3	24.2	12.5
2001 ~ 2007 年	0.77	2.57	4.95	8.47	16.76	5.13	3.16	8.47

入海水量直接影响到河口的淤积和近岸海域的盐度。20 世纪 50 年代平均为 241 亿 m^3，60 年代平均为 161 亿 m^3，各河口基本上处于冲淤平衡状态。随着入海水量的减少，加之 60 年代各主要入海河口陆续修建了挡潮闸，河口淤积情况逐渐加重，近岸海域的年均盐度已由 29‰～30‰逐渐上升到 32‰，致使很多海洋生物的产卵场退化或消失，严重影响了渤海的生物资源。

南水北调工程实施后，2020 年和 2030 年推荐情景方案海河流域入海水量将为 49.7 亿～71.4 亿 m^3（表 7-16），各方案的入海水量均比流域最小入海水量有大幅度的提高，近岸海域盐分恢复度为 19.1%～35.8%（表 7-17），对于河口地区生态保护具有重要作用。

表 7-16　各推荐方案入海水量　（单位：亿 m^3）

水资源分区		行政区	基准年	F136		F172		F89		F56	
二级区	三级区			2020 年	2030 年	2020 年	2030 年	2020 年	2030 年	2020 年	2030 年
滦河及冀东沿海	滦河及冀东沿海	唐山市	5.4	3.9	2.5	3.7	3.1	3.5	3.5	3.2	2.6
		秦皇岛	6.39	9.1	6.7	7.4	5.8	6.6	6.7	6.5	6.9
海河北系	北四河	唐山市	1.29	1.4	1.1	1.1	1.0	1.0	1.1	1.1	1.2
		天津市	12.53	19.2	13.4	17.4	15.5	18.0	21.5	19.4	22.3
海河南系	大清河	沧州市	0.66	1.3	1.1	1.2	1.0	1.4	1.5	1.5	1.2
		天津市	11.07	7.2	5.8	6.3	6.3	6.3	8.0	6.4	6.6
	漳滏河	沧州市	0.01	0.0	0.0	0.0	0.0	0.0	0.0	0.0	0.0
	黑龙港运东	沧州市	5.65	8.2	6.1	9.1	7.4	11.3	14.0	13.2	13.7
徒骇马颊河系	徒骇马颊河	德州市	2.57	10.2	8.0	7.9	6.7	8.3	9.0	8.7	8.3
		东营市	0.91	1.5	1.3	1.2	1.0	1.4	1.5	1.4	1.3
		滨州市	2.52	4.6	3.6	3.8	3.2	4.1	4.6	4.1	4.5
入海水量合计			49	66.5	49.7	59.2	51.0	62.1	71.4	65.5	68.6

表 7-17　各推荐方案河口盐分恢复度

方案	水平年	恢复度/%	面积/km^2			
			下降 10%	下降 5%	下降 2%	下降 1%
F136	2020 年	31.2	26.1	129.5	642.3	1811.3
	2030 年	19.1	15.0	72.6	439.7	1146.8
F172	2020 年	24.1	19.9	96.7	532.8	1420.7
	2030 年	19.5	15.4	74.6	448.1	1167.7
F89	2020 年	26.9	22.7	110.2	579.8	1580.8
	2030 年	35.8	31.6	152.9	728.8	2087.7
F56	2020 年	30.2	26.0	125.9	634.7	1767.5
	2030 年	33.0	28.8	139.4	681.7	1927.6

第 8 章　水资源利用效率评价方法与海河流域用水效率度量

水资源短缺问题已经成为海河流域整个社会经济发展最主要和最基础的制约性因素。解决海河流域短缺的水资源问题的根本还是实施节水高效的水资源利用模式，关键在于提高各个地区、各个行业、各个环节的用水效率。追求社会可持续发展所要求的节水高效的用水模式，不仅仅局限于经济上的投入产出效益最大化，更重要的是追求经济增长、社会发展和环境保护之间的综合协调。这就要求我们从水循环的机理上形成水资源高效利用的内涵和评价理论与方法体系。水资源高效利用是缺水流域水循环科学调控的核心，要实现高效用水，必须立足于三大科学前提：一是水资源的高效利用，二是统一度量水资源的生态效用和经济效用，三是水资源高效利用的评判标准。要想从水循环的机理上提出评价水资源高效利用的理论和方法体系，主要存在三大关键科学问题：一是流域各类用户水资源利用效率的科学评价问题，开展基于 ET 过程考察的水资源利用效率评价方法研究；二是流域社会经济用水和生态环境用水效益的统一度量问题，开展基于绿色 GDP 核算的水资源利用效益统一评价方法研究；三是流域水资源高效利用标准制定问题，开展流域节水模式与标准研究。

对于流域或区域尺度，社会经济供、用水结构为一个复杂的巨系统，由于涉及不同水资源的转化、用水部门和用水户的分散或集中、供水方式和用水模式的差异、水资源的重复利用等问题，需要围绕流域/区域水循环过程进行统一整体分析，并在此基础上发展水资源的利用效率的评价方法，合理度量海河流域用水效率。这对于摸清海河流域当前水资源利用水平、揭示提高用水效率的环节及其节水潜力，开展流域尺度水资源合理调控具有十分重要的理论与现实意义。

8.1　水资源利用效率与效益评价方法

水作为一种资源之所以能够被人类社会和生态环境所利用，是因为其具有可用性。这种可用性称为效用，是指从消费某种物品中所得到的满足程度。对水资源而言，这种效用即是消费水资源所得到的满足程度。耗水是人类社会和生态环境消费水资源的主要表现形式，其得到的满足程度即取得的各种效益，包括经济效益、社会效益和生态效益。通过各种技术手段和措施，水资源被开发利用并进入经济社会系统或者由人工以及天然生态系统直接利用，促进区域经济发展和生态系统改善，提高人类生存质量。

水资源在其利用过程中水资源的消耗表现为两种途径：一是被生命体消耗或产品带走，二是表现为通过蒸散发的形式参与到经济和生态量的产出过程中。因此，水资源利用效率是以资源消耗为表征的水的资源消耗量与取用水量的比值，利用效益则是相应的经济与生态产出量。

水资源利用效益评价，按评价内容可分为经济效益的评价、社会效益的评价和生态效益的评价。本节主要讨论两方面的问题：一是开展针对不同类型用户的水资源利用效率评价理论与方法的研究，通过对水分循环过程和不同产品生产过程的考察，特别是对蒸散发（ET）过程的考察，提出相应的水资源利用效率评价理论与方法；二是开展水资源利用效益评价理论与方法研究，建立经济效益和生态与环境效益相统一的度量方法，提出基于绿色 GDP 核算或干物质量化的不同类型用户水资源利用效益的评价理论与方法。

8.1.1 相关研究进展与趋势

1. 水资源利用效率评价研究

水资源利用效率是指部门或行业用水过程中，其实际耗水量与取用水量的相对关系。它反映的是水在供人类社会和自然生态生存、生产中的资源型消耗比率。用水效率是从水量方面评价水资源的使用状况。除航运、发电等非消耗性水资源利用外，对水资源的使用是通过水资源的消耗来实现的，正是这种无法回收、无法再重复利用的资源消耗体现了水的资源根本特性。

由于水资源的稀缺性，人们利用水资源就不可避免地要进行水量消耗，在水资源服务于经济系统和生态系统的过程中，人们希望尽量减少水分无效或低效消耗，增加有效或高效消耗。自然状态下，水分的蒸散发消耗并没有划分有效无效、高效低效的，这种所谓无效、有效、高效和低效之分是伴随着人类社会经济活动的出现才产生的，是人们意愿强加的结果，随人的主观意志发生转移和变化。因此，对于不同的人类社会群体、不同的研究方法和思考方式，往往会产生不同的效用界定。

（1）水分消耗规律研究

澳大利亚政府在水资源利用和管理方面进行了积极有益的探索，以实现水资源的高效利用，取得了不少成功的例子，如澳大利亚联邦政务院的水改革方案和墨累—达令河流域水资源的调配“封顶”决策，以及对水权界定和定价、交易系数确定和市场机制的制定等都值得我们学习和借鉴。法国遵循自然流域规律，设置流域水资源管理机构模式，在各流域建立流域管理局和流域水资源管理局，统一规划和管理水资源，实现水资源的高效利用。以色列由于水资源极度匮乏，政府对淡水资源实行统一管理，节水是以色列农业的中心，各种喷滴灌先进设施大面积推广，有效地提高了水分利用率。

Rosegrant 等研究了流域灌溉水效率与水价之间的关系，强调利用水价等经济手段来建立节水的动力机制。农民对提高灌溉水价短期的直接反映是减少灌溉用水总量，而长期来看，提高水价，农民会更加注重节水技术的采用所引起流域灌溉水效率的提高。他们利用 IMPACT-WATER 模型假设检验了灌溉水价的流域灌溉水利用效率弹性。以国际水资源管理研究所（IWMI）、世界银行为代表的一些国际机构更强调以流域为单元对水资源进行统一管理，对一项节水措施节水效果的评价要充分考虑灌溉水是否可回收的问题，节水措施要以减少无效蒸发为主。

在国际灌排协会和世界银行的组织推动下，国外学者也开始转入对耗水领域的研究。在有关作物耗水量的研究中，以单点的和单一作物的计算模型较多。Allen、Jensen、Abdelhadi、Droogers 等通过与试验实测值或与 Farbmther，Penman，Blaney-Griddle 等公式计算结果对比，均认为 Penman-Monteith 方法计算值比较接近实际值，适用范围广，使用一般气象资料即可计算参考作物蒸发蒸腾量。Biju A George 等开发决策支持系统来计算 ET_0，M Kumar 等用人工神经网络估算日 ET_0。区域作物耗水的空间分布受气候、地形、植被或土地利用、土壤水分状况等因素影响，20 世纪 60 年代后期遥感技术的应用为用能量平衡法计算区域作物耗水量提供可能。80 年代以后，利用遥感作物冠层温度估算区域耗水量分布的研究变得十分活跃，并在一些发达国家得到了一定的应用。Hussein 和 Schmugge 利用遥感波谱数据研究了地表参数（表层温度、表面反射率、归一化植被指数 NDVI）的空间变化对区域蒸发的影响。Jen-Hwua Chent 等用 GIS 和 NDVI 及白天表层温度变量 3 种方法估算湿地水面蒸发和实际蒸发蒸腾量。Mcviear 等研究用阻力能量平衡模型和 AVHRR 遥感数据获得气温、相对湿度、太阳辐射和风速，进一步估算 NDVI，并分析了这些参数对潜在腾发量与实际腾发量的影响。Rastiaanssen 提出了土耳其 Gediz 灌溉流域基于感热通量和潜热通量的陆地表面能量平衡算法，绘出了流域蒸发的空间分布图、Gediz 河谷和棉花区平均感热通量的空间分布图和作物耗水的具体分布图。Ray 等利用月平均气象资料根据 FAO-24 修正的 Bleney-Criddle 公式计算 ET_0，采用印度遥感卫星数据建立了多时段作物结构、生成植被光谱指数模型、估算作物蒸发蒸腾量的遥感数据库；Kite 和 Droogers 比较了利用卫星遥感、水文模型和日间实测的作物耗水量数据，发现它们之间有一致性。Mcviear 等用植被盖度、表层温度和净辐射 3 个相关变量计算 NDTI（归一化温度指数）。把“先计算后插值”方法和空间密集的 AVHRR 相关变量结合起来为区域水文模型插值。Henk Pelgrum 等基于非线性算法，把从遥感波谱数据获得的表面温度、反射率和 NDVI 进行尺度转换，输入地表模型中。Hussein 基于 FM 的参数和其他的 SVAT（土壤—植被大气传输机理模型）参数之间的半经验关系，计算 SVAT 参数的空间变异和不同水力单元的相关蒸发量。

（2）ET 尺度效应及转换关系研究

蒸散（ET）过程是水分循环和能量循环的重要组成部分，与植物的生理活动以及生物产量的形成存在密切关系，农田不同尺度 ET 过程的监测、模拟及其时空尺度耦合转换是作物高效用水理论与模式研究的前提，也是贯穿作物高效用水调控与节水灌溉管理过程的基础科学问题。

多年来，人们对 ET 的研究主要集中在田间，如水量平衡法、微气象学法、作物系数法等研究和运用均取得较大进展。但在实际运用中，灌区总体 ET 动态对于水资源合理配置和节水灌溉管理具有更重要的价值。然而大尺度 ET 的特征值并非若干小尺度值的简单叠加，小尺度值也不能通过简单的插值或分解得到，而是需要利用自相似规律、分形结构或地理统计学等方法在不同尺度之间建立某种尺度转换关系。近年来，不少学者已经开展相关研究，但突破性进展较少，不同尺度 ET 间转换的理论方法构建与验证更是难点。这一方面由于作物蒸散过程是一个涉及气象、水文等众多方面的复杂系统，通常存在于较大时空尺度范围内，而有限的财力和资源使大多数因子的测定局限在短时间、小范围内，可利用的典型实测值不足；另一方面是影响作物蒸散的各类因子存在极大的空间异质性和时空变异性，某一尺度下获得的作物蒸散理论或参数具有高度的尺度依赖性，不能直接移植到高一级或低一级时空间问题中求解。因此，如何合理监测不同尺度 ET 和描述空间异质性和时空变异性，构建不同时空尺度间的定量转换模型已成为全面了解生态系统信息资源的有效手段和核心内容。

由于特定的空间尺度总对应着相应的时间尺度，故对相关过程或系统空间尺度进行转换的同时也会带来相应的时间尺度转换。特别是随着遥感技术在区域 ET 估算中的迅速推广应用，如何通过有限的瞬时 ET 数据预测 ET 随时间的动态变化过程及某时段的 ET 总量已成为遥感应用研究的热点问题。同时，随着人们对 ET 时空尺度转换研究的深入，发现必须将空间和时间这两大范畴同时纳入统一的 ET 尺度转换的基础之中，才能真正认识 ET 时空尺度效应及其耦合转换规律，才能同时克服“点”上观测成果应用到“面”上的局限性和时间分辨率上的限制。因此，农田 ET 时空尺度耦合转换研究对于通过有限的时空 ET 资料来预测灌区尺度 ET 动态和规律具有极为重要的价值和意义。

综上所述，如何合理、准确获取从单叶、单株水平的蒸腾到灌区遥感影像 ET 数据，如何将小尺度下具有高度非线性物理和生物特性的过程尺度转换到灌溉农业生态系统这类宏观尺度上，如何获得不同时空尺度上相关过程或特性变异性的可靠估值，如何识别 ET 主控因子并实现时空尺度耦合转换等问题已成为水文水资源和灌溉水文学研究的热点和难点。由于过去研究以时间和空间独自转换为主，缺乏必要的时空耦合，导致转换方法在时间或空间方面的局限性。本研究将针对日益凸显的 ET 时空尺度耦合转换问题，以叶片、单株、农田和区域水平的 ET 系统同步监测为依据，在识别不同尺度 ET 主控因子的基础上，探讨主控因子时空变异规律，构建 ET 时空尺度耦合转换模型，实现 ET 从点到面、从瞬时（短时段）到时段（长时段）的确定，为灌区作物高效用水调控以及节水灌溉管理提供有力的科学依据。

2. 水资源利用效益评价研究

水资源利用效益评价大致可划分为三个阶段。

（1）经济效益评价阶段

20 世纪 80 年代以来，水资源短缺导致国民经济各部门的竞争性用水日趋激烈，本着为国民经济服务的目标，如何评价各生产部门水资源利用效益日益引起人们的关注。最初的水资源利用经济效益评价，一般选取单方水 GDP 产出、单方水工业增加值产出、单方水粮食产量等，将经济量简单除以用水量。此种评价方法简单实用，易于操作，数据获取简单，因此在水资源规划等生产实践中长期应用。90 年代以来，众多学者将经济学原理引入水资源利用效益评价。这些工作可以分为两类：一类为宏观经济效益评价，另一类为微观经济效益评价。

宏观经济效益是以国民经济总过程的活动为研究对象，着重考察和说明水资源与国民经济各部门的数量依存关系，以及对国民收入、就业水平、价格水平等经济总量的影响。其中投入产出模型应用最为广泛。Hubacek 和 Sun 运用投入产出模型对未来中国各规划水平年用水量进行了预测，Duarte 等分析了西班牙各经济部门的用水特性。在国内，王浩等提出了水利投入占用产出分析技术，利用所编制的水利投入占用产出表计算了全国和各流域片用水系数，包括直接用水系数、完全用水系数、增加值的用水系数，并分析了各流域片用水系数的特点。在此基础上，对各流域片经济发展和产业结构调整提出了建议。汪党献等将水资源作为占用，置于投入产出表第三部分下面，进行经济行业水投入系数分析，以北京、乌鲁木齐为例进行了实例研究。

微观经济效益是以单个经济单位作为研究对象，分析供给者如何将有限的水资源分配在各种产品的生产上以取得最大的利润。已有研究多应用生产函数等计算国民经济各部门用水的边际效益，以及在影响用水量的各因素间进行效益分摊。沈大军等利用 Cobb-Douglas 生产函数对济南市 19 个工业行业的水的边际效益进行了计算。倪红珍利用 Cobb-Douglas 生产函数对北京市经济总量在水、资本、劳动力等因素间进行了分摊。

（2）经济效益、社会效益双重评价阶段

在资源稀缺的情况下，一味追求经济效益势必然导致对资源的使用向经济效益高的部门聚集，在水资源利用中出现了生产部门内部工业用水挤占农业用水，在区域间城市用水挤占农村用水，由此造成水的多重属性，使得在进行水资源效益评价时不能仅侧重于对其经济效益的评价。对水的社会效益评价，从社会学、伦理学的角度，定性地论述水对人类社会的重要性，分析水的社会服务功能。Costanza 以海洋为对象，指出了海洋对社会的多种功能，如文化传播、交通运输等，Abeysuriya 强调在解决供水卫生问题时更要考虑社会责任。在社会效益的定量研究中，水资源社会效益评价研究成果较少，对其他资源如森林、土地等研究成果较为丰富。采用的研究思路方法可以归为两类：一类为从效能的利用效果出发，以效能所带来的本地级差收入和劳动节约为依据来评价利用对象的社会效益；另一类为通过评价利用对象发挥其社会效能所需要投入的劳动量和附加消耗费用来间接反映利用对象社会效益的大小。评价方法上，多采用经济学、数理统计学有关原理，经济学方法主要基于劳动价值论、稀缺价值论、边际效用论和最佳效能论，数理统计学方法包括条件价值评估法、层次分析法（AHP）、模糊数学方法，通过设计调查问卷或构建评价指标体系，转化为一组无量纲数据，对利用对象的社会效益进行评价。需要指出的是，在这些研究中，对社会效益范围的界定比较宽泛，多是指对象对社会的政治、文化、教育、卫生和自然条件各个方面的综合影响，同时也包括经济活动对社会的影响。上述方法也是水资源利用的生态效益评价中较常采用的方法。

（3）经济效益、社会效益、生态效益联合评价阶段

从 20 世纪 70 年代末起，人们逐渐认识到一种经济只有尊重生态学诸原理才会是可持续发展的，甚至提出了从生态的角度看人类经济。在国内，马世骏提出社会、经济和自然是三个不同性质的系统，但其各自的生存和发展都受其他系统结构、功能的制约，必须当成一个复合系统来考虑，并称其为社会-经济-自然复合生态系统。他提出了该复合系统的生态特征和衡量该复合系统的三个指标：①自然系统的合理性；②经济系统的利润；③社会系统的效益。并给出了目标函数和约束方程。自此，生态学家开始涉足经济领域。许多学者开始关注生态用水效益的评价，这些工作都是从水的生态服务功能和生态价值研究着手的。“Ecological economics”汇集了众多有关水生态服务功能和生态价值研究成果，如淡水生态系统、城市生态系统、湿地生态系统等的服务功能及其价值以及评估，用会计学方法计算海岸生态服务功能等。欧阳志云等率先在国内开展了水生态系统服务功能与价值的研究，对中国生态系统的服务功能价值进行了评估。

1995 年瑞典水文学家 Falkenmark 提出了绿水和蓝水的概念，她将赋存于土壤不饱和含水层中通过蒸散发被植物所利用的水称为绿水，以区别于江河湖泊和含水层中的易于被人类开发利用的地表水和地下水等径流性水资源（即蓝水）。Savenijn 在此基础上将地表拦蓄降水或裸露地表蒸散直接返回大气的降水命名为白水，将虚拟水定义为紫外水，将属于蓝水中地下水进一步定义为深蓝水，对绿水的范围进行了明确界定。在国内，王浩等提出了水资源与狭义水资源的概念，其意义与 Falkenmark 的定义基本相同。

针对评价对象的不同，水资源利用效益评价研究又可以分为对狭义水资源利用效益的评价和对水资源利用效益的评价。在目前的研究成果中，水资源利用经济效益评价多以狭义水资源为评价对象，20 世纪 90 年代，虚拟水概念由 Tony Allan 提出后，对绿水的利用效益评价也逐渐引起众多学者的关注。这些研究集中在农业用水领域，基本通过虚拟水贸易量的定量计算，评价绿水、蓝水对地区或国家粮食安全的重要作用。如 Hoekstra 利用实物贸易量乘以其相应的虚拟水含量，计算了世界各国由于农产品贸易而产生的虚拟水贸易，指出了绿水在稳定全球粮食贸易中发挥的巨大作用。Yang 和 Zehnder 对 6 个地中海国家包含在食物进口中的虚拟水量进行了估算，研究表明粮食进口能够有效地减少本地水资源消耗。Ma 和 Hoekstra 等对中国区域间的虚拟水贸易量进行了定量计算，分析了绿水、蓝水以及虚拟水贸易在保障国家粮食安全、供水安全方面的重要意义。龙爱华等和郭斌等对全国、地区的虚拟水贸易量进行了计算。

根据国内外研究状况分析，目前在水资源利用效益评价方面存在的问题可以概括为以下几点：

（1）水资源利用的经济效益评价研究成果丰富，但缺乏系统总结。水资源利用社会效益评价多以定性为主，缺乏定量评价技术。

（2）水资源利用生态效益评价以水生态服务功能和水生态价值评价为主，水对生态系统内部各分量的各种定量关系描述还停留在定性分析和概念模型阶段。

（3）评价模式上以分离评价为主，缺乏对经济-社会-生态系统的统一评价。

（4）评价对象多以径流性水资源为主，缺乏对有效降水利用效益问题的考虑。

8.1.2 评价方法体系

1. 评价体系框架

水资源利用是一个大系统，涉及多个用水部门，单一部门的用水结构和水平发生变化，势必会对其他行业用水产生联系，因此区域水资源利用方式的改变必须遵循有效性、公平性和可持续性原则，还应考虑各方利益相关者以及各节水措施的技术可行性等其他约束条件。进行水资源利用效率与效益的总体框架研究需要综合权衡区域经济系统和生态系统之间的相互作用，在水循环模拟的基础上研究上对水循环转化分项过程进行定量，进而结合用水部门划分、用水特性和效益产出进行评价（图 8-1）。

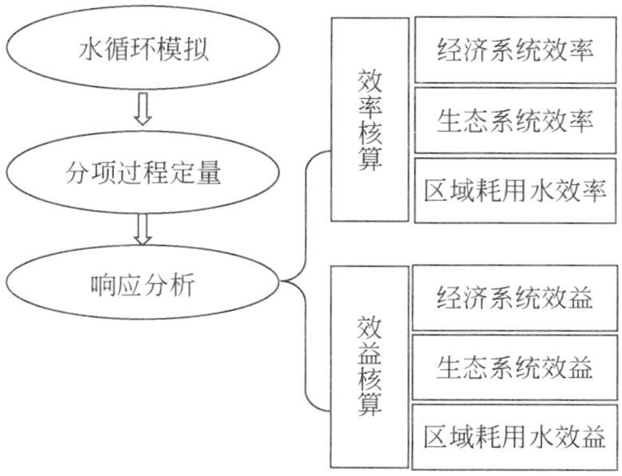

图 8-1　基于水循环的水资源利用效率与效益评价框架

该框架中水循环模拟的作用是研究不同用水部门及土地利用类型的水量供用耗排关系以及地下水位等变化，摸清水资源在经济系统和生态系统的消耗和运移状况。响应分析是定量化水资源利用效率和效益的关键所在，根据分析得到的不同用水单元及区域水资源消耗量和实际配水状况，分析用水效率变化；采用工程经济效益分析和宏观区域投入产出模型、生态系统服务价值计算方法，分析用水经济效益和生态效益。由此可见，对水资源利用效率和效益的评价涉及水循环模拟、经济效益分析以及生态系统服务价值等计算模型和方法。

2. 评价体系内容

（1）水资源利用效率评价

a. 社会经济系统水资源利用效率评价。

社会经济系统用水是区域用水的大户，其利用水资源的方式和行为对区域水资源演变、水循环转化有着深刻的影响作用。由于用水行为、用水结构、用水方式、用水水平以及人们重视程度的不同，生活用水、工业用水和农业用水在水资源的利用效率上存在着很大差异，因而也存在着不同的评价指标和方法。

1）生活用水效率评价。在城镇生活用水过程中，输配水和排水过程均在管道内进行，除了管道渗漏损失之外，可视为无蒸发损失。农村生活耗水和城镇生活耗水的不同之处在于农村生活耗水没有系统的输配水系统和排水系统，因此水的输配和排水过程较为分散，且农村生活用水除满足人体所必需的生存和清洁卫生外，还要满足牲畜生存用水。根据前述对水资源利用效率内涵的解释，生活用水效率评价指标采用生活水资源利用率来表征生

活用水效率，即

生活水资源利用率 = 生活消耗水资源量/取用水量

2）工业用水效率评价。一般情况下，工业中的输配水和排水都是在管道中进行的，除了管道渗漏损失之外，可视为水量在输送和排放过程中无蒸发损失，耗水只发生在工厂内部产品生产、加工过程中以及被产品带走。工业用水效率评价指标采用工业水资源利用率来表征工业用水效率，即

工业水资源利用率 = 工业生产过程中所消耗的水量/取用水量

3）农业用水效率评价。中国是一个农业大国，每年农业灌溉用水占全年总用水的70%以上。同时，中国人口众多，保障粮食安全是社会稳定经济发展的基础和根本，因此，对农业用水进行研究、评价农业用水状况长期以来一直是中国水利工作的一个热点。

目前，通常采用灌溉水利用系数对农田灌溉用水效率进行衡量，它是灌溉水从水源引入储存到作物根层供作物吸收利用，是通过灌区各级渠道输水至田间，均匀地分配到指定的灌溉面积上，储存在作物根层土壤中转化为土壤水来实现的。灌溉水利用系数是灌溉工程规划设计时，在灌溉设计保证率的情况下，根据未来规划作物种植结构、灌溉面积、灌溉制度确定工程规模及布局、引水流量等所需要的一个参数。灌溉水利用系数可分解为田间水利用系数和渠系水利用系数两部分。因此，灌溉水利用系数等于田间水利用系数与渠系水利用系数的乘积。在灌区工程运行管理中，尽管灌溉水利用系数在一定程度上反映了灌区灌溉用水水平，但受工程变化、观测方法和运行管理的限制和影响，又难以真实反映实际灌溉用水效率。根据研究提出的水资源高效利用评价理论，拟采用以下农业用水效率评价指标。

1）高效耗水率。农业耗水量是农业水资源蒸发消耗，无法重复利用的水量，水资源高效利用的目的就是将低效利用的水资源向高效转移，从而提高整个区域的水资源利用效率。水资源消耗利用的高低是评价判断区域水资源消耗效率、指导区域节水和节水潜力的重要指标。前面进行广水资源利用效率分析时界定了不同土地利用水资源利用效率分类，对于农田系统来说，植被冠层截留蒸发有利于降低植物表面和体内温度，维护正常生理需要，属于高效水量；蒸腾直接决定于粮食产量，因此也属于高效水量；裸土蒸发虽对植物生长环境起着一定的调节作用，但是从生物产出量出发，认为是低效水量。因此农业高效利水率定义为

农业高效利水率 = 农业高效水资源消耗量/农业水资源消耗量

2）农业水资源利用率。农业灌溉耗水主要发生在输配水渠系、田间和排水渠系中，由渠系蒸发、田面表水蒸发（包括鱼塘水面蒸发）、作物蒸腾、棵间土壤蒸发四部分组成。一般而言，农业用水包括农田灌溉、林、牧、渔需水量。在诸如类似宁夏的干旱半干旱地区，林地（包括经果林、农田防护林）、牧草都是在农田内部或者农田周围，和农作物一样依靠灌溉而生存。因此，可将林地、草地与农作物用水一起考虑，而渔业则可作为一个独立的用水部门单独计算，二者之和为农业用水。为体现农业消耗的人工供水水量，采用农业水资源利用效率来表征农业灌溉取用水资源的利用效率，即

农业水资源利用率 = 农业灌溉水资源消耗量/农业灌溉水资源取用量

3）农业水资源利用效率。农业之所以要引水灌溉，主要原因在于当地降水不足，无法满足作物生长对水的需求。尽可能地充分利用当地降水资源是减少引用水量，提高水资源利用效率的一种重要途径。在干旱半干旱地区，或者是山区丘陵地带，降水资源是发展农业生产最重要的水源。有的地区，当地农业即为集雨农业，作物收成的多少完全取决于天然降水的多少，“靠天吃饭”的现象仍然存在。为了增加雨水入渗，提高土壤蓄积雨水的能力，人们平整土地、修筑梯田、进行小流域综合治理，发展集水工程，以提高天然雨水的利用率和生产力，解决农业需水与天然降水的供需错位问题。在半湿润地区，降水相对丰富，当地降水资源能满足作物大部分水需求，降水和灌溉共同组成了农业生产水源。湿润地区，降水充沛，丰水期降水就能满足作物需求，不用灌溉，但是在枯水季节，仍需少量引水灌溉。降水对农业发展的重要作用，在评价农业水资源利用效率时，除了对人工供水水量的利用效率进行评价外，还需要对农业的水资源利用量进行评价。在农业水资源利用量可以细分为人工引提地表水资源和地下水资源、农作物对地下水的直接利用量、降水在农田中产生的土壤水等，农业水资源利用率的公式为

农业水资源利用率=农业蒸发蒸腾消耗的水资源利用量/农业水资源利用量

b. 生态系统水资源利用效率评价。

生态系统服务功能的正常发挥和维持是保证经济社会健康发展的基础和重要支撑条件，因此必须保证足够的生态用水。生态系统种类繁多，天然状态下，除经济社会系统耗水以外，其余所有水量消耗均可视为生态耗水，且这些水量消耗都对区域生态环境具有贡献作用，属于有效水量，即供给生态多少水，生态即可消耗多少水。为体现水的资源价值，确保水的高效利用，人们有选择性地挑选某些生态类型或生态服务功能，保证与人类自身利益密切相关的或对经济社会发展具有较高价值的生态用水，认为这些生态用水对人类的生产和生活是必不可少的，是高效用水，而其余的生态类型或生态功能并不能对经济社会系统产生较大影响，属于低效用水。从这个概念出发，不难看出，正是由于人类主观意识的存在，生态用水才被赋予“效用性”。因此，从对人类社会是否具有重大价值和贡献的角度出发，为体现与人类社会活动密切相关的生态用水，生态系统用水效率采用高效耗水率来表征生态水资源利用效率，即

生态高效耗水率=生态高效消耗水量/生态总耗水量

c. 区域水资源利用效率评价。

区域是一个整体，将区域内部行业或地区的水力联系考虑在内，研究区域的水资源利用效率，解决了单独计算行业用水效率中水资源重复利用和仅考虑单个行业水资源利用效率问题，更能体现区域水资源的整体利用效率，有利于科学认识区域水资源利用潜力，有助于水资源开发利用规划和布局。本书研究采用高效耗水量、经济系统水资源利用率和区域水资源利用率三个指标来表征区域水资源利用效率。区域高效耗水量反映区域用水总通量中，与经济系统与生态系统效益密切相关的水分通量消耗状况。经济系统用水是人类社会水资源利用的主要方式，因此经济系统用水效率的大小对区域用水方向起着重要导向作用，切实提高经济系统用水效率是保证区域经济社会发展的根本前提。为突出干旱地区土壤水在水资源中的重要作用，以及天然生态需水的必要性，区域水资源利用

效率采用区域总的蒸发蒸腾消耗水量与水资源总用水量的比值来表示。三个指标的公式分别为

区域高效耗水量=高效耗水与水资源总用水量的比值

经济系统水资源利用率=经济系统水资源消耗量/经济系统水资源利用量

区域水资源利用率=区域水资源消耗量/区域水资源利用量

（2）水资源利用效益评价

a. 社会经济系统水资源利用效益评价。

随着社会经济的快速发展和科技水平的不断提高，为缓解缺水矛盾，增加用水效益，人们不断调整用水方式、加大对水资源合理开发和有效利用的投资力度以适应水资源供给不足，有投资就要求有收益，就需要进行经济效益分析评价。而在对部门用水方式进行经济效益评价时，首先要进行工程经济效益分析，从部门出发，满足部门用水变化所带来的国民经济效益，其次还要从宏观区域出发，满足水资源在区域经济部门流动变化引起的区域国民经济 GDP 变化。因此需要进行两个层次的研究，即工程经济效益分析和宏观经济效益分析。这是因为，工程经济效益分析中的国民经济评价尽管也是从全社会的国民经济角度出发，衡量建设项目的经济合理性，但是其根本评价落脚点仍在于实施工程措施部门本身，割裂了区域各部门生产间物质输入输出的彼此联系，不能完全反映由某一用水方式变化所引起的区域内部其他行业及区域总经济效益发生的变化。

1）工程经济效益。对工程进行国民经济效益分析是指工程建成后，项目为国民经济做出的全部贡献，其投资为工程总投资，包括固定投资、运行费、管理费等，其效益包括直接效益和间接效益。直接效益一般是指工程本身的财务效益，间接效益是指对国民经济其他部门产生的社会效益或国民经济效益。通常采用内部收益率、经济净现值和经济效益费用比来进行工程经济效益评价。由此可见，该经济效益分析中的国民经济评价尽管考虑了工程对其他部门的影响，但是归根结底，都是从项目本身出发，不考虑工程实施后，区域水资源方式的流向发生变化所引起的部门间投入产出量的变化。

2）宏观经济效益。宏观经济效益的研究主体是整个区域，以区域整个国民经济总体为主，分析由用水方式改变所引起的区域国内生产总值的变化。

宏观经济效益分析需要考虑各经济部门之间的有机联系，常采用投入产出法进行定量分析。投入产出分析法中的投入是指各部门或各企业为生产一定产品或提供一定服务所必需的各种费用，投入又可分为中间投入和最初投入两部分。中间投入是指以本部门或其他部门的最终产品或服务形式提供的生产过程中的消耗；最初投入包括本部门的固定资产折旧、工资及利税三大项，与部门间的联系无关。投入产出分析法中的产出也可分为中间产品和最终产品两类。中间产品是指全社会在一定时期内生产并已被用于其他产品的生产、并构成其他产品的生产费用的产品；最终产品是指全社会在一定时期内生产出来并在同期内不再进一步加工的产品。通常用一张表简明扼要地表示出一个经济系统中所有部门各种投入的来源和所有各类产出的去向，该表称为投入产出表。将水资源作为产业部门直接纳入到投入产出表中进行核算，即可形成水资源投入产出表，对水资源在经济系统中的作用进行宏观分析。

本研究采用水资源投入产出模型计算用水方式变化后的宏观经济效益，与以往水资源投入产出模型最关键的区别在于，首次将耗水取代用水，更能切实反映水作为一种资源，在经济系统各部门之间的传输、消耗和产出状况，经济系统中各行业的宏观经济效益可用单方耗水增加值表示。

b. 生态系统水资源利用效益评价。

由于生态系统结构和功能的特殊性，人们很难对生态系统所产生的效益进行准确定量的衡量，尽管已有诸多学者从不同方面做了许多尝试，但是迄今尚未形成一个系统完整的标准体系，对生态系统效益的评价还多处于定性和半定性研究状态。

在对某一物质或系统所产生的效益进行衡量时，人们习惯将其量化，以便比较。而对于生态系统，一方面我们无法完全辨识其服务功能和对人类社会发展的支撑作用，而另一方面，我们又无时无刻不在消耗着生态系统提供的各种物质产品和精神享受，因此，如何科学合理地衡量生态系统所产生的效益并将其定量化就成为有关生态领域研究的又一重要课题。

近年来，生态系统服务价值的研究渐渐成为生态学和生态经济学的一个热点。如前所述，各类生态系统具有多种服务功能，通过对各类生态系统所具有的服务功能进行识别评估，综合统计区域各类生态系统的服务价值，以此评价生态系统效益。

c. 区域水资源利用效益评价。

衡量宏观区域经济发展水平的指标通常采用国内生产总值（GDP），它等于各部门的增加值之和。增加值是从总产出中扣除了中间消耗，从宏观区域层面上体现了部门之间错综复杂的经济联系。用水方式的改变所引起的区域 GDP 的变化反映了水资源对宏观经济效益的影响。在以往的水资源投入产出分析中，往往将各部门的取用水量纳入到投入产出表中，得到水资源在区域经济各部门之间的配置和利用情况，以单方用水 GDP 表示水资源对区域宏观经济发展的贡献状况。基于水资源高效利用的水资源投入产出模型，抓住水的资源本质特征，从耗水的角度分析水在经济各部门的调配和利用状况，以耗水量替代取用水量，考虑资源在经济各部门之间的流动作用，以单方耗水 GDP 表示水资源对区域的贡献值，更能体现水资源对区域经济的带动作用，反映水资源对区域社会经济发展的制约性和必要性。

3. 评价体系指标

水资源利用需要从宏观区域水资源消耗角度出发，衡量区域用水状况。人类利用水资源的过程是通过水的资源消耗实现的。水资源通过水循环过程参与到各种产品和生物量的过程中，在这个过程中，一些水量渗漏损失掉，可以重新进入到下一个水循环过程中重复利用，而另一些水量则通过资源消耗的形式损失掉，无法再进行循环利用。因此，评价水资源利用状况主要取决于耗水量的多少，以及这些耗水量能够产生多少效益，而水资源高效的衡量标准就是用最少的水资源消耗获得最大的效益产出，当然这种效益包括经济系统和生态系统，在满足优良生态系统效益发挥的前提下，变相为追求最高的经济效益。根据以上分析，可拟定水资源利用效率和效益的指标体系，见表 8-1。

表 8-1　水资源利用效率与效益指标体系

评价层	要素层		指标层	表达层
效率	经济系统	生活	水资源利用率	总耗水/总用水量
		工业	水资源利用率	总耗水/总用水量
		农业	高效耗水率	农业高效耗水量/农业总耗水量
			水资源利用率	农业蒸发蒸腾消耗水量/总用水量（不包含降水）
			广义水资源利用率	农业蒸发蒸腾消耗水量/广义水资源（包含降水）
	生态系统		高效耗水率	生态高效耗水量/生态总耗水量
	区域		高效耗水率	区域高效耗水量/区域总耗水量
			经济系统广义水资源利用率	区域经济系统总耗水量/经济系统水资源利用量
			区域广义水资源利用率	区域总耗水量/区域广义水资源利用量（包括降水）
效益	经济系统	工程	内部收益率	
		宏观	单方耗水增加值	增加值/总耗水
	生态系统		生态系统服务价值	
	区域		单方耗水 GDP	GDP/总耗水

4. ET 尺度转换与效应

水资源的利用效率与蒸散（ET）紧密相关，而 ET 过程是水分循环和能量循环的重要组成部分，与植物的生理活动以及生物产量的形成存在密切关系，农田不同尺度 ET 过程的监测、模拟及其时空尺度耦合转换是作物高效用水理论与模式研究的前提，也是贯穿作物高效用水调控与节水灌溉管理过程的基础科学问题。

多年来，人们对 ET 的研究主要集中在田间，如水量平衡法、微气象学法、作物系数法等研究和运用均取得较大进展。但在实际运用中，灌区总体 ET 动态对于水资源合理配置和节水灌溉管理具有更重要的价值。然而大尺度 ET 的特征值并非若干小尺度值的简单叠加，小尺度值也不能通过简单的插值或分解得到，而是需要利用自相似规律、分形结构或地理统计学等方法在不同尺度之间建立某种尺度转换关系。近年来，不少学者已经开展了相关研究，但突破性进展较少，不同尺度 ET 间转换的理论方法构建与验证更是难点。这主要由于一方面作物蒸散过程是一个涉及气象、水文等众多方面的复杂系统，通常存在于较大时空尺度范围内，而有限的财力和资源使大多数因子的测定局限在短时间、小范围内，可利用的典型实测值不足；另一方面是影响作物蒸散的各类因子存在极大的空间异质性和时空变异性，某一尺度下获得的作物蒸散理论或参数具有高度的尺度依赖性，不能直接移植到高一级或低一级时空间问题中求解。因此，如何合理监测不同尺度 ET 和描述空间异质性和时空变异性，构建不同时空尺度间的定量转换模型已成为全面了解生态系统信息资源的有效手段和核心内容。

由于特定的空间尺度总对应着相应的时间尺度，故对相关过程或系统空间尺度进行转换的同时也会带来相应的时间尺度转换。特别是随着遥感技术在区域 ET 估算中的迅速推广应用，如何通过有限的瞬时 ET 数据预测 ET 随时间的动态变化过程及某时段的 ET 总量已成为遥感应用研究的热点问题。同时，随着人们对 ET 时空尺度转换研究的深入，发现必须将空间和时间这两大范畴同时纳入统一的 ET 尺度转换的基础之中，才能真正认识 ET 时空尺度效应及其耦合转换规律，才能同时克服“点”上观测成果应用到“面”上的局限性和时间分辨率上的限制。因此，农田 ET 时空尺度耦合转换研究对于通过有限的时空 ET 资料来预测灌区尺度 ET 动态和规律具有极为重要的价值和意义。

综上所述，如何合理、准确地获取从单叶、单株水平的蒸腾一直到灌区遥感影像 ET 数据，如何将小尺度下具有高度非线性物理和生物特性的过程尺度转换到灌溉农业生态系统这类宏观尺度上，如何获得不同时空尺度上相关过程或特性变异性的可靠估值，如何识别 ET 主控因子并实现时空尺度耦合转换等问题已成为水文水资源和灌溉水文学研究的热点和难点。由于过去研究以时间和空间独自转换为主，缺乏必要的时空耦合，导致转换方法在时间或空间方面的局限性，本研究将针对日益凸显的 ET 时空尺度耦合转换问题，以叶片、单株、农田和区域水平的 ET 系统同步监测为依据，在识别不同尺度 ET 主控因子的基础上，探讨主控因子时空变异规律，构建 ET 时空尺度耦合转换模型，实现 ET 从点到面、从瞬时（短时段）到时段（长时段）的确定，为灌区作物高效用水调控以及节水灌溉管理提供有力的科学依据。

（1）蒸散发时间尺度扩展

卫星遥感数据为计算区域蒸散发提供了一种有效途径，目前已经有很多遥感模型计算的潜热通量在不同的气候区及下垫面类型中得到了验证。但是遥感蒸发模型仅能提供每天 1 次或 2 次的卫星过境时刻的瞬时结果，在实际应用中，需要一种可靠方法将瞬时通量扩展为日蒸散发，再将有卫星数据日的蒸散发扩展到无数据日。因此 ET 时间尺度扩展具有很强的实用价值和研究意义。

a. ET 日尺度扩展方法对比。

早在 1983 年 Jackson 就提出了利用正弦关系由瞬时通量计算日蒸散发；1989 年 Shuttleworth 提出利用通量之间自我保持（Self-preservation）的特性进行扩展，此后关于此方法进行了大量的验证；1999 年 Lhomme 对蒸发比 Self-preservation 提出质疑，并通过实验证明蒸发比存在着下凹的关系，随后一些学者利用模型和实验分析蒸发比日间变化的影响因素，Chavez 于 2008 年列出 6 种主流方法比较其计算结果；Hoedjes 于 2008 年提出了一个新的经验公式，并进行验证；但是迄今这些方法都有很强的经验性。为了验证 ET 日尺度扩展方法在我国华北平原的应用，在本研究中选取了五种具有代表性的尺度扩展方法进行比较。

第一种方法是蒸发比不变法。蒸发比（EF）的概念由 Shuttleworth 于 1989 年首次提出，定义为潜热通量与有效能量的比值：

$$\mathrm{EF}=\frac{\mathrm{LE}}{R_n-G} \tag{8-1}$$

蒸发比不变法假定 EF 在日内保持不变，已知卫星过境时刻的 EF 和日有效能量，即可求出日蒸散发：

$$\mathrm{ET}^{\mathrm{day}}=\mathrm{EF}^{\mathrm{inst}}\ (R_n-G)^{\mathrm{day}} \tag{8-2}$$

第二种方法由 Anderson（1997）提出，在第一种方法的基础上，添加了一个修正系数：

$$\mathrm{ET}^{\mathrm{day}}=1.1\cdot\mathrm{EF}^{\mathrm{inst}}\ (R_n-G)^{\mathrm{day}} \tag{8-3}$$

第三种方法定义蒸发比为潜热通量与太阳短波辐射的比值，故有

$$\mathrm{ET}^{\mathrm{day}}=\frac{\mathrm{LE}^{\mathrm{inst}}}{R_{\mathrm{swd}}^{\mathrm{inst}}}\cdot R_{\mathrm{swd}}^{\mathrm{day}} \tag{8-4}$$

第四种方法综合了前三种方法，表示为

$$\mathrm{ET}^{\mathrm{day}}=\left(\frac{\mathrm{LE}}{R_n-G}\right)^{\mathrm{inst}}\left(\frac{R_n}{R_{\mathrm{swd}}}\right)^{\mathrm{inst}}\cdot R_{\mathrm{swd}}^{\mathrm{day}} \tag{8-5}$$

第五种方法提出了相对蒸发比的概念，定义为蒸发量与参考作物腾发量的比值，假定相对蒸发比在日内保持不变：

$$\mathrm{ET}^{\mathrm{day}}=\left(\frac{\mathrm{ET}}{\mathrm{ET}_r}\right)^{\mathrm{inst}}\cdot\mathrm{ET}_r^{\mathrm{day}} \tag{8-6}$$

根据本次研究在位山灌区应用五种方法的各项指标统计结果，除了方法 4 和方法 5 在利用 Aqua 过境时刻数据估算日 ET 时误差较大外，其他三种方法均能够较好地模拟日蒸散发量。而在前三种方法中，式（8-4）的模拟结果最好，绝对平均误差和均方根误差在五种方法中最低，而确定性系数和效率修正系数最高。Terra 和 Aqua 过境时刻的相对误差都比较低，综合来看，各项指标都在五种方法中表现最好。而且在五种方法中，式（8-4）仅需要太阳短波辐射的日内总量和卫星过境时刻的各通量值，不需要净辐射和土壤热通量的日内总量，求解最为简单，具有很大的实用价值

（2）基于水热耦合平衡的 ET 时间尺度转换

关于实际蒸散发和潜在蒸散发的关系有三个基本假设，分别是关于实际蒸散发量为潜在蒸散发量一定比例的 Penman 假设，关于两者成互补关系的 Bouchet 假设，以及实际蒸散发为降水量和潜在蒸发量函数的 Budyko 假设。本章以 Budyko 假设为出发点，从理论上推导建立了不同时间尺度上水热耦合平衡方程的表达式，并采用实测地面数据对方程进行了验证。

自然流域的多年平均可利用水量定义为多年平均降水量，以下定义时段的可利用水量 Q 为时段内降水量 P、外部引水量 I 与时段初始时刻的土壤可供水量（可近似认为是初始时刻土壤的含水量）S 之和，即

$$Q=P+I+S \tag{8-7}$$

那么，实际蒸散发量 E 是该时段的可用水量 Q 和可用能量（采用潜在蒸散发量 E_0 表示）的函数，即

$$E=\Psi(Q,\ E_0,\ E) \tag{8-8}$$

式中，等号右边自变量中的 E 间接反映了植被状况和土壤性质等下垫面条件。

式（8-8）分别对 Q 和 E_0 求偏导，得到

$$\begin{cases}\partial E/\partial Q=F(Q,\ E_0,\ E)\\ \partial E/\partial E_0=G(Q,\ E_0,\ E)\end{cases} \tag{8-9}$$

式中，$F(Q, E_0, E)$ 和 $G(Q, E_0, E)$ 分别为 Q，E_0和 E 的函数。同时，由水文学知识可给出偏微分方程的 0 阶边界条件：

$$\begin{cases} E=E_0, & Q/E_0\to\infty \\ E=Q, & E_0/Q\to\infty \\ E=0, & Q=0 \\ E=0, & E_0=0 \end{cases} \tag{8-10}$$

1 阶边界条件：

$$\begin{cases} \partial E/\partial Q=0, & Q/E_0\to\infty \\ \partial E/\partial E_0=0, & E_0/Q\to\infty \\ \partial E/\partial Q=1, & Q\to 0,\ E_0\neq 0 \\ \partial E/\partial E_0=1, & E_0\to 0,\ Q\neq 0 \end{cases} \tag{8-11}$$

式中，趋于无穷表示充分大。对于很小的时间尺度，式（8-11）中的第 3、4 式可能不是等于 1，而是等于某个小于 1 的常数。

采用求解偏微分方程的方法可以得到式（8-9）的解为

$$E=E_0Q/(-BQ^n-AE_0^n+C)^{1/n} \tag{8-12}$$

根据边界条件确定式（4-70）中的积分常数。因为当 $Q/E_0\to\infty$时，$E=E_0$，所以 $B=-1$；当 $E_0/Q\to\infty$时，$E=Q$，因此 $A=-1$；当 $Q\to 0$ 时，$\partial E/\partial Q=1$，又得到 $C=0$。由此，式（8-12）变为

$$E=\frac{E_0\ (P+I+S)}{[(P+I+S)^n+E_0^n]^{1/n}} \tag{8-13}$$

对于较小的时间尺度，边界条件（8-11）$Q\to 0$ 时，可能 $\partial E/\partial Q<1$，那么由式（8-13）只能得到

$$E=\frac{E_0\ (P+I+S)}{[C+\ (P+I+S)^n+E_0^n]^{1/n}} \tag{8-14}$$

此即可用于任意时间尺度的水热耦合平衡方程，其中，C 的值可以由实验等方法确定。

为了研究实际蒸散发量 E 和潜在蒸散发量 E_0的关系，将式（8-14）变形得到

$$E=E_0\Bigg/\left(\frac{C}{(P+I+S)^n}+1+\left(\frac{E_0}{P+I+S}\right)^n\right)^{1/n} \tag{8-15}$$

定义两个无量纲量：

$$x_1=\sqrt[n]{C}/(P+I+S),\quad x_2=E_0/(P+I+S) \tag{8-16}$$

将式（8-8）改写为

$$E=f_c\ (x_1,\ x_2)\ E_0 \tag{8-17}$$

式中，

$$f_c\ (x_1,\ x_2)\ =1/(x_1^n+1+x_2^n)^{1/n} \tag{8-18}$$

$f_c\ (x_1,\ x_2)$ 相当于 $E=K_cf\ (\theta)\ E_0$ 中的 $K_cf(\theta)$，包括了土壤水分和作物生长状况的

影响，与其不同在于f_c（x_1，x_2）还包括了E_0的影响。在一定时间尺度上，当E_0一定时，f_c（x_1，x_2）随着供水量的增加而增大；当供水量一定时，f_c（x_1，x_2）随着E_0的增加而减小。Shuttleworth（2002）在《水文学手册》中建议实际蒸散发E由潜在作物系数K_{co}乘以潜在蒸散发量E_0得到，即

$$E=K_{co}E_0 \tag{8-19}$$

对比式（4-77）与式（4-75）可以得到

$$K_{co}=f_c(x_1, x_2) \tag{8-20}$$

由f_c（x_1，x_2）随着E_0的增加而减小可知，潜在作物系数K_{co}随E_0的增加而减小，这为Doorenbos和Pruitt（1977）给出的结果所证实（图8-2）。

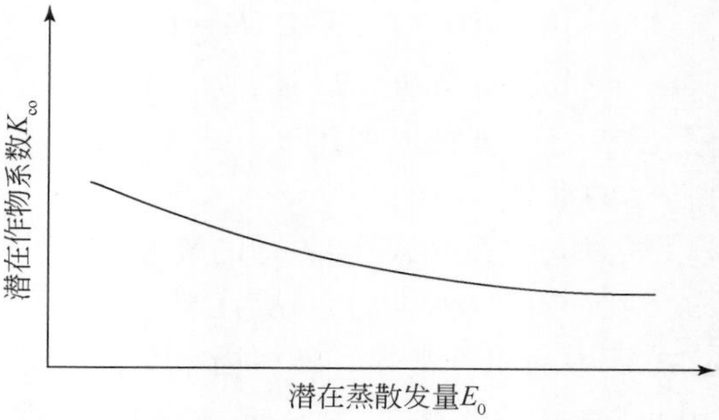

图8-2　潜在作物系数K_{co}与潜在蒸散发量E_0的关系示意图

在多年尺度上，对于自然流域而言，可不考虑流域外调水的影响，I为0，总可利用水量表示为$P+S$。与多年降水量P相比，初始土壤含水量S相对较小，其影响可以忽略不计。由式（8-9）得

$$E=E_0/\left[1+(E_0/P)^n\right]^{1/n} \tag{8-21}$$

进一步变形可得式（8-6），这意味着式（8-6）可以看成是式（8-21）在土壤初始含水量忽略不计时的近似。

通常情况下E_0随着时间尺度的变小而变小，S作为一个状态量，与时间尺度无关，因此由式（8-16）知，x_2随着时间尺度的变小而变小，小到可以忽略不计时，式（8-18）近似变为

$$f_c(x_1, x_2)=1/(x_1^n+1)^{1/n} \tag{8-22}$$

此时，f_c（x_1，x_2）与E_0无关，实际蒸散发量E和潜在蒸散发量E_0表现为线性关系，即Penman假设。这时，对E与E_0关系影响比较大的是土壤的初始含水量S，S越大，x_1越小，比例系数f_c（x_1，x_2）越大。另外，x_2随着时间尺度的变大而变大，当其影响不能忽略不计时，这种近似的正比关系被破坏，即Penman假设不再适用。因此，通常认为在多年尺度（Budyko，1974）或者年尺度（Yang et al.，2007）上Budyko假设是成立的，而对于日或者更小的时间尺度，Penman假设是适用的（Allen et al.，1998）。于是，利用任意时间尺度的水热耦合平衡方程，可以对适用于长时间尺度的Budyko假设和小时间尺度上的Penman假设进行统一的描述。

(3) 蒸散发空间尺度转化

a. 气孔导度模型。

本研究采用 Jarvis 提出的非线性模型来模拟气孔导度，Jarvis 认为气孔导度是多个环境因子综合作用的产物，可通过气孔导度对单一环境因子反应叠加得到多个环境因子同时变化时对叶片气孔导度的综合影响。研究表明，环境因子中辐射和饱和差在很大程度上决定了气孔导度的大小，因此本研究选用光合有效辐射和饱和差两个环境因子来构建气孔导度模型。该模型形式为

$$g_s=\frac{\mathrm{PAR}_a}{\mathrm{PAR}_a+\alpha_1}f\ (\mathrm{VPD}) \tag{8-23}$$

式中，g_s 为气孔导度；PAR_a 为单叶吸收的光合有效辐射；α_1 为经验系数；f（VPD）为饱和差对气孔导度的影响函数，其表达式为

$$f\ (\mathrm{VPD})\ =\exp\ (-\alpha_2 \mathrm{VPD}) \tag{8-24}$$

式中，α_2 为经验系数。

假定辐射在冠层中向下呈自然指数型减小，则

$$\mathrm{PAR}=\mathrm{PAR}_h\exp\ (-K\xi) \tag{8-25}$$

$$\xi(z)=\int_z^h L_d(z)\,\mathrm{d}z \tag{8-26}$$

式中，PAR_h、PAR 分别为冠层顶处和 Z 高度处的光合有效辐射；K 为消光系数；L_d 为叶面积密度函数；h 为冠层高度。

$$\mathrm{PAR}_a=-\mathrm{dPAR}/\mathrm{d}\xi=\mathrm{PAR}_h\exp(-K\xi)\ \cdot K=K\cdot \mathrm{PAR} \tag{8-27}$$

b. 气孔导度向冠层导度的转换。

研究表明，将蒸腾从单叶提升到农田尺度时，其对辐射的依赖程度增强，而对饱和差的依赖程度减弱，因此，本研究将光合有效辐射作为转换因子，同时假定下垫面均匀分布，冠层内饱和水汽压差没有变化，则冠层导度可以表示为

$$g_c=\int_0^{\mathrm{LAI}} f(\mathrm{VPD})\,g_s(\xi)\,\mathrm{d}\xi \tag{8-28}$$

式中，g_c 为冠层导度；LAI 为叶面积指数。

通过结合前述公式，冠层导度为

$$g_c=\frac{\exp\ (-\alpha_2 \mathrm{VPD})}{K}\cdot \ln\left(\frac{K\cdot \mathrm{PAR}_h+\alpha_1}{K\cdot \mathrm{PAR}_h\exp\ (-K\cdot \mathrm{LAI})\ +\alpha_1}\right) \tag{8-29}$$

c. 叶片气孔导度与环境因子的变化规律。

植物的气孔导度除受植物自身的生物学特性影响外，还对环境因子的变化十分敏感。通常，植物叶片气孔在白天张开，晚上关闭，而且气孔的张开程度与环境因子变化密切相关。影响气孔导度的环境因子主要有辐射、饱和差、气温、土壤湿度、CO_2浓度等，其中，辐射和饱和差在很大程度上决定了气孔导度的大小。

(4) 不同空间尺度蒸散发的转换关系

利用多元线性回归方法分别建立典型日叶面蒸腾量 Tr、实际腾发量 ETa 和水分通量

LE 与饱和水汽压差 VPD、净辐射 Rn 和叶面积指数 LAI 间的相关关系。回归方程和回归系数的置信水平选择常用的95% （α=0.05）；对回归方程和回归显著性的检验结果分别见表 8-2 ~ 表 8-5。

表 8-2　Tr 与 ETa 的回归关系检验

自变量	回归关系	R	F	置信度 α	回归系数检验：α≤0.05 自变量
Tr/LAI/VPD/Rn	ETa = 0.328Tr − 0.043LAI − 0.118VPD − 0.043Rn−1.344	0.897	13.367	0.000	Tr
Tr/VPD/Rn	ETa=0.317Tr−0.111VPD+0.064Rn−2.024	0.896	18.950	0.000	Tr/Rn
Tr/LAI/Rn	ETa=0.323Tr−0.042LAI+0.053Rn−1.209	0.896	19.084	0.000	Tr/Rn
Tr/LAI/VPD	ETa=0.368Tr−0.184LAI+0.412VPD+2.685	0.864	13.696	0.000	Tr/常数项
Tr/Rn	ETa=0.313Tr+0.060Rn−1.881	0.895	30.304	0.000	Tr/Rn
Tr/VPD	ETa=0.328Tr+0.852VPD+1.144	0.830	16.604	0.000	Tr/VPD
Tr/LAI	ETa=0.407Tr−0.238LAI+3.399	0.854	20.289	0.000	Tr/LAI/常数项
Tr	ETa=0.409Tr+1.925	0.769	23.084	0.000	Tr/常数项

注：F 统计量临界值 F_{α}（p，$n-p-1$）：$F_{0.05}$（6，11）=3.09。复相关系数 R 在95%置信水平上应大于0.468[13]。

从表 8-2 可见，在 Tr 与 ETa 的多元回归关系中，各方程的复相关系数均在 0.769 以上；F 统计值在 13 以上，置信度 α 达到 0.0001 的水平；以上 3 个统计指标强烈表明由 Tr 上推 ETa 的回归关系极为显著。对回归系数的显著性检验表明，由 Tr 上推，或者 Tr 和 VPD、Rn、LAI 结合来进行上推 ETa，其变量的回归系数也都达到了系统的显著性要求。尤其是由 Tr 和 LAI 来进行上推中，常数项也达到了显著性要求，说明本研究中的回归方程 ETa=0.407Tr−0.238LAI+3.399 可以直接用来进行尺度上推小区尺度的 ETa。

表 8-3 所示为 ETa 上推 LE 的多元回归结果。其中，由 ETa 和 VPD 外推 LE 时，回归方程的复相关系数 R、F 统计值满足 α≤0.05 的要求，回归方程自身的 α 为 0.002，方程显著性极强；在各变量的回归系数显著性检验中，ETa、VPD 和常数项都达到了显著性要求，得到上推方程 LE=−0.037ETa+1.203VPD+1.405，此方程可以用来直接外推 LE。而在利用 LAI 和 Rn 来进行 ETa 的上推中，统计参数不能达到系统的显著性要求；在同时考虑 VPD、LAI、Rn 的情况下，尽管统计参数达到了系统要求，但是方程的回归系数显著性不强，因而不能用于尺度外推。

表 8-3　ETa 与 LE 的回归关系检验*

自变量	回归关系	R	F	置信度 α	回归系数检验：α≤0.05 自变量
ETa/LAI/VPD/Rn	LE = − 0.080ETa + 0.173LAI + 1.246VPD + 0.023Rn−1.25	0.820	6.663	0.004	VPD
ETa/VPD/Rn	LE=−0.019ETa+1.265VPD−0.006Rn+1.653	0.762	6.450	0.006	VPD
ETa/LAI/Rn	LE=−0.007ETa+0.180LAI+0.065Rn−2.829	0.632	3.105	0.061	Rn

续表

自变量	回归关系	R	F	置信度 α	回归系数检验：$\alpha \leq 0.05$ 自变量
ETa/LAI/VPD	LE = − 0.016ETa + 0.125LAI + 1.414VPD +0.208	0.807	8.733	0.002	VPD
ETa/Rn	LE=0.059ETa+0.035Rn+0.183	0.547	3.198	0.070	
ETa/LAI	LE=0.271ETa+0.007LAI+1.794	0.432	1.722	0.212	
ETa/VPD	LE=−0.037ETa+1.203VPD+1.405	0.760	10.284	0.002	VPD/ETa/常数项
ETa	LE=0.267ETa+1.854	0.432	3.667	0.074	常数项

注：F 统计量临界值 F_{α}（p，$n-p-1$）：$F_{0.05}$（6，11）= 3.09。复相关系数 R 在 95% 置信水平上应大于 0.468。

可见，在小区蒸腾发尺度上推到中尺度 LE 的计算中，VPD 是较好的一个转换参数。

将 Tr 跨尺度上推 LE，考虑所有自变量的回归分析的结果见表 8-4。可见，直接将 Tr 上推和考虑 LAI 进行上推的结果中 F 值非常小，说明回归方程非常不显著，没有可行性。其他考虑参数的上推中，各参量的回归系数显著性检验中，Tr 的回归系数总是没有达到系统要求，不能考虑将 Tr 上推。因此，在考虑叶片蒸腾 Tr 跨尺度的上推中，这里所考虑的参量都不显著，不适宜进行上推。

表 8-4　Tr 与 LE 的回归关系检验

自变量	回归关系	R	F	置信度 α	回归系数检验：$\alpha \leq 0.05$ 自变量
Tr/LAI/VPD/Rn	LE = − 0.101Tr + 0.218LAI + 1.375VPD + 0.026Rn−1.611	0.855	8.804	0.001	VPD/LAI
Tr/VPD/Rn	LE=−0.048Tr+1.341VPD−0.006Rn+1.813	0.773	6.917	0.004	VPD
Tr/LAI/Rn	LE=−0.044Tr+0.205LAI+0.071Rn−3.184	0.642	3.280	0.053	Rn
Tr/LAI/VPD	LE=−0.083Tr+0.154LAI+1.615VPD+0.209	0.836	10.841	0.001	VPD/LAI
Tr/LAI	LE=0.069Tr−0.058LAI+3.003	0.257	0.531	0.599	常数项
Tr/VPD	LE=−0.049Tr+1.246VPD+1.501	0.771	10.984	0.001	VPD/常数项
Tr/Rn	LE=0.005Tr+0.040Rn+0.081	0.543	3.131	0.073	Rn
Tr	LE=0.069Tr+2.642	0.210	0.740	0.402	常数项

注：F 统计量临界值 F_{α}（p，$n-p-1$）：$F_{0.05}$（6，11）= 3.09。复相关系数 R 在 95% 置信水平上应大于 0.468。

表 8-4 列出的检验结果是同时基于 Tr 和 ETa 及其他变量上推中尺度的 LE。其中在 ETa、Tr、LAI、VPD、Rn 5 个变量中，只有 Tr、VPD 和 LAI 的回归系数达到显著性要求，故认为在同时考虑 ETa 和 Tr 上推 LE 下的回归方程和回归系数都是不显著的，不能用于中尺度 LE 的上推。

不同尺度下的 ET 转换与下垫面植被的叶面积指数 LAI 和反映大气蒸发力的 VPD 密切相关，为此可借助二者将小尺度的 ET 上推到大尺度，而太阳净辐射 Rn 却无法用于该目的。

表 8-5　Tr 和 ETa 与 LE 的回归关系检验

自变量	关系式	R	F	置信度 α	回归系数检验：$\alpha \leqslant 0.05$ 自变量
ETa/Tr/LAI/VPD/Rn	LE=0.228ETa-0.176Tr+0.228LAI +1.402VPD+0.013Rn-1.304	0.870	7.481	0.002	Tr/VPD/LAI
ETa/Tr/VPD/Rn	LE = 0.175ETa - 0.104Tr + 1.361VPD - 0.017Rn+2.168	0.783	5.148	0.010	VPD
ETa/Tr/LAI/Rn	LE=0.174ETa-0.100Tr+0.212LAI+0.062Rn -2.973	0.655	2.436	0.100	
ETa/Tr/LAI/VPD	LE = 0.280ETa - 0.186Tr + 0.206LAI + 1.499VPD-0.543	0.867	9.814	0.001	Tr/VPD/LAI
ETa/Tr/Rn	LE=0.126ETa-0.035Tr+0.033Rn+0.318	0.550	2.027	0.156	
ETa/Tr/VPD	LE=0.075ETa-0.074Tr+1.182VPD+1.415	0.774	6.966	0.004	常数项/VPD
ETa/Tr/LAI	LE=0.492ETa-0.132Tr+0.059LAI+1.330	0.487	1.452	0.270	
ETa/Tr	LE=0.408ETa-0.098Tr+1.857	0.472	2.148	0.151	常数项

注：F 统计量临界值 F_{α}（p，$n-p-1$）：$F_{0.05}$（6，11）= 3.09。复相关系数 R 在 95% 置信水平上应大于 0.468。

基于微观尺度的叶面蒸腾可以直接上推小区尺度的 ETa，回归方程和回归系数的显著性都是极为显著；但是借助同期的 VPD 和 LAI 数据，跨尺度上推中尺度的水分通量 LE 的结果不显著，无法直接上推。从小区尺度的实际腾发量 ETa 上推中尺度的 LE，应利用同期的 VPD 和 LAI 数据进行上推或只考虑采用 VPD 数据。分析结果表明，从单株水平进行尺度上推，LAI 是较为关键的参量，而从 ETa 到 LE 的尺度转换，可在缺少 LAI 数据时，利用同期的 VPD 和 ETa 直接上推 LE。在同时考虑 ETa 和 Tr 来上推 LE 时，尽管回归方程能达到显著性要求，但 Tr 和 ETa 的回归系数在 $\alpha \leqslant 0.05$ 水平下均不显著，上推不可行。

从定性角度而言，ET 数据尺度上推过程中的普适性变量 LAI 和 VPD 是重要的参数，可用来上推较大尺度上的作物 ET 值，比如遥感数据的地面反演和大口径闪烁仪（LAS）观测的水分通量的地面验证等。从定量关系上来说，本研究获得的相关方程可作为不同空间尺度 ET 数据上推的参考依据，当然其适用性还有待基于更多观测数据的检验和验证。

综合以上计算与分析，从微观植株蒸腾到涡度相关系统监测的几百米尺度下，农田作物 ET 的不同尺度间呈现尺度效应，在下垫面供水充分的情况下尤为明显。在单株蒸腾向小区尺度进行 ET 上推时，可以直接用叶面蒸腾 Tr 上推；叶面积指数 LAI 是重要的联结参数，可以用来进行 ET 的尺度转换。在小区尺度进行中尺度水分通量的转换中，饱和水汽压差 VPD 是重要的联结参数，可以用来进行 ET 的尺度上推。

5. 基于绿色核算的水资源利用效益评价

水资源利用效益评价涉及经济学、水资源学、社会学、生态学、环境科学、系统工程与数学规划等众多学科。虽然经过国内外众多学者长期研究和大量实践，在局部领域已取得了一些重大进展，但尚未形成系统完整的理论和科学分析方法。本研究综合应用宏观经济学、水资源学、社会学以及水资源规划理论与方法，构建水资源利用效益评价的理论基础和分析方法，并对所提出分析方法进行案例研究。

（1）水资源利用效益评价基础理论

1）外部性与传统经济学的“无根性”。环境经济学家从公共物品的特点出发来研究环境外部性产生的根源问题，当阻止某人利用某种环境资源的做法的成本非常高时，市场就不能有效配置资源而导致失灵。甲使用一种环境资源会对乙不利，但他们两人对这一环境资源的利用都是合法的，这时，他们双方就会获得一种动力，以赶在对方之前尽可能从这一环境资源中获取更多的利益。在这样的情况下，就产生了哈丁“公地的悲剧”现象，自然导致了环境资源的过度使用。

传统经济把经济过程描述为“生产–分配–交换–消费”的单向度的线性过程，把生态与环境只看作不起任何作用的经济系统外部存在因素，无视其复杂性、整体性、有机联系性以及自组织、自演化和生态平衡与生态阈限的源利与规律，也无视其内在价值。因而传统经济的根本缺陷是无根性：只见经济不见自然，脱离自然生态系统之根；只见经济人不见伦理人，脱离生存伦理的根基。戴利认为人们早已认识到了事物之间不是在被经济学家抽象过的商品中发生联系，而是在我们居住、行动和生存于其中的世界发生联系的。外部性理论的提出只是为了保持原来理论的连续发展。并指出，现在该是将商品世界统一到更广阔的自然经济中去的时候了。

2）水资源的可持续利用。可持续发展思想起源于人类对能源危机、资源危机、粮食危机、生态危机等人类所面临的各种危机的反思。可持续发展是以人为中心，以资源环境保护为条件，以经济社会发展为手段，谋求当代人与后代人共同繁荣和持续发展。水资源作为一种不可替代、总量有限但可循环再生的资源，在可持续发展过程中，与人口、资源、环境和经济有着密不可分的关系。水资源的合理开发利用、保护和水旱灾害的防治是经济社会可持续发展的重要支撑条件，其数量和质量的优劣直接影响社会经济的可持续发展水平。

可持续利用是可持续发展理论的具体体现，水资源可持续利用就是可持续发展框架下的水资源利用的一种新模式。所谓水资源可持续利用是指在维持社会的持续性和生态系统的整体性前提下，支持人口、资源、环境与经济协调发展和满足代内、代际人用水需要的全过程，是水资源综合开发、利用、保护、防治和管理一体化的最合理利用方式。从水资源与可持续发展来看，既要保证水资源开发利用的连续性和持久性，又要使水资源的开发利用尽量满足社会、经济及生态环境协调发展的需求。没有水资源的可持续利用，就谈不上人类社会的持续、稳定发展。反之，如果人类社会发展的需求得不到水资源的支撑，则会反作用于水资源，影响甚至破坏水资源开发利用的可持续性。因此，水是可持续发展的本质，水资源可持续利用是可持续发展框架下水资源利用的一种新模式，是实现社会、经济及生态环境可持续发展极为重要的保证，是水资源综合开发、利用、保护和管理统一体最合理的方式，也是解决水危机的唯一方法。

3）水循环基础。人类对水循环的干扰，打破了原有天然水循环系统的运动规律和平衡，原有的水循环系统由单一的受自然主导的循环过程转变为受自然和人工共同影响、共同作用的新的水循环系统。这种水循环系统成为人工–天然水循环复合系统，即由原先的以“四水”转化为基本特征的天然水循环变为人工和天然复合作用下的水循环系统，如图 8-3 所示。

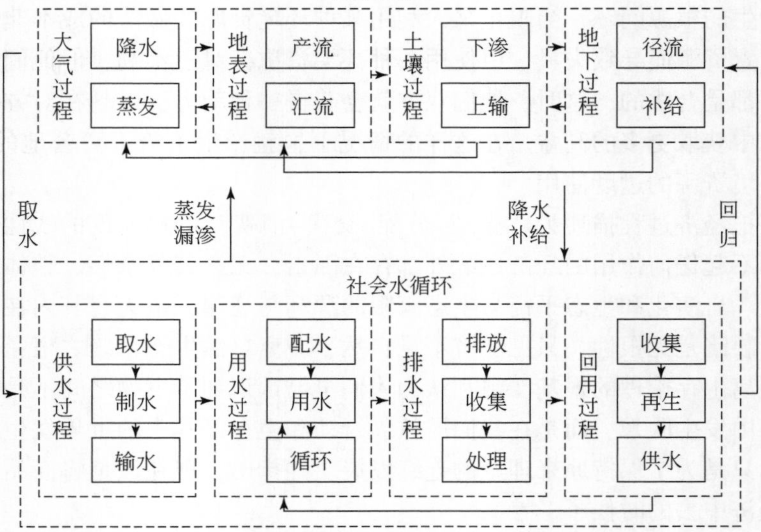

图 8-3 自然–人工二元水循环的基本过程与耦合关系

4）广义水资源。传统的水资源评价认为，降水是大陆水资源的主要来源。对于一个封闭的流域，降水的转化可以表述为

$$P=E+R+\Delta U \tag{8-30}$$

式中，P 为总降水量；E 为总蒸发量；R 为径流量（包括地表径流量和地下径流量）；ΔU 为地表、土壤和地下含水层的储水总量变化量。在假定多年平均状态下，U 是不变的，只剩下总蒸发和径流两个要素。按照传统的水资源评价思想，只有径流量是人类可以利用的，即实际意义上的水资源：

$$W=R+Q-D \tag{8-31}$$

式中，W 为水资源总量；R 为河川径流量；Q 为地下水资源量；D 为河川径流量和地下水互相转化的重复量。

这是我国目前水资源综合规划中评价水资源的标准。

与稳定的河川径流和地下径流一样，土壤水是一种可恢复的淡水资源，在陆地水循环中起着积极作用，是植被生存的重要自然资源。仅就农业而言，土壤水分是构成土壤肥力的一个重要因素，是作物生长的基本条件，它与人类生活生产有着极其密切的关系，无论是灌溉水、潜水，还是天然降水，都要转化为土壤水后才能被作物根系吸收，因此，有效利用土壤水是充分利用当地水资源的关键。

与传统水资源区别，广义水资源（图 8-4）是指通过天然水循环不断补充和更新，对人工系统和天然系统具有效用的一次性淡水资源。其来源于降水，赋存形式为地表水、土壤水和地下水。与传统水资源含义不同之处在于把土壤水或所谓有效降水量都认定为水资源。从广义水资源界定出发，可以将降水分为三类：第一类是无效降水，是指天然生态系统消耗的，人工系统无法直接利用或对于人工系统没有效用的那部分降水，如消耗于裸地、沙漠戈壁和天然盐碱地的蒸发。第二类是有效降水和土壤水资源，可为天然生态系统与人工生态系统直接利用，对生态环境和人类社会具有直接效用，却难以被工程所调控，但可以调整发展模式增加对这部分水分的利用。有效降水包括各种消耗于天然生态系统（包括各类天然林草和天然河湖）和人工生态系统（包括人工林草、农田、鱼塘、水库、城市、工业区和农村等）的降水和河川径流量。第三类是径流性水资源，包括地表水、地下含水层中的潜水和承压水，这部分水量可通过工程对其进行开发利用。

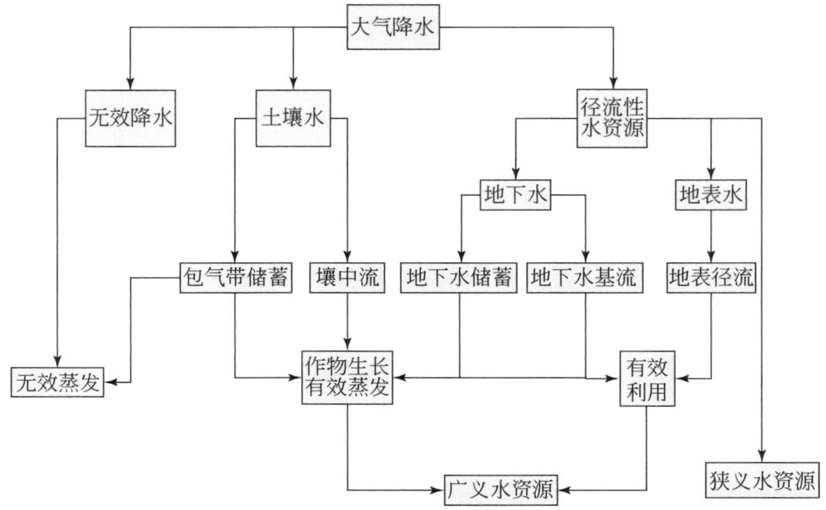

图 8-4　广义水资源组成示意图

广义水资源的界定对于水资源利用与评价具有重要意义：第一，广义水资源认为，与生态系统具有密切关系的一切水分都应该评价为水资源。这是因为，生态消耗的水分不仅是国民经济和社会发展的基础性资源，而且还滋养了对人类生存具有重要意义的生态系统，界定广义水资源的概念可以体现对生态环境保护和社会经济发展的决定性意义。第二，对生态系统具有效用的水分不仅是径流性水资源，还有降水产生的填挖截流和非径流性资源。因为无论是天然生态还是人工生态，降水都是研究其水分需求的前提，在干旱半干旱地区更是如此。第三，广义水资源的定义为土壤水调控提供了理论依据。对水资源的高效利用、科学调控广义水资源，以及增加水资源的有效利用量都具有重要的意义。第四，广义水资源的定义对水资源合理配置中采取工程和非工程措施调控降水资源、增加降水的有效利用量具有重要意义。

5）水资源生态服务功能。早在 20 世纪 70 年代，人们就开始了对生态系统服务及其价值的研究。1977 年 Westman 提出了“自然的服务”（nature’s services）概念及其价值评估问题。其中对生态服务功能给出如下定义：生态服务是支持和满足人类生存的自然系统及其组成物质的状况和过程。主要包括：生态系统的产品生产、生物多样性的产生和维持、气候气象的调节和稳定、旱涝灾害的减缓、土壤的保持及其肥力的更新、空气和水的净化、废弃物的解毒和分解、物质循环的保持、农作物和自然植被的授粉及其种子的传播、病虫害暴发的控制、人类文化的发育与演化、人类感官心理和精神方面的益处等。

目前，多数学者认为生态系统服务功能是指生态系统在生态过程中所形成及所维持的人类赖以生存的自然环境与效用。一般认为，水的生态系统服务功能是指水维持自然生态过程与区域生态环境条件的功能，包括泥沙的推移、营养物质的运输、环境净化及维持湿地、湖泊、河流等自然生态系统的结构与过程及其他人工生态系统的功能。

1）疏通河道。水具有流动性，能冲刷河床上的泥沙，起到疏通河道的作用。

2）营养物质的运移。水的营养物质的运移是全球生物地球化学循环的重要环节，也是海洋生态系统营养物质的主要来源，对维系近海生态系统的高生产力起着关键的作用。

3）净化环境。水提供和维持了良好的污染物质物理化学代谢环境，提高了区域环境的净化能力。同时，水体中生物从周围环境吸收的化学物质中，主要是它所需要的营养物质，但也包括它不需要的或有害的化学物质。这个循环过程中，同时伴随着污染物的迁移、转化、分散、富集的过程，因而污染物的形态、化学组成和性质也发生了变化，最终起到了净化环境的作用。

4）维持自然生态系统的结构与过程及其他人工生态系统。水对维持区域森林、草地、湿地、湖泊、河流等自然生态系统的结构和过程及其他人工生态系统具有不可替代的作用，见表8-6。

表8-6　不同类型生态系统服务功能

生态系统	有机质生产	固定 CO_2	大气化学平衡	调节气候	调节水文	补给地下水	保持土壤	储存营养物质	净化环境	提供生境	科研教育美学
森林	***	***	***	**	**	*	***	**	*	***	**
草地	***	***	**	**	*	*	**	**	*	***	**
湿地	***	***	***	***	***	***	*	**	***	***	**
湖泊	**	**	*	***	***	***		**	**	***	**
河流	*	*	*	*	*	***		***	***	**	**

注：*的多少表示重要的程度，*越多表示越重要。

（2）社会经济系统水资源利用效益评价

1）投入产出分析。美国哈佛大学教授列昂惕夫（W. Leontief）于20世纪30年代研究并创立了投入产出分析方法，经许多国家投入产出分析专家、经济计量学家的研究和应用，使投入产出分析理论与方法日趋成熟，特别是在编表技术和应用方面有了很大发展。

投入产出表（表8-7）分为四个象限。左上方第一象限由部门流量组成，反映部门之间的生产技术联系。第二象限由最终产品的使用去向组成。左下方第三象限由国民收入（增加值）组成，反映了国民经济生产效益及其结构。第一象限和第三象限组成了投入表的竖表，表明各部门产品的投入来源和费用结构；第一象限和第二象限组成了投入产出表的横表，表明各部门产品的分配去向和使用结构。右下方的第四象限是最初投入和最终产出进一步细分的情况，在一定意义上表现了国民收入（增加值）从生产经过分配、再分配而达到最终使用的过程。

表 8-7　价值型投入产出表

投入＼产出		中间需求					最终需求										总产出
							消费				积累			出口	进口	最终使用合计	
		行业1	行业2	…	行业n	合计	城镇生活	农村生活	政府	小计	固定资产形成	库存变化	小计				
中间投入	行业 1	x_{11}	x_{12}	…	x_{1n}	μ_1	C_1^C	C_1^r	C_1^g	C_1	f_1^f	f_1^s	F_1	E_1	M_1	Y_1	X_1
	行业 2	x_{21}	x_{22}	…	x_{2n}	μ_2	C_2^C	C_2^r	C_2^g	C_2	f_2^f	f_2^s	F_2	E_2	M_2	Y_2	X_2
		⋮	⋮	Ⅰ	⋮	⋮	⋮	⋮	⋮	⋮	⋮	⋮	⋮	⋮	⋮	Ⅱ	⋮
	行业 n	x_{n1}	x_{n2}	…	x_{nn}	μ_n	C_n^C	C_n^r	C_n^g	C_n	f_n^f	f_n^s	F_n	E_n	M_n	Y_n	X_n
	小计	α_1	α_2	…	α_n	α	C^C	C^r	C^g	C	Ff	Fs	F	E_n	M	Y	X
最初投入	固定资产折旧	D_1	D_2	…	D_n	D	Ⅳ										
	劳动者收入	V_1	V_2	Ⅲ	V_n	V											
	税金	Z_1	Z_2	…	Z_1	Z											
	小计	N_1	N_2	…	N_1	N											
总投入		X_1	X_2	…	X_1	X											

2）投入产出模型。根据投入产出表的平衡关系建立的数学模型称为投入产出模型，依据平衡关系的横行和纵行可以分别建立总的平衡关系。

$$\sum_{j=1}^{n} X_{ij} + Y_i = X_i (i = 1, \cdots, n) \tag{8-32}$$

式中，$\sum_{j=1}^{n} X_{ij}$ 为 i 部门提供的供各部门使用的中间产出；Y_i 为第 i 部门提供的最终产出；X_i 为第 i 部门的总产出。

在产出方程（8-32）中，是以流量的形式表示各部门之间的投入产出关系的。为了描述各经济部门间的生产技术联系，通常引入直接消耗系数指标。

$$a_{ij} = \frac{x_{ij}}{x_j} \quad (i, j=1, 2, \cdots, n) \tag{8-33}$$

从直接消耗系数的经济含义可以看出，该系数所表现的是两个一一对应的产业部门之间的联系。为了从整体上把握部门间的普遍联系，还需要在直接消耗系数的基础上进一步计算完全消耗系数，即生产某种单位最终产品对另一种产品的直接消耗与间接消耗之和。完全消耗系数计算公式为：

$$\bar{b}_{i,j} = a_{i,j} + b_{i,j} = a_{i,j} + \sum_{k=1}^{n} b_{i,k} a_{k,j} \tag{8-34}$$

该式的意义为，第 j 部门产品对第 i 部门产品的完全消耗系数等于第 j 部门对第 i 部门的直接消耗系数加上第 j 部门产品对所有部门产品的直接消耗系数与其各自产品对第 i 部门产品的完全消耗系数的乘积之和。

当用矩阵表示时，记直接消耗系数矩阵为 $\boldsymbol{A}$，间接消耗系数矩阵为 $\boldsymbol{B}$，完全消耗系数矩阵为 $\bar{\boldsymbol{B}}$，则有

$$\bar{\boldsymbol{B}}=(\boldsymbol{I}-\boldsymbol{A})^{-1} \tag{8-35}$$

式中，$\bar{\boldsymbol{B}}=[\bar{b}_{ij}]_{n\times n}$，$\bar{b}_{ij}$ 为第 i 经济部门对第 j 经济部门的完全消耗系数；$(I-A)^{-1}$ 为列昂惕夫逆矩阵。

完全消耗系数与直接消耗系数是两个不同的指标。完全消耗系数不仅指出了某部门生产单位产品的直接消耗，而且包括了与其生产有关的所有间接消耗；此外，直接消耗系数的逻辑出发点是第 j 部门的单位总产出，而完全消耗系数的逻辑出发点是第 j 部门的单位最终产出，在数值上则揭示了某部门生产最终单位产品对其他有关部门中间产品的完全消耗或完全需求的价值总和。

引入直接消耗系数后，式（8-35）的矩阵形式为

$$\boldsymbol{AX}+\boldsymbol{Y}=\boldsymbol{X} \text{ 或 } \boldsymbol{X}=(\boldsymbol{I}-\boldsymbol{A})^{-1}\boldsymbol{Y} \tag{8-36}$$

式中，$\boldsymbol{A}$、$\boldsymbol{X}$、$\boldsymbol{Y}$ 分别为中间投入系数矩阵 $\boldsymbol{A}=[a_{i,j}]_{n\times n}$、总产出行向量 $\boldsymbol{X}=[X_j]_{1\times n}$、最终产品列向量 $\boldsymbol{Y}=[Y_i]_{n\times 1}$。

最终产品 $\boldsymbol{Y}$，根据投入产出表可知，其分为消费、积累和净出口三大项，其中消费又分为家庭消费与社会集团消费；积累又分为固定资产积累和流动资产积累；净出口又分为出口与进口两类。用矢量表示，则有

$$\boldsymbol{Y}=C^c+C^r+C^s+F^f+F^s+E-M \tag{8-37}$$

式中，C^c、C^r、C^s、F^f、F^s、E、M 分别为城镇居民家庭消费、农村居民家庭消费、社会集团消费、固定资产积累、库存变化、出口与进口列向量。

衡量经济的总体发展水平和相应的结构特征，一般采用国内生产总值指标。尽管总产出（总产值）或部门总产值指标更为直观，但由于任一部门的总产值中都包含了其他部门的生产成果，因而包含着重复计算。从投入产出表第三象限看，各经济部门增加值包括折旧、工资和利税三项。各部门的增加值之和，在数值上和最终产品按市场价格计算所得的国内生产总值（GDP）是相等的。即

$$\text{GDP}=\sum_{j=1}^{n}N_j=\sum_{j=1}^{n}(r_j\times X_j) \tag{8-38}$$

式中，N_j 为第 j 经济部门增加值；r_j 为第 j 经济部门增加值率；X_j 为第 j 经济部门总产出。

从投入产出表第二象限看，GDP 也等于各行业最终使用量之和。即

$$\text{GDP}=\sum_{i=1}^{n}Y_i \tag{8-39}$$

由式（8-38）和式（8-39）可以看出，各行业增加值之和等于各行业最终使用产品量之和。这表明，增加值通过最终使用产品量而得到分配。

3）水资源投入占用产出模型。在投入产出模型的基础上，将国民经济行业用水量纳入表中，即可形成水资源投入占用产出表，如表 8-8 所示。表中增加的第 V 象限，主要用来反映各经济行业对水的占用情况，其为对角矩阵。

由表可以构建以下数学模型：

$$\boldsymbol{X}=(\boldsymbol{I}-\boldsymbol{A})^{-1}\boldsymbol{Y} \tag{8-40}$$

式中，$\boldsymbol{X}$、$\boldsymbol{Y}$ 分别为总投入（总产值）行向量和最终产品列向量；$(\boldsymbol{I}-\boldsymbol{A})^{-1}$ 为列昂惕夫逆矩阵。

引入第 j 行业用水定额（水占用系数，也称为直接取水系数）Q_j，设定矩阵 $\boldsymbol{Q}$ 为的对角矩阵 Q_j，表中第 V 象限的矩阵形式表示为

$$\boldsymbol{W}=\boldsymbol{X}\boldsymbol{Q} \tag{8-41}$$

式中，$\boldsymbol{W}$ 为各经济行业用水量的行向量，$\boldsymbol{W}=(W_1, W_2, \cdots, W_n)$。

式（8-40）和式（8-41）构成了水资源投入占用产出模型。该模型反映了总产出与总投入的平衡关系及各行业对水资源的占用情况。

表 8-8 水资源投入占用产出表

投入 \ 产出		中间需求 行业 1	中间需求 行业 2	中间需求 …	中间需求 行业 n	中间需求 合计	最终需求 消费 城镇生活	最终需求 消费 农村生活	最终需求 消费 政府	最终需求 消费 小计	最终需求 积累 固定资产形成	最终需求 积累 库存变化	最终需求 积累 小计	最终需求 出口	最终需求 进口	最终需求 最终使用合计	总产出
中间投入	行业 1	x_{11}	x_{12}	…	x_{1n}	μ_1	C_1^C	C_1^r	C_1^g	C_1	f_1^f	f_1^s	F_1	E_1	M_1	Y_1	X_1
	行业 2	x_{21}	x_{22}	…	x_{2n}	μ_2	C_2^C	C_2^r	C_2^g	C_2	f_2^f	f_2^s	F_2	E_2	M_2	Y_2	X_2
		⋮	⋮	Ⅰ	⋮	⋮	⋮	⋮	⋮	⋮	⋮	⋮	⋮	⋮	⋮	Ⅱ	⋮
	行业 n	x_{n1}	x_{n2}	…	x_{nn}	μ_n	C_n^C	C_n^r	C_n^g	C_n	f_n^f	f_n^s	F_n	E_n	M_n	Y_n	X_n
	小计	α_1	α_2	…	α_n	α	C^C	C^r	C^g	C	F_f	F_s	F	E	M	Y	X
最初投入	固定资产折旧	D_1	D_2	…	D_n	D	Ⅳ										
	劳动者收入	V_1	V_2	Ⅲ	V_n	V											
	税金	Z_1	Z_2	…	Z_1	Z											
	小计	N_1	N_2	…	N_1	N											
总投入		X_1	X_2	…	X_1	X											
用水	行业 1	W_1	0	…	0	W_1											
	行业 2	0	W_2	…	0	W_2											
		⋮	⋮	V	⋮	⋮											
	行业 n	0	0	…	W_n	W_n											
	总用水	W_1	W_2		W_n	W											

（3）水资源利用生态效益评价

世界上许多著名的生态学家、生态经济学家和相关组织对生态系统服务功能的内涵进行了深入的研究和阐述，综合起来可以发现生态系统服务功能实质上是指自然生态系统及其组成物种产生的对人类生存和发展有支持作用的状况和过程，即自然生态系统维持自身的结构和功能过程中产生的对人类生存和发展有支持和效用的产品、服务、资源和环境。

2003 年由联合国千年评估（MA）工作组提出的分类方法是目前得到国际广泛认同的生态系统服务功能分类系统。MA 的生态服务功能分类系统将主要服务功能类型归纳为提供产品、调节、文化和支持四个大的功能组（图 8-5）。产品提供功能是指生态系统生产或提供的产品；调节功能是指调节人类生态环境的生态系统服务功能；文化功能是指人们通过精神感受、知识获取、主观映像、消遣娱乐和美学体验从生态系统中获得的非物质利益；支持功能是保证其他所有生态系统服务功能提供所必需的基础功能，支持功能对人类的影响区别于产品提供功能、调节功能和文化服务功能，是间接的或者通过较长时间才能发生的，而其他类型的服务则是相对直接的和短期的影响于人类。一些服务类型，如侵蚀控制，根据其时间尺度和影响的直接程度，可以分别归类于支持功能和调节功能。

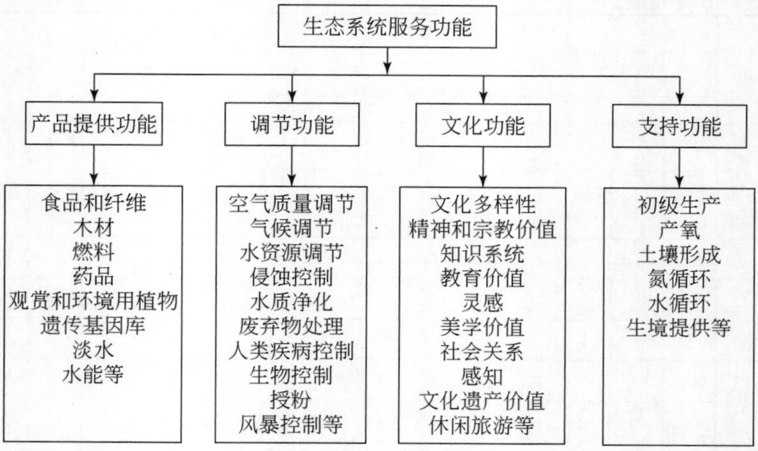

图 8-5　生态系统服务功能分类

生态系统服务功能价值评价是在特定尺度下对生态系统为人类提供的服务进行定量研究。生态系统服务功能评价能以生态学为基础对从生态系统提供的产品与服务的物质数量进行评价，即物质量评价，以及可以对这些产品和服务进行经济评价，即价值量评价。因此，生态系统服务功能评价主要包括物质量评价与价值量评价。

1）物质量评价方法。物质量评价主要是从物质量的角度对生态系统提供的各项服务进行定量评价，即根据不同区域、不同生态系统的结构、功能和过程，从生态系统服务功能机制出发，利用适宜的定量方法确定产生的服务的物质数量。物质量评价的特点是能够比较客观地反映生态系统的生态过程，进而反映生态系统的可持续性。运用物质量评价方法对生态系统服务功能进行评价，其评价结果比较直观，且仅与生态系统自身健康状况和提供服务功能的能力有关，不会受市场价格不统一和波动的影响。物质量评价特别适合于同一生态系统不同时段提供服务功能能力的比较研究，以及不同生态系统所提供的同一项服务功能能力的比较研究，是生态系统服务功能评价研究的重要手段。

单纯利用物质量评价方法也有局限性，主要表现在其结果不直观，不能引起足够的关注，并且由于各单项生态系统服务功能量纲不同，所以无法进行加总，从而无法评价某一生态系统的综合服务功能。

2）价值量的评价方法。价值量评价方法主要是利用一些经济学方法将服务功能价值化的过程，许多学者对价值评价方法进行了探索性研究，但是由于生态系统提供服务的特殊性和复杂性，其评价和价值计量迄今仍是一件十分困难的事情。

目前生态系统服务功能价值评价技术和评价方法多以环境资源价值评估中所采用的方法为主，结合生态系统服务与自然资本的市场发育程度，可将价值评价方法划分为市场价值法（direct market valuation）、替代市场价值法（indirect market valuation）和假想市场法（surrogate market valuation）三大类，具体的评价技术则包括市场价值法（direct market valuation）、机会成本法（opportunity cost approach）、影子价格法（shadow price）、替代工程法（replacement engineering）、费用分析法（replacement cost）、因子收益法（factor income）、人力资本法（human capital）、享乐价值法（hedonic pricing）、旅行费用法（travel cost）、条件价值法（contingent valuation）和群体价值法（group valuation）等。每种方法都有各自的优缺点，而每种服务都有一套适合的评价方法，一些服务功能评价可能需要一些评价方法结合使用。

3）生态系统水资源投入占用产出模型。与经济系统水资源利用效益评价方法类似，在流域尺度或区域尺度对生态系统的水资源效益进行宏观评价，投入产出分析是一种非常有效的方法。在生态系统投入产出模型中将生态用水作为占用加入投入产出表中，以反映生态系统各部门对水的占用情况，形成生态系统水资源投入占用产出表，见表 8-9。

表 8-9　生态系统水资源投入占用产出表

投入＼产出		中间产出					净产出			资产损失	总产出
		生产者	消费者	分解者	环境	小计	净出口	新资产	小计		
中间投入	生产者	x_{11}	x_{12}	x_{13}	x_{14}	μ_1	E_1	C_1	Y_1	L_1	X'_1
	消费者	x_{21}	x_{22}	x_{23}	x_{24}	μ_2	E_2	C_2	Y_2	L_2	X'_2
	分解者	x_{31}	x_{32}	x_{33}	x_{34}	μ_3	E_3	C_3	Y_3	L_3	X'_3
	环境	x_{41}	x_{42}	x_{43}	x_{44}	μ_4	E_4	C_4	Y_4	L_4	X'_4
	小计	α_1	α_2	α_3	α_4	α	E	C	Y	L	X'
净投入	产品	P_1	P_2	P_3	P_4	P					
	支持	S_1	S_2	S_3	S_4	S					
	调节	R_1	R_2	R_3	R_4	R					
	小计	V_1	V_2	V_3	V_4	V					
总投入		X_1	X_2	X_3	X_4	X					

d. 投入产出系数

如前所述，根据水资源投入占用产出模型，推导出的系数即可反映单方水使用后的用水效益。这些系数包括水的直接投入系数、水的完全投入系数和水的投入乘数三类。在经济系统水资源投入占用产出分析中，由于建设经济系统为闭系统，投入与产出相等，因此投入系数即为产出系数。生态系统水投入产出系数的定义与经济系统定义一致，但由于考虑了生态系统的开放性，其表达式有所不同。

直接投入系数指生态系统某一部门（用户）单方用水量所承载的总投入或净投入量。

$$O_i = \frac{x_i}{w_i} \quad (i=1,\ 2,\ \cdots,\ 4) \tag{8-42}$$

其行向量为：$\boldsymbol{O}=(O_1,\ O_2,\ \cdots,\ O_n)$，式中各参数（符号）含义见第3章有关内容。

完全投入系数指生态系统某部门生产最终单位产品或服务对自己及其他有关部门中间产品的完全需求所耗用的水资源的总和。其计算公式为

$$\mathbf{CO}_j = \sum_{i=1}^{4} \boldsymbol{O}_i \left[\boldsymbol{I} - \boldsymbol{A}\right]_{ij}^{-1} \tag{8-43}$$

CO 为完全产出系数行向量：$\mathbf{CO}=\boldsymbol{O}(\boldsymbol{I}-\boldsymbol{A})^{-1}$。

式中，$(\boldsymbol{I}-\boldsymbol{A})^{-1}$为列昂惕夫逆矩阵。

投入乘数为某用户每增加单位用水量所引起的整个系统用水投入量的变化，用于反映部门用水变化而对整个系统投入的放大效应。

第 j 用户投入乘数计算公式为

$$\mathbf{MO}_j = \mathrm{CO}_j / O_j \tag{8-44}$$

其行向量可表示为：$\mathbf{MO}=(\mathrm{MO}_1,\ \mathrm{MO}_2,\ \cdots,\ \mathrm{MO}_n)$。

直接产出系数指生态系统某一部门（用户）单方用水量所生产的总产出量或净产出量。在开放状态下，生态系统的投入不等于产出，因此其直接产出系数表示为

$$O'_i = \gamma_i \frac{x_i}{w_i} \quad (i=1,\ 2,\ \cdots,\ 4) \tag{8-45}$$

式中，γ_i 为第 i 用户的产出效率系数，其行向量为：$\boldsymbol{O}'=\gamma\boldsymbol{O}$。

完全产出系数指生态系统某部门生产最终单位产品或服务对自己及其他有关部门中间产品的完全消耗或完全需求所耗用水资源的总合。其计算公式为

$$\mathbf{CO}'_j = \sum_{i=1}^{4} \gamma_i O_i \left[I - \boldsymbol{A}'\right]_{ij}^{-1} \tag{8-46}$$

式中，$\boldsymbol{A}'=[a'_{ij}]_{n\times n}$为直接产出系数矩阵，直接消耗的计算公式为：$a'_{ij}=x_{ij}/X'_i$

CO′为完全产出系数行向量：$\mathbf{CO}'=\boldsymbol{O}'(I-\boldsymbol{A}')^{-1}$

产出乘数为某用户每增加单位用水量所引起的整个系统产出量的增加，用于反映部门用水变化而对整个系统产出的放大效应。

第 j 用户产出乘数计算公式为

$$\mathbf{MO}'_j = \mathbf{CO}'_j / \boldsymbol{O}'_j \tag{8-47}$$

其行向量可表示为：$\mathbf{MO}'=(\mathrm{MO}'_1,\ \mathrm{MO}'_2,\ \cdots,\ \mathrm{MO}'_n)$。

8.2 海河流域水资源利用效率与效益评价

8.2.1 土壤水资源及其消耗效率评价

1. 土壤水资源量评价

要分析区域土壤水资源的消耗效率，必须对区域的土地利用状况和植被盖度做出分析。为此，以下以课题四——海河流域水循环及其伴生过程的综合模拟与预测平台为工具，根据土地利用和植被覆盖度将土地利用分为不同类别，在流域“自然-人工”二元水循环过程模拟的基础上，对海河流域土壤水资源的数量进行评价（表 8-10）。

表 8-10 系列年下垫面条件下海河流域土壤水资源量

区域	面积/km^2	降水量		河川径流量		土壤水资源量		土壤水资源占降水量比例/%	土壤水资源与径流之比/倍
		mm	亿 m^3	mm	亿 m^3	mm	亿 m^3		
全流域	319 307	532.5	1 700.2	105.8	337.8	312.5	997.7	58.68	2.95
滦河及冀东沿海诸河	54 426.0	547.0	297.7	106.6	58.0	328.7	178.9	60.09	3.08
海河北系	82 938.0	485.6	402.7	83.2	69.0	236.7	196.3	48.74	2.84
海河南系	148 791.0	546.6	813.3	124.1	184.6	337.8	502.6	61.80	2.72
徒骇马颊河	33 152.0	562.3	186.4	78.8	26.1	361.8	119.9	64.33	4.59

2. 土壤水资源的消耗效率评价

土壤水资源，作为水循环过程中的重要组成要素，植被生长发育最直接的水分源泉，在其动态转化的过程中，最终均以蒸发蒸腾的方式被消耗，因而，其水资源的特征也通过蒸发蒸腾的形式被充分体现。随着传统水资源管理向现代水资源管理转变，向更深层次的水资源需求管理转变，合理的评价水资源的消耗方式和消耗效率，对提高流域水资源的利用效率具有重要的作用。为此，本研究在对海河流域土壤水资源数量评价的基础上，对其消耗结构和效率进行了分析，从而为加强流域水资源的消耗（蒸发蒸腾 ET）管理提供帮助。

（1）土壤水资源综合消耗效率

由于蒸发和蒸腾消耗的水资源在生产和生活中的作用不同，因而其消耗效率也存在差异。不同消耗方式的土壤水资源的效率迥然不同。对于植被蒸腾消耗量，其效用相对单一，鉴于其直接参与生物量的生成而被认为是生产性高效消耗量；对于土壤蒸发消耗量，其效率差异性较大，且与区域土地利用和植被覆被状况密切相关。为此，以下结合不同土地利用条件下蒸发蒸腾量有效性的判别依据（表 8-11），对不同水平年土壤水资源的综合消耗效率进行分析。

表 8-11　不同植被条件下土壤水资源消耗效用的判断准则

覆被类型	耕地	林地				草地		
		有林地	灌木林	其他	疏林地	高盖度	中盖度	低盖度
平均覆被度	1	1	1	0.3	0.3	1	0.5	0.2
有效棵间蒸发比/%	100	100	100	30	30	100	50	20

由表 8-12 可见，在近 50 年平均的条件下，全流域土壤水资源的生产性消耗量总计为 871.8 亿 m^3，占土壤水资源总量的 87.4%，非生产性消耗量 125.9 亿 m^3，占土壤水资源总量的 12.6%。在生产性消耗中，其中高效消耗量为 530.6 亿 m^3，低效消耗量为 341.2 亿 m^3，分别占土壤水资源总量的 53.2 % 和 34.2%。

表 8-12　系列下垫面条件下多年平均土壤水资源的消耗效用

时间系列	流域分区	土壤水资源量/亿 m^3	生产性消耗			生产性消耗/亿 m^3	生产性消耗/总土壤水资源			生产性消耗/总土壤水资源/%
			总量/亿 m^3	高效消耗/亿 m^3	低效消耗/亿 m^3		总量/%	高效消耗/%	低效消耗/%	
1956~2005 年（50 年平均）	全海河区域	997.7	871.8	530.6	341.2	125.9	87.4	53.2	34.2	12.6
	滦河及冀东沿海诸河	178.9	153.4	81.9	71.5	25.5	85.8	45.8	40.0	14.2
	海河北系	196.3	178.0	93.5	84.6	18.3	90.7	47.6	43.1	9.3
	海河南系	502.6	432.5	269.3	163.3	70.0	86.1	53.6	32.5	13.9
	徒骇马颊河	119.9	107.8	85.9	21.8	12.1	89.9	71.7	18.2	10.1
1956~1979 年（24 年平均）	全海河区域	1018.1	892.6	541.3	351.4	125.5	87.7	53.2	34.5	12.3
	滦河及冀东沿海诸河	178.7	152.8	79.9	73.0	25.9	85.5	44.7	40.8	14.5
	海河北系	199.5	181.6	94.0	87.5	18.0	91.0	47.1	43.9	9.0
	海河南系	517.1	448.3	280.2	168.0	68.8	86.7	54.2	32.5	13.3
	徒骇马颊河	122.8	110.0	87.1	22.8	12.8	89.6	71.0	18.6	10.4
1980~2005 年（26 年平均）	全海河区域	978.89	852.52	520.74	331.79	126.38	87.1	53.2	33.9	12.9
	滦河及冀东沿海诸河	179.03	153.97	83.74	70.23	25.06	86.0	46.8	39.2	14.0
	海河北系	193.35	174.79	92.98	81.82	18.56	90.4	48.1	42.3	9.6
	海河南系	489.21	418.01	259.17	158.83	71.20	85.4	53.0	32.5	14.6
	徒骇马颊河	117.29	105.75	84.85	20.91	11.56	90.2	72.3	17.8	9.9

在空间上，不同二级水资源区在多年平均的条件下，土壤水资源消耗效率与全流域相似，也表现出生产性消耗占有绝对大的比例，且尤以高效消耗量占比例最大。但是，不同区域差异明显，表现为：以海河南系为界，尽管土壤水资源量分别向上游和下游递减，但是其生产性消耗基本呈从下游向上游逐渐递减，以徒骇马颊河流域的土壤水资源生产性消耗量所占比例最大，为其土壤水资源量的 90%，其中高效消耗量所占比例达 71.7%，生产性低效消耗和非生产性效消耗占 28.3%；滦河及冀东沿海诸河区域，尽管其中的生产性消耗量所占比例也维持在 85.8%，但是其生产性低效消耗和非生产性消耗仍占 46.8%。由此可见，徒骇马颊河的土壤水资源整体利用效率较高，滦河及冀东沿海诸河相对较低。

在时间上，全流域和各二级区土壤水资源量的消耗效率变化并不明显，前 24 年（1956～1979 年）和后 26 年（1980～2005 年）生产性消耗均维持在 85% 以上。但是，各二级水资源区的变化不同，除海河北系、南系外，其他区域生产性高效消耗所占比例均为后 26 年略大于前 24 年，且基本以提高低效消耗和无效消耗为主。

由以上分析可见，尽管在系列下垫面条件下，流域土壤水资源的整体利用效率相对较高，但在整体上生产性低效消耗和非生产性消耗仍占土壤水资源量的 40% 以上。因此，在解决流域水资源匮乏问题时，不仅要重视土壤水资源，更为重要的是，应以提高其生产性低效消耗和改变非生产性消耗的方式的部分为重点。但是由于区域间消耗效率的差异，在海河流域要重点关注海河南系及其以北地区的土壤水资源的利用。

（2）不同土地利用土壤水资源的消耗效率

土壤水资源不能提取和运输的特性，使得土壤水资源消耗效率的改变与区域土地利用状况密切相关。要改善和提高土壤水资源综合利用效率，必须明确不同土地利用条件下的土壤水资源的消耗效率。以下就对与土壤水资源形成和转化关系最为密切的三种土地利用类型——裸地、植被域、农田域进行分析，从而为区域提高土壤水资源的消耗效率进行种植结构调整提供依据。由于仅模拟了无人工取用水过程，在模拟计算中将灌溉农田域折算为非灌溉农田域，统称为农田域。

由表 8-13 可见，全流域土壤水资源中，林地、草地、农田和裸土的水消耗量分别占 16.99%、15.17%、58.68% 和 9.16%，以农田占比最大，其次是林地，裸土占比最小。

在各种土地利用中，林地土壤水资源的生产性消耗为 167.9 亿 m^3，非生产性消耗为 1.6 亿 m^3；在生产性消耗中，高效消耗占 74.1%，低效消耗占 25.9%。

对于草地土壤水资源的消耗中，生产性消耗为 118.5 亿 m^3，非生产性消耗为 32.9 亿 m^3；在生产性消耗中，高效消耗占 63.6%，低效消耗占 36.4%。

农田土壤水资源的消耗量为 585.5 亿 m^3，其中生产性高效消耗占 56.5%，低效消耗占 43.5%。

裸土土壤水资源的非生产消耗量达 91.4 亿 m^3。

从以上不同土地利用条件下，土壤水资源的消耗效率比较可见，农田>林地>草地。有植被覆盖的土地的非生产性消耗量比裸地的蒸发消耗量小，林地的非生产性消耗量比草地小。在生产性高效消耗量中，以林地占比为最大，农田次之，草地的占比最小。

表 8-13　不同土地利用下的土壤水资源的消耗效用分析　　（单位：亿 m^3）

时间系列	流域分区	林地 生产性消耗 高效蒸腾	林地 生产性消耗 低效蒸发	林地 非生产性消耗 蒸发	草地 生产性消耗 高效蒸腾	草地 生产性消耗 低效蒸发	草地 非生产性消耗 蒸发	农田 生产性消耗 高效蒸腾	农田 生产性消耗 低效蒸发	裸地 非生产性消耗 蒸发
1956～2005 年（50 年平均）	1	124.4	43.5	1.6	75.4	43.1	32.9	330.8	254.7	91.4
	2	38.4	17.0	0.2	22.8	8.2	9.8	20.7	46.4	15.5
	3	32.0	9.0	0.4	17.8	10.8	11.2	43.6	64.8	6.7
	4	46.9	16.1	0.6	33.4	23.7	11.7	189.0	123.5	57.7
	5	7.1	1.4	0.4	1.4	0.5	0.1	77.4	20.0	11.7
1956～1979 年（24 年平均）	1	123.37	45.50	1.69	73.87	45.64	33.32	344.01	260.26	90.44
	2	37.48	17.71	0.24	21.87	9.08	9.83	20.52	46.18	15.83
	3	31.83	9.41	0.37	17.51	11.19	11.59	44.68	66.94	6.01
	4	46.89	16.86	0.65	33.11	24.94	11.81	200.24	126.25	56.30
	5	7.16	1.52	0.43	1.38	0.43	0.09	78.58	20.89	12.29
1980～2005 年（26 年平均）	1	125.28	41.57	1.54	76.90	40.72	32.43	318.56	249.50	92.41
	2	39.16	16.28	0.20	23.69	7.31	9.75	20.89	46.64	15.10
	3	32.18	8.58	0.36	18.17	10.45	10.91	42.62	62.79	7.29
	4	46.89	15.42	0.62	33.60	22.48	11.66	178.68	120.93	58.92
	5	7.04	1.29	0.36	1.43	0.48	0.10	76.37	19.14	11.09

注：编号 1～5 分别代表全流域、滦河及冀东沿海诸河、海河北系、海河南系和徒骇马颊河区域。

不同二级水资源分区表现出相似的变化趋势，仍以生产性有效消耗量为最大，非生产性消耗量小。在生产性消耗中，各区域以农田的消耗为最大，林地消耗量次之，草地的消耗量最小。在非生产性消耗，以裸地消耗量最大，有植被覆被地区相对较小，但草地的非生产性消耗比林地大。在林地、草地植被覆被域的非生产性消耗呈现以海河流域中部——海河北系和海河南系较大，滦河及冀东沿海诸河次之，徒骇马颊河最小的规律。在裸地的非生产性消耗量中，海河南系在其土壤水资源中占比最大，而海河北系的占比最小。

比较不同年代、不同土地利用条件下的土壤水资源消耗效率的演变，呈现出多年平均条件的差异不大，除海河北系外，其他区域的有效消耗均呈略增的趋势，且体现在林地、草地、农田各方面。其中林地、草地的棵间的非生产性消耗均较少。

由以上分析可见，土地利用格局的变化，以及种植结构的调整，是土壤水资源的消耗效用高的主要原因。另外，结合不同土地条件下土壤生产性低效消耗的变化，应以减少农田棵间土壤的生产性低效消耗和裸土非生产性消耗为主。

8.2.2 社会经济用水效率效益评价

鉴于目前中国以流域为基础的统计体系尚未建立，流域层面的数据信息积累不够，连续性较差的实际，本书采取点面结合的方式，即在资料条件允许的情况下对流域进行整体评价，在流域资料欠缺的情况下，选取资料条件较好的地区、城市进行评价，并辅以流域情况的简要评价。

1. 典型城市用水评价

（1）总用水量

北京市 1980 ~ 2008 年总用水量变化趋势以及用水年增长状况如图 8-6 所示。总体来看，北京市用水量经历了先降后增再降的过程，1980 ~ 1990 年是总用水量下降的阶段，期间北京市总用水量从 47.8 亿 m^3 下降到 36.53 亿 m^3，其原因是这个阶段农业用水效率提高，用水量显著下降所致；1990 ~ 1999 年北京市用水量进入一个上升期，从 36.53 亿 m^3 增长到 41.7 亿 m^3，期间农业用水和第二产业用水基本稳定，用水增长主要发生在生活和第三产业用水部门；2000 年以后北京市用水又进入下降期，到 2008 年全市总用水量下降至 35.12 亿 m^3，期间生活用水和第三产业用水仍处于增长趋势，但农业灌溉面积减少使得农业用水减少了近 6 亿 m^3，同时，工业产业结构调整、用水效率提高也使得工业用水逐年下降，因而北京市用水总体呈下降趋势。

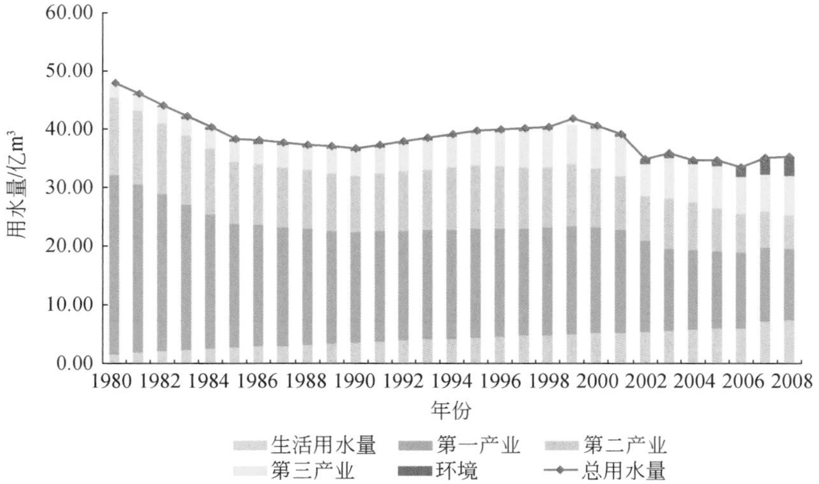

图 8-6 北京市总用水量及行业用水变化（1980 ~ 2008 年）

（2）用水水平评价

以 1986 ~ 2007 年数据为基础，以第 5 章介绍的用水水平指数对北京市 20 多年来用水效率和用水效益及其变化趋势进行综合评价，评价结果如图 8-7 所示。由评价结果可以看出，北京市用水水平指数呈上升态势，说明北京市用水效率和用水效益正在逐步提高。

2008 年用水水平指数为 0.570，达到了国际先进水平。值得关注的是，2005 年北京市的用水水平指数已经超过了美国，但与日本、以色列等国相比尚存在一定差距。

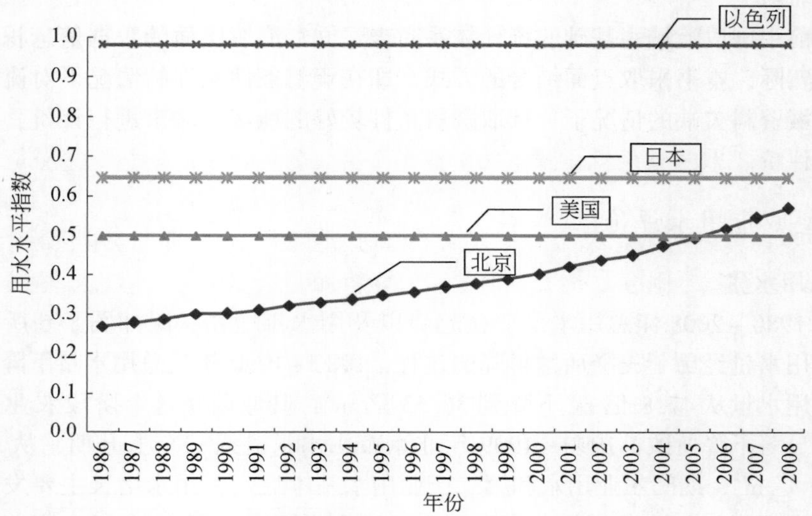

图 8-7　北京市 1986 ~ 2007 年用水水平指数

为了便于与国内的情况比较，将北京市的用水指标与天津市进行比较。天津作为目前国内用水指标最为先进的城市，北京市的用水指标与天津市相比，也有一定的差距。为了客观反映北京市的产业用水水平，在进行国际比较的基础上，将北京市用水按产业与天津市进行比较（表 8-14），并分析造成差距的具体原因。

表 8-14　高耗水行业万元增加值的比较

项目	工业增加值/亿元	高耗水工业增加值/亿元	一般工业增加值/亿元	高耗水工业增加值比例/%
北京市	2 159.4	1 046.5	1 112.9	48.5
天津市	2 952.7	1 120.3	1 832.4	37.9
全国	117 048.4	63 077.9	53 970.6	53.9

注：表中数据来源于统计年鉴，增加值包括国有企业及规模企业。

总体来看，北京市第二产业万元增加值用水量较大，用水效率低于天津市的水平，但高于全国平均水平（图 8-8）。为了分析地区间第二产业万元增加值用水量的差异，研究中对北京市、天津市和全国的工业结构做了对比。结果表明，天津市工业结构中，高耗水工业的比例较小，只占工业增加值的 37.9%，北京市占 48.5%。

高耗水产业比例较高的地区，工业单位产出用水量相对较大，反之则较小。从结果分析来看，北京市与天津市第二产业用水效率的差异主要体现在工业结构上，要进一步提高第二产业用水效率，降低第二产业万元增加值用水量，调整工业结构是一项重要的措施。

研究中对第三产业万元增加值用水量也做了对比分析（图 8-9），与第二产业类似，

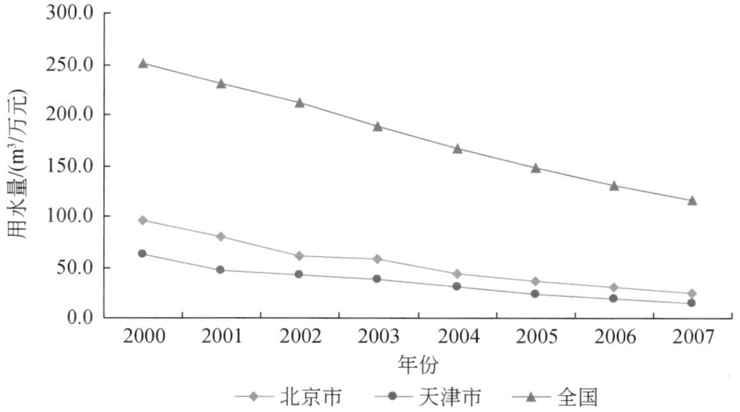

图 8-8　北京市、天津市及全国第二产业万元增加值的用水量比较

第三产业用水效率也是天津市较高，但北京市用水效率要高于全国平均水平。造成北京市三产万元增加值用水量高于天津市的主要原因：一是北京市第三产业规模要比天津市大很多，以增加值为例，2008 年北京市第三产业增加值 7682 亿元，而天津市仅为 2411 亿元，因此第三产业用水规模大；二是北京市高校、大型公共设施众多，公共用水规模大；三是北京市商饮业发达。

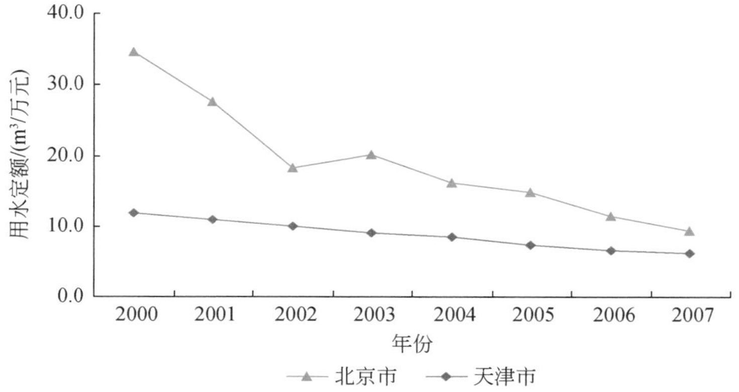

图 8-9　北京市与天津市第三产业用水定额的比较

2. 流域综合评价

为了对海河流域用水效益有一个整体上的把握，借鉴用水水平指数构建原理，以 2005 年中国水资源公报提供的信息为依据，以全国的各项指标为标准值，将各流域水资源利用效益信息进行综合集成，转化为一无量纲数值，数值越大，表示用水效益越高。评价结果表明，海河流域用水水平和用水效益位居全国的前列，各流域用水效益评价结果如图 8-10 所示。

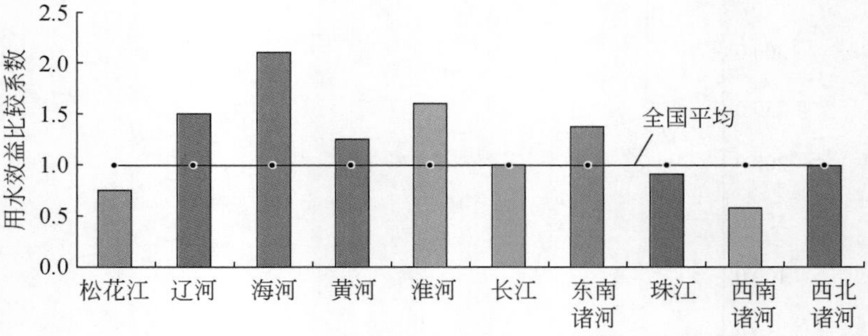

图 8-10　全国十大流域用水效益

3. 行业用水关联效应评价

（1）水资源投入占用产出表

目前中国尚未编制流域层面的投入产出表。投入产出技术作为分析部门间技术经济联系的有力工具，在水资源研究领域的前景十分广阔。为此在有关研究工作基础上，根据海河流域内各省级行政区 2002 年投入产出表，以及海河流域水资源公报等有关信息，编制海河流域 2002 年投入产出表，利用 RAS 法延长至 2005 年，结合 2005 年海河水资源公报编制海河流域 2005 年水资源投入占用产出表（表 8-15）。

基于研究需要，根据产业层次特点和用水关联程度，参考国民经济行业分类划分标准将 2005 年海河流域 40 部门划分为 16 个大的产业部门群。划分的产业群，可以作为单独一个产业或部门来对待。包括：农业、采掘工业、食品工业、纺织工业、造纸工业、石化工业、化学工业、冶金工业、机械工业、电力工业、其他工业、建筑业、货运邮电业、商饮业、公共服务业、其他服务业。为满足封闭经济系统的假定前提条件，将最终使用中各项合并为一项，即将进口与出口合计差额计入净出口，使出口与进口的影响相抵消。

（2）用水系数

从取水系数看，农业、电力工业的直接取水系数（即万元产值取水量）较大，但某些轻工行业（如食品工业、纺织工业）完全取水系数较高，建筑业、第三产业的取水乘数较大（表 8-16），说明这些行业的发展对整个经济系统水资源增长需求的驱动作用较强。

从产出系数看，由于取水定额较大，农业、食品、造纸、电力工业的用水产值产出系数（即单方水的产出量）较小，其完全产出系数及增加单位取水量整个经济系统所增加产出量也相对较小。而其他工业、建筑业、服务业的完全产出系数均较大，说明这些行业水的利用效率较高，在进行产业结构规划布局时，应对这些行业有所倾斜。

用水系数对比显示（见图 8-11、图 8-12），由于乘数效应，各部门完全用水系数都大于其直接用水系数。根据定义，完全用水系数是当一个单位最终需求变化时所引起的对经济系统各部门直接和间接水的消耗。直接取水系数并不能真实反映某个行业的对水资源的真实消费。可以通过考察完全取水系数来考察各部门的用水特性。因此，对于超过系统平均值的部门，如工业中的食品工业、非金属矿采选业等，第三产业中的商饮业、教育事业，都应该成为未来监测调控的重点。能够采取的措施包括：控制经济产出量，加大节水力度，或使这些部门的上游产品尽量不在本地生产，通过虚拟水贸易从区外调入。

表 8-15　2005 年海河流域水资源投入占用产出简表(16 部门)

投入＼产出	农业	采掘	食品	纺织	造纸	石化	化学	冶金	机械	电力	其他	建筑业	货运邮电	商饮	公共服务	其他服务	中间使用	最终使用	总产出
农业	41852	928	41873	15044	1354	6	2914	91	31	9	172	2	19	2520	1448	405	108668	134914	243582
采掘工业	942	9192	1153	1689	3622	18536	9453	19363	4211	10825	19597	9171	1680	1999	1949	3259	116641	−18130	98511
食品工业	17632	35	41955	600	742	27	2766	9	74	2	103	0	622	8857	844	1864	76132	74578	150710
纺织工业	71	679	173	55798	1614	71	2831	698	950	202	2154	165	400	1224	3079	1489	71598	90765	162363
造纸工业	751	450	3686	1411	19720	49	2776	1163	2809	204	3000	5334	1974	2280	3108	10727	59442	22494	81936
石化工业	5034	1644	521	756	491	3432	4953	6841	2269	951	4023	6531	10250	2152	2126	3625	55599	−12632	42967
化学工业	20204	3378	4205	16450	6747	566	67589	3741	14299	552	6220	4798	2162	1725	1537	12206	166379	24301	190680
冶金工业	1230	4644	2053	972	2455	177	3458	85382	49647	515	7187	46727	1249	1027	764	1488	208975	25524	234499
机械工业	1493	7716	2071	2090	2859	1009	5484	11928	132680	4290	5097	13337	12123	10473	4851	18580	236081	100736	336817
电力工业	4757	8915	3037	4407	3357	903	9021	8338	5188	1701	9152	2205	4835	7714	2751	5415	81696	−26937	54759
其他工业	695	2675	1632	1176	2778	883	2552	9445	7753	745	16168	48492	686	1680	817	2452	100629	47601	148230
建筑业	7	185	83	54	90	52	169	81	238	87	105	73	1871	3822	5910	8580	21407	219864	241271
货运邮电业	4629	4286	3668	5041	2989	2764	8328	12965	10370	3276	10934	13297	8481	12284	8945	12134	124391	−1555	122836
商饮业	9537	5368	6235	14991	5574	2741	11554	16275	16705	3103	10366	16667	3741	7582	3346	9572	143357	29921	173278
公共服务业	2044	109	166	62	139	120	409	414	1025	264	113	2665	823	772	3303	5513	17941	101958	119899
其他服务业	1342	3140	4937	5534	2869	1620	7951	7669	12031	2034	4690	8453	8363	30029	13211	55312	169185	133552	302737
中间使用合计	112220	53344	117448	126075	57400	32956	142208	184403	260280	28760	99081	177917	59279	96140	57989	152621	1758121	946954	2705075
固定资产折旧	4685	6146	3735	3688	2753	1443	7303	5071	11094	7914	5193	3990	19937	7155	8527	29846	128480		
劳动者报酬	104335	19781	11924	18147	11405	2579	17426	23350	38838	8228	21910	42794	26638	42614	47477	81352	518798		
生产税净额	2090	7591	9451	5974	3665	3962	9003	8627	14925	6446	7182	6987	6911	13744	2367	13359	122284		
营业盈余	20253	11648	8152	8477	6714	2026	14743	13048	11680	3411	14865	9585	10070	13625	3542	25558	177397		
增加值合计	131363	45166	33262	36286	24537	10010	48475	50096	76537	25999	49150	63356	63556	77138	61913	150115	946959		
总投入	243583	98510	150710	162361	81937	42966	190683	234499	336817	54759	148231	241273	122835	173278	119902	302736	2705080		
取水	31282	341	750	374	1150	121	1095	819	532	1427	307	121	86	227	64	111	38807		

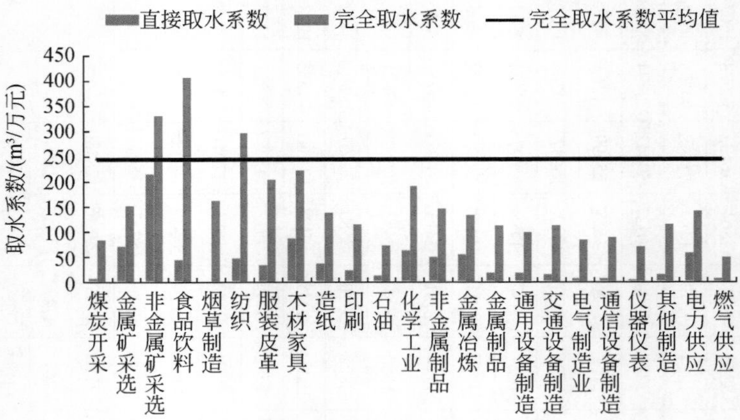

图 8-11　第二产业各部门经济产出量与水的定量关系

表 8-16　水资源投入产出系数

行业	取水系数/（m^3/万元）				用水产出系数/（元/m^3）			
	万元产值取水量	完全取水系数	增加值取水量	取水乘数	用水产值产出系数	完全产出系数	增加值产出系数	用水产出乘数
农业	1284.3	1665.2	2381.4	1.3	7.8	17.2	4.2	2.211
煤炭采选	22.4	134.8	43.7	6.0	446.4	1054.0	228.83	2.361
石油开采	46.4	120.0	83.1	2.6	215.5	486.2	120.34	2.256
金属矿采选	47.4	167.4	134.9	3.5	211.0	588.5	74.13	2.790
非金属矿采选	38.2	147.9	97.3	3.9	261.8	703.1	102.77	2.686
食品烟草	49.8	764.5	225.6	15.4	200.8	618.9	44.33	3.082
纺织	25.8	423.7	113.9	16.4	387.6	1243.0	87.8	3.207
服装皮革	18.9	300.1	86.3	15.9	529.1	1754.6	115.87	3.316
木材家具	16	164.7	59.1	10.3	625.0	1959.5	169.2	3.135
造纸印刷	184.9	387.4	597.2	2.1	54.1	156.4	16.74	2.892
石油	28.1	122.7	120.8	4.4	355.9	1016.5	82.78	2.856
化学工业	57.4	237.8	225.8	4.1	174.2	550.4	44.29	3.159
非金属制品	22.4	137.3	76.3	6.1	446.4	1302.8	131.06	2.918
金属冶炼	42.3	159.6	201.5	3.8	236.4	780.2	49.63	3.300
金属制品	20.8	140.9	94.6	6.8	480.8	1624.4	105.71	3.379
机械工业	29.9	137.7	110.4	4.6	334.5	1093.5	90.58	3.270
交通设备制造	13.8	126.3	67.5	9.2	724.6	2607.8	148.15	3.599
电气制造	12.7	125.8	53.7	9.9	787.4	2634.6	186.22	3.346
通信设备制造	6.2	97.4	33	15.7	1612.9	6295.5	303.03	3.903
仪器仪表	9.5	109.8	35.3	11.6	1052.6	3459.9	283.29	3.287
机械设备修理	9.4	112.3	33.7	11.9	1063.8	3439.8	296.74	3.233
其他制造	14.5	136.6	45	9.4	689.7	2010.0	222.22	2.915

续表

行业	取水系数/（m^3/万元）				用水产出系数/（元/m^3）			
	万元产值取水量	完全取水系数	增加值取水量	取水乘数	用水产值产出系数	完全产出系数	增加值产出系数	用水产出乘数
废品废料	21.5	21.5	21.5	1.0	465.1	465.1	465.12	1.000
电力供应	260.5	332.5	548.7	1.3	38.4	91.1	18.22	2.374
煤气供应	60.2	168.1	252	2.8	166.1	505.2	39.68	3.041
自来水供应	18.7	165.1	40.9	8.8	534.8	1306.6	244.5	2.443
建筑业	5	106.8	19.2	21.4	2000.0	6341.0	520.83	3.171
交通运输	9.7	90.1	21.8	9.3	1030.9	2628.9	458.72	2.550
邮电业	3	51.5	4.3	17.2	3333.3	6243.7	2325.58	1.873
商业	7.6	100.6	17.2	13.2	1315.8	3253.6	581.4	2.473
饮食业	42	377.1	89.4	9.0	238.1	586.8	111.86	2.465
旅客运输	2.9	102.4	6.7	35.3	3448.3	9046.6	1492.54	2.624
金融保险	1.6	64.2	3.2	40.1	6250.0	14339.4	3125	2.294
房地产业	1.6	59.9	2.8	37.5	6250.0	13129.4	3571.43	2.101
社会服务	6.8	89.5	14.8	13.2	1470.6	3693.7	675.68	2.512
卫生体育社会福利	2.9	123.9	6.9	42.7	3448.3	9392.1	1449.28	2.724
教育文化	2.9	84.1	5.2	29.0	3448.3	7290.7	1923.08	2.114
科学研究	1.7	63.7	3.3	37.5	5882.4	14805.9	3030.3	2.517
其他综技服务	13.9	93.6	22.3	6.7	719.4	1413.8	448.43	1.965
行政机关	1.7	100.1	3.7	58.9	5882.4	14317.6	2702.7	2.434

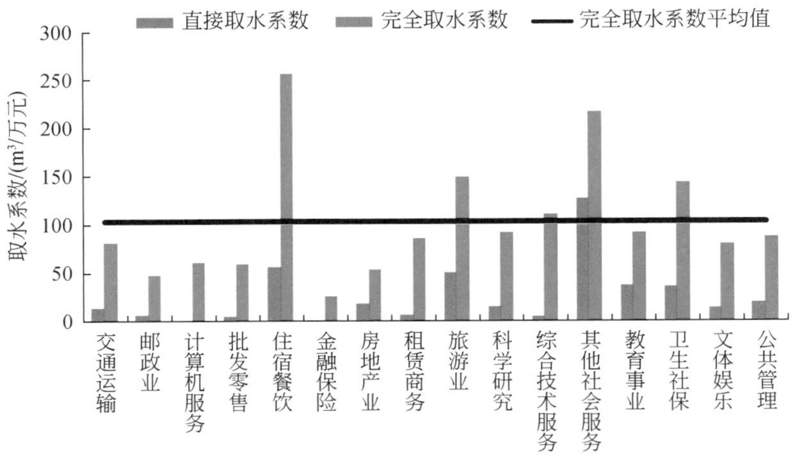

图 8-12　第三产业各部门经济产出量与水的定量关系

(3) 行业用水特性综合评价

通过上述分析可以看出，目前海河流域高用水行业主要集中在农业和电力行业。潜在高用水行业中，建筑业和服务业的直接取水定额均很小，但因取水乘数大，这些行业的发展对整个经济系统总的耗用水量影响大。同时，这些行业基本上均是未来流域发展的主导行业，其耗用水的影响应予以重视。

从用水效益指标分析，目前流域内高效用水行业相对较多，主要是因为农业用水产出率低（表8-17），使整个经济系统的平均产出率下降，从而使这些行业的产出率高于经济系统平均水平。这些行业基本集中在第二产业中的制造业和第三产业。潜在高效用水行业集中于第二产业，且以加工制造业为主。上述分析表明，工业化进程也是高效用水的进程，工业结构的升级也使水资源利用高效化，由此可见，工业化发展及其结构升级对水资源高效利用意义重大。

表8-17　行业用水效率及用水效益指标及其用水性质综合评价

行业	用水效率评价					用水效益评价			
	相对取水系数	相对取水结构系数	相对取水乘数	用水程度判定	潜在用水程度判定	相对产值产出系数	相对产出乘数	用水效益程度判定	潜在用水效益程度判定
农业	8.95	32.24	0.09	高	一般	0.006	0.806	一般	一般
煤炭采选业	0.16	0.1	0.43	一般	一般	0.314	0.860	一般	一般
石油开采业	0.32	0.07	0.19	一般	一般	0.152	0.822	一般	一般
金属矿采选业	0.33	0.11	0.25	一般	一般	0.149	1.017	一般	高
非金属矿采选业	0.27	0.06	0.28	一般	一般	0.184	0.979	一般	一般
食品工业	0.35	0.77	1.1	一般	高	0.141	1.123	一般	高
纺织业	0.18	0.26	1.17	一般	高	0.273	1.169	一般	高
服装皮革制造业	0.13	0.12	1.14	一般	高	0.373	1.208	一般	高
木材工业	0.11	0.04	0.74	一般	一般	0.440	1.142	一般	高
造纸工业	1.29	1.15	0.15	高	一般	0.038	1.054	一般	高
石油工业	0.2	0.12	0.31	一般	一般	0.251	1.041	一般	高
化学工业	0.4	1.13	0.29	高	一般	0.123	1.151	一般	高
非金属工业	0.16	0.26	0.44	一般	一般	0.314	1.063	一般	高
金属冶炼加工业	0.29	0.67	0.27	一般	一般	0.166	1.203	一般	高
金属制品业	0.14	0.17	0.49	一般	一般	0.338	1.231	一般	高
机械工业	0.21	0.3	0.33	一般	一般	0.235	1.191	一般	高
运输设备制造业	0.1	0.1	0.66	一般	一般	0.510	1.311	一般	高
电气机械制造业	0.09	0.07	0.71	一般	一般	0.554	1.219	一般	高
电子设备制造业	0.04	0.06	1.12	一般	高	1.135	1.422	高	高
仪器仪表制造业	0.07	0.01	0.83	一般	一般	0.741	1.198	一般	高
机械设备修理业	0.07	0.01	0.85	一般	一般	0.749	1.178	一般	高
其他制造业	0.1	0.05	0.67	一般	一般	0.486	1.062	一般	高
废品及废料	0.15	0.02	0.07	一般	一般	0.327	0.364	一般	一般

续表

行业	用水效率评价					用水效益评价			
	相对取水系数	相对取水结构系数	相对取水乘数	用水程度判定	潜在用水程度判定	相对产值产出系数	相对产出乘数	用水效益程度判定	潜在用水效益程度判定
电力工业	1.82	1.47	0.09	高	一般	0.027	0.865	一般	一般
煤气生产业	0.42	0.01	0.2	一般	一般	0.117	1.108	一般	高
自来水生产业	0.13	0	0.63	一般	一般	0.377	0.890	一般	一般
建筑业	0.03	0.12	1.53	一般	高	1.408	1.155	高	高
货物仓储业	0.07	0.08	0.66	一般	一般	0.726	0.929	一般	一般
邮电业	0.02	0.01	1.23	一般	高	2.347	0.683	高	一般
商业	0.05	0.11	0.94	一般	一般	0.926	0.901	一般	一般
饮食业	0.29	0.12	0.64	一般	一般	0.168	0.898	一般	一般
旅客运输业	0.02	0	2.52	一般	高	2.428	0.956	高	一般
金融保险业	0.01	0.02	2.87	一般	高	4.400	0.836	高	一般
房地产业	0.01	0	2.68	一般	高	4.400	0.766	高	一般
社会服务业	0.05	0.07	0.94	一般	一般	1.035	0.915	高	一般
卫生体育事业	0.02	0.01	3.05	一般	高	2.428	0.993	高	一般
教育文化事业	0.02	0.02	2.07	一般	高	2.428	0.770	高	一般
科学研究事业	0.01	0	2.68	一般	高	4.141	0.917	高	一般
综合技术服务业	0.1	0.05	0.48	一般	一般	0.507	0.716	一般	一般
行政机关业	0.01	0.02	4.21	一般	高	4.141	0.887	高	一般

根据评价结果，对流域各行业用水性质进行综合评价，结果见表 8-18。

表 8-18　行业用水性质分类

用水特性	行业名称
高用水	农业、电力工业
潜在高用水	服装皮革制造业、木材工业、建筑业、服务业
高效用水	工业（除电力工业）、建筑业、服务业
潜在高效用水	轻纺工业、石油工业、化学工业、冶金工业、机械工业（含运输设备、电子设备、仪器仪表制造业）、建筑业

（4）行业用水关联

如前所述，完全消耗系数仅体现出部门用水的能力倾向（边际效应），结合最终需求的纵向集成消耗将用水系数转化为实际用水量，能够更为清晰地反映部门间实际发生的用水转移关系。纵向集成水消耗反映与一个部门最终需求有关的直接和间接水资源消耗量。各部门的用水特性及用水关联见表 8-19。纵向集成消耗总量与直接用水总量相等，均为 388 亿 m^3。但是，采掘工业、石化工业、电力工业、货运邮电业的纵向集成消耗量为负值，说明这些部门为形成本部门的最终产品，在区域物品交换中，净调入了外部的水量，该部分水量为 13.57 亿 m^3。也就是说，2005 年海河流域国民经济系统实际用水量为 401.57 亿 m^3，其中本地水资源消耗 388 亿 m^3，通过虚拟水贸易的净调入量为 13.57 亿 m^3。说明目前支撑海河流域国民经济产业发展的水资源量约为 400 亿 m^3，其中本地水资源占 96.5%。

表 8-19　2005 年海河流域经济部门用水关联　（单位：亿 m^3）

项目	直接消耗	纵向集成消耗	内部效应	复合效应	净后向关联	净前向关联	净转移
	DC	VIC	IE	ME	NBL	NFL	NFL-NBL
农业	312.83	225	209.21	9.51	6.28	94.11	87.83
采掘工业	3.41	-2.62	-0.69	-0.06	-1.87	4.16	6.03
食品工业	7.51	57.13	5.15	0.25	51.73	2.11	-49.62
纺织工业	3.75	33.35	3.2	0.04	30.11	0.51	-29.6
造纸工业	11.5	7.48	4.16	0.09	3.23	7.25	4.02
石化工业	1.21	-1.74	-0.39	-0.02	-1.33	1.62	2.95
化学工业	10.95	5.84	2.16	0.11	3.57	8.68	5.11
冶金工业	8.18	3.98	1.4	0.1	2.48	6.68	4.2
机械工业	5.34	12.8	2.63	0.24	9.93	2.47	-7.46
电力工业	14.27	-9.08	-7.24	-0.42	-1.42	21.93	23.35
其他工业	3.07	6.39	1.1	0.04	5.25	1.93	-3.32
建筑业	1.21	24.67	1.1	0.02	23.55	0.09	-23.46
货运邮电业	0.86	-0.13	-0.01	0	-0.12	0.87	0.99
商饮业	2.27	4.28	0.41	0.03	3.84	1.83	-2.01
公共服务业	0.64	10.06	0.56	0	9.5	0.08	-9.42
其他服务业	1.12	10.71	0.6	0.04	10.07	0.48	-9.59
合计	388.12	388.12	223.35	9.97	154.8	154.8	0

如果一个部门水的纵向集成消耗大于其直接消耗，表明生产此部门的产品需要整个经济系统的其他行业为其提供水。反之，则说明此行业用水实际上转移到了经济系统的其他部门。从图 8-13 可看出，在海河流域 16 大国民经济生产部门中，只有农业的纵向集成消耗用水量小于其直接消耗量。说明各部门中只有农业是用水的净输出部门，其他部门均为用水的净输入部门，水量的输入是通过产品在部门与区域的交换实现的。

下面以直接耗水量最大的农业和纵向集成消耗量最大的食品工业为例说明水在部门及部门间的运移转化规律。2005 年海河农业用水总量 313 亿 m^3，约占产业用水量的 80%。农业水的纵向集成消耗为 225 亿 m^3，其中内部效应（不与其他产业发生联系而完全在部门内部消耗的水量）为 209 亿 m^3，占农业用水总量的 67%，复合效应（农产品被其他部门购买作为中间投入形成产品，这些产品又被农业作为中间投入使用并形成最终产品所消

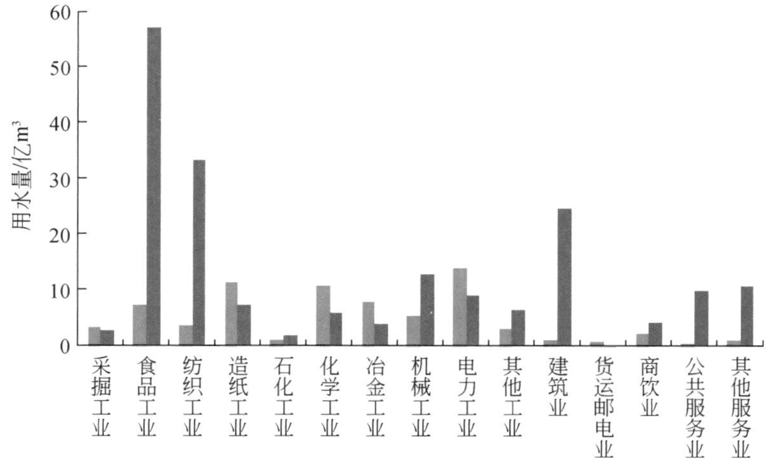

图 8-13　各部门直接用水量与纵向集成消耗（不含农业）

耗的水资源）为 9.51 亿 m^3，净后向效应（虚拟水的净输入量）为 6.28 亿 m^3。农业用水的净前向效应（向其他部门的净输出量）为 94 亿 m^3，占农业用水总量的 30%（图 8-14，图 8-15）。

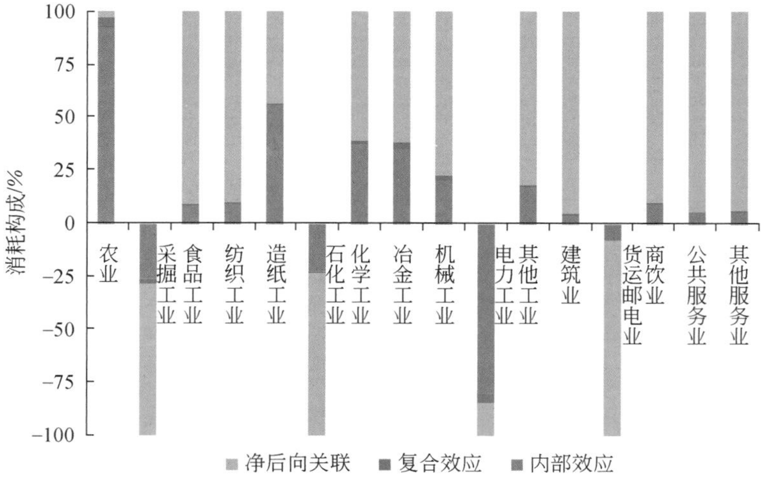

图 8-14　各部门水的纵向集成消耗构成

2005 年海河流域食品工业直接用水量 7.51 亿 m^3，约占流域产业用水的 1%。纵向集成消耗为 57.13 亿 m^3，约为其直接用水量的 8 倍，其中内部效应（不与其他产业发生联系而完全在部门内部消耗的水量）为 5.15 亿 m^3，复合效应为 2500 万 m^3，净后向效应（虚拟水的净输入量）为 51.73 亿 m^3。净前向效应（向其他部门的净输出量）为 2.11 亿 m^3（图 8-16）。

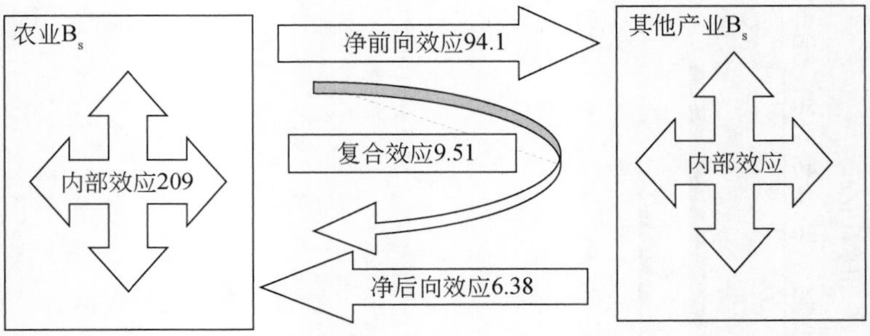

图 8-15　农业用水关联效应
（单位：亿 m^3）

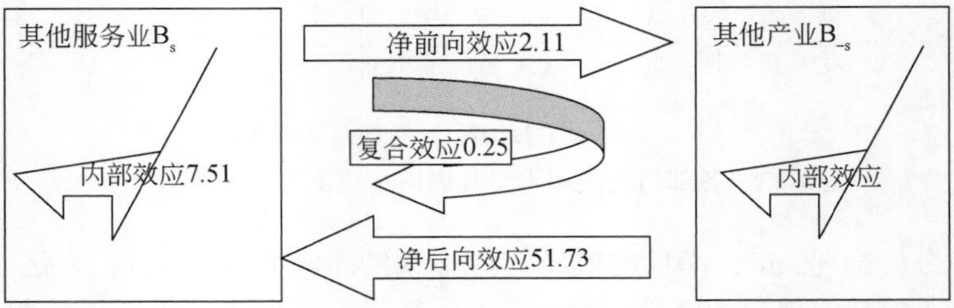

图 8-16　食品工业用水关联效应
（单位：亿 m^3）

在一个封闭的系统（进出口忽略不计），部门转移输出的水的总量，等于其他部门输入量。也就是说，在海河流域国民经济 16 大产业部门中，承担水量输出的部门包括农业、采掘、造纸、石化、化学、冶金、电力和货运邮电业，其中采掘、石化、电力、货运邮电业有区域外的净输入，水量输入的部门包括食品、纺织、其他工业、建筑和第三产业。

从水的直接消耗构成看（图 8-17），各部门在其内部完全消耗的水量（内部效应）占 57.5%，40% 的水量通过部门间的物品交换在经济系统内进行循环转化。海河流域用水中内部效应所占比例与全国 49% 的数值相比较高，反映了海河经济系统内部消耗高的现状与特点。

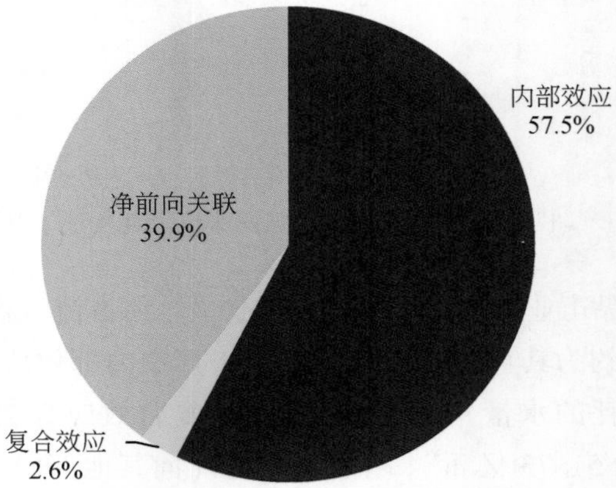

图 8-17　海河流域水的直接消耗构成

8.2.3 生态用水效率效益评价

1. 生态系统服务价值

有关生态系统服务价值计算，目前研究成果十分丰富。杨朝晖等参考有关生态系统服务价值单价体系，得到无灌溉、无施肥、无物种改良等基准状态下海河流域生态系统服务价值参数表。结合海河流域实际情况，对气体调节、水源涵养、粮食生产、原材料生产等受人类生产活动影响较大的生态价值参数进行修正，得到海河流域生态系统服务价值参数表。借鉴其方法，以 2005 年海河流域社会经济发展情况为参考，进行修正，得出 2005 年海河流域生态价值参数（表 8-20）。

表 8-20 海河流域生态价值参数 （单位：元/hm^2）

生态系统服务	农田	森林	草地	水域	湿地	荒漠
气体调节	9 068	13 042	2 275	257	6 174	32
气候调节	488	2 047	785	1 036	6 937	68
水文调节	311	1 126	562	15 253	7 244	32
土壤形成与保护	739	2 022	1 127	206	957	89
废物处理	699	865	664	7 469	7 372	137
生物多样性维持	513	2 268	941	1 725	1 889	210
食物生产	4 246	316	216	267	184	11
原材料生产	2 050	2 671	1 260	176	123	21
休闲娱乐	86	1 046	438	2 233	2 401	126
总计	18 200	25 403	8 267	28 623	33 283	726

按以上参数，根据不同土地利用类型就可以计算整个区域生态服务价值。根据计算，海河流域 2005 年生态服务价值为 5200 亿元（表 8-21），约为 2005 年海河流域 GDP 的 40%左右。

表 8-21 海河流域生态系统价值

生态系统类型	农田	森林	草地	水域	湿地	荒漠	总计
人类活动影响下生态系统价值参数/（元/hm^2）	18 200	25 403	8 267	28 623	33 283	726	
面积/万 hm^2	1 595	604	611	76	11	28	
生态系统服务价值/亿元	2 906	1 535	505	217	35	2	5 200

2. 生态系统的层次化评价

根据本书第 5 章介绍的生态系统投入产出概念模型，进行海河流域生态服务价值的层次化分解，如图 8-18 所示。

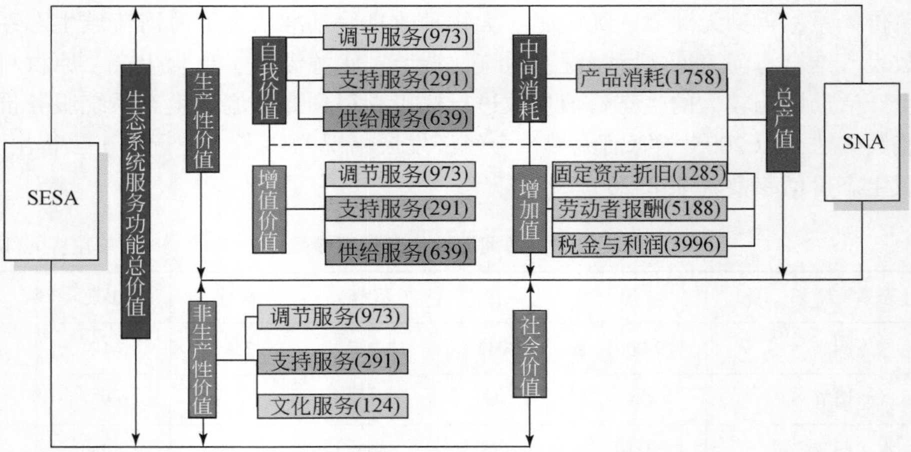

图 8-18　生态系统服务功能价值层次化分解
（单位：亿元）

海河流域生态系统服务总价值约为 5200 亿元，其中非生产性价值约为 1394 亿元，生产性价值即总产出为 3806 亿元。在生产性价值中，生态系统为支持自身运转其内部各要素之间发生的复杂过程与活动所产生或体现自我价值（即中间投入）为 1903 亿元，由生态系统产生而已被或能够被人类利用的产品与服务（即生态系统的生产与服务）过程创造的增值价值为 1903 亿元。

3. 生态系统投入占用产出模型

按确定的假设条件，依据生态系统能量流动的林德曼效率（百分之十定律）：在每一个生态系统中，从绿色植物开始，能量沿着捕食食物链或营养转移流动时，每经过一个环节或营养级数量都要大大减少，最后只有少部分能量留存下来用于生长，形成动物的组织。美国学者林德曼在研究淡水湖泊生态系统的能量流动时发现，在次级生产过程中，后一营养级所获得的能量大约只有前一营养级能量的 10%，约 90% 的能量损失掉了，作为判定生态服务价值在生态系统各用户间流动的数量关系的依据，以海河流域全口径水资源评价成果作为判定生态系统用水的依据，构建海河流域生态系统投入产出模型，作为生态用水效益评价的基础，见表 8-22。

表 8-22　海河流域生态系统投入占用产出简表

投入/亿元 \ 产出/亿元		中间产出/亿元					净产出/亿元	总产出/亿元
		生产者	消费者	分解者	环境	小计		
中间投入/亿元	生产者	575.1	51.8	5.8	632.0	1264.6	1207.3	2471.9
	消费者	0.0	5.8	0.6	0.0	6.4	57.8	64.2
	分解者	0.0	0.0	0.0	0.0	0.0	5.9	5.9
	环境	632.0	0.0	0.0	0.0	632.0	632.0	1264.0
	小计	1207.1	57.5	6.4	632.0	1903.0	1903.0	3806.0
净投入/亿元	调节	486.5	0.0	0.0	486.5	973.0		
	支持	145.5	0.0	0.0	145.5	291.0		
	供给	575.3	57.8	5.9	0.0	639.0		
	小计	1207.3	57.8	5.9	632.0	1903.0		
	总投入/亿元	2414.4	115.3	12.3	1264.0	3806.0		
生态用水/亿 m^3		530.0	20.5	46.7	420.3	1017.5		

根据海河流域层次化水资源评价成果，海河流域多年平均降水量 1700 亿 m^3，冠层截留 401 亿 m^3，径流性水资源 337 亿 m^3，土壤水资源 997 亿 m^3，其中植被蒸腾消耗 530 亿 m^3，土壤蒸发消耗 467 亿 m^3。以此作为海河流域生态系统中生产者、环境的用水量，消费者用水量根据海河流域牲畜用水量资料进行估算，考虑到分解者多为细菌、真菌等，且多与土壤等环境要素联系紧密，故依据环境用水量按一定比例进行估算。

按照生态系统能量流动的基本定律和能量流动与价值流动等价的基本假设建立的海河流域生态系统投入产出模型显示，生产者即绿色植物是海河流域生态系统服务价值的最大贡献者，从产出看，其总产出为 2414 亿元，约占生态系统总产出的 63%，其次为环境要素，总产出为 1264 亿元，约占生态系统总产出的 33%。

4. 生态系统水资源利用效率效益初步评价

从计算结果看（表 8-23），海河流域生态系统各部门中，效益系数由大到小依次排序为：消费者、生产者、环境、分解者。之所以消费者用水效率和效益系数最高，是因为消费者在水量消耗和对总产值的贡献程度都较小，相对量较大，因而对其效率和效益产生一定的放大效应。

表 8-23　海河流域生态系统用水效率与效益系数

项　　目		生产者	消费者	分解者	环境
直接取水系数 /（m^3/万元）	总产值	2195	1778	37998	3325
	增加值	4390	3547	79153	6650
完全用水系数 /（m^3/万元）	总产值	4859	4166	40 488	5754
	增加值	9718	8323	84 133	11 509

续表

项目		生产者	消费者	分解者	环境
取水乘数		2.214	2.343	1.066	1.731
用水的直接产出系数	总产值	4.56	5.62	0.26	3.01
/（万元/m^3）	增加值	2.28	2.82	0.13	1.5
用水的完全产出系数	总产值	8.48	9.92	4.74	7.25
/（万元/m^3）	增加值	4.24	4.97	2.37	3.62
用水的产出乘数		1.86	1.77	18.23	2.41

将社会经济水资源利用效益评价结果与生态系统水资源利用效益评价结果进行对比（图 8-19），不难发现，如果社会经济系统各部门的用水效益系数与生态系统各部门一一对应进行比较，生态系统的用水效益远远低于社会经济系统。究其原因，一方面取决于生态系统服务价值定量评价方法、评价范围以及评价内容；另一方面由于社会经济系统多由径流性水资源支撑，生态系统多由降水支撑，相比径流性水资源数量巨大。但将两个系统中具有可比性的农业和生产者的用水效益进行比较可以看出，无论是水的直接产出系数还是完全产出系数，生态系统均为社会经济系统的 1/2。

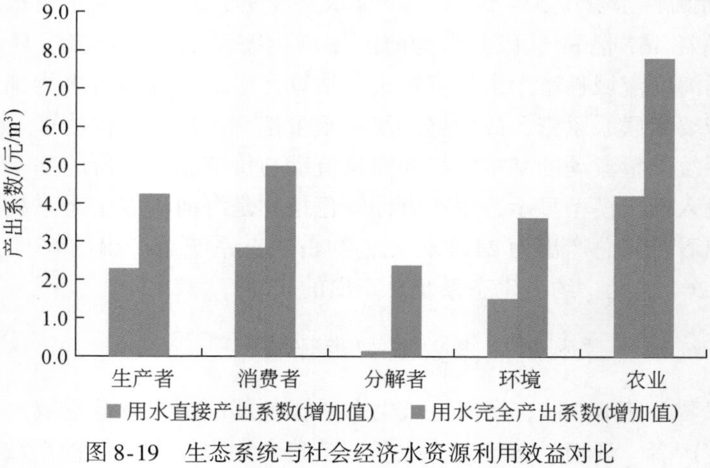

图 8-19　生态系统与社会经济水资源利用效益对比

8.3　海河流域高效用水的重点与环节分析

海河流域耗水（ET）基本可以划分为以下几类：农业 ET（包括灌溉农业、雨养农业和灌溉林业产生 ET）；自然 ET，可分为两类，植被 ET（包括各种天然林、草地和人工林、人工草地等产生的 ET）和自然裸地 ET；居工地 ET（包括建设用地和交通用地等）；水库、湖泊、湿地等水生 ET。

海河流域的农业种植区主要分布在平原区和山间盆地，是用水大户，节水潜力最大，是节水的重点。对于可控土地利用产生的 ET，也就是灌溉农业和灌溉林业产生的 ET，可在不降低其产出的基础上，研究通过各种措施进行有效的调控，包括节水措施、调整种植结构等方式，减少 ET，是本次研究的重点。对于雨养农业也可通过农业措施减少作物生长季节的蒸腾蒸发量。

居工地 ET 主要为工业生产产品消耗、城市河湖绿地消耗、人消耗和降水直接产生的 ET 等。随着工业化水平的提高，工业产品的 ET 消耗量将会降低。随着城市化进程的加快和人民生活水平的提高，人消耗的水量和城市河湖绿地消耗的水量势必比现在要高。因此，降低城乡 ET 的潜力主要在减少降雨、降雪直接产生的 ET，这需要和城市市政建设结合起来，将有些不透水地面改换成透水地面。譬如，在人行道上铺设透水方砖，方砖下回填砂石砾料布设渗沟、渗井等，增加入渗量，降低蒸发量。

自然植被和裸地主要分布在海河流域的山区和河床地带，要降低自然 ET，最主要的手段就是减少森林和地面植物的覆盖范围。但是，海河流域生态环境比较脆弱，是中国水土流失最严重的地区之一。长期以来，治理流域的水土流失是流域机构以及相关省份（直辖市）的一项重要工作。新中国成立以来，海河流域已累计治理水土流失面积 8.5 万 km^2，特别是近年来，随着一批国家重点水土保持工程的实施，国家投资大幅度增加，海河流域水土流失治理速度明显加快，治理效益显著提高。水土流失重点治理发挥了很好的规模效益，为改善区域内农牧业生产条件和生态环境，促进农村产业结构调整和经济社会发展，保障京津周边地区生态安全发挥了重要作用。为降低自然 ET 而减少森林势必会引起更为严重的水土流失，因此，对于自然植被和裸地，应结合海河流域水土保持工作选择抗旱性好、多年生的草本植物。这样既满足了水土保持工作的需要，也可降低 ET。

水库、湖泊、湿地等对于流域的生态平衡有极其重要的作用。海河流域的大中型水库对城市、居民和农业灌溉用水发挥着至关重要的作用；湖泊和湿地在维持生物多样性、流域防洪、调蓄水资源、满足人们亲水需要以及调节小气候等方面均具有重要作用，在流域生态环境中占有重要地位。分配一定水量保正湿地生态用水是十分必要的，但目前流域基本上是“有河皆干、有水皆污”的局面，残存的湿地面积已很有限，因此可挖掘的潜力也不大。

综上所述，海河流域降低 ET 的潜力主要在农业种植区的综合 ET 上。

8.3.1 农业高效用水

根据海河流域的农业用水现状和流域内的用水效率分析，本书提出农业实现节水和高效用水的重点和环节如下。

1）在地下水已超采的井灌区，采用节水灌溉制度（调亏灌溉）和综合节水措施，尽可能降低作物实际耗水量，保证农作物基本不减产并力求增产。

2）在地下水尚有开采潜力的渠灌区，如豫北平原和徒骇马颊河平原，结合灌区改造，推广井渠结合，这既可以减少地下水的潜水蒸发（无效 ET），有利于防治土壤盐碱化，又可以减少地表水使用量，改善河道水生态环境。

3）在地表水资源贫乏，又缺少浅层淡水资源的地区，如黑龙港运东平原，适量开采浅层微咸水，推广咸淡混浇技术，减少地表水和深层承压水的使用量，以降低 ET，保证农作物产量稳定。

4）流域山区面积占总面积的53%，针对山区水资源“散而少”的特点，为稳定山区农业生产条件，积极提倡道路集蓄径流与自流微灌、沟道截潜引蓄集蓄径流与微灌、经济树种穴集雨水与覆盖、沟道分段拦截集蓄径流与自流膜上灌、水池集蓄雨水技术与隔沟灌、水窖蓄集径流与坐水点种补灌和雨养农业等技术。有条件的地方可以退耕还草、还果，减少低效 ET，增加农民收入。

5）因地制宜调整作物种植结构，适当压缩冬小麦播种面积。小麦的灌溉用水量很大，而目前冬小麦的播种面积又占耕地面积的40%，占灌溉面积的65%以上。为了保持区域水土平衡，压缩冬小麦的播种面积是农业节水的重要途径之一。此外，海河流域现有旱地1048 万 hm^2，多年平均降水量 535mm，在采取综合农业措施的情况下，利用天然降水发展旱地农业仍具有很大的潜力。

6）在大中城市郊区、经济条件较好的井灌区和蔬菜、果树经济作物区，有条件推广喷灌、微灌等先进灌溉技术。

8.3.2 工业和生活高效用水

1. 城市水利用应实施“节流优先，治污为本，多渠道开源”战略对策

1）确保“节流优先”。加大产业结构和工业布局的优化调整力度，大力研制开发和推广应用先进的节水型用水器具、用水设备和先进的节水工艺，加强用水管理以减少无效用水和浪费用水，杜绝各种“跑、冒、滴、漏”现象，建立节水型工业和节水型城市。

2）强调“治污为本”。在制定城市供水规划时，供水量的增加应以达到相应的治污目标为前提，这个目标的基本要求是遏制水环境的恶化趋势，并力争逐步改善。为此，必须加大城市污水处理和水污染防治的力度，增加建设资金和运行费用的投入，污水处理设施能力的增加速度必须高于供水设施，使城市污水处理率不断得到提高，并采取有效措施修复已经受到污染的城市水环境。

3）重视“多渠道开源”。除了合理开发地表水和地下水等传统水资源外，还应通过工程设施收集和利用雨水，既可减轻雨洪灾害，又可缓解城市水资源紧缺的矛盾；沿海城市则应大力开发利用海水作为工业冷却水或生活杂用水；同时要重视微咸水的利用。每个城市在制定供水规划时，应对传统水资源和非传统水资源进行技术经济比较，以效益优先的的原则组合供水方案。

2. 深化改革，加强城市水市场监管

逐步建立与市场经济体制相适应的投融资及其运营管理体制，实现投资主体多元化，运营主体企业化，运行管理市场化，从而形成市场开放、适度竞争的建设运营格局，尽快

建立和完善城市供水水质督查和水价监审制度，规范企业行为，维护消费者权益。

1）积极营造城市水市场环境。尽快出台相关政策加强水市场环境引导，并抓紧制定和完善相关的法律法规，规范市场行为，为相关企业创造一个公平、公正、公开的竞争环境，鼓励各种所有制企业在政府的特许范围内从事水市场的经营活动，为消费者提供安全、可靠、优质、合理的服务。

2）加强对城市水价的监审。由于各地的社会环境和经济条件不同，供水设施的投资、建设及运营管理情况存在很大的差异，消费者的承受能力和支付意愿等也不尽相同。因此，为了体现公开、公平、公正的市场原则，各级政府要加强对城市供水价格以及污水处理价格和再生水价格的监督和审查，这是对水市场进行管理的重要手段。

3）加强对城市水质的督查。充分利用国家城市供水水质监测网的技术、设备和人才资源优势，通过深化改革，使城市供水水质监测站依法取得真正的第三方地位，在国家质量管理部门和城市供水行业主管部门的指导下，行使城市水质督查职能。督查的范围应不限于供水水质，还应包括与之有关的原水水质、再生水质及排水水质等。

3. 加强管理，努力创建节水型城市

加强城市用水管理，以提高用水效率为核心，以促进城市水系统的良性循环为目标，综合运用行政、经济和技术等各种管理手段，提高城市节水水平，发展节水型工业，创建节水型城市。

1）进一步完善城市节水的法规标准。组织制定和逐步完善城市用水定额、节水型用水器具技术标准、城市供水管网漏失率控制指标等标准，加强城市节水的标准化管理，强化节水标准的执行力度，促进节水型器具的推广应用工作，提高工业和生活用水的效率，加强城市供水管网改造，节约水资源。

2）严格执行城市节水管理制度。建立和实行节约用水的考核制度，有计划、有步骤、有重点地开展对工业企业、用水单位和节水型城市节水的监督考核，加大节水奖励的力度。

3）提高城市节水的技术含量。各城市、各有关部门、各工业企业，都要重视节约用水的科研工作，加大节水的科技投入、发展节水技术，鼓励采用先进的节水技术、节水工艺、节水方法、节水设备和节水器具，以科技进步推动城市节水工作。要积极支持城市节水的基础性研究和信息化管理工作，不断提高城市节水决策的科学性和城市节水管理的现代化水平。

4）强化公众的节水意识。水资源的可持续利用是攸关民族生存和发展的大事，城市节水不仅是有关部门的责任，也是全社会的义务，要广泛动员社会各界，积极引导公众参与。要继续坚持城市节水宣传周活动，同时还要利用新闻媒体、公益性广告、宣传专栏、中小学教材等一切有效形式进行广泛、深入、持久的宣传教育，让公众了解水情，清醒地认识潜在的水危机，理解水资源可持续利用的重要性，强化公众的水患意识和节约用水的自觉性。要还公众对城市水资源开发利用的知情权、发言权和参与权，充分调动全社会的一切积极因素，共同战胜水危机，实现城市水资源的可持续发展。

第 9 章 海河流域农业高效用水原理与节水模式

海河流域是中国七大流域之一，流域面积 31.8 万 km^2；人口 1.3 亿，占全国的 10%；耕地面积为 1.6 亿多亩，占全国耕地面积的 11%；流域多年平均降水量 540mm，年平均陆面蒸发量 470mm，年平均水面蒸发量 1100mm。该流域水资源匮乏，而且与人口和耕地分布、生产力布局极不匹配，所以该地区水量供需情况及变化趋势历来受到关注。在该流域农业是用水大户，发展节水高效农业是必然选择。本章正是针对海河流域水资源紧缺，面向该区域发展节水高效农业的需求，以认识农田尺度水循环过程与建立农业高效用水理论为核心，通过对不同水分环境下 SPAC 水分运转与调控理论、作物适度缺水的补偿效应和作物水分响应模型等问题的研究，建立作物高效用水调控与非充分灌溉的新理论；通过对节水灌溉条件下不同尺度作物需水估算模型及节水潜力计算方法的研究，建立农业高效用水的可控指标体系；通过对节水灌溉条件下农田水循环理论及尺度效应的研究，把单点的 SPAC 水分运行动力学模式扩展为农田尺度水转化动力学模式，为农田尺度水转化过程的定量模拟和节水调控提供有力的工具；通过对不同节水技术措施节水效果和经济比较的研究，建立水资源有限条件下有利于节水、高效、经济和对环境友好的农业用水调控新模式，实现我国农业高效用水前沿应用基础理论的创新，为区域农业水资源高效利用提供科学依据和新的途径。

9.1 现状农业用水与需水分析

9.1.1 海河流域农业用水特征

海河流域是中国重要的农业生产基地之一，主要作物为冬小麦、夏玉米、棉花和油料，“冬小麦—夏玉米”种植模式比较普遍。近年来粮食作物种植面积下降，经济作物播种面积明显扩大，特别是蔬菜大棚面积逐年增加。据统计，占海河流域面积 70% 的河北省 2006 年粮食种植面积比例在 70% 左右，以小麦和玉米为主；经济作物占 30%，以蔬菜，棉花和小麦为主。河北省各类蔬菜大棚面积已达 650 万亩，蔬菜种植已成为带动农民增收的支柱产业。

海河流域农业用水大致占总用水量的 70%，包括黄河客水、地表水、地下水三类主要水源。引黄水主要用于徒骇马颊河等主要引黄灌区，数量不大；地表水以各类水库为主，水资源的开发程度已经达到 90%，潜力很小，而且工业用水和生活用水的需求越来越大，农业用水势必被挤占；地下水是最主要的水源。由于水资源的紧缺，大多数渠灌区已经井渠结合；深层地下水由于超采导致严重的地质灾害和生态危机，已经施行了限采禁采措施。目前地下水已经普遍超采，浅层地下水开采程度达到 117.2%，深层开采程度达到 258.6%，形成了大大小小的地下水漏斗。浅层地下水埋深仍以 0.7m/a 的速度下降，农业用水成本持续增加，在维持现状开采和补给条件下，浅层地下水资源超采疏干的时限不足 80 年，深层地下水资源超采疏干的时限不足 10 ~ 15 年。

来水量的减少和用水成本的增加，使得农业用水方式发生变化，最直接的表现是灌溉次数的减少。在河北，小麦浇水次数由七八次改为三四次，定额由 350 ~ 400m^3/亩改为 240m^3/亩，而夏玉米与棉花在正常年份，除底墒水外，依靠降水就可以基本满足需水要求，因此很少灌溉。

尽管畦灌仍然是海河流域的最主要灌水方法，但是滴灌、喷灌等局部灌溉方法在经济作物中已经较多地采用。渠灌区在海河流域所占比例不大，井灌与井渠双灌是主要农业用水类型。井灌区基本采用“小白龙”和管道灌溉形式，在河北这种形式占到 90% 以上。随着水资源的紧张趋势，许多渠灌区也多数井渠结合，如石津灌区已经有 2/3 地区为井渠结合。

海河流域 2000 年灌溉用水量平均为 239m^3/亩，滦河和冀东沿海较高为 346m^3/亩。渠灌区的渠系水利用效率为 0.45 ~ 0.6，灌溉水利用效率为 0.42 ~ 0.47；井灌区尽管较高，约为 0.8，但达不到设计标准（0.85）。

受限于井水较高的抽水费用和制度管理，除开稻田灌区外，灌溉基本没有弃水现象。

面对水资源紧缺情况，多种农业节水措施在海河流域各地得到实施。根据河北省水利厅资料，农业节灌率已经达到 60%，节水措施中以管道灌溉和渠道防渗为主要节水措施。此外，以水权体系建设、农民用水者协会建设和信息化改造为基础的节水措施在海河流域农业节水中也产生明显效果。

9.1.2 主要作物需水量的变化规律

根据 Penman-Monteith 公式计算的 141 个站点近 50 多年的 ET_0 旬值结果，在冬小麦与夏玉米生育期内进行逐旬累加，获得冬小麦与夏玉米生育期的 ET_0 值。并对不同年份作物生育期 ET_0 值按从大到小顺序进行排频，分别获得了 25%、50%、75% 及 95% 四个典型年对应的生育期 ET_0 值，其中 35 个代表点冬小麦生育期的 ET_0 值见表 9-1。

表 9-1 不同典型年冬小麦生育期 ET_0 值（单位：mm）

站点	平均	25%	50%	75%	95%	站点	平均	25%	50%	75%	95%
安阳	585.64	620.03	583.66	549.09	502.44	青龙	487.81	507.22	487.22	467.76	440.69
保定	561.36	583.70	560.69	538.29	507.13	饶阳	589.61	620.89	588.67	557.30	513.67
北京	600.75	632.62	599.79	567.83	523.37	石家庄	560.65	586.60	559.73	533.70	497.70
泊头	589.60	669.86	630.57	593.22	542.82	唐山	558.30	580.51	557.63	535.36	504.37
长治	558.97	561.28	528.66	497.02	453.18	塘沽	624.03	661.19	622.77	585.49	533.86

续表

站点	平均	25%	50%	75%	95%	站点	平均	25%	50%	75%	95%
朝阳	586.20	623.66	582.79	545.02	495.95	天津	585.73	616.80	584.79	553.63	510.29
承德	471.02	496.01	470.27	445.21	410.35	围场	449.13	470.02	448.58	427.64	398.37
大同	563.85	586.29	563.17	540.68	509.38	蔚县	498.86	521.83	497.84	474.78	443.21
多伦	461.46	482.82	460.71	439.28	409.64	五台山	371.34	400.03	348.55	318.44	300.88
丰宁	506.94	527.48	506.69	486.45	458.29	新乡	581.80	616.59	580.76	546.00	497.85
怀来	627.81	652.79	627.06	602.01	567.16	邢台	575.83	606.01	574.30	543.98	502.77
黄骅	615.09	643.56	614.09	585.53	546.02	阳泉	589.05	627.33	586.60	548.10	496.52
惠民	605.19	637.10	603.90	571.87	527.82	右玉	474.47	496.43	473.70	451.67	421.19
廊坊	583.40	617.41	581.04	546.82	501.25	榆社	510.43	537.51	509.61	482.46	444.68
乐亭	534.48	555.55	533.52	512.36	483.42	原平	566.88	589.44	566.20	543.58	512.12
陵县	572.11	645.25	602.01	564.74	520.89	张家口	594.86	622.53	594.13	566.39	527.63
南宫	616.67	656.42	613.59	573.57	520.76	遵化	512.10	542.60	511.06	480.47	438.10
秦皇岛	532.43	560.68	531.58	503.26	463.85						

在冬小麦、夏玉米生育期参考作物需水量的基础上，利用与作物系数 K_c 的乘积可获得冬小麦、夏玉米生育期的需水量 ET_c，利用水量平衡原理可获得净灌溉需水量。海河流域冬小麦与夏玉米多年平均 ET_c 与年际变化分析见表 9-2 至表 9-4。

表 9-2　海河流域冬小麦与夏玉米多年平均 ET_c　（单位：mm）

序号	站点	经度/°	纬度/°	冬小麦 ET_c	夏玉米 ET_c	序号	站点	经度/°	纬度/°	冬小麦 ET_c	夏玉米 ET_c
1	霸州	116.38	39.12	417.28	—	14	塘沽	117.72	39	453.34	—
2	保定	115.52	38.85	481.55	379.49	15	五台山	113.52	38.95	302.77	328.26
3	泊头	116.55	38.08	530.97	393.32	16	新乡	113.88	35.32	366.37	391.52
4	沧州	116.83	38.33	569.64	406.73	17	邢台	114.5	37.07	496.93	311.21
5	长治	113.07	36.05	532.75	—	18	阳泉	113.55	37.85	531.36	353.85
6	德州	116.32	37.43	537.41	397.27	19	榆社	112.98	37.07	425.25	—
7	黄骅	117.35	38.37	546.5	391.5	20	遵化	117.95	40.2	339.29	—
8	惠民	117.52	37.5	532.94	375.52	21	安阳	114.37	36.12	377.07	392.72
9	陵县	116.57	37.33	497.5	382.3	22	北京	116.47	39.8	484.98	—
10	密云	116.87	40.38	447.6	—	23	石家庄	114.42	38.03	459.21	372.3
11	南宫	115.38	37.37	517.26	319.74	24	天津	117.07	39.08	421.93	—
12	饶阳	115.73	38.23	465.49	317.93	25	原平	112.72	38.73	468.01	529.81
13	唐山	118.15	39.67	350.24	—	26	秦皇岛	119.6	39.93	327.41	—

表 9-3　海河流域冬小麦 ET_c 与 I 年际变化分析

地点	年数	冬小麦 ET_c			冬小麦 I		
		趋势线方程	相关系数 R	趋势	趋势线方程	相关系数	趋势
安阳	52	$ET_c=-0.3546t+387.34$	0.16	↓	$I=-0.0954t+252.06$	0.02	↓
新乡	51	$ET_c=-0.2803t+374.6$	0.148	↓	$I=-0.2843t+237.4$	0.059	↓
保定	51	$ET_c=0.7529t+470.05$	0.132	↑	$I=0.6003t+381.86$	0.078	↑
北京	54	$ET_c=0.9441t+458.54$	0.441	↑	$I=0.7349t+361.51$	0.155	↑
密云	16	$ET_c=1.9806t+354.51$	0.332	↑	$I=-0.1815t+330.73$	0.014	↓
德州	42	$ET_c=-1.0443t+561.7$	0.3	↓	$I=-0.1529t+443.88$	0.026	↓
陵县	10	$ET_c=1.5741t+418.79$	0.211	↑	$I=-3.4544t+560.59$	0.174	↓
惠民	54	$ET_c=0.347t+523.23$	0.132	↑	$I=0.6436t+386.59$	0.133	↑
黄骅	45	$ET_c=-0.1575t+551.62$	0.059	↓	$I=-0.1032t\ 437.45$	0.017	↓
沧州	40	$ET_c=-0.3099t+577.37$	0.098	↓	$I=-0.6107t+470.28$	0.1	↓
泊头	10	$ET_c=1.9773t+432.1$	0.269	↑	$I=-3.7042t+610.22$	0.141	↓
南宫	47	$ET_c=-1.1028t+552$	0.295	↓	$I=-1.3576t+459.69$	0.214	↓
邢台	51	$ET_c=-0.2472t+504.22$	0.101	↓	$I=-0.0223t+397.3$	0.004	↓
饶阳	48	$ET_c=-0.5394t+482.21$	0.216	↓	$I=-0.6757t+391.62$	0.13	↓
石家庄	51	$ET_c=-0.4775t+473.3$	0.226	↓	$I=2.1928t+316.96$	0.411	↑
天津	51	$ET_c=-0.9006t+448.5$	0.447	↓	$I=-0.8416t+333.07$	0.199	↓
塘沽	51	$ET_c=0.8406t+428.55$	0.351	↑	$I=0.8504t+312.91$	0.172	↑
霸州	48	$ET_c=-0.8381t+443.26$	0.348	↓	$I=-1.3894t+362.93$	0.298	↓
阳泉	50	$ET_c=-0.8258t+556.13$	0.29	↓	$I=-1.2911t+434.96$	0.195	↓
唐山	48	$ET_c=0.0942t+347.32$	0.06	↑	$I=-0.8727t+263.4$	0.196	↓
遵化	49	$ET_c=-0.8488t+365.18$	0.478	↑	$I=-1.5653t\ 258.61$	0.299	↓
秦皇岛	51	$ET_c=-0.1935t+333.12$	0.133	↓	$I=-0.6853t\ 214.02$	0.148	↓
五台山	49	$ET_c=1.7609t+249.06$	0.546	↑	$I=3.1019t\ 35.936$	0.552	↑
原平	51	$ET_c=-0.1355t+472.01$	0.095	↓	$I=-0.0978t+355.18$	0.024	↓
长治	19	$ET_c=2.6822t+410.71$	0.543	↑	$I=4.7886t+145.19$	0.381	↑
榆社	48	$ET_c=-0.3498t+436.09$	0.203	↓	$I=-0.0423t\ 256.15$	0.008	↓

注：↑为上升趋势，↓为下降趋势。

表 9-4　夏玉米 ET_c 与 I 年际变化分析

地名	年数	夏玉米 ETc			夏玉米 I		
		趋势线方程	R	趋势	趋势线方程	相关系数	趋势
新乡	52	$ET_c=-0.59t+409.12$	0.324	↓	$I=0.0432t+86.492$	0.007	↑
安阳	53	$ET_c=-0.7376t+414.42$	0.361	↓	$I=0.3693t+70.762$	0.062	↑
邢台	52	$ET_c=-0.1132t+314.61$	0.071	↓	$I=0.8828t+37.212$	0.195	↑
南宫	48	$ET_c=-0.466t+334.65$	0.25	↓	$I=0.6332t+54.534$	0.104	↑
陵县	11	$ET_c=-0.6987t+417.59$	0.062	↓	$I=2.7809t-44.249$	0.087	↑
德州	43	$ET_c=-0.5998t+411.52$	0.25	↓	$I=0.1237t+75.826$	0.02	↑
惠民	55	$ET_c=-0.1543t+379.92$	0.09	↓	$I=0.1761t+69.391$	0.035	↑
泊头	10	$ET_c=-4.8001t+638.13$	0.429	↓	$I=2.2522t+12.038$	0.308	↑

续表

地名	年数	夏玉米 ETc			夏玉米 I		
		趋势线方程	R	趋势	趋势线方程	相关系数	趋势
沧州	41	$ET_c = -1.2426t + 438.35$	0.487	↓	$I = -0.3491t + 87.356$	0.044	↓
黄骅	46	$ET_c = -0.4367t + 405.91$	0.195	↓	$I = 1.3314t + 40.299$	0.198	↑
石家庄	51	$ET_c = -0.6166t + 391.11$	0.332	↓	$I = 0.6002t + 78.962$	0.098	↑
饶阳	49	$ET_c = -0.5094t + 333.98$	0.324	↓	$I = 0.7198t + 30.237$	0.157	↑
原平	51	$ET_c = -0.5585t + 546.84$	0.26	↓	$I = 0.3106t + 231.27$	0.036	↑
五台山	50	$ET_c = -0.5585t + 546.84$	0.26	↓	$I = 0.9363t - 13.911$	0.319	↑
保定	51	$ET_c = -0.373t + 390.87$	0.202	↓	$I = 1.2061t + 56.611$	0.188	↑
阳泉	51	$ET_c = -0.6177t + 372.69$	0.36	↓	$I = 1.0445t + 47.042$	0.183	↑

注：↑为上升趋势，↓为下降趋势

9.1.3 海河流域农业节水发展

1. 节水工程与技术现状

海河流域节水灌溉起始于20世纪60年代，主要对输水渠道进行衬砌，提高输水效率。80年代以后，灌溉缺水日趋严重，农业节水得到了较快发展，平原渠灌区以渠道防渗为主，井灌区以低压管道为主，果树及大棚蔬菜以喷灌、微灌为主；山丘区以发展集雨水窖和微型节水灌溉工程为主。全流域节水灌溉面积见表9-5、表9-6。

表9-5　海河流域农业节水灌溉面积统计表　（单位：万 hm^2）

年份	有效灌溉面积	节水灌溉面积				
		合计	渠道防渗	管道灌溉	喷灌	滴渗灌
1980	561.7	47.5	45	0.6	1.9	0
1985	576.7	67	60.1	5.2	1.6	0.1
1990	608	129.7	83.4	40.2	6	0.1
1993	632.1	218.3	98.6	108.6	11.1	0
1995	653.3	295.5	156.6	120.4	17.9	0.6
1997	722.7	324.5	137.4	162.9	23.4	0.8
2000	740.2	321.3	119.4	146.8	52.8	2.3
2004	741.1	324.6	80.5	194.9	46.2	3

表9-6　2004年海河流域各行政区节水灌溉面积表　（单位：万 hm^2）

省级行政区	节水灌溉面积					节灌率/%
	合计	渠道防渗	管灌	喷灌	滴灌	
北京	23.81	5.34	10.69	7.25	0.53	85
天津	18.34	7.82	9.93	0.53	0.07	52
河北	207.95	38.87	138.27	29.40	1.42	51
山西	20.73	8.39	7.68	4.18	0.49	47

续表

省级行政区	节水灌溉面积					节灌率/%
	合计	渠道防渗	管灌	喷灌	滴灌	
河南	37.48	17.24	17.29	2.85	0.10	62
山东	15.26	2.66	10.70	1.56	0.34	12
内蒙古	0.72	0.18	0.25	0.27	0.02	15
辽宁	0.24	0.00	0.12	0.12	0.00	29
合计	324.6	80.5	194.9	46.2	3.0	44

从以上两表可以看出，由于各级政府和社会各界加大了对节水设施的投入力度，流域农业节水灌溉面积得到了较快的发展，尤其是 20 世纪 90 年代以来，加大了农业综合开发和农田水利田间工程配套的力度，在灌溉水量基本没有增加的条件下，2004 年有效灌溉面积增加到 741 万 hm^2，比 1980 年净增 179 万 hm^2；节水灌溉面积从 1980 年 47.5 万 hm^2 增加到 2004 年 324.6 万 hm^2，节水灌溉率（节水灌溉面积占有效灌溉面积比重）从 8% 提高到 44%。

2. 灌溉水利用率现状

1994 ~ 1996 年，水利部对全国灌溉水利用系数做了现状调查。目前，我国灌区大部分采用传统的地面灌溉技术，渠道灌区的渠系水利用系数一般在 0.50 左右，田间水利用系数在 0.7 左右，即灌溉水利用系数一般仅有 0.3 ~ 0.4；井灌区灌溉水利用系数一般仅有 0.6 ~ 0.65。近十年来一批节水工程的建设和节水型社会的建设，国家对基本农田建设投入力度加大，灌溉水利用系数平均为 0.45。海河流域 2004 年平均灌溉水利用系数为 0.64 左右。

3. 作物水分生产率现状

水分生产率是评价区域水分利用效率的最重要最客观的指标，它不仅反映出水分消耗与作物产量的关系，而且还反映出作物甚至是农业方面水分的利用情况。

水分生产率是指单位水资源量在一定的作物品种和耕作栽培条件下所获得的产量或产值，单位为 kg/m^3 或元/m^3。它是衡量农业生产水平和农业用水科学性与合理性的综合指标。近年来，国内外越来越多地采用“水分生产率”来衡量水资源利用状况或灌区的用水管理水平。

齐学斌等于 2000 年曾选取全国 22 个省（直辖市、自治区），1980 ~ 1988 年，共 7 大类、11 小类的主要作物、计 4864 个样点的灌溉试验资料，对中国主要作物的田间水分生产率进行分析。其中粮食作物 4422 个样点，棉花 441 个样点。各种作物的水分生产率为全国范围内有关站点试验资料的总平均值。全国粮食作物水分生产率的平均值是以各种作物的田间水分生产率为基础，再依据各种作物的种植面积进行加权平均得到。结果见表 9-7。

表 9-7　全国主要粮食作物和棉花水分生产率　（单位：kg/m^3）

作物种类		平均水分生产率	样点数	作物种类		平均水分生产率	样点数
水稻	早稻	0.72	583	谷子	春谷	1.1	58
	中稻	0.71	1010		夏谷	0.74	10
	晚稻	0.63	583	大豆		0.57	41

续表

作物种类		平均水分生产率	样点数	作物种类	平均水分生产率	样点数
小麦	冬小麦	1.32	1057	高粱	1.91	57
	春小麦	0.8	189			
玉米	春玉米	1.7	416	全国主要粮食作物平均	1.1	4422
	夏玉米	1.74	418	棉花	0.23	441

根据文献资料，在当前技术条件下，海河流域主要作物可达到的平均水分生产率（kg/m^3）为水稻0.65、冬小麦1.45、春玉米2.42、夏玉米2.46、春谷1.13、棉花0.65。

9.1.4 海河流域节水灌溉分区

针对海河流域水资源紧缺的现状，在综合分析地形地貌、气候、水资源现状等因素的基础上，按照“归纳相似性，区域差别性，照顾行政区界”的原则，以海拔高度、坡度、湿润指数、缺水程度、亩均可供灌溉水量作为分区指标，借助SPSS统计软件中系统聚类分析方法，对海河流域266个分区单元进行聚类分析，科学地把海河流域划分成15个不同的节水灌溉区，如图9-1所示，并根据各区的地理位置和地形特征对其进行命名，具体结果见表9-8。

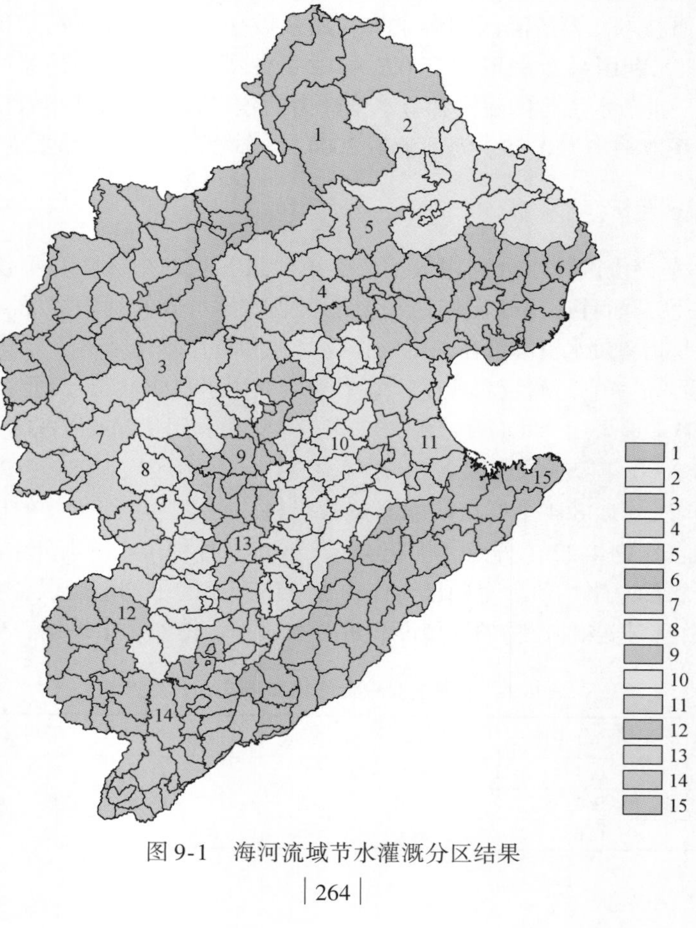

图9-1 海河流域节水灌溉分区结果

表 9-8　海河流域节水灌溉分区结果

分区	命名	行政区范围
1	燕山山区	承德市：丰宁满族自治县、围场满族蒙古族自治县 张家口市：市辖区、宣化县、沽源县、尚义县、蔚县、阳原县、怀安县、万全县、赤城县、崇礼县 集宁市：兴和县 赤峰市：克什克腾旗 二连浩特市：太仆寺旗、正蓝旗、多伦县
2	滦河山区	承德市：市辖区、鹰手营子矿区、承德县、兴隆县、滦平县、隆化县、宽城县 秦皇岛市：青龙县 朝阳市：凌源市 葫芦岛市：建昌县
3	永定河册田水库山区	集宁市：丰镇市、凉城县 大同市：左云县、市辖区、阳高县、大同县、浑源县、广灵县、灵丘县、天镇县 朔州市：平鲁区、朔城区、右玉县、山阴县、怀仁县、应县
4	北三河山区	北京市：市辖区、房山区、昌平区、怀柔区、延庆县 保定市：涞水县、易县、涞源县 张家口市：怀来县、涿鹿县
5	北四河下游平原	北京市：大兴区、平谷区、顺义区、通州区、密云县 唐山市：市辖区、丰南区、玉田县 廊坊市：三河市、香河县、大厂回族自治县 天津市：汉沽区、蓟县、宁河县、武清县、宝坻县
6	滦河平原及冀东沿海诸河	秦皇岛市：市辖区、昌黎县、抚宁县、卢龙县 唐山市：遵化市、迁安市、丰润区、滦县、滦南县、乐亭县、迁西县、唐海县
7	子牙河山区	忻州市：市辖区、原平市、宁武县、代县、繁峙县、定襄县、五台县 太原市：阳曲县 阳泉市：市辖区、平定县、盂县 榆次市：寿阳县、昔阳县、和顺县
8	太行山山区	保定市：满城县、阜平县、唐县、曲阳县、顺平县 石家庄市：市辖区、鹿泉市、井陉县、灵寿县、赞皇县、平山县、元氏县 邢台市：市辖区、沙河市、邢台县、临城县、内丘县 邯郸市：武安市、涉县
9	太行山山前平原	保定市：市辖区、定州市、安国市、清苑县、徐水县、定兴县、容城县、望都县、安新县、博野县 石家庄市：晋州市、新乐市、辛集市、藁城市、行唐县、正定县、栾城县、高邑县、深泽县、无极县、赵县
10	黑龙港及运东平原	保定市：高碑店市、涿州市、高阳县、蠡县、雄县 廊坊市：市辖区、霸州市、固安县、永清县、文安县、大城县 邢台市：南宫市、广宗县、威县 衡水市：市辖区、冀州市、深州市、枣强县、武邑县、武强县、饶阳县、安平县、故城县、景县、阜城县 沧州市：泊头市、任丘市、河间市、东光县、肃宁县、南皮县、吴桥县、献县

续表

分区	命名	行政区范围
11	大清河淀东平原	沧州市：市辖区、黄骅市、沧县、青县、海兴县、盐山县、孟村回族自治县 天津市：市辖区、大港区、津南区、塘沽区、静海县
12	漳卫河山区	榆次市：榆社县、左权县 长治市：市辖区、武乡县、沁县、屯留县、襄垣县、黎城县、潞城县、长子县、长治县、壶关县、平顺县
13	子牙河平原	邢台市：柏乡县、隆尧县、任县、南和县、宁晋县、巨鹿县、新河县、平乡县、清河县、临西县 邯郸市：成安县、肥乡县、永年县、邱县、鸡泽县、广平县、馆陶县、曲周县
14	漳卫河平原	邯郸市：市辖区、邯郸县、临漳县、磁县 安阳市：市辖区、林州市、安阳县、汤阴县、内黄县 鹤壁市：市辖区、浚县、淇县 新乡市：市辖区、卫辉市、辉县市、新乡县、获嘉县 焦作市：市辖区、修武县、博爱县、武涉县
15	徒骇马颊河平原	邯郸市：大名县、魏县 濮阳市：市辖区、清丰县、南乐县 东营市：河口区、利津县 滨州市：市辖区、惠民县、无棣县、阳信县、沾化县 济南市：济阳县、商河县 德州市：市辖区、乐陵市、禹城市、临邑县、陵县、宁津县、齐河县、平原县、武城县、夏津县、庆云县 聊城市：市辖区、临清市、茌平县、东阿县、高唐县、冠县、莘县、阳谷县

根据以上分区结果，计算得到各分区基本参数见表 9-9。

表 9-9　海河流域节水灌溉各分区基本参数

分区	海拔/m	坡度/（°）	湿润指数	缺水程度	亩均可供灌水量/（m^3/亩）	主要粮食作物
1	1183	3.22	0.46	1.23	85	春玉米、春小麦
2	598	3.34	0.61	2.39	340	春玉米、春小麦
3	1310	2.45	0.46	—	—	春玉米、春小麦
4	626	4.46	0.41	1.24	145	冬小麦、夏玉米
5	54	0.66	0.51	1.30	225	冬小麦、夏玉米
6	76	0.92	0.62	1.79	250	冬小麦、夏玉米
7	1266	3.75	0.56	—	—	春玉米、杂粮
8	350	2.47	0.54	1.60	226	冬小麦、夏玉米
9	44	0.22	0.48	1.75	305	冬小麦、夏玉米
10	19	0.13	0.43	1.31	145	冬小麦、夏玉米
11	11	0.10	0.52	1.00	50	冬小麦、夏玉米
12	1140	2.63	0.68	—	—	春玉米、春小麦

续表

分区	海拔/m	坡度/（°）	湿润指数	缺水程度	亩均可供灌水量/（m^3/亩）	主要粮食作物
13	40	0.12	0.49	1.54	165	冬小麦、夏玉米
14	172	1.15	0.68	1.62	250	冬小麦、夏玉米
15	27	0.12	0.60	1.44	260	冬小麦、夏玉米

注：由于山西、内蒙古、辽宁部分区县缺乏水量资料，其所在的 3 区、7 区、12 区暂无缺水程度和亩均可供灌水量结果。

海河流域节水灌溉各分区的基本情况描述如下：

1 区（燕山山区）：该区以高山为主，属半干旱大陆性季风气候区，2003 ~ 2005 年平均降水量为 316 ~ 420mm。亩均可供灌溉水量为 26 ~ 230m^3，湿润指数为 0.35 ~ 0.54，缺水程度为 0.88 ~ 1.92，平均为 1.23，属于缺水区。该区内种植春玉米、春小麦、油料、稻谷、豆类、薯类等作物。

2 区（滦河山区）：该区以低山丘陵为主，属半湿润大陆性季风气候区，2003 ~ 2005 年平均降水量为 420 ~ 524mm。亩均可供灌溉水量为 122 ~ 685m^3，湿润指数为 0.51 ~ 0.73，缺水程度为 1.60 ~ 4.96，平均为 2.39，属于微缺水区。该区是春玉米的生产基地，并种有少量的油料、稻谷、豆类、薯类等作物。

3 区（永定河册田水库山区）：该区以高山为主，属半干旱大陆性季风气候区，2003 ~ 2005 年平均降水量为 316 ~ 472mm。主要农作物以春玉米为主，并种有少量的油料、豆类、薯类等作物。

4 区（北三河山区）：该区以低山丘陵为主，属半干旱大陆性季风气候区，2003 ~ 2005 年平均降水量为 316 ~ 472mm。亩均可供灌溉水量为 20 ~ 264m^3，湿润指数为 0.34 ~ 0.50，缺水程度为 0.75 ~ 2.09，平均为 1.24，属于缺水区。区内种植冬小麦、夏玉米、棉花、油料、豆类、薯类等作物。

5 区（北四河下游平原）：该区以平原为主，属半湿润半干旱大陆性季风气候区，2003 ~ 2005 年平均降水量为 316 ~ 524mm。亩均可供灌溉水量为 57 ~ 587m^3，湿润指数为 0.38 ~ 0.65，缺水程度为 0.81 ~ 1.75，平均为 1.30，属于缺水区。区内种植冬小麦、夏玉米、棉花、油料、豆类、薯类等作物。

6 区（滦河平原及冀东沿海诸河）：该区以平原为主，属半湿润大陆性季风气候区，2003 ~ 2005 年平均降水量为 472 ~ 680mm。亩均可供灌溉水量为 38 ~ 542m^3，湿润指数为 0.56 ~ 0.77，缺水程度为 1.22 ~ 3.52，平均为 1.79，属于微缺水区。该区种植作物有冬小麦、夏玉米、棉花、油料、稻谷、豆类、薯类等作物。

7 区（子牙河山区）：该区以高山为主，属半湿润大陆性季风气候区，2003 ~ 2005 年平均降水量为 420 ~ 680mm。主要作物以春玉米为主，并种有少量的油料、豆类、薯类等作物。

8 区（太行山山区）：该区以低山丘陵为主，属半湿润大陆性季风气候区，2003 ~ 2005 年平均降水量为 368 ~ 576mm。亩均可供灌溉水量为 38 ~ 419m^3，湿润指数为 0.43 ~ 0.59，缺水程度为 1.10 ~ 2.08，平均为 1.60，属于微缺水区。该区为冬小麦、夏玉米的生产基地，并种植棉花、油料、豆类、薯类等作物。

9 区（太行山山前平原）：该区以平原为主，属半干旱大陆性季风气候区，2003 ~ 2005 年平均降水量为 368 ~ 472mm。亩均可供灌溉水量为 162 ~ 452m^3，湿润指数为 0.43 ~ 0.56，缺水程度为 1.27 ~ 3.95，平均为 1.75，属于微缺水区。该区为冬小麦、夏玉米的生产基地，并种植棉花、油料、豆类、薯类等作物。

10 区（黑龙港及运东平原）：该区以平原为主，属半干旱大陆性季风气候区，2003 ~ 2005 年平均降水量为 316 ~ 472mm。亩均可供灌溉水量为 44 ~ 281m^3，湿润指数为 0.36 ~ 0.50，缺水程度为 0.78 ~ 4.12，平均为 1.31，属于缺水区。该区主要作物为冬小麦、夏玉米，并种植棉花、油料、豆类、薯类等作物。

11 区（大清河淀东平原）：该区以平原为主，属半湿润大陆性季风气候区，2003 ~ 2005 年平均降水量为 316 ~ 524mm。亩均可供灌溉水量为 6 ~ 99m^3，湿润指数为 0.45 ~ 0.57，缺水程度为 0.85 ~ 1.16，平均为 1.00，属于极缺水区。该区主要作物为冬小麦、夏玉米，并种植棉花、油料、豆类、薯类、稻谷等作物。

12 区（漳卫河山区）：该区以高山为主，属半湿润大陆性季风气候区，2003 ~ 2005 年平均降水量为 524 ~ 680mm。该区主要种植春玉米、春小麦，并种有少量的豆类、薯类、棉花、油料等作物。

13 区（子牙河平原）：该区以平原为主，属半干旱大陆性季风气候区，2003 ~ 2005 年平均降水量为 316 ~ 524mm。亩均可供灌溉水量为 85 ~ 314m^3，湿润指数为 0.45 ~ 0.55，缺水程度为 1.00 ~ 2.42，平均为 1.54，属于缺水区。该区主要作物为冬小麦、夏玉米，并种植棉花、油料、豆类、薯类等作物。

14 区（漳卫河平原）：该区以平原为主，属半湿润大陆性季风气候区，2003 ~ 2005 年平均降水量为 576 ~ 784mm。亩均可供灌溉水量为 73 ~ 493m^3，湿润指数为 0.52 ~ 0.75，缺水程度为 1.11 ~ 2.65，平均为 1.62，属于微缺水区。该区主要作物为冬小麦、夏玉米，并种有少量的棉花、油料、豆类、薯类等作物。

15 区（徒骇马颊河平原）：该区以平原为主，属半湿润大陆性季风气候区，2003 ~ 2005 年平均降水量为 576 ~ 784mm。亩均可供灌溉水量为 100 ~ 616m^3，湿润指数为 0.44 ~ 0.78，缺水程度为 0.41 ~ 2.46，平均为 1.44，属于缺水区。该区主要作物为冬小麦、夏玉米、棉花，并种有少量的稻谷、油料、豆类、薯类等作物。

9.2 海河流域农业用水解析及高效利用原理

9.2.1 土壤墒情的遥感监测与地面验证

遥感已成为不同尺度区域土壤墒情监测最为有效的手段之一。遥感信息的地面验证必须以地表采样为基础，就地表含水量而言，点的监测较为准确、可靠，但只能代表较小的范围，由于土壤空间变异性影响及地表含水量不断变化，其中的关键问题在于：在某一置信度水平下，究竟需要多少点才能估算出不同尺度（遥感像元）较为合理的平均含水量。现有的用于估算合理取样数目的方法如传统统计法、地统计法、分层取样法和自助法等，均存在要求样本独立且服从正态分布、需预先掌握含水量的区域分布特性或估算结果不稳定等缺陷。本书提出了一种估算不同尺度地表含水量合理取样数目的随机组合方法，并通过田间试验，对该方法的稳定性和可靠性进行了探讨，系统分析比较了随机组合方法与其他方法的关系和优缺点，探索了不同置信度水平和相对误差要求下不同尺度地表含水量合理取样数目与变异系数之间的关系。考虑到节省机时，提出了随机组合法的简化方法，使计算效率大大提高。试验方法及验证过程如下：

为了比较不同采样方法的合理取样数目问题并分析随机组合方法的有效性，以 55m 尺度小区为例，按 5m 间距进行网格采样，在每个网格点中心用 HYDROSENSE 便携式土壤水分测定仪测量表层土壤（0～20cm）体积含水率。根据 55m 尺度的 121 个观测数据，分别利用传统统计、自助法（bootstrap）、地统计、分层和随机组合方法分析表层土壤含水量不同取样数目与标准误差的关系，如图 9-2 所示。

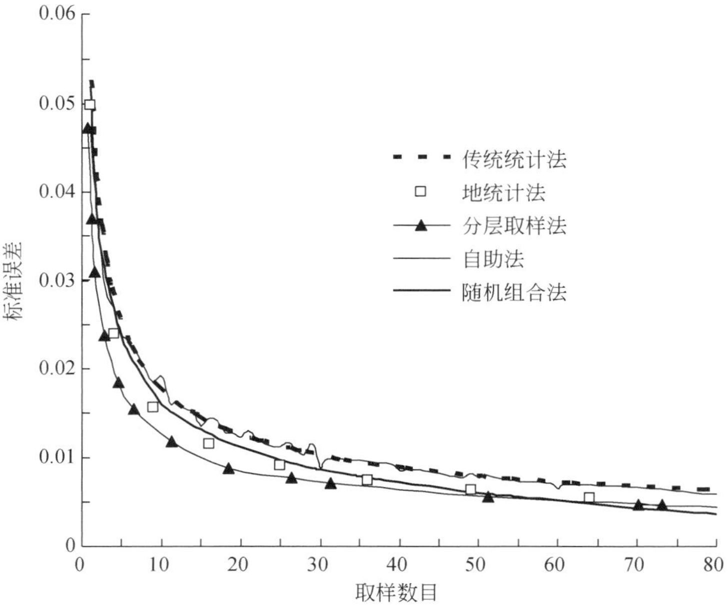

图 9-2　55m 尺度不同采样方法表层土壤含水量取样数目和标准误差的关系

所有方法中取样数目和标准误差的变化关系趋势是一致的，即标准误差随取样数目的增大而降低。在 0.0076（置信水平 CL=95% 和相对误差 RE=5%）的标准误差下，传统统计、自助、地统计、分层取样和随机组合分别需要的合理取样数目是 55、52、35、26 和 38。分层方法和地统计的采样效率最高，但二者取样前需要试验区域的部分先验数据和资料对其进行分层或计算空间变异函数，这在实际调查中将是不小的工作量，不适于表层土壤含水量的瞬时遥感反演采样。与自助法相比，由于随机组合方法包含了所有样本组合数，因此一定标准差条件下随机组合方法得到的合理取样数目也小。

在相对误差5%、10%和置信水平90%、95%下，不同尺度观测数据的合理取样数目与变异系数之间的关系如图9-3（a）所示。结果表明，合理取样数NSS和C_v值均逐步增加，且两者表现出较好的线性关系。

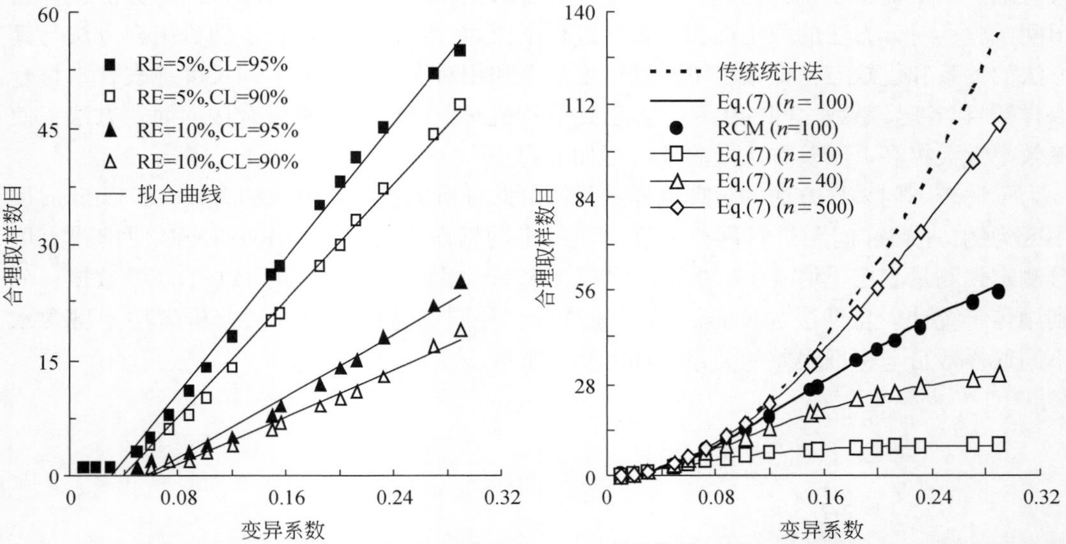

(a)RCM在CL=90%、95%和RE=10%、5%水平下　　(b)传统统计、方程(7)和RCM在CL=95%、RE=5%水平下

图9-3　变异系数与合理取样数目间的关系

当样本相互独立，且符合正态分布时，中心极限定律成立，可用下面的公式来估计一定绝对误差d或相对误差k内所需的样本数量NSS（n_0）：

$$n_0 = t^2_{1-\frac{\alpha}{2},n_0-1}\frac{\sigma^2}{d^2} = t^2_{1-\frac{\alpha}{2},n_0-1}\frac{{C_v}^2}{\kappa^2} \tag{9-1}$$

式中，σ为总体标准差；$t_{1-\frac{\alpha}{2}}$为一定置信水平（$1-\alpha$）下的t分布特征值；C_v为变异系数。

根据Cochran（1977），对于有限总体进行不放回抽样时的样本方差是（$1-m/n$）σ^2/m（n和m分别表示总体和抽样数目），因此对于正态分布，假设标准误差$d \leqslant |z-\bar{\theta}|$，则合理取样数目为：

$$n_0 = \frac{1}{\dfrac{d^2}{t^2_{1-\frac{\alpha}{2}}\sigma^2}+\dfrac{1}{n}} = \frac{1}{\dfrac{\kappa^2}{t^2_{1-\frac{\alpha}{2}}{C_v}^2}+\dfrac{1}{n}} \tag{9-2}$$

很明显，方程（9-1）是方程（9-2）中$n\to\infty$的特例。忽略$1/n$会导致方程（9-1）过高的估计合理取样数目。分别利用方程（9-1）和方程（9-2）分析变异系数与合理取样数目在CL=95%和RE=5%下的关系，并与随机组合方法的结果进行比较［图9-3（b）］。方程（9-2）考虑了样本数目n，极大地减小了一定变异系数下的合理取样数目，其结果与随机组合方法接近。但方程（9-2）受样本独立和数据正态分布的限制，因此随机组合方法实际应用更广。

较大的样本数据会引起巨大的组合数据量，这是导致随机组合方法低效率的根本原因之一。根据以上结论，实际中可以利用较小样本数据来估计随机组合方法中的合理取样数目。随机组合方法估计的合理取样数目与变异系数是线性有关，因此本研究将一定变异系数下随机组合方法样本数目 $n1$ 的下限暂定为传统统计在 CL = 99% 和 RE = 5% 得到的合理取样数目。

以 20m 尺度变异系数为 0.05 和 0.12 的两组数据为例，两组的实测数据分别为 100 个。根据传统统计对样本数目 $n1$ 的下限要求，C_v = 0.05 样本数目 $n1$ 分别设置为 90、80、70、60、50、40、30、20、10 和 7，C_v = 0.12 样本数目设置为 90、80、70、60、50 和 39。根据两组数据中已知的均值和变异系数，利用蒙特卡罗模拟不同样本数目 $n1$ 的系列数据，然后由随机组合方法得到不同采样数目对应的置信水平（图 9-4）。不同样本数目 $n1$ 与 100 个实测数据相比，不同取样数目的置信水平的标准误差均在 5% 以内，而且置信水平随样本数目的变化趋势非常光滑。通过计算不同样本数据的合理取样数目，发现样本数目从 100 减少到不同 $n1$ 将使电脑运行时间的指数性降低。

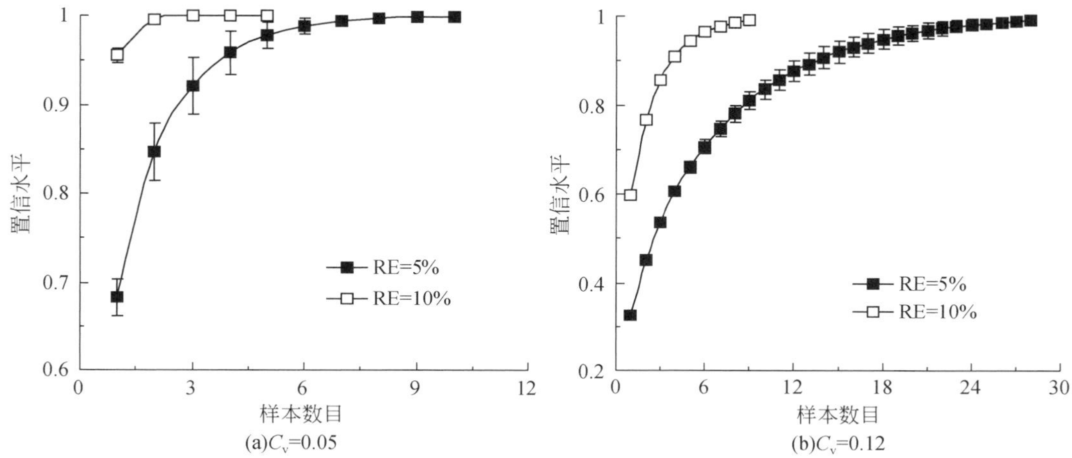

图 9-4　20m 尺度简化随机组合方法在 RE = 10%，5% 下的置信水平与样本数目的关系

9.2.2　海河流域冬小麦的水分与养分吸收过程

根系吸水随时间、空间不断变化，受根系生长、分布的极大影响。迄今为止，由于土-根系统的复杂性，究竟采用什么根系参数来表征根系吸水功能，仍缺乏科学合理的依据，从而使得大量的根系吸水模型都只能建立在诸多难以验证的假设基础之上。对于植物生长而言，氮是不可或缺的养分和组分之一。准确地模拟根系吸水对于了解土壤-植物系统中的水分迁移和养分循环具有十分重要的意义。

在此基础上建立了根系吸水模型和根氮质量密度分布模型，模拟土壤中水分和硝态氮的运移，改进、完善了现有的基于根长密度分布的根系吸水模型，使有关根系吸收功能的机理研究更为科学、合理、可靠。

研究发现根系中氮的含量随根龄的增长不断降低，与根系吸收活性随根龄的变化规律类似。通过设计不同氮浓度梯度的冬小麦栽培水培和土柱实验，发现水分充分供应条件下，冬小麦的潜在蒸腾强度与根氮质量呈线性正比关系（图 9-5），最大根系吸水速率与根氮质量密度也呈线性正比关系（图 9-6），而与根长密度之间的关系则难以符合线性正比的假设。

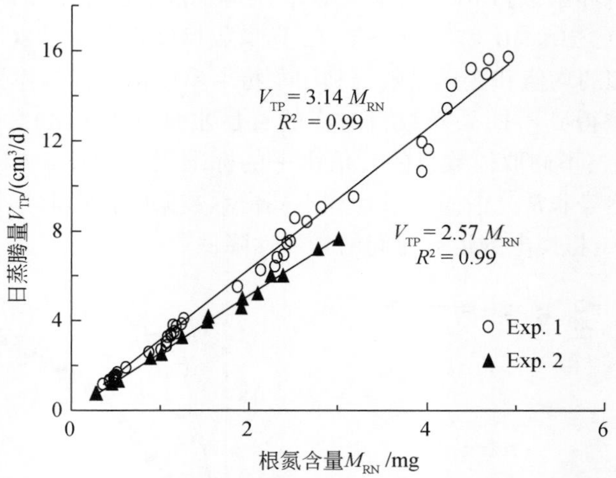

图 9-5　冬小麦各生长阶段日蒸腾量 V_{TP} 与根氮含量 M_{RN} 之间的关系

（Exp. 1：水培试验；Exp. 2：砂培试验的 HWHN 与 HWLN）

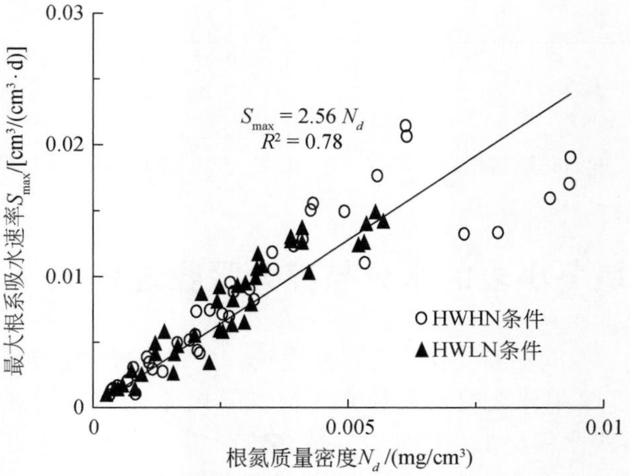

图 9-6　砂培实验水分供应充足条件下（HWHN 与 HWLN）冬小麦各生长阶段各土层平均最大根系吸水（RWU）速率 $\bar{S}_{max}$ 与根氮质量密度 N_d 之间的关系

9.2.3 冬小麦的土壤水通量过程与地下水利用

通过控制不同地下水位及灌溉定额的田间试验发现充分灌溉条件下，灌溉水的 12.63% ~37.33% 产生了深层渗漏；限水灌溉条件下，地下水埋深小于 2.5m 的农田地下水可以明显补充冬小麦的需水（表 9-10）。在数值模拟的基础上，发现充分灌溉条件下冬小麦生育期内其根区底部水分通量一直向下，而在限水灌溉（1/2 充分灌溉定额）条件下，地下水埋深较浅（2m）时根区底部最大向上水分通量可达 2.5mm/d，且剖面水分通量在冬小麦主要根区（50 ~ 100cm）较大。地下水对冬小麦耗水的的贡献率与地下水埋深呈线性反比关系，且限水灌溉条件下其贡献率对地下水埋深较敏感，冬小麦水分利用效率与地下水埋深呈线性正比关系，且限水灌溉条件下水分利用效率对地下水埋较为敏感。

表 9-10 不同潜水埋深冬小麦各生育期潜水补耗差、耗水量计算 （单位：mm/d）

生育期	潜水埋深								
	1.5m			2.5m			3.5m		
	储水量变化	潜水补耗差	耗水量	储水量变化	潜水补耗差	耗水量	储水量变化	潜水补耗差	耗水量
播种—幼苗	—	-5.40	41.10	—	-17.80	53.50	—	-0.18	35.88
幼苗—拔节	-22.31	-16.07	53.48	-11.20	-1.56	27.86	51.03	14.26	-50.19
拔节—抽穗	-16.70	123.37	328.27	5.90	-15.97	198.27	-14.94	11.91	191.23
抽穗—成熟	-12.58	-44.10	136.78	-9.70	-19.80	109.60	-32.50	-0.02	112.62
全生育期	-51.59	-188.93	559.63	-15.00	-55.13	389.23	3.59	25.97	289.54

9.2.4 交替滴灌条件下葡萄根系水分通量过程

在连续监测葡萄园水热通量传输过程的基础上，建立了葡萄根系分区交替滴灌条件下田间水分动态模拟的 APRI 模型，模拟结果表明能较好的模拟根系分区交替滴灌条件下的土壤水分运动、根系吸水、蒸发蒸腾过程，APRI 模型模拟值与实测值的平均相对误差均在 10% 左右，而国际上通用的 Hydrus-2D 模拟值与实测值的平均相对误差偏大。

1. 根系分区交替滴灌土壤水分动态过程分析

(1) 控制方程

假设土壤为均质、各向同性的刚性多孔介质，不考虑气相及温度对水分运动的影响，则土壤水分运动可用二维 Richards 方程来描述。

$$C(h)\frac{\partial h}{\partial t}=\frac{\partial}{\partial r}\left[K(h)\frac{\partial h}{\partial r}\right]+\frac{\partial}{\partial z}\left[K(h)\frac{\partial h}{\partial z}\right]-\frac{\partial K(h)}{\partial z}-S(r,z,t) \quad (9\text{-}3)$$

式中，z 为垂向距离，规定向下为正（cm）；r 为径向距离（cm）；h 为土壤基质势（cm）；$C(h)$ 为比水容量（1/cm）；$K(h)$ 为非饱和土壤的导水率（cm/min）；$S(r, z, t)$ 为根系吸水项（1/min）。

（2）定解条件

1）初始条件：

$$h(r,\ z,\ t=0)=h_i(r,\ z) \tag{9-4}$$

式中，h_i（r，z）为初始基质势。

2）边界条件：

灌水过程中，流量 q_0 大于地表饱和导水率，因此在地表很快形成近似的饱和圈。地表边界条件（$z=0$）：

$$H=0\ (r,\ z)\in D_s\ (t) \tag{9-5}$$

$$q=-K\frac{\partial h}{\partial z}+K=-E_s\ (r,\ z)\notin D_s\ (t) \tag{9-6}$$

式中，（r，z）指计算点的位置坐标；$D_s(t)$ 为饱和区域；E_s 为棵间土壤蒸发速率（cm/min）。

左边界（$r=0$）和右边界（$r=R$）为对称边界，因此，这两个边界为零通量边界：

$$q=-K\ (h)\ \frac{\partial h}{\partial r}=0,\ t>0\ 即\frac{\partial h}{\partial r}=0,\ t>0 \tag{9-7}$$

下边界（$z=Z$）：

下边界认为水分无法到达，而地下水埋深较大，不会对计算区域产生影响，所以该边界为 Dirichlet 边界：

$$h\ (r,\ Z)\ =h_i\ (r,\ Z)\ 0<r<R,\ t>0 \tag{9-8}$$

式中，R、Z 为计算区域 r，z 方向的最大距离；h_i（r，Z）表示初始含水量条件下的基质势，其余符号意义同上。

（3）根系吸水项

1）静态根系长度密度函数。根系长度密度函数采用式（9-7）进行拟合，这种拟合形式可以使最大根长密度出现在土层中的任何深度，而且也体现了根系分布在各方向的非对称性（Vrugt et al.，2001）。

$$\beta\ (r,\ z)\ =\left(1-\frac{z}{Z_{\max}}\right)\cdot\left(1-\frac{r}{R_{\max}}\right)\cdot e^{-\left(\frac{p_z}{Z_{\max}}|Z^*-z|+\frac{p_r}{R_{\max}}|R^*-r|\right)} \tag{9-9}$$

式中，β（r，z）为根系长度密度函数，r，z 分别为距离树干的径向和垂直距离 cm；$R_{\max}$，$Z_{\max}$ 为根系在径向和垂直方向的最大伸展距离，cm；p_r，p_z，R^*，Z^* 为经验系数。

2）动态根系长度密度函数。测得各点在全生育期的新根根长密度，对其进行多元非线性拟合，由于根系在60cm 深度以下分布很少，所以新根在60cm 深度以下的变化可忽略不计，只对 0～60cm 深度范围内的新根根长密度进行拟合，拟合结果如下：

$$\begin{aligned}f_{西}\ (r,\ z,\ t)\ =&\ 2.259\times10^{-4}r^2-3.14\times10^{-2}r+4.057\times10^{-4}z^2\\&-3.355\times10^{-2}z+1.02\times10^{-4}rz+5.433\times10^{-7}rzt+1.352\end{aligned} \tag{9-10}$$

$$f_{东}\ (r,\ z,\ t)\ =2.48\times10^{-4}r^2-3.13\times10^{-2}r+1.429\times10^{-5}zt+9.058\times10^{-7}rzt+0.811 \tag{9-11}$$

式中，f_i（r，z，t）为不同根区根系长度密度函数；r，z 分别为距离树干的径向和垂直距离（cm）；t 为生育期后的天数（d）。树西根系密度函数的相关系数为 $R=0.75$；树东根系密度函数的相关系数为 $R=0.698$。

因此，二维动态根系密度函数可表示为

$$\beta(r, z, t) = \begin{cases} \beta(r, z) + f_i(r, z, t) & z \leqslant 60\text{cm} \\ \beta(r, z) & z > 60\text{cm} \end{cases} \tag{9-12}$$

式中，$\beta(r, z, t)$ 为不同时间的二维根系密度函数；其他符号意义同前。

然后根据 Semlim 和 Iskandar 模型和水分传输连续性方程推出二维根系吸水模型：

$$S(r, z) = \frac{\pi R_{\max}^2 T\beta(r, z)K(h)}{2\pi \int_0^{z_{\max}} \int_0^{R_{\max}} r\beta(r, z)K(h)\,\mathrm{d}r\mathrm{d}z} \tag{9-13}$$

式中，T 为实际蒸腾速率（cm/min）；其他符号意义同上。在计算过程中，如果选用静态根系吸水模型，则根密度为静态根密度函数；如果选用动态根系吸水模型，则根密度为动态根密度函数。

（4）参数确定

1）土壤水力参数。APRI-Model 需要输入的土壤水力参数是通过野外取土，然后室内用压力锅测定土壤水分特征曲线，用水平土柱吸渗法测定非饱和土壤水扩散率，并通过关系式 $K(\theta) = -D(\theta)\,\mathrm{d}\theta/\mathrm{d}s$ 计算非饱和导水率。

2）棵间土壤蒸发速率。葡萄的棵间土壤蒸发受土壤表层含水率和大气蒸发能力的影响较大，试验地区蒸发量较大，因此模型中考虑了棵间土壤蒸发对土壤水分动态的影响。棵间潜在蒸发量反映了土壤水分充足时的最大可能蒸发量，因此，棵间的土壤蒸发速率可以表示为

$$E_s = \begin{cases} E_p & \theta > \theta_a \\ E_p \cdot f(\theta) & \theta_c < \theta < \theta_a \\ 0 & \theta < \theta_c \end{cases} \tag{9-14}$$

式中，θ_a 为田间持水率；θ_c 为临界土壤含水率；E_p 为潜在棵间土壤蒸发速率（cm/d）。

$f(\theta)$ 为土壤湿度修正函数，采用实测土壤表层含水率与 E_s/E_p 拟合得到，葡萄在整个生育期的生长状况不同，叶面积指数也不同，会对棵间土壤蒸发造成影响，因此应针对不同的生育阶段进行拟合。在葡萄的新稍生长期和开花期（5 月 9 日 ~6 月 10 日，6 月 11 日 ~7 月 3 日），土壤湿度修正函数的拟合表达式为

$$f(\theta) = 5.012\theta_{0\sim10} - 0.453，相关系数 \boldsymbol{R} = 0.9299$$

在葡萄的浆果生长期（7 月 4 日 ~8 月 10 日），土壤湿度修正函数的拟合表达式为

$$f(\theta) = 10.78\theta_{0\sim10} - 1.123，相关系数 R = 0.8936$$

在葡萄的浆果成熟期（8 月 11 日 ~9 月 6 日），土壤湿度修正函数的拟合表达式为

$$f(\theta) = 12.86\theta_{0\sim10} - 1.216，相关系数 R = 0.9217$$

式中，$\theta_{0\sim10}$ 为表层 0 ~10cm 的平均土壤含水率；其余符号意义同上。

3）根系密度函数系数的确定。采用遗传算法对根系分布密度的实测结果按式（9-9）进行寻优求解。

（5）模型求解

模型采用交替方向隐式差分格式结合 Gauess-Seidel 迭代法求解。该方法由两步组成，

每一步都只对一个方向采用隐式，另一个方向采用显式，并用 Gauess-Seidel 迭代法求解，用两步迭代法求解完差分格式中的一个时间步长。该方法在二维计算中保留隐式，具有相容性，无条件收敛，并满足精度要求（Brandt et al.，1971）。

首先对方程进行离散化处理，对控制方程 r 方向取隐式、z 方向取显式差分格式，并整理可得

$$A_{i,j}h_{i-1,j}^{m+1}+B_{i,j}h_{i,j}^{m+1}+D_{i,j}h_{i+1,j}^{m+1}=F_{i,j} \tag{9-15}$$

其中，$A_{i,j}=R_1K_{i-1/2,j}^{m+1}$

$B_{i,j}=-C_{i,j}^{m}-R_1(K_{i+1/2,j}^{m+1}+K_{i-1/2,j}^{m+1})$

$D_{i,j}=R_1K_{i+1/2,j}^{m+1}$

$F_{i,j}=-R_1K_{i,j-1/2}^{m}h_{i,j-1}^{m}+[R_1(K_{i,j-1/2}^{m}+K_{i,j+1/2}^{m}-C_{i,j}^{m})]h_{i,j}^{m}-R_1K_{i,j+1/2}^{m}h_{i,j+1}^{m}+R_2(K_{i,j+1}^{m}-K_{i,j-1}^{m})+S_{i,j}^{m}$

$R_1=\dfrac{\Delta t}{(\Delta r)^2}=\dfrac{\Delta t}{(\Delta z)^2}$，$R_2=\dfrac{\Delta t}{2\Delta z}$

对控制方程 r 方向取显式、z 方向取隐式差分格式，并整理可得

$$A'_{i,j}h_{i-1,j}^{m+2}+B'_{i,j}h_{i,j}^{m+2}+D'_{i,j}h_{i+1,j}^{m+2}=F'_{i,j} \tag{9-16}$$

其中，$A'_{i,j}=R_1K_{i,j-1/2}^{m+2}$

$B'_{i,j}=-C_{i,j}^{m+1}-R_1(K_{i,j+1/2}^{m+2}+K_{i,j-1/2}^{m+2})$

$D'_{i,j}=R_1K_{i,j+1/2}^{m+2}$

$F'_{i,j}=-R_1K_{i-1/2,j}^{m+1}h_{i-1,j}^{m+1}+[R_1(K_{i-1/2,j}^{m+1}+K_{i+1/2,j}^{m+1}-C_{i,j}^{m+1})]h_{i,j}^{m+1}-R_1K_{i+1/2,j}^{m+1}h_{i+1,j}^{m+1}+R_2(K_{i,j+1}^{m+2}-K_{i,j-1}^{m+2})+S_{i,j}^{m+1}$

在式（9-12）与式（9-13）中，i 为 r 方向节点坐标，j 为 z 方向节点坐标，$h_{i,j}^{m+1}$，$h_{i,j}^{m+2}$ 分别表示时段末沿 r 方向和 z 方向的各个节点的基质势。参数 K 是两节点之间的参数，可用相应两节点参数的算术平均值求得：

$$K_{i+1/2,j}^{m}=\frac{K_{i+1,j}^{m}+K_{i,j}^{m}}{2},\quad K_{i-1/2,j}^{m}=\frac{K_{i,j}^{m}+K_{i-1,j}^{m}}{2}$$

$$K_{i,j+1/2}^{m}=\frac{K_{i,j+1}^{m}+K_{i,j}^{m}}{2},\quad K_{i,j-1/2}^{m}=\frac{K_{i,j-1}^{m}+K_{i,j}^{m}}{2}$$

然后进行计算网格的划分，根据 Trime 测定的含水量结果，可知在整个水分入渗与重分布过程中，灌溉后的水分入渗没有达到 140cm 深，而且地下水位埋深较大，可以用它的实测值作为数值模拟的下边界条件。因此本次模拟中，r 方向的计算长度为 160cm，z 方向的计算长度为 140cm，计算区域采用正方形的差分网格，距离步长 $\Delta r=\Delta z=2$cm。

2. 垂直剖面土壤水分动态过程

树东和树西滴头处垂直剖面的土壤含水率实测值与静态模型和动态模型模拟值的对比（图 9-7、图 9-8）结果表明，静态 APRI 模型在模拟葡萄全生育期土壤水分动态时，误差较大，特别是在 30～60cm 土层深度，而动态 APRI 的模拟结果与实测值拟合较好。葡萄根系主要分布在 20～60cm 范围的土层内，静态 APRI 模型的根系吸水模型采用的静态模型，

也就是根系密度随时间不变，这显然与作物生长的实际条件不相符。在整个生育期，葡萄根系有一个从生长到死亡的过程，在葡萄发芽期前和收获后，葡萄根系较少，而在葡萄生长期，葡萄新生根较多。动态 APRI 模型是在考虑全生育期葡萄根系变化的基础上建立的，因此，动态根系吸水模型比静态根系吸水模型更能反映实际的根系吸水。在整个生育期，土壤水分垂直运动的影响深度不超过 80cm，或者说交替滴灌土壤水分对 80cm 土层以下的影响较小，这与分析一个灌水周期内的土壤水分运动在垂直深度的影响结果一样，一方面是由于土壤质地的影响，另一方面是受到灌溉水量的限制。

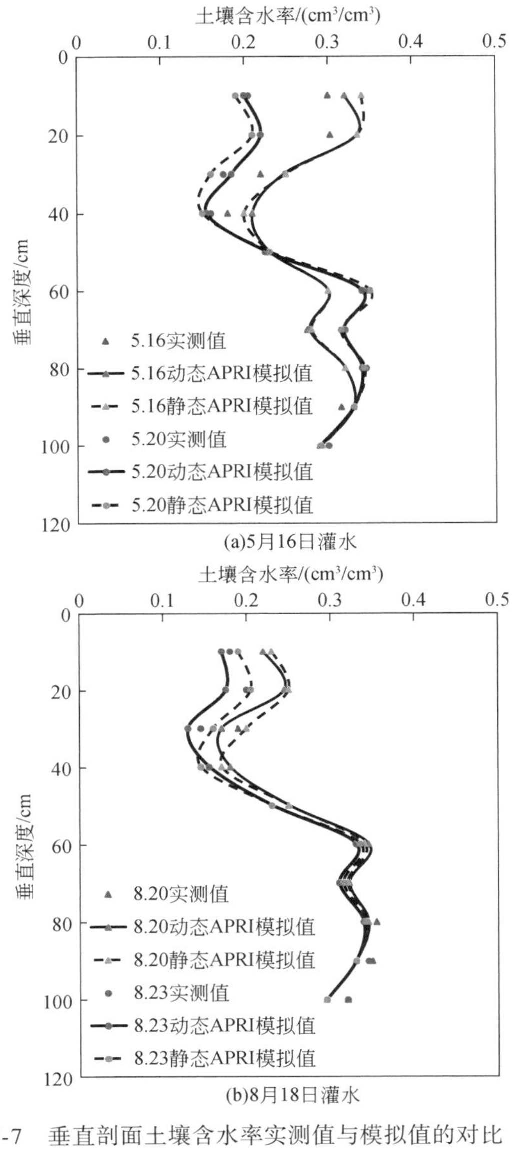

图 9-7　垂直剖面土壤含水率实测值与模拟值的对比（东）

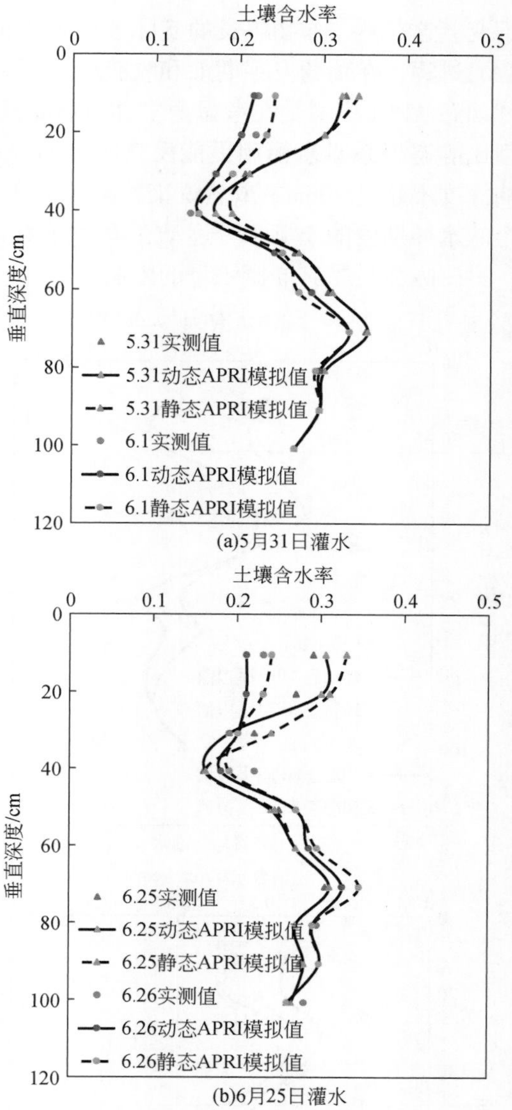

图 9-8　垂直剖面土壤含水率实测值与模拟值的对比（西）

3. 全生育期的土壤水分动态

图 9-9 表示的是树西表层 0 ~ 10cm，10 ~ 20cm 和 20 ~ 30cm 土壤含水的实测值和模拟值的对比。树西的灌水时间是 5 月 31 日和 6 月 25 日。2006 年的降水较多，因此模型中考虑了试验过程中的有效降水。从图中可以看出，表层实测值与动态模型和静态模型的模拟值相差较小，而且两种模型的模拟值也较为接近，而在树西，两种模型的模拟结果差异较大，这主要是因为表层土壤含水率除受到地表蒸发的影响外，还受到下层土壤含水率变化的影响，动态模型和静态模型的地表边界条件相同，但两种模型根系密度不同，动态模型

的根系密度在全生育期随时间是变化的，而且葡萄树东、西两侧根系的变化也是不同的，静态模型的根系密度是采用某一时间的实测结果拟合得到，不能描述根系密度在全生育期随时间的变化，这也会间接影响表层土壤含水率的分布。

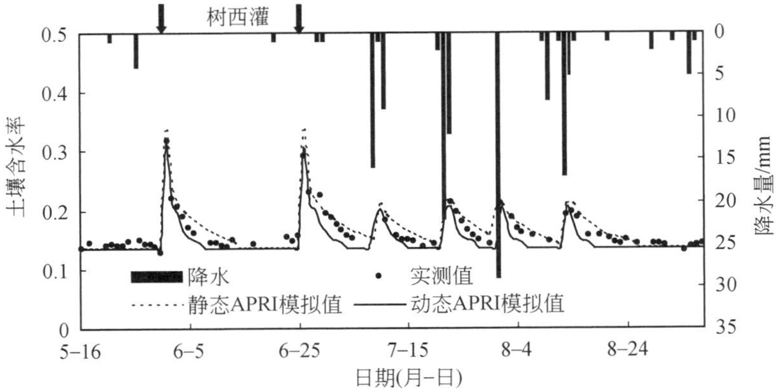

(a) 0~10cm

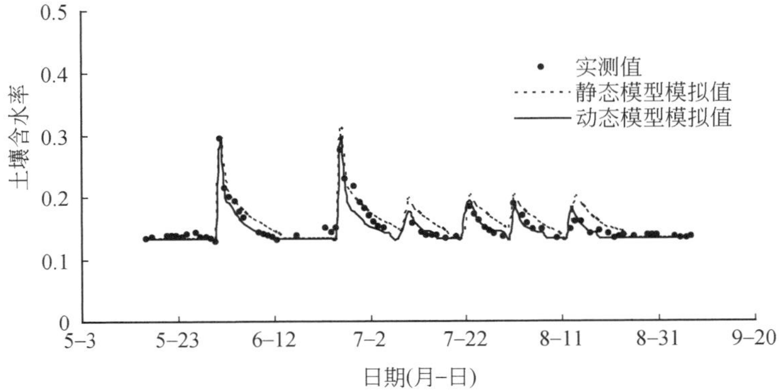

(b) 10~20cm

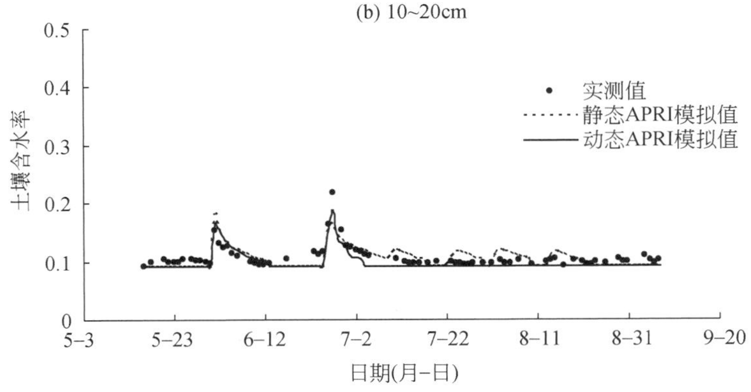

(c) 20~30cm

图 9-9　不同土层土壤含水率实测值与两种模型模拟值的对比（树西）

另外，从图中还可以看出，10～20cm 和 20～30cm 土层土壤含水率的实测值与静态模型模拟值在葡萄生育初期拟合较好，而在随后的生育期相差较大，这主要是因为，在生育初期，葡萄新生根系较少，静态的根系密度可以描述这种情况下的葡萄根系分布，但是，随着葡萄的生长发育，新生根系逐渐增多，静态模型已经不再适用，因而，静态模型的模拟值在葡萄生育初期误差较小而随后误差变大；动态模型的模拟值与实测值的拟合较好，说明动态模型可以反映交替滴灌下葡萄全生育期的土壤水分动态。

4. 动态/静态模拟值与实测值相关性

表 9-8 和表 9-9 分别表示的是不同垂向深度和交替滴灌后某一测点土壤含水率变化的实测值与动态 APRI 模型和静态 APRI 模型的模拟值的相关性分析，用 SPSS 11.0 统计分析软件对其相关性进行分析。其中，垂直剖面选取了四个观测时间的土壤含水率与模拟值进行对比，选取的观测时间与图 9-10 和图 9-11 相同。

从表 9-12 中可知，两种模型与实测值都有较好的相关性，但是静态模型的相关性稍弱于动态模型。表 9-12 中列出了 3 个深度的土壤含水率相关性分析，从表中可以看出，两种模型与实测值特显著相关，在树东，动态 APRI 模型模拟值与实测值的相关性略高于静态 APRI 模型的模拟值与实测值的相关性，但是在树西，动态 APRI 模型的相关性明显高于静态 APRI 模型的相关性，其相关性斜率方程也明显比静态 APRI 模型的相关性方程的斜率更接近于 1.0，说明在描述交替滴灌条件下葡萄全生育期土壤水分动态时，动态 APRI 模型的精度明显高于静态 APRI 模型。

表 9-11　垂直剖面土壤含水率实测值与两种模型模拟值相关性分析

模型	测点位置	自由度	F	斜率	相关系数 R
动态 APRI	树东	39	930.122 ***	0.99	0.980
	树西	39	564.265 ***	0.938	0.968
静态 APRI	树东	39	869.811 ***	0.99	0.979
	树西	39	157.527 ***	0.904	0.898

注：*** 表示相伴概率值 $P<0.01$。

表 9-12　不同深度土壤含水率实测值与两种模型模拟值相关性分析

模型	测点位置	垂直深度	自由度	F	斜率	相关系数 R
动态 APRI	树东	0～10cm	68	789.471 ***	0.842	0.960
		10～20cm	68	651.082 ***	0.861	0.952
		20～30cm	68	320.166 ***	0.725	0.909
	树西	0～10cm	72	687.5344 ***	0.965	0.952
		10～20cm	72	606.322 ***	0.956	0.946
		20～30cm	72	1004.434 ***	0.989	0.966
静态 APRI	树东	0～10cm	68	560.856 ***	0.835	0.945
		10～20cm	68	467.501 ***	0.836	0.935
		20～30cm	68	286.256 ***	0.720	0.900
	树西	0～10cm	72	893.074 ***	0.832	0.962
		10～20cm	72	520.086 ***	0.847	0.938
		20～30cm	72	177.265 ***	0.717	0.845

注：*** 表示相伴概率值 $P<0.01$。

5. 动态/静态模拟值与实测值的误差分析

动态 APRI 模型和静态 APRI 模型模拟根系分区交替滴灌条件下葡萄整个生育期的土壤水分动态的 RMSE 见表 9-13，不论在树东还是树西，动态 APRI 模型的均方差均小于静态 APRI 模型的均方差。表 9-14 是不同时期 0 ~ 10cm、10 ~ 20cm 和 20 ~ 30cm 深土壤含水率模拟值与实测值的平均误差，两种模型的平均误差都在可以接受的范围内，其中，动态 APRI 模型的平均相对误差不超过 5% 。由以上分析可以知道，动态 APRI 模型由于考虑了葡萄根系在全生育期内的变化，模拟精度较高。

表 9-13　土壤含水率实测值与动态模型和静态模型模拟值 RMSE 分析

模型	不同垂直深度						垂直剖面	
	树东			树西			树东	树西
	0 ~ 10cm	10 ~ 20cm	20 ~ 30cm	0 ~ 10cm	10 ~ 20cm	20 ~ 30cm		
动态 APRI	0.0116	0.0117	0.0115	0.0105	0.0102	0.0061	0.0131	0.0129
静态 APRI	0.0136	0.0136	0.0120	0.0093	0.0110	0.0126	0.0136	0.0227

表 9-14　土壤含水率实测值与动态模型和静态模型模拟值相对误差分析

动态 APRI 模型						静态 APRI 模型					
树东			树西			树东			树西		
0 ~ 10cm	10 ~ 20cm	20 ~ 30cm	0 ~ 10cm	10 ~ 20cm	20 ~ 30cm	0 ~ 10cm	10 ~ 20cm	20 ~ 30cm	0 ~ 10cm	10 ~ 20cm	20 ~ 30cm
1.27%	0.90%	2.11%	2.05%	2.08%	3.52%	3.89%	1.65%	4.53%	2.56%	4.71%	6.08%

9.2.5　土壤水分运动的多尺度数值模拟方法

土壤这种多孔介质在本质上所具有的多尺度的非均质性，使得对水分运动规律的精确模拟具有很大的挑战性。同时，如何有效地整合多尺度条件下所获得的土壤水力学参数信息，也是目前在水文水资源领域的热点研究问题。针对土壤水分多尺度数值模拟的计算问题，发展了有效的数值算法。首先，提出了一种求解跨越多个尺度的非均质多孔介质中的非饱和水流问题的自适应多尺度有限元方法（adaptive multiscale finite element method，AMSFEM）。其次，修正了有限差分异质多尺度方法（finite difference heterogeneous multiscale method，FDHMM），并据此模拟了随机多孔介质中的非稳定非饱和水流问题。针对土壤饱和水力传导度在多尺度条件下的参数确定问题，发展和评价了一种对土壤中饱和水力传导度进行多尺度数据整合的方法。

9.2.6　交替灌水对作物根系氮素吸收的补偿效应

研究发现交替灌溉条件下玉米根系在两侧根区分布均匀，长势良好，而且在中度施肥下的玉米作物产量最高。水肥异区施肥方式能有效地避免环境污染，利于作物养分吸收和提高作物产量。在盆栽试验中，交替灌溉根区两侧菌落数均衡，而在固定灌溉条件下，干燥区的土壤细菌和放线菌显著小于湿润区，土壤真菌却在干燥区生长较好。在大田试验中，由于各种试验处理的交互作用使土壤微生物在根区分布更加复杂。交替灌溉特殊的干湿交替土壤环境促进了土壤微生物，尤其是细菌和真菌的生长。研究发现土壤微生物总量与土壤含水量呈二次抛物线关系（图9-10、图9-11），在土壤中度水分亏缺条件下达到峰值，这归结于土壤良好的通气条件。细菌适于在氮素含量相对较高的土壤环境下生存，而真菌和放线菌则更倾向于氮素含量较低的根区。土壤微生物在玉米整个生育期的数量随着生育期的推进逐渐增加，到蜡熟期达到峰值，后又在收获期降低。

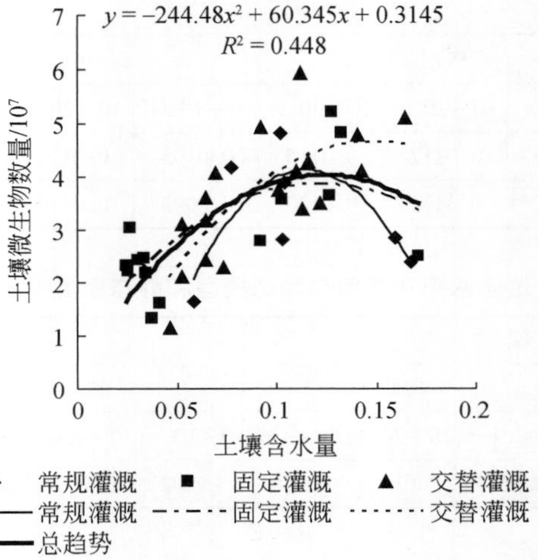

图 9-10　交潜灌溉土壤含水量与土壤微生物数量的相关关系

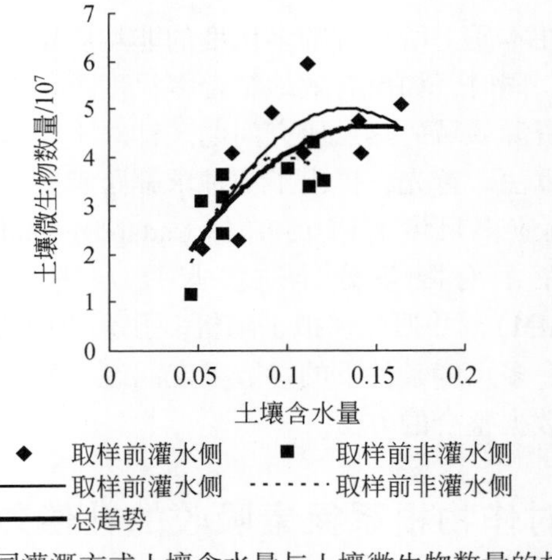

图 9-11　不同灌溉方式土壤含水量与土壤微生物数量的相关关系

9.2.7 非充分灌溉下主要作物耗水与需水规律

1. 冬小麦调亏灌溉与节水增产

研究结果显示作物不同生育阶段水分亏缺和亏缺程度对产量和 WUE 产生明显影响。冬小麦最优产量的取得是在生育期耗水量 420mm，相当于最大耗水量的 0.74（图 9-12）。最大 WUE 是在耗水量 250mm（图 9-13），根据当地降水量（100～130mm）和土壤可供水量（100～150mm），冬小麦的非充分灌溉模式的灌溉水量为 120～150mm。在此基础上确定该区域壤土条件下的适宜土壤水分下限指标：越冬前 0～50cm 土壤含水量不低于田间持水量的 60%；返青到起身期间 0～50cm 土壤体积含水量不低于 55%，在高于 85% 时，会随着土壤含水量的增加产量会降低；拔节期间 0～50cm 土壤含水量应高于田间持水量的 65%；孕穗期间 0～80cm 土壤含水量不低于田间持水量的 60%；抽穗到灌浆前期应保持 0～100cm 的土壤含水量高于田间持水量的 60%，而在灌浆后期（50% 以上）稍微的水分亏缺不会造成冬小麦产量明显下降。

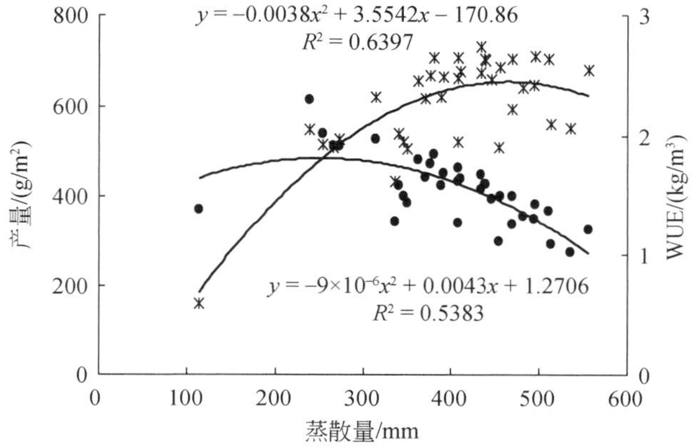

图 9-12 冬小麦不同灌溉条件下相对产量（产量/最大产量）与相对耗水量（蒸散量/最大蒸散量）的关系

冬小麦的节水增产的主动调亏灌溉制度是湿润年 1 水、平水年 2 水、干旱年 3 水，这种灌溉制度比当地灌溉次数减少 1 水或 2 水，节约灌溉水量 30% 以上，WUE 提高 15%，产量增加 5%～8%。根据试验结果建立的灌溉水生产函数显示，随着灌溉水成本的增加，取得最大经济效益的灌溉定额可在此基础上减少 40%，为 60～90mm。

2. 夏玉米需水量和非充分灌溉模式

夏玉米产量和 WUE 与耗水量（ET）均表现为二次曲线关系（图 9-14），其关系式分别为

$$Y=-0.0005\mathrm{ET}^2+4.325\mathrm{ET}-3226.4\ (r=0.9056) \tag{9-17}$$

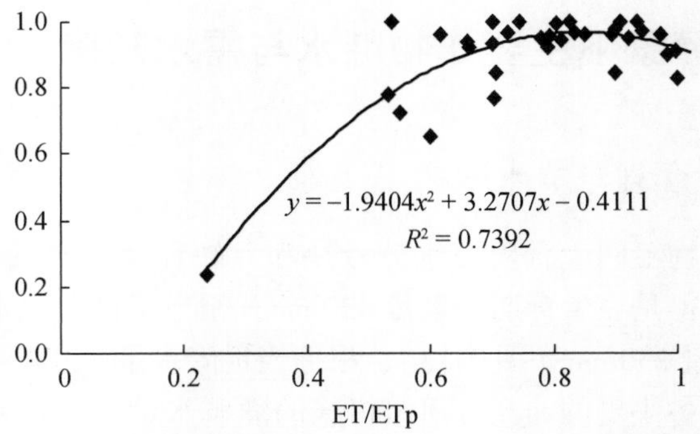

图 9-13　冬小麦不同灌溉条件下耗水量与产量和水分利用效率关系

$$WUE = -1.0\times10^{-7}ET^2 + 0.0005ET + 1.1267 \ (r=0.6006) \tag{9-18}$$

夏玉米的产量随耗水量的增大逐渐增加，当耗水量达到 432. 5mm 时，产量达到最大值（B 点），此后耗水量再增加，产量出现降低的趋势；而 WUE 达到最大时的耗水量为 250. 0mm，此后耗水量再增加，水分利用效率出现逐渐降低的趋势。因此，夏玉米节水高产的非充分灌溉耗水量应为 250. 0 ~ 432. 5mm。可以计算出夏玉米的经济耗水量为 254. 0mm。

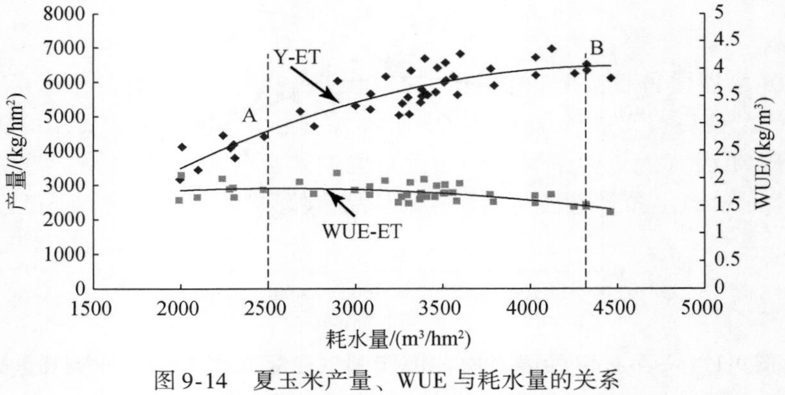

图 9-14　夏玉米产量、WUE 与耗水量的关系

根据试验期间的降水量（275. 2mm）以及土壤水分消耗量（-125. 0mm）计算，夏玉米出苗以后的生长期间往往不需要灌水。在大田试验的条件下，冬小麦生长期间消耗了绝大部分的土壤水分，到玉米播种时，如果降水较少，需要灌底墒水才能保证玉米出苗，本年度夏玉米播种后灌了一次出苗水，出苗后直至 7 月中旬的降水较少，在拔节前灌了第 2 水，2 次灌水的平均灌水定额为 75mm 左右。在豫北地区，夏玉米生长期间降水较多，往往不需要灌水，在某些年份需要在播种时或生长前期灌 1 水即可获得高产。实行非充分灌溉时，可以考虑在苗期进行轻度的水分胁迫，这样进行蹲苗，有利于根系下扎，从而提高水分利用效率。在水资源不足的地区，可以采用喷灌、沟灌或隔沟灌方式实现非充分灌溉，与地面灌相比，可使灌溉定额减少 1/3 左右。

夏玉米灌浆期受旱的处理 WUE 最高，其次是苗期轻旱的处理，抽雄期重旱的处理 WUE 最低，与拔节期重旱的差异不大；适宜水分处理的居中（表 9-15）。可见在夏玉米的苗期或者后期适当进行水分胁迫可以提高水分利用效率。从灌水次数对夏玉米水分利用效率的影响（表 9-16）可知，随着灌水次数的减少，WUE 逐渐降低，灌 4 水的 WUE 最高，灌 2 水的最低；灌 3 水的处理，其中以苗期、拔节、抽雄期灌水的 WUE 最高，不论从产量还是从 WUE 来看，灌抽雄水都比灌浆水重要。在防雨棚无降雨影响的情况下，夏玉米灌 4 水的产量和 WUE 均最高，每个生育期灌水 1 次，在水资源不足的情况下，应优先将水分配到拔节期和抽雄期。

表 9-15　夏玉米不同生育期处理干旱下的水分利用效率

处理	适宜水分	苗期轻旱	苗期重旱	拔节期轻旱	拔节期重旱	抽雄期轻旱	抽雄期重旱	灌浆期轻旱	灌浆期重旱	全生育期轻旱
产量/(kg/hm^2)	6695.0	6215.0	5750.0	5695.0	5225.0	5965.0	5390.0	5115.0	4246.9	3408.8
耗水量/mm	382.37	343.87	347.92	332.44	328.81	362.87	342.29	281.86	227.72	203.58
WUE/(kg/m^3)	1.75	1.81	1.65	1.71	1.59	1.64	1.57	1.81	1.86	1.67
WUE 变化/%	—	3.22	-5.61	-2.16	-9.25	-6.12	-10.07	3.64	6.51	-4.37

表 9-16　夏玉米不同灌水次数处理下的水分利用效率

灌水时期	灌水次数	产量/(kg/hm^2)	耗水量/(m^3/hm^2)	WUE/(kg/m^3)	WUE 变化/%
苗期、拔节、抽雄、灌浆	4	6546.5	326.23	2.01	0
苗期、拔节、抽雄	3	5519.2	318.10	1.74	-13.68
苗期、拔节、灌浆	3	4619.8	281.09	1.64	-18.23
苗期、拔节	2	3454.0	243.80	1.42	-29.52

3. 温室蔬菜需水指标

通过对番茄、茄子和青椒各生育阶段不同水分处理对作物产量、水分利用效率的影响，以及作物不同生长阶段的水分需求分析，提出了番茄、茄子和青椒三种温室作物滴灌条件下各生育阶段的作物需水量指标体系与适宜土壤水分下限控制指标，结果见表 9-17。

表 9-17　番茄、茄子和青椒节水灌溉条件下的需水指标体系

作物	项目	苗期	开花着果期	结果期
番茄	需水量/mm	83.8	202.0	263.9
	需水模系数/%	15.2	36.8	48.0
	计划层深度/cm	40	40	40
	适宜土壤水分控制下限/%	60	70	70
茄子	需水量/mm	71.8	112.5	192.0
	需水模系数/%	19.1	28.9	51.0
	计划层深度/cm	20	40	40
	适宜土壤水分控制下限/%	70	80	70
青椒	需水量/mm	73.5	124.6	209.3
	需水模系数/%	18.0	30.6	51.4
	计划层深度/cm	20	40	40
	适宜土壤水分控制下限/%	70	80	70

4. 局部湿润灌溉和稀疏植被耗水规律

基于局部湿润灌溉方式和土壤遮荫度的稀疏植被蒸发蒸腾模型（Evapotranspiration Model for Sparsely Vegetated Canopies under Partial Root-zone Irrigation，PRI-ET 模型）的基本理论是能量平衡方程和空气动力学方程。PRI-ET 模型是对 S-W 模型的进一步发展和深化。

该模型综合考虑了局部湿润和稀疏冠层对地表遮荫程度等因素对下垫面土壤蒸发的影响，进一步将作物蒸腾划分为两部分：灌溉湿润区上方作物的蒸腾和非灌溉干燥区上方作物的蒸腾；土壤表面蒸发划分为四部分：作物冠层遮荫范围内灌溉湿润区的土壤蒸发、作物冠层遮荫范围内非灌溉干燥区的土壤蒸发、作物冠层遮荫范围外灌溉湿润区的土壤蒸发、作物冠层遮荫范围外非灌溉干燥区的土壤蒸发（图 9-15）。

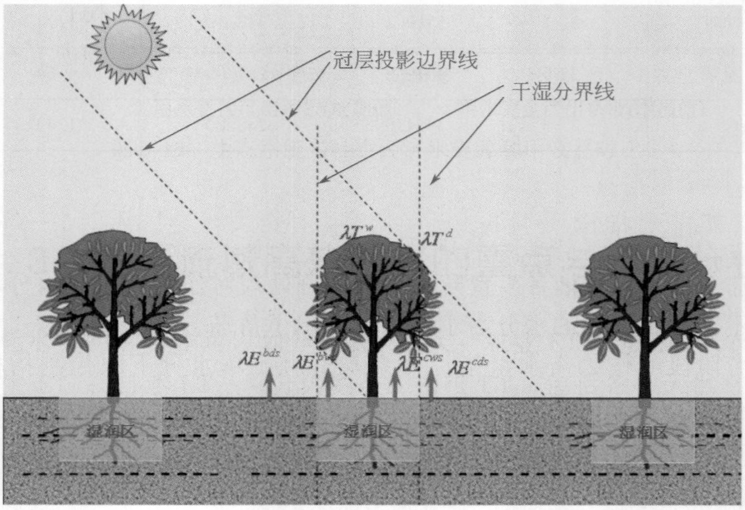

图 9-15　PRI-ET 模型示意图

本研究中 p 表示作物，s 表示土壤，c 表示遮荫，b 表示裸露，w 表示湿润，d 表示干燥，则葡萄园蒸发蒸腾量由下式表示：

$$\lambda \mathrm{ET}=\lambda T^{w}+\lambda T^{d}+\lambda E^{cws}+\lambda E^{cds}+\lambda E^{bws}+\lambda E^{bds} \tag{9-19}$$

灌溉后用 S-W 模型估算的葡萄园日蒸腾量和蒸发量与实测值之间的误差为 14.85% ~ 42.89% 和 7.10% ~ 13.05%，而 PRI-ET 模型的估算误差仅为 4.26% ~ 9.22% 和 0.49% ~ 6.75%。降雨后 PRI-ET 模型估算蒸腾和蒸发的误差仅为 -3.38% 和 3.07%。2007 ~ 2008 年 S-W 模型高估葡萄园全生育期蒸发蒸腾量 25.12% 和 19.11%，而 PRI-ET 模型仅高估 4.86% 和 1.36%。PRI-ET 模型不仅有效提高了该地区葡萄园蒸发蒸腾总量的估算精度，而且对作物蒸腾和土壤蒸发之间的分配比例模拟也较为准确，比较适合该地区沟灌葡萄园的蒸发蒸腾量估算。与 S-W 模型相比，PRI-ET 模型估算葡萄全生育期总蒸发蒸腾量的误差在 5% 以内，估算灌溉后作物蒸腾和土壤蒸发的误差在 10% 和 7% 以内，降雨后误差在 4% 以内。

9.2.8 节水措施下的作物水分利用率与产量响应

通过进行冬小麦、夏玉米不同灌溉次数、不同时期水分胁迫、不同品种、秸秆覆盖、玉米晚收、小麦缩行播种等非充分灌溉和调亏灌溉机理及节水技术的田间试验研究，明确了不同措施对作物产量、水分利用效率的影响以及作物不同生长阶段对水分亏缺的响应关系，建立了用水竞争型缺水地区节水高产的作物非充分灌溉制度和调亏灌溉制度以及配套的农田节水技术措施。

研究发现在华北北部山前平原区充分供水条件下，海河流域冬小麦-夏玉米一年两作的年平均需水量在 876mm，冬小麦作物系数为 0.93，夏玉米为 1.1，棵间蒸发占总蒸散的 1/4 ~ 1/3，相当于一年中有 200 ~ 250mm 的水分通过棵间蒸发无效损失。降水和灌溉水转化的土壤水资源利用效率随着农田管理措施的改善而呈现不断提高的趋势，冬小麦水分利用效率从 80 年的 1.0kg/m^3 提高到现在的 1.4 ~ 1.5kg/m^3；夏玉米从 1.0 ~ 1.3kg/m^3 提高到现在的 1.8 ~ 2.2kg/m^3；农田水分利用效率的提高主要得益于品种改良、优化灌溉制度、耕作覆盖保墒以及农田养分条件的改善。

在缺水严重地区灌溉策略应该是亏缺灌溉，通过关键生育期补水，可显著提高产量和水分利用效率，降低对灌溉水的依赖。海河流域山前平原区冬小麦-夏玉米一年两作农田采用最小灌溉模式，仅根据播种时的土壤墒情适当补充灌溉，形成有利于作物出苗的土壤墒情条件，其他时间不进行灌溉条件下，在土壤深厚、持水能力强的土壤上，平均比充分灌溉产量减少 13% ~ 15%，但总耗水量减少 200mm，水分利用效率提高了 15%，在这种灌溉模式下，可望实现地下水采补平衡；冬小麦取得最高产量的灌溉模式是平水年 2 水、湿润年 1 水、干旱年 3 水，比当地普遍使用的灌溉制度还可减少灌溉次数 1 水或 2 水，产量提高 10%，水分利用效率提高 15% 左右；无论何种降水年型，保证播种时土壤墒情较好的条件下，再在拔节期补充灌溉关键 1 水，冬小麦产量只比充分灌溉产量减少 3%，而水分利用效率提高 21%，比充分灌溉少用水 90mm。

品种的更新带来作物产量的提高，而作物产量的提高，使水分利用效率得到改善。冬小麦品种的变迁表现在现代品种比过去品种收获指数高，株高降低，干物质分配更利于向经济产量转移，在生物量没有明显变化的条件下，现代品种产量和水分利用效率比过去品种高。不仅不同年代品种水分利用效率和产量有很大差异，现代品种间也存在着不同。现代作物品种间水分利用效率（WUE）的差异可达15% ~20%，产量高的品种水分利用效率也比较高，它们具有显著的正相关关系，通过选用高产、高水分利用效率的品种具有明显的节水效果和潜力。基于多年试验资料总结了河北平原冬小麦品种改良对其产量和水分利用效率的影响规律：在20世纪70年代，冬小麦的产量只有3t/hm^2；到80年代达到了4 ~4.5t/hm^2；在90年代初提高到5 ~6t/hm^2；而现在冬小麦平均产量维持在6.75 ~7.5t/hm^2。随着产量增加和灌水次数递减，水分利用效率也在提高。80年代冬小麦通常灌溉6 ~7水，而现在减少到4水，水分利用效率从0.9kg/m^{3}增加到1.4kg/m^3。因此，通过品种和农田管理措施的改善，对农田水分利用效率的提高有极大的促进作用。

9.3 海河流域农业用水效率控制红线制定

9.3.1 海河流域农业用水效率评价

海河流域冬小麦总供水水分生产率（表9-18），田间尺度平均为1.59kg/m^3，灌区尺度平均为1.04kg/m^3，流域尺度平均为0.89kg/m^3；灌溉水分生产率，田间尺度为2.26kg/m^3，灌区尺度平均为1.32kg/m^3，流域尺度平均为0.93kg/m^3；流域尺度平均灌溉水利用系数为0.47。各省行政区典型灌区灌溉水利用系数见表9-19。

表9-18 海河流域冬小麦水分生产率调查结果 （单位：kg/m^3）

尺度	统计指标	平均	标准误差	中位数	标准差	方差	最小值	最大值	置信度（95.0%）
田间	总供水水分生产率	1.59	0.062	1.59	0.436	0.190	0.81	2.81	0.125
	灌溉水分生产率	2.26	0.179	2.05	1.256	1.578	1.01	9	0.361
灌区	总供水水分生产率	1.04	0.069	0.96	0.482	0.232	0.33	2.81	0.1389
	灌溉水分生产率	1.32	0.136	1.13	0.954	0.909	0.42	6.52	0.274

表9-19 海河流域各省典型灌区灌溉水利用系数统计

行政区	均值	最大值	最小值	大型灌区均值	中型灌区均值	小型灌区均值
北京	0.59	0.61	0.54	0.54	0.60	0.60
河北	0.39	0.60	0.23	0.44	0.33	0.51
天津	0.56	0.67	0.47	0.53	0.57	0.56
内蒙古	0.62	0.66	0.59	—	0.60	0.62
山东	0.43	0.45	0.34	0.43	0.45	—

续表

行政区	均值	最大值	最小值	大型灌区均值	中型灌区均值	小型灌区均值
山西	0.44	0.81	0.29	0.37	0.40	0.47
河南	0.51	0.58	0.37	0.45	0.46	0.56
全流域	0.47	0.81	0.23	0.44	0.43	0.51

运用遥感数据提取作物、实际腾发量以及海河流域各地区的作物产量统计结果，得到：海河流域2007年度冬小麦的平均耗水量为194.68m^3/亩，实际腾发量的水分生产率为1.4kg/m^3；夏玉米的平均耗水量为161.92m^3/亩，实际腾发量的水分生产率为2.42kg/m^3，其空间分布如图9-16所示。

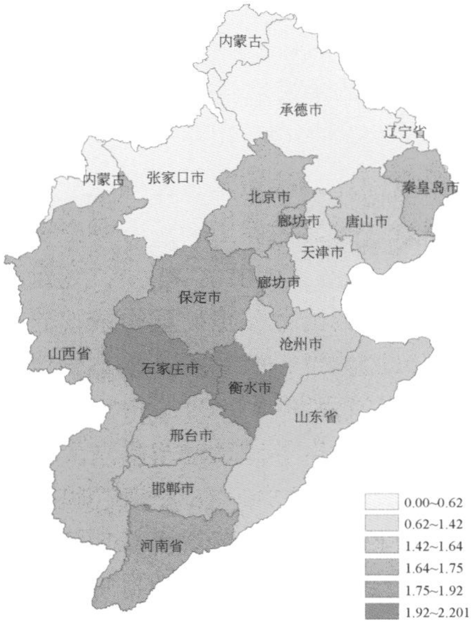

(a)冬小麦

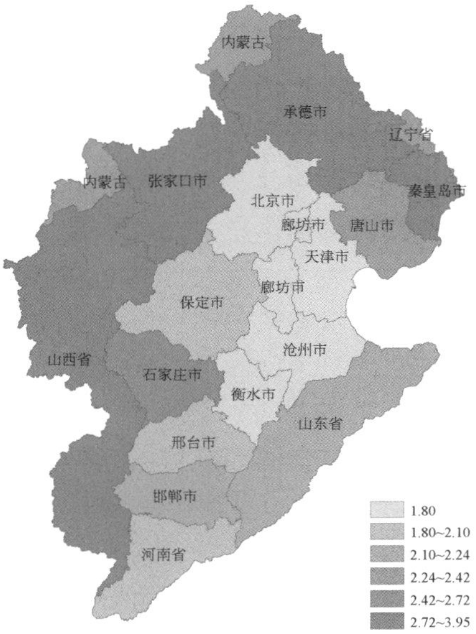

(b)夏玉米

图9-16　海河流域实际腾发量水分生产率分布图（单位：kg/m^3）

9.3.2　农业用水效率的尺度效应及其机理

研究发现海河流域农业用水效率的尺度效应客观存在，在灌区尺度尤其明显。尺度效应呈现出复杂的变化特征，一是与具体的计算指标有密切的关系，不同的指标表现出不同的特征（图9-17，图9-18）。在灌区以下尺度，当以总供水水分生产率为指标时，整体随着尺度的增大而增大；当以灌溉水分生产率为指标时，整体随着尺度的增大而减小。二是与评价方法有密切关系，尺度的界定和选择具有重要影响，评价时应注意内在机理联系。农业用水效率的实际尺度效应是空间变异性与纯尺度效应叠加的结果，前者与地域相关因素（降雨、灌溉、气象、土壤等）有关，后者与不同尺度间的水分循环重复利用有关。作为空间变异性和水量循环利用综合作用的结果，实际农业用水效率具有空间局限性，在有

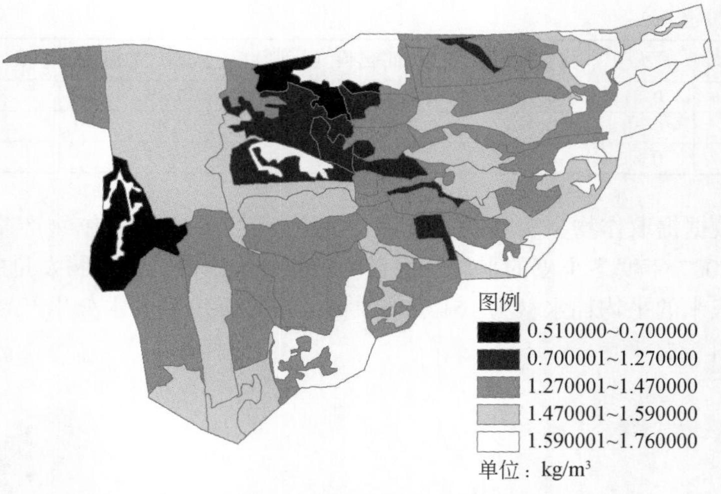

图 9-17　田间尺度总供水量水分生产率空间分布

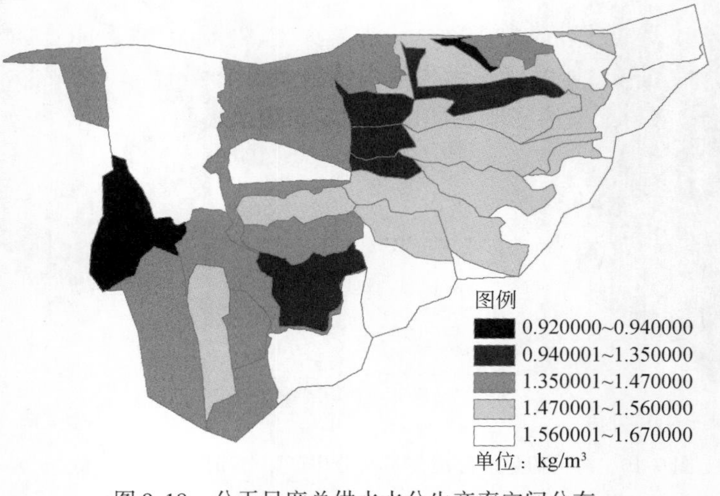

图 9-18　分干尺度总供水水分生产率空间分布

水力联系的尺度范围内或者空间变异性并不显著的范围内，实际尺度效应比较明显；否则，则不显著，表现为空间变异性。

9.3.3　农业用水效率尺度转换关系

以探求区域渗漏量、重复利用量为切入点，在建立以根系渗漏量和潜水补给量为核心的一维非饱和土壤水运动模型获取灌溉水渗漏和补给潜水规律，建立分布式的三维区域地下水运动模型获取地下水在不同区域之间的循环通量和重复利用特征，分析水流通量、不同尺度之间用水效率关系的基础上，建立了以循环利用通量为基础的农业用水效率尺度转换方法，通过循环通量和重复利用量考虑实际农业用水效率中纯粹的用水尺度效应，通过定义空间变异系数考虑实际农业用水效率的空间变异性，提出了针对总供水水分生产率尺度转换、灌溉水分生产率尺度转换、毛供水量排水比例尺度转换的具体公式，并运用试验数据、调查数据以及模型计算得到的重复利用水量等平衡要素，进行了尺度转换的验证，结果表明具有较好的效果。

总供水水分生产率尺度转换公式：第 m 个子尺度总供水水分生产率与母尺度总供水水分生产率比值：

$$\frac{\mathrm{WP}_{i,m}}{\mathrm{WP}_i}=\frac{k_{\mathrm{ET}}}{k_Y}\cdot\left(1-\left(1-\frac{k_O}{k_{\mathrm{ET}}}\right)\frac{O_m}{Q_{i,m}}-\frac{R}{k_{\mathrm{ET}}\cdot nQ_{i,m}}\right) \tag{9-20}$$

式中，$\mathrm{WP}_{i,m}$和 WP_i 分别为第 m 个子尺度和母尺度的总供水水分生产率；n 为母尺度中所含的子尺度单元数量；k_{ET}、k_Y 和 k_O 分别为作物腾发量、作物产量和边界出流量的空间变异系数；$Q_{i,m}$为第 m 个子尺度的总供水水量；O_m 为第 m 个子尺度的边界出流量；R 为子尺度到母尺度的重复利用水量。

灌溉水分生产率尺度转换公式：第 m 个子尺度灌溉水分生产率与母尺度灌溉水水分生产率比值：

$$\frac{\mathrm{WP}_{I,m}}{\mathrm{WP}_I}=\frac{1}{k_Y}\cdot\left(k_I+\frac{M}{nI_m}\right) \tag{9-21}$$

式中，$\mathrm{WP}_{I,m}$和 WP_I 分别为第 m 个子尺度和母尺度的灌溉水分生产率；k_Y 和 k_I 分别为作物产量以及总灌溉水量的空间变异系数；I_m 为第 m 个子尺度的总灌溉水量；M 为因尺度的提升而增加的输水损失，如从干渠提升到灌区，则 M 应该为总干渠的输水损失量。

毛供水量排水比例尺度转化公式：第 m 个子尺度灌溉水分生产率与母尺度灌溉水水分生产率比值如下：

$$\frac{\mathrm{DF}_{g,m}}{\mathrm{DF}_g}=\frac{n\cdot k_{\mathrm{ET}}\cdot O_m}{n\cdot O_m\cdot k_O-R}\cdot\left(1+\frac{(k_O-k_{\mathrm{ET}})\cdot O-k_{\mathrm{ET}}\cdot R+k_O\cdot k_{\mathrm{ET}}\cdot(\Delta S-n\Delta S_m)}{nQ_{g,m}}\right) \tag{9-22}$$

式中，$\mathrm{DF}_{g,m}$和 DF_g 分别为第 m 个子尺度和母尺度的毛供水量排水比例；O_m 和 O 分别为第 m 个子尺度和母尺度的边界出流量；ΔS_m 和 ΔS 分别为第 m 个子尺度和母尺度的储水改变量；$Q_{g,m}$为第 m 个子尺度的毛供水水量；R 为重复利用水量，定义见前述；k_{ET}为作物腾发量空间变异系数。

9.3.4 不同尺度农业节水潜力评价方法

不同尺度农业节水潜力之间存在着较大的差异。作物节水潜力是指在作物尺度上，对作物生育期的某些需水阶段施加一定的水分胁迫，在保证不影响作物正常产量的情况下的节水能力。田间节水潜力是指采取秸秆覆盖、薄膜覆盖、种植结构调整等田间工程或非工程措施，在不影响作物产量的情况下的节水能力。灌区节水潜力是指采取灌区节水灌溉、渠系衬砌和管理等灌区节水措施后，在不影响灌区作物产量和灌区生态环境的情况下的节水能力。流域节水潜力是指对作物、田间、灌区不同尺度节水措施进行优化组合构建流域适宜的节水方案，在保持区域生态稳定和经济社会可持续发展的前提下，区域或流域的节水能力。作物、田间、灌区和流域尺度节水措施之间以及某一尺度的节水措施的实施必然影响其他尺度的节水效果，即不同尺度的农业节水潜力之间存在着一定的耦合关系，这种耦合关系将“大气水—作物水—地表水—土壤水—地下水”五水之间有机地结合起来，影响着水资源的时空分布和分配。在研究不同尺度农业节水潜力时，既需要考虑不同作物生理节水措施的节水水平，又要考虑农艺节水措施、工程节水措施和管理节水措施的节水潜力以及所适宜的节水尺度（图 9-19）。

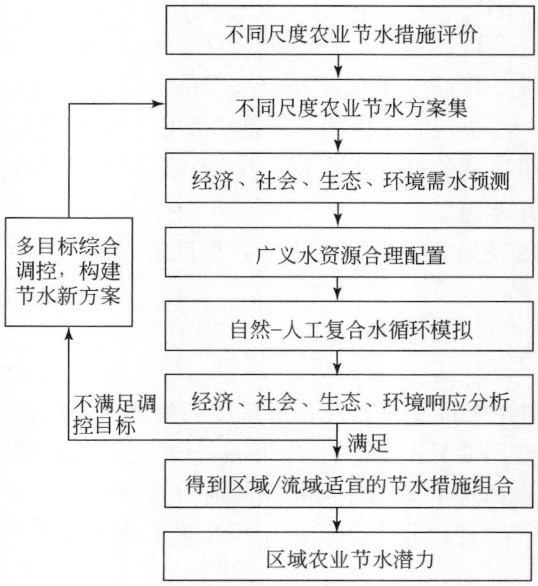

图 9-19　区域节水潜力研究框架

从自然-人工复合水循环机理出发，针对农业区水循环的特点，识别降水、地表水、土壤水和地下水的转化规律，提出了不同尺度农业节水潜力的计算方法，开发了 WACM 模型进行典型区的农业节水潜力评价分析，WACM 模型可以揭示采取农业节水措施对“大气水—作物水—地表水—土壤水—地下水”五水之间的循环转换规律的影响，同时可以清晰的展现节水条件下“降水—地表水—土壤水—地下水—植被—土壤侵蚀”之间的相互关系，可以更好地评价不同节水措施方案的节水效果及其对区域经济社会和生态环境的影响（图 9-20）。

首先根据 DEM 提取徒骇马颊河流域 391 个子流域，然后考虑人工系统的影响，根据干渠和主要支渠将流域 12 个大型灌区和 5 个中型灌区剖分为 651 个灌域，再将子流域和 651 个灌域、32 个县叠加，得到 1772 个水循环单元（图 9-21），再考虑 9 种土地利用和 12 种农作物，得到 30 124 个水循环响应单元。在收集经济社会、自然地理、水文气象、水资源开发利用、地下水数据信息以及植被生长和土壤侵蚀模拟数据信息的基础上，利用 WACM 模型详细模拟了 30 124 个水循环响应单元的水循环与植被生长过程，并采用蒸散发、地表径流、土壤水分、地下水、植被生长模拟、土壤侵蚀模拟进行了验证。在对徒骇

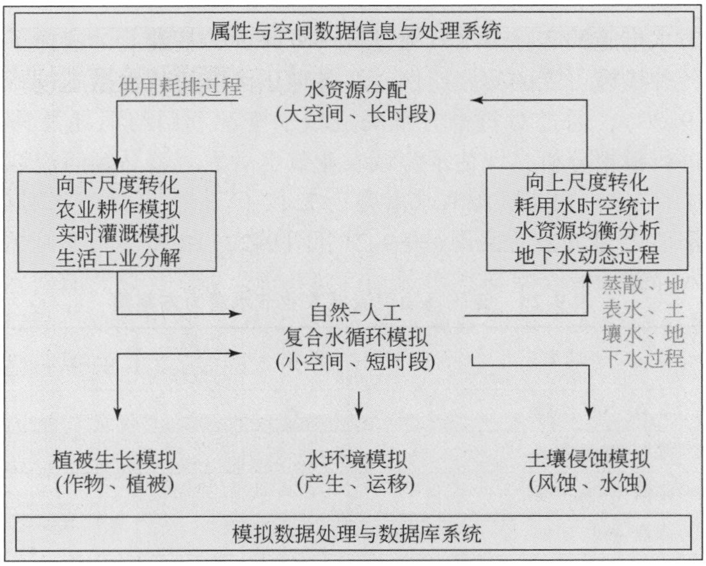

图 9-20 WACM 模型结构

(a)391个子流域

(b)651个灌域

(c)1772个水循环分区

图 9-21 WACM 典型区时空单元设置

马颊河流域各种节水措施的实际节水效果进行调查评价的基础上，选择了不同尺度适宜的节水措施，设定各种措施可能的实施比例，对各种比例下的节水措施进行组合，构建流域节水方案集（表 9-20），通过对每个方案的流域水资源利用与消耗及其伴生的经济、社会、生态与环境进行模拟分析，评估了流域农业节水潜力。骇马颊河流域近期的农业灌溉节水潜力为 16.41 亿 m^3，农业资源节水潜力为 7.12 亿 m^3，考虑节水对自然生态的影响，流域总的资源节水潜力为 7.28 亿 m^3（表 9-21、图 9-22）。

表 9-20　徒骇马颊河流域农业节水潜力方案集

措施	方案	方案一	方案二（推荐）	方案三	方案四	方案五
作物	小麦调亏灌溉-10%实施	√	√			
	小麦调亏灌溉-20%实施			√		
	小麦调亏灌溉-40%实施				√	
	小麦调亏灌溉-60%实施					√
田间种植结构调整节水	小麦减 5%，水稻减少 50%，调整成春玉米和其他作物	√	√			
	小麦减 10%，水稻减少 50%，调整成春玉米和其他作物			√		
	小麦减 10%，水稻减少 50%，调整成春玉米和其他作物				√	
	小麦减 15%，水稻减少 80%，调整成春玉米和其他作物					√
田间薄膜和秸秆覆盖节水	小麦秸秆覆盖玉米提高到 80%，棉花地膜覆盖 40%	√				
	小麦秸秆覆盖玉米提高到 80%，棉花地膜覆盖 60%		√			
	小麦秸秆覆盖玉米提高到 80%，棉花地膜覆盖 80%			√		
	小麦秸秆覆盖玉米提高到 100%，棉花地膜覆盖 60%				√	
	小麦秸秆覆盖玉米提高到 100%，棉花地膜覆盖 80%					√
灌区畦灌与喷微灌节水	油菜、大豆、高粱、谷子、花生等作物采用沟畦灌溉	√	√	√	√	√
	蔬菜瓜类喷微灌面积比例 40%，果树达到 30%	√				
	蔬菜瓜类喷微灌面积比例 40%，果树达到 50%		√			
	蔬菜瓜类喷微灌面积比例 60%，果树达到 50%			√		
	蔬菜瓜类喷微灌面积比例 60%，果树达到 70%				√	
	蔬菜瓜类喷微灌面积比例 80%，果树达到 50%					√

续表

措施	方案	方案一	方案二（推荐）	方案三	方案四	方案五
灌区渠系节水	渠系水利用系数提高 0.06	√				
	渠系水利用系数提高 0.09		√	√		
	渠系水利用系数提高 0.12				√	√

表 9-21　不同方案流域灌溉和资源节水量　（单位：亿 m^3）

方案	灌溉用水与节水量		水资源消耗量			资源节水量	
	用水量	节水量	流域总耗水量	农业耗水量	自然系统耗水量	农业	流域
现状	61. 32	—	207. 43	150. 11	32. 84	—	—
方案一	47. 76	12. 56	200. 94	143. 75	32. 70	6. 35	6. 50
方案二（推荐方案）	44. 91	16. 41	200. 15	142. 99	32. 68	7. 12	7. 28
方案三	42. 09	19. 23	197. 3	140. 24	32. 58	9. 87	10. 13
方案四	36. 75	24. 57	194. 26	137. 22	32. 56	12. 89	13. 17
方案五	29. 82	31. 50	190. 15	133. 21	32. 46	16. 9	17. 29

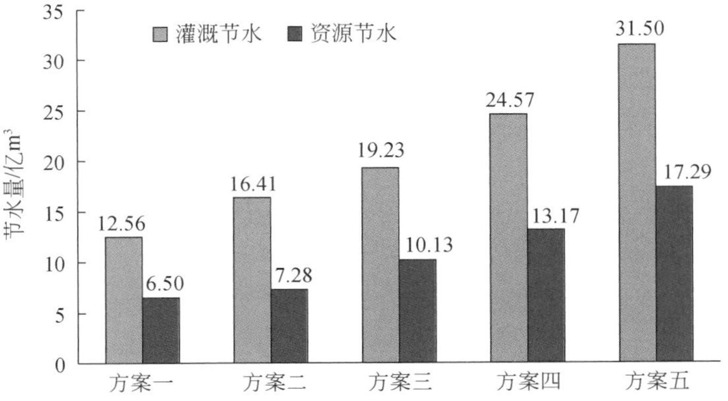

图 9-22　不同节水方案比较

9. 3. 5　海河流域农业节水潜力评估

海河流域节水潜力的估算分为四个层次：作物节水潜力、田间节水潜力、灌区节水潜力和流域节水潜力。针对海河流域的农业灌溉现状，参考典型区域徒骇马颊流域的设置方案，设置海河流域的五个节水潜力研究方案。进行方案的经济、社会、生态和环境评价后，选择推荐方案的不同尺度农业节水潜力如图 9-23 和图 9-24 所示。海河流域近期可行的节水方案的资源节水潜力为 28. 28 亿 m^3，灌溉节水潜力为 70. 60 亿 m^3。

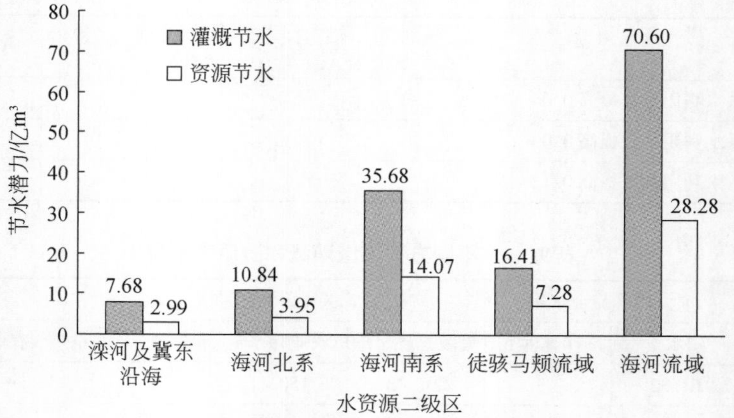

图 9-23　海河流域二级区农业节水潜力

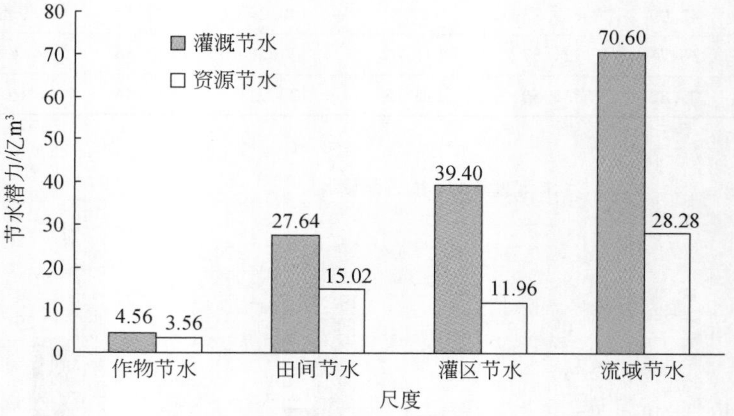

图 9-24　海河流域不同尺度农业节水潜力

9.4　海河流域农业节水模式与途径

9.4.1　平原区农业节水措施

1. 大田高效节水技术

根据目前国际上推崇的节水和高效用水理念，整体性、系统性、高效性与实用性是确立节水农业模式的关键，节水模式的技术重点要从减少输水损失为主转移到以提高水分生产率、降低净消耗量（ET）的综合技术上来。

目前，海河流域经过研究示范的以提高水分生产率，降低净消耗的农业节水技术很多，如调亏灌溉、秸秆覆盖、低压管道输水小畦灌溉、地面闸管、微灌、节水品种、水肥耦合、保水剂、少免耕技术以及一些新型节水技术如激光平地、波涌灌和 3S 技术（遥感技术、地理信息系统和全球定位系统的统称）等。但结合区域经济条件、投入回报与生产习惯等，根据多年的节水示范成果，以下几种节水技术对降低大田作物蒸腾蒸发量具有明显的效果，且具有较为广泛的适用性和较好的经济收益。

（1）调亏灌溉

调亏灌溉是通过控制土壤的水分供应对根系的生长发育进行调控，从而影响地上部分的生长来实现的。海河流域 20 世纪 90 年代后期开始在大田作物上进行试验，且初见成效。调亏灌溉从生物的生理角度出发，根据作物对水分亏缺的反应，人为主动地施加一定程度的水分胁迫，以影响作物的生理和生化过程。即通过作物自身的变化来实现水分高利用率。因此，调亏灌溉是一种主动利用水分胁迫正面影响的灌溉技术，是对传统灌溉理论的一种突破。

研究证明[20]，作物遭受水分胁迫时，影响最严重的是生长速率和蒸腾速率，其次是光合速率和干物质运输速率。因此，减少作物蒸腾蒸发量是调亏灌溉节水的一个重要方面。

减少棵间蒸发是调亏节水灌溉的另一条有效途径。一般情况下，冬小麦、夏玉米等的棵间蒸发损失要占总需水量的 30% 左右，在苗期比例更大。相比之下，调亏灌溉减少了棵间蒸发，提高了水分生产率。

调亏灌溉不需任何工程投入，农民易于掌握和操作，是一种经济有效的农业节水技术，是海河流域节水农业技术的重要方向。中国农业大学在河北省吴桥县试验区通过灌溉调节土壤水分，结合抗旱高产农业栽培技术，取得了很好的节水增产效果。试验结果说明：①旱作区农田耗水量随灌溉水量的增加而增加，土壤水资源利用随灌溉水量的增加而减少。②作物产量不是完全随灌溉水量的增加而增加，在一定的农业技术条件下，灌溉水量达到适度时产量最高，再增加灌溉水量，单产反而要减少。③在灌溉水量一定时，产量的高低取决于农业栽培技术。从图 9-25 可见，农田耗水量随灌溉水量的增加而增加。如吴桥试验区灌溉水量由 $750m^3/hm^2$ 增加到 $3375m^3/hm^2$，农田耗水量由 $3570m^3/hm^2$ 增加到 $4785m^3/hm^2$。图 9-26 展示了中国农业大学吴桥试验区、河北农业大学雄县灌溉试验站冬小麦不同灌溉技术与不同农业栽培技术条件下，灌溉水量与产量的关系。灌溉水量 $2250m^3/hm^2$ 时，产量最高，随后灌溉水量增加，产量反而降低；在相同灌水量时，施肥的农田产量比不施肥的高 $2400kg/hm^2$，采用高产农业技术的吴桥又比雄县施肥的农田产量高 $2250kg/hm^2$ 以上。

中国农业大学在项目研究实施期间（1996 ~ 1998 年），累计推广冬小麦节水高产控制灌溉技术 47 万 hm^2，平均每公顷节省灌溉用水 $1500m^3$，增产小麦 867kg，增加产值 1143 元，每公顷节支 657 元；总增产小麦 406.9 万 kg，共创经济效益 71 105 万元。河北省灌溉中心试验站 1995 年、1996 年两年累计推广节水高产控制灌溉技术 8 万 hm^2，平均每公顷节省灌溉用水 $750m^3$，增产小麦 600 ~ 975kg，玉米约 750kg，共计增收小麦 3197 万 kg，增收玉米 1774.7 万 kg，总节水量 0.6 亿 m^3，增收节支总计 6318 万元，平均每公顷 873 元。该技术的科技含量高，节水、省肥、高产，技术简单，易于掌握，推广应用的费用低。中国科学院石家庄农业现代化研究所于河北省三河市，在冬小麦—夏玉米两熟条件下实施了多年的调亏灌溉技术，研究了作物不同生育阶段，不同程度水分胁迫与产量的关系，确定了冬小麦、夏玉米关键需水期及土壤水分控制指标、需水敏感指数等定量指标。同时在河北省的栾城县、三河市、深州市等地进行了示范推广。综合各推广地的实际测定结果，采取调亏灌溉，可以降低蒸腾蒸发量 59mm 左右。

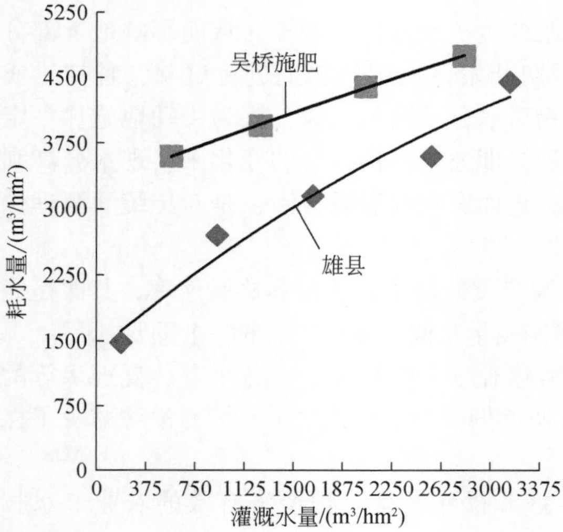

图 9-25　农田耗水量与灌溉水量关系

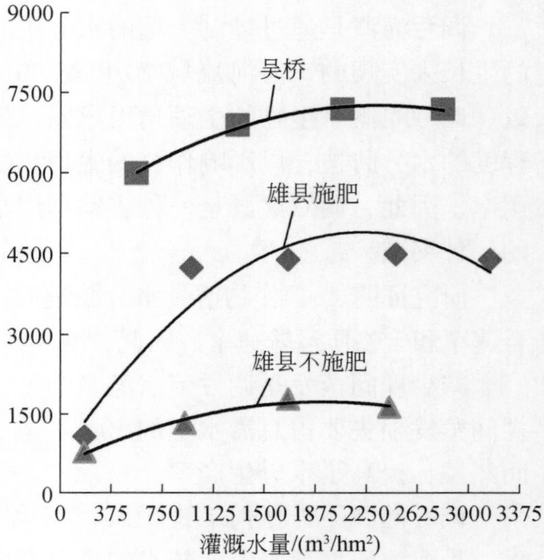

图 9-26　农田灌溉水量与产量关系

近年来，调亏灌溉技术的推广应用已取得了一定的进展，但由于农田条件、作物条件，以及气象条件和水资源条件的复杂性，还有很多问题需要研究。另外，调亏灌溉技术，不是任何土壤都能适应。砂土地易渗漏，储水量少；黏土地储水量虽多，但有效供水量少，加之蒸发耗水多，水的利用率低。

(2) 覆盖保水

地面覆盖保水技术是世界农业发展的主要趋势之一，已得到世界各国的普遍重视并且发展迅速。地面覆盖是减少地面蒸发最常用的技术之一，覆盖的材料有物理、生物、化学等，物理覆盖有覆膜、盖土、盖沙、松土等，生物覆盖有秸秆、作物有机体本身等，化学覆盖有高分子化学制剂等。这些覆盖方法均可收到保墒蓄水的效果。目前，国内常见的地面覆盖技术主要包括塑料地膜覆盖和秸秆覆盖等。实践证明，塑料地膜覆盖设施确实是一项投资少、见效快、收益高的先进栽培技术。但是，随着塑料地膜的广泛使用，废塑料地膜对土地和环境的污染已成为一个越来越严重的问题。长期覆盖塑料地膜的农田，土壤中残留的塑料地膜碎片越来越多。据北京市农业局环保处对八个郊县进行抽样调查，耕层塑料地膜残留量为：西瓜地 3. 9kg/亩，蔬菜地 3. 3kg/亩，花生地 3. 0kg/亩。残留在农田中的塑料地膜，污染了土壤，使耕地质量下降，土壤通透性变差，从而妨碍作物根系的发育和对水分养分的吸收。本研究对于地面覆盖技术推荐秸秆覆盖技术。秸秆覆盖对土壤的物理特性及水分环境可产生有利的影响，从而有利于作物的生长。秸秆覆盖的作用包括以下几方面：①防止土壤表面因雨滴的分散及打击压实作用而结皮板结；②降低棵间土壤含水量的无效蒸发损失，增大叶面有效蒸腾，从而起到保水保墒，加速作物生长，提高作物产量的作用；③保持松散的土壤表层，有利于降雨等水分的入渗，有利于作物的发芽出苗；④减少地面径流及土壤流失；⑤调节土壤表层温度及水气状况；⑥结合除草剂的使用，可有效控制田间杂草；⑦增加土壤有机质含量，提高土壤肥力。

中国水利水电科学院[22]于 1995 ~ 1997 年期间，在北京市大兴县进行了“秸秆覆盖对土壤水分及夏玉米产量的影响”试验研究，结果如下：

1）秆覆盖的出苗率高。秸秆覆盖对夏玉米的发芽出苗产生明显的影响。通过两年的试验田间观察看出，同无覆盖的对照区相比，秸秆覆盖的保水保墒作用可促使玉米种子发芽快，出苗全，1996 年，有覆盖比无覆盖高 13%；1997 年，有覆盖区的土壤含水量明显比对照区高，出苗率提高 4%。

2）秸秆覆盖的保水效果好。试验结果表明，采用秸秆覆盖可以防止土壤表面板结和干裂，保持表层土壤松散湿润，增加土壤对雨水的吸收入渗能力，显著降低土壤水分的蒸发损失，因而可起到保水保墒作用。

图 9-27 为 1995 ~ 1997 年三个夏玉米生长周期内，秸秆覆盖对表层 20cm 内土壤含水量的影响。1995 年玉米生长初期（7 月 30 日前），覆盖处理比对照区的土壤含水量略高，但差别不明显，主要因为 1995 年玉米播种后 6 ~ 7 月降水量较大所致。1996 年在 8 月 5 日以前的玉米生长周期内，秸秆覆盖可明显提高表层土壤含水量，土壤含水量增大 2% ~ 11%，起到了明显的保水保墒作用。1997 年 8 月之前，同对照区相比，秸秆覆盖处理可使表层土壤含水量增加 5%。在 9 月 15 日以后由于自然降水量减少，气候变得干燥，蒸发量增大，表层土壤含水量下降。秸秆覆盖处理在夏玉米生长后期可使表层土壤含水量增大 2% ~ 4%。

3）秸秆覆盖可提高夏玉米产量。国内外的研究结果表明，采用秸秆覆盖技术增产幅度可达 8% ~ 20%，甚至更高。秸秆覆盖技术处理的总干物质产量及籽粒产量分别比对照区提高了 25.7% 和 28.2%。净增产分别为：1995 年 2249kg/hm^2，1996 年 633kg/hm^2 和 1997 年 1619kg/hm^2，可见其增产效果非常显著。

通过对海河流域大量示范和推广成果分析，玉米地麦秸秆覆盖可降低蒸腾蒸发量节水 17.6mm，冬小麦地玉米秸秆覆盖可降低蒸腾蒸发量 32mm，少耕覆盖可降低蒸腾蒸发量 36mm。

（3）低压管道+地面闸管+小畦灌溉

低压管道输水小畦灌溉是中国北方井灌区行之有效的一种节水灌溉技术，河北、山东、河南等省的一些园田化标准较高的地方，正在逐步推广应用。低压管道输水技术虽然用管道代替了明渠，但从输水口到田间仍需要一段垄沟输水。为了减少垄沟的输水损失，可采用闸管灌溉系统进行小畦灌溉方法。闸管灌溉系统将灌溉水经配水口直接送入田间，大大提高了输水效率；该系统取代了垄沟、节省土地，并且可以重复使用，降低了单位面积投资。闸管灌溉系统既可以与渠灌区、井灌区的管道输水配套使用，也可用作全移动管道输水，替代田间农渠、毛渠，还可用作波涌灌溉的末端配水管道。

低压管道+地面闸管+小畦灌溉优点是灌水流程短，减少了沿畦长产生的深层渗漏和蒸

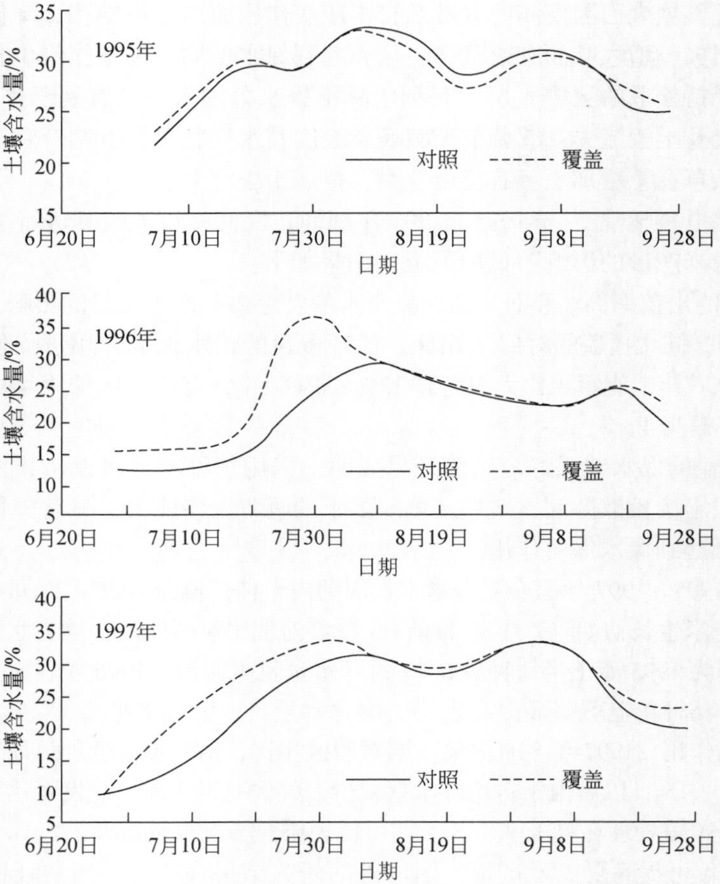

图 9-27　秸秆覆盖对夏玉米生长季节内表层 20cm 土壤含水量的影响

发损失，因此低压管道输水小畦灌溉与漫灌、喷灌相比，能节约灌水量，提高灌水均匀度和灌水效率。缺点是灌水单元缩小，整畦时费工。不同灌溉技术的对比见表 9-22。

表 9-22　不同灌溉技术的对比

项目	灌水定额/（m^3/hm^2）	均匀度	水利用系数
漫灌	1200 ~ 2400	0. 4 ~ 0. 6	0. 5 ~ 0. 7
喷灌	300 ~ 375	0. 8 ~ 0. 9	>0. 95
管道输水+地面闸管+小畦灌溉	525 ~ 675	0. 75 ~ 0. 8	>0. 95
最佳值	600	>0. 95	>0. 95

另外，适宜的畦田规格是提高灌水质量、减少深层渗漏损失的一项重要措施。其内容包括畦田长度、宽度和入畦单宽流量。它们受灌水定额、土壤质地、地面坡度等因素的影响。畦田有方畦和长畦之分。在灌水定额、单宽流量和地面坡度已知的条件下，可以计算

出合理的畦宽、畦长。一般情况下，如果地面坡度较大，土壤透水性较弱，则畦田可适当加长，入畦流量适当减小；如果地面坡度较小，土壤透水性较强，则要适当缩短畦长，加大入畦流量，这样才能使灌水均匀，防止深层渗漏。根据“河北省节水农业综合技术体系研究与开发总报告”研究成果，方畦畦长、畦宽应满足：畦宽<畦长<2 倍畦宽；长畦考虑支管布置和作物种植方向，畦长为出水口间距，出水口间距一般为 40 ~ 50m，故长畦畦长定为 40 ~ 50m。适合海河流域适宜的方畦和长畦规格见表 9-23、表 9-24。

表 9-23　方畦不同畦田规格时所需单宽流量与可供单宽流量比较表

公顷畦数/个	畦长/m	畦宽/m	灌水定额/mm	所需单宽流量/[L/(s·m)]	最小可供单宽流量/[L/(s·m)]
120	10 ~ 13	8.3 ~ 6.4	60	1.34 ~ 1.74	1.27
			75	1.07 ~ 1.39	
150	9 ~ 11	7.4 ~ 6.1	60	1.20 ~ 1.47	1.42
			75	0.96 ~ 1.18	
180	8 ~ 10	7.0 ~ 5.6	60	1.07 ~ 1.34	1.5
			75	0.86 ~ 1.07	

表 9-24　长畦不同畦田规格时所需单宽流量与可供单宽流量比较表

畦长/m	畦宽/m	灌水定额/mm	所需单宽流量/[L/(s·m)]		最小可供单宽流量/[L/(s·m)]			
			轻壤土	重壤土	Q=30/(m³/h)	Q=40/(m³/h)	Q=50/(m³/h)	Q=60/(m³/h)
40 ~ 50	1.0	60	5.35 ~ 6.69	2.67 ~ 3.33	7.98	10.60	13.08	13.53
		75	4.28 ~ 5.35	2.13 ~ 2.67	8.05	10.70	13.24	15.76
	1.5	60	5.35 ~ 6.69	2.67 ~ 3.33	5.32	7.06	8.72	10.36
		75	4.28 ~ 5.35	2.13 ~ 2.67	5.37	7.13	8.83	10.51
	2.0	60	5.35 ~ 6.69	2.67 ~ 3.33	3.99	5.30	6.54	7.77
		75	4.28 ~ 5.35	2.13 ~ 2.67	4.03	5.35	6.62	7.88
	2.5	60	5.35 ~ 6.69	2.67 ~ 3.33	3.19	4.24	5.23	6.21
		75	4.28 ~ 5.35	2.13 ~ 2.67	3.22	4.28	5.30	6.30
	3.0	60	5.35 ~ 6.69	2.67 ~ 3.33	2.66	3.53	4.36	5.18
		75	4.28 ~ 5.35	2.13 ~ 2.67	2.68	3.57	4.41	5.25
	3.5	60	5.35 ~ 6.69	2.67 ~ 3.33	2.28	3.03	3.74	4.44
		75	4.28 ~ 5.35	2.13 ~ 2.67	2.30	3.06	3.78	4.50
	4.0	60	5.35 ~ 6.69	2.67 ~ 3.33	1.99	2.65	3.27	3.88
		75	4.28 ~ 5.35	2.13 ~ 2.67	2.01	2.68	3.31	3.94

根据田间试验测定，低压管道可降低蒸腾蒸发量 24.4mm，地面闸管+小畦灌溉可降低蒸腾蒸发量 38.6mm。

小畦灌溉田间操作要注意：首先要平整土地，合理划分畦田。对平原地区，可大面积地进行平整，山区或地势变化较大的地方可分隔成几片进行平整。其次灌水时往往采用及时封口的办法，即当水流到离畦尾还有一定距离时，就封闭入水口使畦内剩余的水流向前继续流动，至畦尾时则全部渗入土壤，可以采用七成封口、八成封口、九成封口或灌流封口等。

小畦灌溉的作用有以下几个方面：①节水，易于实现小定额灌水。小畦灌缩短畦，减小畦田水流的入渗时间，一方面灌水定额减少，另一方面减少输水过程中的蒸发，能达到节约水量的目的。②灌水均匀，浇地质量高。由于畦块小，水流推进速度快，畦块不同位置持水时间接近，入渗比较均匀，防止畦块首部的深层渗漏，提高田间水的有效利用率。由于灌水定额小，可防止灌区地下水位上升，预防土壤沼泽化和土壤盐碱化发生。③减轻土壤冲刷，减少土壤养分淋失，减轻了土壤板结。传统畦灌块灌要求的畦单宽流量和灌水量大，易严重冲刷土壤，使土壤养分随深层渗漏而损失。因此，小畦灌溉有利于保持土壤结构，保持土壤肥力，促进作物生长，增加产量。

（4）抗旱节水作物品种选择

由于品种的不同，作物水分生产率存在较大的差异。以小麦和玉米为例，根据实验结果不同冬小麦和夏玉米品种的耗水量、水分生产率和产量差异较大，节水品种可比普通品种节水10%以上。图9-28是不同夏玉米品种的水分生产率比较图，从图中可以看出，菜玉2号的水分生产率比冀丰58号的水分生产率高出18%。表9-25是不同小麦品种的产量对比，从试验结果看出，千粒重越高的品种，生产潜力越大。千粒重从35～50g，产量从4665kg/hm^{2}增加到7770kg/hm^2。可见，种植穗重型品种是提高粒重和产量的基础条件。但穗重型品种抽穗期、成熟期较晚，一般采取缩短生育期来降低水分蒸发损失，即采取小麦晚播。根据河北省的1996～1997年研究结果表明，播期在10月15～18日，通过品种更换和改进种植技术，产量为6900～8460kg/hm^2，耗水量386～422mm，水分利用效率在15.83～21.92kg/(hm^2·mm)。既获得了高产，又提高了水分利用效率。因此，通过生物技术培育并选择应用节水品种也是有效节水的途径。

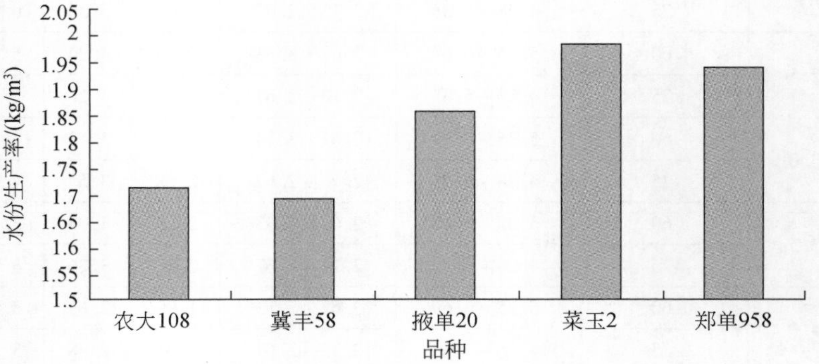

图9-28　不同夏玉米水分生产率比较

表 9-25　不同品种类型小麦产量

品种类型	品种/个	千粒重/g	抽穗期/（d/m）	产量/（kg/hm^2）
多穗型	7	35～40	27/04	4665
中间型	16	40～45	28/04	5445
穗重型	7	45～50	29/04	7770

（5）科学平衡施肥

科学平衡施肥是提高作物产量的重要措施之一，是联合国在全世界推行的先进农业技术，是一项技术性很强的工作，也称为测土配方施肥，是实现农业可持续发展的一项重要技术。测土就是由农技人员取土样测定土壤的养分含量；配方即经过对土壤的养分诊断，按照庄稼需要的营养“开出药方、按方配药”；合理施肥就是在农业科技人员指导下科学施用配方肥。因各地土壤中的氮、磷、钾元素含量有较大差异，有的特别缺氮、有的特别缺磷或特别缺钾，有的单项营养元素还大有过剩。从总体上看，大多数农田土壤的氮、磷、钾比例都存在不同程度的失调现象，甚至有些已达到严重失调。平衡施肥技术不仅可有效地利用肥料，确保作物生长所必需的养分，促进作物正常生长发育，提高作物产量，减少盲目施肥带来的不必要投资，而且避免过度施肥引发的土壤板结、养分失调和土壤环境污染。大量的试验还表明，在低肥力地块，不论灌水与否，水分生产率都随施肥水平的提高而显著提高，直到最高量的氮磷组合。测土配方施肥在农业生产中具有重要的作用。

1）提高产量。在测土配方的基础上合理施肥，促进农作物对养分的吸收，可增加作物产量 5%～20% 或更高。

2）减少浪费节约成本保护环境。在测土配方施肥条件下，肥料品种、配比、施肥量等根据土壤供肥状况和作物需肥特点确定，既能保持土壤均衡供肥，又能提高化肥利用率，降低化肥使用量，作物生长健壮，抗逆性增强，减少农药施用量，从而降低化肥农药对农产品及环境的污染。

3）改善农作物品质。通过测土配方施肥，实现合理用肥，科学施肥，提高农产品品质。

4）培肥土壤改善土壤肥力。偏施滥施氮肥、少施不施钾肥，养分失衡，加上有机肥施用量减少，土壤肥力下降，结构破坏。测土配方施肥，能使农民明白土壤中到底缺少什么养分，根据需要配方施肥，能使土壤缺失的养分及时获得补充，维持土壤养分平衡，改善土壤理化性状。

5）优化农作物布局发展区域性优势农产品。在对土壤进行分析基础上，根据土壤以及气候等因素合理布局适合的农作物种植区域，进行科学施肥管理，是发展“优质、高产、高效”农业，增加农民收入的有效途径。

目前，流域内的主要省、直辖市开展了农技人员进村入户传授测土配方施肥技术，且有一定的成效，在全海河流域推广科学平衡施肥具有相当好的前景。随着经济发展和农民素质的提高，国家对“三农”政策投入的加大，从提高产品质量和减缓生态环境污染，科学平衡施肥将是今后在农业节水中一个有效措施。

2. 大田综合高效节水模式集成

基于海河流域农业用水现状和水资源极其短缺的局面，针对平原区主要的大田作物(小麦、夏玉米和棉花)，本书从降低蒸腾蒸发量、提高水资源利用率、作物水分生产率和经济投入较小为出发点，推荐海河流域综合高效节水集成模式为：

工程措施：低压管道+地面闸管+小畦灌溉；

农业措施：秸秆覆盖和选择优良抗旱节水作物品种；

管理措施：调亏灌溉和科学平衡施肥。

实施农田高效节水措施需要一定的资金投入，如调亏灌溉，需要配备土壤水分测量仪；秸秆覆盖，需要配备秸秆粉碎机；抗旱节水作物品种也需要购买经费；但投入最大的是田间灌溉管网系统设施。

管网系统投资由工程建设投资和运行管理费用两部分组成。工程建设投资包括管道费（管材、管件、有关附属设施及其运输安装费）、土方费、机泵投资等，以单位长度管道综合造价（元/m）表示。管材和管件投资及其运输、施工安装费根据管网布置方案统计分析。年运行管理费用包括能耗费、维修费和管理费等。当管网布置形式及管材选定以后，管径优化即成为管网优化设计的主要决定因素。管径增大，一般情况下建设投资增大。由于管径增大，管网系统水头损失减少，能耗降低，运行管理费用降低；反之管径减小，水头损失增大，能耗增大，运行管理费用增大。因此，在各级管道管径的多种组合中，必有一种管径的最优，组合使管网系统的年费用最小，以此作为管网系统优化分析的目标。

结合海河流域的典型调查，灌溉管网系统设施配置及投资如下：

机井用潜水机泵及配套费用：一般单井控制面积为 4 ~ 20hm^2，按 12hm^2 考虑；4 寸潜水机泵，出水量 80t/h，每台套价格约 9400 元。折每公顷费用为 783 元，合每亩 52 元。

低压管道：采用薄壁硬 PVC 管。海河流域井灌区及井渠结合灌区农田的 1、2 级低压固定灌水管以采用硬 PVC 管材为佳（斗、农）；低压管道出水口后配一定长度的土垄沟或塑料软管，实行灌渠结合输水灌溉，这样既可免去再配地上移动软管或闸管，节省投资又便于运行管理。

畦田规格：①方畦：畦宽 4 ~ 7m，采用 5.5m，畦长 4.5 ~ 7.5m，采用 6.0m；②长畦：畦宽 3 ~ 4m，采用 3.5m，畦长 40 ~ 50m，采用 45m。

管径选择及其综合造价：①方畦：一级选 ϕ110×1.8，综合价格（包括运输、安装费等，下同）10.91 元/m；二级选 ϕ63×1.5，综合价格 4.21 元/m；②长畦：一级选中 v125×2.0，综合价格 13.77 元/m；二级选中 ϕ75×1.5，综合价格 7.55 元/m。每亩约需要 20t。

每亩（硬）PVC 管道费用：2000 ~ 2100 元。

各节水措施的主要特征指标见表 9-26。

表 9-26　各单项节水措施主要特征指标

节水措施	作用	适宜作物	节约水量		增产比例/%	投资/（元/亩）	使用年限	备注
			减少 ET/（mm/亩）	减少取用水量/（m^3/亩）				
调亏灌溉	减少棵间蒸发，提高水分生产率	小麦、玉米、棉花	59	50～100	8～12	300	3～4	投资含水分测量仪费用；需要专职人员监测土壤含水量
秸秆覆盖	保水、保墒	玉米、小麦	17～32	10%～15%（灌水定额）	8～20	330	1～2	
低压管道	减少输水损失	小麦	24.4	10%～15%（灌水定额）	6～10	265	2.5～4.5	PVC 管
地面闸管+小畦灌溉	提高输水效率，减少输水过程中的损失，提高灌水的均匀度	小麦	38.6	30		2000～2100	4～5	方畦：宽 5.5m，长 6.0m；长畦：宽 3.5m，长 45m
选择优良品种	提高水分生产率，抗倒伏	小麦	比普通品种节水 10%		40～60	比普通品种贵 10%	1	需要良种研究部门做好宣传推广
		玉米			15～18		1	
科学平衡施肥	提高产量、减少环境污染、减少取用水量	小麦、玉米、棉花			5～20	250～400	1～2	需要有农业科研人员指导

节水农业是一项跨学科的系统工程，不能寄希望于某一新技术带来巨大的节水效益，而应该是将众多技术进行组装集成以后产生综合效益。

多年来，我们在农业节水研究和实践方面积累了许多单项技术的应用经验，而灌区节水效益的提高有待于从取水、输水和用水整个过程的各种节水技术整体效益的发挥，注重蓄水、增水、保水、高效用水四个方面技术的综合集成。目前，适合海河流域地上水渠灌区类型的高水平的节水灌溉集成模式和示范样板相当缺乏，但核心技术仍然是地面灌水技术。由于海河流域水资源日趋严峻的形势，以及受其他因素的影响，流域内相当一部分地表水灌溉区通过灌区改造，灌溉方式已过渡到井渠结合，在地表水供应紧张的季节抽取地下水灌溉，将地表水、地下水的使用统一协调起来，使灌溉用水保证率得到提高。

基于海河流域农业用水现状和水资源极其短缺的局面，本研究从降低蒸腾蒸发量、提高水资源利用率、作物水分生产率以及低经济投入为出发点，推荐 7 种大田综合节水技术集成模式（表 9-27）。

表 9-27　大田综合高效节水技术集成模式

节水技术	调亏灌溉	麦秸覆盖	玉米秸秆少耕覆盖	少耕覆盖、深松	低压管道	地面闸管+小畦灌溉	科学施肥、选择良种
节水量/mm	59.0	17.6	32.0	36.0	24.4	38.6	
模式 1		√		√			
模式 2	√	√		√			√
模式 3	√	√	√	√			
模式 4	√	√	√	√			√
模式 5	√	√			√		
模式 6	√	√	√	√	√		√
模式 7	√	√	√		√	√	√

在 7 种模式中[23]，模式 1 适用于经济欠发达、农业没有达到机械化、畜牧业没有形成规模、深松靠农民人工操作完成、农民利用玉米秸秆进行自家牲畜喂养的地区。模式 2 适用于经济较发达、畜牧业形成一定规模地区。模式 3、模式 4 适用于渠灌区。模式 5、模式 6、模式 7 适用于井灌区和井渠结合灌区，其中模式 5 经济投入低、是海河流域当前采用较为普遍的一种模式，模式 5 可降低蒸腾蒸发量 76mm 左右；模式 6、模式 7 需要一定的经济投入，适用于经济发达、农民素质较高、管理达到一定水平的地区，模式 6、模式 7 比传统模式的水分生产率（WUE）约提高 21% ~33%，可降低蒸腾蒸发量 120mm 左右，但模式 6 与模式 7 相比，机械化程度要求较高，模式 7 需要一定的人工投入。模式 6、模式 7 是海河流域大田作物今后下大力气推广普及的模式。

3. 菜田高效节水措施

海河流域菜田播种面积 2005 年约达到 75 万 hm^2，其中设施农业占 10% 左右。据统计有 30% 的农田灌溉水量用于蔬菜灌溉。因此，开展蔬菜节水灌溉对于全面实现节水农业意义重大。蔬菜作为高经济收益的作物，发展日光温室栽培，应用滴灌等投资大的先进灌溉技术是可能和可行的，并且对提高蔬菜质量也有显著作用。根据有关对设施农业的研究成果，温室滴灌比畦灌黄瓜耗水量减少 43.4%，灌溉水节约 59.9%；青椒耗水量减少 50% 以上，水分生产率提高 39.3%；草莓耗水量减少 43.5%，灌溉水节约 55%；并且都显著降低了空气相对湿度，提高了地温和改善了菜果品质。

4. 苗木果园微灌高效节水技术

高经济价值苗木花卉、果园应用微灌节水灌溉技术在海河流域工厂化栽培条件下应用较多，但在大田条件下应用较少。因此，今后在高经济价值的苗木、果园上应用微灌节水技术潜力很大。根据河北省三河市进行的初步试验示范成果，以 20cm 土壤水势 60 ~ 75kPa 和 40cm 土壤水势 65 ~ 80kPa 作为调亏灌溉指标，节水率可达 70% 以上。

5. 区域节水型种植结构调整

作物种植结构的调整，大的方面涉及国家经济的战略方向以及粮食安全的大局，小的方面与农民的种植习惯有关，还受到市场调节因素的影响。尽管从节水效果与缓解地下水超采等角度应该压缩冬小麦种植面积，但目前从产量、效益上适合的替代作物不多。从近几年北京郊区和河北省三河市农业结构调整的实践来看，压缩冬小麦，发展豌豆、春玉米等作物在效益上是可行的、节水上是显著的。

三河市压缩冬小麦，发展春豌豆，是在农民自愿情况下发展起来的。重要的原因是灌溉用水费用太高，同时 2004 年以前冬小麦价格偏低，农民种冬小麦收益不高。2001 年开始压缩冬小麦面积，改“冬小麦+夏玉米”一年二熟为“春豌豆+夏玉米”一年二熟，或“春玉米+冬小麦+夏玉米”二年三熟的种植模式（表 9-28）。

表 9-28　不同种植模式的水分生产率和水的经济效益比较（2 年/周期）

种植模式	产量/kg	耗水量/（m^3/hm^2）	灌溉量/（m^3/hm^2）	WUE/（kg/m^3）	经济效益/（元/hm^2）	水的效益/（元/m^3）
冬小麦+夏玉米（一年两作）	27000	15000	6000	1.8	23100	1.54
豌豆+春玉米（一年两作）	22335	11250	3000	1.99	22620	2.01
春玉米+冬小麦+夏玉米（两年三作）	21750	11250	3750	1.93	19500	1.73

注：冬小麦产量为 6000kg/hm^2，夏玉米产量为 7500kg/hm^2，春玉米产量为 7500 ~ 9000kg/hm^2。

表 9-28 是根据当地农民的种植模式在三河市进行两年的实验结果。以 2 年作为一个周期计算，冬小麦+夏玉米一年二熟，粮食产量为 27 000kg，经济效益为 23 100 元/hm^2，需用灌溉水为 6000m^3/hm^2；春豌豆+春玉米一年二熟模式的粮食产量为 22 335kg，经济效益为 22 620 元/hm^2，灌溉水仅为 3000m^3/hm^2，是冬小麦+夏玉米的 1/2；春玉米+冬小麦+夏玉米二年三熟的种植模式，粮食产量为 21 750kg，经济效益 19 500 元/hm^2，需用灌溉水 3750m^3/hm^2。由此可见，农田种植结构调整后，经济效益略有降低，但节省灌溉水的效果明显。到 2003 年，全县春玉米、春豌豆种植面积扩大至 6670hm^2，约占粮田面积的 30%，节省灌溉水 35% ~50%。这一种植结构模式基本上可以实现地下水的采补平衡。从 2005 年开始粮价上涨，为了保证种“春玉米+冬小麦+夏玉米”两年三熟模式和“春豌豆+春玉米”一年两熟模式在现行粮价体系下仍具有经济可适性，又开展了春玉米超高产节水和春豌豆高产节水研究。从目前试验结果来看，春玉米每公顷产量可达 10 500kg，比原有品种增加 1500 ~3000kg，并通过秸秆覆盖技术每公顷可减少水分损失 750m^3左右，无论在经济纯收益上还是在节水效果上都是可行的。而春豌豆产量也可达到 3000kg/hm^2。

9.4.2 山地旱农区集蓄径流节水技术

海河流域山区水资源短缺，粮食低产而不稳，干旱年人畜饮用水常常十分紧张，严重影响当地经济和社会的发展以及人民的生活水平提高。

目前山区比较成熟并易于推广的节水和高效用水技术主要包括以下四方面。

1. 土石山区沟道潜流的“截、蓄、滴”一体化开发利用技术

海河流域土石山区河流谷地中一般埋藏着较丰富的地下潜水，由于受降水的直接补给，循环周期短，具有开发价值，是山区人民生活和灌溉用水的主要水源之一。

大口井是开发沟道潜流的主要方式，由于技术与经济条件的限制，目前对河道潜流的开发利用程度还相当低。

“截、蓄、滴”一体化就是首先通过工程措施将普遍存在于山区河谷的的浅层地下潜流截出，收集到蓄水池中，然后将收集的有限水资源，采用微灌的方式按最佳灌溉制度对作物进行灌溉的一套完整的水资源开发与利用体系。“截”是土石山区水资源开发利用的前提，“蓄”是水资源开发利用的基础，而“滴”是有限水资源高效利用的关键点，三者缺一不可。

2. 黄土丘陵区以单元工程与农艺相结合的雨水集蓄利用技术

在黄土丘陵区推广应用雨水集蓄利用工程技术（“点”雨水集蓄利用模式），包括发展水窖、水窑等雨水集蓄利用设施，可大幅度地缓解当地水资源短缺，改善当地人民的生活质量和环境。此外采用水平梯田、隔坡梯田、水平沟、鱼鳞坑、旱地双沟集雨科技等田间集蓄雨水种植技术，以及提高土壤蓄水能力，降低地表蒸发的深耕、免耕、作物秸秆覆盖地耕作种植技术等，作用也十分显著。

传统的等高田与集流耕作栽培能够集蓄田间雨水，供作物吸收利用，改善土壤供水状况，显著地增加作物产量。这种直接在农田进行雨水集蓄利用方式可称为“面”雨水集蓄利用模式，但是由于该地区降雨集中强度大的特点，以及土壤入渗和保水能力的限制，“面”雨水集蓄利用受到环境条件的很大影响。“点”雨水集蓄利用模式虽然集蓄量有限，但可控性强，能用于关键时刻。鉴于两种集蓄方式各有利弊，优势互补，因此应点面结合，农艺与工程措施互补，以渐进式等高田为核心，集流耕作和节水补充灌溉为辅，在丘陵顶部建集流场和水窖，坡地修筑渐进式等高田，实行集流耕作和补充灌溉。

3. 山区水保工程与水管出流灌溉技术

水土保持工程是山区灌溉设计中普遍存在且不可回避的农田工程措施，小管出流灌溉技术与生态工程的结合，既可充分发挥生态工程的水保功能，为水保工程效益的发挥注入活力，又为微灌技术的发展创造了条件，特别是为微灌工程的节能、增效提供了广阔的前景。

小管出流灌水技术是针对微灌系统使用过程中，灌水口容易被堵塞的难题和农业生产管理水平不高的现实，采用超大流管道，并辅以田间渗水沟（水土保持工程措施），形成一套以小管出流为特色的微灌系统。具有不堵塞、节能、节水及适应性强的主要特点。此方法在海河流域山区的应用较为广泛。

4. 山地果树根际灌水技术和调亏灌溉技术

滴灌条件下的单点源土壤水分运动受到滴头流量、灌水量、土壤初始含水率、土壤质地等因素的影响。有关实验表明，在海河流域山地土壤质地条件下，滴灌湿润土体剖面呈椭圆形，灌溉水首先湿润土壤表层，然后才能达到植物根系土层，因此土壤表层蒸发很强烈。为了将灌溉水尽可能多的储存在植物根系活动层内，尽量减少土壤的表层湿度，从而降低土壤的表层蒸发，需要对灌溉所湿润土体进行科学、简单、易行的处理。有关实验研究结果表明，滴灌条件下适当的土体处理对土壤水分布具有一定的影响。环绕果树沙处理技术对降低土壤表层湿度，增加植物根系活动层内的储水量效果比环绕果树管处理技术明显。在半径为 50cm、65cm 的圆柱面上，位置为 20cm 土层以下，管处理平均含水率增量比对照平均含水率增量分别增加 3.78%、1.53%；同时，相应位置沙处理平均含水率增加量比对照平均含水率增量分别增加 7.98%、4.68%。

此外，根据山地“散而少”的水资源特点，采用调亏灌溉技术，在不减少（或略有减少）经济产量的同时，也可达到节约用水的目的。

第 10 章　海河流域城市节水减排机制与高效利用

采用原型观测实验和数据调研等手段，通过对海河流域城市用水发展与现状分析，开展了城市水循环各构成要素的演变机制、影响因子及其动态关联研究，形成了城市水循环系统演化过程的新认识，提出了可持续城市水系统理论，有效促进了多学科在城市水资源和水环境问题研究领域的交叉和融合，系统识别了海河流域城市高效用水机制，揭示了技术与行为共同作用下的城市水循环规律，开创提出了城市分用户节水潜力、高效用水指标与实现途径。

10.1　海河流域城市用水发展与现状分析

10.1.1　海河流域饮用水源水质状况

2006 ~ 2009 年海河流域 21 个重点饮用水源地水质状况如图 10-1 所示。从图中可以看出近年来海河流域重点饮用水源地水质有所改善，达到或优于Ⅱ类水质的水源地数量有所增加。

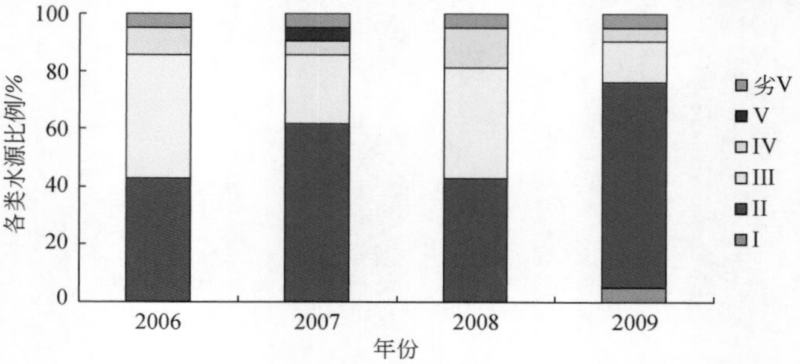

(a)按水源个数统计

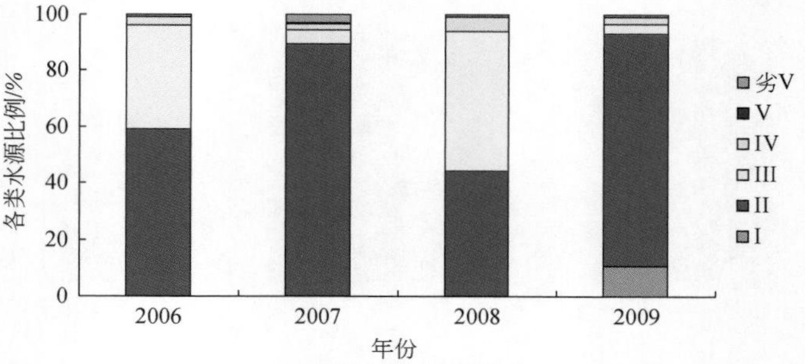

(b)按水源蓄水量统计

图 10-1　2006 ~ 2009 年海河流域重点饮用水源地水质状况

2009 年时，海河流域的重点饮用水源地水质处于近四年的最好水平，无论在数量上还是蓄水量上均以Ⅱ类水质为主，其数量和蓄水量比例分别达到 71.4% 和 82.6%。即使在近四年水质最好的条件下，也有部分水源地未达到Ⅲ类水质标准，其数量和蓄水量比例分别为 9.6% 和 3.5%，同时还有 1 个水源地水质为劣Ⅴ类。从富营养化程度上看，21 个饮用水源地中有 1 个为中营养水平，其他 20 个达到富营养水平，其中 12 个为轻度富营养，8 个为中度富营养。因此，饮用水源水质安全仍然受到威胁，营养物质污染问题较为突出。

10.1.2 海河流域城市用水特征

以海河流域覆盖范围较大的北京、天津和河北三省（直辖市）为例分析城市用水特征，结果如图 10-2 所示。从图中可以看出，三省（直辖市）的生产用水量略有下降或者保持稳定，这说明在工业化发展过程中，工业用水效率的提高抵消了工业规模扩展新增的用水量。在城市生活用水方面，北京的人均日生活用水量在 2005 年之前呈下降趋势，2005 年之后出现上升趋势，总生活用水量总体呈上升趋势。天津和河北的人均日生活用水量缓慢下降，总生活用水量保持稳定。同时，从图 10-2 还可以看出，随着工业用水效率提升以及产业结构的调整，工业用水主导城市用水的局面已经发生改变，北京的生活用水量已远高于生产用水量，而在天津和河北二者基本持平。

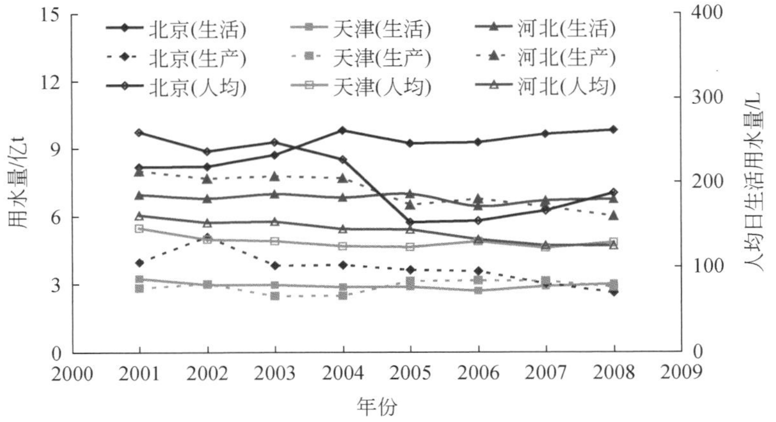

图 10-2 2001～2008 年北京、天津和河北三省（直辖市）城市用水量

在城市工业和生活用水效率提升的同时，城市污水再生利用也为城市发展提供了新的水源。图 10-3 所示为 2001～2008 年北京、天津和河北三省（直辖市）城市污水再生利用量。从图中可以看出，北京和河北的污水再生利用量在 2001 年以来的 8 年间增长了 10 多倍。2008 年，北京市的污水再生利用量达到 6 亿 t，污水再生利用率为 57.6%，相当于当年城市供水总量的 42%，对缓解城市水资源压力发挥了重要作用。

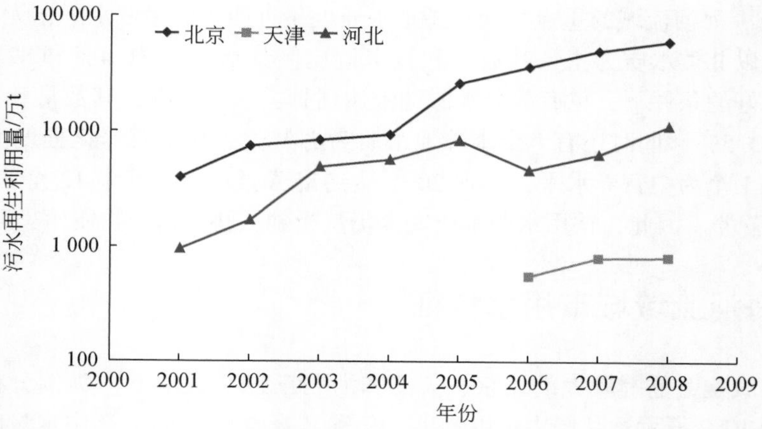

图 10-3 2001 ~ 2008 年北京、天津和河北三省（直辖市）城市污水再生利用量

10.2 基于二元水循环的可持续城市水系统理论

10.2.1 基于二元循环的可持续城市水系统理论框架

城市二元水循环是水循环在城市节点的具体表现，包括以“降雨—蒸发—入渗—产流—汇流”为基本过程的自然水循环以及以“取水—给水—用水—排水—回用”为主要过程的社会水循环。城市的自然水循环与社会水循环在城市的自然及社会活动中相互依存、相互影响，使得二元的水循环在城市时空节点上存在水量与水质两个维度的多种频率复杂耦合。

城市水系统是城市重要的基础设施之一，它是在一定人类社会经济活动影响和资源环境约束下，保证城市安全用水、卫生条件、公众健康安全及城市自然环境质量的一系列设施单元的组合，包括：给水子系统、污水子系统、雨水子系统及再生水子系统等（图 10-4）。城市水系统在结构上连接了城市自然水体和用水用户，在功能上受到城市自然水体与用水用户需求的驱动，具有自然和人工的复合性。

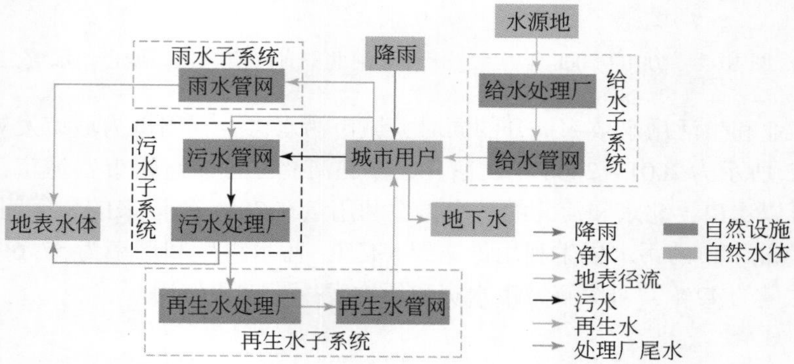

图 10-4 城市水系统组成结构及其与自然水体及用水用户的关系

从上述对城市二元水循环与城市水系统的描述中可以看出，城市水系统是城市自然水循环与社会水循环的耦合点，它是城市社会水循环的载体，是城市对自然水循环干扰的媒介。城市水系统的可持续性除了直接影响到城市的可持续发展进程外，还直接关系到城市乃至整个流域二元水循环的健康性。因此，有必要构建基于二元循环的可持续城市水系统理论对城市水系统的设计、规划及运行提供理论指导与发展依据。

基于上述的理论需求分析，本研究构建的基于二元循环的可持续城市水系统理论框架如图 10-5 所示。该理论以可持续发展理论、二元水循环理论、城市综合发展理论、城市脆弱性理论为理论基础，以城市水系统为研究对象，旨在探讨可持续城市水系统的功能、特征、演变规律及调控机制，为城市水系统的规划、设计及运行管理提供可持续发展的对策。整个理论由基于水质的可持续城市水资源评价新模式、多尺度城市水资源利用效率评价理论与方法以及可持续城市水系统规划、设计及运行理论与支撑工具三部分构成，其中：基于水质的可持续城市水资源评价新模式从常规水源、再生水及雨水等城市多水源综合集成利用的角度出发，建立了基于水质的城市水资源新概念，构建了基于水质的城市水资源核算框架；多尺度城市水资源利用效率评价理论与方法在技术、单元与城市三个尺度上分别建立了水资源利用效率的评价指标体系，并对不同尺度间的水资源利用效率提出了

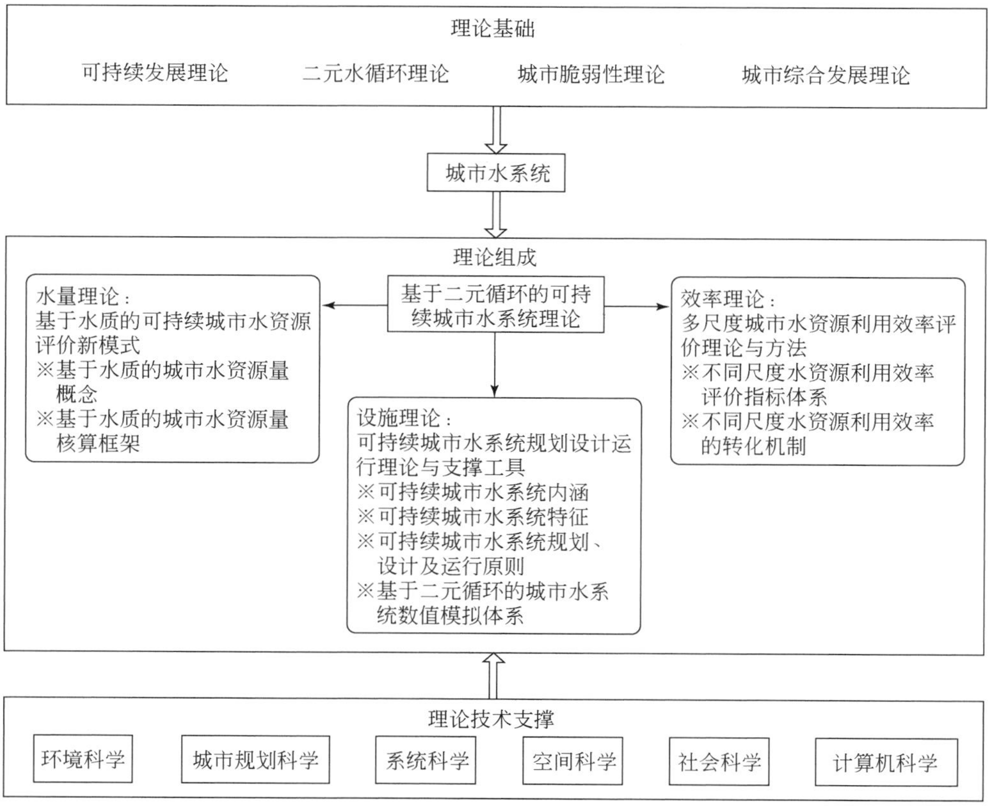

图 10-5 基于二元循环的可持续城市水系统理论框架

转换机制；可持续城市水系统规划、设计及运行理论与支撑工具在解析可持续城市水系统内涵，识别可持续城市水系统特征的基础上，提出了可持续城市水系统规划、设计及运行的原则，开发了基于二元循环的城市水系统数值模拟体系。本研究构建的基于二元循环的可持续城市水系统理论是多学科的综合应用，环境科学、城市规划科学、空间科学、系统科学、社会科学等均是该理论的实践技术支撑。

10.2.2 多尺度城市水资源利用效率评价理论与方法

城市水系统涵盖多种水源和多个尺度和众多用水部门，因此城市水资源利用效率也是一个多层次、多目标的系统。如图 10-6 所示，城市用水系统可以从宏观向微观划分为城市、单元和技术等三个尺度。由于不同尺度涵盖的用水部门范围不同，在较高尺度下开展水资源利用效率评价可能“淹没”较低尺度下部分用水部门的表现，从而导致水资源利用效率的评价在不同尺度下得出的结论不尽一致；在同一尺度下，各项指标的着眼角度不同，分析结果也难以完全统一。因此，水资源利用效率的评价不能简单围绕单一尺度或单一指标开展，应着眼不同尺度开展评价，并研究不同尺度之间的评价体系和结果的转换关系。

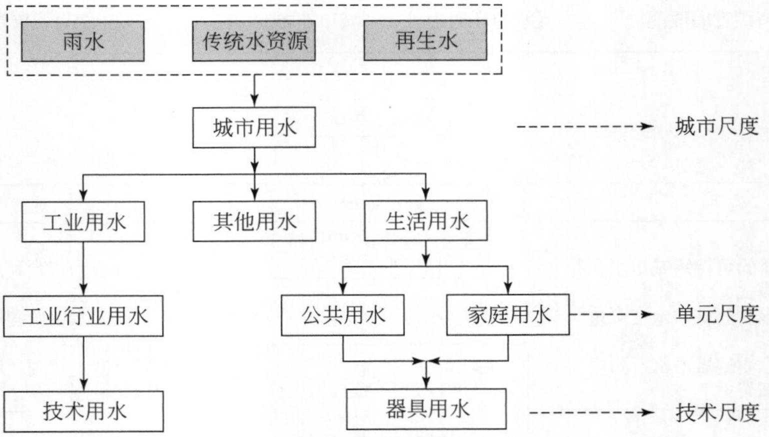

图 10-6　城市用水系统的尺度划分

本小节对城市水资源利用效率的评价将从城市单元用水机制的微观规律解析入手，通过对不同尺度水资源利用影响因素的分析，从两个层次开展。第一个层次是在单一尺度内系统选择反映对应部门用水规律的指标，构建评价指标体系；第二个层次则是运用课题开发的水资源需求预测与管理模型，根据不同尺度之间的用水量转换关系，寻找各种效率尺度之间的转换关系，建立相应的转换模型或转换机制。

1. 技术尺度

技术尺度上的水资源利用效率评价可分为生活用水器具和工业行业技术两个方面，并分别对应生活用水单元和工业用水单元。

器具的用水过程主要服务于居民日常生活和生理需求，因此其用水效率的评价指标是在满足居民日常需求的前提下，围绕影响用水量的因素加以选择的。单位时间用水量或单次用水过程用水量是最为直观的用水器具效率评价指标，本课题根据各种器具的行业标准选择了对应的水量评价指标。此外，单次用水行为的冲洗或洗涤效果将影响冲厕、洗衣等用水过程的发生次数，器具的使用寿命长短与居民家庭中常见的跑冒滴漏现象有直接联系，这些因素对应的指标也纳入器具用水效率的评价体系中。

行业技术的用水效率主要反映在单位产品生产过程中该技术的用水量上。但费用效益最大化的目标是工业企业选择技术的重要出发点，因此，该技术在能耗、排污、初始投资和原材料费用、技术寿命等方面的表现和技术的可获得性将直接影响技术的普及情况。尽管普及情况与用水效率没有直接联系，但仍将关系到技术用水效率在工业行业中的实际体现，因此将前述的相关指标作为辅助性指标。

2. 单元尺度

单元尺度上的水资源利用效率评价主要分为居民家庭和工业行业两个单元方面。

人均用水量表征居民家庭每人每天的平均用水量，是反映居民家庭用水效率评价的主要指标。家庭中节水型用水器具的采用情况和是否采用再生水回用冲厕，也可以反映家庭用水效率。此外，统计分析表明，不同家庭人均可支配收入和家庭平均规模下，家庭人均用水量呈现不同水平，因此，在根据人均用水量评价居民家庭用水效率时，应结合这些辅助性指标进行评价。

与居民家庭层面的评价相似，工业行业用水效率的评价指标也从用水强度、重复利用和高效用水技术采用等三个方面开展。其中，用水强度对应的指标包括万元工业增加值用水量和用水弹性系数；行业中典型高效用水技术的普及率则用来表征节水技术的采用情况。

3. 城市尺度

城市尺度下不仅要从水资源利用的总体强度上开展效率评价，还应结合工业用水、生活用水和生态环境用水的效率展开。人均综合用水量、工业用水比重、居民家庭和公共用水比例等指标可分别反映城市总体的用水强度和工业、生活等用水单元的水量比例。针对工业用水，除保留万元工业增加值用水量和用水弹性系数作为评价指标，还以高耗水行业所占比例作为表征工业行业结构的指标。但是，考虑到工业技术种类过多，在城市尺度评价中不方便系统评价，因此在节水技术的相关评价指标中仅保留节水器具普及率。当前，国内城市水资源管理部门将水价作为重要的控制措施，因此将水价纳入评价指标中。由于降低漏损、水资源回用和雨水利用都可以在不影响城市社会经济需水的前提下降低常规水资源需求，提高用水效率，因此，也将相应的指标纳入城市尺度的评价体系中。

4. 尺度累积

构建全部指标后，在层次分析的基础上，根据文献资料、专家意见的经验，将同一尺度的指标划分为若干层次，确定各个层次之间的判断矩阵，最终确定各个指标 δ_i 的权重 W_i，由此得到评价结果 δ 为：

$$\delta = \sum_{i=1}^{n} W_i \delta_i \tag{10-1}$$

5. 尺度转换

尽管不同尺度的水资源利用效率评价指标不尽一致，但在自下而上的各尺度内水资源的利用总量是一致的。因此不同尺度水资源利用效率的转化可基于对城市水资源利用的微观规律识别和各尺度间水资源利用量的预测来实现。

基于城市生活和工业用水微观规律的识别与研究，本研究构建了 D-WaDEM 和 I-WaDEM 模型。其中，D-WaDEM 模型基于居民用水行为和器具的购买行为预测未来年份的城市生活用水量，可通过改变不同用水效率器具的普及程度，研究器具尺度的用水效率变化对居民家庭用水效率、城市生活用水效率、流域生活用水效率的影响，从而实现“用水器具-生活部门-城市”的尺度转换。I-WaDEM 模型则基于行业微观技术变化规律研究，模拟了不同技术发展水平下的工业水资源需求。技术发展情景反映了不同用水效率的技术的普及率，通过情景分析可以研究工业技术尺度的效率变化对行业和城市用水效率的影响，即“用水技术—工业部门—城市”的尺度转化。

10.2.3 可持续城市水系统规划设计运行理论

1. 可持续城市水系统的内涵

可持续城市水系统可以定义为：能够满足城市发展需求的，具有合理费用效益，并且能够保护城市生态环境质量，保证资源在人类社会中公平分配的城市水系统。

从可持续城市水系统的定义可知，可持续城市水系统的根本目标是促进城市的可持续性发展，其基本特征包括具有合理的费用效益、保护城市生态环境质量以及保证资源在人类社会中公平分配，这三个基本特征分别代表了可持续发展中“效率、生态完整性和公平”的内涵，是可持续城市水系统可持续性的体现。

将上述可持续城市水系统的基本特征与城市水系统的基本功能相结合进行进一步解析，可以认为，可持续城市水系统应当具有如下的内涵：

1）保证城市安全用水、卫生条件、公众健康安全及自然环境质量；

2）促进城市发展与城市水资源及水环境之间关系的协调发展；

3）安全高效利用进入城市地区的自然资源；

4）促进城市地区二元水循环平衡的重建；

5）具有合理的费用效益；

6）具有公众可接受性。

2. 可持续城市水系统的主要特征

可持续城市水系统具有整体性、开放性、动态性、复杂性及综合性等基本性质。

(1) 整体性

系统的整体性指的是：系统是由若干元素组成的、具有一定新功能的有机整体，各个作为系统子单元的元素一旦组成系统整体，就具有独立要素所不具有的性质和功能。

以具有再生水子系统的城市水系统为例，系统中具有污水输送功能的污水管网、具有污水处理功能的污水处理厂、具有再生水输送功能的再生水管网以及具有再生水处理功能的再生水处理设施都具有各自的性质和功能，但将其组合在一起，通过各单元之间的相互影响，相互协调，就可以使得整个系统具有“效率、公平和生态完整性”的特征以及促进城市可持续发展的功能。这些特征和功能是各个独立的组成单元所不具有的，也不能通过对各个组成单元进行简单叠加而获得，如将具有最佳成本效益的污水输送和处理单元与具有最佳成本效益的再生水输送和处理单元进行简单叠加，得到的城市水系统具有水资源的回收能力，但不一定具有最佳的成本效益，这就使得系统不满足可持续城市水系统定义中效率内涵的要求，系统不具有可持续性。由此可见，可持续城市水系统的完整性是系统可持续性的基础，只有保证了系统的整体性，才可能使系统具有可持续性。

(2) 开放性

开放性是指系统不断与外界环境要素进行物质、能量、信息交换的性质。对于可持续城市水系统来说，城市内的用水用户、污水排放用户、降雨以及区域内水与营养物质的自然循环均是其环境要素。用水用户通过需水与系统发生关联，污水排放用户通过排水向系统进行物质输入，输入的物质在系统内经过迁移和转化后，以系统出水的形式输出至城市水体，以再生水的形式输出至城市用水用户，以氮磷资源的形式输出至区域的营养物质循环系统。基于这样的物质交换，系统与外界环境要素之间还存在着相应的信息交换，如城市水体水质与系统污染物排放水平之间的相互作用，污水排放用户对再生水的需求与系统水资源回收规模之间的相互作用等。综上可知，可持续城市水系统“效率、公平和生态完整性”的特征是通过系统与外界环境要素之间的物质与信息交换来实现的，也就是说，可持续城市水系统的可持续性实际上存在于系统的开放性之中。

(3) 动态性

可持续城市水系统的开放性决定了它不是一个静态的稳定系统，而是一个与其环境要素时空变化密切相关的动态系统。

根据发生的时间尺度不同，可持续城市水系统的动态性可以划分为小、中、大三个层次。小时间尺度的动态性主要包括给水子系统的供水动态性、污水排放用户排水的时间动态性、再生水需求的时间动态性、管网输送的延迟性等。中时间尺度的动态性主要是指系统服务区的变化对系统本身的影响，如服务区内人口数量和人口密度、土地利用类型、水体功能定位等因素的变化对系统规模、布局等方面的影响。大时间尺度的动态性主要是指由于技术进步和社会结构变化而给系统带来的广义的动态性，如技术的进步导致城市用水量及污水排放量的减少，社会结构的变化使得用水用户需水时间和污水排放用户排水时间的动态性发生改变，这些都将使得城市水系统的输入发生变化。

(4) 复杂性

复杂性主要是指可持续城市水系统组成结构与空间规模的复杂性。

可持续城市水系统高效利用资源的能力要求系统中必须建设再生水处理和输送的设施或者污水分质收集、处理和输送的设施；要求系统具有闭环的结构，为物质的回收再用提供路径。系统组成元素的增多使得系统结构的复杂性增大，系统闭环的结构使得各组成元素间的输入输出关系以及系统内的物质流动变得复杂。

材料技术、自控技术以及监测技术的快速发展使得分散式的污水处理成为了可能，这为可持续城市水系统空间格局的多样性提供了技术支持。为了降低系统的经济投资风险，保障污水再生利用的安全性以及提高污水源头分质收集的可行性，可持续城市水系统的空间格局和规模不再局限于传统的集中式大规模污水子系统，组团式的、就地式的系统开始出现，这使得可持续城市水系统在空间规模上的复杂性增加。

(5) 综合性

可持续城市水系统的综合性体现在它是一个多功能目标的系。除了具有城市水系统的基本功能目标——“保障公众的用水安全和健康安全”外，可持续城市水系统还具有经济目标——“具有可接受的投资要求”；环境目标——“尽可能少地向城市环境中排放污染物”；资源目标——“尽可能多地回收进入系统的水资源和营养物质”；技术目标——“具有长期的可靠性和适应性”以及社会目标——“具有一定的公众可接受性”。可持续城市污水处理系统的这种综合性正是其可持续性的具体表现。

3. 可持续城市水系统的规划、设计及运行原则

根据上述对可持续城市水系统内涵的解析，基于可持续城市水系统的特征，本课题提出了可持续城市水系统规划、设计及运行的基本原则。

(1) 设施风险全过程综合调控原则

提供足量、安全的饮用水是可持续城市水系统的重要功能和目标之一，尽管系统在水量负荷和处理工艺等方面偏安全的设计通常能够使之以较高的保证率实现这一功能和目标，但是，系统的开放性、复杂性和动态性决定了其在保障城市饮用水安全方面具有脆弱性，容易受到系统内部和外部各种因素的影响，从而引起水质风险。此外，快速的城市化进程使得城市径流增加，降雨径流污染对城市水环境的威胁日益严重，与此同时，全球气候的变化使得极端天气出现概率增高，这些使得城市系统所面临的城市洪水与非点源污染的风险不断提高。由此可见，可持续城市水系统在规划、设计及运行过程中，应当从系统整体出发，识别系统中关键的风险控制点，建立关键控制点的调控方法，最小化城市所面临的饮用水安全风险及降雨冲击风险，以实现可持续城市水系统保证城市安全用水、卫生条件、公众健康安全及自然环境质量的内涵。

(2) 对外部干扰最小化原则

城市的扩张、人口密度的增大、下垫面属性的变化，使得城市社会水循环对自然水循环的扰动加剧，城市对其所在流域的水量水质冲击在强度和频率上都大幅提高。与此同

时，城市面临着日益严峻的水资源危机和水环境危机，城市的水资源承载力与水环境承载力均超过限值。自然水循环与社会水循环在城市节点上的耦合性加强，关系失衡。作为城市二元水循环的耦合点，可持续城市水系统应当通过对系统结构与布局的调整，最小化城市对自然水体在水量及水质上的冲击，协调城市发展与城市水资源及水环境之间的关系，对城市自然水循环与社会水循环适当解耦，重建城市地区二元水循环的平衡关系。

（3）经济、技术及行为解锁原则

城市水系统具有运行的长期性、投资的高沉淀性以及技术与行为的锁定性，因此，在可持续城市水系统规划、设计和运行管理的过程中，应当关注用水技术进步、用水行为变化、社会结构变化及城市空间扩展等长期性问题与社会性问题，使得系统能够在寿命期内维持本身的功能，尽可能与经济、技术及行为相解锁，使其对城市具有持久的支持能力，适应城市长期发展所面临的不确定性影响。

（4）W-C-N 协同利用原则

城市作为水（W）、碳（C）及营养物质（N）在空间上高度富集和转化的节点，随着人口的增加、城市化进程的加快、工业化的推进以及全球气候的变化，正面临着日益严峻的水、碳及营养物质失衡的危机。为了缓解上述危机，近年来，人们越来越关注城市系统中水、碳与营养物质的循环利用，并将其视为缓解资源危机和保证资源可持续利用的重要途径。对于处在水、碳与营养物质流动耦合节点的可持续城市水系统来说，在其规划、设计及运行的过程中，应当选择和设计合理的系统结构与调控方式，改变水、碳与营养物质在城市中流动的规模、强度、时间特征与空间特征，实现三者的系统利用，提高城市内资源的利用效率。

（5）综合效益最优原则

可持续城市水系统的综合性要求系统的规划、设计及运行不能只以系统的经济可支付性为唯一目标，还应当考虑系统的环境保护能力、资源回收效益、技术可行性以及公众可接受程度等。只有这样，在系统规划、设计及运行的过程中，以系统的多项性能为目标，才能保证系统的可持续性。由此可见，可持续城市水系统的规划、设计及运行是一个在多个冲突或者互补的目标之间进行持续协调的多准则决策的过程。在进行可持续城市水系统规划、设计及运行的过程中，应当协调好经济、环境、资源、技术、社会等多项系统目标之间的关系，选择综合效益好的解决方案。

10.3 海河流域城市节水与安全用水模式与途径

社会经济的发展将带动城市人口规模的增大和工业产品产量的增加，城市居民对生活质量的要求也日益提高，这些因素将对城市用水规模的增长产生驱动力。另外，节水意识的提高以及高效用水器具和先进工业技术的产生和推广，将带来城市用水效率的提高。未来海河流域城市用水规模的发展变化将受到这两个方面因素的共用作用。

D-WaDEM 和 I-WaDEM 模型的预测结果表明，2020 年海河流域城市生活和工业总用水量为 119.2 亿 t，其中生活用水量占 33.6%；2030 年用水规模下降至 108.6 亿 t，生活用水比重上升为41.6%。相比2008年、2020年和2030年海河流域城市生活和工业用水总量将分别增加17.3%和6.9%；但全流域城市人均综合生活用水量相比2008年将分别减少12.4%和13.7%，单位工业增加值的用水量相比2008年，则分别降低52.5%和67.5%。由用水总量和用水效率的变化情况可见，技术进步带来的节水效应在短期内尚无法完全弥补城市和工业规模的扩大带来的流域城市用水量增加，但随着技术的不断升级和扩散，其节水效应逐步放大，流域城市用水量将在2020年前后呈现下降趋势。海河流域是我国水资源缺乏最为严重的区域，而流域内的北京、天津等城市的功能定位决定了未来城市和工业发展的规模仍将保持一定速度，因此加大技术升级和推广力度，带动技术节水效应的提升，将是保障流域城市水资源供给和可持续发展的长远举措。

根据现行规划的海河流域各行政区人口数量预测，2020年和2030年流域内城市生活用水量将分别达到40.0亿t和45.2亿t。其中，北京市和河北省的城市生活用水量将各占流域总量的30%以上（图10-7）。

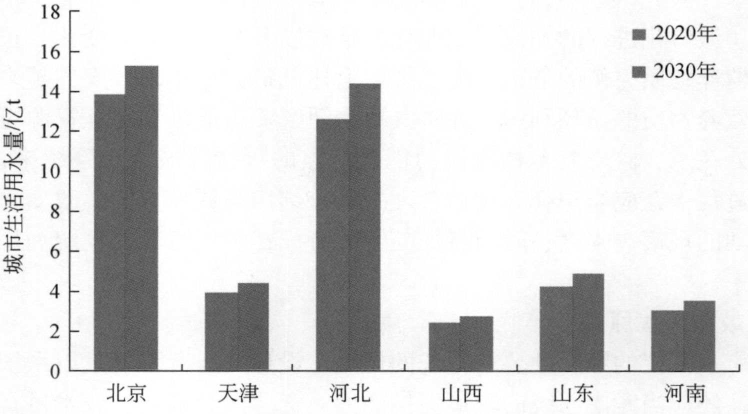

图10-7　2020年和2030年海河流域城市生活用水量（按行政区域划分）

10.3.1　海河流域城市生活用水节水潜力分析与管理对策

在城市发展过程中，伴随着生活用水量的变化，生活用水的结构也发生了一定变化，对城市用水和节水管理也有一定影响。以北京市为例，随着城市社会经济的发展，居民住房的设施水平不断改善，具有独立厨房、浴室和卫生间已逐步成为城市住宅的基本要求。这一变化也带来城市生活用水结构的变化。如图10-8所示，公共用水中与居民日常基本用水行为相关的水量1985～2010年发生了显著的下降过程，这一变化与城市住宅的基本构造具有显著的关系；此后这类用水的变化相对较小，主要反映的是城市居民日常在公共场所活动时发生的用水行为。此外，随着生活水平的提高，旅游行业的发展带动了城市餐饮、宾馆等行业用水量的显著增加。历史数据分析和模型预测表明，对流动人口的数量产生直接影响的城市功能定位（区域政治中心、旅游型城市等）将相应地对公共用水的结构带来明显影响，在城市需水管理中应结合城市功能定位设置管理的重点用水部门。

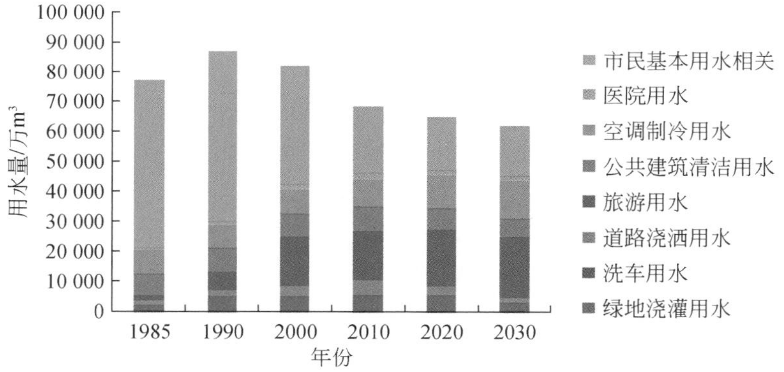

图 10-8　北京市 1985 ~ 2030 年公共生活用水量结构变化

居民家庭人均用水水平呈现先增后降的“三段式”发展特征。20 世纪 80 年代是我国居民家庭生活水平迅速提高的时期，便器、淋浴器等用水器具在居民家庭中的普及率不断增加，居民家庭用水在城市生活用水中的比重也大幅度提升，这一时期居民家庭人均日生活用水量显著增加，从 1985 年的 34. 8L/（人・d）的水平上升到 2000 年约 100L/（人・d）的水平。2000 ~ 2010 年，城市居民家庭用水的增长幅度已明显放缓，这一时期的用水量变化已不再主要源于用水器具普及率的提升，而是生活水平提高带来的用水行为规律改变、节水器具标准的制定带来的器具效率提升等多重因素共同作用的结果。北京市居民家庭人均用水量将在 2010 年前后达到峰值，此后由于高效用水器具的扩散效应带来的影响逐渐增强，人均用水量将呈现缓慢的下降趋势。

如图 10-9 所示，在人口增加、社会经济变化、技术进步等多重因素的共同作用下，北京市城市生活用水总量将在 2010 ~ 2015 年出现平台期，表明在这一阶段高效生活用水技术的推广带来的用水效率的提高基本可以抵消人口增加和生活水平提高带来的水量增加。但随着节水器具的普及率逐步提升并趋向相对饱和，城市规模的扩大带来的资源效应将显现出来。从图中的水量曲线可以看出，按目前的人口规划数据，2015 年以后北京市城市生活用水总量将缓慢增加，这些增量主要来自居民家庭生活用水。

参照城市生活用水效率的变化测算表明，海河流域城市居民（消费者）认可并实际接受的器具替换、再生水回用等行为带来的节水潜力在 2020 年和 2030 年将分别达到 5. 67 亿 t 和 6. 78 亿 t，其中 2030 年北京、河北和天津的节水潜力将分别为 2. 72 亿 t、1. 89 亿 t 和 0. 66 亿 t（图 10-10）。

对比 2020 年和 2030 年的节水潜力结构发现，2020 年源自居民家庭用水的节水潜力将占总潜力的 65. 0%，表明这一阶段居民家庭生活用水效率的提升较公共用水效率的提升更为显著；2030 年生活节水潜力将有 59. 0% 源自公共用水，表明按目前的节水技术发展水平和器具价格变化趋势，在更长的时间尺度下，公共用水效率提升的空间将大于居民家庭生活用水效率。因此，对城市水资源管理部门而言，未来除充分利用公共用水效率提升的空间外，还需进一步研究影响居民家庭用水效率的因素，制定合理政策，进一步挖掘节水潜力。

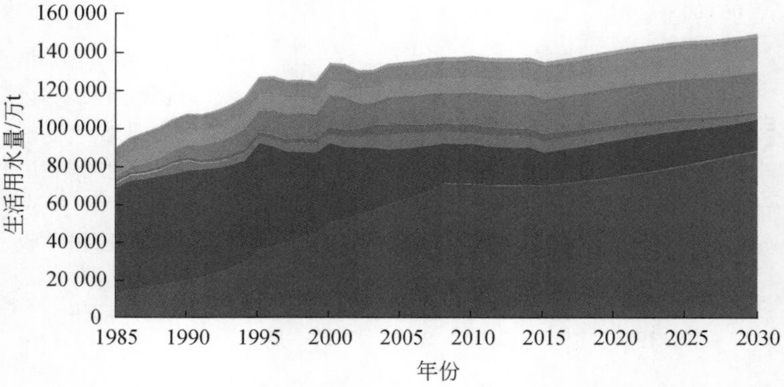

图 10-9　北京市生活用水量预测

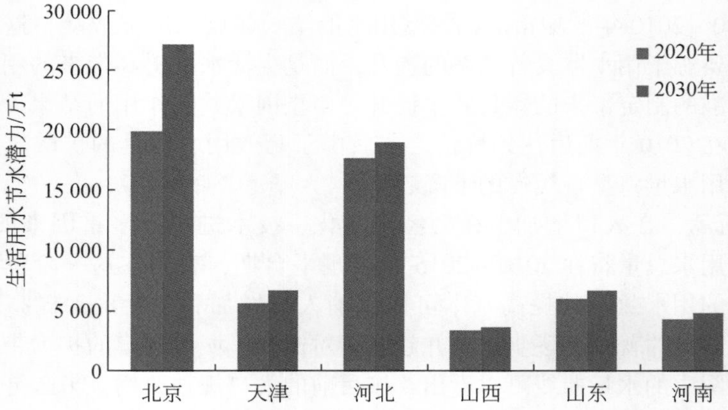

图 10-10　海河流域 2020 年和 2030 年生活用水社会可接受潜力

如图 10-11 所示，不同收入水平的居民家庭在用水效率上表现出一定差异。受用水行为发生频率、器具选择决策影响，收入水平处于前 20% 水平的城市家庭人均用水量明显高于其余四类居民户。相比而言，其余四类家庭的用水效率差异并不明显，且用水水平并不是简单随着收入水平增加而提高。收入水平最低的 20% 用户的用水量并不处于最低水平，其主要原因是当前的水价并不足以在短时间内弥补不同效率或性能的用水器具之间的价格差异，部分家庭因此选择用水效率较低的用水器具。

用水器具的普及程度和效率变化直接关系城市生活用水的总体效率。在水资源短缺的背景下，随着用水器具的技术不断发展，逐渐增强的居民节水意识促进了节水型器具在居民家庭中的普及率不断增加。但由于用水器具购买后存在一定的使用周期，便器等用水器具的周期更可达 10 年以上，单纯依靠居民自主选择，可能因为不同的选购决策和用水器

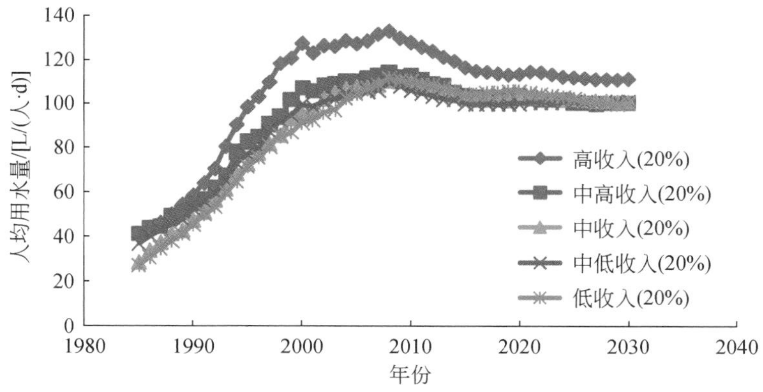

图 10-11　不同收入居民家庭用水量差异

具淘汰的延滞效应减缓城市生活用水效率的提高。因此，国家或城市水务部门应通过推行用水器具的相关标准，从市场中淘汰用水效率较低的器具，鼓励节水型器具的发展。

图 10-12 反映的是不采取技术限制措施、分别按当前的节水器具标准和市场最优技术作为 2008 年以后的用水器具限制措施等三种器具控制政策对居民家庭用水量的影响。相比按当前的节水技术控制标准的情景，不采取任何控制措施将导致 2030 年用水量增加 12.1%，而采用当前市场最优的技术作为控制标准将在 2030 年带来 10.6% 的水量下降。且对用水器具技术的管理带来的用水量变化随着时间的推移逐渐增大。可见，随着现有的器具逐渐被替换，采取的控制措施越严格，居民家庭用水量的减少幅度就越明显。当然，居民选购用水器具仍主要通过市场机制控制，市场上可供选择的器具种类也十分丰富，图中反映的只是未来器具结构中相对极端的三种情景，不采用高效器具的情景反映的是未来居民家庭用水的上限，当前市场最优技术则接近未来居民家庭用水的下限（随着器具用水效率的进一步提高，居民家庭用水的下限可能进一步降低），但足以反映器具市场政策对城市用水效率的影响。

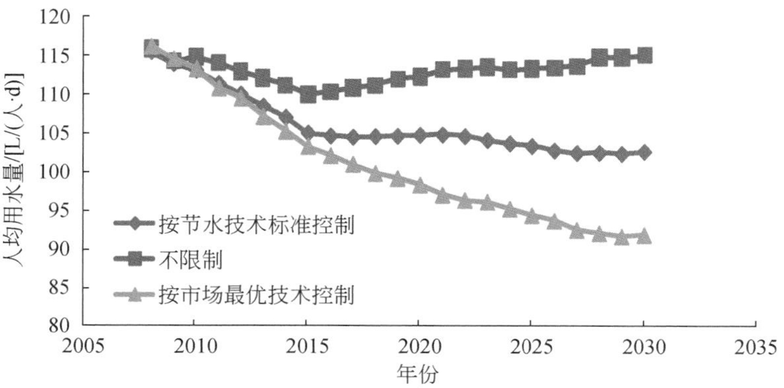

图 10-12　不同器具政策对居民生活用水的影响

不采取技术限制措施的情景下，居民对器具的选择完全凭借自身消费习惯或处于经济利益最大化的考虑，由此带来的节水潜力可称为“经济节水潜力”；采用市场最优技术作为控制标准的情景则体现了基于技术进步而暂时忽略落后技术可能存在的费用效益优势带来的节水潜力，可称为“技术节水潜力”；以当前节水器具的标准作为器具控制措施则平衡经济因素和技术因素，也充分考虑的消费者和资源管理的需求，是社会各方均可接受的情景，由此获得的节水潜力可称为“社会可接受潜力”。图 10-13 反映 2030 年海河流域各省级行政区域的三类节水潜力。由图可见，全流域总技术节水潜力将高出社会可接受节水潜力近 50%，相当于约 3.2 亿 t 水量。尽管这一潜力的提升意味着经济利益的牺牲，但从资源保护的角度考虑，逐步对现有的节水器具标准作出提升，将是城市节约生活用水行之有效的一项措施。

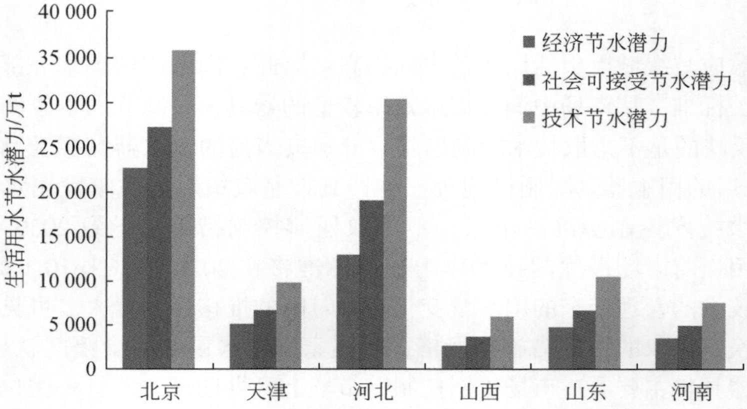

图 10-13　海河流域 2030 年三类生活节水潜力对比

目前城市水务部门通常将水价作为提高用水效率的经济措施。但研究表明，由于水作为某种特殊的商品，在人类的日常生活中具有不可替代性，提升水价并不能直接带来用水量的下降，而是促使居民改变用水行为。这些行为的改变主要体现在水的重复利用和高效用水器具的市场占有率提升上；其中重复利用行为在短期内将提高用水效率，而高效用水器具的使用则发挥长期影响。因此，价格调控机制的作用归根结底还是体现在居民观念和器具政策上。

10.3.2　海河流域工业用水节水潜力分析与管理对策

与生活用水的变化趋势相似，工业用水也同时受产业规模和技术效应的双重影响。当前我国的工业用耗水主要集中在火电、钢铁、石油化工、造纸、纺织印染、食品发酵和有色金属等行业中。但就海河流域的工业结构而言，2007 年流域工业 GDP 占全国总值的 9.2%，其中钢铁、原油加工、乙烯和火电属于流域内最具有代表性的行业，其产品占全国总产量的比重分别为 25.2%、13.9%、11.0% 和 8.1%（图 10-14）。结合产品产量和用水量综合考虑，钢铁、石油化工和火电是海河工业用水控制的重点行业。

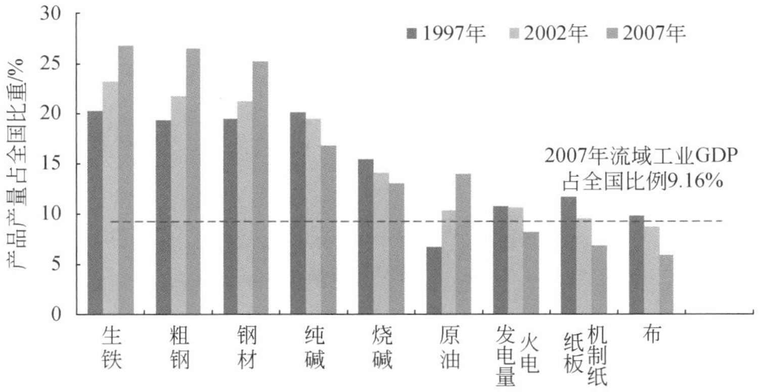

图 10-14　海河流域典型工业产品产量占全国总产量比例

根据 I-WaDEM 的计算结果，如维持现有的发展模式（BAU 模式），工业用水总量到 2030 年将增长 66%，其中火电、钢铁、造纸、石化、纺织印染等高耗水行业增长幅度将达到 133%，可见控制高耗水行业是控制整个工业用水总量增长的关键。实施并强化以技术升级和结构调整为核心的工业水资源可持续利用战略，可对未来工业用水需求产生重大影响。参照当前的经济技术水平和未来发展目标设定的技术进步情景（中方案情景）下，未来 10 ~ 15 年内我国工业用水需求总量将继续保持增长趋势，以“十一五”期间工业用水压力为最大，到 2020 年水资源需求总量将开始呈现下降趋势。

相比按现有技术结构发展的 BAU 情景，中方案情景下海河流域工业行业在 2010 ~ 2020 年和 2020 ~ 2030 年分别实现节水潜力 46.08 亿 t 和 44.53 亿 t，相当于流域当前工业用水量的 90%（图 10-15）。其中，高耗水行业带来的节水潜力占工业总量的 70% 左右；在两个时间段内，火电行业的节水潜力分别占工业总量 53.3% 和 62.0%；钢铁行业分别占 12.2% 和 4.3%。

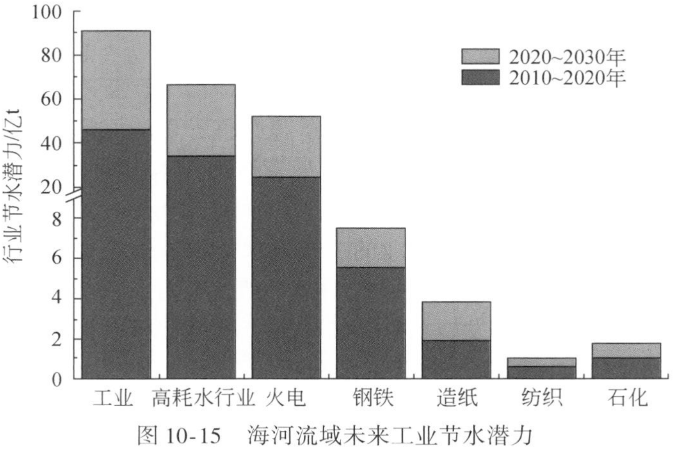

图 10-15　海河流域未来工业节水潜力

高效用水技术的应用使行业用水效率显著提升（图 10-16）。在中情景下，火电行业单位发电量的取水量将从 2007 年的 26.4kg/(kW·h) 下降至 2030 年的 14.5kg/(kW·h)；钢铁行业吨钢新水水耗将从 5.1kg/t 下降至 3.7kg/t。

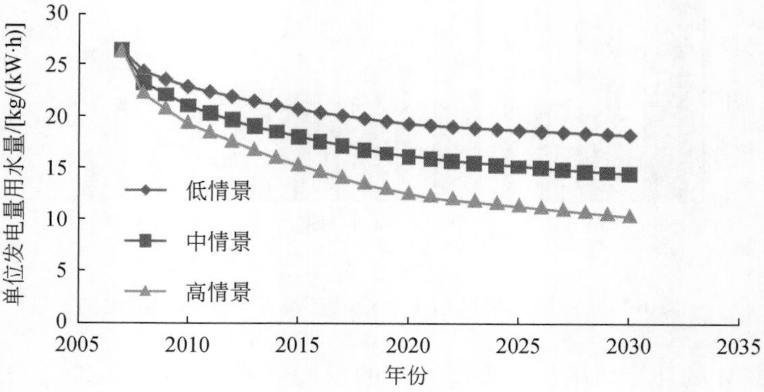

(a) 火电

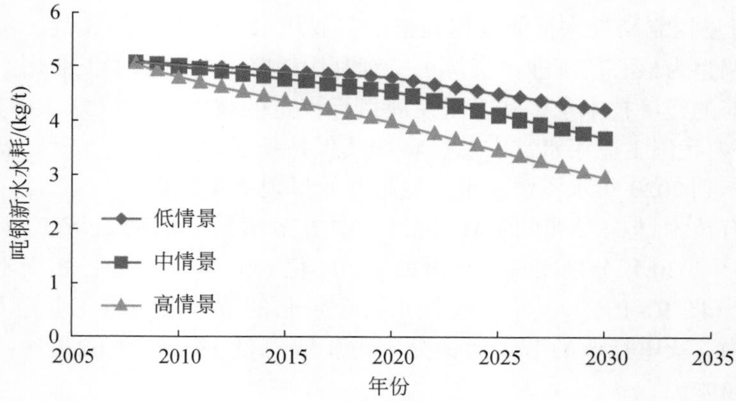

(b) 钢铁

图 10-16　部分行业单位产品取水量预测

直流冷却系统改造为循环冷却系统、提高循环冷却倍率、空冷系统运用、干排渣和干储灰等是火电行业节水的典型技术。特别对水资源严重匮乏的海河流域而言，空冷技术能直接节约占火电用水量 70% 左右的冷却用水，尽管这项技术会增加建设费用和煤耗，但由于节水效益显著，正在流域内的火电厂中得到推广。直接还原炼铁、“三干”技术、近终形连铸连轧和空冷、汽冷技术是钢铁行业的主要节水技术。但结合技术的节能效益，近终形连铸连轧、直接还原炼铁、干熄焦、干式 TRT 和炼焦热导油技术应作为钢铁行业未来优先发展的技术。在中情景的技术发展水平下，海河流域钢铁行业技术进步和产能规模调控将促使行业用水规模在 2030 年以前小于现有规模。

对工业部门而言，目前制约各工业行业用水效率提高和节水潜力发挥的主要因素包括：整体技术水平不高，工艺结构落后；工业布局不合理；企业规模结构、产品结构和原料结构不合理等。通过技术选择和结构调整，可实现工业用水从微增长到零增长、再变为负增长的变化过程，实现部分高耗水行业增产不增水。应该说，增产不增水应该是规范和指导我国工业用水可持续发展的一条基本原则。

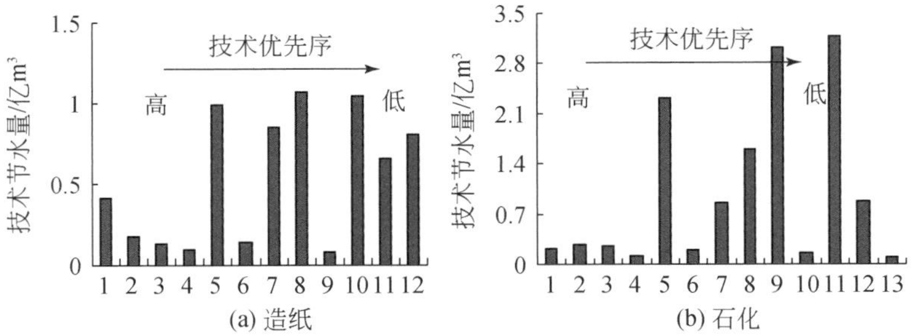

图 10-17　部分行业 2020 年高效用水技术优先序和节水效益

注：造纸行业技术代码：1. 超高得率制浆技术；2. 纸机白水封闭循环和回收技术；3. 生产过程中浓技术；4. 中浓封闭筛选；5. 制浆蒸煮黑液高效碱回收和冷凝水回收技术；6. 现代漂白技术（TCE、ECF 等）和逆流洗涤；7. 中段废水的治理与回用

石化行业技术代码：1. 加氢精制等工艺取代碱洗电精制工艺；2. 水溶液全循环尿素节能节水增产工艺；3. 废氢及惰性气体代替蒸汽汽提；4. 合成氨原料气净化精制双甲工艺；5. 回收凝结水技术；6. 干式蒸馏；7. PSA；8. 物料换热优化和低温余热利用技术；9. 海水冷却；10. 采用 CO_2 和 NH_3 汽提工艺；11. 合成氨 NHD 等新型气体净化新工艺；12. 城市污水深度处理回用；13. 全低变工艺

图 10-17 反映的是 2020 年造纸和石化两个行业的技术优先序与节水效益的关系。造纸行业耗水量大、规模集中度小，节水潜力相对较大。行业最具节水潜力的技术集中在少数几项关键技术上，如高得率制浆技术、纸机白水封闭循环和回收、中浓技术（包括生产过程中浓和中浓封闭筛选技术）、漂白技术等，节水效益明显。石化行业则表现出与造纸行业不同的特征，该行业生产过程技术的节水效益高，技术优先级别高，如水溶液全循环尿素节能节水增产工艺、碱洗电精制替代工艺、废氢及惰性气体代替蒸汽汽提等，但这些技术实现节水量相对较小，节水量的实现还主要依靠水的重复利用和回用技术来满足。因此，提高不同行业的用水效率应根据该行业的特征加以区分，选择最优的技术路径。

就全行业耦合的情况看，若要求高耗水行业 2020 年的用水量控制在当前水平，则重点需要依靠火电、钢铁和造纸等实现节水目标相对容易的行业来实现；尤其是火电行业，由于发电新技术的推广，将具有较大的用水效率提升空间。通过技术优先排序和综合效益评估分析，2020 年高耗水行业用水量维持当前水平的情景下，应重点推广的前 10 项技术均为生产过程技术，可见，加强技术研发，促进工业技术进步，提高行业技术准入条件，将是未来工业行业用水管理的重要手段。其中，最具代表性的几项典型生产技术为纺织行业的天然彩棉原料、火电行业的空冷技术和清洁煤发电技术、钢铁行业的近终形连铸连轧技术以及直接还原铁和熔融还原铁技术以及造纸行业的超高得率制浆技术等。

在技术升级的同时，行业规模优化也将带来一定节水潜力。其中，火电行业规模优化主要应围绕发电机组以大代小和清洁发电机组的应用展开；钢铁行业规模调整应向设备大型化、现代化发展，淘汰落后中小型设备生产能力，逐步淘汰土法炼焦（含改良焦炉）、炭化室高度小于 4.3m 焦炉、$180m^2$ 以下烧结机项目、$1000m^3$ 以下高炉、120t 以下转炉和 70t 以下电炉等；石化行业，行业规模结构优化应使生产能力向现代化、大型化企业聚集。在炼油行业，争取 2010 年后炼油主流装置规模达到 1000 万 t 以上，乙烯主流装置达 80 万 t 以上，提高以天然气为原料的大型合成氨的比例，逐步淘汰以煤为原料的小合成氨。

海河流域具有较丰富的煤炭资源，区域内工业发展也可以依托环渤海的物流优势，但其工业发展结构也决定了在基于全国资源分布和发展水平的统筹考虑下，未来的布局结构调整。由于水资源匮乏，海河流域需限制水力冷却的火力发电，重点发展空冷机组；但在天津等滨海区域可以借助海水冷却等方式发展火电。区域内钢铁行业已存在产能过剩的问题，未来不宜新建钢铁企业，也不宜大规模扩张产能。石化行业布局优化要依托现有企业和环渤海区位优势，建成具有世界级规模的炼化一体化企业群和石油化工产业集群。

10.3.3 海河流域城市雨水利用潜力分析与未来发展重点

1. 雨水利用潜力分析的三个层次

水循环过程的二元特性决定着城市雨水利用潜力分析过程必须考虑社会水循环过程。本研究将社会水循环过程（供水、用水、耗水、排水、蓄水）纳入到雨水利用潜力模型中，建立了基于二元水循环机理的雨水利用潜力耦合模型，可以用于计算城市雨水利用潜力、评价城市雨水利用水平，为推进雨水利用的顺利开展提供决策依据。

根据二元水循环过程的机理分析，结合城市雨水利用的理论与实践，城市二元水循环机理下的雨水利用潜力分析应考虑水的自然循环和侧支循环过程。自然水循环是雨水利用之源，社会水循环是雨水利用之本。降雨到达地面后，形成地面径流并通过下渗等水文过程形成地下径流，同时部分降水通过蒸发形式回到大气中。地表径流汇集到水库、塘坝等蓄水工程，为城市提供水源；地下径流成为地下水的一部分，地下水优质的水质和稳定的出流量，成为海河流域内城市的主要水源。由于大多城市实行的是雨污同流，降落到城市建成区的雨水形成的地表径流大多和城市污水一起排放到了下游，对下游生态环境造成很大威胁，同时让雨水白白流走了。因此通过建设雨水利用设施，收集屋面和路面的雨水，改变不透水面积和透水面积的结构，最大限度地提高雨水入渗，是城市地区实施雨水利用的主要方式。由于各城市实施雨水利用的社会、经济、文化环境的不同，雨水利用潜力应在考虑水的自然循环的前提下，更多地考虑人文因素的影响。因此，基于城市二元水循环机理的雨水利用潜力模型结构可以由图 10-18 表示。

基于城市二元水循环机理的雨水利用潜力可以划分为三个层次：雨水利用的理论潜力（RH_{max}），雨水利用的现实潜力（RH_p），雨水利用的可达潜力（RH_a）。

$$RH_{max}=P_{有效}\times A_{建成区} \tag{10-2}$$

$$P_{有效}=P\times\varphi_1\times\varphi_2\times\varphi_3 \tag{10-3}$$

$$RH_p=W_s+W_g \tag{10-4}$$

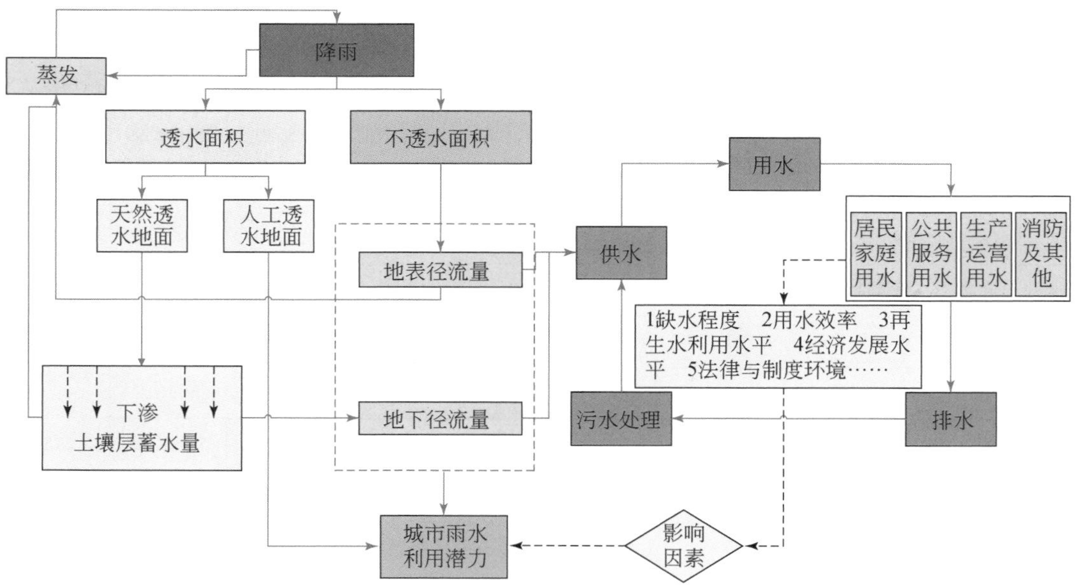

图 10-18　基于城市二元水循环机理的雨水利用潜力计算模型

$$\mathrm{RH}_a=\gamma\ (W_s+W_g+S) \tag{10-5}$$

式中，$P_{有效}$为有效降雨量；$A_{建成区}$为城市建成区面积；φ_1为有效降水系数（可取经验值 0.70）；φ_2为初期弃流系数（可取经验值 0.85）；φ_3为季节折减系数（可取经验值 0.85）；W_s为地表径流量；W_g为地下径流量；S 为土壤蓄水量；γ 为雨水利用调节系数，主要由社会水循环过程决定。

社会水循环过程对城市雨水利用潜力的影响是非线性的、复杂的、互有交叉的。因此定量化分析社会水循环过程对雨水利用潜力的影响比较困难。通过对可能的影响因素的统计分析，选择出主要影响因素，并借鉴系统动力学原理，通过建立表函数的方法，按照加权平均的方法来计算综合影响系数。调节系数的计算公式为：

$$\gamma = \sum_{i=1}^{n} W_i \cdot \gamma_i = \sum_{i=1}^{n} W_i \cdot \sum_{j=1}^{m} w_j \gamma_{ij} \tag{10-6}$$

式中，γ 为雨水利用调节系数；W_i为影响雨水潜力的第 i 个因素的权重；γ_i为影响雨水潜力的第 i 个因素的调节系数值；w_{ij}为影响雨水潜力的第 i 个因素中第 j 个指标的权重；γ_{ij}为影响雨水潜力的第 i 个因素中第 j 个指标的调节系数值。权重可以采用 AHP 方法确定。通过对比分析，确定影响城市雨水利用潜力主要包括 5 个因素：城市缺水程度 ξ、用水效率 δ、再生水利用水平 τ、经济发展水平 β、法律与体制环境 φ。

2. 雨水利用的理论潜力和现实潜力

计算可得海河流域各城市雨水利用的理论潜力（RH_{max}）与雨水利用的现实潜力（RH_p），结果见表 10-1。

表 10-1　海河流域 26 个地级以上城市雨水利用潜力分析结果（自然循环）

序号	城市	海河二级分区	建成区面积/km^2	绿地面积/km^2	道路面积/km^2	屋顶面积/km^2	降水量/mm	RH_{max}/万 m^3	RH_p/万 m^3
1	北京	海河北系	1 289.00	123.57	134.89	372.28	585.80	38 188.99	23 639.93
2	天津	海河北系	571.00	60.91	47.99	174.38	534.10	15 423.91	9 877.99
3	张家口	海河北系	77.00	5.03	8.13	22.10	425.40	1 656.62	905.02
4	廊坊	海河北系	54.00	10.98	6.61	18.95	555.60	1 517.37	1 444.18
5	大同	海河北系	91.00	3.79	8.01	26.50	436.00	2 006.61	957.61
6	朔州	海河北系	31.00	7.00	2.40	8.83	421.00	660.05	589.80
7	石家庄	海河南系	187.00	25.77	17.03	50.66	541.70	5 123.14	3 515.66
8	邯郸	海河南系	104.00	4.54	10.01	34.57	523.00	2 750.88	1 461.73
9	邢台	海河南系	70.00	1.14	4.69	11.51	529.50	1 874.56	505.66
10	保定	海河南系	103.00	8.94	9.90	21.00	566.90	2 953.11	1 489.04
11	沧州	海河南系	43.00	2.78	2.98	14.51	549.50	1 195.01	667.85
12	衡水	海河南系	44.00	8.86	5.51	8.87	562.50	1 251.73	1 002.15
13	阳泉	海河南系	43.00	3.03	2.95	12.21	526.60	1 145.21	593.63
14	长治	海河南系	45.00	1.24	4.23	13.16	583.40	1 327.75	599.19
15	忻州	海河南系	20.00	0.40	0.43	8.03	483.00	488.55	229.65
16	安阳	海河南系	73.00	6.20	9.35	22.15	573.50	2 117.35	1 336.78
17	鹤壁	海河南系	45.00	2.72	4.58	10.03	661.10	1 504.58	702.47
18	新乡	海河南系	91.00	8.21	8.45	23.33	621.30	2 859.42	1 605.60
19	焦作	海河南系	78.00	7.46	9.08	28.39	594.40	2 344.82	1 654.09
20	唐山	滦河冀东	209.00	11.26	15.95	59.12	645.40	6 821.99	3 315.17
21	秦皇岛	滦河冀东	87.00	7.05	8.47	18.16	658.00	2 895.22	1 438.23
22	承德	滦河冀东	81.00	7.09	4.40	11.96	533.00	2 183.47	890.71
23	濮阳	徒骇马颊河	36.00	5.00	2.80	10.00	559.50	1 018.68	695.10
24	德州	徒骇马颊河	46.00	2.66	5.79	12.59	569.40	1 324.68	709.53
25	聊城	徒骇马颊河	60.00	7.76	5.06	14.83	559.30	1 697.20	1 079.10
26	滨州	徒骇马颊河	49.00	7.41	5.11	25.45	573.20	1 420.49	1 391.36

3. 雨水利用的可达潜力与未来雨水利用的重点区域

在计算理论潜力和现实潜力的基础上，根据各个影响因素的定量评价结果和 AHP 分析过程确定的权重，最终可以计算出海河流域内 26 个地级以上城市的雨水利用的可达潜力（RH_a），结果见表 10-2 和图 10-19。

表 10-2　流域内 26 个城市的雨水利用潜力计算结果

序号	城市	ξ	δ	τ	β	φ	γ	RH_a/万 m^3
		0.1711	0.1518	0.1644	0.2008	0.3118		
1	北京	0.6	0.81	0.8	0.79	0.84	0.777	18 360.53
2	天津	0.4	0.89	0.44	0.71	0.75	0.652	6 440.83
3	石家庄	0.4	0.72	0.65	0.56	0.40	0.523	1 837.04
4	唐山	1.0	0.78	0.71	0.62	0.40	0.656	2 174.38
5	秦皇岛	0.3	0.65	0.62	0.55	0.40	0.491	706.46
6	邯郸	0.4	0.43	0.42	0.50	0.40	0.428	625.71
7	邢台	0.4	0.47	0.48	0.53	0.40	0.449	227.25
8	保定	0.4	0.61	0.42	0.46	0.40	0.447	665.03
9	张家口	0.4	0.43	0.58	0.53	0.40	0.460	416.05
10	承德	0.6	0.37	0.26	0.56	0.40	0.445	396.45
11	沧州	0.4	0.70	0.4	0.54	0.40	0.473	316.17
12	廊坊	0.8	0.72	0.42	0.62	0.40	0.564	814.89
13	衡水	0.6	0.68	0.61	0.46	0.40	0.522	523.38
14	大同	0.6	0.46	0.58	0.37	0.40	0.467	446.92
15	阳泉	0.6	0.46	0.56	0.48	0.40	0.486	288.45
16	长治	0.6	0.39	0.4	0.53	0.40	0.465	278.74
17	朔州	0.8	0.52	0.28	0.48	0.40	0.483	285.15
18	忻州	0.5	0.42	0.62	0.21	0.40	0.415	95.28
19	安阳	0.4	0.41	0.82	0.45	0.40	0.480	641.85
20	鹤壁	0.6	0.57	0.46	0.35	0.40	0.459	322.68
21	新乡	0.4	0.48	0.42	0.37	0.40	0.409	657.00
22	焦作	0.4	0.45	0.24	0.39	0.40	0.380	628.19
23	濮阳	0.6	0.65	0.26	0.58	0.40	0.485	337.43
24	德州	0.6	0.70	0.24	0.60	0.40	0.493	349.55
25	聊城	0.6	0.66	0.28	0.41	0.40	0.457	493.24
26	滨州	0.6	0.67	0.35	0.50	0.40	0.487	678.16
汇总								39 006.82

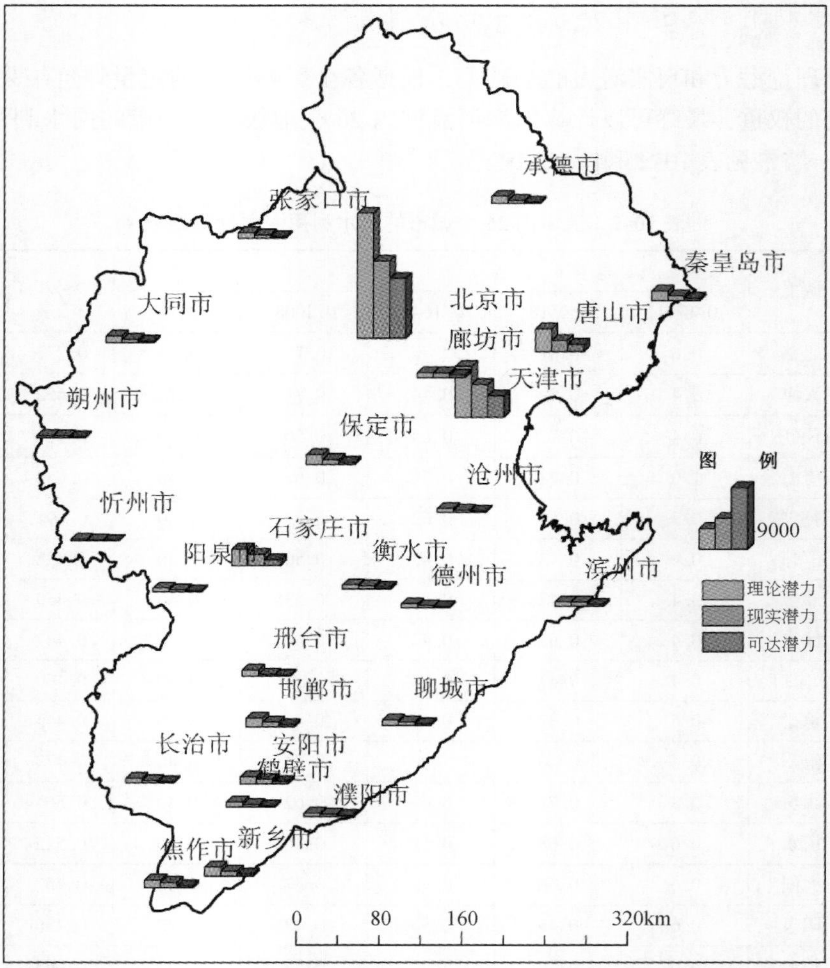

图 10-19　海河流域 26 个城市雨水利用潜力的空间分布

潜力分析结果表明：

1）海河流域 26 个城市雨水利用的理论潜力（RH_{max}）达到了 10.38 亿 m^3。理论上，海河流域主要城市的雨水利用潜力非常大。

2）海河流域 26 个城市雨水利用的现实潜力（RH_p）达到了 6.23 亿 m^3，是理论潜力的 60.0%，可见现实潜力更接近雨水利用的真实潜力水平。

3）考虑当前城市的社会、经济和环境条件，计算得到海河流域 26 个城市雨水利用的可达潜力（RH_a）达到了 3.9 亿 m^3，占城市总供水量的 41.20 亿 m^3的 9.5%。

4）从空间的分布来看，北京市雨水利用的可达潜力（RH_a）最大，为 18 360.53 万 m^3，占流域城市雨水利用可达潜力的 47.07%；北京、天津、石家庄和唐山的雨水利用可达潜力 1500 万 m^3，四个城市的雨水利用可达潜力达到了 28 812.77 万 m^3，占流域内 26 个城市雨水利用可达潜力的 73.87%。因此，从流域的尺度，未来雨水利用的重点应该集中在北京、天津、石家庄和唐山 4 个城市。

5）从雨水利用的空间分布来看，潜力分布呈现出以京津唐为核心，辐射至石家庄、秦皇岛地区的特征。作为我国经济发展的三个最活跃地区之一的京津唐经济发展圈，人口众多、经济实力强、水资源短缺严重。因此，着力加强内涵式节水，最大限度地提高城市用水水平，加大再生术利用力度，逐步推广雨水利用，已经成为该地区可持续发展的根本。

第11章 海河流域水资源综合调控方案与管理红线制定

基于流域水循环及其伴生过程综合模型，对海河流域水资源多维临界整体调控方案进行分析计算，提出八大总量控制指标，进而制定不同频率年各省市分行业、分用水总量控制红线、用水效率红线和水功能区纳污能力红线。

11.1 海河流域水循环多维整体调控措施与方案

11.1.1 经济社会发展、生态环境保护及其水资源需求预测

1. 宏观经济及社会发展趋势预测

由于蕴藏着巨大的发展潜力，海河流域未来经济社会将得到迅速发展。以天津滨海新区和河北曹妃甸循环经济示范区为龙头，带动流域经济社会的重心向滨海转移。工业仍将呈现快速增长的态势，成为制造业基地。高新技术产业将迅速发展，带动传统产业升级改造，高速铁路、航空将得到进一步发展。海河流域（主要是平原）仍将是我国粮食主产区，并承担一定的增产任务。但海河流域粮食生产总体上以自给自足为目标，未来不能承担调出任务。

总人口仍将持续增长，对流域外人口吸引力加大。人口重心总体上从山区向平原、农村向城市（特别是滨海地区）移动。城镇化进程加快，农村人口减少。近年来，海河流域人口自然增长率已降到比较低的水平，但迁入人口较多，人口机械增长速度较快。预计到2020年，海河流域总人口将达到1.51亿，城镇化率59%；2030年将达到1.58亿，城镇化率66%。2007～2030年，海河流域总人口年均增长率为6.1‰，但增速不断下降。

根据海河流域综合规划经济社会发展预测成果（表11-1），2020年GDP总量将达到9.0万亿元，2030年将达到16.9万亿元（2007年价格），比2007年翻了两番多。在GDP组成上，“一产”比例下降，“三产”比例上升，“二产”比例将基本稳定。2020年、2030年工业增加值将分别达到3.9万亿元和6.9万亿元。有效灌溉面积总体稳定在1.12亿亩，但水田、水浇地面积减少，菜田面积增加；林牧渔业面积增加。

表 11-1　海河流域现状和经济社会发展指标预测

水平年	人口/万人			GDP/亿元				“三产”比例/%	工业增加值/亿元
	城镇	农村	小计	一产	二产	三产	小计		
2007	6 515	7 177	13 692	3 078	17 766	14 795	35 639	8 : 50 : 42	15 229
基准年	6 513	7 178	13 691	3 078	17 766	14 795	35 639	8 : 50 : 42	15 229
2020	8 857	6 260	15 117	4 167	42 297	43 610	90 074	5 : 47 : 48	39 096
2030	10 456	5 295	15 751	5 932	75 349	88 234	169 515	3 : 45 : 52	69 427

水平年	耕地面积/万亩	有效灌溉面积/万亩	实际/有效灌溉面积/万亩*				林牧渔面积/万亩
			水田	水浇地	菜田	小计	
2007	15 372	11 222	217	8 112	1 215	9 544	994
基准年	15 372	11 222	217	9 790	1 215	11 222	994
2020	17 161	11 186	193	9 510	1 483	11 186	1 151
2030	17 074	11 196	190	9 359	1 647	11 196	1 276

* 2007 年为实际灌溉面积，其他为有效灌溉面积。

2. 需水预测基本方案

（1）生活需水量

生活需水包括城镇居民和农村居民两部分。生活需水预测是在现状用水基础上，依据人口预测成果，考虑了采取强化节水措施以及人民居住条件改善、生活水平提高等因素预测。海河流域城镇居民生活需水量随着城镇化加快由 2007 年的 22.5 亿 m^3，将增加到 2020 年的 38.0 亿 m^3 和 2030 年的 48.1 亿 m^3；农村居民生活需水量随着农村人口减少由 2007 年的 17.3 亿 m^3，将下降到 2020 年的 16.1 亿 m^3 和 2030 年的 15.5 亿 m^3。

（2）工业需水量

工业需水量依据国家经济社会发展规划及相关政策，参考各省级行政区发展规划预测确定，并根据二产从业人数进行了合理性分析。考虑到海河流域制造业是工业发展的重点，预测工业需水量将有所增长。在采取强化节水措施条件下，海河流域工业需水量将由 2007 年的 60.4 亿 m^3 增加到 2020 年的 87.8 亿 m^3 和 2030 年的 94.3 亿 m^3。建筑业和第三产业需水量有较大幅度地增长。

（3）灌溉需水量

灌溉需水量根据水田、水浇地和菜田规划有效灌溉面积和非充分灌溉定额预测，考虑承担粮食增产因素。由于 2007 年存在灌溉缺水，实际灌溉水量只有 252 亿 m^3，远低于现状灌溉需水量 307 亿 m^3。采取强化节水条件下，海河流域多年平均灌溉需水量将由现状的 307 亿 m^3 下降到 2020 年的 280 亿 m^3 和 2030 年的 273 亿 m^3。林牧渔业和牲畜需水量将有较大幅度的增长。

（4）生态环境需水量

生态环境需水量包括城镇和农村两部分。城镇环境需水量包括绿地灌溉、河湖补水和环境卫生，农村生态需水量为白洋淀等 5 个湿地生态补水量。海河流域城镇环境需水量将由2007年的6.3亿m^3，增加到2020年的10.1亿m^3和2030年的12.7亿m^3。农村生态需水量为3.46亿m^3。

（5）总需水量

在采取强化节水措施条件下，海河流域2020年、2030年经济社会需水量预计分别达到495亿m^3和515亿m^3，包括生活、工业、灌溉和生态环境等主要用水行业，并按“三产”进行统计。第一、第二、第三产业用水比例将由2007年的79%、18%、3%改变为2030年的71%、22%、7%。现状供用水量和需水预测结果见表11-2。

表11-2　海河流域需水预测　（单位：亿m^3）

水平年	城镇生活	工业*	第三产业	建筑业	城镇环境	合计
2007	22.48	60.39	12.47	2.75	6.34	104.43
基准年	22.46	60.39	12.47	2.75	6.34	104.41
2020	37.97	87.84	24.78	2.29	10.09	162.97
2030	48.13	94.3	29.24	2.75	12.65	187.07

水平年	农村居民生活	灌溉				林牧渔业				牲畜	农村生态	合计
		水田	水浇地	菜田	小计	林果地	草场	鱼塘	小计			
2007	17.34	14.24	185.54	52.23	252.01	16.48	0.48	4.51	21.47	7.83	0	298.65
基准年	17.34	25.25	216.8	65.35	307.4	16.48	0.48	4.51	21.47	7.83	0	354.04
2020	16.07	13.75	182.23	83.78	279.76	15.04	0.3	8.42	23.76	8.64	3.46	331.69
2030	15.47	13.26	169.77	89.68	272.71	16.76	0.34	9.14	26.24	9.83	3.46	327.71

水平年	需（用）水量合计	按“三产”统计			
		第一产业**	第二产业***	第三产业	小计
2007	403.08	281.31	63.14	12.47	356.92
基准年	458.45	336.70	63.14	12.47	412.31
2020	494.66	312.16	90.13	24.78	427.07
2030	514.78	308.78	97.05	29.24	435.07

*考虑到电力工业普遍采用空冷技术，节水水平提高，需水预测不再将其作为高耗水行业单列；**包括灌溉、林牧渔和牲畜需水量；***包括工业和建筑业需水量。

3. 供水预测基本方案

海河流域现状主要供水水源有当地地表水、地下水（包括浅层地下水和深层承压水）、黄河水和非常规水源，规划水平年还将增加长江水。

（1）当地地表水

地表水可供水量考虑了供水、需求和河流生态三方面因素限制。海河流域1956～2000年多年平均地表水可利用量的消耗量为110.3亿m^3，可利用量为123.6亿m^3。水资源供需分析中规定，各二级区的多年平均地表可供水量不能大于可利用量，即不能超过123.6亿m^3（表11-3）。

表 11-3　海河流域现状当地地表水多年平均可供水量　（单位：亿 m^3）

分类	滦河冀东沿海	海河北系	海河南系	徒骇马颊河	流域合计
可利用量的消耗量	27.3	30.0	47.5	5.5	110.3
可利用量	29.8	34.4	53.7	5.7	123.6

（2）地下水

地下水可供水量以矿化度小于 2g/L 的浅层地下水可开采量为控制上限。考虑到补给困难，深层承压水不计为可供水量（表 11-4）。

表 11-4　海河流域地下水（矿化度小于 2g/L）可开采量　（单位：亿 m^3）

二级区	山丘区	海河平原	山间盆地	合计
滦河冀东沿海	5.64	9.21	0	14.85
海河北系	5.93	28.15	12.40	46.48
海河南系	20.91	71.81	4.21	96.92
徒骇马颊河	0	26.26	0	26.26
流域合计	32.48	135.43	16.61	184.52

海河流域 1980～2000 年多年平均地下水可开采量 184.55 亿 m^3，其中海河平原多年平均地下水可开采量 135.43 亿 m^3。以省套三级区地下水为单元控制，海河流域地下水可供水量不能超过 184.5 亿 m^3。

（3）黄河水

黄河分配水量按黄河水利委员会近期完成的《黄河水资源综合规划》确定。在 1987 年国务院批复的黄河可供水量分配方案中，海河流域有关省市分配水量（包括其他流域）为：山西 43.1 亿 m^3，河南 55.4 亿 m^3，山东 70 亿 m^3，河北、天津合计 20 亿 m^3。

由于黄河地表径流量的变化，黄河水利委员会对黄河配置水量进行了调整，配置给海河流域的多年平均黄河水量为 52.4 亿 m^3（从黄河引水口计）。其中，河南（海河流域部分）7.5 亿 m^3，山东（海河流域部分）33.1 亿 m^3，河北 6.2 亿 m^3（进入河北省 5 亿 m^3），山西引黄入晋北干线 5.6 亿 m^3，天津未配置引黄水量。进入省界可供水资源配置的水量 51.2 亿 m^3。黄河水可供水量按多年平均不超过 51.2 亿 m^3控制（表 11-5）。

表 11-5　海河流域黄河水分配水量　（单位：亿 m^3）

分类	河北	山西	河南	山东	合计
黄河引水口	6.2	5.6	7.5	33.1	52.4
进入省界（用于配置）	5.0	5.6	7.5	33.1	51.2

（4）长江水

长江水分配水量根据《南水北调工程总体规划》确定。按南水北调中线一期和东线一期、二期工程将于 2020 年以前完成，中线二期、东线三期工程将于 2030 年前完成，2020

年将分配给海河流域的长江水量中线为62.4亿m^3，东线为16.8亿m^3，合计79.2亿m^3；2030年将分配配给海河流域的长江水量中线为86.2亿m^3，东线为31.3亿m^3（均按总干渠分水口计），合计117.5亿m^3。长江水可供水量按2020年多年平均不超过79.2亿m^3、2030年不超过117.5亿m^3控制（表11-6）。

表11-6　海河流域长江水分配水量　（单位：亿m^3）

省级行政区	2020年			2030年		
	中线一期	东线二期	小计	中线二期	东线三期	小计
北京	10.5	0	10.5	14.9	0	14.9
天津	8.6	5.0	13.6	8.6	10.0	18.6
河北	30.4	7.0	37.4	42.3	10.0	52.3
河南	12.9	0	12.9	20.4	0	20.4
山东	0	4.8	4.8	0	11.3	11.3
合计	62.4	16.8	79.2	86.2	31.3	117.5
过黄河	71.4	20.8	92.2	98.2	37.7	135.9

（5）非常规水源

海河流域的非常规水源包括再生水、微咸水和海水淡化（包括海水直接利用量折合成淡水）三类。根据各省区市和有关行业部门规划，并考虑技术、经济可行性等制约因素，海河流域非常规水源供水量将从2007年的10.3亿m^3增加到2020年的35.1亿m^3和2030年的41.1亿m^3（表11-7）。

表11-7　海河流域非常规水源供水量预测　（单位：亿m^3）

省级行政区	2007年				2020年				2030年			
	再生	微咸	海水	合计	再生	微咸	海水	合计	再生	微咸	海水	合计
北京	4.57	0	0	4.57	5.2	0.0	0.0	5.2	5.9	0.0	0.0	5.9
天津	0.08	0	0.02	0.1	4.8	0.8	1.3	6.9	5.4	0.8	1.4	7.7
河北	0.51	2.26	0.01	2.78	7.6	4.3	1.8	13.8	9.0	5.1	2.1	16.2
山西	1.67	0	0	1.67	2.5	0.0	0.0	2.5	3.3	0.0	0.0	3.3
河南	0	0	0	0	2.1	0.0	0.0	2.1	2.4	0.0	0.0	2.4
山东	0.22	0.44	0	0.66	1.4	2.7	0.3	4.4	2.2	2.7	0.3	5.2
内蒙古	0	0	0	0	0.3	0.0	0.0	0.3	0.4	0.0	0.0	0.4
辽宁	0	0	0	0	0.0	0.0	0.0	0.0	0.0	0.0	0.0	0.0
流域合计	7.05	2.70	0.03	9.78	23.9	7.8	3.4	35.1	28.6	8.6	3.8	41.1

注：1. 海水可利用量包括淡化和直接利用折合淡水量；2. 2007年非常规水源利用量不包括集雨工程。

(6) 可供水量上限

海河流域 2020 年各类水源的可供水量上限为：当地地表水 124 亿 m^3，地下水 184 亿 m^3，黄河水 51.2 亿 m^3，长江水 79.2m^3，非常规水源 35 亿 m^3。

海河流域 2030 年各类水源的可供水量上限为：当地地表水 124 亿 m^3，地下水 184 亿 m^3，黄河水 51.2 亿 m^3，长江水 117.5 亿 m^3，非常规水源 41 亿 m^3（表 11-8）。

表 11-8　海河流域各类水源可供水量上限　　（单位：亿 m^3）

水平年	地表水可利用量	地下水可开采量	外调水分配水量				非常规水源				
			黄河水	中线长江水	东线长江水	小计	再生水	微咸水	雨水利用	海水淡化	小计
2007	88.60	219.57	43.85	0	0	43.85	7.05	2.69	0.57	0.03	10.34
基准年	123.60	184.35	43.73	0	0	43.73	7.05	2.69	0.57	0.03	10.34
2020	123.60	184.35	51.20	62.42	16.80	130.42	23.85	7.86	0.00	3.42	35.13
2030	123.60	184.35	51.20	86.21	31.30	168.71	28.60	8.59	0.00	3.93	41.12

11.1.2　多维临界调控方案的比选与评价

7.2.4 节中以流域综合规划成果为基础，按照三层次递进构建了 336 套系列组合方案，基本涵盖了资源维（地下水超采量、地表水开发利用率）、经济维（人均 GDP、万元 GDP 综合用水量）、社会维（人均粮食产量、城乡人均生活用水比）、生态维（入海水量、河道内生态用水量）、环境维（COD 入河量、水功能区达标率）等各维度变化的可行范围，以下通过深入分析和比较某维变化对其他维的影响，逐步比选出五维整体协调方案。

运用协同学和信息熵理论对 336 套系列组合调控方案进行了比选（表 11-9），结果表明：

1）在 1956～2000 年系列条件下，降水量较丰沛，ET 对国民经济用水的制约作用有限。通过加强对非常规水源的开发利用、常规水源的高效利用，可进一步控制 2020 年地下水超采量下降到 16 亿 m^3，2030 年实现采补平衡，入海水量控制在 55 亿～60 亿 m^3。五维竞争权衡达到整体协调的国民经济用水量应控制在 505 亿 m^3（南水北调二期工程按期实施）至 490 亿 m^3（二期工程未按期实施），在保障 2030 年粮食生产能力达到 5700 万 t 条件下，可实现 GDP 总量 16.30 万亿～16.56 万亿元，南水北调二期工程未能按期实施与按期实施相比将减少 GDP 1.57%。系统整体协调性较好方案：①南水北调二期工程按期实施：方案 F56 和 F54；②南水北调二期工程未按期实施：方案 F80 和 F77；③二期工程未按期实施、加大中线一期引水量 20%：方案 F89 和 F90。

表 11-9 重要组合方案的主要调控指标(1980～2005 年水文系列)

调水工程状态	方案代码	水平年	地下水超采量/亿 m^3	入海水量/亿 m^3	外调水量/亿 m^3			ET控制量/亿 m^3	GDP/万亿元	三产比例			粮食产量/万 t	废污水产生量/万 t	COD入河量/亿 m^3	非常规水利用/万 t			总用水量/亿 m^3
					中线	东线	引黄			一产	二产	三产				再生水	微咸水	海水淡化	
二期工程按期实施	F97	2020	36	64	62.4	16.8	51.2	283	7.05	5.2	41.3	53.4	5400	57.8	39.7	23.9	7.9	3.4	411.9
		2030	0	68	86.2	31.3	51.2	292	11.15	4.2	42.2	53.6	5500	69.9	23.6	28.6	8.6	3.9	424.5
	F100	2020	36	64	62.4	16.8	51.2	285	7.42	5.3	42.1	52.7	5400	60.6	42.1	36.9	7.9	6.4	417.3
		2030	0	68	86.2	31.3	51.2	292	11.70	4.2	41.5	54.3	5500	71.4	24.3	51.1	8.6	6.8	425.2
	F172	2020	55	55	62.4	16.8	51.2	306	10.35	4.6	44.5	50.9	5400	85.3	58.9	36.9	7.9	6.4	466.3
		2030	36	50	86.2	31.3	51.2	327	16.49	3.9	46.4	49.7	5500	97.1	32.9	51.1	8.6	6.8	488.3
	F180	2020	55	55	62.4	16.8	51.2	304	10.26	4.6	43.9	51.4	5400	83.0	57.5	36.9	7.9	6.4	465.7
		2030	36	55	86.2	31.3	51.2	306	16.07	3.8	46.4	49.7	5700	94.3	32.2	51.1	8.6	6.8	459.3
二期工程未按期实施	F124	2020	36	64	62.4	16.8	51.2	293	9.46	5.0	43.1	51.9	5400	72.6	50.3	36.9	7.9	6.4	438.8
		2030	36	55	62.4	16.8	51.2	309	16.23	3.9	44.7	51.4	5500	92.5	31.5	51.1	8.6	6.8	461.1
	F184	2020	55	55	62.4	16.8	51.2	307	10.35	4.6	44.5	50.9	5400	85.3	58.9	36.9	7.9	6.4	469.5
		2030	36	55	62.4	16.8	51.2	320	16.48	3.9	46.5	49.6	5500	97.1	32.9	51.1	8.6	6.8	479.0
	F132	2020	36	64	62.4	16.8	51.2	294	9.58	4.9	43.0	52.1	5650	73.3	50.9	36.9	7.9	6.4	446.4
		2030	36	55	62.4	16.8	51.2	296	16.09	3.9	45.3	50.9	5700	91.2	31.1	51.1	8.6	6.8	444.9
加大中线一期引水 20%	F136	2020	36	64	62.4	16.8	51.2	293	9.44	5.0	43.2	51.8	5400	72.4	50.3	36.9	7.9	6.4	438.6
		2030	36	55	75.0	16.8	51.2	313	16.31	3.9	44.7	51.4	5500	93.0	31.7	51.1	8.6	6.8	465.9
	F196	2020	55	55	62.4	16.8	51.2	305	10.35	4.6	44.4	50.9	5400	85.1	58.8	36.9	7.9	6.4	465.7
		2030	36	55	75.0	16.8	51.2	314	16.40	3.9	46.4	49.8	5500	96.8	32.8	51.1	8.6	6.8	471.0
加大中线一期，引黄达到 87 分水方案	F148	2020	36	64	62.4	16.8	51.2	293	9.51	5.0	43.1	51.9	5400	72.9	50.5	36.9	7.9	6.4	439.1
		2030	36	55	75.0	16.8	63.1	315	16.23	4.0	44.8	51.2	5500	92.9	31.6	51.1	8.6	6.8	468.7
	F216	2020	55	55	62.4	16.8	51.2	302	10.26	4.7	44.1	51.2	5650	83.3	57.6	36.9	7.9	6.4	465.2
		2030	36	55	75.0	16.8	63.1	306	16.17	3.8	46.5	49.7	5700	94.9	32.3	51.1	8.6	6.8	462.1

2）在 1980 ~ 2005 年偏枯水文系列条件下，ET 对国民经济用水的制约作用显著。若采用基本方案设定的地下水超采量（2020 年 36 亿 m^3、2030 年采补平衡）、入海水量（2020 年 64 亿 m^3、2030 年 68 亿 m^3）目标，即使南水北调二期工程按期实施，非常规水利用量提高到 66.5 亿 m^3，也仅可实现规划 GDP 目标值的 67%。因而，五维目标需综合协调，竞争权衡的结果如图 11-1 所示。

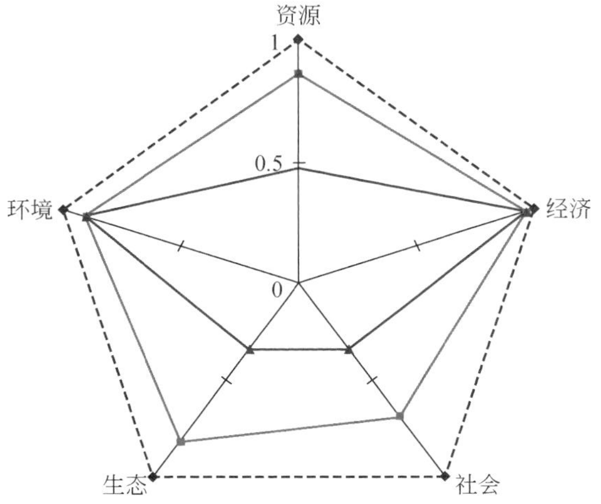

图 11-1　长、短系列推荐方案五维竞争协同有序度方案雷达图（2030 年）

在 1980 ~ 2005 年系列条件下，应以大力提高常规水资源的利用效率、加大非常规水利用量为前提，2030 年地下水超采量控制在 36 亿 m^3，入海水量控制在 50 亿 m^3左右，粮食生产能力维持在 5500 万 t，国民经济用水量控制在 460 亿 m^3（F124 二期工程未按期实施，超采 36 亿 m^3）至 480 亿 m^3（F172 二期工程按期实施，超采 36 亿 m^3）。为了保持基本的 GDP 增长速度，三产比例从 3.9 : 46.5 : 9.6（F172 二期工程按期实施）调整为 3.9 : 44.7 : 51.4（F124 二期工程未按期实施），可实现 GDP 总量 16.23 万亿 ~ 16.48 万亿元。分析结果表明，在短系列水文条件下，南水北调二期工程按期实施非常必要。系统整体协调性较好方案：①南水北调二期工程按期实施：方案 F172 和 F109；②南水北调二期工程未按期实施：方案 F124 和 F132；③二期工程未按期实施、加大中线一期引水量 20%：方案 F136 和 F196。④加大中线一期引水量 20%，引黄达“87”分水方案：方案 F148 和 F216。

两套水文系列理想点、基本方案、推荐方案五维竞争权衡结果如图 11-2 所示。

11.1.3　调控方案风险分析

任何尚未发生的事件，在未来发生或是否达到期望水平，都存在着风险。五维临界调控系统是极其复杂的系统，受多种不确定因素的干扰，任何单一因素或多因素组合的不确

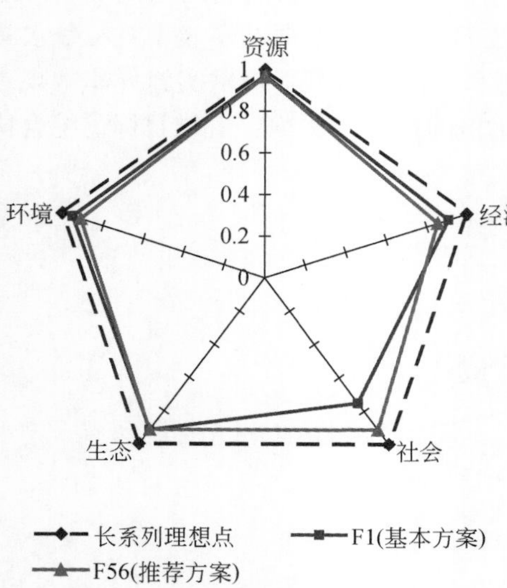

(a)1956~2000年系列

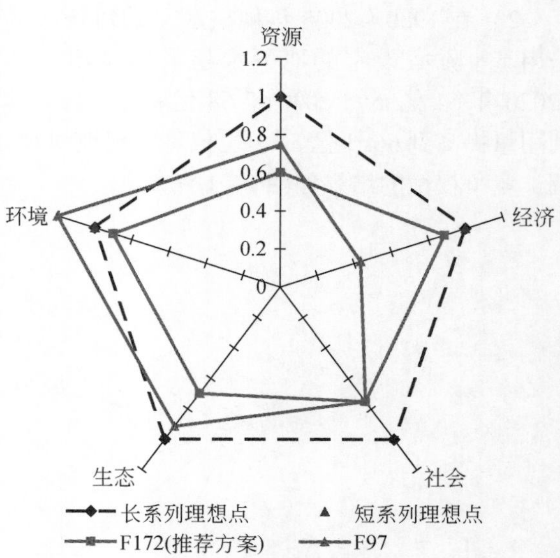

(b)1980~2005年系列

图 11-2　五维竞争协同有序度雷达图（2030 年）

定性变化都会导致多维临界调控方案的风险。其中最大的风险来自南水北调二期工程能否按期实施。因而，本次设置了二期工程按期实施、未按期实施、加大中线一期引水规模等情景，以规避风险。

对三种情景的分析结果表明，在 1956 ~ 2000 年水文系列条件下，由于降水量丰沛，二期工程按期实施与否对调控结果影响不大，而在 1980 ~ 2005 年近期偏枯水文系列条件下，即使南水北调二期工程 2030 年达效，为保证基本的经济发展用水，2030 年也需适量超采地下水，故二期工程按期实施十分必要。

11.2　海河流域水循环多维整体调控总量控制指标分析

11.2.1　总量控制策略

总量控制策略是落实多维临界调控实施方案的决策，需要将合适的情景调控方案与管理措施相关联，根据多维临界整体调控分析之后的推荐方案建立一整套具备可操作性的流域层面管理控制实施方案，满足推荐方案下的流域总量控制管理，实现预定的多维调控模式。根据五维调控的情景分析方案，总量控制策略应以包括水量的时空配置和污染负荷的时空调控，实现经济社会与生态环境均衡协调的水资源和水环境综合解决方案。通过对推荐情景方案的效应分析，提出总量控制指标。

总量控制主要围绕多维调控的各维调控目标，结合水资源管理制度和可操作性提出可供管理实施的总量限制措施。纳入总量控制的指标应具备以下几个特征：①具有反映一维或多维调控准则的特征；②各项指标之间应具有相对独立性；③指标应具备可监测性和可控性，可以进行统计分析，纳入管理实施的平台和整体方案；④指标应具有总量特征，表征流域整体的调控效果；⑤指标应具备全面性，水循环的五维特性均应有所反映；⑥指标选取必须精练，避免指标过多相互关联和干扰，不利于从控制目标到实施方案的制订。一个指标可以代表多个维的状态特征，每一维的状况应该有相应总量指标予以反映。

资源维主要表征协调自然水循环与社会用水之间的均衡，其总量控制目标应落实到流域主要水循环通量和用水量的控制。经济维主要体现在水资源对经济发展的支撑状况，因此可以通过国民经济供用水总量反映。社会维以公平性为准则，可以农业用水总量及其分布反映水资源利用的公平合理性。生态维表征系统的可持续性和水循环的支撑作用，可以生态用水总量以及水循环自身健康的总量指标表达。环境维核心在于水环境功能的维持，应当以用水对水环境产生影响的总量指标反映。

11.2.2 总量控制指标选取

根据上述总量控制的总体策略和指标选取原则，本次在五维十项宏观表征指标整体调控、水资源供用过程和污染物迁移转化等分析的基础上，结合海河流域水资源与水环境管理现状，针对流域水资源与水环境的问题，以推进海河流域水资源与水环境综合管理为目标，按照“取、用、耗、排”四种口径提出六大总量控制目标。各项总量指标在模拟分析水资源与水环境的合理配置方案分析基础上得出，达到提高水资源利用效率和效益、修复生态环境和改善海河流域及渤海水环境质量等为目的。六项指标选取及其依据如下：

1. 地表水取水总量

地表水取水总量为资源维控制指标之一，通过对地表水取水总量的控制使地表水资源开发利用率控制在合理范围内，同时对保障入海水量和生态用水量，改善生态环境具有积极影响。模拟分析中，地表水取水控制以行政区界为边界，控制取水许可，遵循点与面结合、水量与水质结合、规划与管理结合的原则，辅助分析以河道行政区边界为主体的区域地表水资源断面出流控制、以重点地表工程为中心的供水量控制和以分水端口为中心的外调水分水量控制。

2. 地下水开采总量

地下水开采总量为资源维控制目标，通过地下水开采总量控制将地下水超采量和地下水位控制在较合理范围内，逐步实现地下水的采补均衡，有利于系统的生态维持。模拟分析中，地下水开采量以省套三级区为单元，地下水可开采量采用 1980 ~ 2000 年平均浅层地下水可开采量 184.5 亿 m^3。

3. ET 总量及国民经济用水总量

ET 总量控制是实现流域水循环稳定和再生性维持的宏观控制指标，是在资源维（水文系列、地下水超采量）和生态维（入海水量）合理组合情景目标下进行流域和区域总耗水量（蒸腾蒸发量）控制，结合课题四提出的自然 ET 和经济社会 ET 成果，进而提出国民经济用水总量，作为经济维用水控制目标，实现经济维与资源维、生态维、社会维之间的综合协调。模拟分析中，ET 总量和国民经济用水总量以流域和省级行政区域为单元，以水资源高效利用为目标，使万元 GDP 用水量达到高效用水范围。

4. 排污总量

COD 入河排放总量为环境维控制目标，以实现水功能区达标为目的。对保护区和饮用水源区以现状纳污能力作为各规划水平年污染物入河控制量；对其他水功能区，若污染物入河量小于纳污能力，则以入河量作为入河控制量；反之，则以纳污能力作为 2030 年入河控制量。

5. 生态用水总量

生态用水总量为生态维控制目标，根据海河流域生态现状、修复目标和功能定位，按照山区河流、平原河流、湿地及河口分别确定生态水量。其中平原区有 11 条河流实测流量不能满足生态水量，13 个湿地无稳定生态水源，均需要科学配置以保障生态修复目标的实现。

6. 入海水量

入海水量为生态维控制目标，根据有关科研成果分析，维持海河流域河口海相淤积动态平衡的多年平均水量为 75 亿（最小）～121 亿 m^3（适宜）；维持主要河口水生生物（鱼类）栖息地盐度平衡的多年平均水量为 18 亿（最小）～50 亿 m^3（适宜）。五维整体协调结果表明，入海水量控制应以维持河口水生生物栖息地盐度的基本平衡为目标。

通过分析调控方案计算成果，分析得出上述各指标的总量控制值如下。

11.2.3 地表水取水总量

海河流域地表水水源工程分为蓄水、引水、提水、调水工程。蓄水工程包括蓄水水库及小型塘坝，其中大型水库是最主要的地表水资源开发工程；引水工程包括从河道、湖泊等地表水体自流引水的工程；提水工程指利用扬水泵站从河道和湖泊等地表水体提水的工程；调水工程指水资源一级区或独立流域之间的跨流域调水工程，主要包括引黄工程和南水北调东中线工程。推荐地表供水结果见表 11-10。

表 11-10　海河流域推荐方案地表水工程供水量　　（单位：亿 m^3）

方案	水平年	蓄水工程	引提水	河网水	外调水工程	当地地表水
基准年		72.8	16.9	12.1	43.2	101.8
F89	2020	73.2	21.2	16.4	130.2	110.9
	2030	83.9	11.7	11.8	142.2	107.5
F56	2020	82.0	22.7	17.3	130.2	122.0
	2030	80.7	11.2	9.7	166.5	101.6
F136	2020	56.6	10.1	14.2	134.4	81.0
	2030	63.4	12.1	15.6	143.0	91.1
F172	2020	59.6	10.5	14.0	134.4	84.1
	2030	65.4	7.0	8.6	166.0	81.0

从表 11-10 可以看出，1956～2000 年水文系列方案（F89、F56），2030 年当地地表水取水量将分别控制在 107.5 亿 m^3 和 101.6 亿 m^3，地表水开发利用率分别为 50% 和 47%①。1980～2005 年水文系列方案（F136、F172），2030 年当地地表水取水量将分别控制在 91.1 亿 m^3 和 81.0 亿 m^3，地表水开发利用率分别为 57% 和 51%，与基准年相比分别减少 10.7 亿 m^3 和 20.8 亿 m^3。说明南水北调来水后，不仅能够满足新增的社会经济用水，而且使当地地表供水有所减少。

根据推荐调控方案结果分析，在南水北调中线二期（东线三期）工程实施的前提下，地表水取水总量控制指标在长系列水文条件下应为 101.6 亿 m^3，和现状地表供水量基本持平，地表水开发利用率维持在 47% 左右。短系列水文条件下地表取水总量应控制在 81 亿 m^3，地表水利用率 51%。说明在水文形势不利的条件下必须采用更为严格的地表水取用总量控制指标，保证水循环的资源维健康。考虑未来来水与近期枯水年一致，海河流域地表水取水总量应控制在 81 亿 m^3。

11.2.4　地下水开采总量

地下水开采总量为深浅层地下水实际开采量之和。地下水开采总量为资源维控制目标，通过地下水开采总量将地下水超采量和地下水位控制在较合理范围内，逐步实现地下水的采补均衡，有利于系统的生态维持。地下水水源包括浅层地下水和深层地下水。海河流域推荐方案下地下水工程供水量组成情况见表 11-11。

---

① 1956～2000 年系列多年平均地表水资源量为 216.1 亿 m^3，1980～2005 年系列多年平均地表水资源量为 158.6 亿 m^3，地表水开发利用率分别采用相应系列的地表水资源量计算得出。

表 11-11　海河流域推荐方案地下水供水量　　（单位：亿 m^3）

方案	水平年	浅层地下水	深层地下水	地下水合计
基准年		211. 6	35. 2	246. 8
F89	2020	183. 8	29. 5	213. 3
	2030	178. 6	24. 2	202. 8
F56	2020	178. 6	28. 8	207. 3
	2030	166. 5	17. 2	183. 7
F136	2020	198. 7	20. 3	219. 1
	2030	205. 7	15. 7	221. 4
F172	2020	219. 3	24. 2	243. 5
	2030	207. 6	14. 6	222. 2

从表 11-11 可以看出，1956 ~ 2000 年水文系列方案（F89、F56），地下水超采量由现状年的 63 亿 m^3，将逐步递减到 2020 水平年的 23 亿 ~ 29 亿 m^3，2030 年若南水北调二期工程按期实施（方案 F56）可实现零超采。1980 ~ 2005 年水文系列方案（F136、F172），2030 年地下水超采量将控制在 36 亿 m^3 左右。

考虑未来水文条件与近期的一致性，海河流域在南水北调通水后地下水开采总量近期应控制在 220 亿 m^3，远期应控制在 184 亿 m^3，实现地下水总体零超采和地下水位的逐步回升。

11. 2. 5　ET 总量及国民经济用水总量

海河流域水循环多维临界调控中，资源维是调控的核心，其总量控制指标以 ET 总量表示。以 ET 总量作为全流域水量平衡的主要指标，兼顾自然水循环过程和社会水循环过程，对资源维、经济维和社会维的状态均有反映。国民经济用水总量反映了经济维的状况，同时国民经济用水中的农业用水总量反映了社会公平性。

从水资源循环过程来说，ET 是海河流域水循环过程中的主要流失量。在自然水循环过程中，降水是海河流域的主要流入水量，而主要流出量包括 ET 和入海水量。从海河流域的层次上分析，水量平衡主要就是流入量和流出量的平衡，即降水量和 ET 以及入海水量的平衡。海河流域多年平均降水量为 1712 亿 m^3，而入海水量多年平均只有 93 亿 m^3，平衡后的 ET 为 1619 亿 m^3，占总流失量的 95%。考虑到调水量及超采量的变化，海河流域的 ET 目标见表 11-12。

表 11-12　ET 控制目标　　　（单位：亿 m^3）

<table>
<tr><th rowspan="2">水文系列年</th><th rowspan="2">水平年</th><th rowspan="2">降水量</th><th rowspan="2">地下水超采量</th><th rowspan="2">入海水量</th><th colspan="2">南水北调</th><th rowspan="2">引黄水量</th><th rowspan="2">可耗水量</th><th rowspan="2">ET 控制目标（考虑允许超采量后）</th></tr>
<tr><th>中线</th><th>东线</th></tr>
<tr><td>2007</td><td>2007(实际)</td><td>1558.5</td><td>81</td><td>17</td><td>0</td><td>0</td><td>43.8</td><td>1585.3</td><td>1666.3</td></tr>
<tr><td rowspan="5">1956～2000</td><td rowspan="2">2020</td><td rowspan="2">1712.4</td><td>36</td><td rowspan="2">64</td><td rowspan="2">62.42</td><td rowspan="2">16.8</td><td rowspan="2">51.2</td><td>1778.8</td><td>1814.8</td></tr>
<tr><td>16</td><td>1778.8</td><td>1794.8</td></tr>
<tr><td rowspan="3">2030</td><td rowspan="3">1712.4</td><td>0</td><td>68</td><td rowspan="2">86.21</td><td rowspan="2">31.3</td><td rowspan="3">51.2</td><td>1813.1</td><td>1813.1</td></tr>
<tr><td>0</td><td>93</td><td>1788.1</td><td>1788.1</td></tr>
<tr><td>0</td><td>68</td><td>62.42</td><td>16.8</td><td>1774.8</td><td>1774.8</td></tr>
<tr><td rowspan="9">1980～2005</td><td rowspan="4">2020</td><td rowspan="4">1594</td><td>36</td><td>64</td><td rowspan="4">62.42</td><td rowspan="4">16.8</td><td rowspan="4">51.2</td><td>1660.4</td><td>1696.4</td></tr>
<tr><td>55</td><td>55</td><td>1669.4</td><td>1724.4</td></tr>
<tr><td>45</td><td>35</td><td>1689.4</td><td>1734.4</td></tr>
<tr><td>26</td><td>68</td><td>1656.4</td><td>1682.4</td></tr>
<tr><td rowspan="5">2030</td><td rowspan="5">1594</td><td>0</td><td>68</td><td rowspan="2">86.21</td><td rowspan="2">31.3</td><td rowspan="4">51.2</td><td>1694.7</td><td>1694.7</td></tr>
<tr><td rowspan="4">36</td><td rowspan="4">55</td><td>1707.7</td><td>1743.7</td></tr>
<tr><td>62.42</td><td rowspan="3">16.8</td><td>1669.4</td><td>1705.4</td></tr>
<tr><td rowspan="2">75</td><td>1682</td><td>1718</td></tr>
<tr><td>63.1</td><td>1693.9</td><td>1729.9</td></tr>
</table>

从表 11-12 可以看出，1956～2000 年长系列年的情况下，海河流域的可耗水量（水量平衡情况下的 ET）在 1774.8 亿～1813.1 亿 m^3变化，容许超采后，ET 控制目标变化范围为 1774.8 亿～1814.8 亿 m^3，再进一步增加非常规水源的利用（微咸水和海水利用，与外调水相同处理），ET 目标最大可以达到 1829 亿 m^3。

而 1980～2005 短系列年的情况下，海河流域的可耗水量为 1660.4 亿～1707.7 亿 m^3，容许超采后，ET 控制目标变化范围为 1682.4 亿～1743.7 亿 m^3，增加非常规水源的利用后，ET 目标最大可以达到 1759.1 亿 m^3。

海河流域目标 ET 主要由自然 ET 和社会经济 ET 组成，其中社会经济 ET 为人类社会经济活动所消耗的水量，而自然 ET 则是在自然界演化进程中消耗的水量。由于自然 ET 的产生量主要受降水、日照、温度、地表植被等因素影响，受人类活动影响程度较小，其影响可以忽略不计。根据分析历史情况及参考相关文献，1956～2000 长系列年情况下，海河流域自然 ET 为 1423.9 亿～1498.7 亿 m^3；1980～2005 短系列年情况下，海河流域自然 ET 为 1358.2 亿～1489.9 亿 m^3。

社会经济 ET 为海河流域人类社会活动所消耗的水量，主要包括人类社会生存所需要的生活用水消耗，社会发展过程中需要的生产用水消耗以及维护人类社会活动范围生态系统所消耗的生态水量。考虑到人口规模发展、社会经济发展模式和生态系统维护规模和范围的大小，社会经济 ET 有较大的变化范围，1956～2000 长系列年的社会经济 ET 目标如图 11-3 和图 11-4 所示。

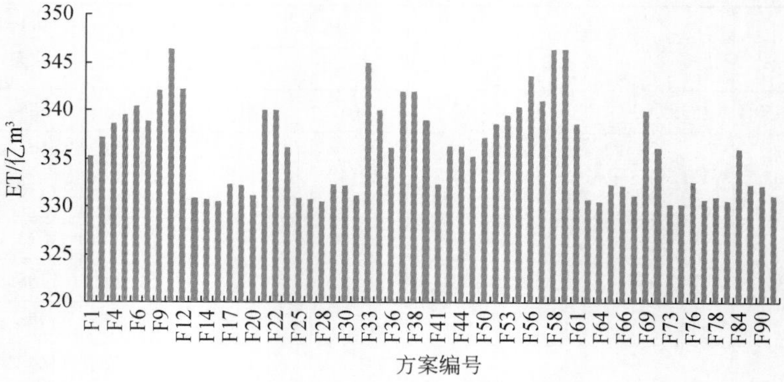

图 11-3　长系列 2020 年社会经济 ET

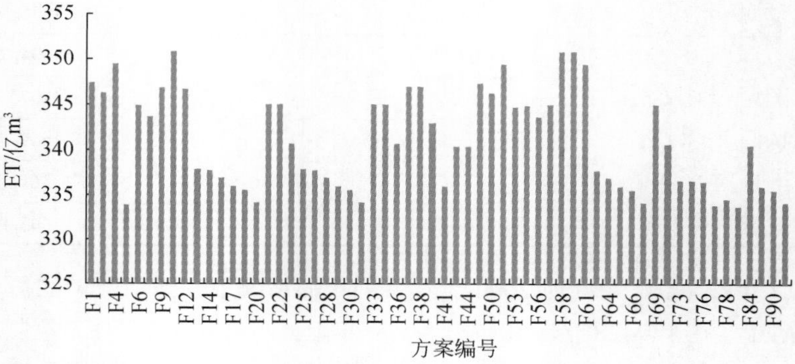

图 11-4　长系列 2030 年社会经济 ET

由图 11-3 和图 11-4 可以看出，社会经济 ET 为 330. 3 亿 ~ 350. 9 亿 m^3，变化幅度约在 20 亿 m^3，这主要是由于流域外调水水量和地下水超采以及入海水量的变化综合而形成的。

相应地，1980 ~ 2005 年短系列年的社会经济 ET 变化如图 11-5 和图 11-6 所示。

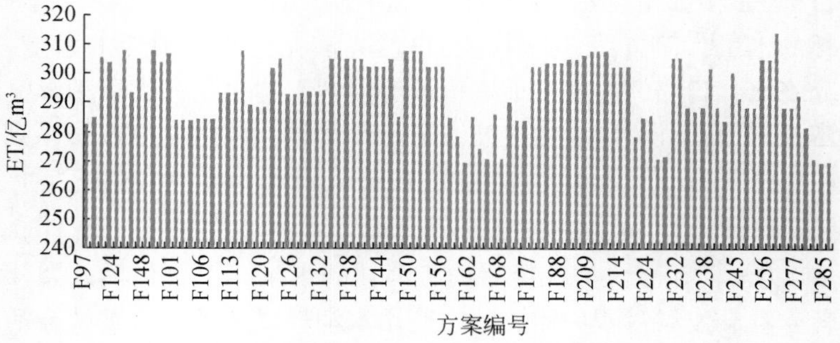

图 11-5　短系列 2020 年社会经济 ET

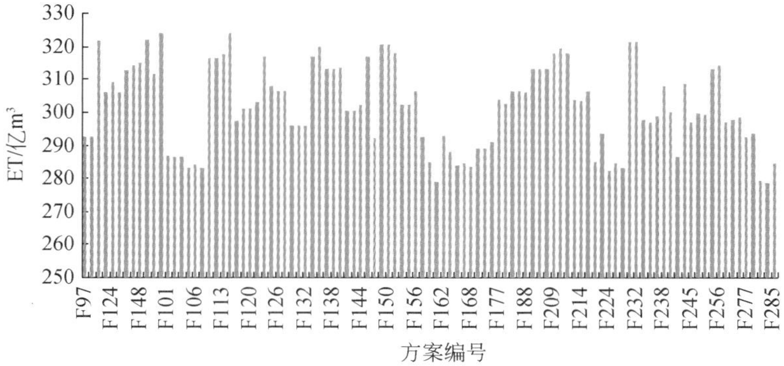

图 11-6 短系列 2030 年社会经济 ET

与长系列相似，由于外调水量、地下水超采以及入海水量的变化，短系列的社会经济 ET 变化范围为 269.2 亿～324.2 亿 m^3。短系列由于处于干旱期，地下水超采量和入海水量差别幅度相对较大，因此，变化幅度在 55 亿 m^3 左右。综合长短系列水量平衡分析成果，海河流域的经济用水 ET 控制总量上限为 324 亿 m^3。

根据方案计算中供用相等的原则，各方案的供水总量即为国民经济用水总量。随着外调水的增加，国民经济可用水总量增加，其中当地地表水和地下水供水量均有不同程度的减少。表 11-13 为推荐调控方案下各方案各行业的用水总量。可以看出，在 1956～2000 年水文系列条件下，2030 年国民经济用水总量将达到 508.5 亿 m^3，在 1980～2005 年水文系列条件下可以达到 480 亿 m^3。根据调控方案分析，在维持资源维和生态维合理需求，协调经济发展与生态环境保护协同均衡条件下，未来国民经济用水总量应控制在 485 亿 m^3 左右。为保持社会维的行业公平和缓解发展与生存的矛盾，农业用水总量应保持在 260 亿 m^3 以上。

表 11-13 海河流域推荐方案国民经济用水总量 （单位：亿 m^3）

方案	水平年	需水总和	供水总和	城镇生活	农村生活	工业及三产	农业	城镇生态	农村生态	缺水总和
基准年		458.7	402.0	22.4	17.1	71.5	285.5	5.4	0.0	56.7
F89	2020	504.2	503.3	38.0	16.1	128.9	306.8	10.1	3.5	0.9
	2030	503.0	503.0	48.1	15.4	118.4	304.0	12.6	4.4	0.1
F56	2020	509.5	508.5	38.0	16.1	133.0	308.0	10.1	3.4	1.0
	2030	509.2	509.1	48.1	15.4	122.2	306.4	12.7	4.4	0.1
F136	2020	439.9	439.1	38.0	16.1	107.3	264.0	10.1	3.7	0.8
	2030	467.4	466.6	48.1	15.4	115.6	271.2	12.7	3.6	0.8
F172	2020	467.6	466.8	38.0	16.1	133.0	266.0	10.1	3.6	0.8
	2030	479.9	479.8	48.1	15.4	122.7	276.6	12.7	4.4	0.1

11.2.6 排污总量

为表达污染负荷总量和分布两种特征，排污总量采用 COD 污染物入河控制量和水功能区达标率两项指标反映。

1. COD 污染物入河控制量

污染物入河控制总量是根据水体的纳污能力、污染物排放量、排污口分布等条件，以实现水功能区达标为目的，对入河污染物进行限量控制的定额指标，也可称为允许纳污量。在海河流域各类水功能分区中，保护区和饮用水源区采用现状纳污能力作为各规划水平年污染物入河控制量，其他水功能区的污染物入河控制量分别按以下方法确定。

2020 年，对于入河量小于纳污能力的水功能区，则以其入河量作为入河控制量；对于现状入河量超过纳污能力的河系干流及主要支流功能区或现状入河量未超过其纳污能力两倍的其他功能区，按照 2020 年的纳污能力进行控制，达到水质目标；对于其他污染比较严重的水功能区，按照现状入河量的 50% 确定入河控制量。2030 年，若入河量将小于纳污能力，则以入河量作为入河控制量。若入河量将大于或等于纳污能力，则以纳污能力作为入河控制量。

根据上述原则方法，通过对不同水平年污染物入河量预测，确定海河流域 2020 年 COD 入河控制总量将为 53.1 万 t；2030 年 COD 入河控制总量将为 30.7 万 t。

海河流域入河污染物总量主要集中在大中型城市的纳污河流。根据流域水功能区的 COD 现状入河量分析，污染最为严重的 40 个水功能区现状入河量占流域总入河量的 74%。因此，提高大中城市污水集中处理率，是完成污染物削减任务的关键措施。海河流域不同水平年污染物入河控制量见表 11-14，全流域 COD 入河总量控制指标为 53.1 万 t/a 和 30.7 万 t/a。

表 11-14 海河流域不同水平年 COD 污染物入河控制量表 （单位：万 t/a）

河系	2020 年	2030 年	省级行政区	2020 年	2030 年
滦河	2.42	2.19	北京	5.95	6.71
北三河	7.64	6.96	天津	11.63	3.69
永定河	3.67	2.68	河北	21.8	10.45
大清河	6.51	2.67	山西	3.25	2.11
子牙河	11.83	4.37	河南	6.01	3.67
海河干流	9.5	3.05	山东	4.41	4.02
漳卫河	6.93	4.35	内蒙古	0.06	0.06
黑龙港运东	0.67	0.59			
徒骇马颊河	3.93	3.85			
流域合计	53.11	30.71	流域合计	53.11	30.71

2. 水功能区达标率

按照污染物入河控制量进行控制，流域水功能区的一级区中的保护区、保留区，二级区中的饮用水源区、景观娱乐用水区（共 173 个、规划河长 5676km）直接与人民生活息息相关，应在 2020 年前先行达标；河系干流及重要支流的水功能区在 2020 年将达到水功能区水质标准，2020 年海河流域 63% 的水功能区将达标，2030 年将全部达标。海河流域省界断面水质保护目标详见表 11-15。省界控制断面的水质是行政区域污染物总量削减考核的重要依据之一。根据《海河流域综合规划》的目标，现状水质污染较重（劣Ⅴ类水质）的省界缓冲区 2020 年比现状水质将提高一个水质类别，其他省界缓冲区水质在 2020 年将达到水功能区水质标准；2030 年将全部达到水功能区水质标准。海河流域 34 条重要河流的 36 个省界控制断面，2020 年将达到水功能区水质标准的有 24 个，占 67%，2030 年将全部达到水功能区水质标准。

表 11-15　海河流域省界断面水质保护目标表

序号	河系	河流	省界	控制断面	现状水质	水质保护目标	
						2020 年	2030 年
1	滦河	闪电河	河北-内蒙古	黑城子牧场	Ⅲ	Ⅲ	Ⅲ
2		滦河	内蒙古-河北	郭家屯	Ⅳ	Ⅲ	Ⅲ
3	北三河	潮河	河北-北京	古北口	Ⅱ	Ⅱ	Ⅱ
4		潮白河	北京-河北	赶水坝	Ⅴ	Ⅳ	Ⅳ
5		白河	河北-北京	下堡	Ⅲ	Ⅱ	Ⅱ
6		黑河	河北-北京	三道营	Ⅱ	Ⅱ	Ⅱ
7		汤河	河北-北京	喇叭沟门	Ⅱ	Ⅱ	Ⅱ
8		泃河	北京-河北	双村	Ⅳ	Ⅲ	Ⅲ
9		泃河	河北-天津	辛撞闸	劣Ⅴ	Ⅴ	Ⅲ
10		北京排污河	北京-天津	大沙河	劣Ⅴ	Ⅴ	Ⅴ
11		蓟运河	河北-天津	张头窝	劣Ⅴ	Ⅴ	Ⅳ
12		潮白新河	河北-天津	吴村闸	Ⅴ	Ⅳ	Ⅳ
13		北运河	河北-天津	土门楼	劣Ⅴ	Ⅴ	Ⅳ
14	永定河	永定河	河北-北京	八号桥	Ⅳ	Ⅳ	Ⅳ
15		南洋河	山西-河北	水闸屯	Ⅲ	Ⅲ	Ⅲ
16		洋河	山西-河北	西洋河	Ⅳ	Ⅲ	Ⅲ
17		桑干河	山西-河北	册田水库	Ⅳ	Ⅲ	Ⅲ
18		御河	内蒙古-山西	堡子湾	劣Ⅴ	Ⅴ	Ⅲ
19		二道河	内蒙古-河北	友谊水库	Ⅳ	Ⅲ	Ⅲ
20	大清河	拒马河	河北-北京	张坊	Ⅲ	Ⅲ	Ⅲ
21		唐河	山西-河北	倒马关	Ⅳ	Ⅲ	Ⅲ
22		大清河	河北-天津	台头	劣Ⅴ	Ⅴ	Ⅲ

续表

序号	河系	河流	省界	控制断面	现状水质	水质保护目标	
						2020 年	2030 年
23	子牙河	子牙河	河北-天津	王口	劣Ⅴ	Ⅴ	Ⅳ
24		绵河	山西-河北	地都	Ⅳ	Ⅲ	Ⅲ
25		滹沱河	山西-河北	小觉	Ⅲ	Ⅲ	Ⅲ
26		子牙新河	河北-天津	御甲庄	劣Ⅴ	Ⅴ	Ⅳ
27		沧浪渠	河北-天津	窦庄子南	劣Ⅴ	Ⅴ	Ⅳ
28	漳卫河	清漳河	山西-河北	刘家庄	Ⅴ	Ⅲ	Ⅲ
29		浊漳河	山西-河南	天桥断	劣Ⅴ	Ⅴ	Ⅲ
30		浊漳河	河南-河北	合漳	Ⅲ	Ⅲ	Ⅲ
31		漳河	河南-河北	观台	Ⅳ	Ⅲ	Ⅲ
32		南运河	山东-河北	第三店	Ⅴ	Ⅱ	Ⅱ
33		卫河	河南-河北	龙王庙	劣Ⅴ	Ⅴ	Ⅳ
34		卫运河	河北-山东	馆陶	劣Ⅴ	Ⅴ	Ⅲ
35	徒骇马颊河	马颊河	河南-河北	南乐	Ⅴ	Ⅳ	Ⅳ
36		徒骇河	河南-山东	大清集	劣Ⅴ	Ⅴ	Ⅳ

11.2.7 入海水量

入海水量为生态维控制目标，根据有关科研成果分析，维持海河流域河口海相淤积动态平衡的多年平均水量为 75 亿（最小）至 121 亿 m^3（适宜）；维持主要河口水生生物（鱼类）栖息地盐度平衡的多年平均水量为 18 亿（最小）至 50 亿 m^3（适宜）。五维整体调控的结果表明，入海水量控制应以维持河口水生生物栖息地盐度的基本平衡为目标。海河流域推荐方案下的入海水量见表 11-16。

表 11-16 海河流域推荐方案入海水量 （单位：亿 m^3）

方案	水平年	入海水量
基准年		49.0
F89	2020	62.1
	2030	71.4
F56	2020	65.5
	2030	68.6
F136	2020	66.5
	2030	49.7
F172	2020	59.2
	2030	51.0

从计算结果可以看出，在 1956～2000 年水文系列条件下，入海水量应控制在 70 亿 m^3 左右，在 1980～2005 年水文系列条件下，应控制在 50 亿 m^3 左右。

11.2.8 生态用水总量指标

根据海河流域生态现状、修复目标和功能定位，考虑河流、湿地、河口现状生态质量不下降或进行改善与修复，按照山区河流、平原河流、湿地及河口分别确定枯水年生态水量。规划的山区河段基本属于自然状态，蒸发渗漏损失已在现状实测水量中反映，生态水量为基流量；平原河流不同河段有不同的物理结构、动态的过流蓄水、植被、地下水位等情况，根据实际情况进行估算。

对于水体连通和生境维持功能的河段，要保障一定的生态基流，原则上采用 Tennant 法计算，取多年平均天然径流量的 10%～30% 作为生态水量，山区河流原则上取 15%～30%，平原河流取 10%～20%；对于水质净化功能的河流，同于水体连通功能河段，不考虑增加对污染物稀释水量；对景观环境功能的河段，采用植被的灌水量或所维持的水面部分用槽蓄法计算蒸发渗漏量；北运河、陡河、独流减河等大量接纳城市排水的河流，生态水量根据现状实测水平确定。

湿地生态规划水量采用湿地最小生态需水量，该水量用生态水位法计算，考虑维持水生动植物生存条件的最低水位和水面，以蒸发渗漏损失为最小生态水量。现状水位低于最低生态水位的湿地，需一次性补水。

河口生态水量采用入海水量，以河系为单元进行整合，扣除河流上下段之间、山区河流与平原河流之间、河流与湿地及入海的重复量。2020 年和 2030 年河流生态水量采用同一标准。

1. 河流生态水量

经计算，平原 24 个河段最小生态水量为 28.51 亿 m^3，见表 11-17。上述河流最小生态水量对应耗损量约为 14 亿 m^3。扣除与河流连通的湿地蒸发渗漏损失为 3.64 亿 m^3，并考虑沿海地区直流入海河流现状入海水量为 1.83 亿 m^3 后，平原规划河流最小入海水量为 18.19 亿 m^3，河流、湿地不重复生态水量为 35.47 亿 m^3。

表 11-17 海河流域平原河流规划生态水量 （单位：亿 m^3）

序号	河系	河流名称	规划河段	最小生态水量	入海水量	沿海诸河入海水量
1	滦河	滦河	大黑汀水库—河口	4.21	4.21	0.32
2	滦河	陡河	陡河水库—河口	1.02	1.02	

续表

序号	河系	河流名称	规划河段	最小生态水量	入海水量	沿海诸河入海水量
3	北三河	蓟运河	九王庄—新防潮闸	0.95	0.85	
4	北三河	潮白河	苏庄—宁车沽	1.38	0.70	
5	北三河	北运河	通县—子北汇流口	1.53	1.00	1.3
6	永定河	永定河	卢沟桥—屈家店	1.42		
7	永定河	永定新河	屈家店—河口	0.68	1.10	
8	大清河	白沟河	东茨村—新盖房	0.68		
9	大清河	南拒马河	张坊—新盖房	0.35		
10	大清河	潴龙河	北郭村—白洋淀	0.50	1.24	
11	大清河	唐河	西大洋—白洋淀	0.68		
12	大清河	独流减河	进洪闸—防潮闸	1.24		
13	海河	海河干流	子北汇流口—海河闸	0.6	0.6	
14	子牙河	滹沱河	黄壁庄水库—献县	1		
15	子牙河	滏阳河	京广铁路桥—献县	0.73		0.21
16	子牙河	子牙河	献县—第六堡	0.96	0.96	
17	漳卫河	漳河	铁路桥—徐万仓	0.32		
18	漳卫河	卫河	合河—徐万仓	3.25		
19	漳卫河	卫运河	徐万仓—四女寺	2.07	1.60	
20	漳卫河	漳卫新河	四女寺——辛集闸	1.2		
21	漳卫河	南运河	四女寺—第六堡	0.66		
22	徒骇马颊河	徒骇河	毕屯—坝上挡水闸	1.90	1.90	
23	徒骇马颊河	马颊河	沙王庄—大道王闸	0.82	0.82	
24	徒骇马颊河	德惠新河	王凤楼闸—白鹤观闸	0.36	0.36	
合计				28.51	16.36	1.83

2. 湿地生态水量

全流域规划的13个湿地最低生态水面面积为836km^2，最小生态水量为水面蒸发渗漏量扣除降水量，经计算为8.77亿m^3。其中水面年蒸发量为8.66亿m^3，年渗漏量为3.84

亿 m^3，年降水量为 3.73 亿 m^3；另需一次性补水量为 8.22 亿 m^3，由丰水年或外流域调水补给。各湿地生态水量见表 11-18。

表 11-18　海河流域平原主要湿地规划生态水量水量

序号	湿地名称	生态水面面积/km^2	年蒸发量/亿 m^3	年降水量/亿 m^3	年渗漏量/亿 m^3	规划生态水量/亿 m^3	一次性补水量/亿 m^3
1	青甸洼	5	0.05	0.02	0.04	0.06	0.06
2	黄庄洼	95	0.84	0.44	0.61	1.01	0.93
3	七里海	85	0.85	0.39	0.62	1.08	0.74
4	大黄堡洼	95	0.84	0.44	0.61	1.01	0.93
5	白洋淀	122	1.34	0.53	0.24	1.05	1.22
6	团泊洼	60	0.60	0.31	0.30	0.60	0.55
7	北大港	177	1.95	0.76	0.97	2.16	1.78
8	永年洼	11	0.12	0.04	0.04	0.12	0.12
9	衡水湖	55	0.60	0.22	0.13	0.51	0.55
10	大浪淀	49	0.54	0.21	0.10	0.43	0.49
11	南大港	55	0.61	0.24	0.10	0.47	0.55
12	恩县洼	17	0.19	0.07	0.04	0.16	0.16
13	良相坡	10	0.12	0.04	0.03	0.11	0.15
合计		836	8.66	3.73	3.84	8.77	8.22

3. 流域生态水量

流域生态水量由河流、湿地、河口三部分组成，规划生态水量详见表 11-19。

表 11-19　海河流域生态规划水量（枯水年）　　（单位：亿 m^3）

河系	河流	湿地	河流湿地重复量	入海水量	总规划生态水量（不重复）
滦河及冀东沿海	5.55			5.55	5.55
北三河	5.16	3.17	1.40	3.85	6.93
永定河	2.10			1.10	2.10
大清河	4.05	3.81	1.62	1.84	6.24
子牙河	2.90	0.62	0.62	1.17	2.90
黑龙港运东		0.90			0.90
漳卫河	7.50	0.27		1.60	7.77
徒骇马颊河	3.08			3.08	3.08
合计	30.34	8.77	3.64	18.19	35.47

注：山区河流生态水量与平原河流生态水量重复；河流水量中含直流入海河流的入海水量 1.83 亿 m^3。

枯水条件下，河流生态水量为 30.34 亿 m^3，湿地生态水量为 8.77 亿 m^3，河流与湿地重复部分为 3.64 亿 m^3，入海水量为 18.19 亿 m^3，总规划生态水量为 35.47 亿 m^3。生态水量占海河流域多年平均天然径流量的 16.2%，占特枯年流域天然径流量的 35%。考虑南水北调工程的实施，生态用水控制总量在未来枯水年应达到 35.47 亿 m^3，其中入海水量 18.19 亿 m^3，其余为河道内和湿地生态用水量。

11.3 海河流域水资源综合管理三条红线细化指标

作为天然水资源禀赋差、人口经济密集的北方流域，海河水资源问题显得尤为突出，人口增长对于水资源的压力还会加大，形成了对社会经济发展带来很多问题。当前海河流域多年平均来水条件下的“三条红线”总量控制目标已确定，各省级行政区的控制指标也基本划定。实际工作中需要落实不同水文频率年的管理指标，以保障总体控制目标的实现。考虑海河流域严峻的供用水形势、显著的水资源条件变化形势和南水北调通水以及地下水压采等未来水资源供给条件的变化，需要制定科学合理和具备可操作性的分项控制指标，包括主要河流断面控制指标，通过合理的技术手段实现对水资源管理“三条红线”控制指标的细化分解工作具有重要的实际价值，对其他流域区域的相关工作具有示范效应。

11.3.1 用水总量指标细化

1. 指标细化思路与原则

用水总量指标细化包括分用户用水指标和分水源的供水控制指标。细化目标主要是将水利部下发的流域供用水总量控制目标划分到各省级行政区，并对不同水文年型分别给出控制性指标。

根据水利部办公厅《关于开展流域 2020 年和 2030 年水资源管理控制指标分解工作的通知》（办资源〔2011〕419 号）文件，水利部以《全国水资源综合规划》为依据，提出了有关流域 2020 年、2030 年用水总量，并要求各流域机构以省级行政区套水资源二级区为控制单元开展流域控制指标的分解工作。根据该文件，全国分配给海河流域的 2020 年和 2030 年用水总量控制指标将分别为 452.7 亿 m^3 和 497.0 亿 m^3，其中，地下水控制指标将分别为 175 亿 m^3 和 173 亿 m^3。

以海河流域用水总量指标为控制，主要依据综合规划各省区结果对总量进行划分，按照模型计算得出的各区域用水量、供水量按比例匹配并适当调整后得出省级行政区的控制指标。用水总量指标按照农业、工业、生活、生态四大类分别细化，考虑不同用户和水源的要求，采用不同的原则进行调整，具体的调整控制原则如下。

1）对于生活用水，按照规划需求控制，并考虑生活用水安全性适当放宽。对北京、天津等特大型城市，考虑流动人口变化大、未来人口增量的不确定性等因素，控制指标可进一步加大。

2）对于工业，以规划需求为基准，考虑强化节水目标和技术改进等因素影响，采用适度从紧的原则。参照海河流域缺水的实际情况，原则上满足平水年流域整体工业需水，对于75%以上年份应该考虑工业出现部分缺水，保障农业和生态基本用水。缺水量的分布根据不同区域的水源和工程条件确定，最终多年平均控制用水总量按照考虑缺水后的用水总量作为控制。

3）对于农业，考虑海河严重缺水和农业采用非充分灌溉定额的实际情况，用水总量控制主要基于保障50%来水条件下的农业用水和干旱期的关键期农业用水为主。

4）对于生态，将城镇生态和农村生态两部分合并考虑，其保障程度参考工业用水。

考虑模型供需平衡分析中采用综合规划“三生”用水口径，第三产业用水划分到工业中，在对用水指标细化时，考虑现有的数据统计口径，将配置结果中的第三产业用水量划入到生活。

2. 分省级行政区细化成果

按照上述原则，以模型计算得出的总供用水量多年平均指标进行细化，全流域不同用户和水源细化结果见表11-20。

表 11-20　海河流域用水总量分用户分水源细化成果　（单位：亿 m^3）

水平年	分用户				分水源			总用水量
	生活	工业	农业	生态	地表水	地下水	其他	
2010（实际）	63.10	77.18	276.13	9.67	205.42	190.52	15.87	422.68
2015	55.23	86.49	271.96	11.37	235.90	172.97	16.19	425.05
2020	64.16	101.92	259.48	13.52	258.39	175.33	19.01	439.09
2030	95.33	93.81	291.52	16.34	297.32	177.78	21.89	497.00

模型计算中的城镇生活为居民小生活，考虑控制指标的简化。分省级行政区指标中生活为包括城镇公共用水、第三产业用水和农村生活用水的大生活用水，工业用水为城镇二次产业用水。

根据模型计算的各省区水量配置数据，对多年平均来水条件下海河流域8个省份的分水源和分用户总量指标进行分配，结果见表11-21至表11-28。

表 11-21　北京市用水总量分用户分水源细化成果　（单位：亿 m^3）

水平年	分水源			分用户				总用水量
	地表水	地下水	其他	农业	工业	生活	生态	
2010（实际）	19.88	20.83	2.04	14.41	8.82	15.90	2.56	41.69
2015	23.56	20.90	2.58	14.59	19.45	8.64	4.37	47.05
2020	23.56	20.90	2.58	0.95	9.29	18.79	4.37	33.41
2030	28.64	20.63	3.20	14.87	10.51	21.68	5.41	52.47

表 11-22 天津用水总量分用户分水源细化成果 （单位：亿 m^3）

水平年	分水源			分用户				总用水量
	地表水	地下水	其他	农业	工业	生活	生态	
2010（实际）	22.31	5.19	2.86	16.94	6.78	6.91	3.14	30.36
2015	25.97	4.42	2.81	16.66	6.63	6.83	3.08	33.21
2020	31.56	4.61	3.44	18.01	11.16	6.35	4.08	39.60
2030	35.06	4.70	3.78	18.04	9.04	12.05	4.41	43.54

表 11-23 河北用水总量分用户分水源细化成果 （单位：亿 m^3）

水平年	分水源			分用户				总用水量
	地表水	地下水	其他	农业	工业	生活	生态	
2010（实际）	92.53	105.23	7.39	144.01	36.40	25.47	2.94	208.82
2015	104.20	93.88	7.27	141.62	35.70	25.14	2.89	205.34
2020	114.95	94.86	9.05	141.21	49.68	24.34	3.63	218.86
2030	133.07	95.88	10.74	153.80	43.27	38.15	4.46	239.68

表 11-24 山西省用水总量分用户分水源细化成果 （单位：亿 m^3）

水平年	分水源			分用户				总用水量
	地表水	地下水	其他	农业	工业	生活	生态	
2010（实际）	16.21	14.47	0.10	16.85	7.29	3.68	0.60	28.41
2015	16.83	11.02	0.10	16.57	7.15	3.64	0.59	27.94
2020	18.15	11.80	0.08	16.75	8.87	3.64	0.76	30.03
2030	19.93	13.43	0.08	17.00	9.20	6.16	1.08	33.44

表 11-25 河南省用水总量分用户分水源细化成果 （单位：亿 m^3）

水平年	分水源			分用户				总用水量
	地表水	地下水	其他	农业	工业	生活	生态	
2010（实际）	22.12	16.21	0.57	27.63	8.83	5.18	0.26	41.90
2015	25.31	15.32	0.57	27.17	8.67	5.11	0.26	41.20
2020	26.14	15.66	0.71	25.83	11.01	5.27	0.40	42.51
2030	31.25	16.16	0.85	28.89	10.58	8.22	0.57	48.26

表 11-26 山东省用水总量分用户分水源细化成果 （单位：亿 m^3）

水平年	分水源			分用户				总用水量
	地表水	地下水	其他	农业	工业	生活	生态	
2010（实际）	31.85	26.58	2.91	54.54	8.60	5.68	0.17	68.98
2015	39.47	25.51	2.86	53.63	8.44	5.60	0.16	67.83

续表

水平年	分水源			分用户				总用水量
	地表水	地下水	其他	农业	工业	生活	生态	
2020	43.44	25.42	3.14	55.09	11.17	5.49	0.25	72.00
2030	48.71	24.82	3.25	57.29	10.47	8.64	0.37	76.77

表 11-27　内蒙古用水总量分用户分水源细化成果　（单位：亿 m^3）

水平年	分水源			分用户				总用水量
	地表水	地下水	其他	农业	工业	生活	生态	
2010（实际）	0.39	1.72	0.00	1.48	0.39	0.21	0.01	2.10
2015	0.44	1.63	0.00	1.45	0.39	0.21	0.01	2.07
2020	0.49	1.78	0.00	1.38	0.65	0.22	0.02	2.27
2030	0.53	1.88	0.00	1.38	0.65	0.35	0.03	2.41

表 11-28　辽宁省用水总量分用户分水源细化成果　（单位：亿 m^3）

水平年	分水源			分用户				总用水量
	地表水	地下水	其他	农业	工业	生活	生态	
2010（实际）	0.12	0.30	0.00	0.29	0.07	0.06	0.00	0.41
2015	0.11	0.29	0.00	0.28	0.07	0.06	0.00	0.40
2020	0.11	0.29	0.00	0.26	0.09	0.06	0.00	0.41
2030	0.13	0.30	0.00	0.25	0.10	0.08	0.00	0.43

3. 分水文年细化成果

考虑模型计算的多年平均供用水量成果与全流域总量控制指标基本一致，为保证结果完整性，直接选用各水平年对应的典型来水年计算成果作为相应的分频率控制指标细化成果。

由于生活保障要求高，不同频率下的控制指标基本一致，主要是农业用水随来水频率具有较为明显的变化的。全流域用水量、工农业总量以及分水源控制指标见表 11-29、表 11-30。

表 11-29　海河流域不同来水频率下用水总量控制指标细化　（单位：亿 m^3）

水平年	用水总量			农业			工业		
	2015	2020	2030	2015	2020	2030	2015	2020	2030
多年平均	419.00	452.73	497.00	271.54	273.12	284.59	75.57	112.08	93.81
50%	416.90	453.36	487.39	274.43	273.37	284.59	52.77	86.49	92.19
75%	428.31	469.30	503.94	278.35	289.31	301.14	96.76	86.49	92.19
90%	411.80	452.97	492.74	261.84	272.98	289.93	77.18	86.49	92.19

表 11-30 海河流域不同来水频率下供用水总量控制指标细化 （单位：亿 m^3）

水平年	供水总量			地表水			地下水		
	2015	2020	2030	2015	2020	2030	2015	2020	2030
多年平均	419	452.73	497	231.63	258.39	297.32	171.77	175.33	177.78
50%	416.90	453.36	487.39	250.32	261.89	294.70	151.51	172.41	171.07
75%	428.31	469.30	503.94	239.16	266.96	296.59	173.27	183.25	185.72
90%	411.80	452.97	492.74	205.42	241.96	279.65	190.52	191.92	191.44

11.3.2 用水效率与水功能区达标率分解

1. 模型计算

(1) 思路和原则

确定了用水总量和供水总量限制条件下，通过情景方案模拟进一步分析各区域不同用户的用水效率和水功能区达标率要求。考虑未来生活用水属于刚性要求，主要的用水效率控制体现在工业增加值用水量和农业灌溉水利用系数。

方案设置总体思路为：考虑海河流域生态恢复和环境保护的需求，提出海河流域入海水量水质、地下水超采等涉及流域水生态和环境质量的水量控制目标，以模型用水和供水总量为控制条件，以各分区不同用户的用水效率指标（即工业增加值和农业灌溉水利用系数）为输入条件，经模型计算得出各区域具体的水量消耗和 ET 分配、控制断面水量水质过程等方案情景结果，通过反馈确定合理的分区效率控制指标，进而确定水功能区达标率指标。

情景设置的总原则是在保障海河用水安全条件下，增强水资源可持续性，改善海河流域现有的水资源、水环境及水生态条件，更好地发挥水资源在支撑经济社会发展中的作用。

(2) 边界条件

以供水总量控制目标为限制，考虑流域未来流域水循环以及供用水格局的变化条件，对确定性的计算条件进行设定。

1）水文条件：为全面反映海河流域水文丰枯变化特性，采用 1956～2005 年 50 年长系列水文系列，体现丰枯系列交替状况下海河流域的水资源条件。

2）入海水量目标：结合海河流域不同年代实际入海水量，制定体现符合海河流域生态与环境要求的流域入海控制目标。根据海河流域近期 26 年系列下的平均入海水量值，设置了最低 55 亿 m^3 入海水量方案，保障可以维持流域近期的水均衡状况。

3）地下水超采：考虑现状地下水开采与规划压采方案，结合南水北调工程通水规模变化的进度，经济增长对水资源的需求，设置不同水平年的地下水超采方案。包括在 2020 年将实现部分地下水超采压缩目标，2030 年将实现基本不超采，南水北调加大供水条件下将实现完全不超采。

4）外调水量：以南水北调的规划方案为基础，考虑通水时间存在的可能加大的通水情景，设置相应的跨流域调水组合方案。

（3）用水效率范围

在确定模型计算边界条件后，对工业增加值用水量、农业灌溉水利用系数在一定范围内进行设置（表 11-31）。在供用水总量控制条件下，通过对边界条件的满足，在范围内寻求满足范围的值，作为用水效率目标。

表 11-31　各省级行政区用水效率调控范围设置

用水效率指标	北京	天津	河北	山西	河南	山东	内蒙古	辽宁
工业万元增加值用水量/m^3	12 ~ 20	8 ~ 15	20 ~ 30	30 ~ 50	25 ~ 46	13 ~ 25	34 ~ 80	40 ~ 100
灌溉水利用系数	0.6 ~ 0.75	0.6 ~ 0.72	0.58 ~ 0.74	0.55 ~ 0.7	0.6 ~ 0.68	0.55 ~ 0.64	0.5 ~ 0.58	0.5 ~ 0.65

根据海河流域未来节水目标，到 2030 年，主要工业产品单位用水量指标总体上将达到同期国际先进水平。万元工业增加值用水量应控制在 20m^3 以下，工业用水重复利用率将达到 89%。对于农业灌溉节水目标是，逐步提高灌溉水有效利用率和水分生产效率，建立既适应海河流域水资源特点又满足农业生产目标的农业生产体系。

根据上述用水效率范围，列入 DAMOS 模型中进行优化计算，得出满足供用水总量目标和入海水量的用水效率值。

2. 用水效率指标细化

（1）万元工业增加值用水量

根据上述计算范围分析，采用各省级行政区分配工业用水量和预测工业增加值，计算万元工业增加值用水指标见表 11-32，其中工业增加值按照 2006 年不变价计算。

表 11-32　各省级行政区工业万元增加值用水量指标　（单位：m^3）

水平年	北京	天津	河北	山西	河南	山东	内蒙古	辽宁	全流域
2010	32	15	37	52	47	32	130	167	43
2015	23.0	12.4	35.8	45.2	40	24.4	80.2	93.9	36.7
2020	20.0	12.3	33.4	44	40.5	22.3	42.8	81.0	28.2
2030	13.2	8.2	20.6	31.6	27.9	13.5	38.1	44.8	14.2

考虑工业增加值等经济量的统计与基准年选择等密切相关，以直接的单位产值用水量值难以评判用水效率提高的效果，因此采用万元工业增加值用水量减幅来描述未来的水资源效率管理。按照各水平年工业用水效率递减状况，得出各水平年万元工业增加值用水量递减幅度控制指标见表 11-33。

表 11-33　各省级行政区工业万元增加值用水量递减指标　　（单位：%）

水平年	北京	天津	河北	山西	河南	山东	内蒙古	辽宁	全流域
2015	28	17	3	13	15	24	38	44	14
2020	38	18	10	15	14	30	67	51	34
2030	59	45	44	39	41	58	71	73	60

从各省级行政区工业用水效率提高幅度看，现状用水效率较低的内蒙古、辽宁提高幅度最大，山西、河南提高幅度相对较小。从水平年变化来看，全流域 2015 年提高幅度相对较小，主要是河北近期可以进一步提高的潜力不大。

（2）灌溉水利用系数

2010 年海河流域总灌溉面积达到 836.10 万 hm^2，其中农田有效灌溉为 757.46 万 hm^2，同时农田（有效）实灌面积为 693.37 万 hm^2。在整个海河流域内的 8 个省级行政区中，河北省的灌溉面积最大，占整个海河流域的 59%，其次是山东省，占到了 18%。

由于灌溉水利用系数与不同类型的灌区密切相关，与种植结构也有一定关系。据统计，现状海河流域各省级行政区不同类型灌区与灌溉水利用系数分布见表 11-34，用水量状况见表 11-35。

表 11-34　海河流域现状各省级行政区不同类型灌区灌溉水利用系数

序号	地区	灌溉水利用系数（地区平均值）	不同规模与类型灌区平均值			
			大型	中型	小型	纯井
	海河流域	0.592	0.486	0.513	0.572	0.734
1	北京市	0.694	0.580	0.570	0.581	0.737
2	天津市	0.657	0.584	0.605	0.701	0.798
3	河北省	0.648	0.470	0.573	0.632	0.692
4	山西省	0.511	0.431	0.460	0.438	0.598
5	内蒙古	0.482	0.383	0.428	0.478	0.772
6	辽宁省	0.564	0.503	0.510	0.646	0.745
7	山东省	0.606	0.481	0.502	0.544	0.837
8	河南省	0.576	0.454	0.453	0.554	0.691

表 11-35　海河流域现状主要农业用水省份不同类型灌区用水结构

序号	地区	总灌溉用水量	灌区用水量			
			大型	中型	小型	纯井
1	北京市	8.20	1.64	0.28	0	6.28
2	天津市	10.85	2.06	4.37	1.48	2.94
3	河北省	153.61	27.57	10.23	5.23	110.58
4	山西省	38.93	9.11	8.33	4.75	16.74
5	山东省	143.08	57.43	28.54	5.49	51.62

注：数据源自全国各省份灌溉水利用系数测试报告，各省份数据为全省值，含海河流域以外流域部分。

从上述各省份不同类型灌区用水结构可以看出。北京市的井灌区面积较大，节水灌溉面积比例很大，因此北京市的灌溉用水有效利用系数与其他省份相比较高。天津市地表水灌区比重大，系数相对较低。河北省大型灌区中部分已发展为井渠混合灌溉，灌溉水利用系数不能完全按照灌区规模比例确定，应更多从用水量比例分析。

考虑粮食安全战略，海河流域2030年需实现粮食产量5500万t目标，需要逐步提高灌溉水有效利用率和水分生产效率，建立适应海河流域水资源特点又满足农业生产目标的农业生产体系。节水灌溉面积达到9516万亩，节水灌溉率达到85%。考虑未来海河流域节水灌溉在各省份推进的水平，分析农业基本消耗水量要求，分析各水平年水量递增关系，提出灌溉水利用系数各省份控制指标细化结果见表11-36。

表 11-36　海河利于各省份不同水平年灌溉水利用系数控制指标

水平年	北京	天津	河北	山西	河南	山东	内蒙古	辽宁	全流域
2015	0.70	0.66	0.66	0.52	0.60	0.61	0.50	0.58	0.63
2020	0.73	0.70	0.70	0.60	0.65	0.62	0.55	0.60	0.69
2030	0.78	0.72	0.74	0.7	0.68	0.64	0.58	0.65	0.73

3. 水功能区达标率指标细化

（1）原则

《国务院关于实行最严格水资源管理制度的意见》（国发〔2012〕3号）提出全国主要江河湖泊水功能区2020年水质达标率将提高到80%左右，2030年将基本实现水功能区水质全面达标。鉴于海河流域污染比较严重，水利部确定海河流域重要江河湖泊水功能区2015年水质达标率为45%，2020年将达71%，2030年将达95%。

1）2015年分解原则。现状已达标的水功能区2015年应保持或提高其水质目标要求。引用水源区水质达标率总体上不低于90%，省界缓冲区水质达标率不低于60%，保护区和保留区水质达标率有所提高。控制污染物入河量任务较轻，污染治理技术可行区域的水功能区，原则上应在2015年达到水质目标要求。水质现状较差，控制污染物入河量任务较重的区域，可根据经济发展水平，污染治理需求，综合确定2015年阶段性污染物控制量，水平年水功能区达标目标应逐步提高，污染物控制量明确阶段控制。

2）2020年分解原则。按照水利部对流域2020年的总体要求，2020年海河流域重要水功能区达标控制目标分解原则如下：省界缓冲区或其他省界断面将全部达标；保护区，引用水源区将基本达标；现状水质与目标差不大，改善可能大的功能区将优先达标。

3）2030年分解原则。2030年流域全部重要水功能区应基本达标。

（2）分解方案

根据模型对分解指标后的运行分析结果，在原有规划达标率基础上提出不同水平年的可实现的水功能区达标率，并对达到设定水功能区达标对应的各省级行政区域排污总量控制指标进行分解。

海河流域重要水功能区2015年计划达标率将为45%，本方案拟定达标率49%；2020

年计划达标率为 71%，拟定达标率 73%；2030 年计划达标率将为 95%，拟定达标率 98%。2020 年海河流域拟定达标率将小于全国 80% 的达标率目标，原因是海河流域重要水功能区现状水质较差，达标率只有 23%，低于全国水功能区达标率 46%。同时，在 2015 水平年，由于南水北调尚未通水，各水系的河道下泄水量不能满足水功能区达标要求的流量，对水功能区达标形成了硬性条件的限制。

水利部确定了流域内个各省级行政区 2015 年、2020 年和 2030 年的水功能区水质达标控制目标，并根据水量配置方案对应的河道下泄流量对实际情况进行了调整，水质达标情况基本能满足水利部规定的指标，有的省份甚至还高于水利部制定的目标。

2015 年和 2020 年北京、河北、山西和内蒙古由于水质现状状况较好，拟定的达标率均高于水利部确定的达标目标，其余省份与水利部确定目标相同；2030 年天津拟定的达标率为 97%，河北、山西和内蒙古拟定的达标率为 100%，均高于流域拟定的 95% 达标率，其余省份拟定目标与水利部确定目标相同。

流域内各省份拟定达标率与计划达标率对比情况见表 11-37。

表 11-37　海河流域内各省份拟定达标率与水利部确定的达标率对比表

省市	功能区个数	2011 年水质达标情况		2020 年		2030 年	
		达标个数	达标率/%	计划达标率/%	拟定达标率/%	计划达标率/%	拟定达标率/%
北京	22	5	26	77	82	95	95
天津	33	3	9	61	61	95	97
河北	95	25	27	75	79	95	100
山西	24	10	42	79	79	95	100
河南	19	0	0	58	58	95	95
山东	22	1	5	59	59	95	95
内蒙古	15	6	40	80	80	95	100
合计	230	50	23	71	71	95	98

（3）纳污能力核定结果

根据各主要水功能区的下泄水量整理设计保证率下的流量值，采用纳污能力计算公式得出纳污能力核定要求和设计条件下的纳污能力。通过模型结果计算得到基准年，2020 年和 2030 年海河流域重要水功能区 COD 纳污能力分别为 12.44 万 t/a，12.46 万 t/a 和 12.47 万 t/a，氨氮的纳污能力均为 0.61 万 t/a。

比较不同河系纳污能力复核成果，基准年、2020 年和 2030 年结论相同，COD 纳污能力以徒骇马颊河、漳卫河、滦河较大，其实是子牙河、北三河、大清河、永定河、黑龙港运东和海河干流最小。氨氮纳污能力以徒骇马颊河、漳卫河最大，黑龙港运东和海河干流最小。

比较不同省份的纳污能力复核成果，基准年，2020 年和 2030 年结论也相同，COD 纳污能力河北省最大，其次是天津市、河南省，天津市、山西省、北京市、内蒙古最小。氨氮纳污能力也是河北最大，内蒙古最小。

海河流域重要水功能区纳污能力成果见表 11-38。

表 11-38　海河流域重要水功能区纳污能力成果表　　（单位：万 t/a）

省级行政区	基准年		2020 年		2030 年	
	COD	氨氮	COD	氨氮	COD	氨氮
北京	0.52	0.02	0.52	0.02	0.52	0.02
天津	1.29	0.06	1.31	0.07	1.32	0.07
河北	5.12	0.25	5.12	0.25	5.12	0.25
山西	0.65	0.03	0.65	0.03	0.65	0.03
河南	1.7	0.08	1.7	0.08	1.7	0.08
山东	3.1	0.16	3.1	0.16	3.1	0.16
内蒙古	0.06	0	0.06	0	0.06	0
流域合计	12.44	0.61	12.46	0.61	12.47	0.61

4. 出境水量水质指标

出境水量水质指标主要依据流域水循环及其伴生过程综合模型分析，根据流域目标的用水总量和效率考核目标，给出不同水文条件、不同阶段和用水总量控制目标下的水量水质控制目标。

出境水量指标以省级行政区断面为界对主要水系的出境水量水质指标进行分析。水质目标以所在河流的水功能区水质要求为准，这里重点分析重要水量断面的出流目标。

跨省河流出境水量是在水资源配置方案基础上进行的，是对总量控制方案及其细化指标合理性的检验，也是用水总量控制的本身的重要管理措施之一。海河流域跨省河流众多，水力关系复杂。本次研究中，主要以水资源二级分区为单位分析区域水量在省区间传递的控制性目标，并对滦河等重要河流进行了分析。

为分析各断面水量的水量控制目标，通过流域水循环及其伴生过程综合模型基于现状用水状况（2010 水平年）对各断面的水量条件进行了分析，计算水文系列为 1956～2005 年。不同频率下的各主要出境断面不同频率出流量模拟结果见表 11-39。

表 11-39　海河流域主要水系省界断面现状供用水条件下泄流量（单位：万 m^3）

二级区	序号	省界	平均	50%	75%	90%
滦河	1	内蒙古—河北	18 961	17 333	14 304	11 974
	2	辽宁—河北	20 067	15 294	8 491	4 760
海河北系	3	内蒙古—河北				
	4	内蒙古—山西	5 843	4 975	3 853	2 857
	5	山西—河北（册上山区）	33 197	26 421	11 350	6 747
	6	山西—河北（册三区间）	6 465	5 145	2 210	1 314
	7	河北—北京（永定河）	57 651	47 474	35 448	17 653
	8	河北—北京（北三河山区）	55 418	44 867	31 304	20 710
	9	河北—天津（蓟运河山区）	21 894	23 032	10 907	1 931
	10	北京—河北（平原区）	37 131	246. 27	124. 59	80
	11	河北—天津（平原区）	61 464	50 940	11 115	1 852
海河南系	12	河北—北京（大清河）	21 718	17 588	13 623	10 361
	13	北京—河北（拒马河）	37 389	23 226	13 949	9 064
	14	山西—河北（大清河）	41 668	38 342	23 264	16 998
	15	山西—河北（子牙河）	99 792	78 683	57 118	48 787
	16	山西—河北（漳河）	48 614	35 971	26 319	20 876
	17	河北—天津	41 834	16 309	5 387	2 067
	18	河南—河北（卫河）	96 109	84 693	96 109	69 799
徒骇马颊河	19	河南—山东	6 522	2 996	1 151	0

根据2020年和2030年的规划需水量，考虑南水北调和地下水压采等边界条件变化后，计算各断面出流量变化见表11-40。

表 11-40　海河流域主要水系省界断面规划水平年下泄流量控制指标（单位：万 m^3）

二级区	省界	2015 年			2020 年			2020 年		
		50%	75%	90%	50%	75%	90%	50%	75%	90%
滦河	内蒙古—河北	14 744	11 365	8 884	10 775	8 140	6 839	10 096	8 175	6 874
	辽宁—河北	14 529	7 642	4 046	13 765	7 472	4 046	13 000	6 368	3 332

续表

二级区	省界	2015 年			2020 年			2020 年		
		50%	75%	90%	50%	75%	90%	50%	75%	90%
海河北系	内蒙古—河北	10 438	6 992	4 341	7 962	5 031	3 301	7 142	4 659	3 129
	内蒙古—山西	4 659	3 129	2 711	3 603	1 534	452	4 301	1 018	293
	山西—河北（册上山区）	29 618	27 747	23 445	26 441	24 473	21 393	23 264	21 199	19 341
	山西—河北（册三区间）	5 768	5 403	4 565	5 149	4 766	4 166	4 530	4 128	3 766
	河北—北京（永定河）	41 282	30 824	15 350	39 624	30 648	23 960	26 840	16 441	11 602
	河北—北京（北三河山区）	47 228	32 952	21 800	33 737	24 182	17 276	42 550	28 761	18 868
	河北—天津（蓟运河山区）	20 938	9 915	1 755	20 028	9 484	1 679	18 426	8 726	1 545
	北京—河北（平原区）	224	113	73	214	108	70	197	100	64
	河北—天津（平原区）	46 309	10 105	1 684	44 296	9 665	1 610	40 752	8 892	1 482
海河南系	河北—北京（大清河）	15 989	12 385	9 419	15 294	11 846	9 010	14 070	10 898	8 289
	北京—河北（拒马河）	21 115	12 681	8 240	20 197	12 130	7 882	18 581	11 159	7 251
	山西—河北（大清河）	34 856	21 149	15 452	33 341	20 230	14 781	30 674	18 611	13 598
	山西—河北（子牙河）	71 530	51 925	44 352	68 420	49 668	42 423	62 946	45 694	39 030
	山西—河北（漳河）	32 701	23 926	18 978	31 279	22 886	18 153	28 777	21 055	16 701
	河北—天津	14 826	4 897	1 879	14 182	4 684	1 797	13 047	4 309	1 653
	河南—河北（卫河）	76 994	87 372	63 454	73 646	83 573	60 695	67 754	76 887	55 839
徒骇马颊河	河南—山东	2 724	1 046	0	3 386	1 681	1 066	5 884	3 610	3 053

从结果分析可以看出，滦河水系上游地区由于用水量较小，在平水年条件下可以保障相对较大的下泄水量，未来上游地区用水有所增加，内蒙古和辽宁出境水量有所减少。海河南系和北系则只能维持天然径流的一般左右水量作为省界断面控制目标。由于控制性省界断面主要在山区，未来用水增加后本地用水量会进一步增加，因此相对现状下泄流量均有所减少，尤其是特枯水年下降幅度较大。永定河上游在未来山西万家寨引黄通水并正常运行后，地表出境水量下降幅度相对较小。而徒骇马颊河平原区由于受南水北调通水后水量置换影响，未来地表径流出境水量会略有增加。

根据流域水循环及其伴生过程综合模型在输入总量和效率控制指标后，按照规划的社会经济规模进行计算分析，得出在水量平衡条件下，与用水和效率相匹配的出境断面水量，可以作为校验三条红线实施结果的检验值。

第12章 海河流域“水资源-生态-环境”综合调控建议

12.1 存在问题分析

12.1.1 海河流域面临的主要问题

受自然条件限制和人类活动影响，海河流域当前面临着水资源供需矛盾突出、水生态环境恶化、中下游地区防洪形势严峻和流域管理相对滞后等4个方面的主要问题，成为流域经济社会发展的重要制约因素。

1. 水资源供需矛盾日益突出

资源性缺水严重。海河流域水资源总量不足全国1.3%，却承担着全国10%的人口和粮食生产、12.9%的GDP用水。流域内人均水资源量只有270m³，仅为全国平均的1/8，是全国水资源最紧缺的地区之一。1980年以来，受气候变化和下垫面变化的影响，海河流域降水径流呈现明显减少趋势，未来水资源形势也不容乐观。

用水需求超过水资源承载能力。随着经济社会发展用水需求的增加和来水减少，造成海河流域水资源过度开发。流域现状水资源开发利用率超过100%，大大超过了合理开发程度；与正常用水需求和合理供水相比，流域现状多年平均缺水量接近100亿m³，缺水率达21%，主要表现在灌溉供水不足、地下水超采等方面。

城乡供水保证率低。1999年以来，海河流域出现连续干旱。因地表水源锐减，北京、天津等城市被迫采取了限制部分行业用水、启用应急备用水源、加大地下水超采、动用水库死库容、引黄和从周边地区调水等一系列应急措施，一些地区群众因供水设施不足或水质不合格发生饮水困难，区域间争水矛盾频发。

节水和非常规水源利用仍有潜力。经过多年努力，海河流域节水水平和用水效率有了大幅度提高，达到全国领先水平。但与国际先进水平相比，海河流域在城镇生活、工业和灌溉等方面仍有一定的节水潜力；非常规水源利用量还不高，微咸水利用量不到补给量的20%，再生水利用量不到集中污水处理能力的30%，海水利用量很少。

2. 水生态环境恶化

水体功能大大降低。海河流域城镇集中污水处理率只有约50%，造成入河污染负荷大大超过河流水体纳污能力，地表水功能区水质只有28%达标。受地表污染和自然因素影响，地下水功能区水质只有 66% 达标，城镇地下水饮用水源地达标率只有 73%；地表饮用水源地水质虽然总体尚可，但所受的污染威胁也在不断增加。

河流水生态状况恶化。受用水增加和来水减少影响，海河流域山区 15 条主要河流 1980 ~ 2005 年平均实测水量比 20 世纪 70 年代平均减少约 50%，平原 24 条主要河流约有 50% 河长干涸，平原 13 个主要湿地水面面积比 20 世纪 50 年代减少 70% 以上。与 50 年代相比，近年入海水量锐减 80% 以上，主要河口常年处于淤积状态。

地下水超采加剧。平原地下水现状年超采量约 80 亿 m^3，占平原城乡用水量的 1/4。平原浅层地下水出现了 11 个较大漏斗，超采面积 6 万 km^2；平原深层地下水出现了 7 个较大漏斗，超采面积 5.6 万 km^2。地下水超采引发了地面沉降、海水入侵等环境地质问题。山丘区地下水过度开采造成河流径流、泉水出流的大幅度减少，盆地地下水出现局部超采。

3. 中下游地区防洪形势依然严峻

防洪标准偏低。由于经济社会发展迅速，加上一些工程未能实施，海河流域中下游部分河道行洪能力偏低。只有永定河、子牙河、漳卫河部分河段达到国家规定的防洪标准，其余河道均未达标；山前中小河流防洪标准普遍偏低。只有北京、天津两市达到 200 年一遇的防洪标准，其他城市只达到 20 ~ 50 年一遇的标准，低于国家规定的防洪标准。

河道行洪能力严重衰减。由于河道淤积严重（主要入海河道淤积总量约 1.9 亿 m^3）、尾闾不畅、阻水障碍物多、堤防高度不足（很多是因地下水超采引发地面沉降所致），使海河流域目前总泄洪能力比原设计下降了 30%。另外，部分堤防老化失修，隐患增加，在流域 I、II 级堤防中有近 50% 堤段填筑质量不达标。

蓄滞洪区启用难度大。由于长年未来大水，海河流域蓄滞洪区人口和经济总量不断增加。工程和安全建设严重滞后，目前蓄滞洪区中尚有约 400 万人没有解决安全避险问题。工程建设方面，存在围堤高度不达标、河槽淤积、泄洪能力不够等问题。安全建设方面，存在避洪设施和撤退路不足、预警预报设施不完善和管理落后等问题。

4. 流域管理相对滞后

流域和行政区域管理相结合的水资源管理体制需要进一步完善。流域机构的权威性和执行能力有待加强。流域机构与地方水行政主管部门、相关行业主管部门在水资源管理、水资源保护、水生态修复、水土保持和防洪减灾等方面的管理权限需要进一步明确。

流域管理机制与制度需要逐步完善和建立。流域与区域、水利与相关行业在水资源配置、水资源保护、防洪减灾等方面的协商协作机制以及应对特殊干旱和涉水突发事件的应急机制有待完善，水土保持监督、农田水利建设与管理等新机制尚未建立。水资源管理制度还远未达到“最严格水资源管理”的要求，水规划同意书、取水许可、水功能区入河排污口管理、洪水风险管理、水利工程及岸线管理等制度有待完善，耗水管理、河流生态管理、水土流失动态监测等新制度尚未建立。

水利社会管理和公共服务能力亟待提高。流域和地方水行政主管部门的依法行政、管理创新、规划计划、决策执行、行业管理、应急管理、科技支撑能力不强，还不能适应经济社会发展形势的要求。水利信息化建设与水利管理现代化的要求还有较大差距。

12.1.2 经济社会发展对海河水利保障的新要求

海河流域与全国其他地区相比，具有地理区位优越、自然资源丰富、交通便捷、工业和科技基础雄厚及拥有骨干城市群等优势，未来经济社会仍将迅速发展。相应地，未来经济社会发展对海河水利保障的要求不断提高，主要体现在以下三个方面。

1. 经济社会发展对水利工作提出新标准

海河流域在经济社会发展的同时，对生态环境的压力仍将持续增加。

海河山区具有一定的资源优势，以建设国家新型能源化工基地为重点，但该区位于京津等大城市水源地上游，水资源和水生态环境保护的压力加大。海河中部平原（包括山前和沿黄平原）农村以建设国家粮食主产区为重点，工业以发展现代制造业为主，城镇化水平大幅提高，该区面临着水生态环境恶化问题，河流生态修复和地下水控采的压力加大。海河滨海平原在天津滨海新区、河北曹妃甸循环经济示范区的带动下，将成为未来流域内最具有发展潜力的地区，城镇化水平将迅速提高，人口大量增加，该区发展在土地利用与流域各河系下游洪水出路的协调压力加大。

与此同时，经济社会要求水利保障的范围也在不断地扩大。水利的任务将从传统的供水、防洪，扩展到维系河流生态、改善城乡环境；水利保障的标准也在不断提高。水利从“农业的命脉”发展为流域可持续发展的基础保障。

2. 流域自然状况的深刻变化对水利工作提出新挑战

未来气候和下垫面变化可能造成海河流域降水和产流能力进一步减少，以及建设用地增加造成洪水通道减少，人与水的矛盾将更加突出。自20世纪50年代以来，海河流域降水量和水资源量总体上处于减少的趋势。受气候变化影响，流域平均降水量从1956～1979年的560mm下降到2001～2007年的478mm。受降水和下垫面变化的双重影响，流域平均地表水资源量从1956～1979年的288亿m^3下降到2001～2007年的106亿m^3，流域平均水资源总量从421亿m^3下降到245亿m^3。

海河流域未来水资源量将呈减少的趋势。根据有关科研成果分析，未来30年海河流域降水量变化较小，对水资源量的影响主要在于下垫面。水土流失基本得到治理后，增加了蓄水能力，每年将增加径流消耗量约16亿m^3，相当于多年平均水资源总量的4.6%。另外，近年来，由于城市热岛效应增强和人工影响气候活动加剧，使得城市降水增加，农村减少；平原增加，山区减少。

随着未来经济社会的发展，城市建设和生产用地将不断增加，留给洪水的通道将进一步减少。根据有关规划，京津石等主要城市2020年规划建成区面积将比现状增加约50%，天津、河北、山东等沿海新兴经济区的建设也将大量增加用地。

3. 政策、法制和社会环境变化对水利工作提出新要求

中央提出科学发展观和构建社会主义和谐社会的战略思想，要求以科学发展观统领经济社会发展的全局。强调科学发展观的第一要义是发展，核心是以人为本，基本要求是全面协调可持续，根本方法是统筹兼顾。

在经济社会发展中，要坚持人与自然和谐，统筹兼顾区域发展，使经济社会发展规模控制在水资源承载能力以内，实现流域水资源的可持续利用，维系和修复生态。这就对流域的治理、开发和保护提出了新的和更高的要求。同时，随着人民群众生活水平的提高，法制观念的增强，权利意识也在逐步提高。这就要求水利管理方式要逐步从以行政命令为主向依法管理转变。要坚持统筹兼顾，更多地采用民主协商的方式，公开、公平、透明的方式解决涉水问题，维护和促进社会和谐。

12.1.3 海河流域水利保障工作的指导思想、基本原则、目标和任务

1998 年发生长江、松花江大水后，在系统总结多年治水实践的经验教训基础上，中央提出了可持续发展治水思路：将水利工作的着眼点从工程建设转变为水资源的可持续利用；坚持人与自然和谐相处的理念，高度重视生态问题；坚持以人为本，最大限度地为民谋利；将节水型社会建设作为解决中国水资源问题的根本措施。海河流域水资源供需矛盾突出、水生态环境恶化和流域管理能力相对滞后，越来越成为流域经济社会发展的重要制约因素。在海河流域水利保障工作中，要将促进人与自然和谐、维护河流建康和水资源可持续利用的指导思想贯彻始终。

1. 指导思想

以科学发展观为统领，按照构建社会主义和谐社会的要求，围绕建设资源节约型、环境友好型社会的目标，贯彻落实中央水利工作方针，以促进人与自然和谐相处、维护河流健康和水资源可持续利用为主线，全面规划、统筹兼顾、标本兼治、综合治理，通过流域水资源的合理开发、优化配置、高效利用、全面节约、有效保护、综合管理，兴利与除害相结合，防洪与抗旱并举，大力加强民生水利，推动流域水利发展与改革，促进流域内经济发展方式的转变，提高水利的社会管理和公共服务水平，支撑和保障流域经济社会的可持续发展。

2. 基本原则

一是坚持以人为本、人与自然和谐的原则。重点解决好与人民群众切身利益密切相关的水问题。体现民生水利的要求，充分考虑水资源承载能力和水环境承载能力，妥善处理开发与保护的关系，促进水资源的可持续利用。

二是坚持流域水利发展与区域经济社会发展相协调的原则。既要考虑经济社会发展对流域水利治理开发的需求，又要考虑维持海河流域良好生态对经济社会发展的约束。统筹

协调水资源开发利用与保护、生态环境修复、水土保持生态建设、防洪减灾等方面的关系。规划目标和方案体现不同时期区域经济社会发展的要求。

三是坚持全面协调、突出重点的原则。分析流域自然条件、经济社会发展水平及治理开发现状，以水生态修复和水资源优化配置为重点，统筹解决水资源开发、利用、节约、保护以及防洪、管理等方面的突出问题。

四是坚持继承与发展、衔接与协调的原则。要认真总结海河流域治理、开发、保护、管理等方面的工作成果和经验，在以往工作的基础，做好在继承基础上的创新。要妥善协调好流域内区域间、行业间、各类规划之间的关系。

五是坚持加强流域管理的原则。建立健全水资源利用、水资源保护、水生态修复、防洪减灾等流域综合管理的机制和制度，加强流域水利管理能力，以信息化促进水利现代化，提高水利社会管理和公共服务水平。

3. 目标

总目标：完善和构建城乡供水与节水、水生态环境保护与修复、防洪减灾和流域管理体系，保障流域供水安全、生态安全、防洪安全，支撑流域经济社会的可持续发展。具体内容如下文所述。

在城乡供水与节水方面：流域总体上基本实现水资源供需平衡，城市具备抗御连续枯水年的能力，农村饮水、粮食生产和重点区域供水得到保障；建成节水型流域，节水水平达到国际先进水平；非常规水利用量大幅度增加。

在水生态环境保护与修复方面：地表水功能区水质全面达标，地下水功能区水质不继续恶化；海河平原地下水总体上实现采补平衡；河流生态由目前的“病态”修复到“基本健康”的水平；保证一定的入海水量以维持河口和近海生态；山区和平原风沙区水土流失基本得到治理。

在防洪减灾方面：建成完善的现代化防洪减灾体系，总体上具备防御 20 世纪最大洪水的能力。发生常遇和较大洪水时，经济社会生活不受影响；发生标准洪水时，防洪保护区经济社会生活得到有效保护；当发生超标准洪水时，经济社会生活不致发生动荡。

在流域管理方面：建成体制顺畅、机制完备、制度健全的现代化流域管理体系，社会管理和公共服务能力能够适应经济社会发展的要求，具备应对极端气候和突发事件的应急能力。建成高度共享、快速反应的水利信息化体系和水利监测体系。

4. 任务

一是完善城乡供水保障体系，实现水资源安全高效利用。按南水北调受水区优先使用长江水、有条件地区大力使用非常规水的原则，合理配置当地地表水、地下水、黄河水、长江水和非常规水。统筹兼顾南水北调受水区和非受水区、城市和农村用水。构建以南水北调中、东线工程与流域内现有和新建水资源配置工程组成的供水体系，形成东西互补、南北互济的水资源配置格局。建立政府调控、市场引导、公众参与的节水型流域管理体制，制定灌溉、工业和城市生活的节水措施，提高水资源的利用效率。加大再生水、微咸水、海水等非常规水源利用量。开展农村饮用水源建设和水质净化，解决农村饮水安全问题。加快灌区节水改造和续建配套，提高农业用水效率和节水水平。做好山洪防治、中小河流治理、治涝和小水电开发等规划，保障农村群众安全，改善生活环境。

二是构建水源保护和水生态修复保障体系，维护河流健康。在地表水功能区划基础上，提出污染物入河控制总量。开展水功能区入河排污口管理。以城市水源地为重点划分水源保护区，开展治理工作。在地下水功能区划基础上，实施地下水压采方案以及相应的水源置换和管理措施，制定地下水源地保护措施。在河流健康评价的基础上，制定主要河流、湿地的保护和修复目标。根据水源条件和河流功能，提出河流生态水量和相应的修复方式。制定生态水量配置方案，实施相应的工程、管理措施。根据水土保持“三区”划分和水土流失类型区，开展山区和平原人工治理与自然修复相结合的水土流失治理。工程、生物和耕作措施相结合，控制面源污染，改善生态环境。开展水土保持预防保护、监督管护和监测。

三是完善防洪减灾保障体系，实现洪水防治管理。进一步完善“分区防守、分流入海”的防洪格局。开展病险水库除险加固；加强骨干河道及重要支流堤防建设、重点海堤建设和河口整治，开展重要支流治理。完善重点城市防洪工程体系，制订城市防御超标准洪水预案。制定蓄滞洪区安全建设规划，建立完善的蓄滞洪区管理制度。完善水文监测、预报和防汛指挥系统。提高洪水风险管理和雨洪水资源利用水平。保持和完善平原易涝区排涝体系。开展山区中小河流、小水库治理和山洪灾害防治。

四是构建流域综合管理体系，提高流域管理水平。完善水资源管理、水资源保护与水生态修复、防洪减灾和工程管理体制，通过合理划分事权，完善流域管理与行政区域管理相结合的管理体制。建立健全水资源优化配置、水资源保护协作、防洪减灾协调、水土保持监督、科技合作、水信息共享、水法规、宣传和公众参与、特殊干旱年应急、水利突发事件应急等机制。建立完善水规划同意书、总量控制与定额管理、取水许可、水功能区入河排污口、水库闸坝生态调度、地下水、生态补偿、蓄滞洪区管理、水土保持预防监督、水土流失动态监测和水利工程建设管理等制度。提高社会管理和公共服务水平，提高依法行政、制度创新、规划计划、决策执行、行业管理和应急管理等能力。

12.2 调控措施建议

建议海河流域开展大力开展节水与非常规水源利用，建立和完善水资源配置工程体系，做好以水源地保护和平原地下水压采为重点的水资源保护，全面开展河流湿地的水生态修复等 4 个方面的调控措施。

12.2.1 大力开展节水与非常规水源利用

1. 节水潜力与目标

分析表明，海河流域采取工程、技术、产业结构调整等措施，在城镇生活、工业、灌溉三个主要行业仍有 43 亿 m^3的节水潜力。其中，城镇生活节水潜力主要在供水管网漏损率降低和节水器具普及率提高两个方面，将海河流域城镇供水管网漏损率从现状的 17% 降低到 9%，将城镇节水器具普及率从现状的 45% 提高到 99%，可实现城镇生活节水潜力 3.95 亿 m^3。工业节水潜力主要表现在用水重复利用率的提高，将海河流域现状工业用水重复利用率由 81% 提高到 95%，万元工业增加值用水量从 $62m^3$降低到 $17m^3$，可实现工业节水潜力 17.9 亿 m^3。农业灌溉节水潜力主要表现在采取工程节水措施提高灌溉水利用系数方面，将海河流域灌溉水利用系数从现状的 0.64 提高到 0.76，可实现农业节水潜力 21.0 亿 m^3。

海河流域节水的总目标是：按照科学发展观的要求，贯彻落实建设“资源节约型、环境友好型社会”的总方针，树立全社会节水意识，在全国率先建成节水型流域，城镇生活、工业、农业节水指标达到国际先进水平。

节水型流域社会制度建设目标是：通过水资源管理体制改革、水资源开发利用管理、经济调控、节水型产业、公众参与等制度建设，建立起较为完善的节水型社会管理制度框架，提高水资源利用效率和效益，促进社会发展与资源、环境状况相协调。

分行业节水目标是：到 2030 年，城镇供水管网漏损率不超过 10%，城镇生活节水器具普及率接近 100%，万元工业增加值用水量降低到 $20m^3$以下，工业用水重复利用率达到 90%，节水灌溉面积达到 9700 万亩，节水灌溉率达到 85%，农田灌溉水有效利用系数提高到 0.76。

2. 主要节水措施

积极推进节水型社会制度建设。一是改革现有水资源管理体制，建立较完善的节水型社会管理制度框架，不断提高水资源的利用效率和效益，促进经济社会的发展与资源、环境状况相协调。二是建立健全用水总量控制和定额管理相结合的水资源管理制度。完善并严格取水许可和建设项目水资源论证制度。建立节水减排机制，通过制度建设，保障节水目标实现。三是建立合理的水价形成机制和节水良性运行机制。建立稳定的节水投入保障机制和良性的节水激励机制，确立节水投入的专项资金。四是节水型产业建设。通过采取工程、经济、技术、行政等措施，减少水资源开发利用各个环节的损失和浪费，降低单位产品的水资源消耗量，提高产品、企业和产业的水资源利用效率，建立节水型农业、节水型工业和节水型城市。五是积极推动公众参与。通过制度建设，促进公众的广泛参与，增强全民的节水意识。

城镇生活节水方面，加快城市供水管网技术改造，降低输配水管网漏损率。有计划地推进城市供水管网更新改造工作。全面推行节水型用水器具，提高生活用水节水水平。强化国家有关节水政策和技术标准的贯彻执行力度，制定推行节水型用水器具的强制性标准，大力推广“节水型住宅”。加大城镇生活污水处理和回用力度，强制建设生活污水处理回用站，推广中水冲厕和绿地灌溉。加强城市雨水的利用，城市建设中要增加雨水的收集和存蓄工程，逐步增加城市河湖和公共绿地灌溉雨水使用量。

工业节水方面，积极发展节水型产业和企业，控制经济布局，促进产业结构调整，积极发展节水型产业。强化对现有企业的节水力度，通过技术改造，促进企业向节水型方向发展，通过企业技术升级、工艺改革、设备更新，逐步淘汰耗水大、技术落后的工艺设备，限期达到产品节水标准。推进清洁生产战略。加快污水资源化步伐，促进污水、废水处理回用。采用新型设备和新型材料，提高循环用水浓缩指标，减少取水量。加强计量，强化企业内部用水管理，建立完善三级计量体系。加强用水定额管理，改进不合理用水因素。

农业灌溉节水方面，根据水资源条件合理安排作物种植结构和发展灌溉规模，优化农业产业结构和布局。加快灌区节水改造，重点解决灌区骨干工程设施不配套，老化失修、渠系不配套、渗漏损失严重等问题，开展末级渠系和田间节水改造。加大田间节水改造力度，大力发展田间渠道防渗和管道输水，因地制宜发展喷微灌、膜下滴灌和膜上灌等节水灌溉技术，加大设施农业的比例。改革传统耕作方式，发展保护性耕作，推广各种生物、农艺节水技术和保墒技术，研究开发和推广耐旱、高产的优质农作物品种。在丘陵、山区和干旱地区开展覆盖集雨、雨水积蓄补灌、保墒固土、生物节水、保护性耕作等措施。

开展控制 ET 的节水措施。从水资源宏观管理到水资源开发利用各个层面，贯彻 ET 节水理念，控制无效蒸发，提高雨水资源利用效率。在水资源配置方面，要优化水资源配置布局，减少潜水和地表水体蒸发。在农业灌溉方面，要调整农业种植结构，减少土壤和作物蒸发。在水生态修复和水环境建设方面，要注意与当地的气候及地理环境相适应，规范与控制人造水面面积，合理确定城市绿地林草布局，推广节水林草种植。在水土保持生态建设方面，推广耐旱品种，因地制宜地布设与气候及地理环境相适应的乔、灌、草，控制高耗水林草种植。

3. 灌溉节水的重点——大型灌区节水改造

大型灌区是海河流域农业及农村经济发展的重要基础设施和粮棉油等农产品生产基地，承担着保障粮食安全的任务，也是灌溉节水的重点。

海河流域共有大型灌区 48 个，设计灌溉面积 4902 万亩，有效灌溉面积 3740 万亩。其中，有效灌溉面积大于 200 万亩的灌区有河北省石津、漳滏河灌区和山东省位山、潘庄、李家岸灌区等 5 个。大型灌区 2007 年实际灌溉水量 88.0 亿 m^3，占流域实际灌溉水量的 35%。其中，当地地表水 13.3 亿 m^3，占 15%；地下水 33.8 亿 m^3，占 38%；引黄水 40.9 亿 m^3，占 47%。大型灌区 2007 年实际灌溉面积 2767 万亩，粮食产量 1559 万 t，占流域粮食总产量的 29%；平均亩产 419kg（按有效灌溉面积计），比流域平均亩产 346kg 高 21%。

海河流域大型灌区当前主要存在的问题有以下四方面。一是渠系设施配套不完善，工程自然老化、破损，灌溉水利用系数不高，多数灌区水量计量设施不足。二是田间节水程度不高，节水灌溉面积仅占适宜发展节水灌溉面积的 38%。三是引黄灌区渠道泥沙淤积严重，影响了渠道正常输水，造成渠道两岸沙化。四是管理体制不顺，机制不健全，支渠以下基本处于无人管理状态，地表水与地下水水价定价机制不顺。

大型灌区续建配套与节水改造的主要措施如下：一是渠系续建配套。主要对渗漏严重的渠道进行衬砌，加固、改造渠系建筑物。二是实行高效节水。采用喷灌、微灌等先进技术，实施经济灌溉和计划用水。三是引黄灌区泥沙处理。发展输沙渠道，在适宜地点修建沉沙池，便于泥沙的集中处理与利用。四是加强管理。深化灌区管理体制的改革和制度建设，建立合理的水价定价机制，加强灌区的现代化建设。

通过大型灌区续建配套及节水改造，可提高用水效率和效益。到2020年，大型灌区的灌溉水利用系数由现状0.484提高到0.599；到2030年，大型灌区的灌溉水利用系数提高到0.621。按照2005年的实际灌溉面积2767万亩，规划的节水措施实施后，估算到2020年大型灌区可节水10亿m^3；到2030年可节水12亿m^3。

4. 非常规水源利用措施

海河流域的非常规水源主要包括包括海水、微咸水、再生水3类。非常规水源总利用量2020年将达到35亿m^3，2030年将达到41亿m^3。

海水利用包括直接利用和淡化利用。随着天津滨海新区、河北曹妃甸工业区，以及京唐港、黄骅港建设，具有大量利用海水的潜力。据天津、河北、山东三省（直辖市）有关部门规划，海河流域2020年海水直接利用量可达65亿m^3，按1/20～1/30比例折合成淡水为2.5亿m^3，海水淡化利用量0.9亿m^3，合计3.4亿m^3；2030年海水直接利用量可达75亿m^3，折合淡水2.9亿m^3，海水淡化利用量1亿m^3，合计3.8亿m^3。

微咸水（苦咸水）利用一般包括农业灌溉和经淡化后供农村生活使用两个方面。海河流域矿化度2～3g/L的微咸水资源约有17.7亿m^3。根据天津、河北、山东三省（直辖市）规划，2020年微咸水可利用量将达到7.8亿m^3，开发利用率达到44%；2030年微咸水将达到8.6亿m^3，开发利用率达到49%。

再生水利用具有不受气候影响、不与临近地区争水、水源稳定可靠且保证率高等优点。随着污水处理程度提高，海河流域到2020年一般城市再生水利用率将达20%左右，无外来水源的严重缺水城市要达到40%。根据各省（自治区、直辖市）有关部门规划，预计2020年海河流域再生水可利用量可达到24亿m^3，2030年达到29亿m^3。

12.2.2 完善流域水资源配置工程体系

海河流域目前已初步形成了当地地表水、地下水、引黄水和非常规水源利用相结合的水资源配置工程体系。

1. 总体布局

南水北调工程通水后，海河流域将在现有工程体系基础上，建设完善以“二纵六横”为骨干的流域水资源配置工程体系，形成“南北互济”“东西互补”水资源配置工程体系（图12-1）。

其中，“二纵”是指南水北调中线、东线两条总干渠，以及鲁北、豫北、河北、天津的引黄工程；“六横”是指滦河、北三河、永定河、大清河、子牙河、漳卫河等6个天然

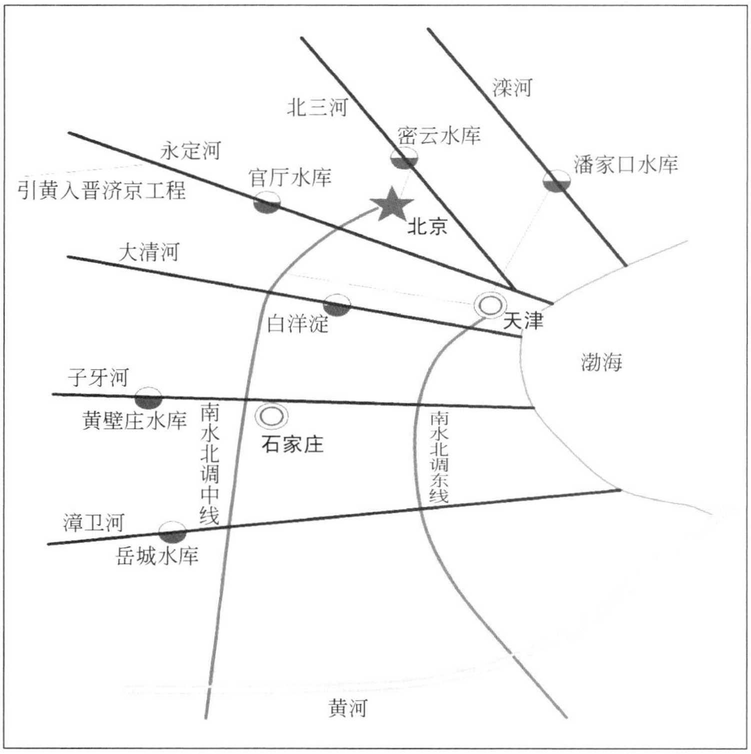

图 12-1　海河流域水资源配置工程体系示意图

河系，以及进入永定河上游的引黄入晋北干线、南水北调支渠和配套工程、现有引水工程等。

海河流域规划的重点水资源配置工程包括外调水和当地水开发两类，共 12 项。其中，外调水主要项目有南水北调中线、南水北调东线、山西省引黄入晋北干线、河北省引黄（引黄入淀），以及引黄入晋北干线济京和引黄济津潘庄线路两项应急引黄工程，共计 6 项；当地水开发主要项目有山西省浊漳河吴家庄、河北省承德市武烈河双峰寺、河北省张家口市清水河乌拉哈达等 3 座大型水库，32 座中型水库（含南水北调配套水库 8 座），中线总干渠与各河系、大型水库与河系、河渠湖库等连通工程，以及农村饮水安全工程，共计 6 项（类）。

2. 外流域调水工程

南水北调中线工程从长江支流汉江丹江口水库陶岔渠首闸引水，沿线开挖渠道，沿黄淮海平原西部边缘，在郑州以西孤柏嘴处穿过黄河，沿京广铁路西侧北上，可基本自流到北京、天津。中线总干渠从丹江口水库至北京团城湖全长 1246km，其中黄河以北 764km；天津干渠 154km。中线一期工程全线平均水价为 0.62 ~ 1.21 元/m^3，其中北京 1.20 ~ 2.31 元/m^3，天津 1.19 ~ 2.28 元/m^3。中线一期配套工程包括引水分干渠、调蓄水库、向自来水厂供水的引水支渠或管道等，规划是到2020年形成62.4亿m^3的供水能力。其中，北京市规划建设团城湖至第九水厂输水工程、南干渠工程、南干渠延长线工程以及输水支线工程。天津市规划建设天津干线子牙河北分流井—西河泵站输水线路、引江入塘输水线路、静海输水线路和大港输水线路，引水渠总长156km（含大安泵站至塘沽输水线路22.4km）。河北省内中线总干渠464km，两岸设置固定分水口门33处，中东线连通的临时口门1处，天津干渠向河北省供水口门9处，供水目标112个：规划建设赞善、石津、沙河、廊坊4条输水分干渠，线路长度460km；供水支渠及管道工程总长度1577km；中小型调蓄工程27座，总库容1.58亿m^3。河南省南水北调中线在海河流域内的线路长度323km，共设置分水口门13个，供水目标17个，规划建设输水分干渠16条，泵站1座，穿越河（渠）倒虹11座。

南水北调东线工程从长江下游扬州附近抽引长江水，利用京杭大运河及与其平行的河道逐级提水北送，经洪泽湖、骆马湖、南四湖、东平湖，在位山附近经隧洞穿过黄河，经扩挖现有河道进入南运河，自流到天津。东线总干渠全长1156km，其中黄河以南646km，穿黄段17km，黄河以北493km；胶东输水线路从东平湖至引黄济青240km。东线第一期工程江苏省境内平均口门水价为0.17～0.23元/m^3，山东省平均口门水价为0.59～0.81元/m^3。东线配套工程包括输水渠道、供水管道、调蓄水库、泵站等。东线二期配套工程建设目标是到2020年形成16.8亿m^3的供水能力。其中，山东省供水目标13个，规划建设输水渠道工程18条，渠道总长399.5km；供水管道8条，管道总长179.8km；新建调蓄水库19座，改扩建水库9座，维修加固水库7座，总库容5.75亿m^3；配套工程沿线新建泵站32座，总装机20 622kW。河北省内东线总干渠346km，设有分水口门12处，供水目标18个，规划采用明渠（设计流量2～10m^3/s）输水到各小型调蓄工程后，经管道供水到水厂。沧州、衡水两市市区经大浪淀、衡水湖蓄供，并向调蓄洼淀周边供水。调蓄工程至水厂均采用预应力混凝土管供水，供水管道累计总长328.2km。天津市东线配套工程结合中线配套工程进一步安排。

山西省引黄入晋北干线是解决大同、朔州等地区水资源短缺和生态恶化的大型跨流域调水工程，是引黄入晋的第二期工程，已于2009年开工建设。向太原调水的第一期工程已于2002年建成通水。引黄入晋北干线工程西起引黄入晋总干线下土寨分水闸，向东经平鲁、朔州、山阴、怀仁，至大同南郊赵家小村水库，全部采用封闭式管涵（PCCP管）自流输水。沿途设有朔州供水线路和山阴、怀仁分水口，线路全长164km，输水损失率6.7%。主要建筑物有大梁调蓄水库（总库容3826万m^3），大梁地下泵站（扬程140m，装机2×2100kW），魏家窑电站（装机15 000kW），1#隧洞（明流输水，22.2m^3/s，洞径4.1m，长43.96km），1#倒虹（PCCP管，20m^3/s，内径3.0m，长6.42km），2#倒虹（PCCP管，内径3.0～2.6m，长63.27km），埋涵（49.96km），朔州输水工程（7.0m^3/s，长5.2km），山阴分水口（1.2m^3/s），怀仁分水口（1.2m^3/s），耿庄事故备用水库（236万m^3），小营调蓄水库（2120万m^3），赵家小村事故备用水库（550万m^3）。引黄入晋北干线年供水量5.6亿m^3，扣除沿途损失后的有效供水量4.8亿m^3。其中2010年引水量2.3亿m^3，有效供水量1.9亿m^3。

河北省引黄工程的主要目标是解决河北中南部平原农业和生态缺水问题。河北省中南部平原（主要是黑龙港地区）是粮食主要产区，粮食增产潜力较大。该区域水资源严重短缺，地下水超采严重，湿地生态环境恶化，白洋淀等湿地多次干涸。南水北调工程通水后，由于供水目标限于城市和工业，河北省中南部平原农业和生态供水量不会显著增加。因此，在河北省规划利用河南省境内灌溉工程体系，引黄河水进入卫河（或穿卫河），再进入河北省的东风渠，经老漳河、滏东排河等河道输水至白洋淀。该工程可向河北省中南部平原的邯郸东部、邢台中东部、衡水西部、沧州大部等地区补充农业用水，也将为白洋淀等重要湿地提供生态水源。引黄入淀工程设计渠首引水规模80～100m^3/s，河北省入境规模60～80m^3/s。

引黄入晋工程向北京应急供水工程从万家寨引黄工程北干线1#隧洞和南干线7#隧洞引水，在恢河张家河处汇合，经恢河入太平窑水库，沿桑干河入东榆林水库、册田水库至官厅水库，线路全长389km，设计最大引水量6亿m^3。

引黄济津潘庄线路应急输水工程自山东省潘庄渠首引水，经潘庄总干渠入马颊河，在马颊河与六五河间分两路输水，一路经王庄泵站提升入旧城河后入六五河；另一路在李家桥闸上入沙杨河、头屯干渠后入六五河，然后经新建穿漳卫新河倒虹吸输水涵箱后入南运河，最终到达天津市九宣闸，线路全长390km。每年调水时间为10月至翌年1月，共4个月，潘庄渠首取水量9.7亿m^3，天津市九宣闸收水5.4亿m^3。

3. 当地水配置工程

吴家庄水库坝址位于山西省黎城县浊漳河干流，属山西省长治市黎城县。水库坝址以上流域面积9410km^2。水库总库容3.64亿m^3，兴利库容2.11亿m^3，死库容1.38亿m^3。水库可控制漳泽、后湾、关河水库弃水和区间径流，由供水工程、枢纽工程组成。水库的任务是提供山西省长治地区工业高保证率供水量，兼顾下游沿河村庄和河道生态用水，尽量减少对下游四大灌区的不利影响。具体是：①向长治市工业供水4000万m^3，保证率95%。供水对象共计12个，需水量4215万m^3。②向山西省勇进、漳南、漳北渠14万亩农田灌溉供水，增加灌溉消耗水量700万m^3，保证率50%；③在灌溉期3～6月向下游沿河村庄供水1100万m^3，保证率95%（沿河村庄总需水量2500万m^3，其他1400万m^3水量由吴家庄水库至侯壁、匡门口区间产流满足）；④下泄生态基流0.4m^3/s，保证浊漳河河道不断流。吴家庄水库具有经营性又具有公益性，整体定性为准公益性水利工程，由流域机构负责水库工业和灌溉取水口门及下游河道引水口门的运行调度管理。论证的综合结论是：建设吴家庄水库对于支持山西省长治地区经济社会发展是必要的，对解决漳河上游水事矛盾有利；采取一定措施可以有效地减缓对下游的不利影响。

双峰寺水库位于河北省承德市滦河支流武烈河上，控制流域面积2303km^2。水库的作用主要是提高承德市防洪标准，同时还具有改善生态环境、城市供水及发电等效益。经中国国际工程咨询公司评估后（咨农水〔2008〕154号），确定水库总库容1.31亿m^3，防洪库容0.70亿m^3，兴利库容0.42亿m^3；正常蓄水位389.0m，防洪汛限水位387.0m，设计洪水位392.82m，校核洪水位395.21m，死水位382.0m；电站总装机1660kW。工程总投资13.8亿元。防洪方面，双峰寺水库建成后，可将承德市区防洪标准从现状的20年一遇提高到100年一遇。供水方面，承德市区现状年用水量3300万m^3，主要从武烈河和滦河两处河滩水源地集中取水。预计2020年承德市区需水量6400万m^3。双峰寺水库建成后，年供水量可达5600万m^3，将为承德市区提供75%保证率与现有地下水源联合调度，可满足承德市区2020年6400万m^3的用水需求。双峰寺水库建设对下游用水影响较小，承德市区2020年新增耗水量1000万m^3，仅为下游潘家口水库近年平均入库径流量的1.4%。

乌拉哈达水库位于河北省张家口市清水河支流东西沟汇合口以上15km，控制流域面积1183km^2，坝址处多年平均径流量4636万m^3，总库容1.29亿m^3，兴利库容9750万m^3。乌拉哈达水库是提高张家口市防洪标准和解决城市缺水问题的重要枢纽工程，可将市区防洪标准提高到百年一遇，向张家口市区年供水量3500万m^3。主要建筑物包括黄土石坝、开敞式宽顶堰溢洪道、泄洪洞和输水廊道等。

中型水库建设。海河流域规划建设中型水库32座，总库容12.2亿m^3（含南水北调配套水库工程8座，库容2.6亿m^3）。其中，北京1座，天津4座，河北5座，山西3座，河南6座，山东11座，内蒙古2座。新建中型水库的主要任务是解决城镇分散供水问题。

河渠湖库连通工程是将南水北调中、东线与海河各河系、沿线大型水库的沟通，大型水库与平原各河系沟通，以及海河平原各河系之间和河系内部的沟通工程。中线总干渠与各河系连通工程是在南水北调中线总干渠与主河道交叉位置兴建退水闸工程，实现南水北调中线与卫河支流沧河、淇河、安阳河，漳河，滏阳河及其支流洺河、沙河、七里河、牛尾河、白马河、小马河、泜河、槐河、洨河，滹沱河，大清河支流磁河、沙河、唐河、界河、漕河、拒马河，以及永定河等多条河流的连接，在汉江丰水年时利用南水北调中线总干渠相机向海河流域河流和地下水超采区实施生态补水。大型水库与河系连通工程是进一步完善引岳（岳城水库）济淀（白洋淀）、引岳济衡（衡水湖）、引黄（黄壁庄水库）济衡（衡水湖）、王（王快）大（大浪淀）引水等大型水库与平原河系的连通工程，实现水资源优化配置，提高供水可靠性，改善生态环境。河系之间连通工程是将海河北系与南系平原河流联通。具体是：利用西关引河和卫星引河两条河道沟通潮白新河和蓟运河，利用筐儿港以下北运河沟通北运河与永定河，利用津唐运河、曾口河河道沟通永定新河与潮白河、蓟运河，通过新开河和金钟河连通海河干流与永定新河，利用永定河北村、北马庄、杨官村等闸及永清渠与大清河清北地区沟通，利用老子牙河沟通子牙河支流滹沱河、滏阳新河与大清河，扩建献县枢纽处滏阳新河右堤杨庄涵洞沟通滏阳新河与黑龙港运东地区，在滏阳新河右堤艾辛庄以下新建北陈海涵洞连接滏阳新河与滏东排河，利用南运河沟通漳卫河系、子牙河系、大清河系及海河干流，利用东风渠沟通卫河、漳河与黑龙港运东地区，通过宁津新河沟通漳卫新河与马颊河，利用小运河沟通卫运河与徒骇马颊河。

4. 农村饮水安全工程

建设目标是到2013年解决1800万人的饮水安全问题，到2020年解决全部缺水农村人口的饮水困难问题。

当前海河流域农村饮水困难的原因包括水量不足和水质低劣两类。到 2009 年，海河流域农村存在饮水困难的人口为 3724 万，占农村总人口的 52%。其中，有 1229 万人面临水量短缺或取水困难，主要分布在山区。有 2495 万人面临水质不达标的困难，主要分布在海河平原东部和南部的微咸水或咸水区，以及一些地下水受污染地区。

对于水量短缺或取水困难的地区，居住分散的农户以兴建雨水集蓄工程为主。对于水质不达标的地区，如海河平原东部地下水高氟和苦咸水区，以兴建集中供水站为主。另外，对人口密度较大的地区或城市郊区，有条件时，可以建立集中供水设施或扩大城区自来水网等措施。

12.2.3 大力做好水资源保护工作

水资源保护包括污染源防治、重要水库水源地保护、地下水压采、地下水污染防治等 4 个方面。

1. 污染源防治

污染源防治包括点污染源和面污染源两部分。

点污染源防治方面。根据污染源预测和水功能区水体纳污能力分析，海河流域 2020 年 COD 入河削减量为 58 万 t，削减率为 52%；2030 年 COD 入河削减量为 101 万 t，削减率为 77%，治理任务艰巨。重点开展工业污染源厂内治理和污水集中处理两方面工作。工业污染源治理要加强企业深度治理力度，积极调整产业结构，推进清洁生产，严格环保准入，继续实施工业污染物总量控制，加强对重点工业污染源监管等。因海河流域河流水量小、纳污能力低，污水处理设施建设成为改善河流水质的关键因素。要合理确定污水处理厂设计标准及处理工艺，对直接排入渤海及富营养化水域的要具有除磷脱氮功能。提高城市再生水利用水平，根据有关部门规定，省辖市 2020 年再生水利用量要达到污水处理量的 20% 以上，2030 年达到 30% 以上。加强污水处理厂配套工程建设，确保污水处理费足额征收，加大污水处理费的收缴力度。预测表明，到 2030 年，海河流域 2030 年城镇生活和工业废污水量可达到约 80 亿 m^3。根据国家有关规定精神和当前污水处理厂建设进展情况分析，海河流域 2030 年大城市污水集中处理率可达到近 100%，中等城市和县城达到 90%，城市集中污水处理总规模接近每年 80 亿 m^3，城镇生活和工业废污水可基本上全部得到处理。结合河流生态净化等措施，水功能区规划目标是可以达到的。

面源污染防治方面。海河流域的面源污染源主要有畜禽养殖、化肥施用、城镇地表径流、农村生活污水及固体废弃物、水土流失等 5 个方面。分析表明，海河流域现状面污染源产生的 COD 和氨氮已到总污染负荷的 21% 和 25%，而极易造成水库富营养化的总氮和总磷则达到 66% 和 87%。面污染源已成为海河流域地表水污染的主要来源。面污染源的防治要结合社会主义新农村建设，加强农村畜禽圈舍、厕所、肥场建设，建立有机肥料加工厂，加工生产商品有机肥料，回归自然；推广测土配方施肥，提高化肥有效利用率，减少化肥施用量；推广生物防治病虫害技术，减少农药使用量。

2. 重要水库水源地保护

海河流域主要水库水源地有密云、官厅、潘家口、大黑汀、于桥、怀柔、岗南、黄壁庄、岳城、陡河、洋河、石河、西大洋、王快、桃林口、漳泽等16座，是海河流域水资源保护工作的重点。具体措施如下。

划定水源保护区和准保护区。目前，已有密云、官厅、于桥、怀柔、岗南、黄壁庄、陡河、洋河、石河等9个水库由地方省级或地市级人民政府（人大）完全或划定了水源保护区，其余7个水库尚未划定或完全划定。根据保护程度，水源地应划分保护区和准保护区。保护区的范围为大中型山区水库库区居民迁移线以下的区域（根据水库设计时的移民安置规划），其中大Ⅰ型水库为所在水功能区对应的范围和其对应的库岸外延1km所包含的区域。准保护区的范围是水库周边分水岭至移民沿线之间的区域，其中大Ⅰ型水库为其保护区外延3～5km以内（保护区外）的区域。保护区及准保护区陆域边界不应超过相应分水岭。水源地保护的主要措施包括建设水源地保护区物理或生物隔离带；开展准保护区内的点污染源以及泥沙、农村面污染源治理，按照准保护区规定的水质标准和纳污能力核定污染物入河控制量；加强水库上游污染源防治和污水处理，或在河流入库口设置水质净化工程，改善入库水质；控制或关闭库区内水产养殖，减少库区周边的人口和生产活动等，控制库区内污染源。

潘家口、大黑汀水库水源地保护措施。潘家口、大黑汀水库是引滦入津、引滦入库的源头。目前在水源地保护方面存在的主要问题是上游入库河流水污染严重、上游存在水土流失和农村污染源、库区内污染源较多（如网箱养鱼、库区周边农村生活、库区底泥等）。规划采取以下3项主要水源地保护措施：一是划定水源地保护区。潘家口、大黑汀水库水源地保护区范围为居民迁移线以下区域，面积为102.7km^2。准保护区范围为在保护区外延5km，周边山脊线以下区域，划为准保护区，面积约为648km^2。二是加强对上游点面污染源的治理。潘家口、大黑汀水库上游的主要点污染源有承德市、承德县（滦河干流），兴隆（瀑河）、宽城（柳河）等城镇和工业污染源，还有水土流失面积1.5万km^2，以由化肥农药施用、农村生活污水和固体废弃物等面源污染物。规划采取加强点源治理、建设污水处理厂等点源治理措施，以及采取坡面工程、林草措施、沟道整治、农村生活垃圾和污水采取集中处理等人工措施和封山禁牧等自然修复措施，控制面污染源。三是开展库区污染源治理。包括对滦河干流、瀑河等主要入库河流入库口的水质净化，水库周边居住区废弃物和污染的处置和处理，减少和控制库区网箱养鱼数量，对潘家口水库下池进行整治，开展对潘、大水库之间滦河河道的治理，开展对潘、大水库区间汇入的漵河整治，开展两库周边生态防护等。

岳城水库水源地保护措施。岳城水库是邯郸、安阳城市和河北民有、河南漳南灌区的主要供水水源。目前在水源地保护方面存在的主要问题是库区内污染源较多，如库区周边小煤矿企业、网箱养鱼、库区周边农村生活等污染源，上游入库河流存在一定的水污染隐患。规划采取以下3项主要水源地保护措施：一是调整和完善保护区。河北省邯郸市人民政府在2003年制定了《邯郸市区饮用水源地保护规划》。根据有关规定对岳城水库水源保护区和准保护区范围适当调整如下：保护区为环库公路以下，保护区外延 5km 划为准保护区。二是开展库区污染源治理。对库区内煤碳行业小型企业采取关闭排污口等措施，减少废渣、废水排放对水库水质的直接或间接影响。对库区养殖场进行治理，距离岸边较近养殖场实施关闭或搬迁，距离岸边较远的适当采取防护措施。对库区堆放的工业废渣、生活垃圾等固体废弃物进行清理处置，减少固体废弃物受暴雨冲刷造成的污染物入库量。取缔库区网箱养鱼，减少总磷、总氮等营养物质。三是加强上游河流的水污染治理。目前岳城水库上游入库河流对水库水质的影响尚不明显，但存在较大隐患，应加强对清漳河涉县等工业污染源治理，同时也要开展对漳河干流、浊漳河、清漳河水土流失、农村面污染源和沿河小企业污染源治理。

其他 13 处主要水库水源地保护措施。密云水库规划在水库周边易受人为因素干扰的区域，在保护区边界处设置物理隔离网（栏）30.4km；为控制泥沙和面源污染，规划坡面治理工程 80km^2，沟道治理工程 20km，林草保护工程 26km^2，农村污染控制 179 处。官厅水库根据水库保护区范围内当前水土流失和污染状况，为控制泥沙和面源污染，规划坡面治理工程 36km^2，沟道治理工程 30km，林草保护工程 18.4km^2，农村污染控制 202 处。于桥水库规划在水库周边设置隔离防护措施，物理隔离工程量为 14.3km。针对坡面水土流失，规划治理面积为 86km^2，其中坡面治理工程 15.4km^2，沟道治理工程 57km，林草措施 30km^2，自然修复措施 40.6km^2，农村污染控制措施 120 处。岗南、黄壁庄水库规划坡面治理工程 29.14km^2，沟道治理工程 13km，林草保护措施 66.9km^2，农村污染控制 105 处，控制保护区范围内的水土流失、泥沙和农村污染源等面源污染。陡河水库规划拦截污染物直接进入水源保护区，兴建物理隔离工程 23km，生物隔离工程 0.92km^2。取缔区内的直接排污口 7 个、迁移周边人口 1645 人。为控制面源污染，规划坡面治理工程为 2.52km^2，林草措施为 23.69km^2。洋河水库规划在水库周边设置隔离防护网，设物理防护网 35.2km，生物隔离带 0.09km^2。取缔区内的排污口 3 个、治理农田径流污染控制工程 7.1km^2、关闭库区内的水产养殖，库区坡面治理工程为 1.25km^2，林草措施 27.1km^2。石河水库规划在水库周边设置隔离防护网 20.4km，规划坡面治理工程 1.8km^2，沟道治理工程 1.15km，林草保护工程 17.37km^2。西大洋、王快水库规划采用生物隔离，兴建生物隔离防护工程 83.5km^2。为控制泥沙和面源污染，规划坡面治理工程 21.72km^2，沟道治理工程 0.47km，林草保护工程 97.54km^2。桃林口水库规划在水库周边建设生物隔离防护工程 36.8km^2。为控制入库泥沙和面源污染，规划坡面治理工程 1.47km^2，沟道治理工程 0.27km，林草保护工程 28.6km^2。漳泽水库规划在水库周边建设生物隔离防护工程 8km^2。为控制入库泥沙和面源污染，规划坡面治理工程 1.47km^2，林草保护工程 8km^2，农村污染控制 42 处。取缔区内的直接排污口 1 个、迁移周边人口 500 人。怀柔水库规划规划坡面治理工程为 16km^2，沟道治理工程 6km，林草措施为 4km^2，自然修护措施 4.4km^2，农村污染控制措施 216 处。

3. 地下水压采

海河流域地下水压采包括平原地下水压采、平原地下水回灌补源、山间盆地地下水压采和重要泉域保护 4 个方面。

平原地下水压采。海河平原 2007 年地下水开采量为 208 亿 m^3，包括浅层地下水、深层承压水（不含微咸水）。以水资源三级区套省级行政区为单元统计，当年地下水超采量达 81.4 亿 m^3。南水北调工程通水后，通过水资源优化配置，平原地下水 2030 年总体上实现采补平衡，与 2007 年相比，平原需压采地下水 81 亿 m^3。平原地下水压采先压南水北调工程直接受水区、后压间接受水区，先压深层承压水、后压浅层地下水，先压严重超采区、后压一般超采区的原则进行。地下水压采的主要措施是：对有替代水源的超采区，结合替代水源的建设情况，对现有的地下水开采井采取限采或限期封存（填）等措施，逐步压缩地下水开采量。现状城镇公共供水管网已覆盖范围内的自备井，能够利用公共供水管网的要尽快完成水源替换工作，取消自备井开采，有特殊需要的要对其取水量进行核定并加强监督和管理。在 2020 年前，规划封存地下水开采井 1.43 万眼，2030 年累计达到 1.54 万眼。

平原地下水回灌补源。根据水源条件，因地制宜地采取地下水回灌补源措施，增加地下水的有效补给及地下水的资源储量，提高水资源的利用效率和抗风险能力。规划修建地下水人工回灌补源工程 32 处。北京市规划通过集雨和提高地下水入渗率，增加雨水下渗量补给地下水；利用通惠河、潮白河等河道和蓄滞洪区拦蓄洪水，增加地下水补给量。河北省规划建设七里河、白马河、滹沱河、沙河及一亩泉等回灌补源工程，利用南水北调中线工程退水补给地下水；在汉江丰水年时，利用中线总干渠加大流量和富余容量可以将汉江弃水或丹江口余水用于农业和生态环境，建立受水区生态补水的长效机制。河南省引黄补源工程通过适当加大黄河两岸灌区浅层地下水开采量，扩大引黄补源范围；在引黄灌区或引黄补源工程下游，兴建、续建配套工程，利用引黄退水补源，还可以利用现有工程在非灌溉季节进行引水拦蓄补源。

山间盆地地下水压采。海河流域的大同、蔚（县）阳（高）、张（家口）宣（化）、涿（鹿）怀（来）、天（镇）阳（高）、延庆、遵化、忻（州）定（襄）、长治等 9 个山间盆地 2007 年浅层地下水开采量 15.2 亿 m^3，超采量 0.76 亿 m^3，总体上超采量不大，但局部超采较为严重。盆地地下水超采较为严重的是大同和延庆盆地。大同市城郊地下水超采区现状漏斗中心水位下降速率超过 3.5m/a，最大埋深近 80m，局部含水层被疏干。山间盆地地下水保护措施主要是增加引黄水（引黄入晋北干线）、当地地表水（建设一些供水水库）、再生水利用，加大节水力度，逐步压缩地下水开采量，实现盆地地下水系统的良性循环。到 2020 年，山间盆地地下水可实现采补平衡，部分山间盆地浅层地下水实现补大于采。

重要泉域保护。海河流域主要岩溶大泉有山西省娘子关泉、神头泉、坪上泉、辛安泉，河北省黑龙洞泉、百泉、一亩泉、威州泉，河南省珍珠泉等 9 个。岩溶大泉具有调节性能强、集中出露、水流相对稳定、水质优良等特性。由于地下水过度开采、煤矿开采排水等原因，以上 9 个大泉现状泉水流量平均比 20 世纪 50 年代减少了一半以上，百泉、一亩泉已干涸。与泉水流量衰减相伴，泉域地下水水位呈持续下降趋势，其中娘子关泉近 20 年来泉域地下水水位整体下降约 20m。泉域保护的措施主要包括通过划定保护区、分区制定地下水开采量控制方案和污染治理方案等。对山区重要泉域进行保护，要遏制地下水水位下降和水质恶化的趋势。对已干涸的平原泉口采取河湖沟通等措施逐步予以恢复，其中，一亩泉恢复工程主要为王快、西大洋水库联合向一亩泉调水；百泉恢复工程主要为各泉坑之间建联接渠，泉区出口建节制闸及泉坑周围岸坡护砌、绿化等。

4. 地下水污染防治

因受自然和人为因素影响，海河流域平原和山间浅层地下水环境质量总体状况较差。其中，浅层地下水矿化度大于 2g/L 的面积 3.58 万 km^2，占平原和盆地面积的 24%，矿化度分布总体趋势为从山前平原向滨海平原逐渐增大。受人为污染的地下水面积 9 万 km^2，其中重污染面积达 3 万 km^2。综合评价表明，海河平原和山间盆地地下水质劣于 III 类的面积达到 11.3 万 km^2，占总面积的 76%。

地下水污染主要来自地表污水入渗、污水灌溉和垃圾废弃物，水质改善难度大。地下水污染防治的重点是做好地下水源地的保护。规划措施如下。

一是采取保护区隔离防护设施，防止人类活动等对水源地保护和管理的干扰。

二是开展保护区的污染治理。建立固体废物消纳场，设置防渗层，进行卫生填埋，改变随意堆放垃圾的状况，逐步提高垃圾无害化处理水平。控制农药及氮肥使用量，结合适宜、先进、高效、科学的灌溉技术，有效地减少灌溉入渗水对地下水水质的影响。对畜禽集中养殖业要建立卫生防护带，发展沼气，利用生态工程净化污水；建设高效简易的污水处理设施，治理废水，逐步提高畜禽类粪便无害化处理水平。关闭地下水饮用水水源地保护区内的排污口，通过点源分散治理和集中治理等措施，使生产、生活废污水资源化，减轻和防止废污水对地下水的入渗污染，清理保护区范围内填埋的有毒、有害物质。

12.2.4 全面开展河流湿地的水生态修复

1. 河流生态水量配置

评价表明，海河流域山区河流和平原 13 条河流生态水量不需配置，主要通过水资源管理维持。需要进行生态水量配置的 11 条河流的配置方案如下。

滦河（大黑汀水库—河口）生态水量 4.21 亿 m^3，现状典型年实测水量 3.63 亿 m^3，缺水量 0.58 亿 m^3 由潘家口、大黑汀、桃林口水库联合调度补充。

陡河（陡河水库—河口）生态水量 1.02 亿 m^3，现状典型年实测水量 0.80 亿 m^3，缺水量 0.22 亿 m^3 由陡河水库及唐山市再生水和其他退水补充。

永定河（三家店—屈家店）生态水量 0.72 亿 m^3，现状常年干涸，安排北京城区再生水作为生态水源，官厅水库作为备用生态水源。

唐河（西大洋水库—白洋淀）生态水量 0.72 亿 m^3，现状常年干涸，安排西大洋水库下泄补充。

潴龙河（北郭村—白洋淀）生态水量 0.50 亿 m^3，现状常年基本干涸，安排王快水库下泄水量补充。

独流减河（进洪闸—防潮闸）生态水量 1.24 亿 m^3，现为泄洪河段，多数时间干涸，汛期有少量涝水和污水排入，安排 2030 年南水北调东线通水后补充长江水保持常年有水面。

滹沱河（黄壁庄水库—献县）生态水量 1.00 亿 m^3，现状常年干涸，安排黄壁庄水库下泄水量和石家庄市区再生水补充。

滏阳河（京广铁路桥—献县）生态水量 0.73 亿 m^3，现状基本干涸，安排邯郸、邢台、石家庄等城市再生水排入补充，或将滏阳新河水调入。

子牙河（献县—第六堡）生态水量 0.96 亿 m^3，现状基本干涸，安排 2030 年由滏阳河来水由献县枢纽分泄至子牙河补充。

南运河（四女寺—第六堡）生态水量 0.26 亿 m^3，现状干涸，南运河为南水北调东线输水线路，2030 年通水后能满足生态需求。

马颊河（沙王庄—大道王闸）生态水量 0.82 亿 m^3，现状典型年实测水量 0.38 亿 m^3，缺水量 0.44 亿 m^3由 2014 年南水北调东线一期通水后的长江水补充。

2. 主要湿地生态水量配置

因北大港、衡水湖、大浪淀、恩县洼 4 处湿地为南水北调工程的调蓄水库，蓄水后生态水量自然满足。需要生态水量配置的 9 处湿地的配置方案如下。

青甸洼生态水量 0.34 亿 m^3。补水水源有三种：一是青甸洼汇水区地表径流，枯水年有 0.20 亿 m^3水量汇入；二是从州河、泃河年引水约 150 万 m^3；三是蓟县县城再生水，蓟县城关污水厂每年可提供再生水 0.19 亿 m^3。上述水源枯水年可供水量共计 0.41 亿 m^3，扣除用于农业灌溉水量 700 万 m^3，可供青甸洼生态水量 0.34 亿 m^3，基本满足生态用水要求。

黄庄洼生态水量 1.46 亿 m^3。补水水源有三种：一是黄庄洼汇水区地表径流，枯水年有 0.10 亿 m^3；二是从潮白新河枯水年可引入水量 0.36 亿 m^3；三是宝坻城区再生水，宝坻污水处理厂每年可提供再生水 0.19 亿 m^3。上述水源枯水年可供水量共计 0.65 亿 m^3。缺水量 0.81 亿 m^3在南水北调工程通水后 2030 年通过与水库置换补充。

七里海生态水量 1.08 亿 m^3。补水水源有三种：一是枯水年利用潮白新河和永定新河入境水 0.20 亿 m^3；二是宁河可引北运河水约 0.25 亿 m^3进入七里海；三是东郊污水处理厂提供的再生水 0.45 亿 m^3。上述水源枯水年可供七里海的水量共计 0.90 亿 m^3。缺水量 0.18 亿 m^3在南水北调工程通水后 2030 年通过与水库置换补充。

大黄堡洼生态水量 1.30 亿 m^3。补水水源有三种：一是大黄堡洼汇水区地表径流，枯水年 0.53 亿 m^3；二是北运河来水，供大黄堡洼水量 0.15 亿 m^3；三是武清城区污水处理厂提供的再生水 0.02 亿 m^3。上述水源枯水年可供水量 0.70 亿 m^3。缺水量 0.60 亿 m^3在南水北调工程通水后 2030 年通过与水库置换补充。

白洋淀生态水量 1.05 亿 m^3。补水水源有三种：一是上游王快、西大洋、安各庄三座大型水库枯水年可供白洋淀水量 0.50 亿 m^3；二是引黄河水；三是利用南水北调东线补水。安排黄河水和长江水供白洋淀约 0.55 亿 m^3。上述水源可以保证白洋淀枯水年生态水量。

另外，还可视大清河和漳河丰枯情况采取引岳济淀应急补水措施。

团泊洼生态水量 0.88 亿 m^3。补水水源有三种：一是团泊洼汇水区涝水，枯水年为 0.11 亿 m^3；二是天津市纪庄子污水厂深度处理的再生水可供水量 0.32 亿 m^3；三是天津市南北水系沟通工程枯水年可补水 0.12 亿 m^3。上述水源枯水年可供水量共计 0.55 亿 m^3，缺水量 0.33 亿 m^3由南水北调东线三期工程 2030 年通水后的长江水补充。

永年洼生态水量 0.12 亿 m^3。主要水源是邯郸城市污水处理厂提供的再生水，可满足生态水量。

南大港生态水量 0.47 亿 m^3。补水水源一是南排河、新石碑河、廖家洼排干河和捷地减河，枯水年供南大港 0.10 亿 m^3；二是 2030 年东线三期补充长江水 0.37 亿 m^3。

良相坡生态水量 0.11 亿 m^3。补水水源为淇河、共产主义渠、思德河、夺丰水库及淇县污水处理厂再生水，合计 0.11 亿 m^3，可以满足生态用水。

3. 水生态修复重点项目

北京市永定河绿色生态走廊建设。永定河北京段全长 170km，其中官厅山峡段（幽州—三家店拦河闸）92km，平原城市段（三家店拦河闸至南六环路）37km，平原郊野段（南六环路—梁各庄）41km。当前存在的主要问题：一是三家店以下河段常年干涸，成为北京市的风沙源；垃圾堆放和污水入河，生态环境恶劣。二是永定河平原段局部河段存在防洪安全隐患。三是永定河沿线经济社会发展相对滞后。规划目标：将永定河北京段建成自上而下的溪流—湖泊—湿地连通的健康河流生态系统，形成“一条生态走廊、三段功能分区、六处重点水面、十大主题公园”的空间景观布局，为两岸创造优美的水生态环境。河流治理方案：山峡段维护生态环境和生物多样性，保护天然河道和水质。治理水土流失面积 500km^2；建设景观湿地 6 处；挖掘自然山水文化资源，发展旅游经济。平原城市段治污蓄清，增加河道蓄水，重点河段形成水面。规划建成溪流串联湖泊 6 处；建设十大主题公园，实现河流与城市的相互融合。平原郊野段彻底消除防洪安全隐患，打造田园生态景观。在河道及两侧 200～500m 建成乔、灌、草相结合的绿色保护带；恢复历史人文景观。治理后，永定河北京段可增加水面 360hm^2，溪流型河槽 60km，湿地 380hm^2，绿化面积 9000hm^2。水源配置方案：永定河北京段适宜生态水量每年为 1.30 亿 m^3，主要水源为再生水和雨洪水。再生水由清河污水处理厂每年供 5000 万 m^3，小红门污水厂每年供 7000 万 m^3，门城污水厂每年供 300 万 m^3，五里坨污水厂每年供 500 万 m^3，合计 1.28 亿 m^3。雨洪水为三家店以下河道 110km^2范围内的雨洪水，每年雨洪量约 200 万 m^3。另外，官厅水库作为补充、备用水源。远期还可考虑山西引黄入晋北干线水源。工程措施及投资分期：包括山峡段河道生态治理、再生水利用、官厅水库拦门沙清淤、三家店至大宁循环及配水、堤防加固、防汛指挥系统、支流治理等工程。规划投资 169 亿元，计划 2010 年启动，2014 年完成。

北运河干流综合治理。北运河干流由北京市通州区北关闸（为 2007 年下移 800m 后的位置，下同）至天津市区子（牙河）北（运河）汇流口，全长 141.9km。北运河干流面临的主要问题有以下两个方面：一是防洪能力低。北运河干流防洪治理标准为 50 年一遇，但因河道淤积、堤防超高不足等原因，现状过流能力不到20年一遇；还存在工程老化失修问题。二是生态环境恶化。北运河接纳北京市区污水，河流水质存在污染，水面和两岸环境景观差；由于沿线大量引水，部分河段出现断流。防洪治理：通过治理达到50年一遇防洪标准。治理范围包括北运河干流及北京排污河、青龙湾减河、北京排污河、运潮减河等。北关闸—甘棠段堤防加高培厚；甘棠—土门楼段河道清淤复堤，扩建榆林庄闸、土门楼泄洪闸；青龙湾减河清淤复堤；木厂闸—筐儿港枢纽段堤防加高，木厂闸、筐儿港泄洪闸和节制闸维修加固；北京排污河筐儿港枢纽—狼尔窝退水闸段、运潮减河北关分洪闸—东堡村堤防加高；对河道上49处险工采用生态护砌，对127处穿堤建筑物进行维修加固。水生态修复：通过治理达到水清、岸绿的生态景观目标。主要措施包括河道生态整治、水面恢复、湿地建设、生态治污、河滨带及堤防绿化、人文景观建设等措施。堤防采用自然和生物护岸，构建河滨带，绿化堤防；建设10余处共764hm面积的沿河湿地，作为生物栖息地并净化水质；建设河道内设置水生动植物，净化水质；建设人文景观，保护和弘扬运河文化；保证北运河干流一定的水量，利用多级闸坝改善河流联通性。

白洋淀生态综合整治工程。白洋淀总面积366km^2（按千里堤、新安北堤、障水埝和四门堤、淀南新堤环绕区域面积计），上游有北支的白沟引河和南支的潴龙河、唐河、府河等河流汇入，流域面积31 199km^2。淀区人口约40万人。白洋淀目前面临的问题主要有以下两个方面：一是入淀水源不足。由于降水径流减少和上游用水等原因，近年来入淀水量严重不足，包括上游水库补水在内每年只有1亿～1.5亿m^3，而淀区蒸发渗漏损失就达2亿m^{3}以上，多次出现干淀（水位6.5m）。二是淀区生态环境差。受上游城市污水汇入和淀区人类活动影响，淀区水质总体上为Ⅰ～Ⅳ类，局部劣于Ⅴ类，呈富营养化状态；淀区淤积严重。水源工程建设：一是建设王快、西大洋水库连通向白洋淀补水工程，通过两库联合调度，向白洋淀补水，同时并相机回补一亩泉地下水。二是孝义河治理。河道疏浚和局部堤防生态护岸，清淤河道及入淀口，减少王快水库补淀水量损失。三是中易水河治理，采用生态护岸对原有沙堤和护村埝加高培厚，疏浚河道，营造生态河床，减少安各庄水库补淀水量损失。淀区生态环境治理：采取生态清淤方法，进行淀底和航道清淤，对各入淀河流河口治理，减少淀区内源污染，改善生态环境。

天津市北大港生境修复工程。按照北大港湿地自然保护区规划进行，分核心区、缓冲区和实验区。核心区为北大港水库西库，面积110km^2，蓄水量3.0亿m^3，为天津市城市供水水源地，也是湿地保护区的核心区。缓冲区为北大港水库300m宽绿化带及李二湾水库，主要是进行水产养殖和芦苇生产。实验区为官港湖和北大港水库的东库，主要为次生的自然生态系统，或人工生态系统，可进行资源的适度开发利用，并进行地区持续发展模式的实验与推广。规划对现有的北大港水库、官港湖、钱圈水库、沙井子水库以及李二湾水库进行治理，以保护水库水质；建立姚塘子泵站、十号口门、排咸闸监测站3个监测站，监测水质；建设当地及入境水引提水工程和本区再生水回用工程，保证生态水源，修复生态环境。

河南省淇河生境保护工程。近20年来，随着上游引提水工程和拦蓄工程建设，对淇河水资源开发利用力度加大，淇河下游河道基流减少，淇河从盘石头水库——淇门入卫河口河段湿地面积日益萎缩，主要的湿地分布在许家沟、天然太极图等地。其中，许家沟湿地属于泉域出露地区。随着盘石头水库兴建，在库区将形成宽阔水面，沿岸湿地将随蓄水量增加得到充分的恢复。规划改扩建8座拦河坝，恢复河道常年蓄水。规划建设盘石头水库（千鹤湖）、白龙庙水库（白龙湖）、天然太极图生态区、淇河淇滨生态园、人工湖湿地等5个重点生态区；修复许沟泉域湿地，形成自然保护区；建设生态护岸、形成绿色生态走廊；中下游河道恢复河流生态水面；改善生境维持功能和恢复景观环境功能。

山东省徒骇河聊城段生境修复工程。规划围绕聊城“江北水城”这一城市特色，开发整治古运河，使其与周公河、西新河连通蓄水。在城区东南部，扩挖班滑河，将四新河与徒骇河相连通。扩挖西王分干将小运河与周公河上游相连。通过上述措施使徒骇河、赵王河、运河、四新河、班滑河、周公河、西王分干、东昌湖构成蓄水网络。东昌湖内通过设置生态净化功能区，布置生物浮床和浮岛，岸边引种净水能力较强的植物，利用生态治污工程净化水质。

山西省云中河、牧马河生境修复工程。规划将忻州市城北的南云中河和城南的牧马河城区段进行整治并修建蓄水工程。开挖两条蓄水明渠，把修建后的南云中河和牧马河在城东和城西两处连通，将市区公园的人工湖与沿河公园相互联络起来，形成完整的城市水系网络。工程主要建设内容：城市河道整修，开挖引蓄水人工河道，修建橡胶坝，河道防渗处理，市内湖泊整修开挖等配套工程，续建上游水库。

漳卫新河生态综合整治工程。以山东省德州城市生态景观河流修复为龙头，通过建造潜流式人工湿地、沟渠型人工湿地、河口湿地、河道湿地等多种湿地系统，形成功能性湿地区、景观湿地区、自然保护区有机衔接的生态河流，改善水质、恢复河道常年蓄水；改造取水口、建设特殊枯水年份补水工程；实施入海口生态综合治理工程；增加入海水量，降低漳卫新河入海污染物量。

12.3 管理政策建议

12.3.1 严格控制用水总量增长

海河流域工业用水应按微增长的原则进行控制，新增工业用水主要依靠节水和再生水解决。海河流域农业用水除列入全国千亿斤粮食规划区可适当新增用水外，不再增加用水指标。主要措施如下。

1. 完善水资源需求管理制度

以法律、行政、经济、科技、宣传等手段引导用水户优化用水方式，规范用水行为，提高用水效率、优化资源配置、改善和保护环境，实现最小成本水资源服务。对水资源利用工程、结构、技术、方式等因素进行管理。在总量控制和定额管理的框架下，提高用水效率。宏观上提出经济社会发展对水资源需求的合理性管理，积极开展产业结构调整，使良性需求和有力保障相结合，达到水利发展和经济社会发展协调一致；研究制定水资源需求管理措施，为流域水资源需求管理提供依据。

2. 建立耗水管理制度

建立基于ET（蒸腾蒸发）的耗水管理制度，控制流域用水消耗，实现流域水资源进出平衡。为实现ET控制指标，水资源管理除要进行“供需平衡”以外，还要实施以控制ET为核心的耗水管理，不仅要控制取水量，还要控制消耗量。为工业企业发放取水许可证，在明确允许取水量的同时，还要明确消耗量、排放量和水质要求。农业要加强节水，根据海河流域干旱的特点，采取滴灌、微灌、膜下灌等先进的灌水技术来减少无效蒸发。建立ET管理制度，强化流域、区域ET控制管理，逐步将ET管理纳入水权管理，并逐步形成法规。加强流域ET监测中心建设，实现ET监测常规化和制度化，为实施ET管理提供保障。

3. 建立省级行政区取水许可控制指标体系

以水资源配置方案为基础，编制《海河流域用水总量控制指标》，制定海河流域省级行政区取水许可总量控制指标，包括生活、工业、农业、生态环境等用水行业的地表水、地下水、外调水和非常规水源取用水指标。在明晰流域水资源总量和可利用量的基础上，制定全流域及各省级行政区域水资源配置方案，为流域层面的用水总量控制管理提供依据。制定用水效率控制红线，进一步完善用水定额及其标准体系，在现状用水水平分析、流域和区域水资源配置方案的基础上，制定更为科学、更为严格的行业用水定额。

4. 制定或调整主要跨省河流水量分配方案

制定跨省河流水量分配方案是控制省级行政区取水总量最有效、也是难度最大的措施。海河流域经国务院正式批复水量分配方案有滦河、漳河、永定河3个。另外《21世纪初期首都水资源可持续利用规划》（国函〔2001〕53号批复）也对河北省进入北京的水量做出规定。海河流域需要制定水量分配方案的主要跨省河流有滦河、蓟运河、潮白河、北运河、永定河、拒马河、滹沱河、漳河、岳城水库、卫河等10条。其中，国务院已批复的滦河、漳河、永定河水量分配方案，应根据南水北调工程通水后新的水资源情势进行调整，并制定水量调度方案和水量调度管理办法。各主要跨省河流水量存在的问题和水量分配的重点如下：

5. 健全水资源论证制度

水资源论证审批应以取水许可控制指标体系、河流水量分配方案等为依据，对于超过指标的项目应停止审批。加强水资源论证管理立法工作，建议将《建设项目水资源论证管理办法》上升为行政法规，提升办法的法律地位；完善流域水资源论证管理法规体系，强化水资源论证管理。同时，大力推进国民经济和社会发展规划、城市总体规划和重大建设项目布局的水资源论证工作，完善相关管理制度，从源头上把好水资源开发利用关，增强水资源论证管理在国家宏观决策中的作用。进一步加强取水许可管理规章制度建设。以已有的法律法规为基础，完善流域取水许可管理法规体系，为取水许可管理提供法规保障；提出流域取水许可总量控制指标，并进一步细化分解，建立覆盖流域和省、市、县三级行政区域的取水许可总量控制指标体系；制定《海河流域取水许可总量控制管理办法》，严格取用水管理。逐步探索并建立水权交易制度，促进水资源优化配置和高效利用。在政府宏观调控和监管下，水行政主管部门制定有关的交易程序和交易规则，促进取水权从低效用户向高效用户转移，促进水资源同经济社会发展相适应。

6. 严格地下水开发利用管理

加强地下水管理，合理划分地下水资源保护区，明确地下水超采地区、严重超采区、禁止开采区和限制开采区的开发利用及管理制度，对于超采区不允许增加开采量。加强山区泉域和矿山开采区地下水保护。通过完善地下水管理制度，落实地下水水功能区划，明确开发区、保护区和保留区的开发、保护规则。加强对地下水位的动态监测，对地下水压采效果进行实时评价，定期向社会公布地下水动态信息，强化舆论的监督作用。根据地下水功能区开展管理，逐步完善地下水管理制度，加强对地下水水源地的保护。制定海河流域地下水管理条例，结合南水北调工程，制定海河流域地下水压采方案及压采的保障措施，实行地下水压采、限采。

7. 强化水资源统一配置和调度

建立流域水资源开发利用协商机制。在跨省河流和地下水源地、省际边界河流新建、扩建、改建各类水工程，应当按照有关规定与相关省（自治区、直辖市）水行政主管部门充分协商，并按法定程序报批。建立流域供水安全应急保障机制。完善大中城市和重点地区应急调水预案，确保供水安全。地级以上城市要全面完成城市供水应急预案编制，制定干旱和紧急情况下的供水措施，建立干旱期动态配水管理制度、紧急状态用水调度制度，保障正常生活生产用水。建立水资源战略储备制度，按照重要程度，区分深层地下水、浅层地下水、非常规水资源等，建立水资源储备，规定水资源储备量和使用条件。建立洪水资源利用管理制度。海河流域已在潘家口、岗南、黄壁庄、于桥和岳城等综合利用水库开展了洪水预报和主汛期动态控制汛限水位研究，应在管理中不断探索，在不增加工程措施和承担有限风险的情况下，减少汛期弃水，增加供水。同时加强河系沟通，以利于洪水资源利用。还可采取雨水集流、入渗回灌、雨水储存、管网输送及调蓄利用等措施，实现城市雨洪资源的有效利用。

8. 加快推进节水型社会建设

完善用水定额管理制度，建议国家有关部门开展重点行业用水定额国家标准修订，省级水行政主管部门也将开展定额标准制定工作，同时开展典型灌区、用水企业和服务性用水单位的用水监测和考核。制定和发布耗水量大产品的淘汰名录。建立和完善水价形成机制，南水北调工程通水后，海河流域形成了外调水、当地水和非常规水等多水源供水的局面。应建立各水源合理的水价关系，从经济政策上使长江水和非常规水源得到优先使用，当地水利用（特别是地下水开采）得到控制。完善水价形成和征收管理机制，水资源费和供水水价是水资源配置中的价格因素，为充分发挥市场机制和价格杠杆在水资源配置、水需求调节和水污染防治中的作用，充分利用外调水源，需对水资源费和水价结构、标准、计价方式、征收与补偿等方面进行改革，建立充分体现海河流域水资源紧缺状况和水资源配置特点的水资源费和水价形成及管理机制，以合理利用各种水源、提高用水效率、促进水资源优化配置。合理调整供水水价，按照不同用户的承受能力，建立多层次供水价格体系。逐步提高工程供水水价和城市供水水价，合理确定再生水价格，特别是要理顺南水北调水和当地水源供水水价的协调关系，使外调水源得到充分利用。扩大水资源费征收范围，合理确定征收标准。积极探索农业地下水资源费征收和财政补贴机制，限制深层承压水的使用量。改革水价计价方式，强化征收管理，积极探索实施两部制水价和阶梯式水价的计价方式。

9. 深化节水型社会建设试点

海河流域列入第一批（2001 年）节水型社会建设试点的城市有天津市和廊坊市，列入第二批（2006 年）的有北京市海淀区、石家庄市和德州市。要在总结经验基础，加强对试点工作的指导，深入推进节水型社会建设。

12. 3. 2　加强水功能区监督管理和水生态修复

1. 严格入河排污口管理

对现状排污量超过水功能区限制排污总量的地区，限制审批新增取水和入河排污口。根据水利部批复的海河流域入河排污口监督管理权限，开展在入河排污口的设置审查、登记、整治、档案、监测等方面的监督管理工作。

2. 加强水功能区入河排污口管理制度建设

落实水利部水资源〔2008〕217 号《关于海河流域入河排污口监督管理权限的批复》文件精神。进一步加强入河排污口监督管理，全面推动入河排污口常规化监测，适时开展入河排污口监督性监测工作以及污染物总量通报工作。进一步细化落实入河排污口监督管理权限及分级管理制度，各省、自治区、直辖市水利（水务）厅（局）主管部门继续加强对入河排污口监测的支持、入河排污口的常规性监测、加强入河污染物总量通报工作。建立入河排污口登记和审批制度，将水功能区限排总量分解到入河排污口。新建、改建、扩建入河排污口要进行严格论证，强化对主要河流和湖泊的入河排污口管制，坚决取缔饮用水水源保护区内的排污口。严格取水和退水水质管理，合理制定取水用水户退排水的监督管理控制标准，严禁直接向河流湖库排放超标工业废污水，严禁利用渗坑向地下退排污水。

3. 完善流域水资源保护与水污染防治协作机制

建立流域水污染监测预警系统与流域水污染事件应急处理机制，实行跨省河流闸坝调度通报制度，减少水污染突发事件及其造成的损失。落实《海河流域水资源保护与水污染防治协作机制》，充实“海河流域水系保护协调小组”，进一步完善联席会议、联合检查、重大水污染事件应急处理、跨省河流闸坝调度通报、水系保护信息共享和技术支持与科技合作 6 项工作制度，全面开展流域水污染联防联治。

4. 完善水量水质监测和通报制度

按照流域水文状况和经济社会发展需要，结合水资源及水功能区管理，进一步完善流域水量水质监测制度，通过水资源监测网络建设，采取自动监测、遥感监测和生物监测等技术手段，扩大水量水质的监测覆盖面，提高监测频次，全面掌握流域内水资源动态和水质状况。编制水资源监测通报，及时向社会公布。完善应急监测制度，及时有效地应对突发性水环境事件，为提高水污染处理速度和质量奠定基础。

5. 建立省界断面水量水质联合监测制度

建立和完善海河流域省界断面水功能区水质考核指标体系和评价标准。流域管理机构应对流域内省界断面水量水质状况及污染物入河总量实施监测通报，定期将有关情况以文件形式通报有关部门。

6. 加强对饮用水源地保护

海河流域已有密云、怀柔、潘家口、大黑汀、岗南、岳城、于桥、西大洋、大浪淀等 9 座水库和滹沱河、北京北四河平原、滦冀沿海、邯郸羊角铺、大同御河、安阳洹河等 6 处地下水源地列入国家重要饮用水源地第 1 批和第 2 批名录。加强水源地的监督检查和治理保护，做好突发事件应急预案。加强重点饮用水水源地和跨省市供水工程的水质保护监督与协调工作。建立重点水域水质监测制度，维护饮用水源地和重要水体功能区的良好水质。

7. 制定引滦水资源保护管理条例

近年来，滦河上游点、面污染源排污量有所增加。引滦水资源保护涉及不同省市和部门，急需在国家层面出台加强引滦工程水质保护的法律法规。引滦水资源保护管理条例主要包括以下内容：一是明确明确水源地保护区；二是理顺引滦水资源保护管理体制；三是完善滦河入河污染物总量控制制度；四是加强各级水质监测机构建设；五是建立水资源保护奖惩机制；六是建立完善的监督管理制度；七是建立水资源保护的公众参与机制。

8. 全面推进水生态保护与修复工作

加强对山区河流水生态保护，保证特枯水年实测水量不低于生态水量。南水北调工程通水前，抓住来水有利用时机开展平原河流、湿地生态修复，特别是保证白洋淀等重要湿地具有一定水面；南水北调工程通水后，开展大规模生态修复工作，落实各河流、湿地的生态水源和相关工程、管理措施。

9. 建立水库闸坝的生态调度制度

以维护河流健康、促进人水和谐为宗旨，统筹防洪、兴利与生态，运用先进的调度技术和手段，实施生态调度，在保障水库防洪、供水安全的同时，兼顾下游河道的生态需求，减免和消除水库对平原河道生态造成的负面影响，发挥水利工程在改善生态方面的积极作用。加强水库来水的科学预报预测，增强水库防洪安全和生态调度的灵活性。根据水库蓄水量和来水预测情况，对岳城、岗南、黄壁庄、王快、西大洋等重点大型水库，在非汛期结合供水任务，制定合理放水计划，汛前集中下泄的水量分摊到各月中，保障平原河道的基流量，维持河道一定的水体连通功能，改善河道生态环境。同时，还要综合考虑来水量和水质因素，避免造成污水集中下泄。

10. 逐步建立与水有关的生态补偿制度

近年来海河流域组织实施了多项应急生态补水工作，制定海河流域生态补水方案的保障措施，按照水价形成机制制定应急调水补偿制度。根据建立与水有关生态补偿管理机制的要求，建立健全与水有关的生态补偿监测、生态服务功能和价值评估、监督、评价和后评价等相关制度，规范与水有关的生态补偿行为。强化流域管理机构在统筹协调解决流域上下游、左右岸利益相关者关系中的作用，建立与水有关的生态补偿协调、协商、仲裁等有关制度，确保与水有关的生态补偿工作的有序开展。加强水生态补偿资金和项目的监管，确保资金的合理使用和工程效益的充分发挥。

11. 建立河流生态管理“三线”制度

划定河流湖泊“蓝、绿、灰”三条控制线，其中“蓝线”是水体控制线，包括岸线区域，水体空间范围及必要的涨落带，以保证水体具有一定的面积、生态流量和水位及生态功能上的完整性，以杜绝减少水面、分割水面和对水体进行过度人为干扰，导致水生态系统功能下降的情况发生。“绿线”是蓝线外所控制陆域植物区域的控制线，绿线区域为水体的保护和水生态系统的稳定提供缓冲空间，在产生经济效益的同时，须保证河流湖泊的主体功能和作用，进行绿化压尘保持植被覆盖率，防治水土流失，实施不同的管理对策。“灰线”主要是被确定为影响滨水景观的开发建设区域，应在滨水景观塑造、天际轮廓线控制和生态通道等方面体现人水和谐的理念。

12.3.3 加强水利信息化建设，完善流域水资源监测网

1. 加强水利信息化建设

海河流域水利信息化建设的总体目标是：在充分利用、整合、挖掘现有资源的基础

上，形成布局合理、高度共享、快速反应的流域水利信息化体系，提高各级水利部门的管理能力、决策能力、应急处理能力和公共服务能力。具体包括以下 5 个方面：

一是扩建改造信息监测采集系统。扩大信息采集点范围，提高信息采集点密度，提升站网综合监测能力和移动监测能力，提高信息采集自动化程度。

二是实现流域机构和流域内各级水利部门信息传输网络全部互联互通，建成覆盖全流域的信息传输网络系统、视频会议系统及完备的应急通信保障系统。

三是整合信息资源，建设各类基础数据库，完成流域数据中心和省级水利部门数据中心建设，建立数据交换和共享机制。

四是在充分挖掘已有信息资源、整合业务应用系统的基础上，加强业务应用系统业务功能协作，为流域水事管理提供现代化管理手段。

五是建立水利信息化安全保障系统，完成安全体系、标准体系和运维体系建设，保证信息化建设成果安全、持续、稳定发挥效益。

2. 完善水资源监测体系

以保障供水安全、防洪安全和生态安全为目标，完善海河流域水资源监测网。重点是调整站网结构，加强省级行政区边界、重要城市、重要取水和退水口、湿地的监测站密度，逐步实现实时监测。

基本水文站规划的重点是通过水文站新增或改造，调整现有站网布局，增设省界出入境断面、重要城市、重要取水和退水口的监测站，到 2030 年，海河流域基本水文站增至 478 处，建成覆盖全流域的地表水水质监测网络。

地下水监测站网规划以海河平原为重点，加强对山前平原浅层地下水超采区、中东平原深层承压水开采区以及重要地下水源地的实时监测，规划建设国家级地下水监测站点 2454 个，在 2020 年前建设完成，全部为自动监测站点。海河流域地下水监测信息中心由流域中心、省市中心、地市分中心组成。到 2020 年，海河流域地下水自动监测站将增至 4227 眼，建成覆盖全流域的地下水监测网络。

地表水水质监测站规划的重点加强对水系上游、干流、省界、污染源排放集中等河段的监测。同时要提升单站综合监测能力，实现水文、水质联合监测。加强实验室仪器设备、实验室基础设施、水质移动监测、水质自动监测、监测机构和队伍建设，提升流域水质监测能力。到 2030 年，地表水质监测站增至 1525 处，建成覆盖全流域的地表水水质监测网络。

地下水水质监测站规划的建设的重点是增加在地表水污染区、地下水重要水源地等地区的站点密度。水环境监测中心与地表水共用，不再新建。到 2030 年，地下水质监测站增加达到 841 处，建成覆盖全流域的地表水水质监测网络。

12.3.4 提高水利的社会管理和公共服务能力

“宏观调控、市场监管、社会管理、公共服务”是政府的四大职能。水利部门作为专业性的行业管理部门，基本职能主要体现在社会管理和公共服务两方面。流域管理机构和流域内地方水行政主管部门，要着重加强 7 个方面的能力建设，以提高水利部门社会管理和公共服务水平。具体如下。

1. 依法行政能力

围绕建设法治政府的目标，树立法制意识，强化执法，健全监督机制，坚持依法治水。建立健全水资源论证报告书审查、取水许可审批、入河排污口审批、水工程规划同意书签署、建设项目洪水影响评价报告书审批、生产建设项目水土保持方案等行政审批制度，进一步规范行政行为。不断更新管理理念、创新管理方式，努力提高社会主义市场经济条件下政府管理经济和社会事务的能力和水平，建立和完善水价形成机制、水权制度，培育水市场，集中力量搞好统筹规划、政策制定、信息引导、组织协调。加强水行政队伍建设和管理。要按照科学发展观的要求，紧紧围绕水利中心工作，大力加强人才队伍建设，提高管理水平。加强流域水政执法队伍基础设施建设，提高快速反应能力和行政执法的效率。

2. 管理创新能力

加强思路创新。改变思想观念，根据经济社会发展对水利的新要求和水资源的新情况、新问题，不断创新水利发展的思路，转变水利发展模式，促进经济增长方式转变，使得经济社会发展与水资源和水环境承载能力相协调。加强体制机制创新。全面深化水行政管理体制、水资源管理体制、水利投融资体制、水利建设管理体制、水价形成机制方面的改革，不断给水利发展注入新的活力，促进水利走上良性发展的道路。加强制度创新。建立健全水法律法规体系，加大依法行政力度，完善各种监督制度。规范政府从政行为，防止行政权力的滥用，确保政府行政按法制化的轨道运行；约束社会行为，使得涉水行为规范、有序。

3. 规划计划能力

逐步建立和完善水利规划体系，使规划发挥指导水资源开发利用的重要作用。加快重点建设项目前期工作。围绕国家发展战略和投资政策，适应新形势下经济社会发展需要，做好以民生水利为重点的建设项目前期工作，搞好规划安排的重点工程。重视和加强与水利长远发展相关的基础工作和重大问题研究工作。紧紧围绕流域水资源情势变化、南水北调实施后流域水资源合理配置与高效利用、防洪与洪水资源利用、河流和饮用水水源地保护、河流湿地生态修复技术与方法、以水权制度为中心的管理能力建设等流域水利工作中的重大问题。加快科技创新步伐，加强科技成果的引进和推广，不断提高科技在流域水利工作中的支撑力和贡献率。

4. 决策执行能力

建立和完善重大问题集体决策制度、专家咨询制度、社会公示和听证制度。完善公众参与、专家讨论和政府决策相结合的决策机制，规范决策程序，改进决策方法，提高决策效率，推进流域涉水事务决策的科学化和民主化。加强决策的制度化，法制化，使部机关的行政决策更加合理，避免重大失误。对因违反决策程序和决策失误给社会和公众造成重大损失的，必须追究相关部门以及决策者的公共责任。使公众直接或间接地参与涉水公共事务管理与决策，努力为公众参与提供充分而有效的渠道。积极推行政务公开，扩大信息公开的范围，拓宽信息沟通的渠道，提高行政的透明度，切实保障公民的参与权和知情权。

5. 行业管理能力

以行业规划、政策引导、法律规范为主要手段，逐步改变部门行政、部门管理的形象。要制定和完善各项水利发展规划，及时发布与规划相关的水利信息和水利发展指导意见，表明政府的政策主张和宏观战略意图，明确行业工作目标，引导行业发展。研究行业内重大经济技术政策。制定行业规程规范、技术标准、工作流程等，用政策调控行业行为，管理行业发展。要建立和完善水管理法制体系，按照法律法规开展行业管理工作，规范政府从政行为，规范市场，规范企业经营，使行业管理逐步纳入法制化的轨道。大力发展水利行业组织，将一部分属于行业服务的职能转移给中介机构，更好地发挥行业协会、学会等社会组织在提供服务、反映诉求、规范行为方面的作用，通过行业组织加强行业管理。

6. 应急管理能力

全面提高水利部门应急管理能力。提高水利应对水污染突发事件、水利行业社会突发事件、水事纠纷和地震等事件的应急管理水平，进一步建立健全水利突发事件的应急管理组织体系，加强应急管理机构和应急救援队伍建设，构建统一指挥、反应灵敏、协调有序、运转高效的应急管理机制。抓紧编制和修订各类应急预案。建成完善的应急预案体系，做到居安思危，未雨绸缪。加快水利突发事件预测预警、信息报告、应急响应、恢复重建及调查评估等机制建设，充分发挥社会力量在水利突发事件预防与处置等方面的作用。积极开展面向全社会的宣传、教育和培训工作。提高公众的危机意识和责任意识，提高公众的防灾、减灾、避险、自救、互救能力，形成全民动员、预防为主、全社会防灾减灾的良好局面，从而降低水利突发事件的发生概率，减少灾害造成的损失。

7. 科技支撑能力

全面构建科技创新体系。针对海河流域亟待解决的问题，大力开展科研项目的研究工作。建设高水平的科学研究与技术开发体系，建设高质量的科技推广与技术服务体系，建设高效率的科技管理体系。继续深化科技体制改革和机制创新，不断加强科技基础条件平台建设。加强基础和应用基础研究，加强应用技术研究开发，加强高新技术的应用。加大科技推广的资金扶持力度，加大水利科学技术普及力度。积极引进国际先进技术。持续不断地跟踪国际水利科技前沿，引进先进实用水利技术，高度重视引进基础上的消化吸收再创新。加速培养高素质科技人才。树立科学的人才观，制定科学合理的水利科技人才培养计划和使用管理办法，建立激励机制，营造创新环境。加大科技投入，多方开辟经费渠道，制定水利科技发展计划，并争取列入各级财政专项预算。加强科技交流，扩大国际交流与合作，加强水利相关行业的科技交流与合作，继续加强中央、流域和地方科技力量的交流与合作。

第13章　成果创新与未来展望

13.1　成果创新总结

环境变化引起的水循环和水资源演变是一个全球性的问题。Barnett 等 2008 年在 *Science* 发表的一篇文章认为"美国西部地区水循环的变化 60% 是由人类活动引起的"①。同时，社会水循环也已对全球水循环和水资源产生着巨大影响，全球人工取用水量已占可更新淡水资源量的 10%，耕地和牧场的蒸发量约占陆面蒸发量的 1/3；此外，自然水循环演变和社会水循环的演进带来的生态与环境效应问题更是日益突出，因此本项目关注的关键问题是当前水文水资源领域的国际前沿和焦点问题。

本书以受人类活动影响最为强烈、水资源开发利用程度最高、水生态环境系统退化最为严重的海河流域为研究区，通过 5 年的实施，较为系统地揭示了人类活动密集缺水区的流域水循环及伴生的水生态、水环境的演变机理，构建了流域二元水循环及其伴生过程综合模拟模型系统，并开展了城市和农业水资源高效利用机制与流域水循环整体调控模式研究，具有明显的自主创新和集成创新特色。总结起来，本项目主要取得了六方面的主要创新性成果，分述如下。

13.1.1　强人类活动影响下的流域水循环与水资源演变机理

1. "自然–社会"二元水循环基本认知模式

本次研究系统辨析了二元水循环的基本内涵，即所谓二元水循环模式主要是指现代环境下的流域水循环在驱动力、路径结构、服务功能和伴生效应都具有明显的"自然–社会"二元化特征，必须立足于"实测—分离—耦合—建模—调控"的基本逻辑进行认知和研究二元水循环。此外，本项目还针对海河流域社会水循环通量在水循环总通量中所占比例大的实际，对社会水循环的驱动机制、基本特征、演变规律、分行业结构解析以及城市与灌区水循环过程描述方法进行了研究，极大地推动了"自然–社会"二元水循环模式与理论的发展。

二元水循环模式的建立及其内涵的辨析，在学科层面初步廓清了水文学与水资源学的根本差别，即自然水循环是水文学的基本研究对象，社会水循环是水资源学研究的基本对

---

① Barnett TP, et al. 2008. Human-induced changes in the hydrology of the western United States. Science. 319, 1080 - 1083, doi: 10.1126/science.1152538.

象；“分离—耦合”的认知逻辑为现代环境下多过程耦合的水文水资源研究提供了基本的思维范式，具有重大的科学创新意义，因此二元水循环模式在国际会议交流过程中引起了同行专家浓厚兴趣和高度评价，相关成果在 *Water International*、《中国科学》等杂志发表。社会水循环是水资源学研究的主体，同时也是用水和蓄水管理的基础，因此社会水循环原理与过程的解析不仅对于水资源学科的发展具有重要的意义，同时对节水型社会建设也具有重要的科学价值，全国政协原副主席钱正英院士对社会水循环的研究高度关注，多次与项目首席交换意见，推动基金委和水利部专门开展以社会水循环为基础的需水管理项目立项，并亲自担任项目专家组组长。

2. 变化环境下的自然水循环演化机理

项目从现代环境下的人类活动对流域水循环分项过程的影响机理着手，分别从下垫面变化对地表径流的影响、城市化过程对蒸发的影响、农业灌溉过程对土壤水入渗的影响、包气带增厚对地下水补给的影响，基于 CFC 示踪的浅层地下水补给路径和运移规律，深层地下水开采条件下的更新机制等多个方面系统研究了人类活动影响下海河流域蒸散发、地表水、土壤水、地下水不同过程的循环机理。研究表明近年来下垫面变化导致高产流的土地利用如林草地等在减少，低产流的耕地等在增加，导致地表综合产流效应降低，同时识别出不同土地利用的产流能力为居工地（未利用土地、低覆盖度草地）>疏林地>中覆盖度草地>有林地>高覆盖度草地>灌木林>其他林地>耕地（水田、旱地）。城市化具有“干岛效应”影响，研究表明城市化前蒸发量占 40%，城市化后蒸发量仅占 25%。同时城市产热量远远大于天然生态环境，使得潜在蒸发量明显增大。土壤水深层渗漏受前期水分蓄积控制，并不是每次降雨都会产生深层渗漏，需要在满足一定墒情阈值情况下深层渗漏才会产生。灌溉活动增加了土壤水分前期蓄积量，对增加土壤水深层渗漏量具有积极影响。包气带增厚将导致入渗速率变小，入渗时间延长。当包气带原来厚度较大（大于陆面蒸发影响极限深度）时，其厚度增大对入渗速率影响较弱，但是对入渗时间和有限时间内补给量影响较大。北京市 CFC 示踪实验表明，降水从地表运移到 26 m 深的位置需大约 30 年时间，60 年前的补给水可到达地下 40 ~ 50m 深处。深层水开采条件下的更新能力主要取决于系统外的自然补给条件，同一承压水系统漏斗边缘虽然增大了水力坡度，也不过是各个漏斗之间互相掠夺式的侧向补给，真正接受的天然侧向补给量不会有明显增加。深层地下水水力坡度加大，增加的侧向径流量实际是邻区含水层弹性释水和黏性土压密释水量，最终导致区域地下水位的下降。以上系列成果均以发表在 *Water Resources Management*、*Journal of China University of Geoscience*、*Journal of Applied Remote Sensing*、《地质通报》、《地球科学》、《水利学报》、《水科学进展》等国内外知名杂志上，在 The 33rd IAHR Congress 2009 、EGU conference 2009、The 10th hydrological society conference 2008 等国际会议上进行了广泛交流。

流域二元水循环演化机理是实现科学治水的必要基础。以上研究具有扎实的数据基础，显著的原始创新性，为客观认知现代环境下“自然-社会”二元水循环系统演变的机理和规律积累了宝贵经验。同时本次研究在地质学、地理学、水文学、考古学、水资源学、气象学、生态学、宏观经济学、信息技术等多学科的交叉方面进行了多方有益探索，为水资源学科发展注入了新的活力。

3. 海河流域水资源演变机理和归因分析

水循环过程的演变对海河流域水资源结构、数量、时空分布的演变产生了深刻影响。项目从气候变化、人工取用水和下垫面条件变化三大水资源演变驱动因子出发，研究了水循环演变下的海河流域水资源演变机理。各项机理研究表明气候变化引起流域垂向水分循环通量的变化，导致水资源时空分布的演变；人工取用水改变了水资源的赋存环境，也改变了地表水和地下水的转化路径，使得蒸发、产流、汇流、入渗、排放等流域水循环特性发生了改变，影响到流域“四水转化”路径和通量强度的各个局部；下垫面条件变化通过改变产汇流条件来影响水资源的演变特性。利用二元水循环模型，项目首次对不同驱动因子下的海河水资源演变进行了定量研究。以 1980 ~ 2005 年系列与 1956 ~ 1979 年系列作为对比基础，海河流域降水量减少了 12.0%，气温则增加 7.2%。气候变化对海河流域水资源具有重大影响，导致区域 ET 量减少 6.8%，地表水资源量减少 30.5%，地下水资源量减少 30.3%；不重复量减少 13.1%。由于不同土地利用对水循环过程相互影响，导致下垫面的变化对于水资源影响不大，总体看来下垫面变化导致流域 ET 量增加 0.5%，地表水资源量减少 1.5%，地下水资源量减少 2.6%，不重复量基本保持不变；人工取用水对流域水资源演变影响显著，导致流域 ET 增加 9.8%，地表水资源量减少 18.9%，地下水资源量增加 15%，不重复量增加 41%。以上成果发表在 *Computers & Geosciences*、*Ground Water* 等国外知名杂志上。

通过基于指纹的归因方法研究，对气候系统的自然变异、温室气体排放导致的全球变暖、人工取用水以及下垫面变化四个因素下的水资源演变进行了分离研究，定量评价了各影响因素对于海河流域水资源综合演变的影响程度。研究首次提出温室气体排放导致的全球变暖与海河流域水资源演变关系微弱，自然变异和区域人类活动是导致海河流域过去 40 年海河流域水资源量变化的主导因素，其中人类活动（包括下垫面变化和人工取用水）占 62% 的影响，自然变异占 38% 的影响。

以上水资源演变机理的研究同时从水循环的驱动力、结构和特性三方面系统定量考虑了人类活动影响，突破了传统一元水循环和水资源研究的视角和手段。其中二元水循环模型为现代环境下的水资源演变研究提供了重大技术装备，有助于水资源研究水平的提升。

13.1.2 水循环伴生的流域水化学与生态过程演化机理

1. 流域水循环演变驱动下的生态系统演化机理

本研究首次在流域尺度上研究生态系统与水循环耦合作用机理，包括辨识了海河流域水循环与生态系统的耦合机理，定量辨识海河流域生态系统与流域水循环过程中各个通量之间的适应与突变机理，辨识海河流域陆地生态系统与流域水文循环过程相互作用机理；此外，针对海河流域河流、湖沼湿地以及河口近岸海域三类主要水生生态系统，分别提出了三类水生生态系统与流域水循环之间的耦合机制和水文情势变化对生态系统的作用机理。

从流域水循环与生态系统耦合的角度分析了水循环的演变和变化过程对生态系统格局和演变产生影响的动力学机理。定量分析了海河流域不同类型生态系统对水循环过程中各通量的依存程度，对水分依赖程度最大的是内陆湿地生态系统（1191.03mm），其次为河口湿地（1179.81mm），而森林（416.85mm）、草地（168.29mm）生态系统对水分的依赖程度相对较低。水文过程对生态过程的响应表现在不同植被生态条件下的产汇流过程不同，生态系统的变化影响水文循环过程的演变，并影响水资源的数量与构成。海河流域林地蒸腾蒸发占流域总蒸发量的18%左右，草地占11%左右，农田占53%左右，整个海河流域的土壤蒸发量占总蒸发量的68%左右，生态系统的用水量在水文循环中具有重要作用。研究分别给出了枯水季节、产卵期和汛期的河道生态基流和流量过程要求，首次提出底栖生物完整性指标由辛普森指数、均匀度、丰富度、密度来概括，并建立了典型小河流流量与大型底栖动物的基本关系。在湖沼湿地生态研究方面，以海河流域重要湿地北大港为例，提出了其湿地生物空间分布和食物链关系，并从湿地水位和盐度两方面提出了水文要素变化与植被、浮游植物与盐度、浮游动物与浮游植物以及鸟类和浮游动物之间的定量关系。在河口近岸海域生态系统研究方面，分析了海河流域入海流量大幅下降对河口近岸海域生态系统的影响机理，提出淡水通量减少导致近岸海域盐度升高，营养盐通量和组成发生较大改变是驱动河口生态变化的主要因子。通过对近40年的生物监测分析，首次提出环渤海近岸区非汛期和非汛期径流减少的生态影响及其临界条件。

相关研究成果在 *Water Air Soil Pollution*、*Environmental Earth Sciences*、*Journal of Hydrological Engineering*、*NJAS-Wageningen Journal of Life Sciences*、*Proceeding of SPIE*、《生态学报》、《城市环境与城市生态》等三大检索期刊上发表，以及在国际国内会议上通过报告交流，在国际学术界产生了重要影响。

2. 海河流域二元水循环与水环境系统相互作用的机理

本研究首次从流域二元水循环的角度辨识了水污染与水循环的耦合演变机理。包括流域水环境与二元水循环的复合演变机理；流域面源污染与坡面循环耦合演变机理；以及点源污染与社会循环的耦合演变机理。

根据污染物的产生和流域水循环规律，海河流域水环境和水循环之间的耦合机理主要体现在：①水体运动是污染物迁移的直接驱动力，污染物的迁移转化以水体流动为基础；②水循环的各个环节中表现出的不同的环境问题：对于地表水体，流域水系格局对于水环境过程的影响，以及河流中污染物迁移过程及其环境效应为流域水环境的主要问题；对于地下和土壤水体，水污染过程伴生于水流过程中。伴生于水循环过程的水环境演化过程也具有“自然-社会”二元特性。流域面源污染的过程伴生于坡面水循环过程之中，面源污染物导致流域水污染的过程可以概化为污染物产生、入河及其在河道中的迁移转化三个过程，分别与水循环的产流、坡面汇流、河道汇流过程紧密耦合。点源污染物是伴随在社会水循环的取、供、用、耗与排等过程中的产生的，点源污染主要是指城镇生活污水和工业废水通过排水管网收集，或由污水处理厂处理之后经污水管道、沟渠等排污口排入水体，或由排水管道直接排入水体所带来的污染负荷。进入流域水体的污染物在随水体的迁移过程中，非保守物质会由于发生物理、化学和生物反应而降解或富集等过程。

相关研究成果在 *Environmental Earth Sciences*、*Journal of Hydro-environment Research*、*Ground Water*、*Proceedings of the International Society for Environmental*（*ISEIS* 2010）、《水利学报》、《水科学进展》等三大检索期刊上发表，以及在国际国内会议上通过报告交流，在国际学术界产生了重要影响。尤其是在社会水循环系统为全面完整的评价水资源质量与数量和水污染防治方面奠定科学基础。

3. 变化环境下复合污染综合效应与多种典型有机污染物的过程机理

在流域尺度下，打破了以往监测常规指标的思路，首次对海河流域河流、湖泊、水库和河口地表水、表层沉积物和岸边土壤 470 余个采样点的样品中 99 种 PoPs（持久性有机污染物）、12 种重金属、7 种新型污染物进行了分析，针对海河流域的特征有机、无机和新型污染物进行了识别；分析了特征污染物在海河流域河流、湖泊、水库、河口和城市等不同生态单元以及水体、土壤和沉积物等不同环境介质中的分布特征，通过典型水体单元的表层沉积物样品中的 DDTs（滴滴涕），HCHs（六六六），PAHs（多环芳烃），PBBs（多溴联苯），PBDEs（多溴联苯醚）和 PCBs（多氯联苯）进行分析，实验发现 PAHs 是海河流域的特征污染物，海河流域大部分样点菲/蒽<10、荧蒽/芘（Phe/Ant）>1，说明海河流域沉积物 PAHs 以燃烧源为主。同时，DDTs 在研究的水库、湖泊的表层沉积物中基本无污染，沉积物中的 DDTs 主要源于前期的农药残留，部分水体单元仍然存在一定的生态毒性效应。且实验结果说明滦河和大清河的表层沉积物中的 PCBs 污染来源于 Aroclor1242 与 Aroclor1260 的混合污染，但其潜在生态风险也可以忽略。

相关研究成果在 *Bulletin of Environmental Contamination and Toxicology*、*Environment International*、*Ecotoxicology*、*Science of the Total Environment*、*Environmental Monitoring and Assessment*、*Chinese Science Bulletin*、《环境化学》、《水利学报》、《水科学进展》、《中国环境科学》、《环境科学学报》等三大检索期刊上发表，以及在国际国内会议上通过报告交流，在国际学术界产生了重大影响，填补了我国在海河流域典型有机物污染和复合污染综合效应研究方面的空白。尤其是从点、线和面不同尺度上揭示了不同时空下海河流域污染物变化机理，为海河流域水资源管理、水环境改善和生态恢复提供了新思路。

13.1.3 流域二元水循环及其伴生过程综合模拟与预测技术

1. 流域水循环及伴生过程的综合模拟与预测模型（NADUWA3E）系统

基于水循环与水环境、水生态三大过程的耦合机制，充分考虑水循环、水环境和水生态三大系统之间物质（含水分）与能量交换关系，改进了水循环、水环境和生态模拟模型，并在此基础上，应用数据同化技术实现了多源数据融合，采用 Eclipse RCP 技术、组件技术、大规模优化模型求解技术、GIS 技术、多模型耦合技术等成熟先进技术，实现了气候模式、流域二元水循环模型、流域水质模型及流域生态模型的耦合，首次构建了流域水循环及其伴生过程的综合模拟与预测模型（NADUWA3E）。

该模型能够刻画高强度人类活动和气候变化影响下的流域水循环与水环境、水生态的演变过程，具有统筹考虑水资源、宏观经济与生态环境的流域水资源综合管理分析的功能，是现代流域水资源环境综合管理和保护的科学定量工具，并已成功应用于水利部、环保部、林业局等部门的相关研究中，成为我国水文水资源领域及生态环境领域中开展相关研究的重要技术储备。该研究的相关成果已经在国内外有影响的期刊上发表，如 *Science Journal of Hydrology*，*Journal of Applied Remote Sensing*，*Environmental Earth*，*Science in China Series E*：*Technological Sciences*，等。该成果曾作为第 16 届 APD-IAHR 会议和 GEF 国际研讨会上的主题报告，受到与会专家的关注。从查新结果来看，该模型具有较好的科学性、先进性和新颖性，在国内外相关文献中未见有相同报道。

该模型在研究大流域尺度的水循环、水生态和水环境过程的数值模拟技术方面具有重要突破。通过该模型的研究，推动了“强人类活动影响下的流域水循环”的基础理论体系和模型方法的发展；促进了水文水资源学与生态学、环境学等多学科的交叉融合。

2. 海河流域水均衡定量收支图

以二元水循环模式为指导，以构建的流域水循环及其伴生过程综合模拟与预测模型系统为工具，对海河流域 1956～2005 年系列水循环过程进行长系列模拟，结果表明，在现状下垫面和用水条件下，海河流域 1956～2005 年系列平均年降水量为 1700 亿 m^3，其中 98.6% 直接蒸发返回大气，4.3% 形成的径流量直接入海，还有-2.9% 的蓄变量，在海河流域，由于人类活动的干扰，形成了约 50 亿/a 的超采量。通过模拟，海河流域 1956～2005 年多年平均狭义水资源量为 347 亿 m^3，占降水总量的 20%。其中，地表水资源量为 201 亿 m^3，不重复量为 146 亿 m^3。与综合规划相比，狭义水资源量减少 6.8%，其中地表水资源量减少 7.4%。主要的原因是计算系列不同，综合规划采用 1956～2000 年系列。海河流域 1956～2005 年多年平均广义水资源量为 1621 亿 m^3，占降水总量的 95%。在广义水资源量中，生态环境系统和社会经济系统对降水的有效利用量占 75%，高效水量占降水的 44%，低效水量占 31%。

海河流域水循环分布式收支定量评价结果具有重大的理论和现实意义，不仅可以作为常规水资源评价方法的重要检验和校核，同时分布式的评价成果更是为海河流域水资源规划管理提供了基础性支撑，是水资源工作的重要基础，成果已经应用于海河流域、相关省区和城市的涉水规划与管理实践。

13.1.4 海河流域水资源与生态环境演变规律

1. 变化环境下的海河流域水资源演变规律

模拟结果表明，1956～2005 年系列，受气候变化和人类活动影响，海河流域水资源演变呈现如下六项规律：一是水资源总量及各个分项总体呈现衰减趋势；二是地表径流和地下径流水平通量呈减少趋势，径流系数由 0.18 减少为 0.10；三是径流等水平通量与蒸发等垂直通量均减小，但前者减少比例（51%）远大于后者（1%）；四是虽然狭义水资源与广义水资源均减少，但前者减少比例（28%）远大于后者（11%）；五是地表水资源急剧减少（51%），而不重复量急剧增大（65%），径流性水资源的构成发生巨大变化；六是平原区水资源受人类活动的扰动要大于山丘区，水资源量的构成变化要更强烈。

以上六方面的水资源演变规律的揭示，是对海河流域水资源历史过程的科学总结，对于流域水循环的科学调控与水资源的管理具有重要的指导意义，同时对其他人类活动影响的水资源演变规律的认知与管理同样具有重要的借鉴价值，部分成果已经在国际会议上进行交流，引起国际同行的广泛关注，并为水利部门采纳。在国内外相关文献中未见有相同报道，具有明显的自主创新特色。

2. 变化环境下的海河流域水环境演变规律

模拟结果表明，1956～2005 年系列海河流域水环境呈现如下五方面演变规律：一是水污染形势十分严峻，水环境总体呈恶化趋势；二是污染物产生量中非点源污染占主导，污染入河量中点源占主导，非点源污染比重日益增加；三是垂向排入地下污染物增加，水平向入河污染减少；陆域污染蓄积量增加，入海污染物减少，流域水污染风险加大；四是浅层地下水污染问题明显，局部地区深层地下水开始污染，水污染治理的难度增加；五是稀有污染物出现，污染物种类多样化，流域呈现复合污染特征，水污染治理需要采取综合措施。

以上五方面的水环境演变规律的揭示，是对海河流域污染历史状况的科学总结，对认清现代环境下的海河流域水污染状况，开展流域水污染治理与水循环调控具有重要的科学指导意义，同时对认知其他经济社会活动密集缺水地区的水环境演变规律与水污染防治实践具有重要的借鉴价值，成果已被环保部门采纳，同时在国内外相关文献中未见有相同报道，具有原创特色。

3. 变化环境下的海河流域水生态演变规律

模拟结果表明，1956～2005 年系列，在水循环条件和自然环境演变背景下，海河流域生态系统演变呈现如下四项规律：一是在陆生生态系统中，平原区农田生态净初级生产力大于山丘区，而山丘区自然生态净初级生产力大于平原区，农田生态系统和自然生态系统呈此消彼长的关系；二是自然变异和下垫面变化导致了自然植被蒸散发的减少，其贡献量分别为 48% 和 52%；三是自然生态系统净初级生产力呈弱增长趋势，温室气体排放导致的气候变暖以及太阳活动变化是其主要原因；四是随着水资源的开发强度增加，自然湿地减少、人工湿地增加，水生生态呈退化趋势。

该成果是对现代环境下流域生态演化过程的科学总结，具有很高的科学价值，在国内外相关文献中未见有相同报道。该成果有助于促进高强度人类活动干扰下的流域生态演变机理的科学认知，为国际上其他大流域尺度的开展相关研究具有借鉴意义。该成果并应用于水利、环保、林业等相关管理部门，为海河流域水生态保护与修复提供了重要支撑。

4. 海河流域未来仿真预测

基于未来规划调控情景，利用流域水循环及伴生生态环境综合模拟与预测模型系统，对未来气候变化、水资源、水环境及生态的演变趋势进行了仿真预测。结果表明，在海河流域未来降水量有可能增加，温度有可能增加的情况下，实施水资源调控措施，2020 水平年地下水超采将减少约 80%，2030 水平年基本实现零超采并有望回补地下水；入海水量不同水平年呈增加的趋势，更有利于海河流域水资源条件的改善，进而有利于改善地下水条件和河道水环境和渤海及其临近海岸带地区的生态环境。

从水环境的状况发展来看，2010 水平年现状海河流域 COD 的水环境承载能力为 29.8 万 t/a，到 2020 水平年，由于南水北调水量的增加，增加至 32.3 万 t/a，2030 水平年随着调水工程规模的进一步加大，增加至 34.3 万 t/a。相应的 NH_3-N 水环境承载能力各水平年也呈增加趋势。由于海河流域污染严重，多数河段严重超标好几倍，目前采取的措施甚至到 2030 年都难以达到水功能区达标，必须加强入河污染物总量控制。

海河流域在未来气候变化影响下，对人工生态系统，平均单产可能有 7% 左右的增长；而对自然生态系统，年净初级生产力（NPP）将有所增加，增加幅度在 1% ~6%。

该成果服务于高强度人类干扰下大尺度流域开展未来水资源综合调控，国民经济和生态环境建设的协调发展，预估水资源、水环境及生态的演变趋势的一次成功探索。该成果对于流域进行经济活动宏观调控、土地利用格局合理规划，以及农业种植结构调整、缓解供需矛盾等具有重要指导意义，并已经在《海河流域综合规划》修编工作中得到借鉴和应用。

13.1.5 海河流域多尺度水资源高效利用机制与标准

1. 基于水循环的水资源“量-质-效率”综合评价方法

基于“自然-社会”二元水循环过程，立足流域水资源动态转化的机理、水循环伴生过程机理、生态与经济社会系统水资源利用机理及其相互作用机理，结合生态系统价值评估理论、国民经济核算理论和投入产出技术，科学建立了流域水资源“数量-质量-效率”三位一体的广义水资源评价理论与方法体系。在该理论与方法的支撑下，采用海河流域水循环及其伴生过程的综合模拟与预测平台，定量评价了海河水资源数量、质量和效率。

海河流域 1956 ~2005 年多年平均降水量为 1700 亿 m^3，多年平均广义水资源量为 1621 亿 m^3，多年平均狭义水资源量为 347 亿 m^3。尤其是首次对海河流域土壤水资源进行评价，并结合土壤水资源的动态转化特点，从消耗效率方面进行了界定，结果表明海河流域提出多年平均土壤水资源量为 997.7 亿 m^3，生产性消耗占 87.4%，其中高效消耗占 53%。首次提出三级区分类水质的水资源数量，2000 年河流 I ~劣 V 类的水资源量分别为 22.3 亿 m^3、3.2 亿 m^3、2.3 亿 m^3、3.1 亿 m^3、2.7 亿 m^3、44.3 亿 m^3；根据社会经济与生态用水效率评价，海河流域社会经济用水总规模已处于总体稳定阶段，新鲜水的用水规模仍在 370 亿 m^3左右，流域生态系统服务总价值约为 5200 亿元，其中非生产性价值约为

1394 亿元，生产性价值即总产出为 3806 亿元。

本研究首次构建了基于“自然–社会”二元水循环过程及其伴生过程作用机理的流域水资源数量–质量–效率三位一体的水资源评价理论与方法体系，开创了流域土壤水资源评价，丰富了传统流域水资源评价理论，尤其是创新了缺水地区水资源评价的基础理论与方法体系，具有重要的理论和价值。对指导海河流域水资源管理、水资源合理配置与保护具有重要的指导价值和借鉴作用。

相关研究成果在 *Journal of Hydrodynamics*，*Ser. B*、*Journal of Hydro- environment Research*、*Ground Water*、《水利学报》、《水科学进展》、《中国环境科学》等三大检索期刊上发表，以及多次在国际国内会议上通过报告交流，在国际学术界产生了重要影响。

2. 基于尺度转换的农业水资源效用评价理论与方法

首先，基于海河流域不同类型灌区不同尺度水资源利用与消耗的实验观测和数据分析，提出了 ET 时空转换模型与方法。一是通过建立从作物气孔阻力提升到农田冠层阻力的半理论公式，实现了 ET 从植株尺度到农田尺度的空间尺度转换；二是通过点尺度水动力学模型数据的空间离散及灌区尺度水平衡模型的耦合，实现了 ET 由田间尺度到灌区尺度的空间尺度转换；三是通过确定蒸散的时间不变量，实现了 ET 不同时间尺度的转换，包括从小时到日尺度和从日到生育期的尺度扩展。模拟结果表明，大兴和通州地区冬小麦合理耗水量在 340 ~ 370mm，夏玉米为 320 ~ 360mm；冬小麦的水分利用效率介于 1.39 ~ 1.72kg/m^3，夏玉米为 1.49 ~ 1.66kg/m^3。位山灌区小麦和玉米耗水分别为 301mm 和 352mm；水分利用效率分别为 1.72kg/m^{3}和 2.3kg/m^3。

其次，基于耗水分析，构建了不同尺度农业水资源利用效用的评价指标体系。一是以用水效率和效益为重点，构建了田间尺度的效用评价指标体系，主要指标包括作物耗水量、水分有效利用系数和农田水分生产率；二是以农业水资源开发利用的经济效益、社会效益和环境效益为重点，构建了灌区尺度的评价指标体系，主要指标包括亩均水资源量、水分生产效率、农业有效耗水系数、农业水资源产出效益、水管体制合理化程度、节水意识改进度、节水灌溉率、有益耗水比例、灌区水质综合指数和地下水的采补比。

再次，系统构建了综合考虑空间变异性和水循环通量的农业用水效率尺度转换方法，包括总供水水分生产率尺度转换公式、灌溉水分生产率尺度转换公式、毛供水量排水比例尺度转化公式等，为农业用水效率的尺度转换提供了理论依据和可能的解决途径，为不同尺度农业用水效率计算的深化奠定了重要基础。

最后，在考虑尺度效应和实现可行性的基础上计算获得了海河流域农业节水潜力，为科学布局海河流域农业节水措施提供了支撑。将海河流域节水潜力的估算分为四个层次：作物节水潜力、田间节水潜力、灌区节水潜力和流域节水潜力。模拟结果表明，海河流域近期资源节水潜力为 28.28 亿 m^3，灌溉节水潜力为 70.60 亿 m^3。

该研究成果构建了不同尺度农业水资源效用评价理论与方法，解决了时间维和空间维的耦合，在解决 ET 的尺度提升方面取得了突破性的进展；该研究成果提出了不同尺度条件下水分利用效率和农业节水潜力计算方法，为面向发展节水农业的国家重大实践需求做出了重要贡献。

3. 农业高效用水机理与标准

宏观层面上，基于海河流域大量统计数据与农业灌溉水利用效率相关的众多精细试验观测数据，分析了海河流域特定水资源及经济发展条件下农业水循环的主要特征及其影响机制。结果表明，尽管农业系统的用水竞争劣势位置使人工灌溉用水量呈减少态势，但海河流域水循环通量总量并未减少。2005 年海河流域农业系统有效降雨利用量占全部水分来源的60%；全流域地下水位下降，田间土壤包气带逐渐增厚，潜水蒸发能力下降，导致地下水直接利用量减少；作物品种改良、种植结构和制度，以及灌溉方式的改变使海河流域农业灌溉用水效率大幅提高，以适应海河流域水资源极度短缺胁迫，同时也导致农业系统退水量急剧降低。

微观层面上，对农业水循环过程进行了系统解析，应用开发的区域水循环模型——MODCYCLE 模型，以天津市为例，对降雨、人工灌溉水进入农业系统后的流动路径进行跟踪计算，得到供给项、耗用项、排泄项、蓄变项总计 22 个循环要素的具体通量。进一步识别了农业系统四水转化机制，分析了农业系统各水循环要素的微观影响因素。提出作物、田间、灌区和流域等 4 个尺度下农业节水潜力的内涵、相互耦合关系及计算方法，开发 WACM 模型，在水资源合理分配模拟、自然-人工复合水循环模拟和水环境模拟的基础上，增加了植被生长模拟和土壤侵蚀模拟的功能和模块，可对不同情境下区域农业系统节水潜力进行计算。

4. 基于水循环的城市安全高效用水机制

以可持续发展理论、二元水循环理论、城市综合发展理论、城市脆弱性理论等为基础，创造性的构建了由概念、规律、方法、原则、工具共同构成的基于二元循环的可持续城市水系统理论。该理论由基于水质的可持续城市水资源评价新模式、多尺度城市水资源利用效率评价理论与方法以及可持续城市水系统规划、设计及运行理论与支撑工具三部分构成。总体上，从理论体系完整性、方法先进性、工具实用性、国情适用性等角度看，该理论是对现有国内外可持续城市水系统规划运行相关理论的创新和突破；

从社会、技术、经济等层面首次系统识别了海河流域城市高效用水机制。结果表明，单个城市在理论极限状况下最大可用水资源量能够达到取水量的 1.87 倍。通过采用包括污水再生和雨水利用的多水源综合集成与调控优化，在北方典型缺水城市经济可接受范围，通过水质再生得到的最大可用水量可达城市从地下和地表取水量的 1.3 ~ 1.7 倍；城市生活节水技术从进入市场至达到占有率稳定期需要约 5 ~ 10 年时间，稳定期的长短泽取决于相互竞争技术的研发速度和费用效益。参照当前各类器具的技术结构，洗衣机和便器节水技术推广以及淋浴器节水技术研发是未来需水管理的重点；工业技术发展水平将直接决定用水效率。按当前的技术进步的特征划分，我国高耗水行业可划分为以造纸为代表的直线加速型、以钢铁和石化等为代表的直线加速向加速减缓过渡型和以纺织印染为代表的加速减缓型等三种主要类型。到 2030 年生产技术的进步为高耗水行业带来的节水潜力占总节水潜力 42.8%，重复用水和非常规水资源利用占 57.2%；城市污水系统的结构与空间布局决定了系统的可持续性能力，在我国城市建设污水回用模式和源分离模式系统的平均全成本分别为传统模式系统的 0.77 倍和 0.91 倍，污水回用模式和源分离模式系统优于传统模式系统的概率分别为 74.2% 和 61.8%。组团式的城市污水系统在保证系统环境性能的基础上，能有效的降低污水回用模式系统的经济成本，并提高系统再生水利用的空间匹配效率；城市污水系统的理想服务规模对技术进步存在依赖性，污水再生利用的介入使得城市污水系统的理想规模有明显小型化的趋势，污水回用模式下城市污水系统对应的理想服务规模可以降低为传统模式系统的 0.5 倍；

从给水与排水、点源与面源结合的视角系统识别了影响海河流域城市安全用水机制。结果表明，在我国给水处理工艺中占主导地位的常规给水处理系统已经不能有效应对饮用水源污染和生活饮用水卫生标准日趋严格的双重压力。即使水源水质达到《地表水环境质量标准》中Ⅲ类水标准，饮用水质仍然存在较高风险，COD_{Mn}的超标概率可能高于 10%，而 NH_3-N 和总 THMs 的超标概率可能达到 20% 以上。当前和未来我国城市发展中可能出现的住房空置、职住分离、用水技术进步等问题将影响城市给水系统的水质安全，受到影响最大的用户主要分布在管网水力停留时间高于 10h 的区域，如管网边缘、末梢或水力条件不利的区域。人口老龄化、家庭户规模减小等变化趋势对给水系统水质安全的影响较小。城市降雨径流累计径流量-累计污染负荷曲线表明，屋面和路面径流中颗粒物、有机物、营养物质、阴离子、金属离子均存在初期冲刷现象，其中颗粒物冲刷现象最为明显，累积 10% 径流量包含 30% ~60% 的颗粒物径流总污染负荷；对于其余污染物，累积 10% 径流量分别包含 20% ~50% 的有机物径流总污染负荷、20% 的营养物质径流总污染负荷、20% ~30% 的阴离子径流总污染负荷和 20% ~30% 的金属离子径流总污染负荷。实施强力度综合的工程与非工程控制措施可以有效降低城市非点源污染的峰值浓度以及径流冲击负荷，能使城市径流 COD 峰值浓度降低 30% 左右，COD 总径流负荷削减 45%。

开创性的提出了海河流域城市水循环实现安全高效的调控机制。研究结果表明，在节水潜力方面，到 2020 年和 2030 年，海河流域城市生活节水潜力可达到 5.67 亿 m^3 和 6.78 亿 m^3，工业节水潜力可达到 46.08 亿 m^3 和 44.53 亿 m^3。到 2020 年，依靠居民家庭用水器具效率提升可实现 65% 的生活节水潜力，到 2030 年，依靠公共用水器具效率提升可实现 59% 的生活节水潜力。要实现工业行业的节水潜力并力争增产不增水，火电、钢铁等主要耗水行业应重点发展火电空冷、清洁煤发电、近终形连铸连轧和直接还原铁等代表性技术；考虑当前城市的社会、经济和环境条件，流域 26 个城市雨水利用潜力为 3.9 亿 m^3，占 2007 年城市总供水量的 9.5%。在给水水质风险控制方面，对采用常规给水处理工艺的水厂，要保证 COD_{Mn} 和 NH_3-N 达标率高于 95%，必须将饮用水源的 COD_{Mn} 和 NH_3-N 控制在 5.3mg/L 和 0.6mg/L 以下，该标准严于现有饮用水源地标准的要求。水源超标时，必须通过在常规工艺中增加新的处理单元或者处理环节才能实现安全供水，主要可采用增加预氧化、强化过滤工艺、改进消毒工艺等手段。在污染排放控制方面，2030 年，如果将生活源污染物量控制在 2008 年的排放水平，要求流域内 36% 的城市污水实现深度处理；如果生活源污染物量在 2008 年基础上再削减 25%，要求流域内所有城市污水实现深度处理并有至少8%的污水被回用。到2030年，如果将城市暴雨径流污染控制在2008年的排放水平，要求在新建建筑采用绿屋顶且实施透水路面基础上对28%以上的径流进行末端处理；如果将城市暴雨径流污染在2008年基础上再削减25%，要求在新建建筑采用绿屋顶且实施透水路面基础上对82%以上的径流进行末端处理；在排水体制选择方面，按照2年一遇的设计规范，在5年一遇的降雨强度下，海河流域绝大多数城市采用分流制并不会比采用合流制在污染负荷削减方面具有明显优势。仅考虑污染削减效应时，建议在阳泉、朔州、廊坊、邯郸等地使用合流制排水体制，在新乡、保定、安阳、德州等地使用分流制排水体制。

相关研究成果在 *Water Research*、*Water Science & Technology*、*Science of the Total Environment*、*Water Resource Management* 等期刊上发表，申请发明专利2项，在国际国内会议上通过多次报告交流，在国际学术界产生了重要影响。

13.1.6 海河流域水循环多维临界整体调控理论、阈值与模式

1. 人类活动密集缺水流域水循环多维临界调控理论和模型体系

基于海河流域人类活动强度高、经济社会发展与生态环境维护矛盾突出的特点，剖析了与水循环密切相关的资源、经济、社会、生态和环境五维属性及其相互关系和临界特征，揭示了高强度人类活动缺水流域“人与自然和谐”的科学内涵，提出包括多维临界调控准则、决策机制和调控方法在内的流域多维临界调控理论，提出了基于目标分解优化、方案评价、效应模拟、对策措施分析的四层次递进多维临界整体调控框架。引入系统学、熵理论、耗散结构理论、协同学等基础理论，拓展研究了以多目标宏观经济模型（DAMOS）、基于规则的水资源配置模型（ROWAS），提出了水资源环境经济效益分析模型（WEEP）和多维调控方案评价模型（SEAMUR），通过模型间的多重耦合建立了多维整体调控模型体系。

通过本次提出的多维调控理论框架，可以实现对复杂水资源系统决策的分层次、逐层递推基础上的整体调控决策，实现决策的协调性和科学性，有利于水资源综合管理的全面落实，紧扣多维决策协调目标下的控制方向提出水资源可持续利用对策措施体系，提升水资源决策的科学性。

本次研究中首次从属性分析、调控准则、决策机制到模型构建，全面阐述了水循环系统的多维特征和临界属性，结合缺水流域的特征提出了从目标识别、方案评价、效应模拟到措施分析的整体性框架，不同于一般水资源系统分析中先模拟再评价的思路，通过多目标优化模型和评价模型的大规模反复应用，为寻找多维协调方案探索了一条新途径。

2. 流域多维临界调控表征指标体系和临界指标

以流域五维大尺度指标为宏观控制性目标，应用人工智能的知识表达方式，建立了水循环系统五维竞争、协调逻辑响应关系，择定宏观表征指标，建立五维相互之间的有机联系，进而评价五维合理性和协调性，提出均衡调控方向和调控准则。提出了海河流域水循

环五维临界调控十项关键表征指标，以地下水超采量、地表水开发利用率表征资源维；以人均 GDP、万元 GDP 综合用水量表征经济维；以人均粮食产量、城乡人均生活用水比表征社会维；以入海水量、河道内生态用水量表征生态维；以 COD 入河量、水功能区达标率表征环境维。

通过剖析流域面临的国家需求，以现状和历史演变关系为基础上分析相互关系和发展需求，研究确立了海河流域表征指标的理想点和调控阈值。以 2030 年为目标水平年，提出资源维中地下水理想点为零超采量，调控范围为 0 ~ 36 亿 m^3，地表水开发利用率理想点为 50%，调控范围为 50% ~ 67%；经济维理想点为人均 GDP10.76 万元，调控范围为 6.0 万 ~ 10.76 万元，万元 GDP 综合用水量理想点为 $30m^3$，调控范围为 30 ~ $55m^3$；社会维中人均粮食产量理想点为 375kg，调控范围为 350 ~ 375kg，城乡人均生活用水比（农村/城市）理想点位 0.78，调控范围为 0.6 ~ 0.8；生态维中入海水量理想点为 75 亿 m^3，调控范围为 5 亿 ~ 55 亿 m^3，河道内生态用水量理想点为 55 亿 m^3，调控范围为 28 亿 ~ 65 亿 m^3；环境维中 COD 入河量理想点为 30 万 t，调控范围为 30 万 ~ 50 万 t，水功能区达标率理想点位 100%，调控范围为 75% ~ 100%。

通过本项研究成果可以为流域综合管理提供最关键的控制性要素指标，以及各维复杂关联关系下的可行调控范围，对于水资源竞争激烈的缺水地区具有重要的参考意义。

本研究成果突破了一般研究中单一化分析阈值的局限，将相互关联的多项指标置于整体框架下进行分析，得出综合性的阈值分析结论，在水利领域中具有原创性。

3. 多维调控指标权衡量化分析关系，和水资源环境经济效益最大化目标函数及其分析模型

基于水循环系统中互动影响的多维临界特征，通过综合的权衡分析研究水量在某一维中的变化时对其他维的数量影响关系，判断各个维度之间合理的交换比。通过定量分析确定了了海河流域国民经济用水量与 GDP、水资源耗减成本、水生态环境退化成本、水环境保护支出的关系，提出并建立了水资源环境经济效益最大化目标函数及其分析模型（WEEB），与五维归一化目标函数及模型（DAMOS）互相校验进行多维调控指标权衡分析，得出了五维竞争、协调的平衡点。采用协调度分析方法，得出多维调控方案的协调度，提出基于五维雷达图的多维协调关系分析方法，为多维方案协调性的比较提供了直观显示途径。

通过多维关联分析，得出各维的交换比，为水资源系统中的综合正向效益判断奠定了基础，为水资源的多目标决策提供了一种新的方法。水资源环境经济效益最大化分析模型综合了。

与现有研究相比，本项创新突破了以权重法研究多目标问题的思路，实现了多维属性下的效用函数判别。水资源经济环境最大化目标及其分析模型，突破了传统的国民经济核算在反映经济与环境的关系方面存在着根本性的缺陷，通过对水资源耗减、水资源保护、水环境退化等成本计算从而将经济过程与生态环境价值结合反映了环境和经济过程的相互作用。

4. 面向五维整体调控的三层次递进方案设置技术

在深入辨析水循环多维属性及其关联机制基础上，提出按照水循环稳定和再生性维持、经济社会发展与水生态环境保护协同模式、提高水资源保障能力三层次递进方式设置方案边界，提出分层次具有相互独立性的多维调控指标，构建方案集，通过调控模型计算得出各方案效果，评价分析得出推荐方案；进而从节水与非常规水源利用、水资源配置工程、水资源保护、河流湿地水生态修复、实行最严格的水资源管理制度等方面，提出了海河流域水资源可持续、高效利用的对策与措施，为今后流域水资源高效利用、宏观战略研究、规划和管理提供了实用平台。

通过三层次递进方案设置技术，基于多层组合式的水资源调控方案设置可以形成全面立体的方案组合，可以较好的协调资源、经济、社会、生态和环境之间的复杂关系，避免多目标方案设置时指标难以独立的困难，便于明晰决策的多层次思路。

与现有方案设置技术相比，实现了复杂水资源系统分析方案设置的简化途径，将水文年、系列年等组合性方案信息与常规性指标组合形成了统一。

5. 海河流域五维均衡协调的临界调控阈值和六大总量控制目标，以及南水北调工程通水后海河流域的生态环境效应

研究建立了海河流域水生态三级响应体系，提出了五维包容均衡的地下水超采量、入海水量、国民经济可用水量、COD 入河总量、粮食安全等临界调控阈值及其均衡关系。提出流域综合效益平衡下长系列（1956 ~ 2000 年）和短系列条件（1980 ~ 2005 年）下的六大总量控制目标：地表水取水总量分别为 91 亿 m^3 和 81 亿 m^3；地下水开采总量分别为 184 亿 m^3 和 220 亿 m^3；ET 总量分别为 1829 亿 m^3 和 1759 亿 m^3，相应国民经济用水总量分别为 510 亿 m^3 和 485 亿 m^3；COD 入河排放量为 32. 9 万 t；生态用水总量为 129 亿 m^3；入海水量分别为 70 亿 m^3 和 50 亿 m^3。通过对推荐方案得出的各维调控结果评价，提出了南水北调通水后地下水水位上升、入海水量增加、河湿地面积增大生态功能提高以及河口盐度降低等重要生态环境效应的量化结果。

均衡协调的总量控制策略是落实多维临界调控实施方案的重要手段，通过总量控制目标可以建立多维调控方案与管理措施之间的关系，形成一整套具备可操作性的流域层面管理控制实施方案，实现流域综合管理的科学决策与可控性的紧密结合，通过效果分析评价可以为决策提供情景分析的依据。

与已有成果相比，现有有关总量控制方案多为基于单一指标制定，本次研究中提出对于大流域层面提出协调均衡的总量控制方案以及全面的生态效应评价研究尚不多见，结合整体调控方案对南水北调后的综合生态环境效应分析对与海河流域管理决策具有重要的科学意义和实践价值，研究成果得到了水利部规划计划司与水资源管理司的高度评价。

由于缺乏类似海河流域这样具有强人类活动干扰的实际情况与复杂的水问题，流域多维临界整体调控的研究在国际上尚不多见。国内相关研究主要某单项的调控标准以及阈值为主。本次研究注重二元水循环的结构性特点，基于水循环多维属性及其相互关系和临界

特征提出综合性整体调控方案，充分反映水资源系统相关各类关系均衡条件下的平衡协调，以包容均衡为原则协调各类矛盾关系得出调控阈值和范围，进而给出推荐的整体调控模式，体现了高强度人类活动缺水流域“人与自然和谐”的科学内涵，是的研究成果适应当前经济—环境—社会协调发展的理念，满足水资源综合管理的必然趋势。

13.2 未来研究展望

13.2.1 海河流域未来需要关注的水问题

1. 未来水循环形势

基于水文周期分析，海河流域降雨具有 80 年左右的丰枯更替周期，而基于实测降雨资料，这几年降水稍多，2008 年左右像是到了从枯向丰的更替节点。虽然海河流域降水是不是到了丰枯转折点还存在不确定性，但未来海河流域不像现在这个阶段那么枯水还是有很大的可能性的。海河流域降水有可能会多起来，但会不会像 50 ~ 60 年代那样造成洪水问题突出？综合海河流域水库库容、地下水超采、社会经济用水增大等因素考虑，可能性不大，但降水增多及其量化影响是个值得继续深化的科技问题，包括洪涝重现的可能性、对地下水恢复的影响、对用水结构和用水格局的影响、对南水北调工程供水的影响以及应对措施，等等。

2. 地下水环境污染

海河流域由于超采地下水埋深很大，目前山前平原一些工业、生活垃圾、污水等很多污染物质都在巨厚的包气带里积累着，暂时没有污染到地下水。未来如果降水增多、南水北调供水等因素形成地下水位上升，会不会对海河流域地下水水质有重大影响，风险有多大等，也是未来需要考虑的问题。

海河流域地下水污染途径包括受污染地表水入渗，过量施用化肥和农药、不达标的再生水灌溉、生活垃圾填埋场、工业固体废弃物堆存场和填埋场、高尔夫球场等污染源对地下水产生面状、点状、线状污染，还有部分中小型企业产生的废水未加处理通过渗井、渗坑违法向地下排放直接污染地下水等。据调查，海河流域地下水污染存在以下趋势，从浅层向深层发展，从城市向农村发展，从局部向区域发展，从单一组分向多元复合污染物质污染发展。空间格局是重金属污染在海河北系较重，有机污染在海河南系较重。

地下水一旦污染了很难治理，国内外都是如此。大面积地下水污染的恢复最终需要依赖微生物的降解，将污染物质分解为气体和单组分无害元素。地下的光照、温度环境均比地表要差，微生物生长慢，一旦被污染，恢复最少需要几十年乃至上百年。预防为主、治理为辅是目前的战略方向。

13.2.2 与本书内容相关的新生科学增长点

随着项目研究的不断深入，在项目既定科学问题得到解释或被解决的同时，发现出现了一些新的科学问题，这些命题可能成为今后学科新生的增长点，急需开展研究。概括起来主要有四方面：

一是“自然-社会”二元水循环基础理论体系的构建。应在本项目“自然-社会”二元水循环模式认知，建立起中国特色并有自主知识产权的“自然-社会”二元水循环基础理论体系，作为现代水文学和水资源科学发展的理论基石。

二是社会水循环原理、过程与规律研究。在防洪减灾和水资源开发利用实践驱动下，自然水循环长期以来一直是认为调控的对象，水文学作为一门学科不断发展完善。随着生产力的发展，对于自然水循环调控的能力大大增强，当前我国最主要的水资源问题表现为缺水、水污染和生态退化，内在原因是经济社会取用耗排水量过大所致，社会水循环成为人类社会调控的重点，但社会水循环的原理、过程、规律和机制尚很不完善，急需开展以社会水循环为对象的基础研究。

三是水循环伴生的环境与生态过程的相互作用机制研究。本次研究主要开展的流域水循环驱动下的生态与环境演变机理与过程研究，同时也涉及了生态演变的水文效应，但水环境变化对生态系统的作用机制与过程未能涉猎，建议今后的基础研究中给予相应的关注。

四是流域二元水循环及其伴生过程模拟模型系统的完善与应用。本项目在分别构建流域二元水循环模拟模型和水分驱动生态演替、环境演变模型的基础上，通过耦合技术的创新应用，建立了海河流域水循环及其伴生过程的综合模拟，并进行了验证，取得了初步的成功。未来应当进一步完善其物理机制，细化内部结构，密切过程联动，提高其应用性和效率，使其成为流域水资源和生态环境管理决策的基础性平台，实现水循环基础科学领域的持续创新和实践应用，为我国治水实践提供坚实的基础科技支撑。

13.2.3 资源领域水资源保障科技发展思路

未来仍以保障国家水资源安全，促进人水和谐为目标，全面贯彻“节水优先、空间均衡、系统治理、两手发力”的治水思路，以实施最严格水资源管理制度、江河流域生态治理、重大水利水电工程建设运行等治水实践为依托，坚持创新驱动发展战略，推进水资源基础认知和技术方法创新，强化水资源科技的推广应用，显著提升我国水资源供给保障能力、节水与减污能力、水生态健康保育能力、水灾害应对能力，为全面建设小康社会提供坚实的水资源支撑与保障。

未来5年力争有自主知识产权的二元水循环基础理论和水资源调配方法得到确立，重点行业节水减排与非常规水源利用技术取得显著进展，江河湖库水生态系统保护与修复技术实现重大突破，水灾害防控与风险管理的技术方法体系初步建立，大型水工程安全建设与运行管理技术适应实践需求，水资源科技推广应用体系显著完善，自主知识产权总量快速增加，水循环基础理论、水资源配置方法和高坝建筑技术处于世界前沿水平。

未来 10 年进一步研究水资源配置与调度技术、节水减排与非常规水源利用技术、水生态系统保育技术、水工程安全建设与管理技术、水灾害预警和风险管理技术基本适应现代治水实践需求，中国特色水循环理论与水资源科学体系建立，国家智能水网和智慧流域平台基本建成，水治理体制机制健全，国家水安全保障体系基本建成，工农业用水效率达到国际先进水平，水环境质量全面达标，水生态系统趋于健康，依靠科技创新和科技进步，提高科技贡献率和成果转化率，水资源科学技术水平整体处于世界先进水平行列。

13.2.4 国际水文发展十年计划

国际水文发展十年计划，英文名称：International Hydrologic Decade，缩写为 IHD。IHD 由联合国教科文组织（UNECO）于 1965 ~ 1974 年实施，着重开展了以世界水平衡、人类活动对水文循环的影响等 14 个领域的国际协作。一项为期十年的国际水文合作计划。由国际水文科学协会于 1961 年提出，联合国教科文组织于 1964 年批准，1965 年开始执行，1974 年结束。国际水文十年的宗旨是，从人类合理利用水资源的角度出发，加速对水文及水资源的研究，促进这些领域内的国际合作。国际水文十年发展计划曾主导 PUB（无资料流域预测）计划促成了六个跨学科主题研究，在很多国家和地区以及全球性的科研组里得以实施，其发布的计划代表了一段时间内全球水文科学家共同关注的研究方向。

2013 年 7 月 24 日瑞典哥德堡第 9 届国际水文科学大会上，国际水文科学协会正式启动 Panta Rhei（2013 ~ 2022）科学计划，Panta Rhei 是希腊语，意思是一切皆流、一切都在变化。本次主题为 Change in Hydrology and Society（变化中的水文与社会系统），该计划拟通过 6 个科学问题的研究来实现 3 大目标：科学认知、预测评估、实际应用，构成水文科学研究的整体性平台，应对处于正在变化中的环境系统。6 个科学问题及其今后我们应当开展的研究分述如下。

科学问题 1：认知水文变化最关键的突破口何在？我们应当开展的研究，完善“自然-社会”二元水循环理论，寻找水文变化的最关键突破口。

科学问题 2：处于变化中的水文系统如何相互作用并反馈于水文过程驱动的自然-社会系统？我们应当开展的研究，深化流域二元水循环驱动机制和演变机理研究，将我们提出的研究方法推广应用于世界其他流域。

科学问题 3：什么是水文系统变化的外部驱动力和内部系统特征？我们应当开展的研究，深化提出的归因分析方法，定量揭示世界上其他流域自然和人类活动分别对水循环演变的贡献。

科学问题 4：怎样运用水文-社会耦合系统新知识来提升预测能力（包括预测结果的不确定性计算、可预测性评价）？我们应当开展的研究：深化流域水循环及其伴生过程的综合模拟与预测模型研究，进一步提高其预测的精度和稳定性，并研究在世界其他流域的适用性。

科学问题 5：如何增强水文监测和数据分析能力、以便预测和管理水文变化？我们应当开展的研究，深化量-质-效统一评价和六大总量控制理论，并在水资源管理实践中加以推广应用，全面提升水资源监控和管理水平。

科学问题 6：怎样考虑水文自然变化与人为变化之间的反馈和不确定性来支撑社会适应正在变化着的环境？我们应当开展的研究，深化流域水循环多维临界整体调控理论与模式研究，并在世界其他流域进行推广，根据各流域特点，提出变化环境下流域经济社会科学发展的模式。

人类活动改变了水循环过程，这一点已经得到世界公认。美国造原子弹的机构阿拉莫夫实验室以水为突破口对“自然-人类”演化过程进行了模拟和分析。我国人口众多，人类活动对水循环的干扰强度更大，环境和生态问题更加突出，强人类活动对水循环带来的深刻问题在我国提早暴露，使得我们有条件先于世界各国在“自然-社会”水循环领域开展研究；对比国际水文十年提出的 6 大科学问题，我们应在变化中的“自然-社会”水循环这一议题继续深入开展相关工作。

参 考 文 献

《气候变化国家评估报告》编写委员会．2007. 气候变化评估报告．北京：科学出版社．

曹寅白，甘泓，汪林，等．2012. 海河流域水循环多维临界整体调控阈值与模式研究．北京：科学出版社．

董文娟，齐晔，李惠民，等．2005. 植被生产力的空间分布研究——以黄河小花间卢氏以上流域为例．地理与地理信息科学，21（3）：105-108.

顾涛，韩振忠，刘斌，等．2009. 海河流域水资源管理现状与对策研究．GEF 海河流域水资源与水环境综合管理项目国际研讨会．

韩瑞光．2004. 加强海河流域地下水管理促进经济社会可持续发展．海河水利，（5）：13-15.

贾仰文，王浩，等．2005. 分布水文模型原理与实践. 北京：中国水利水电出版社．

贾仰文，王浩，周祖昊，等．2010. 海河流域二元水循环模型开发及其应用——Ⅰ. 模型开发与验证．水科学进展，21（1）：1-8.

贾仰文，王浩，甘泓，等．2010. 海河流域二元水循环模型开发及其应用——Ⅱ. 水资源管理战略研究应用．水科学进展，21（1）：9-15.

贾仰文，王浩，周祖昊，等．2014. 流域水循环及其伴生过程综合模拟（第二版）．北京：科学出版社．

康绍忠，杨金忠，裴源生，等．2013. 海河流域农田水循环过程与农业高效用水机制．北京：科学出版社．

任宪韶．2007. 海河流域水资源评价．北京：中国水利水电出版社．

王超．2006. 应用 BIOME—BGC 模型研究典型生态系统的碳、水汽通量．南京：南京农业大学硕士学位论文．

中国社会科学院．2009. 城市蓝皮书．北京：社会科学文献出版社．

中华人民共和国水利部．2008. 水资源公报．

周祖昊，贾仰文，王浩，等．2006. 大尺度流域基于站点的降雨时空展布．水文，26（1）：6-11.

周祖昊．2005. 变化环境下黄河流域水资源演变规律研究．中国水利水电科学研究院博士后研究工作报告.

Barnett T P, et al. 2005. Penetration of a warming signal in the world' s oceans: human impacts . Science, 309: 284-287.

Barnett T P, et al. 2008. Human-Induced Changes in the Hydrology of the Western United States. Science, 319: 1080-1083.

Barnett T P, Pierce D W, Schnur R. 2001. Detection of anthropogenic climate change in the world's oceans. Science, 292: 270-274.

Dong X, Chen J, Zeng S, et al. 2008. Integrated assessment of urban drainage system under the framework of uncertainty analysis. Water Sci Technol. 57 (8): 1227-1234 .

Gan Hong, Wang Lin, Cao YinBai, et al. 2013. Multi-dimensional overall regulatory modes and threshold values for water cycle of the Haihe River Basin. Chin Sci Bull, 58: 3320-3339.

Hegerl, Karl, Allen, et al. 2006. Climate change detection and attribution: Beyond mean temperature signals. J. Hydrol. , 19: 5058-5077.

Hegerl, Storch, et al. 1996. Detecting greenhouse-gas-induced climate change with an optimal fingerprint method. Journal of Climate, 9: 2281-2306.

Jia Yangwen, Ding Xiangyi, Wang Hao, et al. 2012. Attribution of water resources evolution in the highly water-stressed Hai River Basin of China . WATER RESOURCES RESEARCH. 48 (2), W02513: 1-18.

Liu JiaHong, Qin DaYong, Wang Hao, et al. 2010. Dualistic water cycle pattern and its evolution in Haihe river basin. Chinese Sci Bull, 55, 1688-1697.

Running S W, Hunt R E. 1993. Generalization of a forest ecosystem process model for other biomes, BIOME-BGC, and an application for global—scale models. San Diego: Academic Press.

Taisheng Du, Shaozhong Kang, Jingsheng Sun, et al. 2010. An improved water use efficiency of cereals under temporal and spatial deficit irrigation in north China, Agricultural Water Management, (97): 66-74 .

Wang Hao, Jia YangWen, Yang Gui Yu, et al. 2013. Integrated simulation of the dualistic water cycle and its associated processes in the Haihe River Basin. Chin Sci Bull, 58: 3297-3311.

Wang JianHua, Xiao WeiHua, Wang Hao, et al. 2013. Integrated simulation and assessment of water quantity and quality for a river under changing environmental conditions. Chin Sci Bull, 58: 3340-3347.

索　引